수능특강

과학탐구영역 **화학Ⅱ**

이 책의 **차례** Contents

수능특강

과학탐구영역 화학 Ⅱ

기획 및 개발

심미연(EBS 교과위원)
강유진(EBS 교과위원)
권현지(EBS 교과위원)
조은정(개발총괄위원)

감수

한국교육과정평가원

책임 편집

김수현

정답과 해설은 EBS*i* 사이트(www.ebs*i*.co.kr)에서 다운로드 받으실 수 있습니다.

교재 내용 문의

교재 및 강의 내용 문의는
EBS*i* 사이트(www.ebs*i*.co.kr)의 학습 Q&A 서비스를
활용하시기 바랍니다.

교재 정오표 공지

발행 이후 발견된 정오 사항을
EBS*i* 사이트 정오표 코너에서 알려 드립니다.
교재 › 교재 자료실 › 교재 정오표

교재 정정 신청

공지된 정오 내용 외에 발견된 정오 사항이 있다면
EBS*i* 사이트를 통해 알려 주세요.
교재 › 교재 정정 신청

이 책의 구성과 특징 Structure

교육과정의 핵심 개념 학습과 문제 해결 능력 신장

[EBS 수능특강]은 고등학교 교육과정과 교과서를 분석·종합하여 개발한 교재입니다.
본 교재를 활용하여 대학수학능력시험이 요구하는 교육과정의 핵심 개념과 다양한 난이도의 수능형 문항을 학습함으로써 문제 해결 능력을 기를 수 있습니다. EBS가 심혈을 기울여 개발한 [EBS 수능특강]을 통해 다양한 출제 유형을 연습함으로써, 대학수학능력시험 준비에 도움이 되기를 바랍니다.

충실한 개념 설명과 보충 자료 제공

1. 핵심 개념 정리

주요 개념을 요약·정리하고 탐구 상황에 적용하였으며, 보다 깊이 있는 이해를 돕기 위해 보충 설명과 관련 자료를 풍부하게 제공하였습니다.

과학 돋보기

개념의 통합적인 이해를 돕는 보충 설명 자료나 배경 지식, 과학사, 자료 해석 방법 등을 제시하였습니다.

주요 개념의 이해를 돕고 적용 능력을 기를 수 있도록 시험 문제에 자주 등장하는 탐구 상황을 소개하였습니다.

2. 개념 체크 및 날개 평가

본문에 소개된 주요 개념을 요약·정리하고 간단한 퀴즈를 제시하여 학습한 내용을 갈무리하고 점검할 수 있도록 구성하였습니다.

단계별 평가를 통한 실력 향상

[EBS 수능특강]은 문제를 수능 시험과 유사하게 **수능 2점 테스트**와 **수능 3점 테스트**로 구분하여 제시하였습니다.
수능 2점 테스트는 필수적인 개념을 간략한 문제 상황으로 다루고 있으며, 수능 3점 테스트는 다양한 개념을 복잡한 문제 상황이나 탐구 활동에 적용하였습니다.

기체

개념 체크

◎ 기체의 압력 : 기체 분자가 용기의 벽에 충돌하여 힘을 가해 기체의 압력이 나타난다.
◎ 기체의 부피 : 기체가 들어 있는 용기의 부피와 같다.

1. 기체 분자들이 용기의 벽에 충돌하여 기체의 (　　)이 나타난다.

2. He과 Ne이 한 용기 속에 들어 있을 때 기체의 부피는 He과 Ne이 같다. (○, ×)

1 기체의 성질

(1) 기체의 압력과 부피

① **기체의 압력** : 기체 분자들은 자유롭게 운동하면서 기체가 담긴 용기의 벽에 충돌하여 힘을 가하는데, 이로 인해 기체의 압력이 나타난다.

② **대기 압력의 측정** : 1643년 토리첼리는 수은을 채운 유리관을 이용하여 대기 압력을 측정하였다. 이때 해수면에서 측정한 수은 기둥 높이 760 mm에 해당하는 대기 압력을 1 atm이라고 한다.

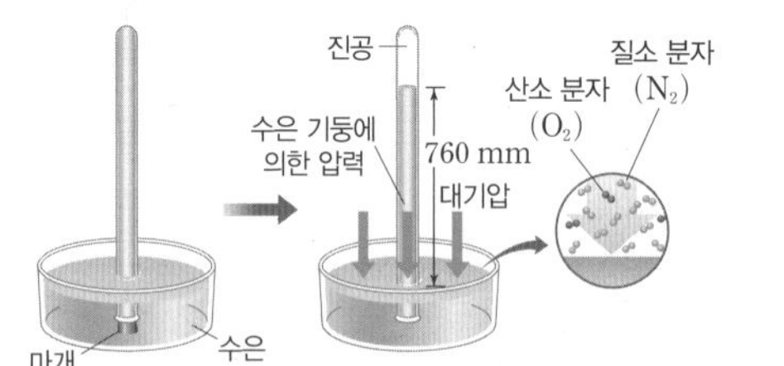

1 atm=760 mmHg

③ **기체의 부피** : 기체 분자들이 운동하는 공간을 의미하며, 기체는 용기 전체로 퍼지는 성질이 있으므로 기체의 부피는 항상 기체가 들어 있는 용기의 부피와 같다. 또한 2가지 이상의 기체가 한 용기에 들어 있을 때에도 각 기체의 부피는 용기의 부피와 같다.

탐구자료 살펴보기 **대기압의 측정**

실험 과정

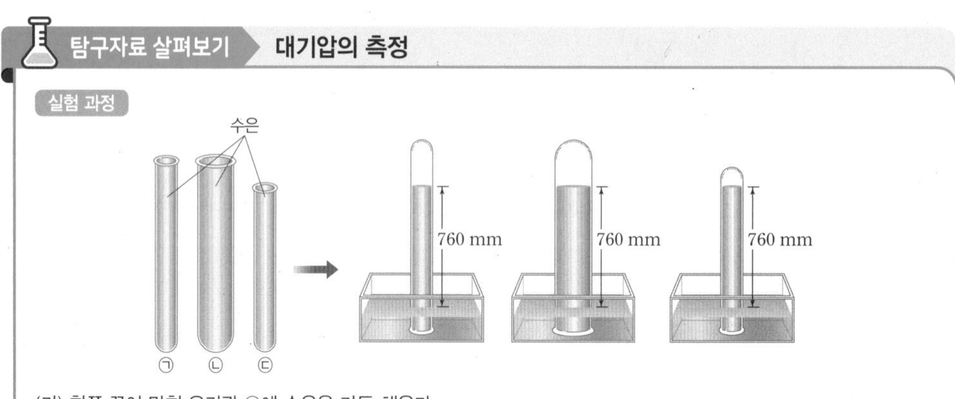

(가) 한쪽 끝이 막힌 유리관 ㉠에 수은을 가득 채운다.
(나) (가)의 유리관을 뒤집어 수은이 들어 있는 수조에 거꾸로 세운다.
(다) 일정 시간이 흐른 뒤 수은 기둥의 높이를 측정한다.
(라) 유리관 ㉠과 길이는 같고 단면적이 다른 유리관 ㉡을 이용하여 (가)~(다)의 과정을 반복한다.
(마) 유리관 ㉠과 단면적은 같고 길이가 다른 유리관 ㉢을 이용하여 (가)~(다)의 과정을 반복한다.

실험 결과

• 각 유리관에서 수은 기둥의 높이

유리관	㉠	㉡	㉢
수은 기둥의 높이(mm)	760	760	760

분석 point

수은이 들어 있는 유리관의 크기에 관계없이 1 atm에 해당하는 수은 기둥의 높이는 760 mm로 일정하다.

(2) **보일 법칙** : 일정한 온도에서 일정량의 기체의 부피(V)는 압력(P)에 반비례한다. 즉, 일정한 온도에서 일정량의 기체의 압력과 부피의 곱은 항상 일정하다.

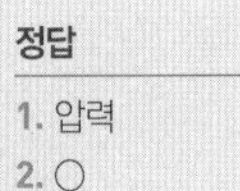

정답
1. 압력
2. ○

$PV=k$(k : 비례 상수)　　P_1 : 처음 압력, P_2 : 나중 압력

$P_1V_1=P_2V_2$　　V_1 : 처음 부피, V_2 : 나중 부피

기체의 양(mol)과 온도(T) 일정

① 일상생활에서 보일 법칙 사례

- 자동차가 충돌할 때 팽창한 에어백은 사람과 부딪히면서 압력을 받게 되고 부피가 줄어들면서 사람에게 가해지는 충격이 완화된다.
- 물속에서 잠수부의 호흡으로 만들어진 기포는 수면에 가까워질수록 받는 압력이 감소하므로 기포의 부피가 점점 커진다.
- 하늘로 날린 풍선은 위로 올라가면서 대기 압력이 감소하므로 크기가 점점 커진다.

② 기체 분자 운동과 보일 법칙 : 일정한 온도에서 외부 압력을 2배로 하면 기체의 부피가 $\frac{1}{2}$배로 줄어든다. 따라서 단위 부피당 분자 수가 2배로 증가하여 단위 면적당 충돌 횟수도 2배로 증가한다. 충돌 횟수가 2배로 증가하면 단위 면적에 미치는 힘의 크기도 2배로 증가하므로 기체의 압력이 2배가 된다.

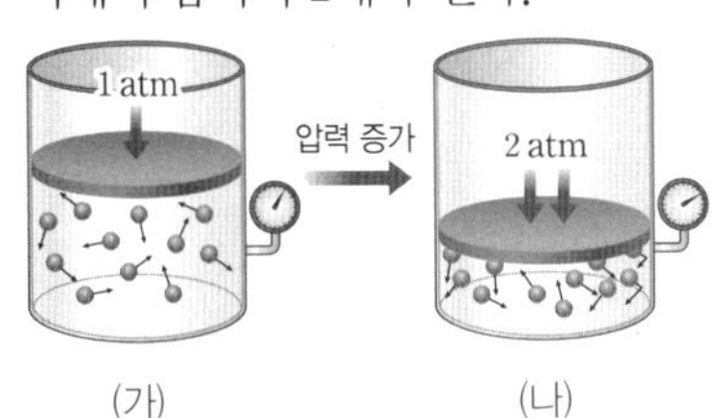

온도, 기체 분자 수	평균 운동 에너지	평균 속력
(가)=(나)	(가)=(나)	(가)=(나)
압력	부피	단위 면적당 충돌 횟수
(가)<(나)	(가)>(나)	(가)<(나)

탐구자료 살펴보기 **보일 법칙과 그래프**

자료 온도가 일정할 때와 온도가 다를 때 일정량의 기체의 압력에 따른 부피 비교

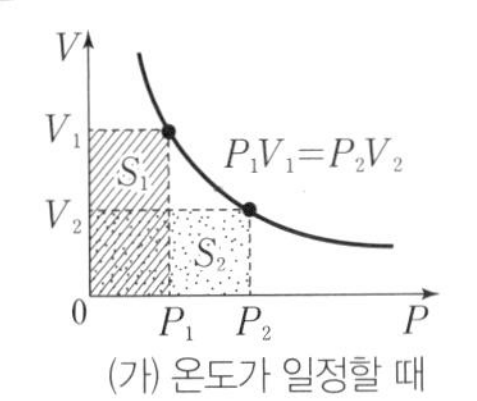

(가) 온도가 일정할 때

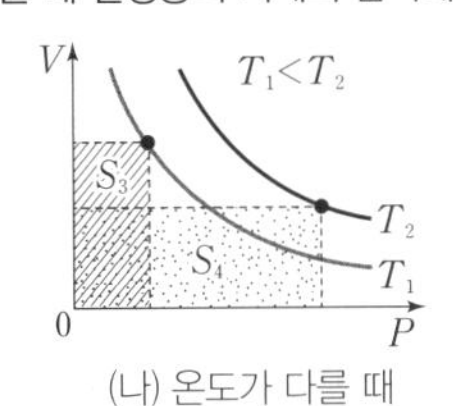

(나) 온도가 다를 때

P_1 : 처음 압력, P_2 : 나중 압력

V_1 : 처음 부피, V_2 : 나중 부피

T_1 : 처음 온도, T_2 : 나중 온도

분석 (가) : 부피 축과 압력 축에 각각 그은 수선 아래 면적은 압력과 부피의 곱으로, 온도가 일정할 때 어느 점에서나 같은 값을 갖는다($S_1=S_2$).

(나) : 온도가 다른 경우 부피 축과 압력 축에 그은 수선 아래 면적은 높은 온도에서가 낮은 온도에서보다 항상 크다($S_3<S_4$).

분석 point 기체의 양(mol)과 압력이 일정할 때 기체의 부피는 절대 온도에 비례하고, 기체의 양(mol)과 부피가 일정할 때 기체의 압력은 절대 온도에 비례한다. 따라서 (나)에서 온도가 증가하면 부피 축에 그은 수선 아래의 면적은 증가한다.

개념 체크

보일 법칙 : 일정한 온도에서 일정량의 기체의 압력과 부피의 곱은 항상 일정하다.

➡ 일정한 온도에서 실린더에 압력을 가하면 실린더 외부 압력이 내부 압력보다 커지므로 실린더의 내부 압력과 외부 압력이 같아질 때까지 실린더 내부의 부피가 감소한다.

1. 25℃, 1 atm에서 일정량의 기체 X의 부피가 100 mL일 때, 같은 온도에서 압력을 2 atm으로 높이면 부피는 (　　) mL가 된다.

2. 일정한 온도에서 기체의 부피가 증가하면 기체 분자가 용기의 단위 면적에 충돌하는 횟수가 (　　)하므로 기체의 압력은 (　　)한다.

정답

1. 50
2. 감소, 감소

(3) **샤를 법칙 :** 일정한 압력에서 일정량의 기체의 부피(V)는 절대 온도(T)에 비례한다. 온도가 1℃ 높아질 때마다 0℃일 때 부피(V_0)의 $\frac{1}{273}$씩 증가한다.

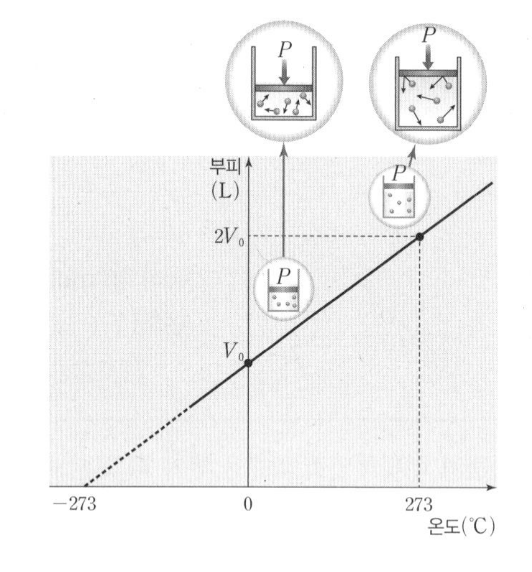

$V=V_0+\frac{V_0}{273}t=\frac{V_0}{273}(273+t)$

(V_0 : 0℃일 때의 부피)

절대 온도(T)=섭씨온도(t)+273

$V=\frac{V_0}{273}T$이다.

$\frac{V_0}{273}$는 일정한 상숫값이므로 k로 나타내면

$V=kT$이다(k : 비례 상수).

➡ $V\propto T$

$\frac{V_1}{T_1}=\frac{V_2}{T_2}$

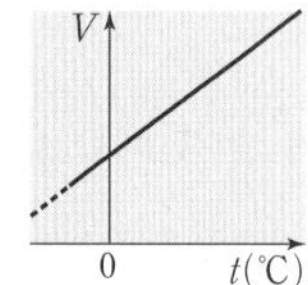

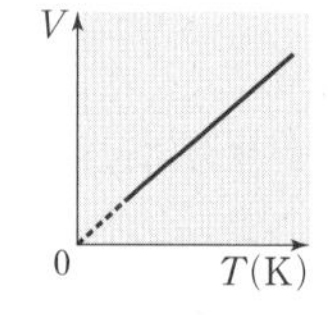

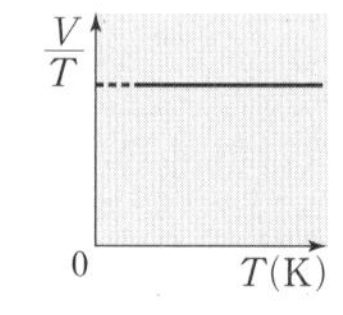

기체의 양(mol)과 압력(P) 일정

① **일상생활에서 샤를 법칙 사례**

- 찌그러진 탁구공을 뜨거운 물에 넣으면 탁구공이 펴진다.
- 자동차 타이어는 추운 겨울철이 여름철보다 부피가 줄어들어 공기를 더 주입한다.
- 풍선을 액체 질소에 넣으면 쭈그러들고 꺼내면 다시 원래의 모양이 된다.
- 열기구에 열을 가하면 기체의 부피가 팽창하여 밀도가 줄어들어 위로 뜬다.

② **기체 분자 운동과 샤를 법칙 :** 일정한 압력에서 실린더 속에 들어 있는 기체의 온도를 높이면 기체 분자의 평균 운동 에너지가 증가하여 기체 분자가 더 빠르게 운동한다. 이때 실린더 내부 벽면에 충돌하는 기체 분자의 단위 시간당 충돌 횟수와 충돌의 세기가 증가하게 된다. 따라서 실린더 내부의 압력(기체의 압력)이 높아지고 실린더 내부의 압력과 외부 압력이 같아질 때까지 실린더 내부의 부피가 증가하게 된다. 또한 이때 부피가 증가하여 일정하게 된 후의 압력은 온도를 높이기 전의 압력과 같다.

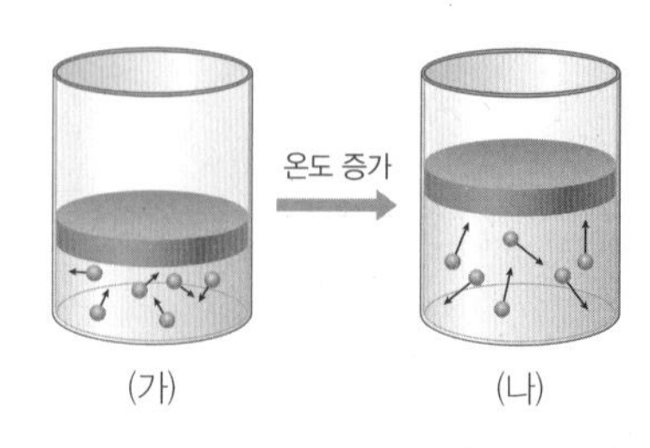

(가) (나)

압력, 분자 수	온도	부피
(가)=(나)	(가)<(나)	(가)<(나)
평균 운동 에너지		**평균 속력**
(가)<(나)		(가)<(나)

개념 체크

샤를 법칙 : 압력이 일정할 때 일정량의 기체의 부피는 절대 온도에 비례한다.

➡ 일정한 압력에서 실린더 속에 들어 있는 기체의 온도를 높이면 실린더 내부 압력이 외부 압력보다 커지므로 실린더의 내부 압력과 외부 압력이 같아질 때까지 실린더 내부의 부피가 증가한다.

1. 일정한 압력에서 일정량의 기체의 부피는 온도가 1℃ 높아질 때마다 0℃ 때 부피(V_0)의 (　　)씩 증가한다.

2. 일정한 압력에서 일정량의 기체의 부피는 절대 온도에 (　　)한다.

3. 일정한 압력에서 일정량의 기체의 $\frac{부피(V)}{절대\ 온도(T)}$는 (　　)하다.

정답

1. $\frac{1}{273}$
2. 비례
3. 일정

탐구자료 살펴보기 샤를 법칙과 그래프

자료 기체의 압력(P)이 다를 때와 기체의 양(mol)이 다를 때 온도와 부피(V)의 관계(n : 기체의 양(mol))

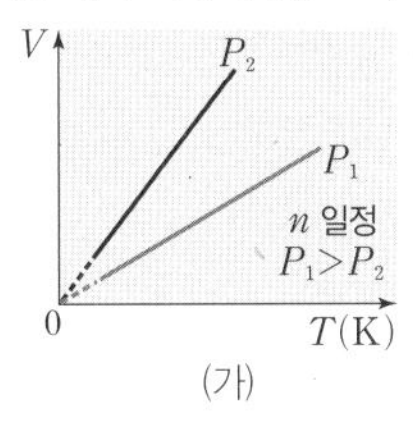

(가)

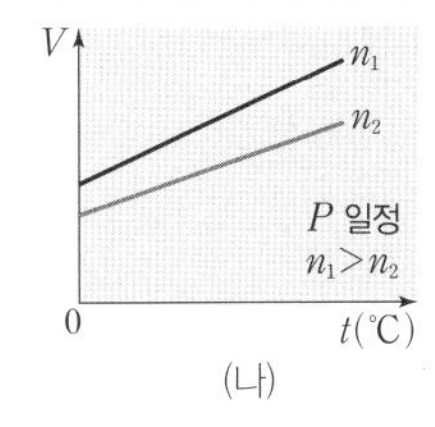

(나)

분석 (가) : 일정량의 기체에서 압력(P)이 서로 다를 때 절대 온도(T)에 따른 기체의 부피(V)를 나타낸 것이다. 온도가 일정한 경우 압력이 작을수록 부피가 크므로 $P_1>P_2$임을 알 수 있으며, 압력 P가 일정할 때 기울기인 $\frac{V}{T}$는 항상 같은 값을 갖는다.
(나) : 압력(P)이 같을 때 섭씨온도(t)에 따른 기체의 부피(V)를 나타낸 것이다. 같은 온도에서 기체의 부피는 기체의 양(mol)에 비례하므로 기체의 양(mol)은 $n_1>n_2$이다.

분석 point
기체의 양(mol)과 온도가 일정할 때 기체의 부피는 압력에 반비례하고, 기체의 온도와 압력이 일정할 때 기체의 부피는 기체의 양(mol)에 비례한다.

(4) **보일·샤를 법칙** : 일정량의 기체에 대해 기체의 부피(V), 압력(P), 절대 온도(T) 사이의 관계를 정리한 것으로, 부피(V)는 압력(P)에 반비례하고, 절대 온도(T)에 비례한다.

• 보일 법칙 : $V\propto\frac{1}{P}$ (T 일정) • 샤를 법칙 : $V\propto T$ (P 일정)

• 보일 · 샤를 법칙 : $V\propto\frac{T}{P}$ ➡ $\frac{PV}{T}=k$, $\frac{P_1V_1}{T_1}=\frac{P_2V_2}{T_2}=k$

(k : 상수, P_1 : 처음 압력, V_1 : 처음 부피, T_1 : 처음 온도
P_2 : 나중 압력, V_2 : 나중 부피, T_2 : 나중 온도)

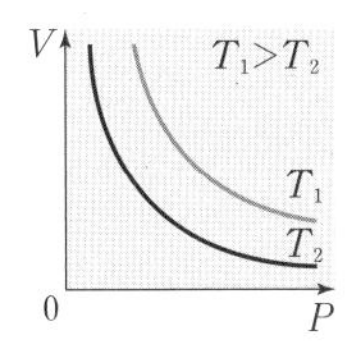

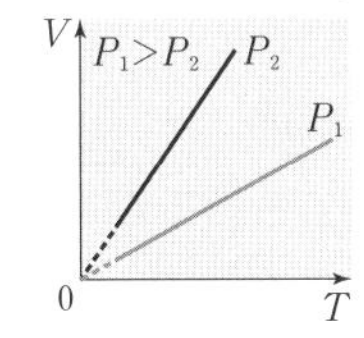

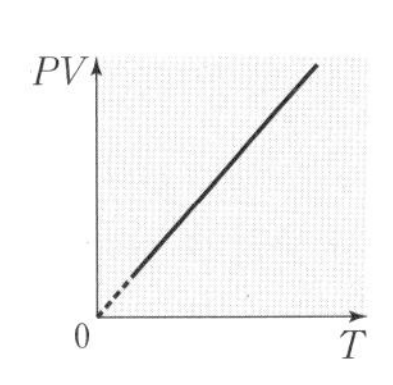

기체의 양(mol) 일정

(5) **아보가드로 법칙** : 온도와 압력이 일정할 때 기체의 종류에 관계없이 같은 부피에 들어 있는 기체의 양(mol)은 같다.

① 일정한 온도와 압력에서 기체의 부피(V)는 기체의 종류에 관계없이 기체의 양(mol)에 비례한다.

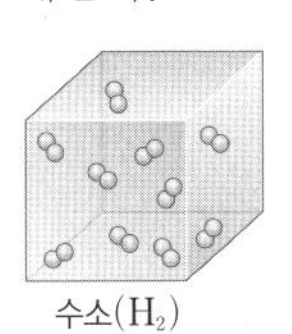
수소(H_2)
(0℃, 1 atm)

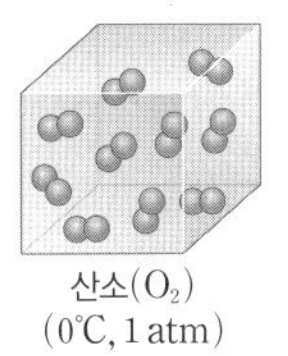
산소(O_2)
(0℃, 1 atm)

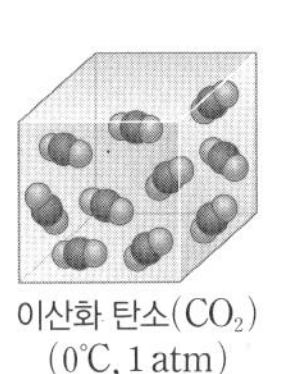
이산화 탄소(CO_2)
(0℃, 1 atm)

$V\propto n$ 또는 $V=kn$ (k는 상수)

② **기체 1 mol의 부피** : 0℃, 1 atm에서 기체 1 mol의 부피는 기체의 종류에 관계없이 22.4 L이다.

개념 체크

보일·샤를 법칙 : 일정량의 기체의 부피는 압력에 반비례하고, 절대 온도에 비례한다.

1. 일정량의 기체의 온도와 압력 및 부피가 변해도 $\frac{PV}{T}$는 (   )하다.

2. 일정량의 기체의 절대 온도(T)에 따른 부피(V) 그래프에서 기울기는 기체의 압력(P)이 클수록 (   )진다.

3. 일정한 압력에서 기체의 절대 온도(T)에 따른 부피(V) 그래프에서 기울기는 기체의 양(mol)이 (   ) 수록 크다.

정답
1. 일정
2. 작아
3. 많을

개념 체크

◎ **이상 기체 방정식** : 보일 법칙, 샤를 법칙, 아보가드로 법칙을 하나의 관계식으로 모두 표현한 방정식이다.
➡ $PV=nRT$

◎ **기체 분자 운동론** : 기체 분자의 자유로운 운동을 토대로 기체의 법칙을 설명하기 위해 제안된 이론이다.

◎ 기체 분자들이 운동하면서 기체가 담긴 용기의 벽에 충돌하여 힘을 가해 기체의 압력이 나타난다.

1. 이상 기체 방정식으로 (　　) 법칙, 샤를 법칙, 아보가드로 법칙을 설명할 수 있다.

2. (　　)는 분자 사이의 인력이나 반발력이 작용하지 않고, 분자 자체의 부피를 무시할 수 있는 가상의 기체이다.

3. 기체의 질량(w), 압력(P), 부피(V), 절대 온도(T)를 이용하여 분자량(M)을 구하면 (　　)이다.

4. 기체 분자 운동론에 의하면 기체 분자 사이에는 (　　)이나 (　　)이 작용하지 않는다.

5. 기체 분자의 평균 운동 에너지는 (　　)에 비례한다.

정답
1. 보일 2. 이상 기체 3. $\frac{wRT}{PV}$ 4. 인력, 반발력 5. 절대 온도

(6) 이상 기체 방정식

기체의 압력과 부피, 기체의 양(mol), 절대 온도 사이의 관계를 나타낸 방정식이다.

$$PV=nRT$$

(P : 기체의 압력(atm), V : 기체의 부피(L), n : 기체의 양(mol)
R : 기체 상수 (=0.082 atm·L/(mol·K)), T : 절대 온도(K))

① 이상 기체는 분자 간 인력 또는 반발력이 작용하지 않고, 기체 분자 자체의 부피를 무시할 수 있는 가상적인 기체이다.

② **기체의 분자량 측정** : 이상 기체 방정식을 이용하여 기체 분자의 분자량을 구할 수 있다.

➡ 어떤 기체의 분자량을 M이라고 하면 기체의 양(mol) $n=\frac{w}{M}$(w : 기체의 질량)이므로 다음과 같이 이상 기체 방정식을 이용하여 분자량을 구할 수 있다.

$$n=\frac{PV}{RT} \Rightarrow \frac{w}{M}=\frac{PV}{RT} \Rightarrow M=\frac{wRT}{PV}$$

(7) 기체 분자 운동론

기체 분자의 운동을 설명하기 위한 이론을 기체 분자 운동론이라고 하는데, 기체 분자 운동론은 다음과 같은 가정을 바탕에 두고 있으며, 이와 같은 특성을 가지는 기체를 이상 기체라고 한다.

❶ 기체 분자 자체의 부피는 기체가 차지하는 전체 부피에 비하여 매우 작으므로 무시한다.
➡ 절대 영도(0 K)에서 기체의 부피는 0이다.
❷ 기체 분자 간에는 인력이나 반발력이 작용하지 않는다.
➡ 모든 온도와 압력에서 이상 기체 방정식을 만족한다.
❸ 기체 분자들은 무질서한 방향으로 끊임없이 불규칙한 직선 운동을 한다.
❹ 기체 분자는 완전 탄성체로서 충돌에 의한 에너지 손실이 없다.
❺ 기체 분자의 평균 운동 에너지(E_k)는 절대 온도(T)에만 비례하며 분자의 크기, 모양 및 종류와는 관계없다($E_k \propto T$).

① **보일 법칙과 기체 분자 운동론** : 온도가 일정할 때 기체 분자들의 평균 운동 속력은 일정하므로 기체가 들어 있는 실린더 내부 벽에 충돌할 때 일정한 압력을 유지한다. 이때 외부 압력을 증가시키면 다음과 같은 과정을 통해 기체의 부피가 감소한다.

$P_{외부}$ 증가 ➡ $P_{외부}>P_{내부}$ ➡ V 감소 ➡ 실린더 내부 기체 분자들의 충돌 수 증가
➡ $P_{내부}$ 증가 ➡ $P_{외부}=P_{내부}$일 때 부피 일정하게 유지

② **샤를 법칙과 기체 분자 운동론** : 기체의 온도가 높아지면 기체 분자의 평균 운동 에너지가 증가하면서 기체 분자의 평균 운동 속력이 증가한다. 이때 기체가 들어 있는 실린더 내부 벽에 충돌하는 충돌 수 및 충돌의 세기가 증가하면서 내부 압력이 증가하고, 기체의 부피가 증가한다.

T 증가 ➡ 기체 분자의 충돌 수 및 충격량 증가 ➡ $P_{내부}$ 증가 ➡ $P_{내부}>P_{외부}$
➡ V 증가 ➡ 분자 사이 거리가 멀어지면서 실린더 내부 기체 분자들의 충돌 수 감소
➡ $P_{내부}$ 감소 ➡ $P_{외부}=P_{내부}$일 때 부피 일정하게 유지

③ **아보가드로 법칙과 기체 분자 운동론** : 기체 분자의 양(mol)이 증가하면 다음과 같은 과정을 통해 기체의 부피가 증가한다.

기체 분자의 양(mol) 증가 ➡ 실린더 내부 기체 분자들의 충돌 수 증가 ➡ $P_{내부}$ 증가
➡ $P_{내부}>P_{외부}$ ➡ V 증가 ➡ 분자 사이 거리가 멀어지면서 실린더 내부 기체 분자들의
충돌 수 감소 ➡ $P_{내부}$ 감소 ➡ $P_{외부}=P_{내부}$일 때 부피 일정하게 유지

2 혼합 기체와 부분 압력

(1) 부분 압력 법칙

① **부분 압력과 전체 압력** : 서로 반응하지 않는 2가지 이상의 기체가 같은 용기 속에 혼합되어 있을 때, 각 성분 기체가 나타내는 압력을 각 성분 기체의 부분 압력이라고 하며, 혼합된 각 기체의 부분 압력의 합을 전체 압력이라고 한다.

예 일정한 온도에서 같은 부피의 용기 속에 들어 있는 2 atm의 헬륨(He) 기체와 3 atm의 질소(N_2) 기체를 같은 부피의 용기에 함께 넣어 혼합하면 전체 압력은 5 atm이 된다.

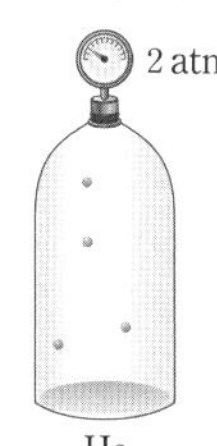

He

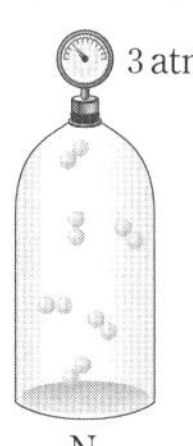

N_2

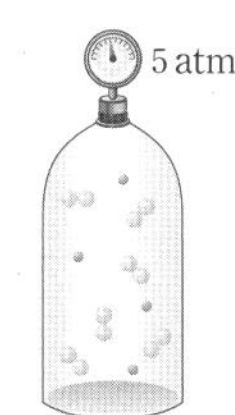

He과 N_2의 혼합 기체

② **부분 압력 법칙** : 일정한 온도 T에서 n_A만큼의 양(mol)의 기체 A를 부피가 V인 용기에 넣었을 때의 압력을 P_A라고 하고, n_B만큼의 양(mol)의 기체 B를 부피가 V인 용기에 넣었을 때의 압력을 P_B라고 하면, 이상 기체 방정식으로부터 다음과 같은 관계식이 성립한다.

$$P_A=\frac{n_A RT}{V}, \quad P_B=\frac{n_B RT}{V}$$

일정한 온도에서 서로 반응하지 않는 n_A만큼의 양(mol)의 기체 A와 n_B만큼의 양(mol)의 기체 B를 부피가 V인 용기에 함께 넣어 혼합하면 혼합 기체의 전체 압력 P_T는 전체 양(mol)인 n_A+n_B에 비례한다.

$$P_T=(n_A+n_B)\frac{RT}{V}=P_A+P_B$$

따라서 $P_T=P_A+P_B$임을 알 수 있다. 1801년 돌턴은 혼합 기체의 전체 압력은 각 성분 기체의 부분 압력의 합과 같다는 사실을 밝혀냈고, 이것을 부분 압력 법칙이라고 한다.

개념 체크

부분 압력 법칙 : 혼합 기체의 전체 압력은 각 성분 기체의 부분 압력의 합과 같다.

1. 서로 반응하지 않는 2가지 이상의 기체가 한 용기 속에 혼합되어 있을 때 각 성분 기체가 나타내는 압력을 각 성분 기체의 (   )이라고 한다.

2. 혼합 기체의 전체 압력은 각 성분 기체의 부분 압력의 (   )과 같다.

3. 부피가 V인 용기 속에 절대 온도가 T인 기체 A, B가 혼합되어 있을 때 기체 A의 양(mol)이 n_A라면 부분 압력 P_A=(   )이다.

정답
1. 부분 압력
2. 합
3. $\frac{n_A RT}{V}$

개념 체크

◘ **몰 분율** : 성분 기체의 양(mol)을 전체 기체의 양(mol)으로 나눈 값이며, 몰 분율에 전체 압력을 곱해 주면 성분 기체의 부분 압력을 구할 수 있다.

1. 혼합 기체에서 각 성분 기체의 (　　)은 각 성분 기체의 양(mol)을 전체 기체의 양(mol)으로 나눈 값이다.

2. 혼합 기체에서 성분 기체의 부분 압력은 (　　)에 성분 기체의 몰 분율을 곱한 값이다.

3. He과 Ne이 한 용기에 1 : 2의 몰비로 혼합되어 있을 때 부분 압력비는 $P_{He}:P_{Ne}$=(　　)이다.

정답
1. 몰 분율
2. 전체 압력
3. 1 : 2

탐구자료 살펴보기 기체의 분자량 측정

실험 과정

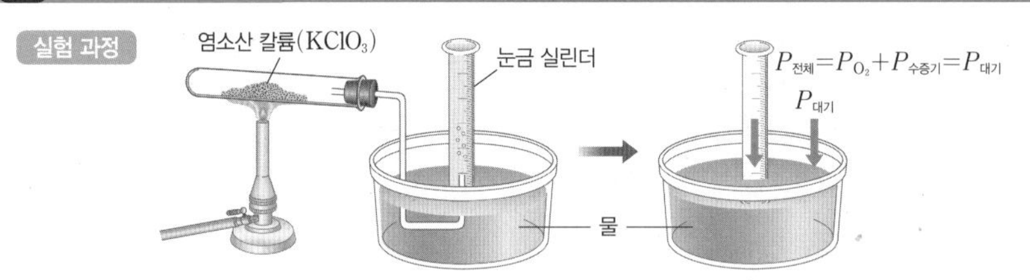

1. 시험관에 고체 염소산 칼륨($KClO_3$)을 넣고 시험관의 질량(w_1)을 측정한 후 그림과 같이 장치하여 가열한다.
2. 염소산 칼륨이 열분해되면서 발생하는 기체를 물이 가득 들어 있는 눈금 실린더에 포집한다.
3. 기포 발생이 멈추면 눈금 실린더 안과 밖의 수면 높이를 같게 하여 포집한 기체의 부피(V)를 측정한다.
4. 물의 온도(T)와 대기압($P_{대기}$)을 측정하고, T에서의 수증기압($P_{수증기}$)을 문헌값을 통해 확인한다.
5. 시험관이 식으면 반응하고 남은 $KClO_3$이 들어 있는 시험관의 질량(w_2)을 다시 측정한다.
6. 이 실험에서 측정한 결과로부터 이상 기체 방정식을 이용하여 발생한 기체의 분자량(M)을 계산한다.

실험 결과

• 눈금 실린더에 포집한 기체는 순수한 산소가 아니라 눈금 실린더 속 물 표면에서 증발한 수증기도 포함되므로 눈금 실린더 속 기체의 전체 압력($P_{전체}$)은 산소의 부분 압력(P_{O_2})과 수증기의 부분 압력($P_{수증기}$)을 합한 값이다.
• 발생한 산소의 질량(w)은 (w_1-w_2)이며, 산소의 부분 압력(P_{O_2})은 ($P_{대기}-P_{수증기}$)이다.
• 측정한 결과를 이상 기체 방정식에 대입하여 산소의 분자량(M_{O_2})을 계산한다.

분석 point

$PV=nRT=\frac{w}{M}RT$에서 기체의 분자량 $M=\frac{wRT}{PV}$이므로 $M_{O_2}=\frac{(w_1-w_2)RT}{(P_{대기}-P_{수증기})V}$이다.

(2) 몰 분율

① **몰 분율** : 혼합 기체에서 각 성분 기체의 양(mol)을 전체 기체의 양(mol)으로 나눈 값을 그 기체의 몰 분율이라고 한다. 용기 속에 기체 A, B가 각각 n_A mol, n_B mol이 존재하면 각 기체의 몰 분율은 다음과 같다.

$$A의\ 몰\ 분율(X_A)=\frac{A의\ 양(mol)}{전체\ 기체의\ 양(mol)}=\frac{n_A}{n_A+n_B}$$

$$B의\ 몰\ 분율(X_B)=\frac{B의\ 양(mol)}{전체\ 기체의\ 양(mol)}=\frac{n_B}{n_A+n_B}$$

② **부분 압력과 몰 분율** : 혼합 기체에서 각 성분 기체의 부분 압력은 그 기체의 몰 분율에 비례한다. 즉, 혼합 기체에서 각 성분 기체의 부분 압력은 전체 압력(P_T)에 그 기체의 몰 분율을 곱한 값과 같다.

$$P_A=P_T\times\frac{n_A}{n_A+n_B}=P_T\times X_A$$

$$P_B=P_T\times\frac{n_B}{n_A+n_B}=P_T\times X_B$$

(P_T : 전체 압력,　P_A, P_B : A, B의 부분 압력
n_A, n_B : A, B의 양(mol)
X_A, X_B : A, B의 몰 분율)

[24028-0001]

01 그림은 강철 용기에 $A(g)$와 $B(g)$가 들어 있는 것을 나타낸 것이고, 표는 강철 용기 속 $A(g)$와 $B(g)$에 대한 자료이다.

$A(g)$, $B(g)$
1 atm

기체	질량(g)	부분 압력(atm)
$A(g)$	8	x
$B(g)$	6	0.75

이에 대한 설명으로 옳은 것만을 〈보기〉에서 있는 대로 고른 것은?

보기

ㄱ. $x=0.25$이다.

ㄴ. $A(g)$의 몰 분율은 $\frac{1}{4}$이다.

ㄷ. 분자량은 A가 B의 2배이다.

① ㄱ ② ㄷ ③ ㄱ, ㄴ ④ ㄴ, ㄷ ⑤ ㄱ, ㄴ, ㄷ

[24028-0002]

02 표는 T K에서 $A(g)$~$C(g)$에 대한 자료이다.

기체	밀도(g/L)	압력(atm)	부피(L)
$A(g)$	$8d$	1	$2V$
$B(g)$	$4d$	4	$2V$
$C(g)$	$11d$	1	V

이에 대한 설명으로 옳은 것만을 〈보기〉에서 있는 대로 고른 것은?

보기

ㄱ. 분자량은 A가 B의 4배이다.

ㄴ. 기체의 양(mol)은 $B(g)$가 $C(g)$의 4배이다.

ㄷ. 기체의 질량은 $A(g)$가 $C(g)$보다 크다.

① ㄱ ② ㄷ ③ ㄱ, ㄴ ④ ㄴ, ㄷ ⑤ ㄱ, ㄴ, ㄷ

[24028-0003]

03 그림은 일정한 압력에서 $A(g)$의 질량과 부피를 나타낸 것이다.

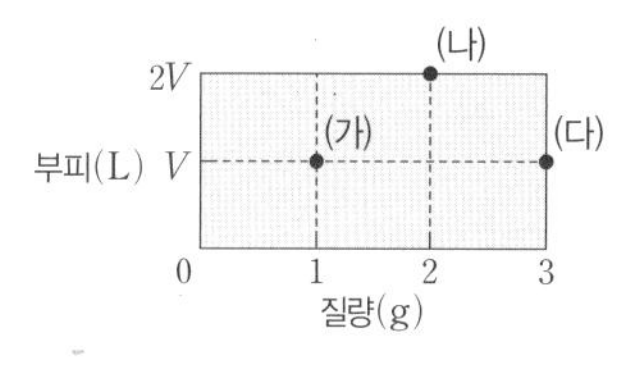

이에 대한 설명으로 옳은 것만을 〈보기〉에서 있는 대로 고른 것은?

보기

ㄱ. 온도는 (가)에서와 (나)에서가 같다.

ㄴ. 분자의 평균 운동 에너지는 (다)>(가)이다.

ㄷ. 기체의 밀도는 (다)에서가 (가)에서의 3배이다.

① ㄱ ② ㄴ ③ ㄱ, ㄷ ④ ㄴ, ㄷ ⑤ ㄱ, ㄴ, ㄷ

[24028-0004]

04 그림 (가)와 (나)는 각각 T K와 x K에서 한쪽 끝이 막힌 J자관에 같은 질량의 $A(g)$가 각각 들어 있는 것을 나타낸 것이다. 1 atm=760 mmHg이다.

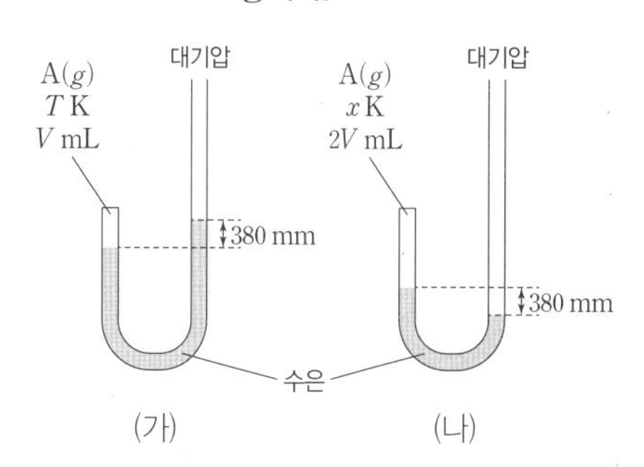

x는? (단, 대기압은 1 atm이고, 온도에 따른 수은의 밀도 변화와 증기압은 무시한다.)

① $\frac{1}{3}T$ ② $\frac{2}{3}T$ ③ T ④ $\frac{3}{2}T$ ⑤ $2T$

[24028-0005]

05 그림 (가)는 실린더에 $A(g)$와 $B(g)$가 들어 있는 것을, (나)는 (가)에서 고정 장치를 제거하고 온도를 $2T$ K로 높인 후 충분한 시간이 흐른 상태를 나타낸 것이다. 분자량은 A가 B의 8배이다.

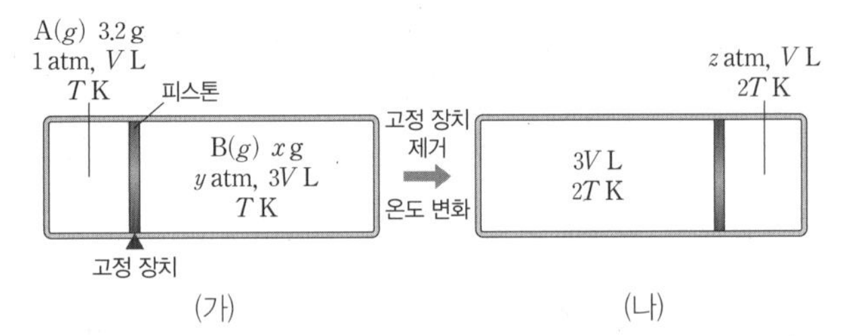

$\frac{y \times z}{x}$는? (단, 피스톤의 마찰은 무시한다.)

① $\frac{5}{9}$ ② $\frac{5}{8}$ ③ $\frac{5}{4}$ ④ $\frac{5}{3}$ ⑤ $\frac{5}{2}$

[24028-0006]

06 그림은 일정한 온도에서 같은 질량의 $X(g)$와 $Y(g)$의 압력에 따른 부피를 나타낸 것이다.

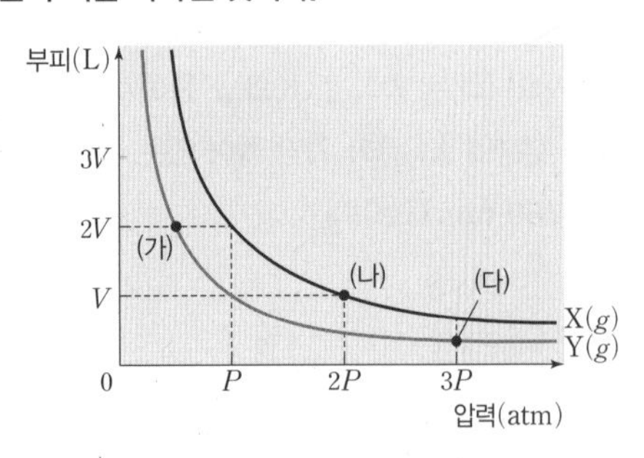

이에 대한 설명으로 옳은 것만을 〈보기〉에서 있는 대로 고른 것은?

보기

ㄱ. 기체의 양(mol)은 (가)에서가 (나)에서보다 크다.
ㄴ. 분자량은 Y가 X의 2배이다.
ㄷ. 기체의 밀도는 (다)에서가 (나)에서의 3배이다.

① ㄱ ② ㄴ ③ ㄱ, ㄷ
④ ㄴ, ㄷ ⑤ ㄱ, ㄴ, ㄷ

[24028-0007]

07 그림 (가)~(다)는 강철 용기에 들어 있는 $X(g)$와 $Y(g)$를 모형으로 나타낸 것이다. 분자량은 X가 Y의 2배이다.

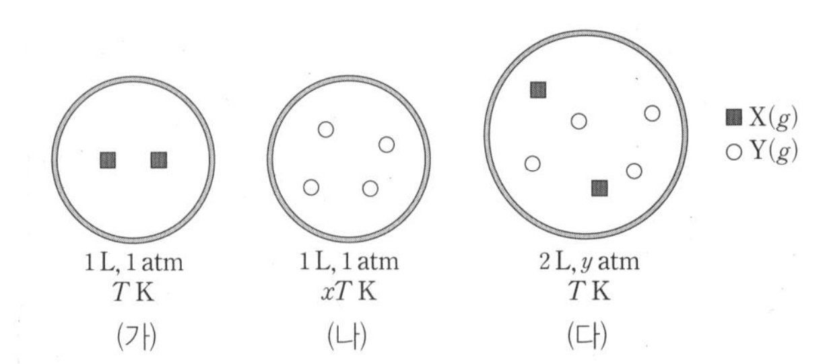

이에 대한 설명으로 옳은 것만을 〈보기〉에서 있는 대로 고른 것은?

보기

ㄱ. $\frac{y}{x}=3$이다.
ㄴ. (다)에서 $X(g)$의 부분 압력은 0.5 atm이다.
ㄷ. 전체 기체의 밀도는 (다) > (나)이다.

① ㄱ ② ㄷ ③ ㄱ, ㄴ
④ ㄴ, ㄷ ⑤ ㄱ, ㄴ, ㄷ

[24028-0008]

08 그림은 꼭지로 분리된 강철 용기와 실린더에 $A(g)$와 $B(g)$가 들어 있는 것을 나타낸 것이다. 강철 용기에서 $B(g)$의 부분 압력은 2 atm이다.

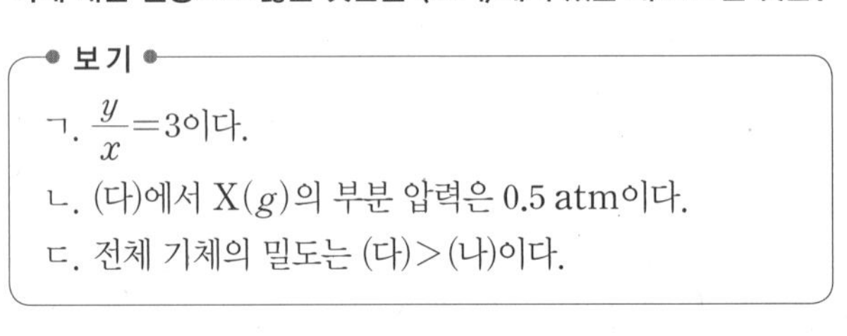

꼭지를 열고 충분한 시간이 흐른 후의 상태에서 실린더 속 기체의 부피가 $4V$ L일 때, $x \times \frac{\text{B의 분자량}}{\text{A의 분자량}}$은? (단, 온도와 대기압은 각각 T K와 1 atm으로 일정하고, 연결관의 부피 및 피스톤의 마찰은 무시하며, A와 B는 반응하지 않는다.)

① $\frac{1}{4}$ ② $\frac{1}{2}$ ③ 1 ④ 2 ⑤ 4

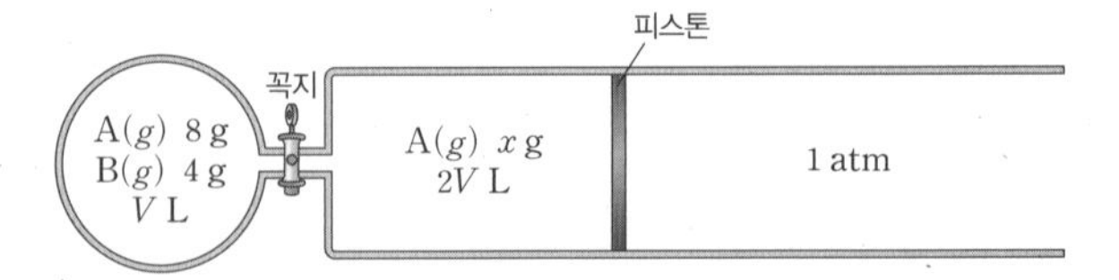

[24028-0009]

09 그림 (가)는 꼭지로 분리된 용기에 각각 $A(g)$와 $B(g)$가 들어 있는 것을, (나)는 꼭지를 열고 충분한 시간이 흐른 후의 상태를 나타낸 것이다. $1 \text{ atm} = 760 \text{ mmHg}$이다.

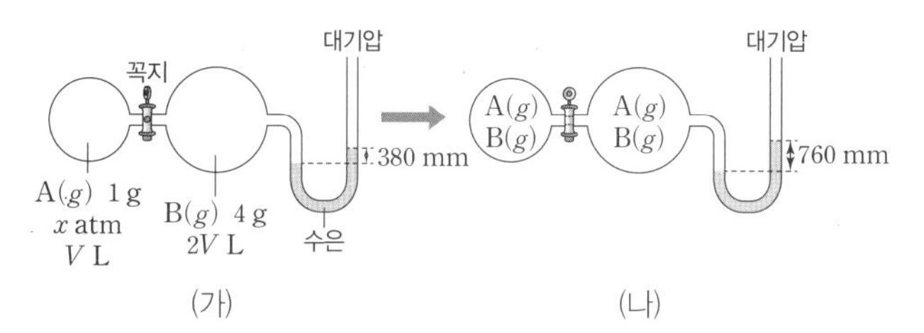

이에 대한 설명으로 옳은 것만을 〈보기〉에서 있는 대로 고른 것은? (단, 온도와 대기압은 각각 T K와 1 atm으로 일정하고, 연결관의 부피 및 수은의 증기압은 무시하며, A와 B는 반응하지 않는다.)

ㄱ. $x=3$이다.
ㄴ. 분자량은 B가 A의 4배이다.
ㄷ. (나)에서 $A(g)$의 부분 압력은 1 atm이다.

① ㄱ ② ㄷ ③ ㄱ, ㄴ ④ ㄴ, ㄷ ⑤ ㄱ, ㄴ, ㄷ

[24028-0010]

10 그림은 온도 T에서 강철 용기에 $A(g)$와 $B(g)$가 들어 있는 것을 나타낸 것이고, 표는 강철 용기 속 기체에 대한 자료이다. $RT = 25 \text{ atm·L/mol}$이다.

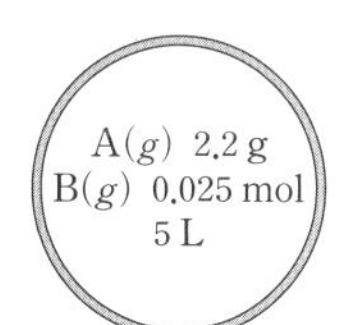

혼합 기체의 전체 압력 (atm)	$\frac{3}{8}$
혼합 기체의 밀도 (g/L)	$\frac{3}{5}$

이에 대한 설명으로 옳은 것만을 〈보기〉에서 있는 대로 고른 것은?

보기

ㄱ. $A(g)$의 몰 분율은 $\frac{2}{3}$이다.
ㄴ. A의 분자량은 46이다.
ㄷ. $B(g)$의 질량은 0.8 g이다.

① ㄱ ② ㄷ ③ ㄱ, ㄴ ④ ㄱ, ㄷ ⑤ ㄴ, ㄷ

[24028-0011]

11 다음은 $A(g)$와 $B(g)$가 반응하여 $C(g)$가 생성되는 반응의 화학 반응식이다.

$$A(g) + 2B(g) \longrightarrow 2C(g)$$

그림은 꼭지로 분리된 강철 용기에 $A(g)$와 $B(g)$가 들어 있는 것을 나타낸 것이다.

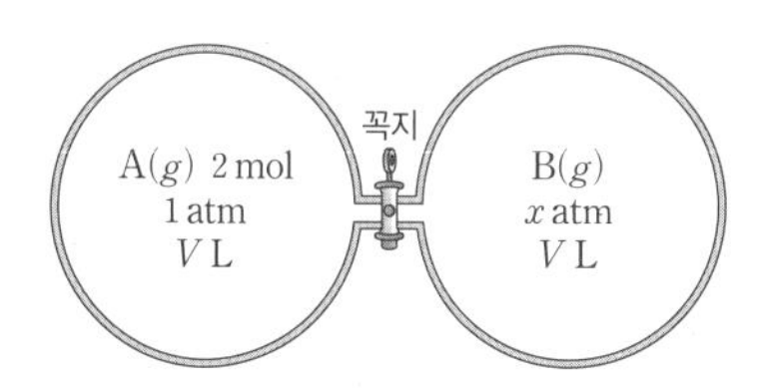

꼭지를 열어 반응이 완결되고 충분한 시간이 흐른 후의 상태에서 $A(g)$의 부분 압력이 $\frac{3}{8}$ atm일 때, $C(g)$의 몰 분율$\times x$는? (단, 온도는 일정하고, 연결관의 부피는 무시한다.)

① $\frac{1}{10}$ ② $\frac{1}{5}$ ③ $\frac{3}{10}$ ④ $\frac{2}{5}$ ⑤ $\frac{4}{5}$

[24028-0012]

12 그림 (가)는 강철 용기에 $A(g)$와 $B(g)$가 들어 있는 것을, (나)는 (가)의 강철 용기에 $B(g)$ y mol을 추가하고 온도를 변화시킨 후 충분한 시간이 흐른 상태를 나타낸 것이다. $A(g)$의 부분 압력은 (가)에서 0.2 atm, (나)에서 0.1 atm이다.

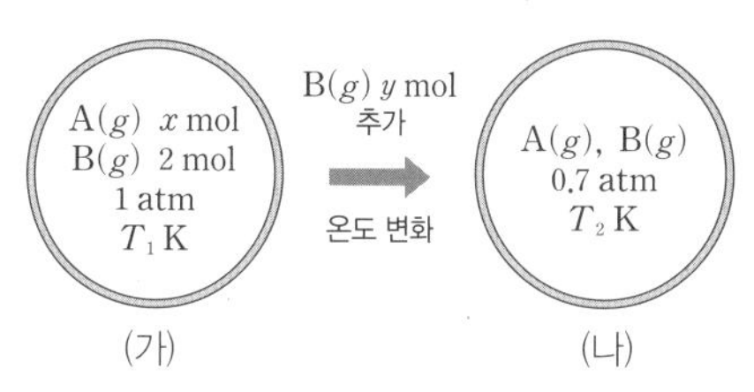

$\frac{T_1}{T_2} \times \frac{x}{y}$는? (단, A와 B는 반응하지 않는다.)

① 1 ② 2 ③ 4 ④ 6 ⑤ 8

$PV=nRT$에서 $n=\frac{PV}{RT}$이므로 (가)에서 $A(g)$의 양은 $\frac{2\ \text{atm}\times 5\ \text{L}}{25\ \text{atm}\cdot\text{L/mol}}=0.4\ \text{mol}$이다.

[24028-0013]

01 그림 (가)와 (나)는 온도 T에서 강철 용기에 $A(g)$와 $B(g)$가 들어 있는 것을 나타낸 것이다. 기체의 밀도는 (가)에서 0.16 g/L, (나)에서 0.4 g/L이고, $RT=25$ atm·L/mol이다.

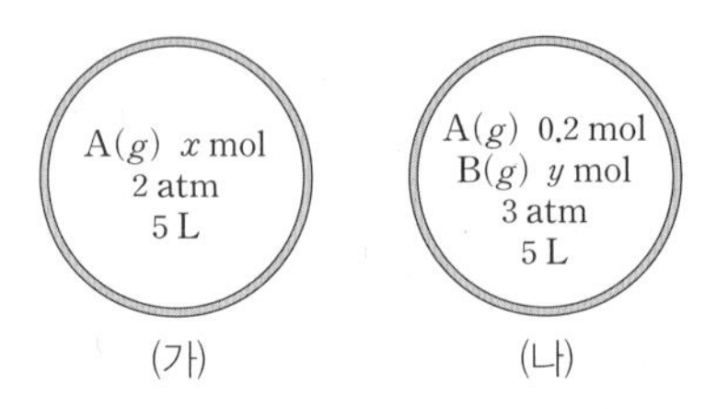

이에 대한 설명으로 옳은 것만을 <보기>에서 있는 대로 고른 것은?

보기

ㄱ. $x+y=0.6$이다.
ㄴ. (나)에서 $B(g)$의 부분 압력은 2 atm이다.
ㄷ. 분자량은 B가 A의 2배이다.

① ㄱ ② ㄴ ③ ㄱ, ㄷ ④ ㄴ, ㄷ ⑤ ㄱ, ㄴ, ㄷ

기체의 양(mol)은 $\frac{PV}{T}$에 비례하고, (나)와 (다)에서 $A(g)$의 양(mol)은 같다.

[24028-0014]

02 그림 (가)는 T K에서 실린더에 $A(g)$ x g이 들어 있는 것을, (나)는 (가)의 실린더에 $A(g)$ y g을 추가하고 추 1개를 올린 후 충분한 시간이 흐른 상태를, (다)는 (나)에서 온도를 $2T$ K로 높이고, 추 1개를 추가로 올린 후 충분한 시간이 흐른 상태를 나타낸 것이다.

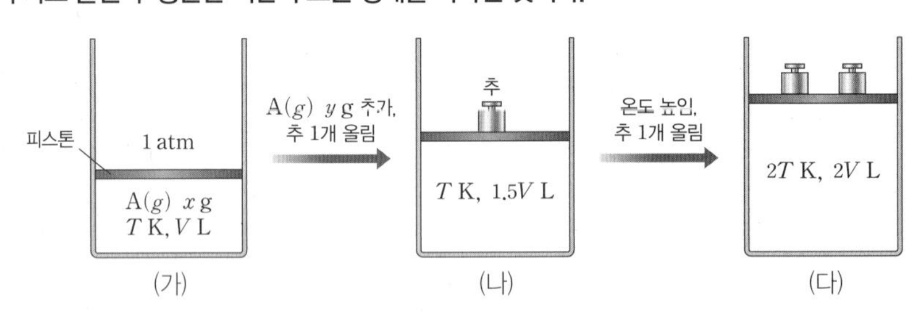

이에 대한 설명으로 옳은 것만을 <보기>에서 있는 대로 고른 것은? (단, 대기압은 1 atm으로 일정하고, 추의 질량은 같으며, 피스톤의 질량과 마찰은 무시한다.)

보기

ㄱ. 분자의 평균 운동 에너지는 (나) > (가)이다.
ㄴ. 추 1개에 의한 압력은 1.5 atm이다.
ㄷ. $\frac{y}{x}=2$이다.

① ㄱ ② ㄷ ③ ㄱ, ㄴ ④ ㄴ, ㄷ ⑤ ㄱ, ㄴ, ㄷ

[24028-0015]

03 그림은 압력이 P_1인 X(g)와 압력이 P_2인 Y(g)의 온도에 따른 부피를 나타낸 것이다. (가)와 (나)에서 기체의 양(mol)은 같고, (나)와 (다)에서 기체의 질량은 같다.

> $PV=nRT$에서 기체의 양(mol)이 일정할 때 기체의 압력은 $\frac{T}{V}$에 비례한다.

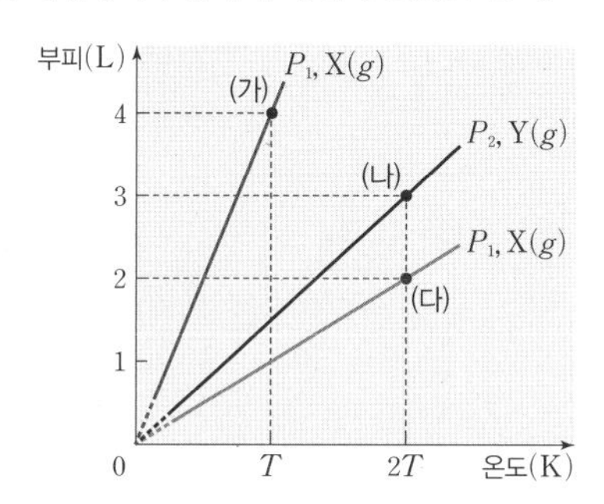

이에 대한 설명으로 옳은 것만을 〈보기〉에서 있는 대로 고른 것은?

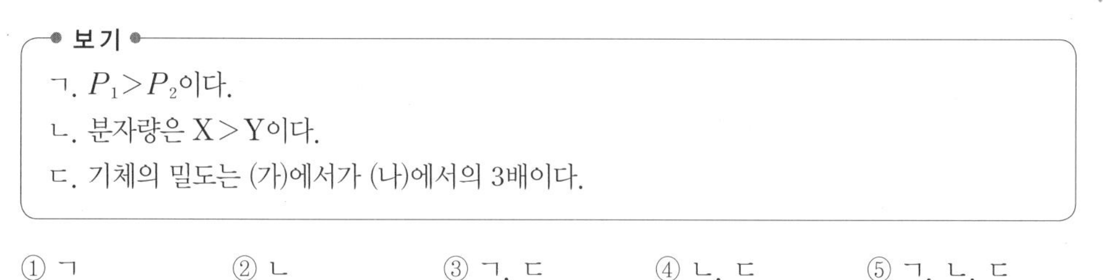

보기

ㄱ. $P_1 > P_2$이다.

ㄴ. 분자량은 X > Y이다.

ㄷ. 기체의 밀도는 (가)에서가 (나)에서의 3배이다.

① ㄱ ② ㄴ ③ ㄱ, ㄷ ④ ㄴ, ㄷ ⑤ ㄱ, ㄴ, ㄷ

[24028-0016]

04 그림 (가)는 꼭지로 분리된 강철 용기와 실린더에 A(g)와 B(g)가 들어 있는 것을, (나)는 (가)에서 꼭지를 연 후 충분한 시간이 흐른 상태를 나타낸 것이다. 1 atm=760 mmHg이다.

> 실린더 속 기체의 압력이 (가)에서는 1.5 atm이고, (나)에서는 2 atm이다.

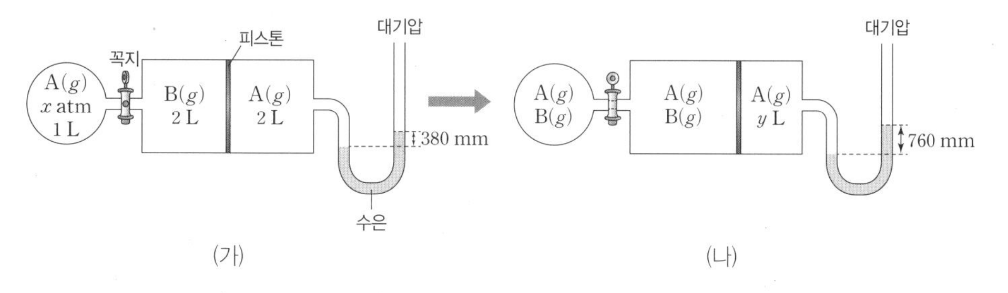

이에 대한 설명으로 옳은 것만을 〈보기〉에서 있는 대로 고른 것은? (단, 온도와 대기압은 각각 T K와 1 atm으로 일정하고, 연결관의 부피와 피스톤의 마찰 및 수은의 증기압은 무시하며, A와 B는 반응하지 않는다.)

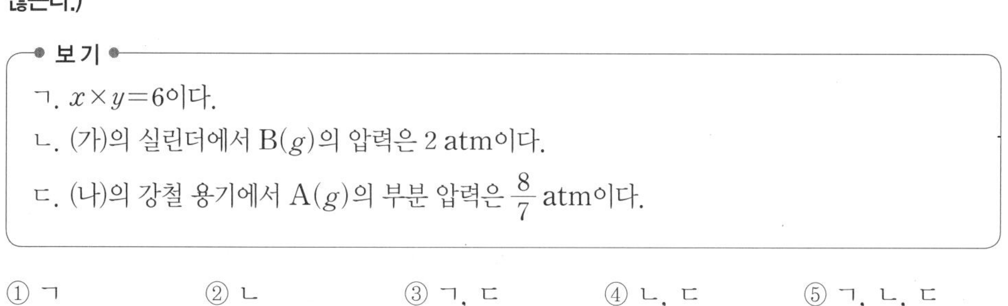

보기

ㄱ. $x \times y = 6$이다.

ㄴ. (가)의 실린더에서 B(g)의 압력은 2 atm이다.

ㄷ. (나)의 강철 용기에서 A(g)의 부분 압력은 $\frac{8}{7}$ atm이다.

① ㄱ ② ㄴ ③ ㄱ, ㄷ ④ ㄴ, ㄷ ⑤ ㄱ, ㄴ, ㄷ

$PV=nRT$에서 기체의 양(mol)은 $\frac{PV}{T}$에 비례한다.

[24028-0017]

05 그림은 같은 질량의 $A(g)$와 $B(g)$를 각각 온도 $3T$ K와 $2T$ K를 유지하면서 압력을 변화시킬 때, 압력에 따른 부피를 나타낸 것이다.

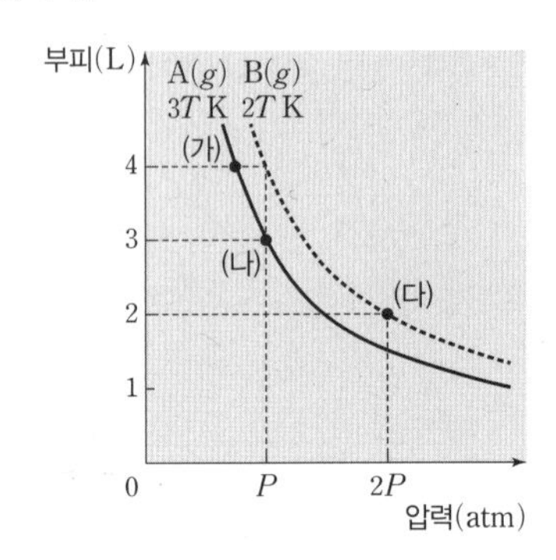

이에 대한 설명으로 옳은 것만을 <보기>에서 있는 대로 고른 것은?

보기

ㄱ. 분자량은 B가 A의 2배이다.

ㄴ. (가)에서 $A(g)$의 압력은 $\frac{3}{4}P$ atm이다.

ㄷ. 기체의 양(mol)은 (다)에서가 (나)에서보다 크다.

① ㄱ ② ㄴ ③ ㄱ, ㄷ ④ ㄴ, ㄷ ⑤ ㄱ, ㄴ, ㄷ

혼합 기체의 전체 압력은 각 성분 기체의 부분 압력의 합과 같다. (나)에서 $He(g)$의 부분 압력이 0.5 atm이므로 $X(g)$의 부분 압력은 0.5 atm이다.

[24028-0018]

06 그림 (가)는 강철 용기에 $He(g)$과 $X(g)$가 들어 있는 것을, (나)는 실린더에 $He(g)$과 $X(g)$가 들어 있는 것을 나타낸 것이다. $He(g)$의 부분 압력은 (가)에서 2 atm, (나)에서 0.5 atm이다.

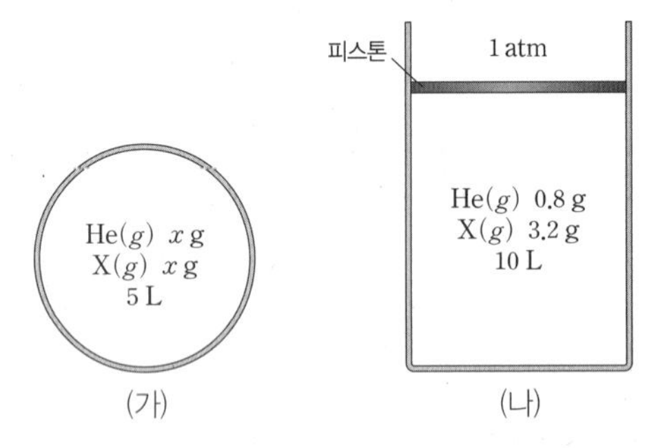

이에 대한 설명으로 옳은 것만을 <보기>에서 있는 대로 고른 것은? (단, He의 원자량은 4이고, (가)와 (나)에서 온도는 같으며, 피스톤의 질량과 마찰은 무시한다.)

보기

ㄱ. X의 분자량은 16이다.

ㄴ. (가)에서 혼합 기체의 양은 0.5 mol이다.

ㄷ. (가)에서 $X(g)$의 부분 압력은 0.5 atm이다.

① ㄱ ② ㄷ ③ ㄱ, ㄴ ④ ㄴ, ㄷ ⑤ ㄱ, ㄴ, ㄷ

[24028-0019]

07 표는 강철 용기 Ⅰ~Ⅲ에 들어 있는 기체에 대한 자료이다. Ⅲ에서 A(g)의 몰 분율은 $\frac{3}{5}$이다.

강철 용기	기체	질량(g)	압력(atm)	부피(L)	온도(K)
Ⅰ	A(g)	2	1	1	T
Ⅱ	B(g)	4	2	3	$\frac{3}{2}T$
Ⅲ	A(g), B(g)	8	1	V	$2T$

이에 대한 설명으로 옳은 것만을 <보기>에서 있는 대로 고른 것은?

보기

ㄱ. $V=5$이다.
ㄴ. Ⅲ에서 기체의 질량은 A(g)가 B(g)의 3배이다.
ㄷ. Ⅲ에서 분자의 평균 운동 에너지는 A(g)>B(g)이다.

① ㄱ ② ㄴ ③ ㄷ ④ ㄱ, ㄴ ⑤ ㄴ, ㄷ

기체의 양은 $\frac{PV}{T}$에 비례하므로 Ⅰ과 Ⅱ에서 기체의 몰비는 A(g) : B(g)=1 : 4이다.

[24028-0020]

08 다음은 기체 반응과 관련된 실험이다.

[화학 반응식] ○ $2A(g)+B(g) \longrightarrow 2C(g)$

[실험 과정]

(가) T K에서 꼭지로 분리된 강철 용기 Ⅰ~Ⅲ에 그림과 같이 A(g)와 B(g)를 넣는다.

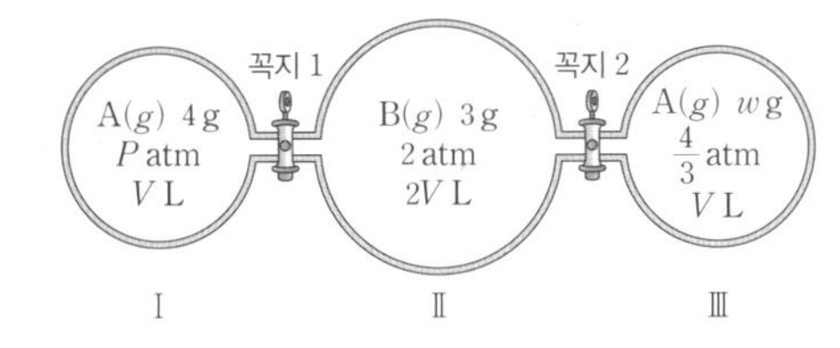

(나) 꼭지 1을 열어 반응을 완결시킨다.
(다) 꼭지 2를 열어 반응을 완결시킨다.

[실험 결과]

○ (나) 과정 후 Ⅱ에서 B(g)의 몰 분율 : $\frac{1}{2}$
○ (다) 과정 후 Ⅱ에서 C(g)의 몰 분율 : x

이에 대한 설명으로 옳은 것만을 <보기>에서 있는 대로 고른 것은? (단, 온도는 T K로 일정하고, 연결관의 부피는 무시한다.)

보기

ㄱ. $P=\frac{8}{3}$이다.
ㄴ. $w \times x=\frac{4}{3}$이다.
ㄷ. 분자량은 A가 B의 2배이다.

① ㄱ ② ㄷ ③ ㄱ, ㄴ ④ ㄴ, ㄷ ⑤ ㄱ, ㄴ, ㄷ

$PV=nRT$에서 온도가 일정할 때 기체의 양(mol)은 기체의 압력과 부피의 곱에 비례한다.

온도가 일정할 때 기체의 양(mol)은 기체의 압력과 부피의 곱에 비례한다.
(가)에서 $A(g)$와 실린더에 들어 있는 $B(g)$의 압력과 부피의 곱이 같으므로 $A(g)$의 양은 1 mol이다.

[24028-0021]

09 그림 (가)는 T K에서 꼭지로 분리된 강철 용기와 실린더에 $A(g)$와 $B(g)$가 들어 있는 것을, (나)는 (가)에서 꼭지 1과 2를 열고, 추 1개를 올린 뒤 온도를 $\frac{3}{2}T$ K로 높인 후 충분한 시간이 흐른 상태를 나타낸 것이다. 추 1개에 해당하는 압력은 0.5 atm이고, (나)의 실린더에서 $A(g)$의 부분 압력은 $\frac{3}{5}$ atm이다.

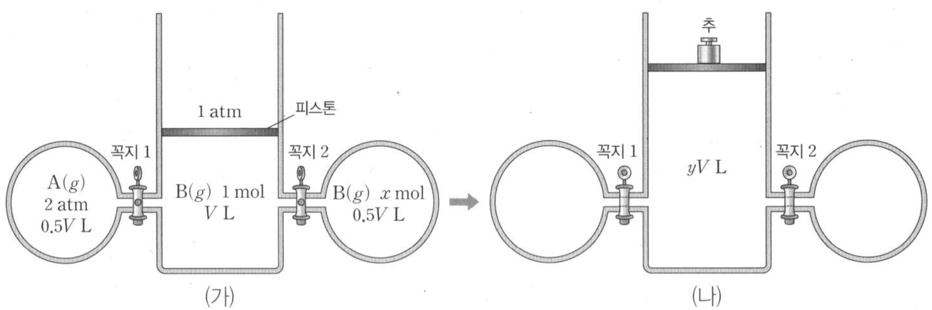

$\frac{y}{x}$는? (단, 대기압은 1 atm으로 일정하고, 연결관의 부피 및 피스톤의 질량과 마찰은 무시하며, A와 B는 반응하지 않는다.)

① 0.5 ② 1 ③ 3 ④ 5 ⑤ 6

$PV=nRT$에서 온도가 일정할 때 기체의 압력은 $\frac{n}{V}$에 비례한다.

[24028-0022]

10 다음은 기체 반응과 관련된 실험이다.

[화학 반응식] ○ $A(g)+bB(g) \longrightarrow 2C(g)+2D(g)$ (b는 반응 계수)

[실험 과정]

(가) 그림과 같이 T K에서 꼭지로 분리된 강철 용기 Ⅰ~Ⅲ에 $A(g)$~$C(g)$를 넣는다.

(나) 꼭지 1을 열어 반응을 완결시킨다.

(다) 꼭지 2를 열어 반응을 완결시킨다.

꼭지 1, 꼭지 2
Ⅰ: $A(g)$ x mol, 3 atm, V L
Ⅱ: $B(g)$ y mol, $C(g)$ 1 mol, $2V$ L
Ⅲ: $B(g)$ 3 mol, $C(g)$ 1 mol, V L

[실험 결과]

○ 각 과정 후 Ⅱ에서 기체의 부분 압력

과정	기체의 부분 압력(atm)		
	$A(g)$	$B(g)$	$C(g)$
(가)		P_1	$\frac{1}{2}$
(나)		0	$\frac{5}{3}$
(다)	0	0	P_2

$(x+y)\times\frac{P_2}{P_1}$는? (단, 온도는 T K로 일정하고, 연결관의 부피는 무시한다.)

① 3 ② 5 ③ 6 ④ 9 ⑤ 10

[24028-0023]

11 다음은 기체 반응과 관련된 실험이다.

[화학 반응식] ○ $A(g)+bB(g) \longrightarrow 2C(g)$ (b는 반응 계수)

[실험 과정]

(가) 그림과 같이 T K에서 꼭지로 분리된 실린더와 강철 용기 Ⅰ, Ⅱ에 $A(g)$와 $B(g)$를 넣는다.

(나) 꼭지 1을 열어 반응을 완결시킨다.

(다) 꼭지 2를 열어 반응을 완결시킨다.

피스톤
1 atm
$A(g)$ 2 L
꼭지 1
$B(g)$ x atm 4 L
꼭지 2
$A(g)$ 2 atm, 1 L
Ⅰ
Ⅱ

[실험 결과]

○ (나)에서는 $A(g)$가, (다)에서는 $B(g)$가 모두 반응하였다.

○ 각 과정 후 실린더의 부피는 (나)에서 1 L, (다)에서 1.5 L이다.

이에 대한 설명으로 옳은 것만을 ⟨보기⟩에서 있는 대로 고른 것은? (단, 온도와 대기압은 각각 T K와 1 atm으로 일정하고, 연결관의 부피와 피스톤의 마찰은 무시한다.)

보기

ㄱ. $x \times b = \frac{5}{4}$이다.

ㄴ. (나) 과정 후 Ⅰ에서 $B(g)$의 몰 분율은 $\frac{1}{5}$이다.

ㄷ. Ⅰ에서 $C(g)$의 부분 압력은 (다) 과정 후에서가 (나) 과정 후에서보다 크다.

① ㄱ ② ㄴ ③ ㄱ, ㄷ ④ ㄴ, ㄷ ⑤ ㄱ, ㄴ, ㄷ

$PV=nRT$에서 온도가 일정할 때 기체의 양(mol)은 기체의 압력과 부피의 곱에 비례한다.
(가)의 실린더에서 $A(g)$의 양을 $2n$ mol이라고 하면 Ⅰ에서 $B(g)$의 양은 $4xn$ mol이고, Ⅱ에서 $A(g)$의 양은 $2n$ mol이다.

[24028-0024]

12 다음은 기체 반응과 관련된 실험이다.

[화학 반응식] ○ $A(g)+2B(g) \longrightarrow C(g)+2D(g)$

[실험 과정]

(가) 그림과 같이 T K에서 꼭지로 분리된 강철 용기 Ⅰ과 Ⅱ에 $A(g)$, $B(g)$, $C(g)$를 넣는다.

(나) 꼭지를 열어 반응을 완결시킨다.

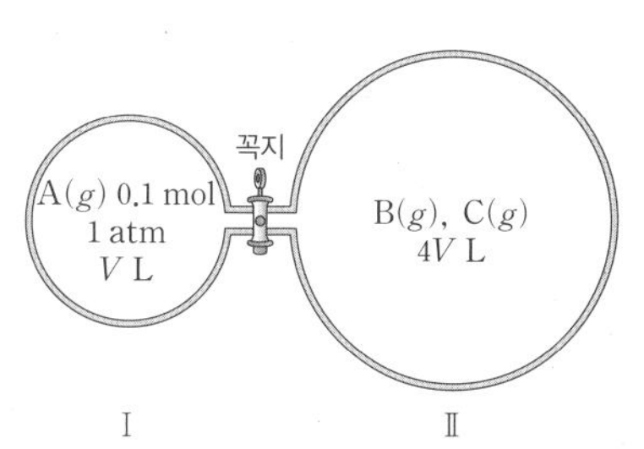

[실험 결과]

○ Ⅱ에서 $B(g)$의 부분 압력은 (가)에서 $\frac{3}{4}$ atm이고, (나) 과정 후 x atm이다.

○ (나) 과정 후 $C(g)$의 몰 분율은 y이고, $D(g)$의 몰 분율은 $\frac{1}{3}$이다.

$x \times y$는? (단, 온도는 T K로 일정하고, 연결관의 부피는 무시한다.)

① $\frac{1}{10}$ ② $\frac{1}{5}$ ③ $\frac{2}{5}$ ④ $\frac{1}{2}$ ⑤ $\frac{3}{5}$

$PV=nRT$에서 온도가 일정할 때 기체의 압력은 $\frac{n}{V}$에 비례한다.

02 액체와 고체

개념 체크

◎ **쌍극자** : 극성 분자 내에 존재하는 양전하와 음전하의 쌍을 쌍극자라고 한다.

◎ **분산력** : 순간 쌍극자와 이에 의해 유발된 유발 쌍극자 사이에 작용하는 분자 사이에 작용하는 힘으로, 모든 분자 사이에 작용한다.

1. 어떤 물질의 고체, 액체, 기체 상태에서 분자 사이에 작용하는 힘의 세기는 (　　)>(　　)>(　　)이다.

2. 극성 분자에서 전기 음성도가 큰 원자는 부분적인 (　　)를 띠고, 전기 음성도가 작은 원자는 부분적인 (　　)를 띤다.

3. (　　)은 순간 쌍극자와 이에 의해 유발된 유발 쌍극자 사이에 작용하는 분자 간 힘이다.

정답

1. 고체, 액체, 기체
2. 음전하(δ^-), 양전하(δ^+)
3. 분산력

1 분자 간 상호 작용

(1) 분자 간 힘과 물질의 상태

① **온도와 분자 운동** : 액체의 온도가 높아지면 분자의 평균 운동 속력이 증가하면서 분자 운동이 활발해진다. 이때 분자의 운동 에너지가 분자 사이에 작용하는 힘을 극복할 만큼 커지면 물질의 상태가 변하면서 기체 상태로 존재한다.

② **분자 운동과 물질의 상태** : 물질의 상태에 따른 분자의 평균 운동 에너지는 고체＜액체＜기체이므로 분자 운동은 기체가 가장 활발하다. 이때 분자 사이에 작용하는 힘의 세기는 고체＞액체＞기체이다.

③ **분자 간 힘과 끓는점** : 분자 사이에 작용하는 힘이 클수록 액체에서 기체로의 상태 변화에 많은 에너지가 필요하므로 끓는점이 높다.

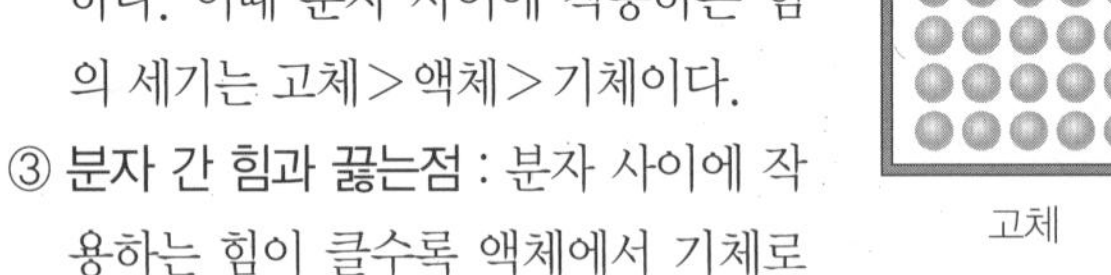
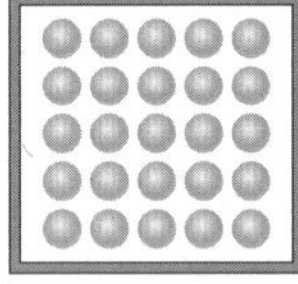
고체
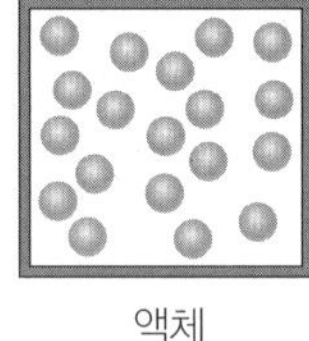
액체
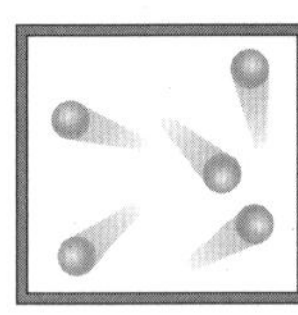
기체

(2) 쌍극자 · 쌍극자 힘

① **쌍극자** : 염화 수소(HCl)와 같은 극성 분자에서 공유 전자쌍은 전기 음성도가 큰 원자 쪽으로 치우쳐 존재하게 된다. 이때 전기 음성도가 큰 Cl는 부분적인 음전하(δ^-)를, 전기 음성도가 작은 H는 부분적인 양전하(δ^+)를 띠게 되는데, 이와 같이 분자 내에 존재하는 양전하와 음전하의 쌍을 쌍극자라고 한다.

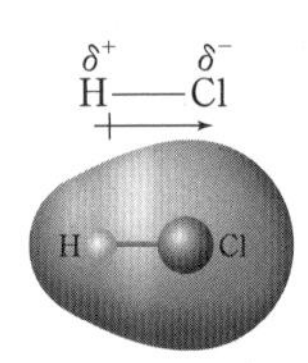

② 쌍극자를 갖는 극성 분자들이 서로 접근하면 쌍극자와 쌍극자 사이의 전기적인 인력이 작용하는데, 이러한 분자 간의 힘을 쌍극자·쌍극자 힘이라고 한다.

③ 쌍극자·쌍극자 힘은 분자의 극성이 클수록 강하다(쌍극자 모멘트의 크기는 분리된 전하의 크기가 클수록, 두 전하 사이의 거리가 멀수록 커지고, 쌍극자 모멘트의 크기가 클수록 대체로 분자의 극성이 크다).
➡ 전기적 인력은 전하를 띤 입자의 거리가 가까울수록, 전하의 크기가 클수록 크다.

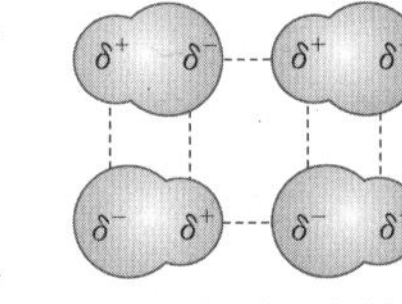

쌍극자·쌍극자 힘

④ 분자량이 비슷하면 무극성 분자 사이에 작용하는 힘보다 극성 분자 사이에 작용하는 힘이 크다.

(3) 분산력

① **편극 현상** : 분자에서 전자구름이 일시적으로 한쪽으로 치우쳐서 부분적인 전하를 띠는 현상이 일어나는데, 이를 편극 현상이라고 한다.

② **분산력** : 무극성 분자 내의 편극 현상에 의해 순간적으로 형성된 쌍극자와 이웃한 분자의 유발 쌍극자 사이에 작용하는 분자 간 힘을 분산력이라고 한다.

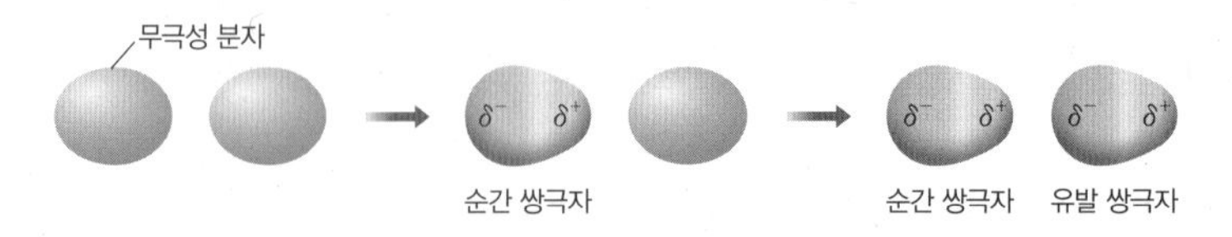

③ 전자의 분포는 분자 간의 영향으로 항상 변화하므로 분산력은 모든 분자 사이에 작용한다.

④ 분자량이 클수록 분자 내 전자가 많아 전자구름의 편극 현상이 크게 일어나므로 대체로 분자량이 큰 분자일수록 분산력이 크다.

예 메테인과 노말뷰테인 : 분자량은 노말뷰테인이 메테인보다 크므로 노말뷰테인이 메테인보다 분산력이 크고, 끓는점이 높다.

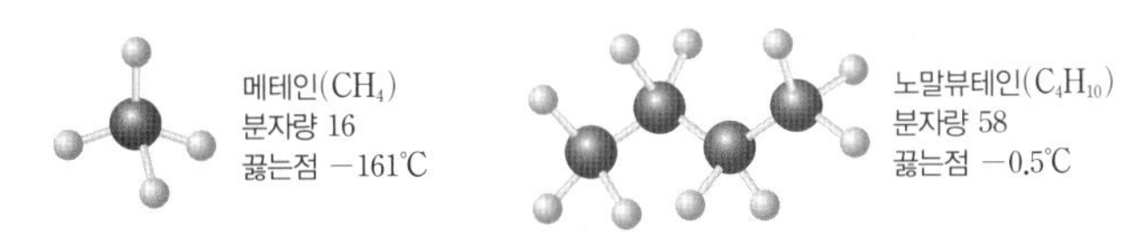

⑤ 분자량이 비슷한 분자의 경우 구조에 따라 분자의 표면적이 클수록 분산력이 크다.

예 노말펜테인과 네오펜테인 : 노말펜테인과 네오펜테인은 분자량이 같지만 표면적은 노말펜테인이 네오펜테인보다 커서 노말펜테인이 네오펜테인보다 분산력이 크고, 끓는점이 높다.

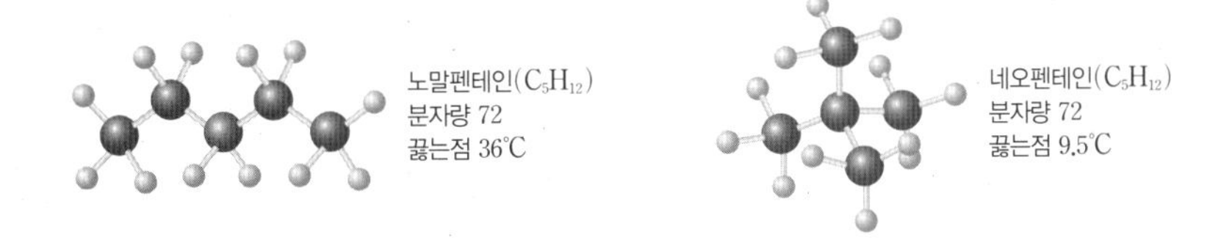

(4) 수소 결합

① F, O, N와 같이 전기 음성도가 매우 큰 원자에 결합된 H 원자와 이웃한 분자의 F, O, N 원자 사이에 작용하는 강한 인력이다.

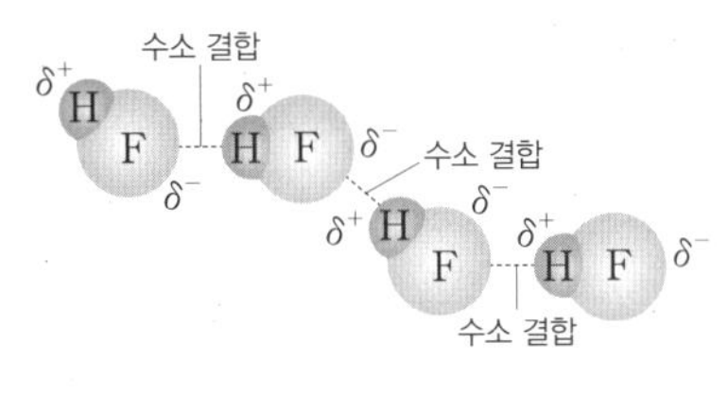

② 수소 결합을 하는 대표적인 물질에는 HF, H_2O, NH_3 등이 있다.

③ 수소 결합을 하는 물질은 분자량이 비슷한 다른 물질보다 끓는점이 높다.

④ 수소 결합은 분자 사이에 작용하는 강한 힘이다. 그러나 이온 결합, 공유 결합, 금속 결합과 같은 화학 결합에 비해서는 약한 힘이다.

⑤ DNA가 이중 나선 구조를 형성하거나 단백질의 일부가 나선 구조를 이루는 것은 수소 결합이 존재하기 때문으로, 수소 결합은 생명체 내에서도 중요한 역할을 한다.

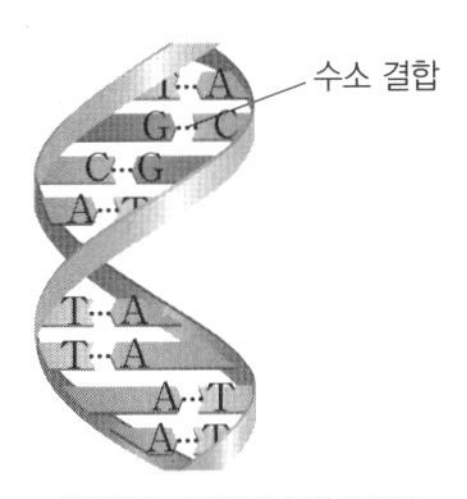

DNA 이중 나선 구조

개념 체크

- 대체로 분자량이 클수록 분산력이 크고, 분자량이 비슷할 경우 분자의 표면적이 클수록 분산력이 크다.
- 수소 결합을 하는 물질은 분자량이 비슷한 다른 물질보다 끓는점이 높다.

1. 대체로 분자량이 ( ) 분자일수록 분산력이 크다.

2. ( )가 매우 큰 F, O, N에 결합된 H 원자를 갖는 분자는 분자 사이에 ( )이 존재한다.

정답

1. 큰
2. 전기 음성도, 수소 결합

개념 체크

◆ 14족 원소의 수소 화합물은 무극성 분자이므로 분자 사이에 분산력만 작용하고, 15~17족 원소의 수소 화합물은 극성 분자이므로 쌍극자·쌍극자 힘과 분산력이 함께 작용한다.

1. H_2O의 끓는점이 다른 16족 원소의 수소 화합물보다 높은 것은 분자 사이에 (   )이 존재하기 때문이다.

2. SiH_4의 끓는점이 CH_4보다 높은 것에 영향을 미치는 분자 사이에 작용하는 힘은 (   )이다.

3. HBr와 HCl 중 액체 상태에서 분자 사이에 작용하는 힘이 큰 것은 (   )이다.

정답
1. 수소 결합
2. 분산력
3. HBr

탐구자료 살펴보기 수소 화합물의 끓는점

자료

14~17족 원소의 수소 화합물의 주기에 따른 기준 끓는점 비교

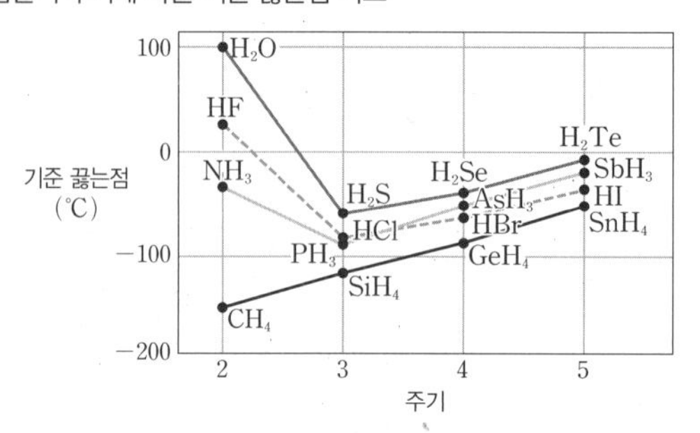

분석

- 14족부터 17족까지의 원소는 수소와 공유 결합하여 분자를 형성한다.
- 끓는점은 분자 사이의 인력이 커질수록 높아진다.
- 14족 원소의 수소 화합물은 무극성 분자이므로 분산력만 작용한다. 이때 14족 원소의 원자 번호가 커질수록 분자량이 커져 분산력이 증가하고, 끓는점은 높아진다.
- 15족, 16족, 17족 원소의 수소 화합물은 극성 분자이므로 분산력 외에 쌍극자·쌍극자 힘이 작용한다. 그런데 같은 족에서 3주기, 4주기, 5주기로 갈수록 끓는점이 높아지는 것은 원소의 원자 번호가 커질수록 분자량이 커져 분산력이 증가하기 때문이다.
- HF, H_2O, NH_3가 끓는점이 높은 것은 분자 사이에 수소 결합이 존재하기 때문이다.

분석 point

수소 결합을 하는 수소 화합물은 수소 결합을 하지 않는 수소 화합물에 비해 대체로 끓는점이 높다. 또한 분산력은 모든 분자에 작용하는 힘으로 극성 분자의 경우도 분자량이 클수록 분산력이 크게 작용하여 끓는점이 높다.

과학 돋보기 분자 간 힘 비교

물질	분자량	끓는점(℃)
H_2O	18	100
Cl_2	71	−34.0
HCl	36.5	−85.1
F_2	38	−188.1

[분산력 비교]

분자량이 클수록 분산력이 대체로 크다.

예 F_2과 Cl_2의 비교 : 분자량이 Cl_2(71)가 F_2(38)보다 크므로 분산력은 Cl_2가 F_2보다 크다.

[쌍극자 · 쌍극자 힘 유무 비교]

분자량이 비슷하면 분산력은 비슷하므로 쌍극자·쌍극자 힘이 존재하는 극성 분자가 쌍극자·쌍극자 힘이 존재하지 않는 무극성 분자보다 분자 사이에 작용하는 힘이 크다.

예 F_2과 HCl의 비교 : 분자량은 F_2(38)과 HCl(36.5)가 비슷하지만, HCl는 극성 분자이고, F_2은 무극성 분자이므로 분자 사이에 작용하는 힘은 HCl가 F_2보다 크다.

[수소 결합의 유무에 따른 비교]

F, O, N에 결합된 H 원자와 이웃하는 분자의 F, O, N 사이에 작용하는 수소 결합은 매우 강한 힘으로, 수소 결합을 하는 물질은 분자 사이에 작용하는 힘이 매우 크다.

예 H_2O과 HCl의 비교 : 분자량은 HCl(36.5)가 H_2O(18)보다 크지만, H_2O은 수소 결합을 하므로 분자 사이에 작용하는 힘은 H_2O이 HCl보다 크다.

2 액체의 성질

(1) 액체

① 외부 압력에 따른 액체의 부피 변화는 기체에 비해 매우 작다.
② 액체는 유동성을 갖는 상태로 일정한 모양이 없고 용기에 따라 모양이 달라진다.
③ 같은 질량의 기체에 비해 그 부피가 매우 작아 기체보다 밀도가 크다.

(2) 물 분자 구조와 극성

① **분자 구조** : 물은 산소 원자 1개와 수소 원자 2개가 공유 결합하여 형성된다. 중심 원자인 산소 원자에 2개의 공유 전자쌍과 2개의 비공유 전자쌍이 있어 그림과 같이 분자 모양은 굽은 형이다.

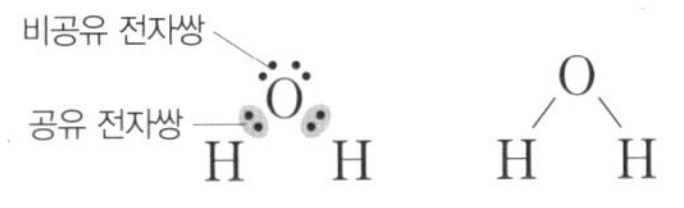

② **극성** : 물 분자는 전기적으로 볼 때 전체적으로 중성이다. 그러나 전기 음성도가 상대적으로 큰 산소 원자 쪽으로 공유 전자쌍이 치우침에 따라 산소 원자 쪽은 부분적인 음전하(δ^-)를 띠고, 수소 원자 쪽은 부분적인 양전하(δ^+)를 띤다. 또한 굽은 형의 분자 구조를 가지는 물 분자의 쌍극자 모멘트는 0이 아니므로 물은 극성 분자이다.

δ^- O H H δ^+ δ^+

물 분자의 구조

③ **물의 수소 결합** : 물 분자 내의 부분적인 음전하(δ^-)를 띠는 산소 원자는 이웃하는 물 분자의 부분적인 양전하(δ^+)를 띠는 수소 원자와 수소 결합을 형성한다. 물 분자 사이에 작용하는 수소 결합은 매우 강하게 작용하는 분자 사이의 힘으로, 이 힘을 끊기 위해서는 많은 에너지가 필요하다. 물은 다른 물질과는 다른 독특한 성질을 나타내는데, 이러한 물의 특성은 대부분 수소 결합과 관련이 있다.

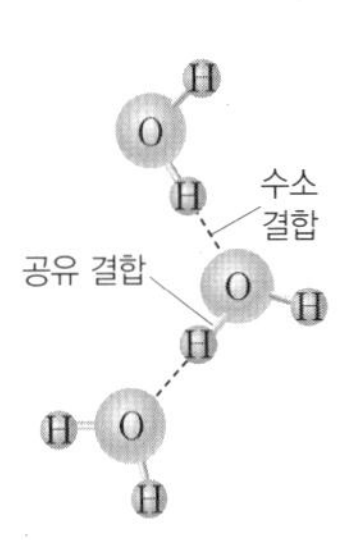

(3) 수소 결합에 의한 물의 특성

① **밀도와 부피 변화** : 일반적으로 물질의 상태에 따른 밀도의 크기는 고체 > 액체 > 기체이다. 그러나 물은 고체인 얼음의 밀도가 액체인 물의 밀도보다 작다. 즉, 같은 질량의 얼음의 부피는 물의 부피보다 크다. 그 이유는 물이 얼 때 1개의 물 분자가 주변에 이웃한 4개의 물 분자와 수소 결합을 하면서 입체 육각 구조의 빈 공간이 있는 결정을 형성하기 때문이다. 이것으로 얼음이 물 위에 뜨는 이유를 설명할 수 있다.

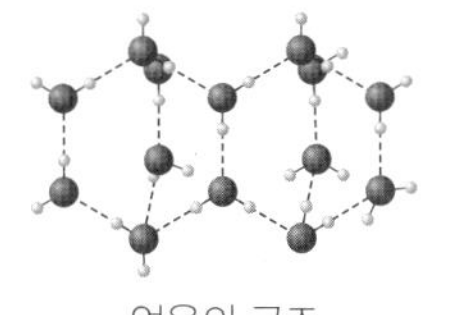
얼음의 구조
(빈 공간이 많음)

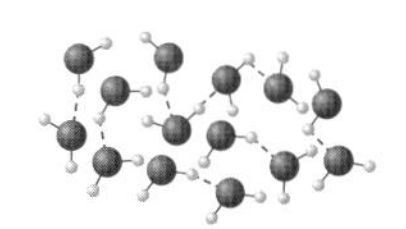
물의 구조

개념 체크

▶ 물이 얼면 1개의 물 분자가 주변에 이웃한 4개의 물 분자와 수소 결합을 하여 입체 육각 구조의 빈 공간이 있는 결정을 형성하므로, 부피가 증가하고 밀도는 감소한다.

1. 물 분자의 중심 원자인 산소(O)에는 비공유 전자쌍이 2개, 공유 전자쌍이 2개가 있어 물의 분자 모양은 (   )이다.

2. 물 분자에서 전기 음성도가 큰 (   ) 원자는 부분적인 음전하(δ^-)를, 전기 음성도가 작은 (   ) 원자는 부분적인 양전하(δ^+)를 띤다.

3. 얼음은 H_2O 분자 사이에 작용하는 (   ) 결합에 의해 입체 육각 구조의 빈 공간이 있는 결정을 형성한다.

정답
1. 굽은 형
2. 산소(O), 수소(H)
3. 수소

개념 체크

◎ **물의 특성** : 물은 분자 간에 강한 수소 결합을 형성하므로 분자량이 비슷한 다른 물질들에 비해 분자 간 힘이 강하여, 끓는점이 높고 기화열, 비열, 표면 장력이 크다.

1. 같은 질량의 부피는 물이 얼음보다 (   )고, 밀도는 물이 얼음보다 (   )다.

2. 0°C → 4°C에서 물은 온도가 높아짐에 따라 열팽창에 의해 생기는 부피 증가보다 수소 결합이 끊어지면서 생기는 부피 감소가 (   )기 때문에 물의 부피는 (   )하고 밀도는 (   )한다.

3. 물의 밀도는 (   )°C일 때 가장 크다.

4. 물은 분자량이 비슷한 다른 물질보다 끓는점이 (   )다.

5. 더운 여름철 마당에 물을 뿌리면 시원해지는 이유는 물의 (   )이 크기 때문이다.

정답
1. 작, 크
2. 크, 감소, 증가
3. 4
4. 높
5. 기화열(증발열)

탐구자료 살펴보기 온도에 따른 H_2O의 부피와 밀도

자료 1 atm에서 얼음을 가열하여 물이 될 때 H_2O 1 g의 온도에 따른 부피와 밀도 변화

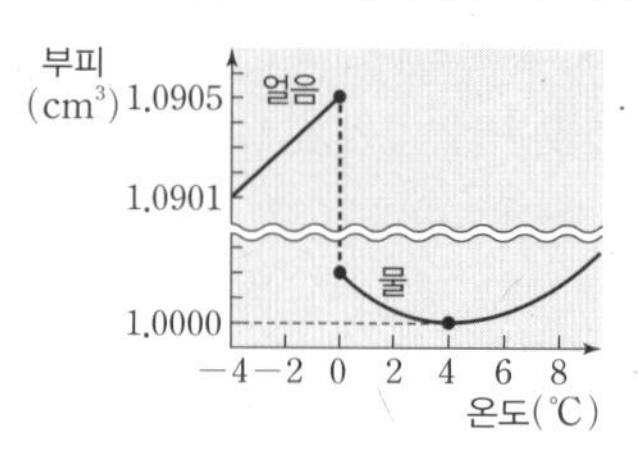

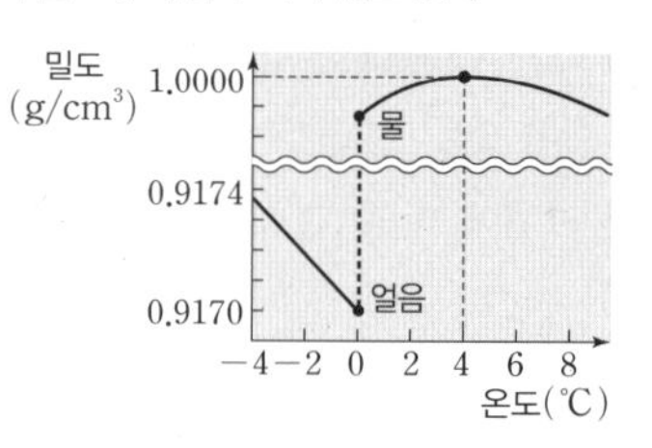

분석
- 얼음의 온도가 높아지면 분자 운동이 활발해지므로 부피가 증가하고 밀도는 감소한다.
- 0°C에서 얼음이 녹아 0°C 물이 될 때 얼음의 결정 구조를 이루는 수소 결합의 일부가 끊어지면서 부피는 감소하고 밀도는 증가한다.
- 0°C → 4°C에서는 열팽창에 의해 생기는 액체의 부피 증가보다 수소 결합이 끊어지면서 생기는 부피 감소가 더 크기 때문에 물의 부피는 감소하고 밀도는 증가한다.
- 4°C 이상에서는 온도 증가에 따른 액체의 열팽창으로 인해 부피가 증가하고 밀도는 감소한다.

분석 point
물 분자 간 수소 결합은 매우 강하여 얼음이 될 때 입체 육각 구조가 형성되어 유지되면서 빈 공간들이 나타난다. 따라서 물은 다른 물질과 달리 고체인 얼음의 밀도가 액체인 물의 밀도보다 작다.

② 녹는점과 끓는점
- 고체가 액체로 상태가 변화되거나 액체가 기체로 상태가 변화될 때는 분자 간 힘을 끊어야 하므로 열에너지가 필요하다. 일반적으로 분자 사이에 작용하는 힘이 클수록 고체가 액체로 되거나 액체가 기체로 될 때 더 많은 열에너지가 필요하므로 녹는점과 끓는점이 높다.
- 물은 분자 간에 수소 결합을 형성하므로 분자량이 비슷한 다른 물질에 비해 분자 간 힘이 크다. 따라서 분자량이 비슷한 다른 물질에 비해 녹는점과 끓는점이 높다.

물질	분자량	녹는점(°C)	끓는점(°C)
메테인(CH_4)	16	−182.5	−161.5
암모니아(NH_3)	17	−77.7	−33.4
물(H_2O)	18	0	100

③ 기화열(증발열) : 물 분자는 분자 간 힘이 커서 분자량이 비슷한 다른 물질에 비해 분자 사이에 작용하는 힘을 끊고 상태를 변화시키는 데 필요한 열량이 크다. 즉, 물은 분자량이 비슷한 다른 물질보다 기화열(증발열)이 매우 크다.

예 더운 여름철 마당에 물을 뿌리면 시원해진다. 그 이유는 증발열이 큰 물이 증발하면서 주위의 열을 많이 흡수하기 때문이다.

④ 비열 : 물질 1 g의 온도를 1°C 높이는 데 필요한 열량을 비열이라고 한다.
- 같은 물질이라도 물질의 상태에 따라 비열이 달라지고, 질량이 같을 때 비열이 큰 물질일수록 온도를 높이는 데 많은 열량이 필요하다. 따라서 비열이 큰 물질일수록 같은 열량에 따른 온도 변화가 작게 나타난다.

H_2O의 상태	고체(얼음)	액체(물)	기체(수증기)
비열(J/(g·°C))	2.10	4.18	2.08

• 물은 비열이 크므로 같은 질량의 다른 액체 물질에 비해 가열할 때 온도가 서서히 높아지고 냉각할 때 온도가 서서히 낮아진다.

물질	물(H_2O)	에탄올(C_2H_5OH)	아세톤(CH_3COCH_3)
비열(J/(g·℃))	4.18	2.44	2.18

• 한낮에는 바다보다 비열이 작은 육지의 온도가 더 빨리 높아지기 때문에 육지 쪽 공기가 상대적으로 따뜻하고, 바다 쪽 공기가 상대적으로 차갑다. 반면, 밤에는 육지의 온도가 더 빨리 낮아지기 때문에 육지 쪽 공기가 상대적으로 차갑고, 바다 쪽 공기가 상대적으로 따뜻하다. 이러한 이유로 낮에는 해풍이, 밤에는 육풍이 분다.

• 생물체 내의 물은 외부 기온의 변화에 관계없이 체온을 일정하게 유지하는 데 도움을 준다.

⑤ **표면 장력** : 표면 장력은 액체의 표면적을 단위 면적만큼 증가시키는 데 필요한 에너지로 정의되며, 표면 장력이 클수록 액체가 표면적을 최소화하려는 경향이 크다. 표면 장력이 생기는 이유는 액체 표면의 분자가 내부로만 힘을 받기 때문이다.

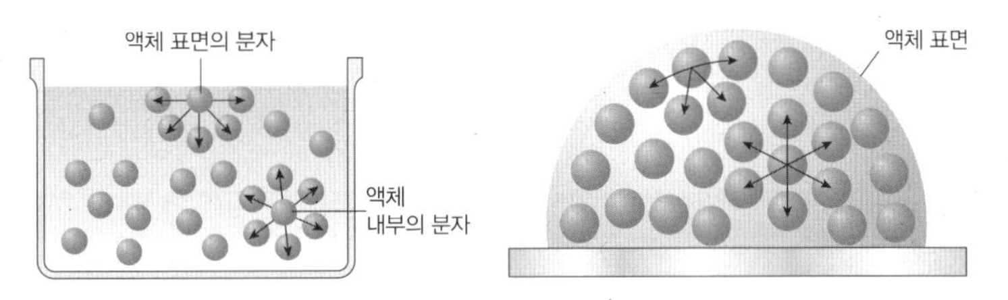

분자 사이에 작용하는 힘이 큰 액체일수록 대체로 표면 장력이 크다. 물은 분자 간에 수소 결합을 하기 때문에 다른 물질에 비해 분자 간 힘이 크므로 표면 장력이 크다. 물방울 표면에 있는 물 분자들은 물방울 중심 방향으로만 힘을 받게 되면서 구형을 이루게 되는데, 이는 액체가 구형일 때 가장 작은 표면적을 갖기 때문이다.

예 • 물보다 밀도가 큰 바늘이나 클립 등을 물 위에 띄울 수 있다.
• 물이 가득 담긴 유리컵에 클립이나 동전을 넣어도 물이 바로 흘러넘치지 않는다.
• 소금쟁이가 물 위에 떠서 다닐 수 있다.
• 풀잎에 물방울이 둥근 모양으로 맺힌다.

탐구자료 살펴보기 〉 물의 표면 장력

실험 과정

실험 Ⅰ. 양초로 문지른 유리 판의 표면에 스포이트로 물을 몇 방울 떨어뜨린 후 관찰한다.
실험 Ⅱ. 컵에 물을 가득 담고, 클립을 1개씩 조심스럽게 넣으면서 물의 표면을 관찰한다.

실험 결과

실험 Ⅰ. 물방울이 둥근 모양이다.
실험 Ⅱ. 컵의 물이 바로 넘치지 않고 컵 위로 볼록하게 올라온다.

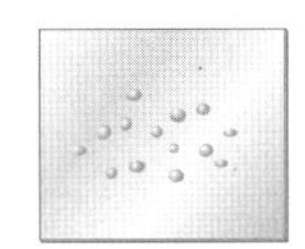
실험 Ⅰ

실험 Ⅱ

분석 point

• 실험 Ⅰ에서 물방울이 둥근 모양을 나타내는 이유는 물의 표면 장력이 작용하기 때문이다.
• 실험 Ⅱ에서 물이 바로 넘치지 않고 위로 볼록하게 올라오는 이유는 물의 표면 장력이 작용하여 가장자리의 물이 넘치지 않도록 내부의 물이 강하게 잡아당기고 있기 때문이다.

개념 체크

◐ **비열** : 물질 1 g의 온도를 1℃ 높이는 데 필요한 열량으로, 질량이 같을 때 비열이 큰 물질일수록 온도를 높이는 데 많은 열량이 필요하다.

◐ **표면 장력** : 액체의 표면적을 단위 면적만큼 증가시키는 데 필요한 에너지이다.

1. 질량이 같을 때 비열이 큰 물질일수록 온도를 높이는 데 필요한 열량이 (　　)다.

2. 물은 (　　)이 크므로 다른 물질에 비해 가열할 때 온도가 서서히 높아진다.

3. 물 분자 간에 (　　)이 존재하기 때문에 물은 다른 물질에 비해 표면 장력이 (　　)다.

4. 물이 가득 담긴 컵에 동전을 넣어도 물이 바로 넘치지 않는 것은 물의 (　　)이 크기 때문이다.

정답
1. 크
2. 비열
3. 수소 결합, 크
4. 표면 장력

개념 체크

모세관 현상 : 가느다란 관을 따라 액체가 올라가거나 내려가는 현상을 말한다.

1. 액체 속에 모세관을 넣었을 때 모세관 내의 액체 면이 외부의 액체 면보다 높아지거나 낮아지는 현상을 (　　) 현상이라고 한다.

2. 물에 유리관을 넣었을 때 유리관 벽과 물 분자 사이에 작용하는 힘을 (　　)이라고 한다.

3. 수은에 유리관을 넣었을 때 수은 면이 아래로 내려가는 것은 유리관과 수은의 부착력이 수은의 응집력보다 (　　)기 때문이다.

⑥ **모세관 현상** : 액체 속에 모세관을 넣었을 때 모세관 내의 액체 면이 외부의 액체 면보다 높아지거나 낮아지는 현상을 모세관 현상이라고 한다.

- 물속에 유리 모세관을 넣었을 때는 물과 유리 모세관 사이의 부착력이 물 분자들끼리의 응집력보다 크기 때문에 모세관 안쪽 수면은 모세관 바깥 쪽보다 위로 올라가고, 모양은 아래로 오목해진다.

  예 종이나 수건의 주성분인 셀룰로스에 대하여 물의 부착력이 커서 종이나 수건의 미세한 틈 사이로 물이 스며든다.

- 수은 속에 유리 모세관을 넣었을 때는 수은의 응집력이 수은과 유리 모세관 사이의 부착력보다 크기 때문에 모세관 안쪽 수은 면은 모세관 바깥쪽보다 아래로 내려가고, 모양은 위로 볼록해진다.

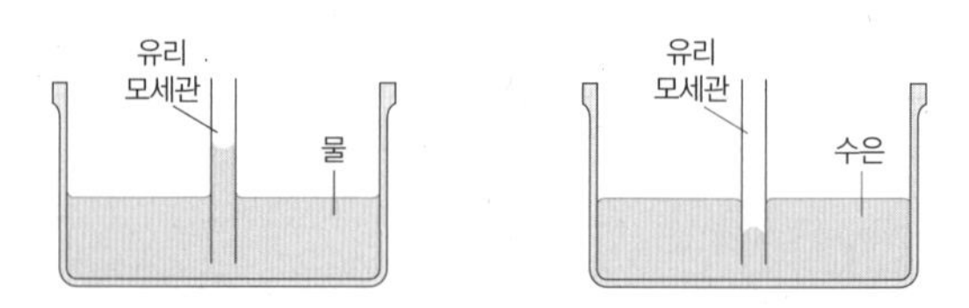

과학 돋보기 물의 부착력과 응집력

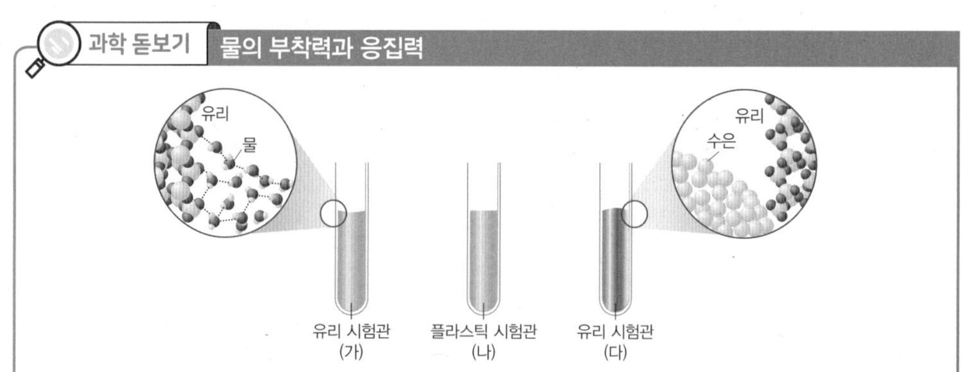

- (가) : 유리 시험관에 물을 넣었을 때 수면은 가운데 부분이 오목하게 들어가고 가장자리 쪽은 시험관 벽에 붙어 약간 올라간다.
- (나) : 플라스틱 시험관에 물을 넣었을 때 수면은 거의 수평이다.
- (다) : 유리 시험관에 수은을 넣었을 때 수은 면은 가운데 부분이 볼록하게 올라가고 가장자리 쪽은 약간 내려간다.
- 물 분자 사이의 힘과 같이 같은 종류의 입자 사이에 작용하는 힘을 응집력이라고 하고, 물과 유리와 같이 다른 종류의 입자 사이에 작용하는 힘을 부착력이라고 한다.
- (가)에서 유리와 물 분자 사이의 부착력이 물 분자 사이의 응집력보다 크기 때문에 물 분자가 유리벽을 타고 더 올라가게 되어 수면의 가운데 부분이 오목해진다.
- (다)에서 수은 사이의 응집력이 유리와 수은 사이의 부착력보다 크기 때문에 수은 면의 가운데 부분이 볼록해진다.
- 모세관 현상의 원리 : 물이 들어 있는 용기에 가느다란 유리관을 세워 놓으면 유리관 내부 벽과 물 분자 사이의 부착력으로 물 분자가 올라가게 되고, 유리벽을 따라 올라간 물 분자와 수면의 물 분자 사이의 응집력에 의해 당겨져 올라가기 때문에 모세관 현상이 나타난다. 부착력과 응집력에 의해 모세관 안쪽의 수면은 점점 올라가다가 모세관 안쪽과 바깥쪽의 중력 차를 더 이상 극복하지 못하는 높이에서 멈춘다.

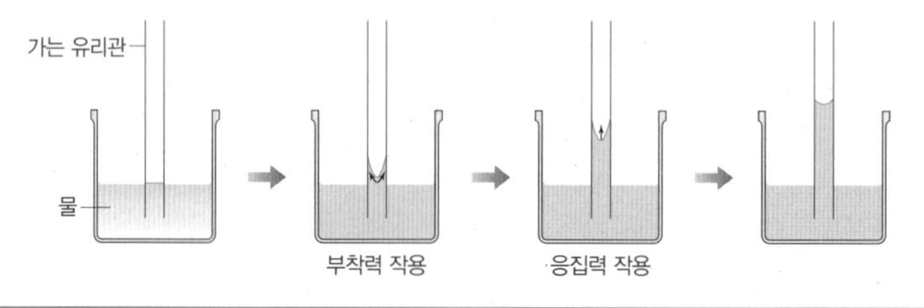

정답

1. 모세관
2. 부착력
3. 작

(4) 액체의 증기 압력

① **증발** : 액체 표면의 분자는 내부에 있는 분자에 비해 분자 사이에 작용하는 힘이 상대적으로 작기 때문에 기화되어 날아가는데 이러한 현상을 증발이라고 한다.

➡ 열린 용기에 물을 담아두면 증발이 일어나 시간이 지나면 물의 양이 점점 줄어든다.

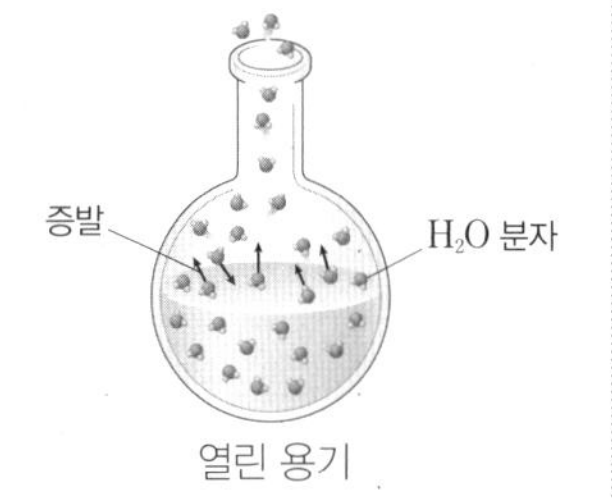

열린 용기

② **응축** : 액체가 담긴 용기를 뚜껑으로 막으면 오랜 시간이 지나도 액체의 양은 거의 변하지 않는다. 이는 액체 표면에서 증발된 기체 분자들 중 일부가 액체 표면과 충돌을 통해 다시 액체로 변하기 때문인데 이를 응축이라고 한다.

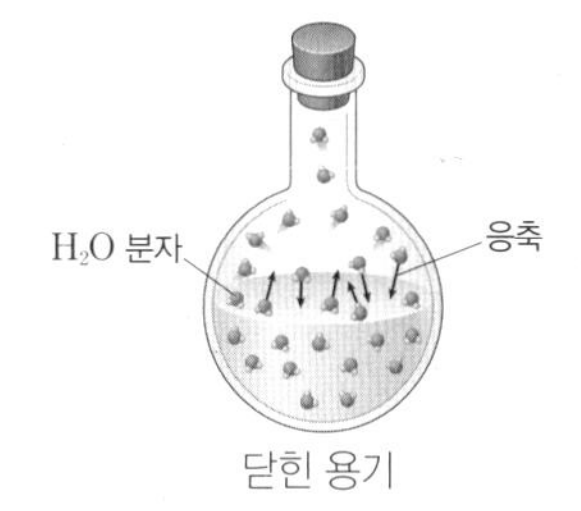

닫힌 용기

③ **동적 평형과 증기 압력** : 액체 표면에서 일어나는 증발은 액체 분자의 분자 사이의 힘과 운동에 따라 달라지므로 온도의 영향을 받는다. 따라서 온도가 일정할 때 액체 표면에서 일어나는 증발 속도는 일정하다. 그러나 증발된 기체 분자가 다시 응축되는 것은 단위 부피당 기체 분자 수가 많을수록 잘 일어나므로 닫힌 용기에서 응축 속도는 시간이 지날수록 증가하게 된다. 일정한 온도에서 닫힌 용기 내 액체 표면에서의 증발 속도와 증기의 응축 속도가 같아져 동적 평형이 되면 증기의 양이 일정하게 유지된다. 이때 증기가 나타내는 압력을 그 액체의 증기 압력이라고 한다.

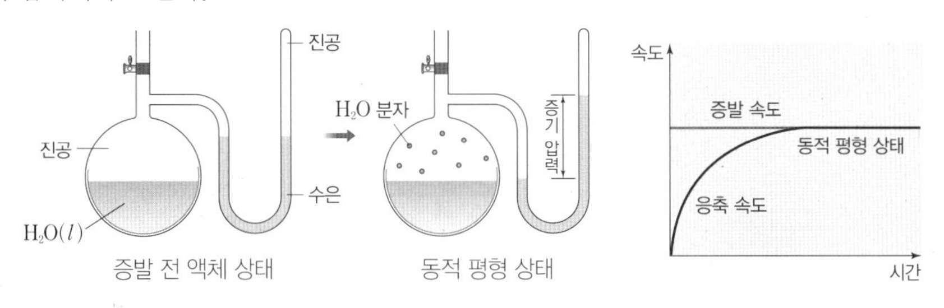

④ **온도와 증기 압력** : 액체의 온도가 높아지면 분자의 평균 운동 에너지가 증가하면서 액체 표면에 위치한 분자들의 증발 속도가 증가하게 된다. 따라서 증발된 증기 양이 많아지고, 증기의 온도도 높아지며, 이상 기체 방정식($PV=nRT$)에서 부피는 일정하고 증기의 양(mol)과 절대 온도(T)가 증가하므로 증기 압력(P)이 커진다. 이와 같이 온도에 따른 액체의 증기 압력을 나타낸 것을 증기 압력 곡선이라고 한다.

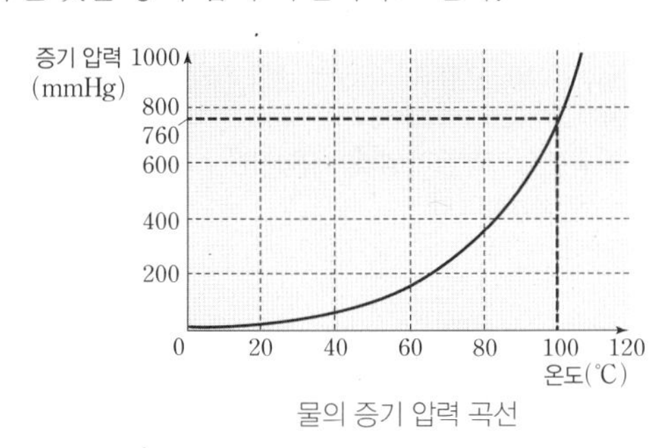

물의 증기 압력 곡선

개념 체크

▶ **증기 압력** : 닫힌 용기에 들어 있는 액체 표면의 증발 속도와 증기의 응축 속도가 같은 동적 평형 상태에서 증기가 나타내는 압력을 그 액체의 증기 압력이라고 한다.

1. 닫힌 용기에서 증발 속도와 응축 속도가 같은 상태를 (　　) 평형이라고 한다.

2. 증발 속도와 응축 속도가 같을 때 증기가 나타내는 압력을 (　　)이라고 한다.

3. 액체의 증발 속도는 온도가 높을수록 (　　)하고, 증기 압력은 온도가 높을수록 (　　)진다.

정답

1. 동적
2. 증기 압력
3. 증가, 커

개념 체크

◉ **끓는점** : 액체의 증기 압력이 외부 압력과 같을 때의 온도이다.

1. 액체의 증기 압력과 외부 압력이 같을 때의 온도를 (　　)이라고 한다.

2. 액체 A, B 중 분자 사이의 힘이 A가 B보다 클 때, 끓는점은 (　　)가 (　　) 보다 높다.

[3~4] 탐구자료 살펴보기 에서

3. 3가지 물질 중 같은 온도에서 증기 압력이 가장 큰 것은 (　　)이다.

4. 3가지 물질 중 액체 상태에서 분자 사이에 작용하는 힘이 가장 큰 것은 (　　)이다.

⑤ **증기 압력 곡선과 끓는점** : 액체의 온도가 높아져서 증기 압력이 점점 증가하다가 액체의 증기 압력이 외부 압력과 같아지게 되면 액체 내부에서도 기화가 일어나면서 기포가 발생하게 되는데 이러한 현상을 끓음이라고 한다. 또한 이때의 온도를 액체의 끓는점이라고 한다. 특히 외부 압력이 1 atm일 때의 끓는점을 기준 끓는점이라고 하며 물의 기준 끓는점은 100℃이다.

⑥ **분자 사이의 힘과 끓는점** : 액체 상태에서 분자 사이의 힘이 클수록 분자 사이의 힘을 끊고 기체로 상태 변화되기 위해 많은 열에너지가 필요하다. 대체로 분자 사이의 힘이 클수록 액체 표면에서의 증발 속도는 작게 나타나며 증기 압력도 작게 나타난다. 분자 사이의 힘이 클수록 외부 압력과 같아지기 위해 보다 많은 열에너지가 필요하므로 높은 온도에서 끓게 된다. 따라서 분자 사이의 힘이 클수록 같은 온도에서 대체로 증기 압력이 작으며, 기준 끓는점이 높은 경향이 있다.

탐구자료 살펴보기 여러 가지 물질의 증기 압력 곡선

자료 다이에틸 에테르, 에탄올, 물의 증기 압력 곡선

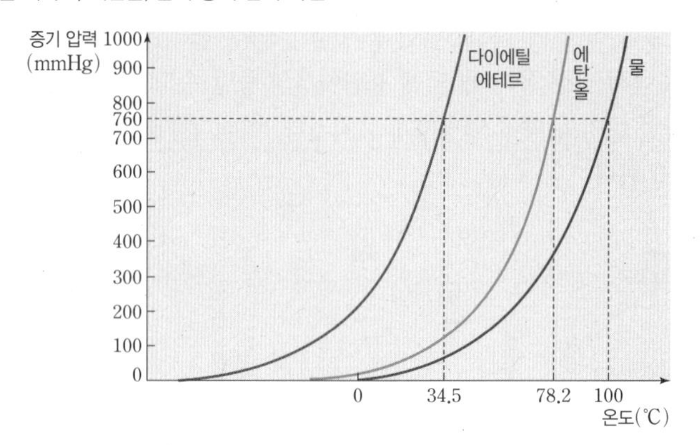

분석

- 온도가 높아질수록 액체의 증기 압력이 거지는데, 이는 온도가 높아질수록 액체 표면에서의 증발 속도가 커지면서 증기의 양(mol)이 증가하고, 또한 증기의 온도가 높아지기 때문이다.
- 액체의 증기 압력이 외부 압력과 같을 때의 온도를 끓는점이라고 하며, 외부 압력이 1 atm(760 mmHg)일 때의 끓는점을 기준 끓는점이라고 한다.
- 각 액체의 기준 끓는점

물질	다이에틸 에테르	에탄올	물
기준 끓는점(℃)	34.5	78.2	100

- 상온(25℃)에서 증기 압력은 다이에틸 에테르 > 에탄올 > 물이고, 분자 사이의 힘이 작을수록 증기 압력이 크므로 분자 사이의 힘은 물 > 에탄올 > 다이에틸 에테르이다.
- 증기 압력이 작은 물질일수록 외부 압력과 증기 압력이 같아지기 위해 높은 온도가 필요하므로 끓는점이 높다. 따라서 분자 사이의 힘이 클수록 기준 끓는점이 높다.
- 외부 압력이 1 atm보다 작으면 물은 100℃보다 낮은 온도에서 끓는다.

분석 point

액체 분자 사이의 힘이 클수록 대체로 증기 압력이 작고 끓는점은 높다. 따라서 물질의 기준 끓는점을 알면 액체 분자 사이의 힘을 비교할 수 있다.

정답

1. 끓는점
2. A, B
3. 다이에틸 에테르
4. 물

3 고체

(1) 고체의 분류

① **결정성 고체** : 고체를 이루는 원자, 이온, 분자 등이 규칙적으로 배열되어 있다. 기본 입자 사이에 작용하는 힘의 크기가 일정하므로 녹는점이 일정하다. 예 석영, 염화 나트륨 등

② **비결정성 고체** : 고체를 이루는 원자, 이온, 분자 등이 불규칙적으로 배열되어 있다. 기본 입자 사이에 작용하는 힘의 크기가 일정하지 않으므로 녹는점이 일정하지 않다. 예 유리, 엿, 고무 등

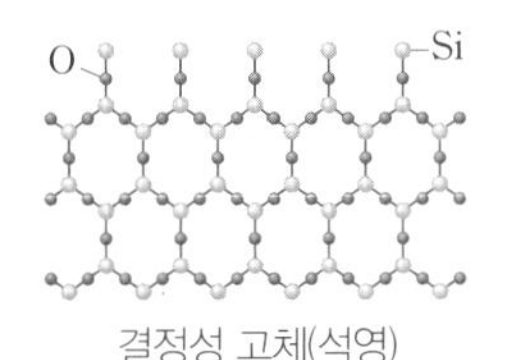

결정성 고체(석영)

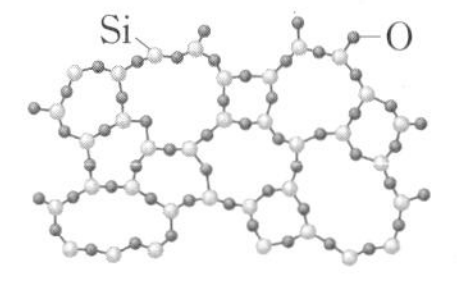

비결정성 고체(유리)

(2) 결정의 종류

① **분자 결정** : 대체로 비금속 원자들의 공유 결합으로 형성된 분자들이 분자 사이에 작용하는 힘에 의해 규칙적으로 배열되어 이루어진 결정이다. 일반적으로 화학 결합에 비해 분자 사이에 작용하는 힘은 상대적으로 매우 약해 녹는점과 끓는점이 대체로 낮고, 승화성이 있는 물질도 있다. 고체 상태와 액체 상태에서 전기 전도성이 없다.

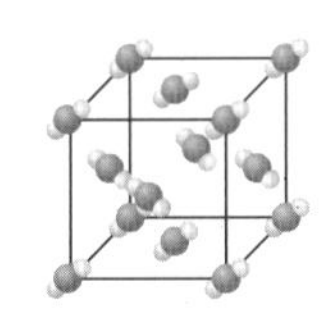
드라이아이스(CO_2)

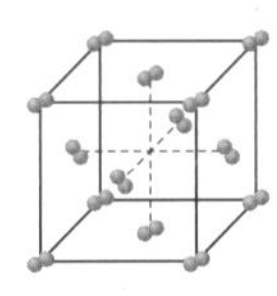
아이오딘(I_2)

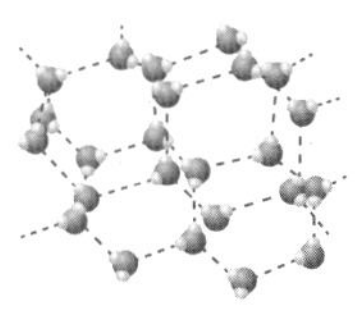
얼음(H_2O)

② **공유 결정(원자 결정)** : 구성 원자들이 모두 공유 결합에 의해 그물처럼 복잡하게 배열되어 이루어진 결정이다. 녹는점, 끓는점이 매우 높으며 고체 상태에서 전기 전도성은 대부분 없지만 흑연의 경우에는 구조적인 특성으로 전기 전도성이 있다.

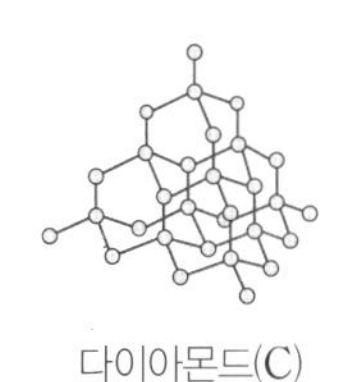
다이아몬드(C)

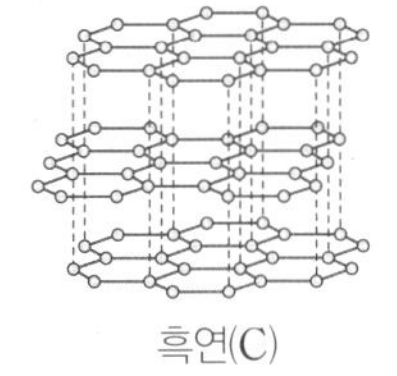
흑연(C)

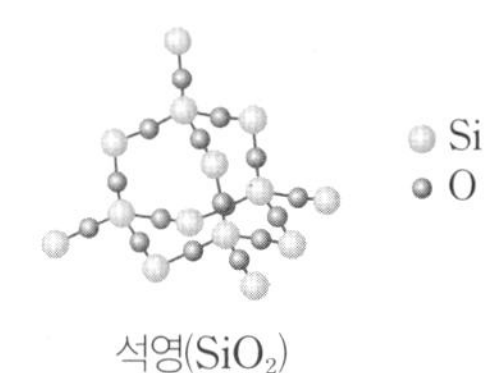

석영(SiO_2)

③ **금속 결정** : 금속은 양전하를 띠는 금속 양이온이 규칙적으로 배열되어 있고, 음전하를 띠는 자유 전자가 금속 양이온 사이를 자유롭게 돌아다니는 상태로 구성되어 있다. 이들 금속 양이온과 자유 전자 사이의 전기적 인력에 의한 화학 결합을 금속 결합이라고 하며, 금속 결합으로 이루어진 결정을 금속 결정이라고 한다. 대부분의 금속은 밀도가 크며, 녹는점과 끓는점이 비교적 높아 수은을 제외한 대부분의 금속은 상온에서 결정성 고체로 존재한다. 또한 금속 양이온 사이를 자유롭게 돌아다니는 자유 전자 때문에 금속은 다양한 특성을 갖는다.

• 열 전도성과 전기 전도성이 크다.

➡ 열을 가했을 때 자유 전자의 활발한 운동에 의해 열이 잘 전달되고, 전압을 걸어 주면 금속의 자유 전자가 (−)극에서 (+)극 쪽으로 이동하면서 전류가 잘 흐른다.

개념 체크

- 결정성 고체는 녹는점이 일정하지만, 비결정성 고체는 녹는점이 일정하지 않다.
- **분자 결정** : 분자들이 분자 사이의 약한 힘에 의해 규칙적으로 배열되어 이루어진 결정이다.
- **공유 결정** : 원자들이 공유 결합에 의해 연속적으로 배열되어 이루어진 결정이다.
- **금속 결정** : 금속 양이온과 자유 전자 사이의 전기적 인력에 의한 결합인 금속 결합으로 이루어진 결정이다.

1. 비결정성 고체는 입자 사이의 힘이 일정하지 않으므로 (　　)이 일정하지 않다.

2. 분자 결정은 분자 사이의 약한 힘에 의해 분자들이 규칙적으로 배열된 것으로 상대적으로 녹는점과 끓는점이 (　　)다.

3. 공유 결정은 원자들 사이의 (　　) 결합으로 이루어진 결정이다.

정답
1. 녹는점
2. 낮
3. 공유

개념 체크

이온 결정 : 양이온과 음이온이 전기적 인력으로 결합되어 이루어진 결정이다.

1. 금속 결정에 힘을 가하면 (　　)에 의해 결합이 끊어지지 않고 유지되기 때문에 금속은 전성과 연성이 좋다.

2. 이온 결정은 양이온과 음이온 사이의 (　　) 인력으로 결합되어 이루어진 결정이다.

정답
1. 자유 전자
2. 전기적

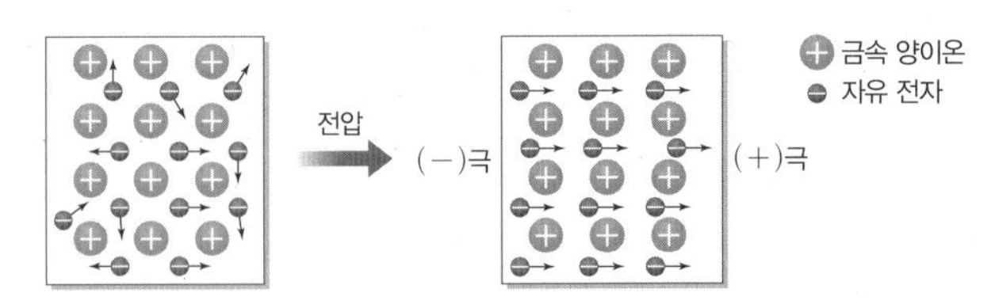

• 전성(펴짐성)과 연성(뽑힘성)이 좋다. ➡ 외부에서 힘을 가하면 금속 양이온들의 배열이 달라지면서 이웃한 양이온 사이의 반발력이 증가하지만 자유 전자에 의해 반발력이 완화되면서 변형된 형태가 유지된다. 이러한 금속의 성질을 이용하여 가공을 통해 다양한 형태의 금속 제품을 만들거나 실과 같은 가느다란 형태로 뽑아 이용하기도 한다.

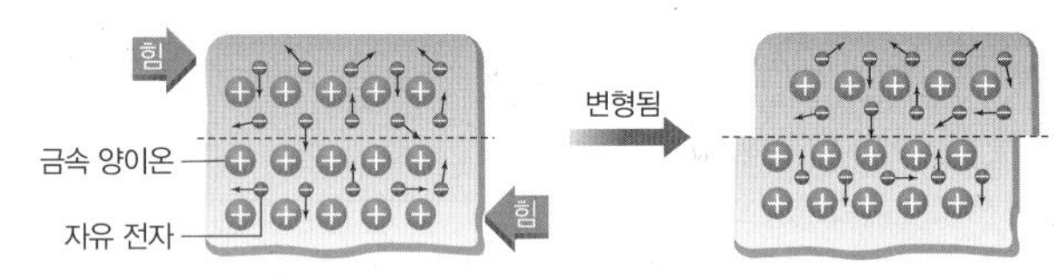

금속에 힘을 가하면 쪼개지지 않고 변형된다.

금속의 전성을 이용하여 얇은 금속판을 만든다.

금속의 연성을 이용하여 전선을 만든다.

④ **이온 결정** : 양이온과 음이온이 전기적 인력으로 결합되어 이루어진 결정이다. 결정을 이루는 이온의 종류와 크기에 따라 다양하고 독특한 모양의 결정 구조를 갖는다. 대표적인 예는 염화 나트륨과 염화 세슘이다.

• 염화 나트륨 결정의 경우 1개의 나트륨 이온(Na^+) 주위에 전후상하좌우로 6개의 염화 이온(Cl^-)이 배치되어 있다. 마찬가지로 1개의 염화 이온(Cl^-) 주위에 전후상하좌우로 6개의 나트륨 이온(Na^+)이 배치되어 있다.

• 염화 세슘 결정의 경우 1개의 세슘 이온(Cs^+)이 정육면체의 중심에 있다고 할 때, 8개의 염화 이온(Cl^-)이 정육면체의 각 꼭짓점에 배치되어 있다. 마찬가지로 1개의 염화 이온(Cl^-) 주위에 8개의 세슘 이온(Cs^+)이 정육면체의 각 꼭짓점에 배치되어 있다.

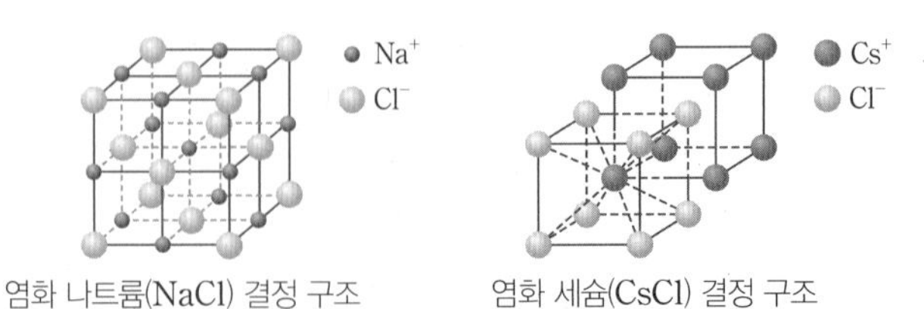

염화 나트륨(NaCl) 결정 구조　　염화 세슘(CsCl) 결정 구조

⑤ **결정의 종류와 특성** : 분자 결정, 공유 결정(원자 결정), 금속 결정, 이온 결정의 4가지 결정은 각각의 몇 가지 물리적 특성을 이용하여 구분할 수 있다.

결정의 종류	구성 입자	입자 사이의 힘	녹는점	전기 전도성	
				고체	액체
분자 결정	분자	분자 간 힘	대체로 낮음	없음	없음
공유 결정 (원자 결정)	원자	공유 결합	매우 높음	없음	없음
금속 결정	금속 양이온과 자유 전자	금속 결합	높음	있음	있음
이온 결정	이온	이온 결합	높음	없음	있음

※ 원자 결정 중 흑연과 같은 물질은 전기 전도성이 있음

(3) 결정 구조

① **단위 세포** : 각 결정성 고체를 구성하는 입자들은 규칙적인 배열을 갖는 결정 격자 구조를 가지고 있는데, 각 결정 격자 구조에서 3차원적으로 반복되는 가장 작은 단위 구조를 단위 세포라고 한다. 이들 단위 세포가 반복적으로 배열되면서 결정성 고체를 형성한다.

② **단순 입방 구조** : 단위 세포를 정육면체라고 가정할 때, 정육면체의 8개의 꼭짓점에 동일한 입자가 배열된 구조이다.

③ **체심 입방 구조** : 단위 세포를 정육면체라고 가정할 때, 정육면체의 8개의 꼭짓점과 단위 세포 중심에 각각 동일한 입자가 배열된 구조이다.

④ **면심 입방 구조** : 단위 세포를 정육면체라고 가정할 때, 정육면체의 8개의 꼭짓점과 단위 세포의 6개의 면 중심에 각각 동일한 입자가 배열된 구조이다.

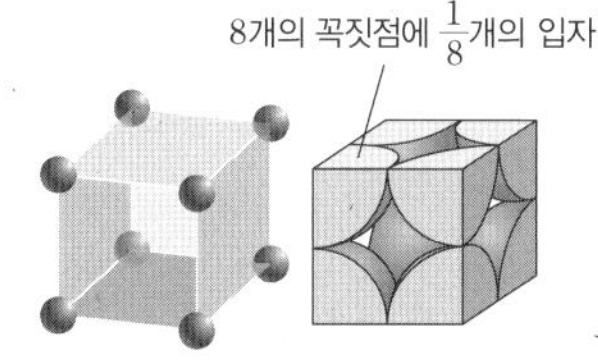

단순 입방 구조와 단위 세포

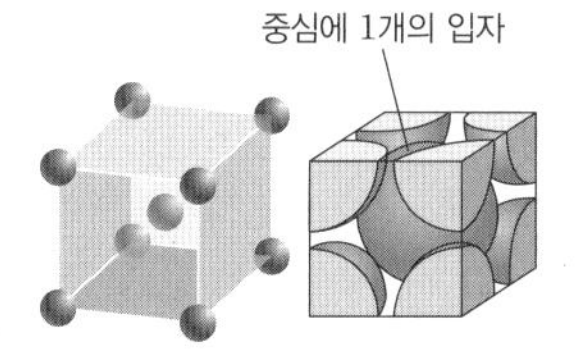

체심 입방 구조와 단위 세포

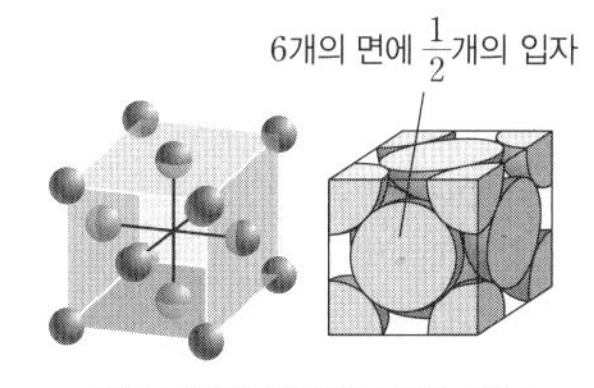

면심 입방 구조와 단위 세포

⑤ **단위 세포당 입자 수** : 단위 세포의 각 꼭짓점은 8개의 단위 세포가 만나는 지점이고, 단위 세포의 각 면은 2개의 단위 세포가 공유한다. 또한 단위 세포의 각 모서리는 4개의 단위 세포가 공유하므로 단위 세포에서 입자가 위치하는 지점에 따라 단위 세포에 포함된 입자 수는 다음과 같다.

- 꼭짓점에 있는 입자 : $\frac{1}{8}$개의 입자
- 면에 있는 입자 : $\frac{1}{2}$개의 입자
- 모서리에 있는 입자 : $\frac{1}{4}$개의 입자
- 중심에 있는 입자 : 1개의 입자

8개의 꼭짓점에 $\frac{1}{8}$개의 입자

단위 세포당 입자 수=1

단순 입방 구조

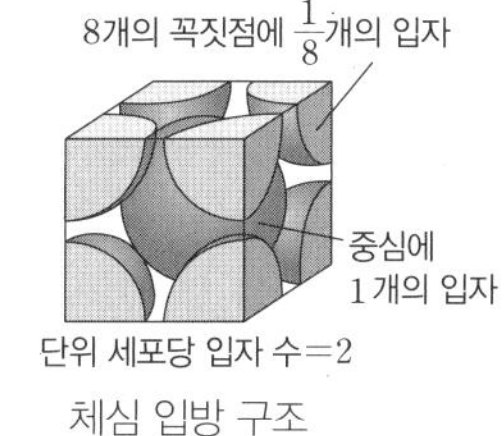

체심 입방 구조

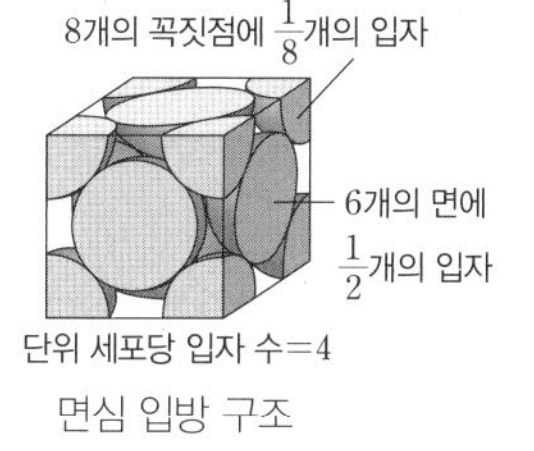

면심 입방 구조

개념 체크

단위 세포 : 결정 격자 구조에서 3차원적으로 반복되는 가장 작은 단위 구조이다.

1. 단위 세포에서 정육면체의 꼭짓점에 있는 입자는 입자의 (　　)이 단위 세포에 포함된다.
2. (　　) 구조는 정육면체의 8개의 꼭짓점과 단위 세포 중심에 입자가 배열된 구조이다.
3. 면심 입방 구조의 단위 세포 내에 포함되는 입자 수는 (　　)이다.
4. 면심 입방 구조의 단위 세포에서 면에 위치한 입자는 (　　)개의 단위 세포가 공유한다.
5. 염화 나트륨 결정에서 나트륨 이온(Na^+)의 결정 구조는 (　　) 구조와 같다.

정답

1. $\frac{1}{8}$
2. 체심 입방
3. 4
4. 2
5. 면심 입방

개념 체크

◘ 면심 입방 구조에서 한 입자를 둘러싸고 있는 가장 가까운 입자 수는 12이고, 체심 입방 구조에서 한 입자를 둘러싸고 있는 가장 가까운 입자 수는 8이다.

1. 단순 입방 구조, 면심 입방 구조, 체심 입방 구조에서 단위 세포에 포함된 입자 수가 가장 큰 것은 (　　) 입방 구조이다.

2. 한 입자를 둘러싸고 있는 가장 가까운 입자 수는 면심 입방 구조가 (　　), 체심 입방 구조가 (　　)이다.

3. 일정한 압력에서 고체를 가열할 때 액체로 상변화하는 온도를 (　　)이라고 한다.

정답
1. 면심
2. 12, 8
3. 녹는점

탐구자료 살펴보기 ▶ 면심 입방 구조의 단위 세포 만들기

실험 과정

1. 스타이로폼 공 6개로 이루어진 삼각형 모양 b, c를 만든다.
2. 삼각형 c를 180° 돌려 삼각형 b와 어긋나게 쌓는다.
3. 위 아래 삼각형의 중심에 공 a를 각각 붙인다.
4. 구조물을 바닥에 놓고 정육면체로 단면을 자른다.

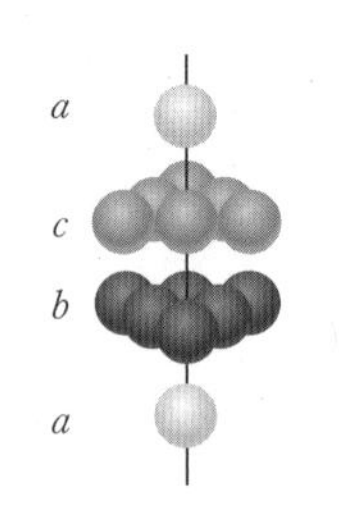

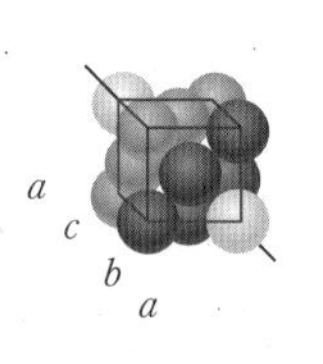

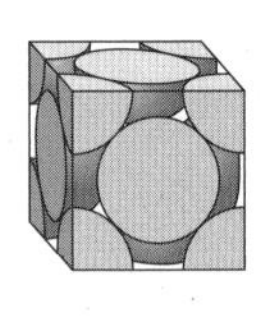

실험 결과

- 과정 1~3과 같이 공을 붙이면 정육면체의 면심 입방 구조가 완성된다.
- 과정 4와 같이 단면을 자르면 면심 입방 구조의 단위 세포가 만들어진다.

분석 point

단위 세포에서 정육면체의 8개의 꼭짓점에 $\frac{1}{8}$개의 입자와 6개의 면에 $\frac{1}{2}$개의 입자가 존재하므로 단위 세포에 포함된 입자 수는 4이다.

과학 돋보기 결정 구조에서 한 입자를 둘러싸고 있는 가장 가까운 입자 수

- 단순 입방 구조 : 정육면체의 각 꼭짓점에 입자가 위치하므로 단위 세포의 한 입자를 중심으로 볼 때 이 입자는 8개의 단위 세포가 공유하고 있다. 따라서 x, y, z축 방향으로 각각 2개의 입자가 둘러싸고 있는 구조이다. ➡ 6개
- 체심 입방 구조 : 단위 세포 중심에 위치한 입자를 중심으로 볼 때 가장 가까운 거리에 있는 입자는 정육면체의 8개 꼭짓점에 위치한 입자이다. ➡ 8개
- 면심 입방 구조 : 단위 세포에서 꼭짓점에 있는 입자를 중심으로 볼 때, 이 입자를 포함하는 xy, yz, xz 평면으로 각각 4개씩의 입자가 같은 거리에 위치하여 둘러싸고 있다. ➡ 12개
  (※ 입자를 둘러싸고 있는 가장 가까운 입자 수를 파악할 수 있도록 각각 다른 색으로 표현하였으나 한 단위 세포 내에서 모든 입자는 동일한 입자이다.)

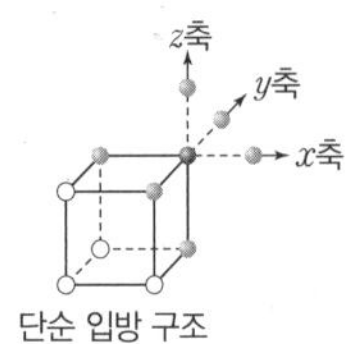

단순 입방 구조

체심 입방 구조

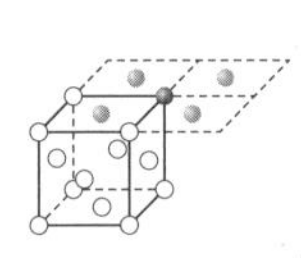

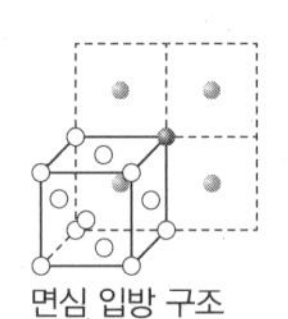

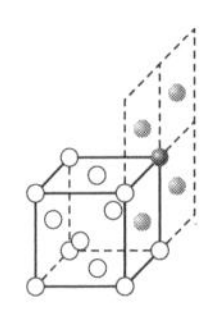
면심 입방 구조

(4) 기체, 액체, 고체 사이의 상변화

① **온도에 따른 상변화** : 일정한 압력에서 물질을 일정한 열원으로 가열하면 상변화가 없을 때는 온도가 높아지지만, 상변화가 일어날 때는 가해 준 열이 상변화에만 쓰이므로 온도가 일정하게 유지된다. 이때 고체에서 액체로의 상변화 온도는 녹는점이고, 액체에서 기체로의 상변화 온도는 끓는점이다.

예 1 atm에서 고체인 얼음을 일정한 열원으로 가열하면 0°C에서 물로 상변화가 일어나고, 100°C에서 수증기로 상변화가 일어난다.

② **압력에 따른 상변화** : 일정한 온도에서 물질에 가해지는 압력을 변화시키면 상변화가 일어난다. 기체에 압력을 가하면 부피가 줄어들면서 기체 분자 사이의 거리가 가까워져 상호 간 작용하는 힘이 증가하므로 액체나 고체로 변하게 된다.

예 스케이트를 신고 얼음판 위에 서면 얼음이 녹아 물이 되면서 스케이트가 잘 미끄러진다.

[24028-0025]

01 그림은 염화 메틸(CH_3Cl)의 분자 구조를 모형으로 나타낸 것이다.

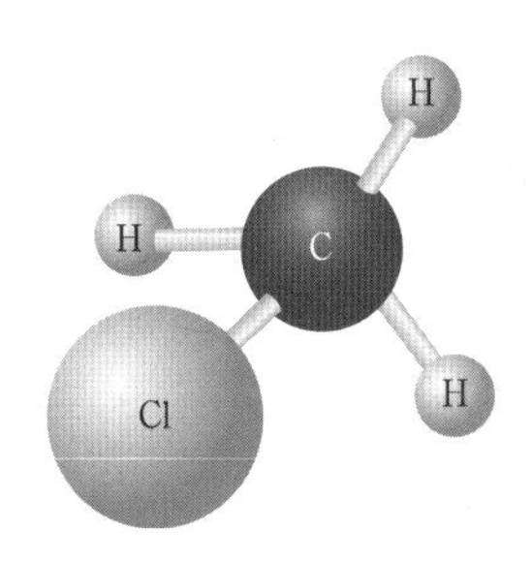

$CH_3Cl(l)$에 대한 설명으로 옳은 것만을 〈보기〉에서 있는 대로 고른 것은?

보기
ㄱ. 분산력이 존재한다.
ㄴ. 수소 결합이 존재한다.
ㄷ. 쌍극자·쌍극자 힘이 존재한다.

① ㄱ ② ㄴ ③ ㄷ
④ ㄱ, ㄷ ⑤ ㄴ, ㄷ

[24028-0026]

02 표는 4가지 물질 (가)~(라)에 대한 자료이다.

물질	분자식	분자량	쌍극자·쌍극자 힘의 유무	기준 끓는점(℃)
(가)	HF	20	있음	19.5
(나)	H_2S	34	있음	−60
(다)	F_2	38	없음	−188
(라)	Cl_2	71	없음	−34.6

액체 상태의 (가)~(라)에 대한 설명으로 옳은 것만을 〈보기〉에서 있는 대로 고른 것은?

보기
ㄱ. (가)가 기준 끓는점이 가장 높은 주된 이유는 수소 결합 때문이다.
ㄴ. (나)가 (다)보다 기준 끓는점이 높은 주된 이유는 쌍극자·쌍극자 힘 때문이다.
ㄷ. (라)가 (다)보다 기준 끓는점이 높은 이유는 분산력이 더 크기 때문이다.

① ㄱ ② ㄷ ③ ㄱ, ㄴ
④ ㄴ, ㄷ ⑤ ㄱ, ㄴ, ㄷ

[24028-0027]

03 표는 3가지 물질 (가)~(다)에 대한 자료이다.

물질	구조식	기준 끓는점(℃)
(가)	H | F−C−H | H	−78.4
(나)	H | H−C−O−H | H	64.7
(다)	H O | ‖ H−C−C−O−H | H	118

액체 상태의 (가)~(다)에 대한 설명으로 옳은 것만을 〈보기〉에서 있는 대로 고른 것은?

보기
ㄱ. 분자 사이의 힘은 (다)가 가장 크다.
ㄴ. 수소 결합이 존재하는 것은 3가지이다.
ㄷ. 쌍극자·쌍극자 힘이 존재하는 것은 2가지이다.

① ㄱ ② ㄴ ③ ㄷ ④ ㄱ, ㄷ ⑤ ㄴ, ㄷ

[24028-0028]

04 그림 (가)는 1 atm에서 온도에 따른 $H_2O(l)$의 밀도를, (나)는 1 atm, 3가지 온도 t_1~t_3℃에서 $H_2O(l)$의 단위 부피당 분자 수와 증기 압력을 나타낸 것이다. 4℃에서 $H_2O(l)$의 증기 압력은 a보다 작다.

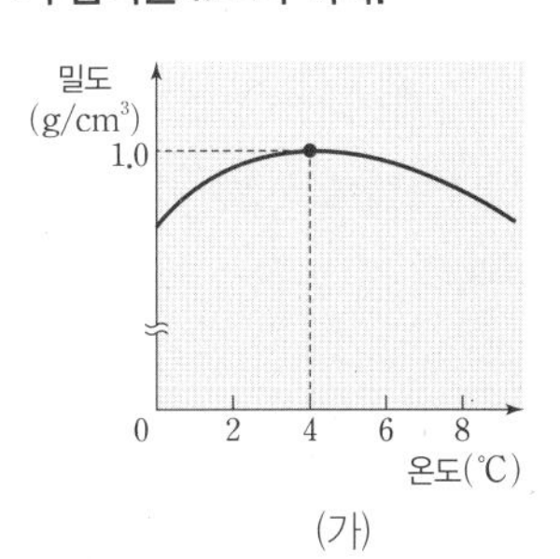

(가)

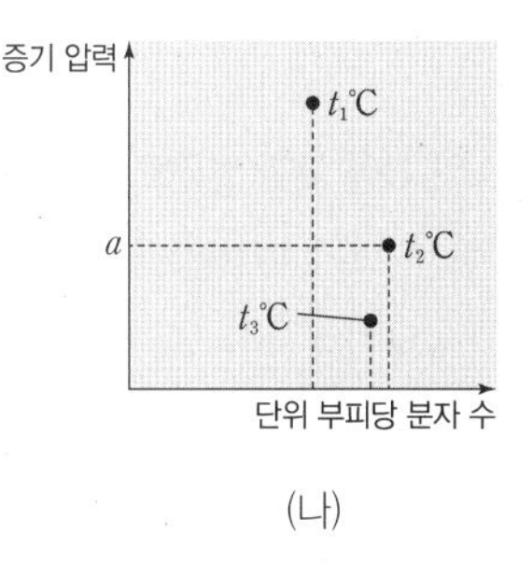

(나)

t_1~t_3과 4를 비교한 것으로 옳은 것은?

① $4<t_3<t_2<t_1$ ② $4<t_2<t_3<t_1$
③ $t_3<4<t_2<t_1$ ④ $t_2<4<t_3<t_1$
⑤ $t_3<t_2<4<t_1$

[24028-0029]

05 그림의 (가)와 (나)는 $H_2O(l)$ 10 g과 $A(s)$ 10 g의 가열 곡선을 순서 없이 나타낸 것이다.

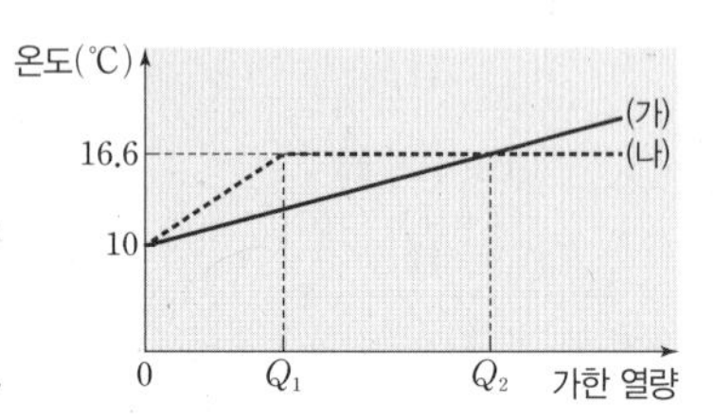

이에 대한 설명으로 옳은 것만을 〈보기〉에서 있는 대로 고른 것은? (단, 외부 압력은 1 atm으로 일정하다.)

보기

ㄱ. (가)는 $A(s)$ 10 g의 가열 곡선이다.

ㄴ. 1 atm, 16.6℃에서 A는 상변화가 일어난다.

ㄷ. $\frac{H_2O(l)\text{의 비열}}{A(s)\text{의 비열}} = \frac{Q_1}{Q_2}$이다.

① ㄱ ② ㄴ ③ ㄱ, ㄷ ④ ㄴ, ㄷ ⑤ ㄱ, ㄴ, ㄷ

[24028-0030]

06 그림은 $A(l)$와 $B(l)$의 증기 압력 곡선을 나타낸 것이다. $A(l)$의 기준 끓는점은 t℃이다.

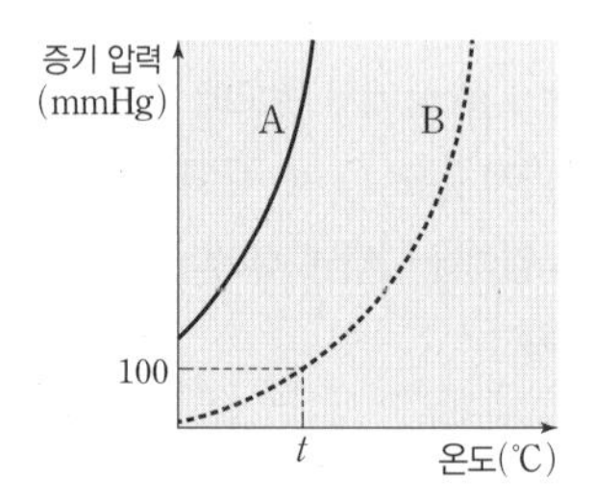

A와 B에 대한 설명으로 옳은 것만을 〈보기〉에서 있는 대로 고른 것은? (단, 1 atm은 760 mmHg이다.)

보기

ㄱ. 분자 사이의 힘은 $A(l)$가 $B(l)$보다 크다.

ㄴ. t℃에서 $A(l)$와 $B(l)$의 증기 압력 차이는 660 mmHg이다.

ㄷ. t℃, 500 mmHg에서 A의 안정한 상은 기체이다.

① ㄱ ② ㄷ ③ ㄱ, ㄴ ④ ㄴ, ㄷ ⑤ ㄱ, ㄴ, ㄷ

[24028-0031]

07 그림은 진공 상태의 용기에 $A(l)$를 넣고 평형에 도달한 것을 나타낸 것이다. 외부 압력과 온도가 각각 760 mmHg와 50℃일 때 h_1은 410이고, h_2는 a이다.

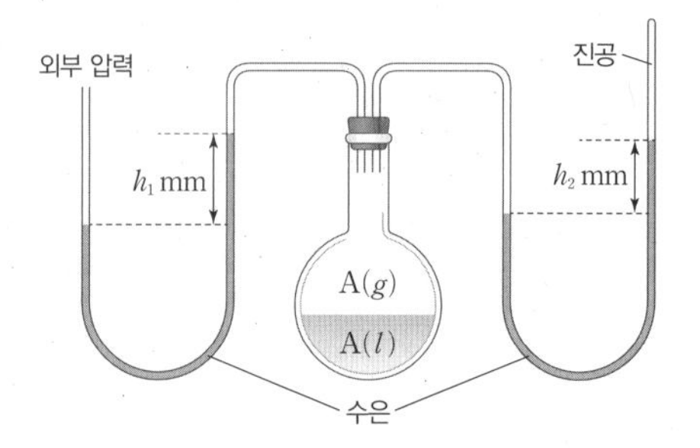

이에 대한 설명으로 옳은 것만을 〈보기〉에서 있는 대로 고른 것은? (단, 수은의 증기 압력은 무시한다.)

보기

ㄱ. 50℃에서 $A(l)$의 증기 압력은 410 mmHg이다.

ㄴ. 외부 압력과 온도가 각각 760 mmHg와 40℃일 때 h_1은 410보다 크고, h_2는 a보다 작다.

ㄷ. 외부 압력과 온도가 각각 750 mmHg와 50℃일 때 h_1은 410보다 작고, h_2는 a보다 크다.

① ㄱ ② ㄴ ③ ㄱ, ㄷ ④ ㄴ, ㄷ ⑤ ㄱ, ㄴ, ㄷ

[24028-0032]

08 표는 1 atm에서 2가지 물질 A와 B에 대한 자료이다.

물질	녹는점 (℃)	끓는점 (℃)	물질 1000 g의 부피(cm^3)	
			고체	액체
A	0	100	1091	1000
B	16.6	118	787	955

1 atm에서 A와 B에 대한 설명으로 옳은 것만을 〈보기〉에서 있는 대로 고른 것은? (단, 1가지 상에서 온도에 따른 부피 변화는 무시한다.)

보기

ㄱ. 15℃에서 A와 B의 안정한 상은 같다.

ㄴ. 10℃에서 $B(s)$는 $A(l)$에 가라앉는다.

ㄷ. 액체에서 고체로 상변화가 일어날 때 B의 밀도는 증가한다.

① ㄱ ② ㄴ ③ ㄷ ④ ㄱ, ㄴ ⑤ ㄴ, ㄷ

[24028-0033]

09 그림은 3가지 결정성 고체를 분류하는 과정을 나타낸 것이다.

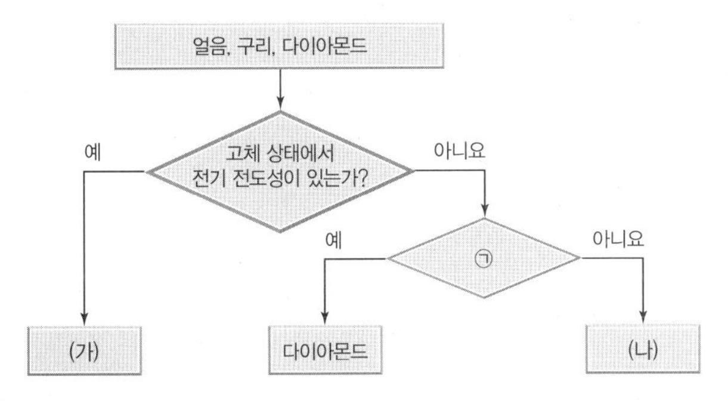

이에 대한 설명으로 옳은 것만을 <보기>에서 있는 대로 고른 것은?

보기

ㄱ. (가)는 구리이다.
ㄴ. (나)는 분자 결정이다.
ㄷ. '공유 결합이 존재하는 물질인가?'는 ㉠으로 적절하다.

① ㄱ ② ㄷ ③ ㄱ, ㄴ
④ ㄴ, ㄷ ⑤ ㄱ, ㄴ, ㄷ

[24028-0034]

10 그림은 염화 나트륨($NaCl$)과 염화 세슘($CsCl$)의 결정 구조를 나타낸 것이다. (가)와 (나)에서 단위 세포는 한 변의 길이가 각각 a_1과 a_2인 정육면체이다.

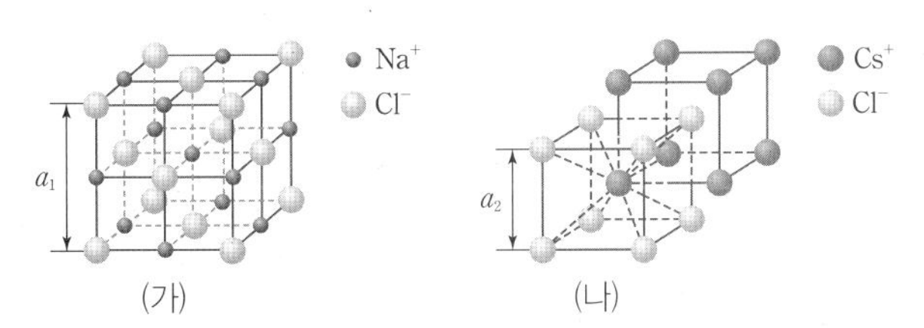

(가) (나)

(가)와 (나)에 대한 설명으로 옳은 것만을 <보기>에서 있는 대로 고른 것은?

보기

ㄱ. 단위 세포당 Cl^-의 수는 (가)가 (나)의 2배이다.
ㄴ. Cl^-에 가장 가까운 양이온의 수는 (가)가 (나)보다 크다.
ㄷ. Cl^-에 가장 가까운 Cl^-의 수는 (가)가 (나)의 2배이다.

① ㄱ ② ㄷ ③ ㄱ, ㄴ
④ ㄴ, ㄷ ⑤ ㄱ, ㄴ, ㄷ

[24028-0035]

11 다음은 25 °C, 1 atm에서 금속 A와 B의 결정 구조에 대한 자료이다. ㉠과 ㉡은 각각 단순 입방 구조, 체심 입방 구조, 면심 입방 구조 중 하나이다.

> 금속 A와 B의 결정 구조는 각각 ㉠과 ㉡이며, 한 원자에 가장 인접한 원자 수는 금속 B에서가 A에서의 $\frac{3}{2}$배이다.

㉠과 ㉡으로 옳은 것은? (단, A와 B는 임의의 원소 기호이다.)

	㉠	㉡
①	단순 입방 구조	체심 입방 구조
②	단순 입방 구조	면심 입방 구조
③	체심 입방 구조	단순 입방 구조
④	체심 입방 구조	면심 입방 구조
⑤	면심 입방 구조	체심 입방 구조

[24028-0036]

12 표는 금속 A와 B에 대한 자료이다.

금속	A	B
밀도(g/cm^3)	8	10.5
결정 구조	체심 입방 구조	면심 입방 구조
단위 세포 모형		
단위 세포의 질량(상댓값)	7	27

이에 대한 설명으로 옳은 것만을 <보기>에서 있는 대로 고른 것은? (단, A와 B는 임의의 원소 기호이다.)

보기

ㄱ. 원자량비는 A : B = 14 : 27이다.
ㄴ. 단위 세포의 밀도비는 A : B = 8 : 21이다.
ㄷ. 단위 세포의 부피는 B가 A보다 크다.

① ㄱ ② ㄴ ③ ㄷ
④ ㄱ, ㄷ ⑤ ㄴ, ㄷ

1 atm에서 액체 상태로 존재하는 온도 구간은 기준 녹는점과 기준 끓는점 사이이다.

[24028-0037]

01 표는 분자식이 C_5H_{12}인 3가지 탄화수소 (가)~(다)에 대한 자료이고, 그림은 1 atm에서 (가)~(다)가 각각 액체 상태로 존재하는 온도 구간을 나타낸 것이다.

탄화수소	이름	구조식
(가)	노말펜테인	$CH_3-CH_2-CH_2-CH_2-CH_3$ (H-C-C-C-C-C-H, 각 C에 H 2개씩 결합)
(나)	아이소펜테인	H-C-C-C-C-H, 두 번째 C에 CH_3(H-C-H) 결합
(다)	네오펜테인	H-C-C-C-H, 가운데 C에 CH_3 2개(H-C-H) 결합

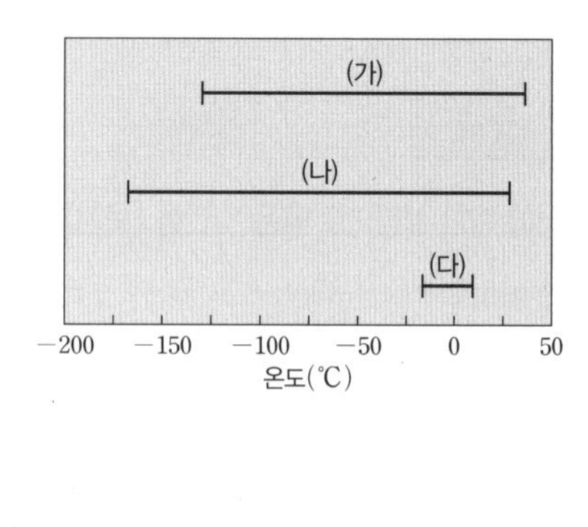

(가)~(다)에 대한 설명으로 옳은 것만을 <보기>에서 있는 대로 고른 것은?

보기

ㄱ. (가)와 (나)의 끓는점을 비교하여 분자량이 클수록 분산력이 크다는 것을 확인할 수 있다.
ㄴ. 액체 상태에서 분자 사이의 힘은 (가)가 (다)보다 크다.
ㄷ. (기준 끓는점−기준 어는점)은 (다)가 (나)보다 크다.

① ㄱ ② ㄴ ③ ㄱ, ㄷ ④ ㄴ, ㄷ ⑤ ㄱ, ㄴ, ㄷ

같은 원자 2개로 이루어진 분자는 무극성 분자이고, 다른 원자 2개로 이루어진 분자는 극성 분자이다.

[24028-0038]

02 다음은 교사가 제공한 분자 사이의 힘에 관한 학습지의 일부이다.

[학습 내용]
○ 액체 상태에서 분자 사이의 힘은 분자량이 비슷한 경우 극성 물질이 무극성 물질보다 크다.

[확인 학습]
○ 위 학습 내용이 옳다는 것을 확인하기 위해 표에서 ㉠ 두 물질을 골라 기준 끓는점을 비교하시오.

물질	분자량	기준 끓는점(℃)	쌍극자 모멘트(상댓값)
플루오린(F_2)	38.0	−188	0
브로민(Br_2)	159.8	58.8	x
염화 수소(HCl)	36.5	−85.1	1
일염화 브로민(BrCl)	115.4	5	0.63

이에 대한 설명으로 옳은 것만을 <보기>에서 있는 대로 고른 것은?

보기

ㄱ. ㉠으로 가장 적절한 것은 F_2과 BrCl이다.
ㄴ. $x=0$이다.
ㄷ. 25℃, 1 atm에서 Br_2의 안정한 상은 기체이다.

① ㄱ ② ㄴ ③ ㄱ, ㄷ ④ ㄴ, ㄷ ⑤ ㄱ, ㄴ, ㄷ

[24028-0039]

03 그림 (가)는 H_2O 분자와 관련된 결합 모형을, (나)는 1 atm에서 H_2O 1 g의 온도에 따른 부피를 나타낸 것이다. A와 B는 각각 공유 결합과 수소 결합 중 하나이다.

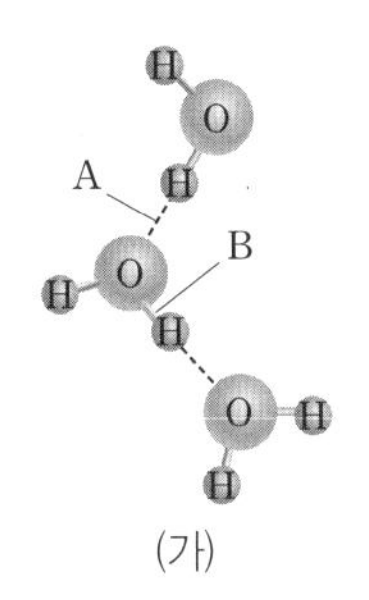

(가)

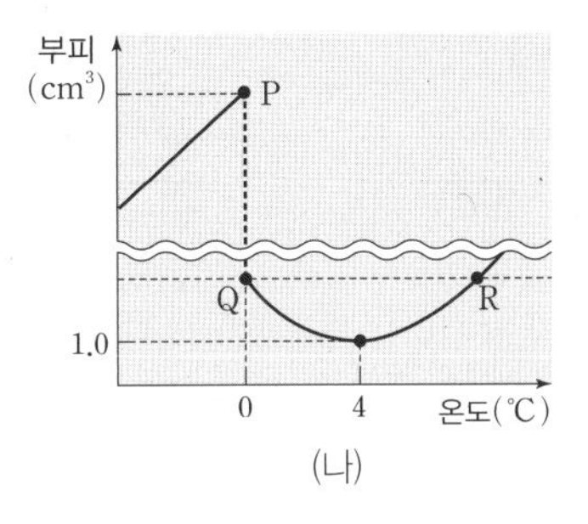

(나)

이에 대한 설명으로 옳은 것만을 〈보기〉에서 있는 대로 고른 것은? (단, H_2O의 분자량은 18이다.)

보기

ㄱ. H_2O 1 g당 A의 수는 P>Q>R이다.
ㄴ. $H_2O(l)$의 표면 장력이 큰 주된 이유는 A 때문이다.
ㄷ. 0℃, 1 atm에서 1 cm^3 $H_2O(l)$의 양은 $\frac{1}{18}$ mol보다 크다.

① ㄱ ② ㄴ ③ ㄷ ④ ㄱ, ㄴ ⑤ ㄱ, ㄷ

A는 물 분자 사이의 수소 결합이고, B는 물 분자를 구성하는 O 원자와 H 원자 사이의 공유 결합이다.

[24028-0040]

04 그림은 1 atm에서 물질 X 10 g의 가열 곡선을 나타낸 것이다. X의 비열은 액체 상태에서가 고체 상태에서의 2배이다.

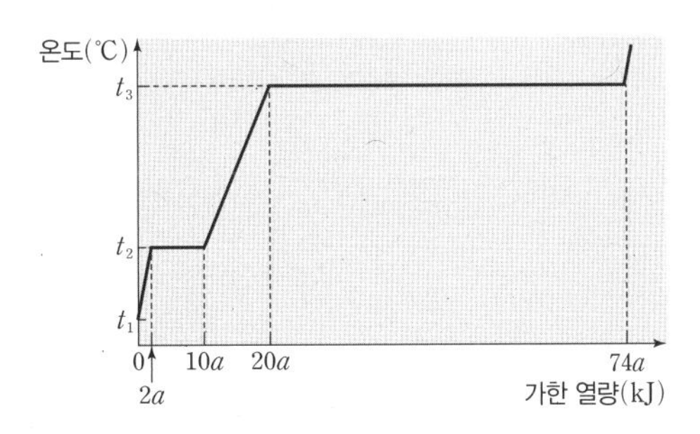

이에 대한 설명으로 옳은 것만을 〈보기〉에서 있는 대로 고른 것은?

보기

ㄱ. X의 기준 녹는점은 t_2℃이다.
ㄴ. $5(t_2-t_1)=2(t_3-t_2)$이다.
ㄷ. 1 atm에서 t_1℃, 물질 X 5 g에 $20a$ kJ의 열량을 가했을 때 X의 온도는 t_3℃이다.

① ㄱ ② ㄷ ③ ㄱ, ㄴ ④ ㄴ, ㄷ ⑤ ㄱ, ㄴ, ㄷ

[열량=비열×질량×온도 변화]이다.

F, O, N 원자에 결합된 H 원자가 있을 때 분자 사이에 수소 결합이 존재한다.

[24028-0041]

05 표는 탄소 화합물 A와 B의 구조식을 나타낸 것이고, 그림은 t℃에서 A와 B가 각각 평형에 도달한 것을 나타낸 것이다.

화합물	구조식
A	H　H　　H　H H−C−C−O−C−C−H H　H　　H　H
B	H　H　H　H H−C−C−C−C−O−H H　H　H　H

대기압 760 mmHg
A(g)
A(l)
758 mm
B(g)
B(l)
746 mm
수은
수은

이에 대한 설명으로 옳은 것만을 〈보기〉에서 있는 대로 고른 것은? (단, 1 atm은 760 mmHg이고, 수은의 증기 압력은 무시한다.)

보기

ㄱ. B(l)에서 분자 사이에는 수소 결합이 존재한다.
ㄴ. t℃에서 B(l)의 증기 압력은 746 mmHg이다.
ㄷ. A(l)의 기준 끓는점은 t℃보다 낮다.

① ㄱ　② ㄴ　③ ㄱ, ㄷ　④ ㄴ, ㄷ　⑤ ㄱ, ㄴ, ㄷ

꼭짓점에 있는 입자는 $\frac{1}{8}$개의 입자, 면에 있는 입자는 $\frac{1}{2}$개의 입자, 중심에 있는 입자는 1개의 입자가 단위 세포에 포함된다.

[24028-0042]

06 그림 (가)~(다)는 각각 단순 입방 구조, 체심 입방 구조, 면심 입방 구조의 단위 세포를 나타낸 것이고, 표는 (가)~(다)를 3가지 기준으로 분류한 것이다. ㉠~㉢은 각각 (가)~(다) 중 하나이다.

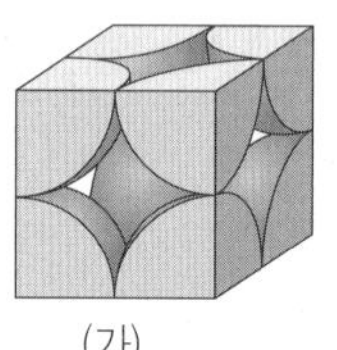
(가)

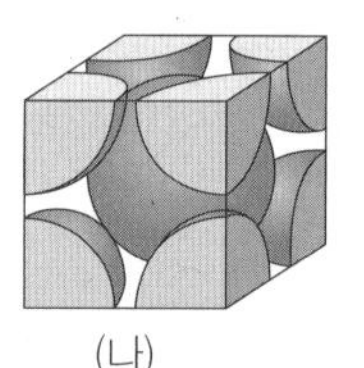
(나)

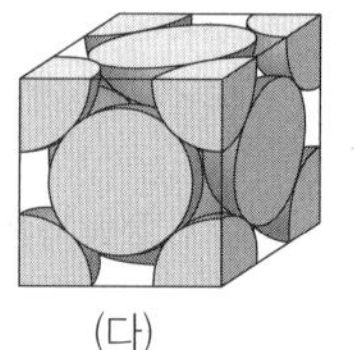
(다)

기준	예	아니요
단위 세포당 원자 수가 2 이상인가?	㉠, ㉢	㉡
한 원자에 가장 인접한 원자 수가 8 이하인가?	㉠, ㉡	㉢
A	㉠	㉡, ㉢

이에 대한 설명으로 옳은 것만을 〈보기〉에서 있는 대로 고른 것은?

보기

ㄱ. ㉠은 체심 입방 구조이다.
ㄴ. $\frac{\text{한 원자에 가장 인접한 원자 수}}{\text{단위 세포당 원자 수}}$는 ㉠ > ㉢이다.
ㄷ. '단위 세포의 꼭짓점에만 원자가 존재하는가?'는 A로 적절하다.

① ㄱ　② ㄷ　③ ㄱ, ㄴ　④ ㄴ, ㄷ　⑤ ㄱ, ㄴ, ㄷ

[24028-0043]

07 그림의 ㉠과 ㉡은 $A(l)$와 $B(l)$의 증기 압력 곡선을 순서 없이 나타낸 것이고, 표는 부피가 같은 진공 상태의 강철 용기 (가)와 (나)에 각각 $A(l)$ 1.0 mol과 $B(l)$ 1.0 mol을 넣고 온도를 25℃로 유지하였을 때 시간에 따른 용기 속 액체의 양(mol)을 나타낸 것이다.

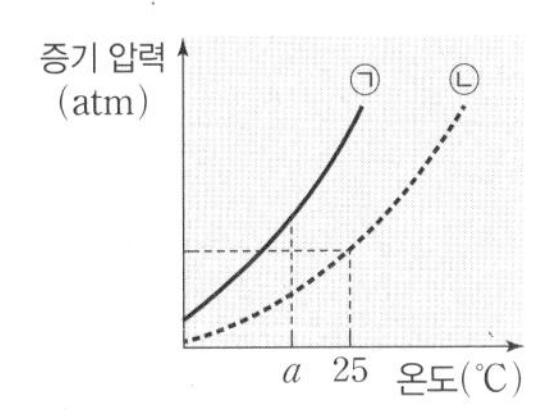

시간	0	t_1	t_2	t_3	t_4
(가) 속 $A(l)$의 양(mol)	1.0	0.88	0.80	0.75	0.75
(나) 속 $B(l)$의 양(mol)	1.0	0.62	n	n	n

이에 대한 설명으로 옳은 것만을 〈보기〉에서 있는 대로 고른 것은? (단, $t_1<t_2<t_3<t_4$이고, 액체의 부피는 무시하며, n은 0보다 크다.)

보기

ㄱ. 분자 사이의 힘은 $A(l)$가 $B(l)$보다 크다.

ㄴ. ㉠은 $B(l)$의 증기 압력 곡선이다.

ㄷ. 용기 (나)의 온도를 a℃로 낮춘 후 평형에 도달하였을 때 $\frac{B(l)\text{의 양(mol)}}{B(g)\text{의 양(mol)}}>3$이다.

① ㄱ ② ㄷ ③ ㄱ, ㄴ ④ ㄴ, ㄷ ⑤ ㄱ, ㄴ, ㄷ

액체와 평형을 이룬 용기 속 기체의 양(mol)은 $B(g)>A(g)$이다.

[24028-0044]

08 표는 외부 압력에 따른 $A(l)$~$C(l)$의 끓는점을 나타낸 것이고, 그림은 $A(l)$~$C(l)$ 중 두 액체를 선택하여 진공 상태의 두 용기에 각각 넣은 후 40℃에서 평형에 도달한 것을 나타낸 것이다. X와 Y는 각각 A~C 중 하나이다.

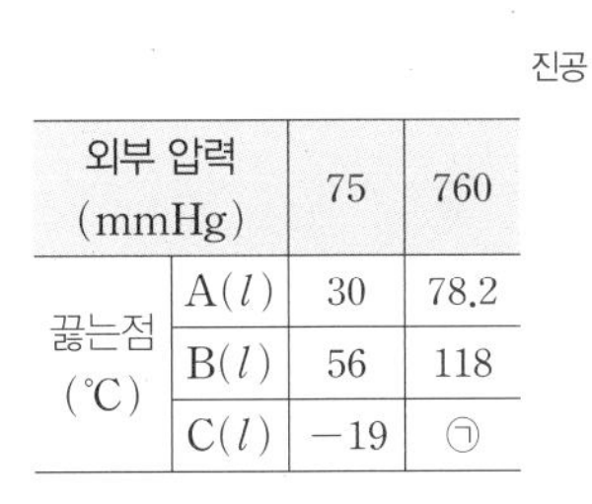

외부 압력 (mmHg)		75	760
끓는점 (℃)	$A(l)$	30	78.2
	$B(l)$	56	118
	$C(l)$	−19	㉠

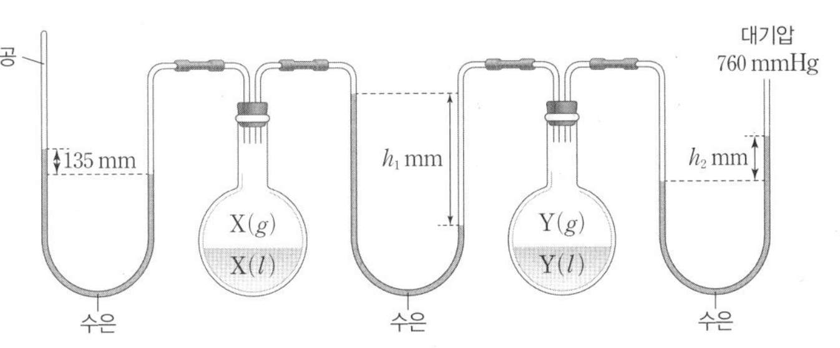

이에 대한 설명으로 옳은 것만을 〈보기〉에서 있는 대로 고른 것은? (단, 수은의 증기 압력은 무시한다.)

보기

ㄱ. X는 B이다.

ㄴ. ㉠>40이다.

ㄷ. $h_1=h_2+625$이다.

① ㄱ ② ㄷ ③ ㄱ, ㄴ ④ ㄴ, ㄷ ⑤ ㄱ, ㄴ, ㄷ

40℃에서 $Y(l)$의 증기 압력은 대기압보다 크다.

t_2℃에서 한 용기에서는 A(l)와 A(g)가 동적 평형을 이루고 있고, 다른 용기에서는 A가 모두 기체로 존재한다.

[24028-0045]

09 다음은 A(l)를 이용한 실험이다.

[실험 과정]

(가) 그림과 같이 부피비가 1 : 2인 진공 상태의 용기 ㉠과 ㉡을 준비한다.

(나) 용기 ㉠과 ㉡에 소량의 A(l)를 w g씩 넣는다.

(다) t_1℃에서 충분한 시간이 흐른 후 용기 속 압력을 측정하고, 용기 속에 액체가 존재하는지를 관찰한다.

(라) 온도를 높여 t_2℃, t_3℃에서 (다)의 과정을 반복한다.

압력계

V

용기 ㉠

$2V$

용기 ㉡

[실험 결과]

○ 세 온도에서의 용기 속 압력($t_1 < t_2 < t_3$)

온도(℃)	t_1	t_2	t_3
용기 ㉠ 속 압력	P_1	P_2	P_4
용기 ㉡ 속 압력	P_1	P_3	$0.5P_4$

○ t_2℃에서 용기 ㉠과 ㉡ 중 한 용기 속에만 A(l)가 존재한다.

이에 대한 설명으로 옳은 것만을 〈보기〉에서 있는 대로 고른 것은? (단, 액체의 부피는 무시하며, 용기 속에 A(s)는 존재하지 않는다. P_1~P_4는 모두 다른 압력이다.)

보기

ㄱ. t_1℃에서 A(l)의 증기 압력은 P_1이다.

ㄴ. t_2℃에서 충분한 시간이 흐른 후, 용기 ㉡ 속 A(l)와 A(g)는 평형을 이룬다.

ㄷ. $P_3 > P_2$이다.

① ㄱ ② ㄴ ③ ㄱ, ㄷ ④ ㄴ, ㄷ ⑤ ㄱ, ㄴ, ㄷ

[열량=비열×질량×온도 변화]이다.

[24028-0046]

10 표는 1 atm에서 물질 A~C에 대한 자료이다.

물질	분자량	녹는점(℃)	끓는점(℃)	액체의 비열(J/(g·℃))
A	32	−97.6	64.7	2.5
B	60	16.6	118	2.1
C	78	5.5	80.1	1.7

A~C에 대한 설명으로 옳은 것만을 〈보기〉에서 있는 대로 고른 것은?

보기

ㄱ. 액체 상태에서 분자 사이의 힘은 B가 가장 크다.

ㄴ. 0℃, 1 atm에서 안정한 상이 고체인 것은 1가지이다.

ㄷ. 25℃, 1 atm에서 같은 질량의 B(l)와 C(l)를 단위 시간당 동일한 열량으로 각각 가열할 때 끓기 시작하기까지 걸리는 시간은 C(l)가 B(l)보다 짧다.

① ㄱ ② ㄴ ③ ㄷ ④ ㄱ, ㄷ ⑤ ㄴ, ㄷ

[24028-0047]

11 **다음은 학생 A~C가 각각 단순 입방 구조, 체심 입방 구조, 면심 입방 구조의 단위 세포 모형 중 하나를 만들어 수행한 탐구 활동이다.**

[준비물] 반지름이 r이고 질량이 동일한 스타이로폼 공, 칼, 전자저울, 접착제

[탐구 과정] (가) 공을 칼로 잘라 단위 세포를 만드는 데 필요한 공 조각$\left(\frac{1}{2}\text{조각 또는 }\frac{1}{8}\text{조각}\right)$을 준비한다.

(나) 공 또는 공 조각을 접착제로 붙여 각자 선택한 구조의 단위 세포 모형을 1개 만든다.

(다) 전자저울로 단위 세포 모형의 질량을 측정한다.

(라) 그림과 같이 모형을 자른 후 직사각형 단면에 존재하는 스타이로폼의 면적을 구한다.

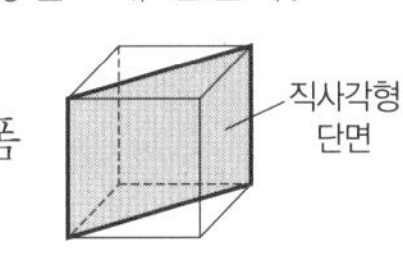

[탐구 결과]

○ 그림은 (나)에서 A~C가 만든 단위 세포 모형을 순서 없이 나타낸 것이다.

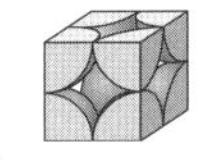
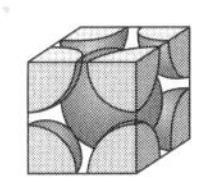
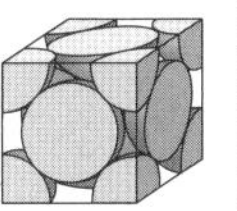

○ (다)에서 단위 세포 모형의 질량은 B가 만든 모형이 A가 만든 모형보다 크다.

○ (라)에서 직사각형 단면에 존재하는 스타이로폼의 면적은 B가 만든 모형이 C가 만든 모형보다 크다.

꼭짓점에 있는 입자는 $\frac{1}{8}$개의 입자, 면에 있는 입자는 $\frac{1}{2}$개의 입자, 중심에 있는 입자는 1개의 입자가 단위 세포에 포함된다.

이에 대한 설명으로 옳은 것만을 〈보기〉에서 있는 대로 고른 것은? (단, 접착제의 질량과 부피는 무시한다.)

보기

ㄱ. 자르지 않은 공이 포함된 단위 세포 모형을 만든 학생은 B이다.

ㄴ. C가 만든 단위 세포 모형의 질량은 스타이로폼 공 질량의 2배이다.

ㄷ. $\frac{\text{단위 세포 모형의 질량}}{\text{직사각형 단면에 존재하는 스타이로폼의 면적}}$은 A와 C의 모형에서 같다.

① ㄱ ② ㄷ ③ ㄱ, ㄴ ④ ㄴ, ㄷ ⑤ ㄱ, ㄴ, ㄷ

[24028-0048]

12 **그림은 2가지 화합물의 결정 구조를 모형으로 나타낸 것이다. (가)와 (나)는 각각 화합물 AB와 CB_n 중 하나이고, (가)와 (나)에서 단위 세포는 한 변의 길이가 각각 a_1과 a_2인 정육면체이다.**

이에 대한 설명으로 옳은 것만을 〈보기〉에서 있는 대로 고른 것은? (단, A~C는 임의의 원소 기호이다.)

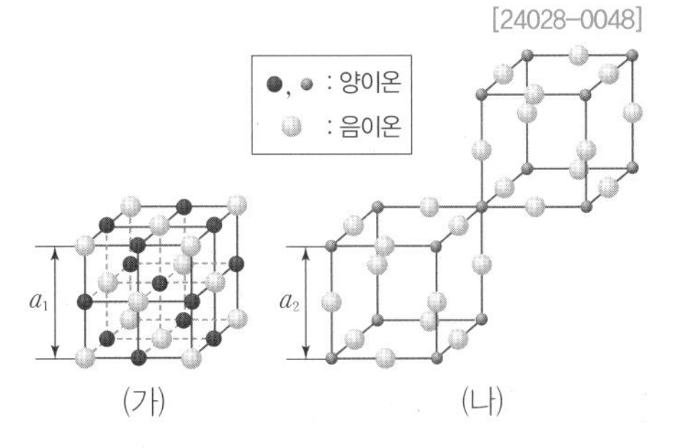

$\frac{\text{음이온 수}}{\text{양이온 수}}$는 AB와 CB_n에서 각각 1과 n이다.

보기

ㄱ. $n=2$이다.

ㄴ. 1개의 양이온에 가장 인접한 음이온의 수는 (가)와 (나)에서 같다.

ㄷ. 단위 세포당 음이온의 수는 AB가 CB_n보다 크다.

① ㄱ ② ㄷ ③ ㄱ, ㄴ ④ ㄴ, ㄷ ⑤ ㄱ, ㄴ, ㄷ

03 용액

개념 체크

◉ **퍼센트 농도** : 용액 100 g 속에 녹아 있는 용질의 질량(g)을 나타낸 농도이다.

◉ **몰 농도** : 용액 1 L 속에 녹아 있는 용질의 양(mol)을 의미하므로 용액의 몰 농도와 용액의 부피를 알면 용액 속 용질의 양(mol)을 알 수 있다.

1. 퍼센트 농도는 용액 속 녹아 있는 용질의 양(mol)을 나타낸 것이다. (○, ×)

2. 10% 염화 나트륨 수용액 100 g에 녹아 있는 염화 나트륨의 질량은 10 g이다. (○, ×)

3. 25℃, 10% 염화 나트륨 수용액의 온도를 50℃로 높여 주면 농도는 5%가 된다. (○, ×)

4. 물 45 g에 염화 나트륨 5 g이 녹아 있는 수용액의 퍼센트 농도는 ( )% 이다.

5. 지하수 10^6 g 중에 산소가 10 g 녹아 있을 때, 이 지하수에 녹아 있는 산소의 ppm 농도는 ( ) ppm 이다.

정답

1. ×
2. ○
3. ×
4. 10
5. 10

1 용액의 농도

(1) 농도

용매와 용질이 섞여 있는 비율을 용액의 농도라고 하며, 농도의 종류에는 퍼센트 농도, ppm 농도, 몰 농도, 몰랄 농도 등이 있다.

(2) 퍼센트 농도

용액 100 g 속에 녹아 있는 용질의 질량(g)을 나타낸 농도로, 단위는 %를 사용한다.

$$\text{퍼센트 농도}(\%) = \frac{\text{용질의 질량(g)}}{\text{용액의 질량(g)}} \times 100 = \frac{\text{용질의 질량(g)}}{\text{(용매+용질)의 질량(g)}} \times 100$$

① 용액과 용질의 질량으로 나타내므로 온도나 압력의 영향을 받지 않는다.

② 용액의 퍼센트 농도를 이용하면 용액에 녹아 있는 용질의 질량을 구할 수 있다.

$$\text{용질의 질량(g)} = \text{용액의 질량(g)} \times \frac{\text{퍼센트 농도}(\%)}{100}$$

(3) ppm 농도

ppm은 'parts per million'의 약자로 백만분의 1을 나타내는 단위이다.

① 주로 공기나 물속에 극소량 들어 있는 물질의 농도를 나타낼 때 사용한다.

② 용액의 농도로 쓰일 때에는 용액 10^6 g 속에 녹아 있는 용질의 질량(g)을 나타낸다.

$$\text{ppm 농도(ppm)} = \frac{\text{용질의 질량(g)}}{\text{용액의 질량(g)}} \times 10^6$$

(4) 몰 농도

용액 1 L 속에 녹아 있는 용질의 양(mol)을 나타낸 농도로, 단위는 mol/L 또는 M를 사용한다.

$$\text{몰 농도(M)} = \frac{\text{용질의 양(mol)}}{\text{용액의 부피(L)}} = \frac{\text{용질의 양(mol)}}{\text{용액의 부피(mL)}} \times 1000\text{(mL/L)}$$

① 용액의 부피를 기준으로 하기 때문에 화학 실험에서 사용하기에 편리하다.

② 온도에 따라 용액의 부피가 변하므로 몰 농도는 온도에 따라 달라진다.

③ 용액의 몰 농도와 부피를 알면 용액에 녹아 있는 용질의 양(mol)을 구할 수 있다.

$$\text{용질의 양(mol)} = \text{몰 농도(mol/L)} \times \text{용액의 부피(L)}$$

④ 특정한 몰 농도의 용액을 만들 때 필요한 기구

전자저울	비커	부피 플라스크	씻기병	피펫과 피펫 필러
		표시선		
용질의 질량을 측정한다.	용질을 소량의 용매에 용해시킨 후 용액을 부피 플라스크에 옮길 때 사용한다.	표시선까지 용매를 채워 일정 부피의 용액을 만들 때 사용한다.	비커에 남아 있는 용액을 헹구거나 부피 플라스크의 표시선까지 용매를 넣을 때 사용한다.	액체의 부피를 정확히 측정하여 옮길 때 사용한다.

개념 체크

▶ 몰 농도는 용액 1 L 속에 녹아 있는 용질의 양(mol)을 나타낸 것이다. 용액 속에 녹아 있는 용질의 양(mol)은 온도에 따라 변하지 않지만 용액의 부피는 온도에 따라 변하므로 온도가 변하면 몰 농도도 변한다.

1. 용액 1 L 속에 녹아 있는 용질의 양(mol)을 나타내는 농도는 (　　)이다.

2. 0.1 M 설탕 수용액 100 mL에 녹아 있는 설탕의 양은 (　　) mol이다.

3. 용액의 몰 농도는 용액의 (　　)가 기준이므로 온도가 달라지면 몰 농도가 달라진다.

탐구자료 살펴보기 0.1 M 수산화 나트륨 수용액 1 L 만들기

실험 과정

1. 수산화 나트륨(NaOH) 4.0 g을 정확히 측정한 다음 적당량의 물이 들어 있는 비커에 넣어 완전히 녹인다.
2. 깔때기를 이용하여 1 L 부피 플라스크에 비커의 용액을 넣은 다음 물로 비커와 깔때기에 묻어 있는 용액을 씻어 넣는다.
3. 부피 플라스크에 물을 $\frac{2}{3}$ 정도 넣은 다음 흔들거나 뒤집어서 용액을 잘 섞는다.
4. 물을 가하여 용액을 표시선까지 넣은 다음 용액이 잘 섞이도록 충분히 흔들어 준다. 실온으로 식힌 후 다시 표시선까지 물을 채운다.

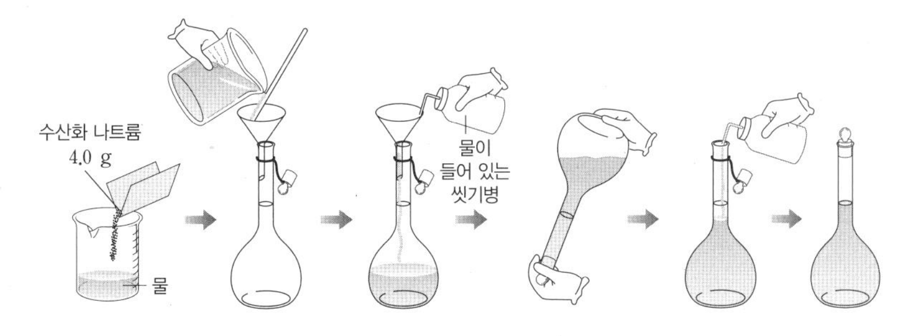

실험 결과

• 수산화 나트륨(NaOH)의 화학식량은 40이므로 4.0 g은 0.1 mol에 해당하며, 이를 1 L 부피 플라스크에 넣고 물을 표시선까지 채워 0.1 M 수산화 나트륨 수용액을 만들었다.

분석 point

0.1 M 용액 1 L를 만들기 위해서는 용질 0.1 mol에 해당하는 질량을 정확히 측정하여 용매에 녹인 후 용액의 전체 부피를 1 L로 맞추어야 한다.

정답

1. 몰 농도
2. 0.01
3. 부피

개념 체크

- 어떤 용액에 용매를 가해 희석할 때 용액의 부피와 몰 농도는 달라지지만 용질의 양(mol)은 달라지지 않는다.
- 몰 농도가 서로 다른 두 용액을 혼합할 때 혼합 용액 속 용질의 양(mol)은 혼합 전 각 용액 속 용질의 양(mol)의 합과 같다.
- 몰랄 농도는 용매 1 kg에 녹인 용질의 양(mol)을 나타낸 농도이다.
- 몰 분율은 균일한 혼합물에서 각 성분의 양(mol)을 혼합물의 전체 양(mol)으로 나눈 값이다.

1. 어떤 수용액에 물을 가하여 희석하여도 용액 속 (　　)의 양(mol)은 변하지 않는다.

2. 몰 농도가 M(mol/L)인 용액 V(L)에 용매를 가하여 몰 농도가 M'(mol/L)인 용액 V'(L)가 되었다면 MV=(　　)가 성립한다.

3. 1 kg의 용매에 녹인 용질의 양(mol)을 나타낸 농도를 (　　)라고 한다.

4. 포도당 수용액에서 물의 몰 분율이 0.95이면 포도당의 몰 분율은 (　　)이다.

5. 용매 0.8 mol과 용질 0.2 mol로 이루어진 용액에서 용질의 몰 분율은 (　　)이다.

정답

1. 용질
2. $M'V'$
3. 몰랄 농도
4. 0.05
5. 0.2

⑤ **용액 희석하기** : 어떤 용액에 용매를 가하여 용액을 희석했을 때, 용액의 부피와 농도는 달라지지만 그 속에 녹아 있는 용질의 양(mol)은 변하지 않는다. 용액의 농도가 M(mol/L)인 용액 V(L)에 용매를 가하여 농도가 M'(mol/L)인 용액 V'(L)가 되었다면 두 용액에서 용질의 양(mol)이 같으므로 다음과 같은 관계가 성립한다.

$$\text{용질의 양(mol)} = \text{몰 농도(mol/L)} \times \text{용액의 부피(L)}$$
$$\Rightarrow \text{용질의 양(mol)} = MV = M'V'$$

⑥ **혼합 용액의 몰 농도** : 같은 종류의 용질이 용해되어 있고 농도가 서로 다른 두 용액을 혼합하면, 용질의 전체 양(mol)은 변하지 않으므로 다음과 같은 관계가 성립한다.

V L (M mol/L) + V' L (M' mol/L) → V'' L (M'' mol/L)

$$MV + M'V' = M''V'' \Rightarrow M'' = \frac{MV + M'V'}{V''} \text{(mol/L)}$$

(5) 몰랄 농도

용매 1 kg에 녹인 용질의 양(mol)을 나타낸 농도로, 단위는 mol/kg 또는 m를 사용한다.

$$\text{몰랄 농도}(m) = \frac{\text{용질의 양(mol)}}{\text{용매의 질량(kg)}}$$

① 용매의 질량과 용질의 양(mol)은 온도의 영향을 받지 않으므로 몰랄 농도는 온도의 영향을 받지 않는다.

② 용액의 몰랄 농도와 용매의 질량을 알면 용액에 녹아 있는 용질의 양(mol)을 구할 수 있다.

$$\text{용질의 양(mol)} = \text{몰랄 농도(mol/kg)} \times \text{용매의 질량(kg)}$$

(6) 몰 분율

균일한 혼합물에서 각 성분의 양(mol)을 혼합물의 전체 양(mol)으로 나눈 값이다.

① 몰 분율은 용매와 용질 구분없이 입자 수를 기준으로 하며, 각 성분의 몰 분율을 모두 더하면 1이 된다.

$$X_A = \frac{n_A}{n_A + n_B + \cdots}$$

(X_A : 성분 A의 몰 분율, n_A, n_B, ⋯ : 각 성분의 양(mol))

② 용질의 몰 분율이 클수록 일정량의 용매에 녹인 용질의 양(mol)이 크므로 몰 분율도 농도의 의미를 포함한다.

③ 물질의 양(mol)은 온도의 영향을 받지 않으므로 몰 분율은 온도의 영향을 받지 않는다.

과학 돋보기 에탄올 수용액에서의 몰 분율

물(H_2O) 54 g과 에탄올(C_2H_5OH) 92 g을 혼합한 수용액에서 물의 분자량은 18이므로 물 54 g은 $\frac{54\ g}{18\ g/mol}$ $=3$ mol이고, 에탄올의 분자량은 46이므로 에탄올 92 g은 $\frac{92\ g}{46\ g/mol}=2$ mol이다. 따라서 에탄올 수용액에서 물의 몰 분율은 $\frac{3\ mol}{3\ mol+2\ mol}=0.6$이고, 에탄올의 몰 분율은 $\frac{2\ mol}{3\ mol+2\ mol}=0.4$이므로 몰 분율은 물질의 양(mol)이 큰 물이 에탄올보다 크다.

(7) 농도의 변환

① **퍼센트 농도(%)를 몰 농도(M)로 변환** : 용액의 부피를 1 L라고 가정하고, 용액의 밀도, 퍼센트 농도, 용질의 화학식량을 이용하여 몰 농도를 구한다.

[화학식량이 x인 용질이 녹아 있는 a% 용액의 밀도가 d(g/mL)일 때 용액의 몰 농도]

- 용액 1 L의 질량을 구한다.
  ➡ $1000\ mL \times d(g/mL)=1000d(g)$
- 용액 1 L 속에 녹아 있는 용질의 질량을 구한다.
  ➡ $1000d(g)\times\frac{a}{100}=10ad(g)$
- 용액 1 L 속에 녹아 있는 용질의 양(mol)을 구한다.
  ➡ $\frac{10ad}{x}(mol)$

∴ a% 용액의 몰 농도(M)$=\frac{10ad}{x}(mol/L)$

과학 돋보기 98%의 진한 황산으로 0.1 M 황산 수용액 만들기

[밀도가 1.84 g/mL인 98%의 황산(H_2SO_4 분자량 98)으로 0.1 M 황산 수용액 1 L를 만드는 과정]

(가) 0.1 M 황산 수용액 1 L를 만드는 데 필요한 H_2SO_4의 질량을 구한다.
➡ $0.1(mol/L)\times1(L)\times98(g/mol)=9.8(g)$

(나) 98% 황산 100 g 속에는 98 g의 H_2SO_4이 들어 있음을 이용하여 0.1 M 황산 수용액 1 L를 만들기 위해 필요한 98% 황산의 질량을 구한다.
➡ $100 : 98=x : 9.8$　　∴ $x=10(g)$

(다) 부피$=\frac{질량}{밀도}$을 이용해 필요한 98% 황산 10 g의 부피(V)를 구한다.
➡ $V=\frac{10(g)}{1.84(g/mL)}\fallingdotseq5.43(mL)$

(라) 필요한 98% 황산의 부피(5.43 mL)를 피펫으로 정확히 취한 후 300 mL 정도의 물이 담긴 비커에 조금씩 넣으며 저어 준다.

(마) (라)의 용액을 1 L 부피 플라스크에 모두 옮긴 후 표시선까지 물을 채운다.

개념 체크

- 질량과 물질의 양(mol)은 온도에 따라 달라지지 않으므로 몰랄 농도와 몰 분율은 온도에 따라 달라지지 않는다.

1. 0.1 M 포도당 수용액 100 mL에 물을 가해 200 mL로 만들면, 이 수용액의 몰 농도는 (　　) M이다.

2. 물 0.5 kg에 염화 나트륨 1 mol을 녹인 수용액의 몰랄 농도는 (　　) m이다.

3. 분자량이 180인 포도당 18 g이 물 100 g에 녹아 있는 수용액의 몰랄 농도는 (　　) m이다.

4. 퍼센트 농도(%)를 이용하여 용액의 몰 농도를 구하기 위해서는 용질의 화학식량과 용액의 (　　)를 알아야 한다.

정답
1. 0.05
2. 2
3. 1
4. 밀도

개념 체크

◎ 농도를 나타내는 방법

[일정량의 용액에 녹아 있는 용질]

- **퍼센트 농도(%)** : 용액 100 g에 녹아 있는 용질의 질량(g)을 나타낸 농도
- **ppm 농도** : 용액 10^6 g에 녹아 있는 용질의 질량(g)을 나타낸 농도
- **몰 농도(M)** : 용액 1 L에 녹아 있는 용질의 양(mol)을 나타낸 농도
- **용질의 몰 분율** : 용질의 양(mol)을 용액의 전체 양(mol)으로 나눈 값

[일정량의 용매에 녹인 용질]

- **몰랄 농도(*m*)** : 용매 1 kg에 녹인 용질의 양(mol)을 나타낸 농도

1. 퍼센트 농도(%)를 이용하여 용액의 몰랄 농도를 구하기 위해서는 용질의 (　　)을 알아야 한다.

2. 용액의 몰 농도를 몰랄 농도로 변환하려면 용질의 (　　)과 용액의 (　　)를 알아야 한다.

정답

1. 화학식량
2. 화학식량, 밀도

② **퍼센트 농도(%)를 몰랄 농도(*m*)로 변환** : 용액의 질량을 100 g이라고 가정하고, 용액의 퍼센트 농도와 용질의 화학식량을 이용하여 몰랄 농도를 구한다.

[화학식량이 x인 용질이 녹아 있는 a% 용액의 몰랄 농도]

- 용액 100 g 속에 녹아 있는 용질의 질량은 a(g)이고, 용질의 양은 $\frac{a}{x}$(mol)이다.
- 용액 100 g 속에 들어 있는 용매의 질량을 구한다.
  ➡ $(100-a)$(g)
- 용매 1 kg에 들어 있는 용질의 양(mol, y)을 구한다.
  ➡ $(100-a) : \frac{a}{x} = 1000 : y$

$\therefore$ a% 용액의 몰랄 농도(m)$=\frac{y(\text{mol})}{1(\text{kg})}=\frac{1000a}{(100-a)x}$(mol/kg)

③ **몰 농도(M)를 몰랄 농도(*m*)로 변환** : 용액의 부피를 1 L라고 가정하고, 용액의 밀도, 몰 농도, 용질의 화학식량을 이용하여 몰랄 농도를 구한다.

[화학식량이 x인 용질이 녹아 있는 b M 용액의 밀도가 d(g/mL)일 때 용액의 몰랄 농도]

- 용액 1 L의 질량을 구한다.
  ➡ $1000\ \text{mL} \times d(\text{g/mL}) = 1000d(\text{g})$
- 용액 1 L 속에 녹아 있는 용질의 양(mol)과 질량을 구한다.
  ➡ b(mol), bx(g)
- 용액 1 L 속에 들어 있는 용매의 질량을 구한다.
  ➡ $(1000d-bx)$(g)
- 용매 1 kg에 들어 있는 용질의 양(mol, y)을 구한다.
  ➡ $(1000d-bx) : b = 1000 : y$

$\therefore$ b M 용액의 몰랄 농도(m)$=\frac{y(\text{mol})}{1(\text{kg})}=\frac{1000b}{1000d-bx}$(mol/kg)

2 용액의 증기 압력 내림

(1) 증기 압력

일정한 온도에서 진공 상태의 밀폐 용기 속에 액체를 넣고 충분한 시간이 지나면 증발 속도와 응축 속도가 같아지는데, 이때 용기 속 기체가 나타내는 압력을 그 액체의 증기 압력이라고 한다.

과학 돋보기 증기 압력

- 일정 온도에서 진공 상태의 밀폐된 용기에 액체를 넣어 두면 액체 표면에서 증발이 일어나면서 점차 용기 속 기체 분자 수가 많아진다.
- 기체 분자 수가 많아지면 기체 분자 중에서 액체 표면에 충돌하여 액체 상태로 되돌아오는 분자들도 많아진다.
- 일정한 시간 동안 증발하는 분자 수(증발 속도)와 응축하는 분자 수(응축 속도)가 같아지면 겉보기에 아무런 변화가 일어나지 않는 것처럼 보이는데, 이때 기체가 나타내는 압력이 증기 압력이다. 즉, 액체를 진공 상태의 밀폐 용기에 넣어 두고 충분한 시간이 경과하여 증발 속도와 응축 속도가 같아졌을 때 용기 속 기체가 나타내는 압력이 증기 압력이다.

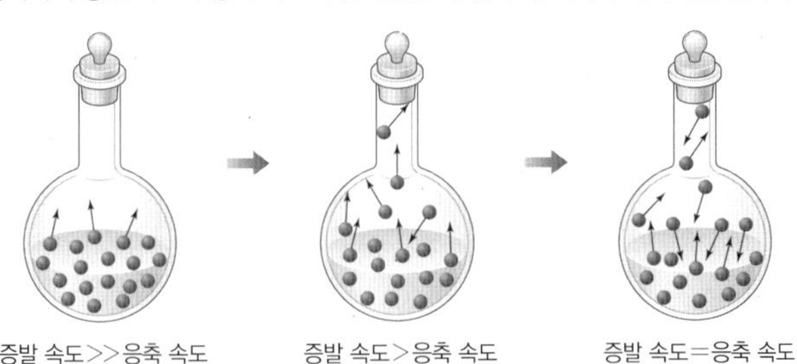

개념 체크

▶ 비휘발성 용질이 녹아 있는 묽은 용액에서 증기 압력은 순수한 용매의 증기 압력보다 작다.

1. 일정한 온도에서 비휘발성 용질이 녹아 있는 용액의 증기 압력은 순수한 용매의 증기 압력보다 (　　)다.

2. 용매의 증기 압력에서 용액의 증기 압력을 뺀 값을 (　　)이라고 한다.

3. 증기 압력 내림은 용질의 종류에는 관계없이 용질의 (　　)에 영향을 받는다.

(2) **증기 압력 내림(ΔP)**

비휘발성 용질이 녹아 있는 묽은 용액에서 용액의 증기 압력은 순수한 용매의 증기 압력보다 작아진다. 이때 용매의 증기 압력과 용액의 증기 압력의 차이를 증기 압력 내림이라고 한다.

$$\text{증기 압력 내림}(\Delta P) = \text{용매의 증기 압력}(P_{\text{용매}}) - \text{용액의 증기 압력}(P_{\text{용액}})$$

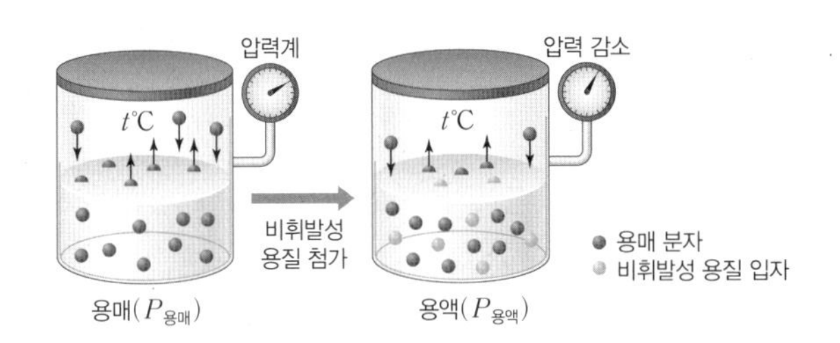

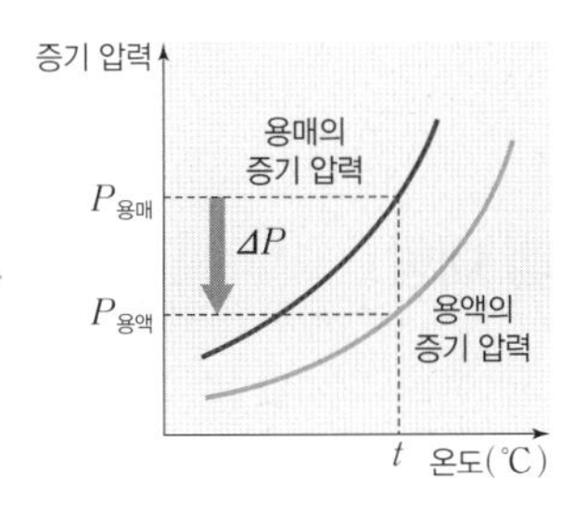

① 용액의 농도가 진할수록 증기 압력 내림이 커진다.
② 온도가 일정할 때 증기 압력 내림은 용질의 종류에는 영향을 받지 않고, 용매의 종류와 용질의 몰 분율에만 영향을 받는다.

정답
1. 작
2. 증기 압력 내림
3. 몰 분율(입자 수)

개념 체크

▶ 라울 법칙은 용질의 종류에 관계없이 용질의 입자 수에만 관계된 법칙이다. 라울 법칙이 잘 적용되려면 묽은 용액이어야 한다.

1. 라울 법칙에 따르면 묽은 용액의 증기 압력 내림은 용질의 (　　)에 비례한다.

2. 용질이 비휘발성인 경우 용액의 농도가 진할수록 증기 압력 내림은 (　　) 진다.

3. t℃에서 순수한 용매의 증기 압력이 300 mmHg일 때, 비휘발성, 비전해질 용질의 몰 분율이 0.1인 용액의 증기 압력은 (　　) mmHg이다.

정답
1. 몰 분율
2. 커
3. 270

탐구자료 살펴보기 용액의 증기 압력 내림

실험 과정

물과 설탕물을 진공 상태의 플라스크에 넣어 그림과 같이 장치하고 일정한 온도에서 물과 설탕물의 증기 압력을 비교한다.

실험 결과

• 수은 기둥은 설탕물 쪽이 높으며, 수은 기둥의 높이 차는 h mm이었다.

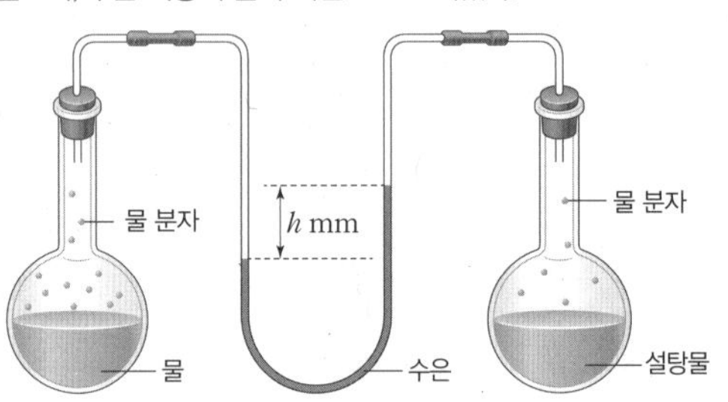

분석 point

• 설탕물은 물보다 증기 압력이 작다.
• 증기 압력 내림(ΔP) = 물의 증기 압력 − 설탕물의 증기 압력 = h mmHg
• 증기 압력은 용액의 부피에 영향을 받지 않으므로 온도와 설탕물의 농도가 일정하면 플라스크 속의 물이나 설탕물의 부피를 달리하여도 h는 일정하다.

(3) 묽은 용액의 증기 압력 내림

① **라울 법칙** : 비휘발성, 비전해질인 용질이 녹아 있는 묽은 용액의 증기 압력($P_{용액}$)은 용매의 몰 분율($X_{용매}$)에 비례한다.

$$P_{용액}=P_{용매}\times X_{용매}$$

② 묽은 용액의 증기 압력 내림(ΔP)은 용질의 몰 분율($X_{용질}$)에 비례한다.

$$\begin{aligned}\Delta P&=P_{용매}-P_{용액}\\&=P_{용매}-P_{용매}\times X_{용매}=P_{용매}(1-X_{용매})\end{aligned}$$
$$1-X_{용매}=X_{용질}$$
$$\therefore\ \Delta P=P_{용매}\times X_{용질}$$

③ 용액의 농도가 진해질수록 용질의 몰 분율이 커지므로 증기 압력 내림도 커진다.

3 용액의 끓는점 오름과 어는점 내림

(1) 용액의 끓는점과 어는점

① 액체는 증기 압력이 외부 압력과 같을 때 끓게 된다. 같은 온도에서 비휘발성인 용질이 녹아 있는 용액의 증기 압력은 용질의 방해에 의해 용매의 증기 압력보다 작으므로 용액이 끓기 위해서는 용매의 끓는점보다 더 높은 온도로 가열해야 한다. 그러므로 용액의 끓는점은 용매의 끓는점보다 높다.

② 비휘발성인 용질이 녹아 있는 용액이 어는 과정에서 용질의 방해가 있으므로 용액이 얼기 위해서는 용매의 어는점보다 더 낮은 온도로 냉각해야 한다. 그러므로 용액의 어는점은 용매보다 낮다.

③ 용액의 끓는점(T_b')과 용매의 끓는점(T_b)의 차를 끓는점 오름(ΔT_b)이라고 하고, 용매의 어는점(T_f)과 용액의 어는점(T_f')의 차를 어는점 내림(ΔT_f)이라고 한다.

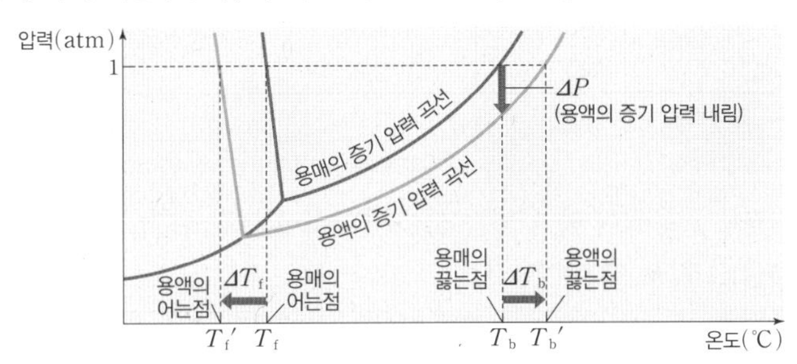

(2) 끓는점 오름(ΔT_b)과 어는점 내림(ΔT_f)에 영향을 미치는 요인

묽은 용액의 끓는점 오름(ΔT_b)과 어는점 내림(ΔT_f)은 용매의 종류와 용액 속에 녹아 있는 용질의 입자 수(몰랄 농도)에만 영향을 받는다.

탐구자료 살펴보기 — 어는점 내림 측정

실험 과정 및 결과

그림과 같이 장치하고 시험관 속의 순수한 용매를 젓개로 저어 주면서 시간에 따른 온도를 측정한다. 용액 A에 대해서도 같은 실험을 반복하여 아래와 같은 결과를 얻었다.

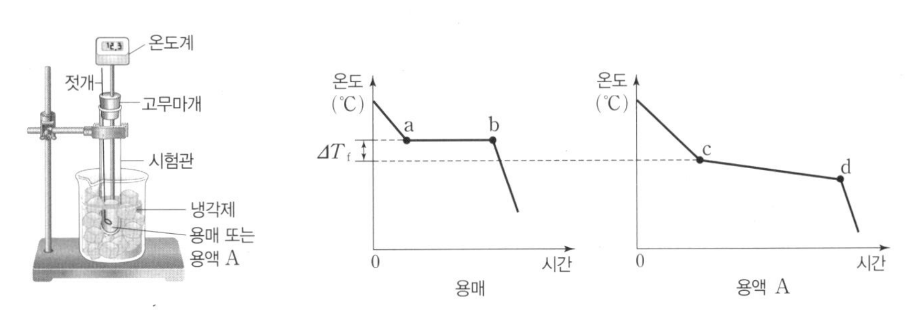

분석 point

- 순수한 용매는 a점에서 얼기 시작하였고, 용액 A는 c점에서 얼기 시작하였다.
  ➡ 용액 A의 어는점 내림(ΔT_f)은 (a점에서의 온도 − c점에서의 온도)이다.
- 순수한 용매는 b점까지 온도가 일정하게 유지되나, 용액 A에서는 d점까지 어는점이 계속 낮아진다.
  ➡ 용액에서는 용매만 얼어 용액의 농도가 점점 진해지기 때문이다.

(3) 몰랄 오름 상수와 몰랄 내림 상수

① 몰랄 오름 상수(K_b) : 용액의 농도가 1 m일 때의 끓는점 오름

② 몰랄 내림 상수(K_f) : 용액의 농도가 1 m일 때의 어는점 내림

개념 체크

- 비휘발성 용질이 녹아 있는 용액은 순수한 용매보다 더 높은 온도에서 끓고, 더 낮은 온도에서 언다.
- 용매의 몰랄 오름 상수와 몰랄 내림 상수는 비휘발성, 비전해질 용질을 녹인 용액의 농도가 1 m일 때의 끓는점 오름과 어는점 내림이다.

1. 비휘발성 용질이 녹아 있는 용액은 순수한 용매에 비해 끓는점은 (　　)고, 어는점은 (　　)다.

2. 비휘발성 용질이 녹아 있는 용액의 끓는점 오름과 어는점 내림은 용질의 종류에 관계없이 용질의 (　　)에 관계된다.

3. 비휘발성 용질이 녹아 있는 용액이 어는 동안 용액의 농도가 점점 진해지므로 용액의 어는점은 점점 (　　)진다.

정답
1. 높, 낮
2. 몰랄 농도(입자 수)
3. 낮아

개념 체크

◉ 용액의 끓는점 오름과 어는점 내림은 용액의 몰랄 농도에 비례한다.
◉ 용액의 끓는점 오름과 어는점 내림을 이용하면 용질의 분자량을 구할 수 있다.

1. 용액의 농도가 1 m로 같을 때 용매의 몰랄 오름 상수가 큰 용액일수록 끓는점 오름이 (   )다.

2. 비휘발성, 비전해질 용질이 녹아 있는 묽은 용액의 끓는점 오름은 용매의 몰랄 오름 상수에 용액의 (   )를 곱한 값이다.

3. 끓는점 오름이나 어는점 내림을 측정하면 비휘발성, 비전해질 용질의 (   )을 구할 수 있다.

정답
1. 크
2. 몰랄 농도
3. 분자량

③ 몰랄 오름 상수(K_b)와 몰랄 내림 상수(K_f)는 용질의 종류와는 관계없이 용매의 종류에 따라 달라진다.

용매의 종류	기준 끓는점(℃)	K_b (℃/m)	기준 어는점(℃)	K_f (℃/m)
물	100.0	0.51	0.0	1.86
아세트산	117.9	3.22	16.6	3.63
벤젠	80.1	2.64	5.5	5.07
사이클로헥세인	80.7	2.92	6.7	20.8
에틸렌 글라이콜	245.5	2.26	−10.3	3.11

※ 기준 끓는점과 기준 어는점 : 외부 압력이 1 atm일 때의 끓는점과 어는점

④ 비휘발성, 비전해질 용질이 녹아 있는 묽은 용액의 끓는점 오름(ΔT_b)과 어는점 내림(ΔT_f)은 용액의 몰랄 농도(m)에 비례한다.

$$\Delta T_b = K_b \times m \ (K_b : \text{몰랄 오름 상수})$$
$$\Delta T_f = K_f \times m \ (K_f : \text{몰랄 내림 상수})$$

⑤ 끓는점 오름(ΔT_b)과 어는점 내림(ΔT_f)을 이용하여 묽은 용액에 녹아 있는 용질의 분자량을 구할 수 있다.

[몰랄 오름 상수가 K_b인 용매 W g에 비휘발성, 비전해질 용질 w g이 녹아 있는 용액의 끓는점 오름이 ΔT_b일 때 용질의 분자량 M]

- 용액의 몰랄 농도(m)를 구한다.

➡ $W \text{ g} : \frac{w}{M} \text{ mol} = 1000 \text{ g} : m$

$m = \frac{1000w}{MW}$

- 끓는점 오름(ΔT_b)을 이용하여 용질의 분자량(M)을 구한다.

➡ $\Delta T_b = K_b \times m = K_b \times \frac{1000w}{MW}$

$\therefore$ 용질의 분자량 $M = \frac{1000K_b w}{\Delta T_b W}$

- 어는점 내림(ΔT_f)과 용매의 몰랄 내림 상수(K_f)를 이용해서 같은 방법으로 용질의 분자량을 구할 수 있다.

과학 돋보기 **어는점 내림을 이용하여 포도당의 분자량 구하기**

1 atm에서 물 100 g에 포도당 9 g을 녹인 수용액의 어는점이 −0.93℃이고 순수한 물의 어는점은 0℃, 물의 몰랄 내림 상수(K_f)가 1.86 ℃/m라면, 포도당의 분자량(M)은 다음과 같이 구할 수 있다.

- 어는점 내림을 구한다.

➡ $\Delta T_f = 0.93$℃

- 용액의 몰랄 농도를 구한다.

➡ $100 : \frac{9}{M} = 1000 : m \qquad \therefore m = \frac{90}{M}$

- $\Delta T_f = K_f \times m$에 대입하여 분자량($M$)을 구한다.

➡ $0.93(℃) = 1.86(℃/m) \times \frac{90}{M}(m) \qquad \therefore M = 180$

(4) 일상생활에서의 끓는점 오름과 어는점 내림

① 끓는점 오름
- 1 atm에서 끓고 있는 김치찌개의 온도는 100℃보다 높다.
- 1 atm에서 물에 라면 스프를 넣으면 100℃보다 높은 온도에서 끓는다.

② 어는점 내림
- 바닷물은 강물보다 더 낮은 온도에서 언다.
- 눈이 많이 오면 도로에 염화 칼슘을 뿌려 준다.

4 삼투 현상과 삼투압

(1) 삼투 현상

① **삼투** : 반투막을 사이에 두고 농도가 서로 다른 용액이 있을 때 용매 분자가 반투막을 통해 이동하여 농도가 진한 용액은 농도가 점점 묽어지고 농도가 묽은 용액은 농도가 점점 진해지는데, 이러한 현상을 삼투라고 한다.

예 • 소금물에 담가놓은 배추가 쭈글쭈글해진다.
 • 짠 음식을 먹으면 갈증을 더 많이 느낀다.

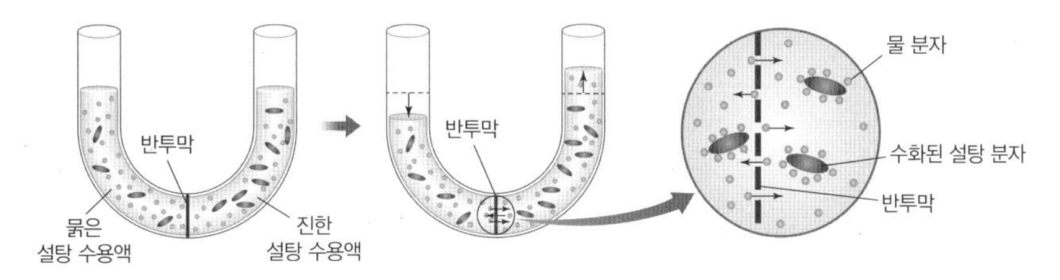

② **반투막** : 물과 같이 크기가 작은 용매 입자는 통과시키지만, 용매화되어 크기가 큰 용질 입자는 통과시키지 못하는 막을 반투막이라고 한다.

예 셀로판지, 달걀의 속껍질, 세포막

(2) 삼투압

① **삼투압** : 반투막을 사이에 두고 순수한 용매와 용액이 있을 때 용매 분자가 용액 쪽으로 더 많이 이동하는 삼투 현상을 막기 위해 용액 쪽에 가해 주어야 하는 최소한의 압력을 삼투압이라고 한다.

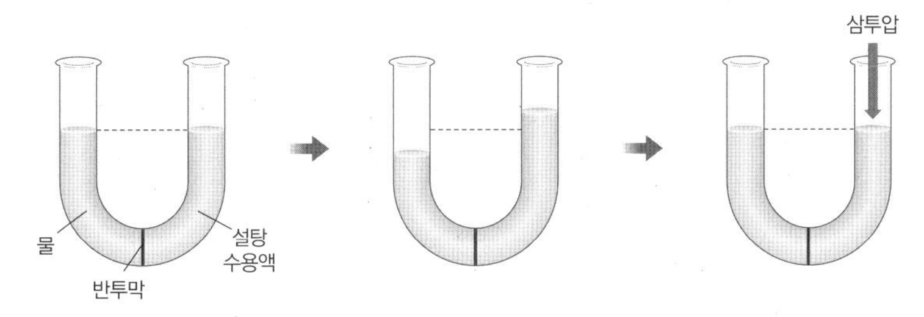

② **삼투압의 크기** : 용질의 종류와는 관계없이 일정량의 묽은 용액에 녹아 있는 용질의 입자 수에 비례한다.

개념 체크

▶ **삼투** : 반투막을 통해 농도가 묽은 용액의 용매 분자가 농도가 더 진한 용액 쪽으로 이동하는 현상이다.

1. 크기가 작은 용매 입자는 통과시키지만 용매화되어 크기가 큰 용질 입자는 통과시키지 못하는 막을 (　　) 이라고 한다.

2. 반투막을 경계로 농도가 진한 수용액과 농도가 묽은 수용액을 두면, 농도가 (　　) 수용액에서 농도가 (　　) 수용액으로 용매 분자가 이동한다.

3. 반투막을 사이에 두고 용매와 용액이 있을 때 삼투 현상을 막기 위해 용액에 가해 주어야 하는 최소한의 압력을 (　　)이라고 한다.

정답
1. 반투막
2. 묽은, 진한
3. 삼투압

개념 체크

◎ **삼투압과 이상 기체 방정식** : 이상 기체 방정식($PV=nRT$)을 이용하여 기체 분자의 분자량을 구할 수 있듯이 반트호프 법칙($\pi V=nRT$)을 이용하여 비휘발성, 비전해질 용질의 분자량을 구할 수 있다.

◎ **묽은 용액의 총괄성과 농도** : 비휘발성, 비전해질 용질이 녹아 있는 묽은 용액의 총괄성에서 증기 압력 내림은 용질의 몰 분율에, 끓는점 오름과 어는점 내림은 용액의 몰랄 농도에, 삼투압은 용액의 몰 농도에 비례한다.

1. 반트호프 법칙에 따르면 묽은 용액의 삼투압은 용액의 (　　)와 (　　)에 비례한다.

2. 비휘발성, 비전해질 용질이 녹아 있는 묽은 용액에서 용질의 종류에는 관계없이 입자 수에 관계되는 성질을 묽은 용액의 (　　)이라고 한다.

정답

1. 몰 농도, 절대 온도
2. 총괄성

(3) 반트호프 법칙

① 비휘발성, 비전해질 용질이 녹아 있는 묽은 용액의 삼투압은 용액의 몰 농도와 절대 온도에 비례한다.

$$\pi=CRT \Rightarrow \pi V=nRT$$

π : 삼투압(atm), C : 몰 농도(M)
R : 기체 상수(0.082 atm·L/(mol·K))
T : 절대 온도(K), V : 용액의 부피(L)
n : 용질의 양(mol)

② **반트호프 법칙을 이용한 비휘발성, 비전해질 용질의 분자량 측정** : 용질의 질량이 w g이고 분자량이 M이면 용질의 양(mol) $n=\frac{w}{M}$이므로 반트호프 법칙을 이용하여 다음과 같이 용질의 분자량을 구할 수 있다.

$$\pi V=nRT=\frac{w}{M}RT \Rightarrow M=\frac{wRT}{\pi V}$$

과학 돋보기　삼투 현상을 이용한 혈액 투석

혈액 투석은 투석기를 이용하여 체외 순환을 통해 혈액을 정화하는 방법으로 삼투 현상을 이용한다. 투석기에는 물이나 전해질, 작은 분자는 통과하지만 단백질이나 혈구는 통과하지 못하는 반투막이 존재한다. 이 반투막을 사이에 두고 환자의 혈액과 투석액이 서로 반대 방향으로 흐르면서 혈액 속 노폐물이 투석액 쪽으로 이동하고, 혈구나 단백질 등 크기가 큰 물질은 반투막을 통과하지 못해 혈액 속에 남아 손실을 막아 준다. 이렇게 노폐물이 제거된 혈액을 환자의 체내로 다시 주입하는 과정을 지속적으로 해주는 것이 혈액 투석이다.

5 묽은 용액의 총괄성

비휘발성, 비전해질 용질이 녹아 있는 묽은 용액에서 증기 압력 내림, 끓는점 오름, 어는점 내림, 삼투압은 용질의 종류와 관계없이 용질의 입자 수에만 비례하는데, 이러한 성질을 묽은 용액의 총괄성이라고 한다. 묽은 용액 속에 존재하는 용질의 입자 수가 증가하면 증기 압력 내림, 끓는점 오름, 어는점 내림, 삼투압도 증가한다.

현상	표현식	관계
증기 압력 내림	$\Delta P=P_{용매}-P_{용액}=P_{용매}\times X_{용질}$	$X_{용질}$(용질의 몰 분율)에 비례
끓는점 오름	$\Delta T_b=K_b\times m$	m(용액의 몰랄 농도)에 비례
어는점 내림	$\Delta T_f=K_f\times m$	m(용액의 몰랄 농도)에 비례
삼투압	$\pi=CRT$	C(용액의 몰 농도)에 비례

[24028-0049]

01 다음은 물 120 g에 설탕 24 g이 녹아 있는 설탕 수용액에 대한 세 학생의 대화이다.

제시한 내용이 옳은 학생만을 있는 대로 고른 것은?

① A ② B ③ A, C
④ B, C ⑤ A, B, C

[24028-0050]

02 다음은 어떤 바이타민 C 음료의 용기에 적혀 있는 성분 표시의 일부를 나타낸 것이다.

영양성분 총 내용량 180 mL 기준

성분	함량
바이타민 C	900 mg
나트륨	54 mg
칼슘	10 mg

이에 대한 설명으로 옳은 것만을 〈보기〉에서 있는 대로 고른 것은? (단, 바이타민 C 음료의 밀도는 1 g/mL이고, 나트륨과 칼슘의 원자량은 각각 23과 40이다.)

보기

ㄱ. 바이타민 C의 퍼센트 농도는 0.5%이다.
ㄴ. 나트륨의 ppm 농도는 300 ppm이다.
ㄷ. $\frac{\text{나트륨의 몰 농도}}{\text{칼슘의 몰 농도}} > 10$이다.

① ㄱ ② ㄷ ③ ㄱ, ㄴ
④ ㄴ, ㄷ ⑤ ㄱ, ㄴ, ㄷ

[24028-0051]

03 그림은 10% A(aq)의 농도 변환 과정과 각 과정에서 필요한 자료를 나타낸 것이다. (가)~(다)는 A의 몰 분율, 몰랄 농도, 몰 농도를 순서 없이 나타낸 것이고, ㉠과 ㉡은 각각 물의 분자량과 A의 화학식량 중 하나이다.

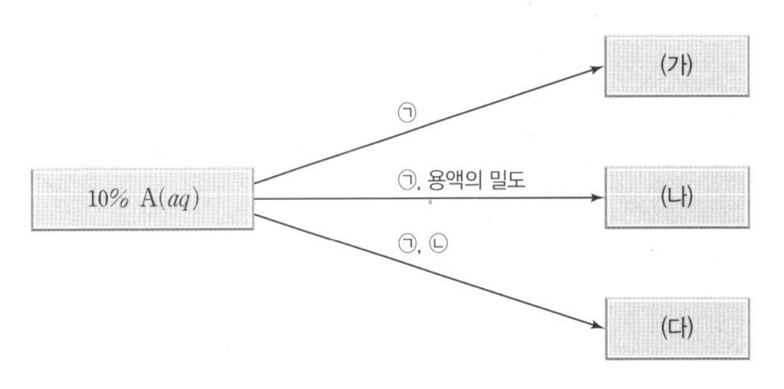

이에 대한 설명으로 옳은 것만을 〈보기〉에서 있는 대로 고른 것은?

보기

ㄱ. (나)는 몰랄 농도이다.
ㄴ. (다)는 A의 몰 분율이다.
ㄷ. ㉠은 물의 분자량이다.

① ㄱ ② ㄴ ③ ㄷ
④ ㄱ, ㄴ ⑤ ㄱ, ㄷ

[24028-0052]

04 다음은 1 m 요소 수용액을 만드는 3가지 방법이다. 요소의 화학식량은 60이다.

(가) 물 250 g에 요소 x g을 녹인다.
(나) 15% 요소 수용액 10 g에 물 y g을 넣는다.
(다) 3 m 요소 수용액 118 g에 물 z g을 넣는다.

이에 대한 설명으로 옳은 것만을 〈보기〉에서 있는 대로 고른 것은?

보기

ㄱ. $x=15$이다.
ㄴ. $y=16.5$이다.
ㄷ. $z=500$이다.

① ㄱ ② ㄷ ③ ㄱ, ㄴ
④ ㄴ, ㄷ ⑤ ㄱ, ㄴ, ㄷ

[24028-0053]

05 그림은 농도가 다른 $A(aq)$ (가)와 (나)를 나타낸 것이다.

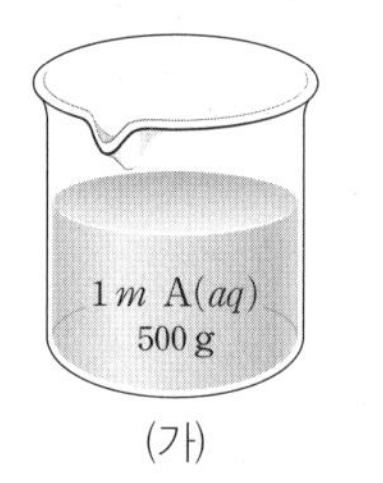

(가)

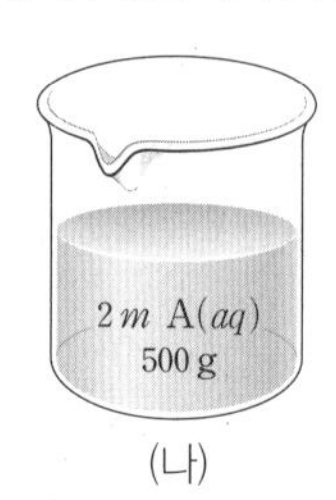

(나)

(가)와 (나)에 대한 설명으로 옳은 것만을 <보기>에서 있는 대로 고른 것은?

보기

ㄱ. A의 질량은 (나)가 (가)의 2배보다 작다.
ㄴ. 퍼센트 농도(%)는 (나)가 (가)의 2배보다 작다.
ㄷ. A의 몰 분율은 (나)가 (가)의 2배보다 작다.

① ㄱ ② ㄷ ③ ㄱ, ㄴ
④ ㄴ, ㄷ ⑤ ㄱ, ㄴ, ㄷ

[24028-0054]

06 그림은 20% $A(aq)$에 물을 추가하여 용액 (가)를 만들고, (가)에서 물을 증발시켜 용액 (나)를 만드는 과정을 나타낸 것이다. A의 화학식량은 100이다.

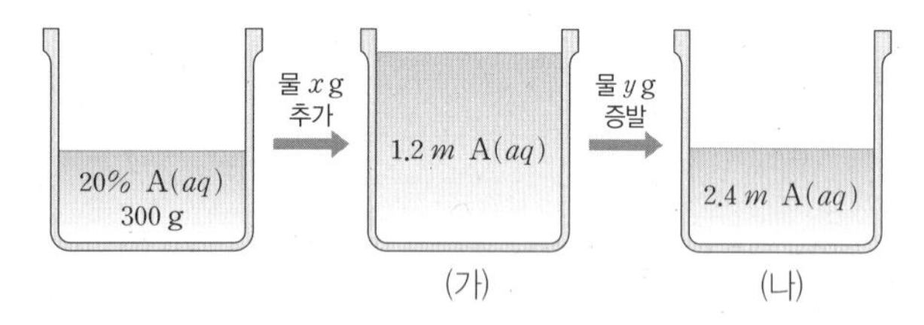

이에 대한 설명으로 옳은 것만을 <보기>에서 있는 대로 고른 것은? (단, A는 비휘발성 용질이다.)

보기

ㄱ. 용액 (나)에 녹아 있는 A의 질량은 60 g이다.
ㄴ. $x=260$이다.
ㄷ. $y=250$이다.

① ㄱ ② ㄴ ③ ㄱ, ㄷ
④ ㄴ, ㄷ ⑤ ㄱ, ㄴ, ㄷ

[24028-0055]

07 표는 용액 (가)~(다)에 대한 자료이다. 용매의 분자량은 B가 A의 k배이고, 용질의 화학식량은 Y가 X의 n배이다.

용액	(가)	(나)	(다)
용매의 종류	$A(l)$	$B(l)$	$A(l)$
용질의 종류	$X(s)$	$X(s)$	$Y(s)$
몰랄 농도(m)	a	x	a
용질의 몰 분율	b	b	y

$\dfrac{x \times y}{a \times b}$ 는?

① $k \times n$ ② $\dfrac{1}{k \times n}$ ③ $\dfrac{n}{k}$ ④ $\dfrac{1}{k}$ ⑤ $\dfrac{1}{n}$

[24028-0056]

08 그림은 a% $A(aq)$ 일정량에 물을 추가하여 희석할 때 가한 물의 질량에 따른 용액의 퍼센트 농도를 나타낸 것이다. A의 화학식량은 물의 분자량보다 크다.

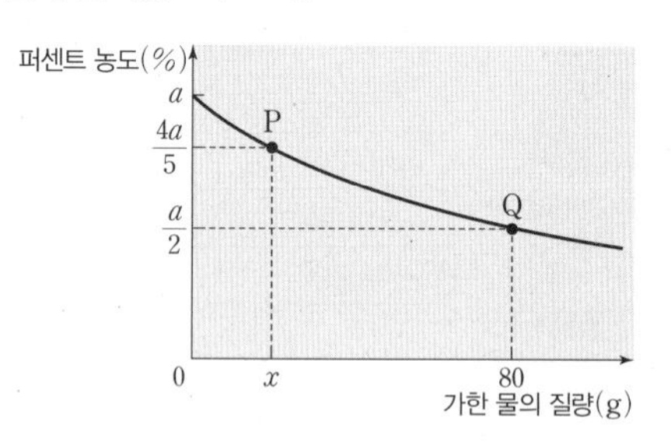

이에 대한 설명으로 옳은 것만을 <보기>에서 있는 대로 고른 것은?

보기

ㄱ. $x=20$이다.
ㄴ. $\dfrac{\text{희석 전 } A(aq)\text{의 몰랄 농도}}{\text{P에서 } A(aq)\text{의 몰랄 농도}} > \dfrac{5}{4}$이다.
ㄷ. $\dfrac{\text{Q에서 용액 속 A의 몰 분율}}{\text{희석 전 용액 속 A의 몰 분율}} < \dfrac{1}{2}$이다.

① ㄱ ② ㄴ ③ ㄱ, ㄷ
④ ㄴ, ㄷ ⑤ ㄱ, ㄴ, ㄷ

[24028-0057]

09 다음은 일상생활이나 실험실에서 관찰할 수 있는 현상들이다.

(가) 고도가 높은 산장에서 밥을 지으면 쌀이 설익는다.
(나) 외부 압력이 같을 때 물이 에탄올보다 높은 온도에서 끓는다.
(다) 주방에서 물과 김치찌개가 끓고 있을 때 김치찌개의 온도가 더 높다.

(가)~(다) 중 용액의 끓는점 오름과 관련이 깊은 것만을 있는 대로 고른 것은?

① (가) ② (다) ③ (가), (나)
④ (나), (다) ⑤ (가), (나), (다)

[24028-0058]

10 그림은 진공 상태의 두 용기에 2가지 용액을 각각 넣은 후 t°C에서 평형에 도달한 것을 나타낸 것이다.

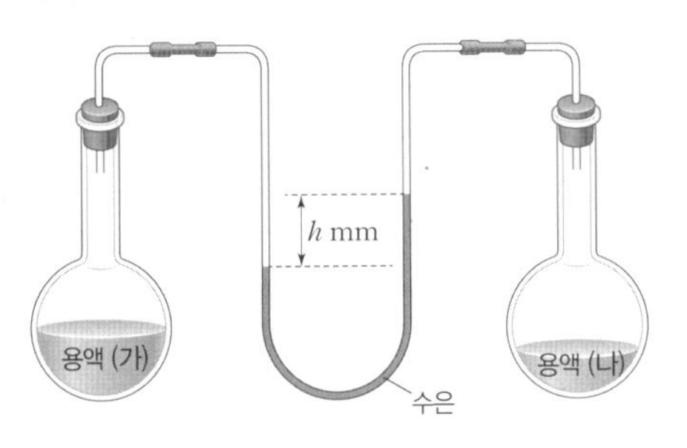

다음은 용액 (가)와 (나)에 대한 자료이다.

○ 용매의 종류는 같고, 용질의 종류는 다르다.
○ 용질의 양(mol)은 (가)와 (나)가 같고, 용매의 양(mol)은 (가)가 (나)의 2배이다.

용액 (가)와 (나)에 대한 설명으로 옳은 것만을 <보기>에서 있는 대로 고른 것은? (단, 용질은 비휘발성, 비전해질이고, 용액은 라울 법칙을 따르며, 수은의 증기 압력은 무시한다.)

보기
ㄱ. t°C에서 증기 압력은 용액 (가)가 (나)보다 h mmHg 만큼 크다.
ㄴ. 용질의 몰 분율은 용액 (나)가 (가)의 2배이다.
ㄷ. t°C에서 용액 (가)의 증기 압력 내림은 h mmHg보다 작다.

① ㄱ ② ㄴ ③ ㄷ ④ ㄱ, ㄴ ⑤ ㄱ, ㄷ

[24028-0059]

11 표는 두 온도에서 3가지 수용액의 증기 압력을 나타낸 것이다.

수용액	증기 압력(mmHg)	
	25°C	50°C
a% A(aq)	P_1	P_2
a% B(aq)	P_2	x
b% A(aq)	P_2	P_3

이에 대한 설명으로 옳은 것만을 <보기>에서 있는 대로 고른 것은? (단, A와 B는 비휘발성, 비전해질이고, 용액은 라울 법칙을 따른다.)

보기
ㄱ. 화학식량은 B가 A보다 크다.
ㄴ. $x=P_3$이다.
ㄷ. $\frac{P_1+P_3}{2}>P_2$이다.

① ㄱ ② ㄷ ③ ㄱ, ㄴ ④ ㄴ, ㄷ ⑤ ㄱ, ㄴ, ㄷ

[24028-0060]

12 그림은 용매 A(l)와 B(l) 각 100 g에 각각 용질 X(s)와 Y(s)를 녹인 용액 (가)와 (나)의 끓는점을 용질의 질량에 따라 나타낸 것이다. 화학식량은 X가 Y의 3배이다.

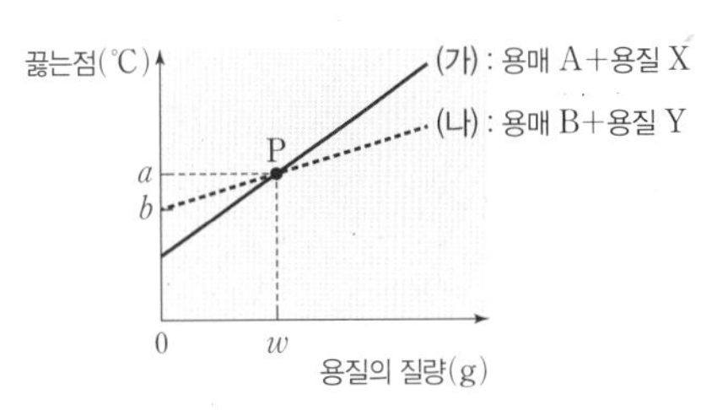

이에 대한 설명으로 옳은 것만을 <보기>에서 있는 대로 고른 것은? (단, 외부 압력은 1 atm으로 일정하고, X와 Y는 비휘발성, 비전해질이며, 용액은 라울 법칙을 따른다.)

보기
ㄱ. P에서 몰랄 농도는 (가)가 (나)보다 크다.
ㄴ. 몰랄 오름 상수(K_b)는 A가 B보다 크다.
ㄷ. B(l) 150 g에 X(s) w g을 녹인 용액의 끓는점 오름(ΔT_b)은 $\frac{2(a-b)}{9}$°C이다.

① ㄱ ② ㄷ ③ ㄱ, ㄴ ④ ㄴ, ㄷ ⑤ ㄱ, ㄴ, ㄷ

[24028-0061]

13 그림은 수용액 (가)와 (나)를 만드는 과정을 나타낸 것이고, 표는 t℃에서 물과 (가), (나)의 증기 압력 자료이다.

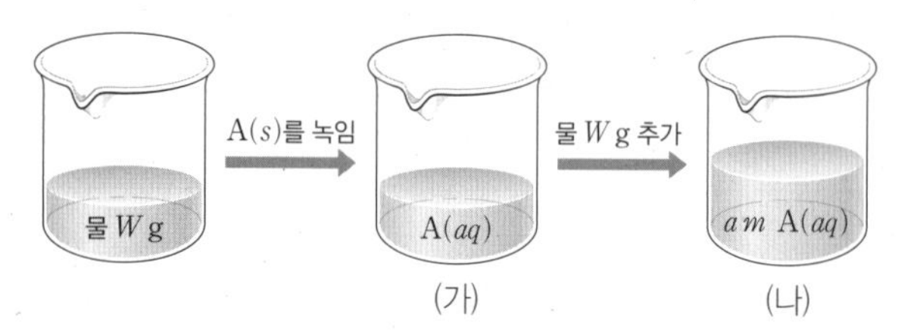

	물	(가)	(나)
증기 압력(mmHg)	P	$P-\frac{101}{17}$	$P-3$

$a \times P$는? (단, 물의 분자량은 18이고, A는 비휘발성, 비전해질이며, 용액은 라울 법칙을 따른다.)

① 505 ② 303 ③ $\frac{505}{3}$ ④ 101 ⑤ $\frac{101}{3}$

[24028-0062]

14 그림은 1 atm에서 0.2 m A(aq)의 냉각 곡선을 나타낸 것이다.

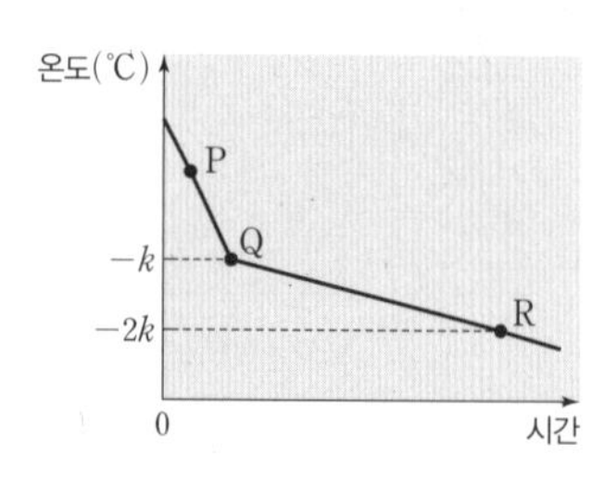

이에 대한 설명으로 옳은 것만을 <보기>에서 있는 대로 고른 것은? (단, A는 비휘발성, 비전해질이고, 용액은 라울 법칙을 따른다.)

보기

ㄱ. 물의 몰랄 내림 상수(K_f)는 $5k$ ℃/m이다.

ㄴ. 몰랄 농도는 R에서가 P에서의 2배이다.

ㄷ. $\frac{\text{R에서 용질의 몰 분율}}{\text{Q에서 용질의 몰 분율}} > 2$이다.

① ㄱ ② ㄷ ③ ㄱ, ㄴ ④ ㄴ, ㄷ ⑤ ㄱ, ㄴ, ㄷ

[24028-0063]

15 그림은 t_1℃와 t_2℃에서 A(aq)의 증기 압력을 용매의 몰 분율에 따라 나타낸 것이다.

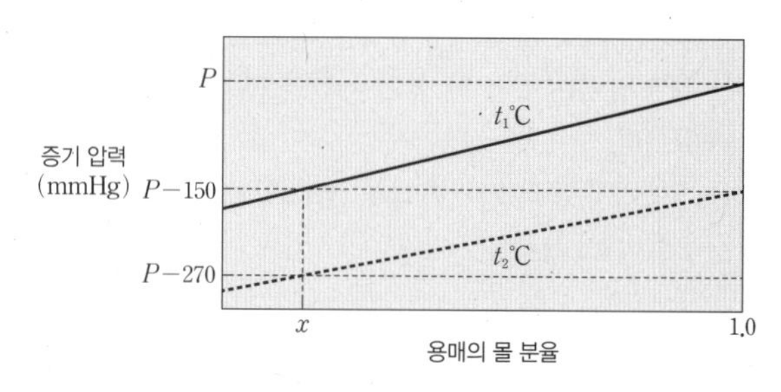

$x \times P$는? (단, A는 비휘발성, 비전해질이고, 용액은 라울 법칙을 따른다.)

① 540 ② 600 ③ 680 ④ 760 ⑤ 820

[24028-0064]

16 그림은 서로 다른 온도 t_1℃, t_2℃에서 반투막으로 분리된 U자관에 같은 부피의 물과 설탕물을 넣은 후 평형에 도달한 것을 나타낸 것이다. $h_2 > h_1$이다.

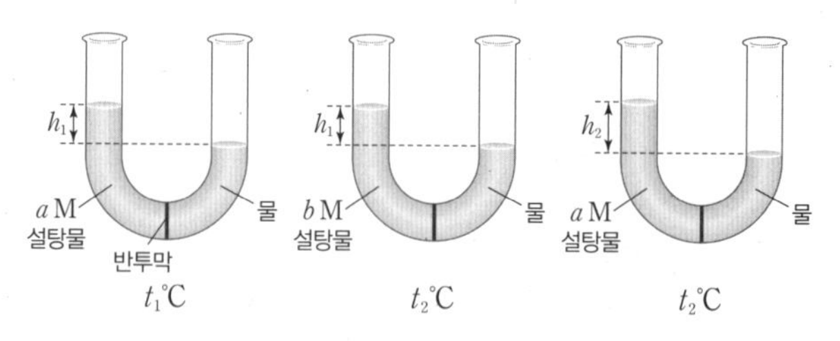

이에 대한 설명으로 옳은 것만을 <보기>에서 있는 대로 고른 것은? (단, 대기압은 일정하고, 물과 수용액의 밀도는 같으며, 물의 증발과 온도 변화에 따른 수용액의 부피 변화는 무시한다.)

보기

ㄱ. $t_2 > t_1$이다.

ㄴ. 기준 어는점은 a M 설탕물이 b M 설탕물보다 낮다.

ㄷ. t_1℃에서 반투막으로 분리된 b M 설탕물과 물이 평형 상태에 있을 때, 액체 면의 높이 차이는 h_1보다 작다.

① ㄱ ② ㄴ ③ ㄱ, ㄷ ④ ㄴ, ㄷ ⑤ ㄱ, ㄴ, ㄷ

[24028-0065]

01 표는 용액 (가)~(다)에 대한 자료이고, 그림은 t℃에서 (가)~(다)의 몰 농도와 퍼센트 농도를 나타낸 것이다.

용액	(가)	(나)	(다)
용매의 종류	$A(l)$	$A(l)$	$B(l)$
용질의 종류	$X(s)$	$Y(s)$	$Y(s)$
t℃에서의 밀도 (상댓값)	1	1	d

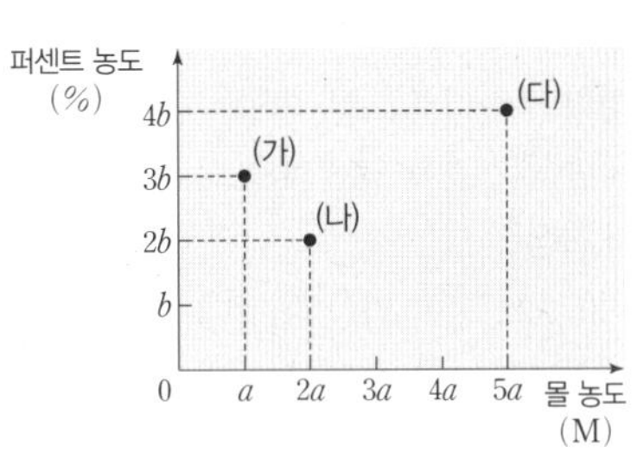

$\dfrac{\text{Y의 화학식량}}{\text{X의 화학식량}} \times d$는?

① $\dfrac{4}{15}$ ② $\dfrac{5}{12}$ ③ $\dfrac{3}{5}$ ④ $\dfrac{5}{6}$ ⑤ $\dfrac{6}{5}$

퍼센트 농도(%)는 $\dfrac{\text{용질의 질량(g)}}{\text{용액의 질량(g)}} \times 100$, 몰 농도(M)는 $\dfrac{\text{용질의 양(mol)}}{\text{용액의 부피(L)}}$이다.

[24028-0066]

02 A w g이 녹아 있는 1 m A(aq) x g에 a% A(aq) y g을 넣었더니 혼합 용액 속 A의 질량이 $2w$ g이었다. A의 화학식량은 M이다.

$\dfrac{y}{x}$는?

① $\dfrac{Mw}{10a}$ ② $\dfrac{100aM}{1000+M}$ ③ $\dfrac{100M}{a(1000+M)}$ ④ $\dfrac{100M}{1000a+M}$ ⑤ $\dfrac{100M}{1000+aM}$

1 m A(aq) x g과 a% A(aq) y g에 들어 있는 A의 질량이 같다.

36.5% 진한 염산 40 g에 들어 있는 HCl의 질량은 $40\times\frac{36.5}{100}$ g이다.

[24028-0067]

03 다음은 진한 염산을 사용하여 몇 가지 농도의 HCl(aq)을 만드는 실험이다.

[자료]
○ 염화 수소(HCl)의 화학식량 : 36.5
○ 시판되는 진한 염산의 농도 및 25℃에서의 밀도 : 36.5%, d g/mL
[실험 과정]
(가) 36.5% 진한 염산 40 g에 물 x g을 넣어 7.3% HCl(aq)을 만든다.
(나) (가)에서 만든 HCl(aq)에 물 y g을 추가하여 0.5 m HCl(aq)을 만든다.
(다) (나)에서 만든 HCl(aq)에 36.5% 진한 염산 z mL와 물을 추가하여 1.2 M HCl(aq) 1 L를 만든다.

이에 대한 설명으로 옳은 것만을 〈보기〉에서 있는 대로 고른 것은? (단, 온도는 25℃로 일정하다.)

보기
ㄱ. $x=160$이다.
ㄴ. $y=640$이다.
ㄷ. $z=\frac{80}{d}$이다.

① ㄱ ② ㄴ ③ ㄷ ④ ㄱ, ㄷ ⑤ ㄴ, ㄷ

c m 용액은 용매 1 kg에 용질 c mol이 녹아 있는 용액이므로 용액 ($1000+c\times$화학식량) g에 용질 c mol이 녹아 있다.

[24028-0068]

04 그림은 2가지 수용액 (가)와 (나)를 나타낸 것이다. A와 B의 화학식량은 각각 100과 60이고, (가)의 밀도는 d g/mL이다.

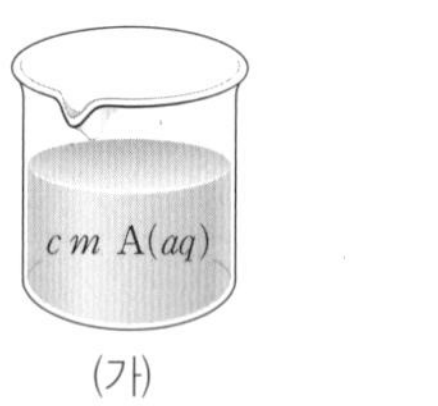

이에 대한 설명으로 옳은 것만을 〈보기〉에서 있는 대로 고른 것은?

보기
ㄱ. 물의 몰 분율은 (가)가 (나)보다 크다.
ㄴ. (가)의 몰 농도(M)는 $\frac{10cd}{10+c}$이다.
ㄷ. (나)의 퍼센트 농도(%)는 $\frac{300c}{50+3c}$이다.

① ㄱ ② ㄷ ③ ㄱ, ㄴ ④ ㄴ, ㄷ ⑤ ㄱ, ㄴ, ㄷ

[24028-0069]

05 그림은 $A(aq)$ (가)와 (나)를 혼합한 후 물을 추가하여 수용액 (다)를 만드는 과정을 나타낸 것이다. A의 화학식량은 100이다.

a m $A(aq)$은 용매 1 kg에 A a mol이 녹아 있는 용액이므로 용액 $(1000+100a)$ g에 A a mol이 녹아 있다.

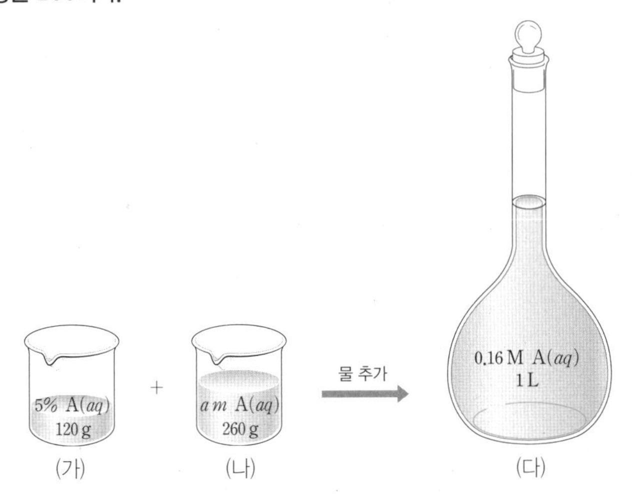

이에 대한 설명으로 옳은 것만을 〈보기〉에서 있는 대로 고른 것은?

보 기

ㄱ. (가)에 녹아 있는 A의 양은 0.06 mol이다.

ㄴ. (나)에 녹아 있는 A의 양은 $\frac{13a}{50}$ mol이다.

ㄷ. $a=0.4$이다.

① ㄱ ② ㄴ ③ ㄱ, ㄷ ④ ㄴ, ㄷ ⑤ ㄱ, ㄴ, ㄷ

[24028-0070]

06 그림은 t°C에서 $A(aq)$ (가)와 (나)를 나타낸 것이다. t°C에서 용액의 증기 압력은 (나)가 (가)보다 크고, A의 화학식량은 M이다.

용질의 양(mol)은 몰 농도(M)에 용액의 부피(L)를 곱하거나 몰랄 농도(m)에 용매의 질량(kg)을 곱해서 구한다.

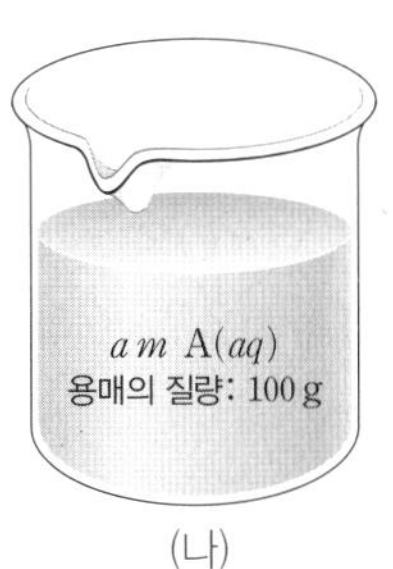

이에 대한 설명으로 옳은 것만을 〈보기〉에서 있는 대로 고른 것은? (단, A는 비휘발성, 비전해질이고, 용액은 라울 법칙을 따른다.)

보 기

ㄱ. 용액에 녹아 있는 A의 양(mol)은 (가)와 (나)가 같다.

ㄴ. 기준 어는점은 (나)가 (가)보다 높다.

ㄷ. $d>1+\frac{aM}{1000}$이다.

① ㄱ ② ㄷ ③ ㄱ, ㄴ ④ ㄴ, ㄷ ⑤ ㄱ, ㄴ, ㄷ

용액의 증기 압력은 용매의 증기 압력에 용매의 몰 분율을 곱한 값이다.

[24028-0071]

07 그림 (가)는 진공 상태의 두 용기에 포도당 수용액과 요소 수용액을 순서 없이 각각 넣은 후 t℃에서 평형에 도달한 것을 나타낸 것이고, 표의 A와 B는 각각 (가)의 ㉠과 ㉡ 중 하나이다. 그림 (나)는 (가)의 ㉠에 일정량의 물을 추가한 후 평형에 도달한 것을 나타낸 것이다.

(가)

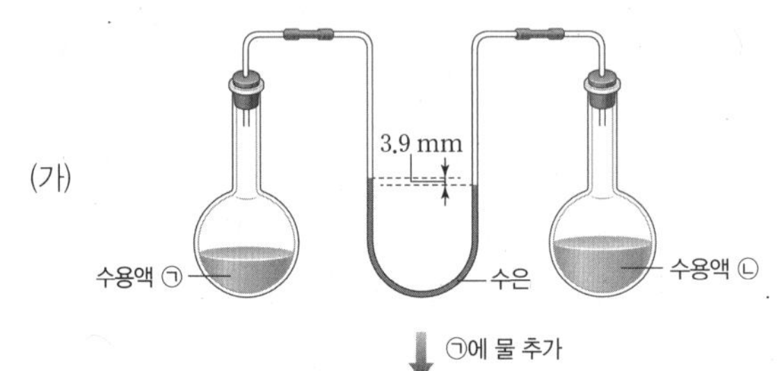

수용액	A	B
물의 질량(g)	355.5	360
용질의 종류 및 질량	포도당 45 g	요소 30 g

↓ ㉠에 물 추가

(나)

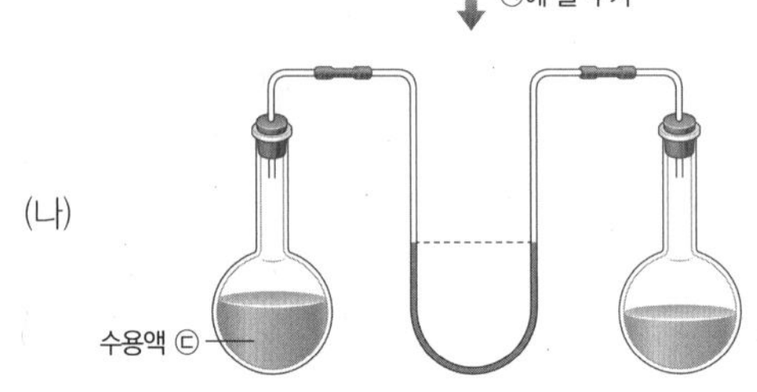

이에 대한 설명으로 옳은 것만을 〈보기〉에서 있는 대로 고른 것은? (단, 온도는 t℃로 일정하고, 수은의 증기 압력은 무시한다. 물, 요소, 포도당의 분자량은 각각 18, 60, 180이고, 용액은 라울 법칙을 따른다.)

보기

ㄱ. A는 ㉠이다.
ㄴ. t℃에서 물의 증기 압력은 390 mmHg이다.
ㄷ. (나)에서 수용액 ㉢의 질량은 741 g이다.

① ㄱ ② ㄴ ③ ㄷ ④ ㄱ, ㄷ ⑤ ㄴ, ㄷ

용액의 증기 압력 내림은 용매의 증기 압력에 용질의 몰 분율을 곱한 값이다.

[24028-0072]

08 그림은 $H_2O(l)$과 $X(aq)$의 증기 압력 곡선을 나타낸 것이다. $X(aq)$에서 용질의 몰 분율은 a이다.
이에 대한 설명으로 옳은 것만을 〈보기〉에서 있는 대로 고른 것은?
(단, X는 비휘발성, 비전해질이고, 용액은 라울 법칙을 따른다.)

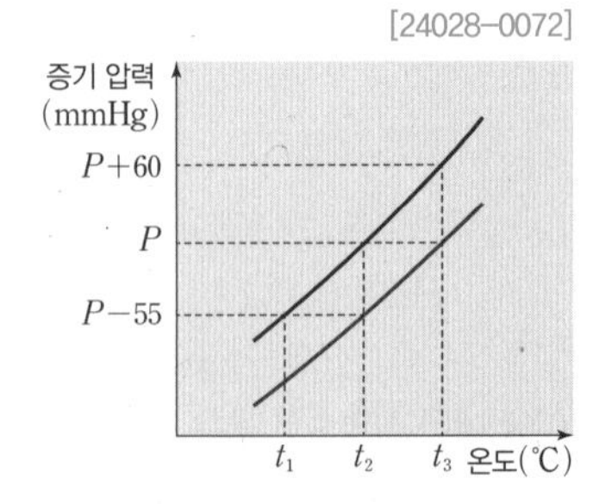

보기

ㄱ. $P=600$이다.
ㄴ. $a=\frac{1}{15}$이다.
ㄷ. 외부 압력이 $(P+60)$ mmHg일 때 $X(aq)$의 끓는점은 t_3℃보다 높다.

① ㄱ ② ㄷ ③ ㄱ, ㄴ ④ ㄴ, ㄷ ⑤ ㄱ, ㄴ, ㄷ

[24028-0073]

09 그림 (가)는 t℃에서 $H_2O(l)$이 들어 있는 실린더에 $He(g)$ 0.3 g을 넣고 피스톤을 고정한 후 평형에 도달한 것을, (나)는 (가)에 $He(g)$ 0.2 g을 추가하고 $H_2O(l)$에 $A(s)$를 녹인 후 고정 장치를 제거한 상태에서 평형에 도달한 것을 나타낸 것이다. (가)에서 혼합 기체의 전체 압력은 $\frac{7}{8}$ atm이고, 기체의 부피비는 (가) : (나)=3 : 4이며, t℃에서 $H_2O(l)$의 증기 압력은 0.25 atm이다.

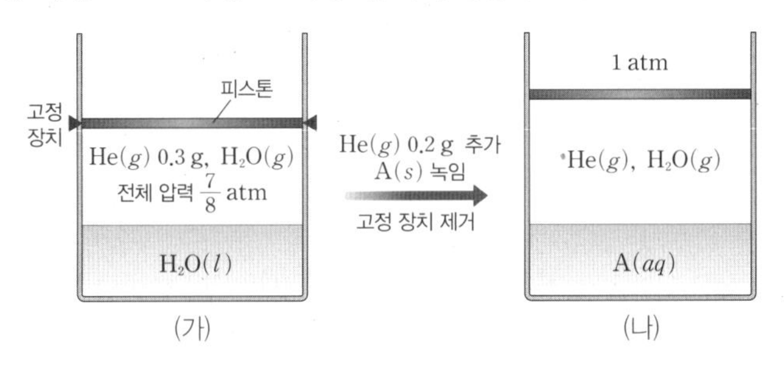

이에 대한 설명으로 옳은 것만을 〈보기〉에서 있는 대로 고른 것은? (단, 온도와 외부 압력은 각각 t℃와 1 atm으로 일정하고, $He(g)$의 용해 및 피스톤의 질량과 마찰은 무시한다. 용질 A는 비휘발성, 비전해질이고, 용액은 라울 법칙을 따른다.)

보기

ㄱ. (나)에서 $He(g)$의 부분 압력은 $\frac{3}{4}$ atm보다 작다.
ㄴ. $He(g)$의 부분 압력의 비는 (가) : (나)=4 : 5이다.
ㄷ. (나)의 $A(aq)$에서 용매의 몰 분율은 $\frac{7}{8}$이다.

① ㄱ ② ㄴ ③ ㄷ ④ ㄱ, ㄷ ⑤ ㄴ, ㄷ

용액의 증기 압력은 용매의 증기 압력에 용매의 몰 분율을 곱한 값이다.

[24028-0074]

10 표는 물에 $A(s)$와 $B(s)$를 함께 녹인 수용액 (가)~(다)에 대한 자료이다.

수용액	(가)	(나)	(다)
물의 질량(g)	100	200	150
용질의 종류와 질량	$A(s)$ 1 g, $B(s)$ 2 g	$A(s)$ 2 g, $B(s)$ 3 g	$A(s)$ 3 g, $B(s)$ 2.5 g
끓는점 오름(℃)	a	b	a

이에 대한 설명으로 옳은 것만을 〈보기〉에서 있는 대로 고른 것은? (단, 외부 압력은 1 atm으로 일정하고, A와 B는 비휘발성, 비전해질이며 서로 반응하지 않는다. 용액은 라울 법칙을 따른다.)

보기

ㄱ. 용매의 몰 분율은 (가)와 (다)가 같다.
ㄴ. 화학식량은 A가 B의 3배이다.
ㄷ. $a : b$=14 : 11이다.

① ㄱ ② ㄷ ③ ㄱ, ㄴ ④ ㄴ, ㄷ ⑤ ㄱ, ㄴ, ㄷ

수용액의 끓는점 오름이 같으면 몰랄 농도가 같고, 용매(물)의 몰 분율도 같다.

어는점 내림(ΔT_f)은 용매의 몰랄 내림 상수(K_f)와 용액의 몰랄 농도(m)의 곱이다.
$\Delta T_f = K_f \times m$

[24028-0075]

11 표는 용액 (가)~(다)에 대한 자료이고, 그림은 (가)~(다)를 각각 냉각할 때 시간에 따른 용액의 온도를 나타낸 것이다. A(l)와 B(l)의 몰랄 내림 상수(K_f)는 각각 5 ℃/m와 20 ℃/m이다.

용액	용매	용질
(가)	A(l) 200 g	X(s) 0.1 mol
(나)	A(l) 500 g	Y(s) a g
(다)	B(l) 400 g	Y(s) $\frac{a}{6}$ g

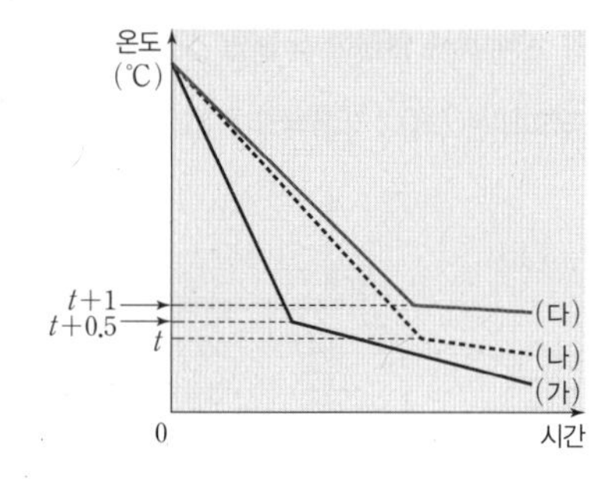

이에 대한 설명으로 옳은 것만을 〈보기〉에서 있는 대로 고른 것은? (단, 외부 압력은 1 atm으로 일정하고, X와 Y는 비휘발성, 비전해질이며, 용액은 라울 법칙을 따른다.)

보기

ㄱ. (나)의 어는점 내림(ΔT_f)은 2.5℃이다.

ㄴ. Y의 화학식량은 $\frac{10a}{3}$이다.

ㄷ. B(l)의 기준 어는점은 $(t+6)$℃이다.

① ㄱ ② ㄴ ③ ㄱ, ㄷ ④ ㄴ, ㄷ ⑤ ㄱ, ㄴ, ㄷ

삼투압은 몰 농도와 절대 온도에 비례한다.

[24028-0076]

12 그림은 수용액 100 mL에 같은 질량의 용질이 녹아 있는 A(aq)~C(aq)의 온도와 삼투압을 나타낸 것이다.

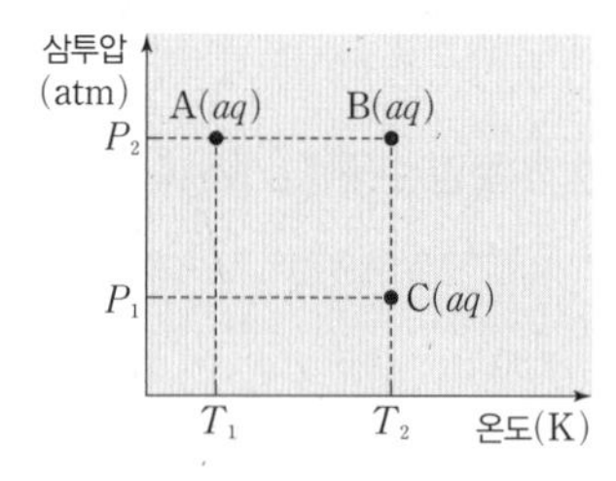

이에 대한 설명으로 옳은 것만을 〈보기〉에서 있는 대로 고른 것은? (단, A~C는 비휘발성, 비전해질이며, 용액은 라울 법칙을 따른다. A(aq)~C(aq)의 밀도는 모두 같고, 온도 변화에 따른 수용액의 부피 변화와 물의 증발은 무시한다.)

보기

ㄱ. 분자량은 B가 A보다 크다.

ㄴ. 분자량의 비는 B : C$=P_1 : P_2$이다.

ㄷ. 같은 온도에서 삼투압의 비는 A(aq) : C(aq)$=P_2T_2 : P_1T_1$이다.

① ㄱ ② ㄷ ③ ㄱ, ㄴ ④ ㄴ, ㄷ ⑤ ㄱ, ㄴ, ㄷ

[24028-0077]

13 그림은 t°C에서 A(l)와 B(l)에 용질 X를 각각 녹인 용액의 증기 압력 내림(ΔP)을 용질의 몰 분율에 따라 나타낸 것이다. t°C에서 A(l)의 증기 압력은 k이다.

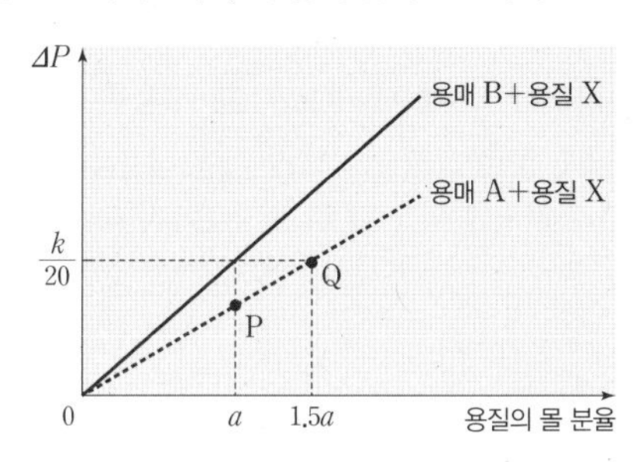

이에 대한 설명으로 옳은 것만을 〈보기〉에서 있는 대로 고른 것은? (단, X는 비휘발성, 비전해질이고, 용액은 라울 법칙을 따른다.)

용액의 증기 압력 내림은 용매의 증기 압력에 용질의 몰 분율을 곱한 값이다.

● 보기 ●

ㄱ. $a=\frac{1}{30}$이다.

ㄴ. t°C에서 B(l)의 증기 압력은 1.5k이다.

ㄷ. 몰랄 농도는 Q에서가 P에서의 1.5배이다.

① ㄱ ② ㄷ ③ ㄱ, ㄴ ④ ㄴ, ㄷ ⑤ ㄱ, ㄴ, ㄷ

[24028-0078]

14 표는 용액 (가)~(다)에 대한 자료이고, 그림은 (가)~(다)의 끓는점 오름(ΔT_b)의 상댓값을 나타낸 것이다.

끓는점 오름(ΔT_b)은 몰랄 오름 상수와 용질의 질량에 비례하고, 용질의 화학식량과 용매의 질량에 반비례한다.

용액	용매의 종류와 질량	용질의 종류와 질량
(가)	A(l) 100 g	X(s) 1 g
(나)	B(l) 100 g	Y(s) 2 g
(다)	B(l) 300 g	X(s) 3 g, Y(s) 1 g

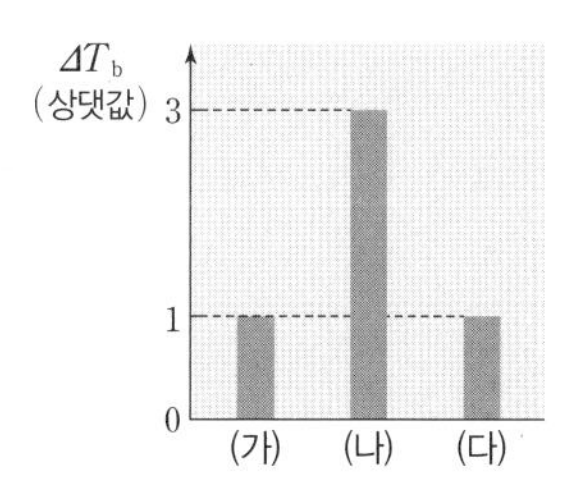

이에 대한 설명으로 옳은 것만을 〈보기〉에서 있는 대로 고른 것은? (단, 외부 압력은 1 atm으로 일정하고, X와 Y는 비휘발성, 비전해질이며, 서로 반응하지 않는다. 용액은 라울 법칙을 따른다.)

● 보기 ●

ㄱ. 화학식량은 X가 Y의 2배이다.

ㄴ. 몰랄 오름 상수(K_b)는 A가 B의 3배이다.

ㄷ. A(l) 200 g에 Y(s) 1 g을 녹인 용액의 끓는점 오름(ΔT_b)의 상댓값은 1.5이다.

① ㄱ ② ㄷ ③ ㄱ, ㄴ ④ ㄴ, ㄷ ⑤ ㄱ, ㄴ, ㄷ

같은 온도에서 용액의 삼투압은 몰 농도에 비례한다.

[24028-0079]

15 다음은 삼투압에 대한 실험이다.

[실험 과정]
(가) 0.1 M A(aq), c M A(aq), 0.04 M A(aq)을 각각 준비한다.
(나) 비커 ㉠, ㉡에 각각 0.1 M A(aq)을 V mL씩 넣는다.
(다) 비커 ㉠의 0.1 M A(aq) V mL에 c M A(aq)을 조금씩 첨가한다.
(라) 비커 ㉡의 0.1 M A(aq) V mL에 0.04 M A(aq)을 조금씩 첨가한다.
[실험 결과]
○ (다)와 (라)에서 첨가한 용액의 부피에 따른 혼합 용액의 삼투압(상댓값)

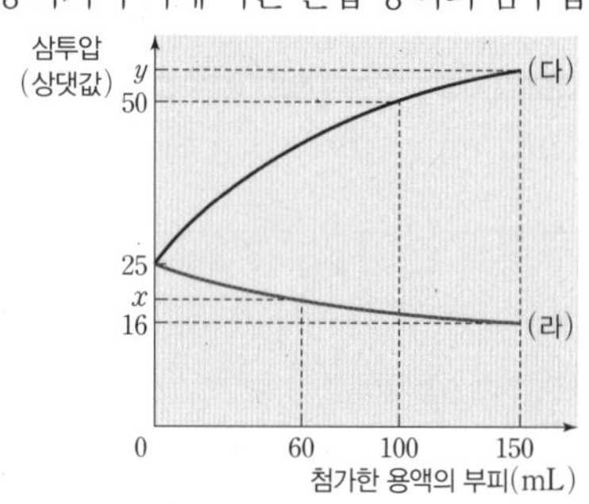

$\frac{y}{x}$는? (단, 온도는 T로 일정하고, 혼합 용액의 부피는 혼합 전 각 용액의 부피의 합과 같다. A는 비휘발성, 비전해질이고, 용액은 라울 법칙을 따른다.)

① $\frac{88}{31}$ ② $\frac{44}{31}$ ③ $\frac{22}{21}$ ④ $\frac{42}{41}$ ⑤ $\frac{22}{31}$

수용액 (가)와 (나)는 용액의 부피와 삼투압이 같으므로 녹아 있는 전체 용질의 양(mol)이 같다.

[24028-0080]

16 표는 수용액 (가)와 (나)에 대한 자료이고, 그림은 반투막으로 분리된 장치에 물과 (가), (나)를 넣은 후 (가)와 (나)에 같은 압력 P를 가했을 때 수면의 높이가 모두 같게 유지되는 모습을 나타낸 것이다. 분자량의 비는 X : Y : Z=2 : 1 : 6이다.

수용액	용액의 부피 (L)	용질의 종류	용질의 전체 질량(g)
(가)	V	X	w
(나)	V	Y, Z	w

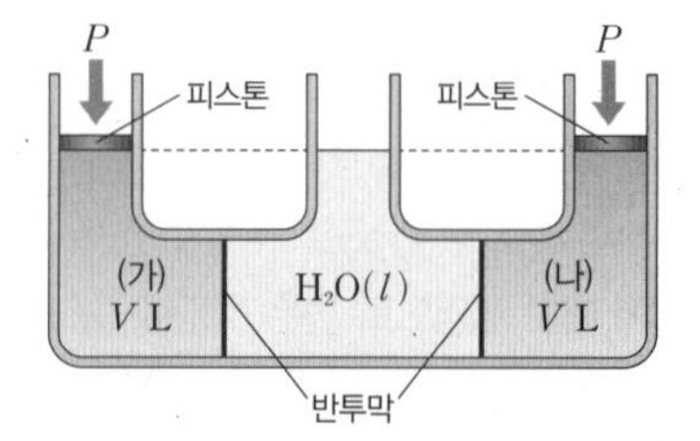

(나)에 녹아 있는 $\frac{\text{Z의 질량}}{\text{Y의 질량}}$은? (단, 온도는 T, 대기압은 1 atm으로 일정하고, X~Z는 비휘발성, 비전해질이며, Y와 Z는 서로 반응하지 않는다. 물의 증발 및 피스톤의 질량과 마찰은 무시하고, 용액은 라울 법칙을 따른다.)

① $\frac{1}{4}$ ② $\frac{2}{3}$ ③ 1 ④ $\frac{3}{2}$ ⑤ 2

[24028-0081]

17 그림은 t℃에서 $A(aq)$에 같은 양(mol)의 물을 두 차례 추가하는 것을, 표는 수용액 (가)~(다)의 증기 압력을 나타낸 것이다.

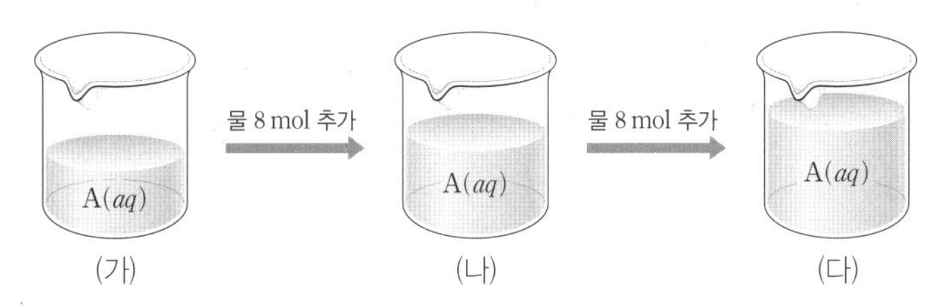

수용액	(가)	(나)	(다)
증기 압력(mmHg)	655.2	658	660

이에 대한 설명으로 옳은 것만을 〈보기〉에서 있는 대로 고른 것은? (단, 온도는 t℃로 일정하고, A는 비휘발성, 비전해질이며, 용액은 라울 법칙을 따른다.)

보기

ㄱ. (가)에서 용매와 용질을 합한 전체 양은 20 mol이다.
ㄴ. 용액의 증기 압력 내림(ΔP)의 비는 (가) : (나)=6 : 5이다.
ㄷ. t℃에서 물의 증기 압력은 678 mmHg이다.

① ㄱ ② ㄴ ③ ㄱ, ㄷ ④ ㄴ, ㄷ ⑤ ㄱ, ㄴ, ㄷ

용액의 증기 압력 내림은 용매의 증기 압력에 용질의 몰 분율을 곱한 값이다.

[24028-0082]

18 다음은 수용액 (가)~(다)에 대한 자료이다.

○ (가)와 (나)는 서로 다른 농도의 $X(aq)$이고, (다)는 $Y(aq)$이다.
○ 온도 T에서 삼투압은 (나)>(가)>(다)이다.

그림은 온도 T에서 (가)~(다)에 대하여 용액의 부피와 용질의 질량을 나타낸 것이다. ㉠~㉢은 (가)~(다)를 순서 없이 나타낸 것이다.

이에 대한 설명으로 옳은 것만을 〈보기〉에서 있는 대로 고른 것은? (단, X와 Y는 비휘발성, 비전해질이고, 용액은 라울 법칙을 따르며, 수용액의 밀도는 같다.)

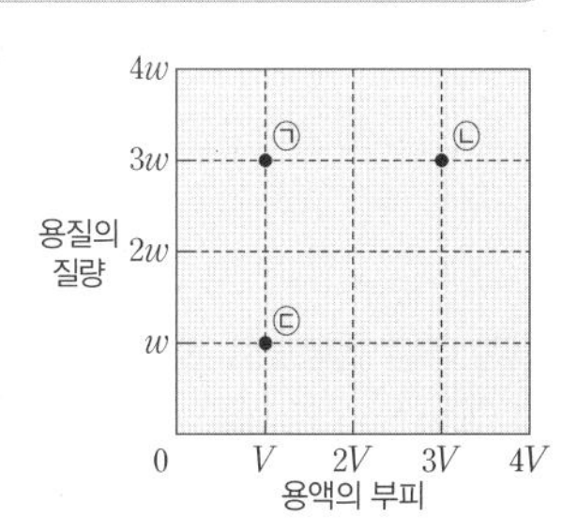

보기

ㄱ. ㉠은 (가)이다.
ㄴ. 화학식량은 Y가 X보다 크다.
ㄷ. 퍼센트 농도(%)는 (가)와 (다)가 같다.

① ㄱ ② ㄷ ③ ㄱ, ㄴ ④ ㄴ, ㄷ ⑤ ㄱ, ㄴ, ㄷ

같은 온도에서 용액의 삼투압은 용액의 몰 농도에 비례한다. 용액의 삼투압이 (나)>(가)>(다)이므로 몰 농도는 (나)>(가)>(다)이다.

온도와 용액의 부피가 같을 때 삼투압은 용액 속 전체 용질의 양(mol)에 비례한다.

[24028-0083]

19 그림은 온도 T에서 0.3 M 요소 수용액과 0.1 M 포도당 수용액을 섞은 혼합 용액의 삼투압의 상댓값을 $\frac{\text{요소 수용액의 부피}}{\text{포도당 수용액의 부피}}$에 따라 나타낸 것이다. 혼합한 두 수용액의 부피의 합은 100 mL로 일정하다.

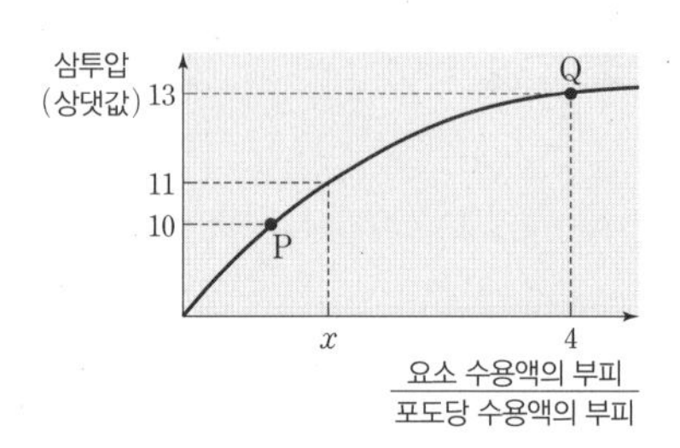

이에 대한 설명으로 옳은 것만을 〈보기〉에서 있는 대로 고른 것은? (단, 온도는 T로 일정하고, 혼합 용액의 부피는 혼합 전 각 용액의 부피의 합과 같다. 요소와 포도당의 분자량은 각각 60과 180이고 서로 반응하지 않으며, 용액은 라울 법칙을 따른다.)

보기

ㄱ. 혼합 용액에 녹아 있는 요소와 포도당의 질량의 합은 일정하다.

ㄴ. 혼합 용액을 만드는 데 넣은 포도당 수용액의 부피는 Q에서가 P에서의 $\frac{2}{5}$배이다.

ㄷ. $x=\frac{8}{5}$이다.

① ㄱ　② ㄷ　③ ㄱ, ㄴ　④ ㄴ, ㄷ　⑤ ㄱ, ㄴ, ㄷ

수용액의 끓는점 오름은 몰랄 농도에 비례한다.

[24028-0084]

20 표는 수용액 (가)와 (나)에 대한 자료이고, 그림은 (가)와 (나)에 각각 물을 추가할 때 가한 물의 질량에 따른 용액의 끓는점 오름(ΔT_b)을 상댓값으로 나타낸 것이다.

수용액	(가)	(나)
물의 질량(g)	250	100
용질의 종류	A	B
용질의 질량(g)	a	$0.2a$

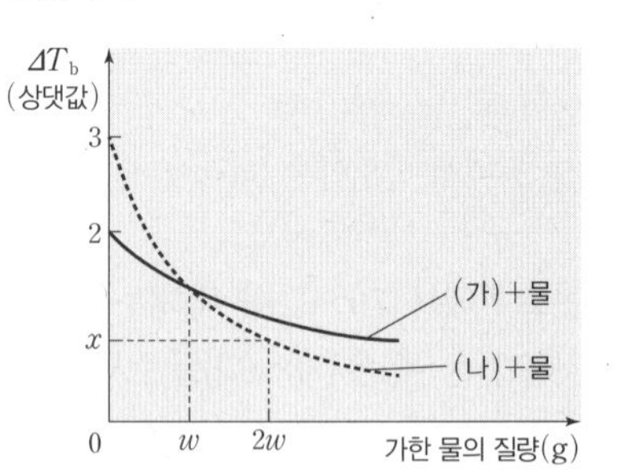

이에 대한 설명으로 옳은 것만을 〈보기〉에서 있는 대로 고른 것은? (단, 외부 압력은 1 atm으로 일정하고, A와 B는 비휘발성, 비전해질이며, 용액은 라울 법칙을 따른다.)

보기

ㄱ. 화학식량은 A가 B의 3배이다.

ㄴ. $w=150$이다.

ㄷ. $x=\frac{7}{8}$이다.

① ㄱ　② ㄷ　③ ㄱ, ㄴ　④ ㄴ, ㄷ　⑤ ㄱ, ㄴ, ㄷ

04 반응 엔탈피

1 반응 엔탈피

(1) 반응열

① 반응물과 생성물이 가지고 있는 에너지가 다르기 때문에 화학 반응이 일어나면 항상 에너지의 출입이 뒤따른다. 화학 반응이 일어날 때 방출하거나 흡수하는 열을 반응열이라고 한다.

② **발열 반응** : 화학 반응이 일어날 때 열을 방출하는 반응으로 발열 반응이 일어나면 주위의 온도가 높아진다.

③ **흡열 반응** : 화학 반응이 일어날 때 열을 흡수하는 반응으로 흡열 반응이 일어나면 주위의 온도가 낮아진다.

(2) 엔탈피(H)

① **엔탈피** : 기호 H로 나타내며, 일정한 압력에서 화학 반응이 일어날 때 반응물과 생성물의 엔탈피(H) 차이만큼 열이 방출되거나 흡수된다.

② **반응의 진행에 따른 발열 반응과 흡열 반응의 열의 출입**

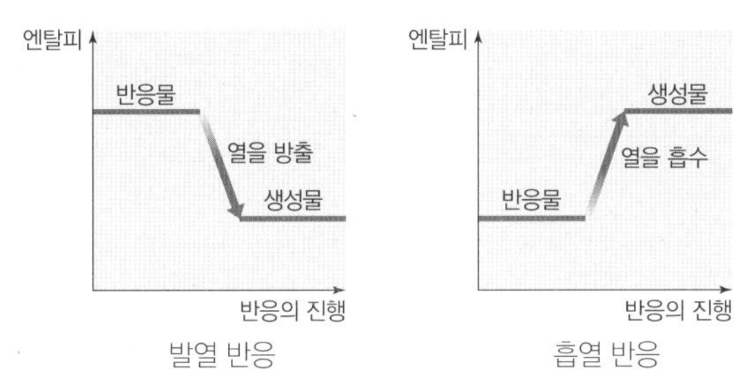

발열 반응　　　흡열 반응

(3) 엔탈피 변화(ΔH)와 반응 엔탈피

① 일정한 압력에서 화학 반응이 일어나면 물질의 종류와 엔탈피가 달라지므로 반응물과 생성물의 엔탈피 차에 해당하는 열이 출입한다.

② 어떤 물질의 엔탈피(H)의 절대량을 직접 측정할 수는 없으나, 일정한 압력에서 화학 반응이 진행되는 동안 출입하는 반응열을 측정하면 엔탈피 변화(ΔH)를 알 수 있다.

③ 일정한 압력에서 화학 반응이 일어날 때의 엔탈피 변화를 반응 엔탈피(ΔH)라고 한다. 반응 엔탈피(ΔH)는 생성물의 엔탈피 합에서 반응물의 엔탈피 합을 뺀 값으로 나타낸다.

> 반응 엔탈피(ΔH) = 엔탈피 변화(ΔH) = 생성물의 엔탈피 합 − 반응물의 엔탈피 합
> $= \Sigma H_{생성물} - \Sigma H_{반응물}$

(4) 발열 반응과 흡열 반응

① **발열 반응** : 반응물의 엔탈피 합이 생성물의 엔탈피 합보다 커서 반응이 일어날 때 엔탈피 차에 해당하는 열을 방출하는 반응이다.

- 엔탈피 변화(ΔH)가 0보다 작은 반응으로, 발열 반응이 일어나면 주위의 온도가 높아진다.
- 발열 반응에서는 엔탈피가 감소하므로 반응 엔탈피(ΔH)의 부호가 (−)이다. ➡ $\Sigma H_{반응물} > \Sigma H_{생성물}$　$\therefore \Delta H < 0$

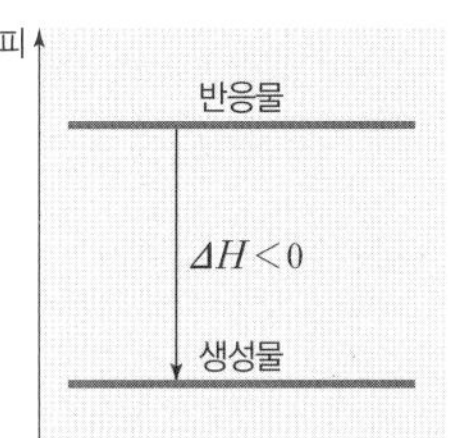

예 $C(s, 흑연) + O_2(g) \longrightarrow CO_2(g)$　$\Delta H = -393.5$ kJ

개념 체크

◉ 반응 엔탈피
= 엔탈피 변화(ΔH)
= 생성물의 엔탈피 합 − 반응물의 엔탈피 합

1. 반응 엔탈피(ΔH)는 (　　) 의 엔탈피 합에서 (　　) 의 엔탈피 합을 뺀 값으로 나타낸다.

2. 발열 반응은 반응물의 엔탈피 합이 생성물의 엔탈피 합보다 (　　)다.

3. 발열 반응이 일어나면 주위의 온도가 높아진다. (○, ×)

정답
1. 생성물, 반응물
2. 크
3. ○

개념 체크

- **발열 반응** : 엔탈피의 합이 반응물>생성물이다.
- **흡열 반응** : 엔탈피의 합이 반응물<생성물이다.

1. 흡열 반응이 일어나면 주위의 온도가 (   )진다.

2. 흡열 반응은 반응 엔탈피(ΔH)가 0보다 (   )다.

3. 열화학 반응식에서 발열 반응은 반응 엔탈피(ΔH)의 부호가 (   )이다.

4. (   ) 반응은 반응물의 엔탈피 합이 생성물의 엔탈피 합보다 작다.

② **흡열 반응** : 반응물의 엔탈피 합이 생성물의 엔탈피 합보다 작아서 반응이 일어날 때 엔탈피 차에 해당하는 열을 흡수하는 반응이다.

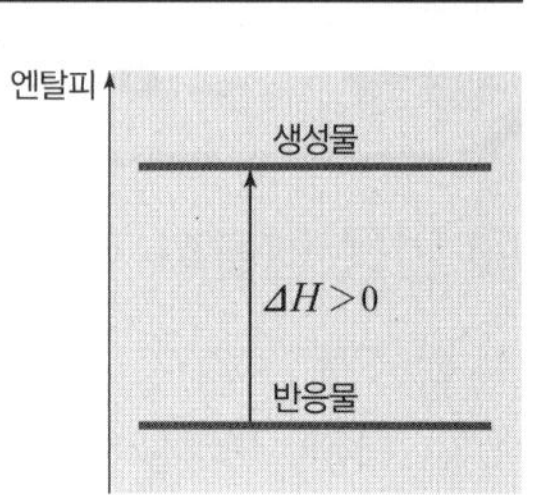

- 엔탈피 변화(ΔH)가 0보다 큰 반응으로, 흡열 반응이 일어나면 주위의 온도가 낮아진다.
- 흡열 반응에서는 엔탈피가 증가하므로 반응 엔탈피(ΔH)의 부호가 (+)이다. ➡ $\Sigma H_{반응물} < \Sigma H_{생성물}$ $\quad \therefore \Delta H > 0$

  예 $N_2(g) + O_2(g) \longrightarrow 2NO(g) \quad \Delta H = 182.6 \text{ kJ}$

과학 돋보기 반응 엔탈피(ΔH)의 부호

발열 반응	흡열 반응
엔탈피 / 반응물 $H_2(g)+\frac{1}{2}O_2(g)$ / $\Delta H=-241.8$ kJ / 생성물 $H_2O(g)$	엔탈피 / 생성물 $H_2(g)+\frac{1}{2}O_2(g)$ / $\Delta H=241.8$ kJ / 반응물 $H_2O(g)$
$H_2(g)$ 1 mol과 $O_2(g)$ 0.5 mol의 엔탈피 합이 $H_2O(g)$ 1 mol의 엔탈피보다 241.8 kJ만큼 크므로 반응에서 241.8 kJ의 열이 방출되며, ΔH는 0보다 작다.	$H_2O(g)$ 1 mol의 엔탈피가 $H_2(g)$ 1 mol과 $O_2(g)$ 0.5 mol의 엔탈피 합보다 241.8 kJ만큼 작으므로 반응에서 241.8 kJ의 열이 흡수되며, ΔH는 0보다 크다.

2 열화학 반응식

(1) 열화학 반응식

① 화학 반응이 일어날 때 출입하는 반응열은 반응 엔탈피(ΔH)로 나타내며, 화학 반응식과 반응 엔탈피를 함께 나타낸 식을 열화학 반응식이라고 한다.

② 열화학 반응식은 반응물과 생성물의 에너지 관계와 화학 반응에서 출입하는 열에너지에 대한 정보를 알려준다.

- C(s, 흑연) 1 mol이 $O_2(g)$ 1 mol과 반응하여 $CO_2(g)$ 1 mol이 생성되는 화학 반응식에서 반응 엔탈피(ΔH)가 −393.5 kJ이므로, 이 반응의 열화학 반응식은 다음과 같다.

  $C(s, \text{흑연}) + O_2(g) \longrightarrow CO_2(g) \quad \Delta H = -393.5 \text{ kJ}$

  ➡ 반응 엔탈피의 부호가 (−)이므로 발열 반응이고, C(s, 흑연) 1 mol이 연소할 때 393.5 kJ의 열이 방출된다는 것을 알 수 있다.

- $CaCO_3(s)$ 1 mol이 $CaO(s)$ 1 mol과 $CO_2(g)$ 1 mol로 분해되는 화학 반응식에서 반응 엔탈피(ΔH)가 177.8 kJ이므로, 이 반응의 열화학 반응식은 다음과 같다.

  $CaCO_3(s) \longrightarrow CaO(s) + CO_2(g) \quad \Delta H = 177.8 \text{ kJ}$

  ➡ 반응 엔탈피의 부호가 (+)이므로 흡열 반응이고, $CaCO_3(s)$ 1 mol이 분해될 때 177.8 kJ의 열이 흡수된다는 것을 알 수 있다.

정답
1. 낮아
2. 크
3. −
4. 흡열

(2) 열화학 반응식을 나타내는 방법

① 물질의 상태에 따라 엔탈피가 달라지므로 열화학 반응식에는 물질의 상태를 반드시 표시해야 한다. 고체는 (s), 액체는 (l), 기체는 (g), 수용액은 (aq)로 표시한다.

예 수소 기체($H_2(g)$)와 산소 기체($O_2(g)$)가 반응하여 수증기($H_2O(g)$) 1 mol이 생성될 때의 반응 엔탈피는 $\Delta H=-241.8$ kJ이고, 물($H_2O(l)$) 1 mol이 생성될 때의 반응 엔탈피는 $\Delta H=-285.8$ kJ이다.

$$H_2(g)+\frac{1}{2}O_2(g) \longrightarrow H_2O(g) \quad \Delta H=-241.8\text{ kJ}$$

$$H_2(g)+\frac{1}{2}O_2(g) \longrightarrow H_2O(l) \quad \Delta H=-285.8\text{ kJ}$$

② 열화학 반응식에는 온도와 압력을 함께 표시한다. 온도와 압력 조건이 주어지지 않으면 일반적으로 25℃, 1 atm이다.

③ 같은 화학 반응이라도 반응 계수에 따라 반응 엔탈피가 달라진다. 반응 엔탈피는 물질의 양(mol)에 비례하므로 열화학 반응식에서 반응 계수가 달라지면 반응 엔탈피도 달라진다.

예 $H_2O(g)$ 2 mol이 생성될 때의 반응 엔탈피(ΔH)는 1 mol이 생성될 때의 2배이다.

$$H_2(g)+\frac{1}{2}O_2(g) \longrightarrow H_2O(g) \quad \Delta H=-241.8\text{ kJ}$$

$$2H_2(g)+O_2(g) \longrightarrow 2H_2O(g) \quad \Delta H=-483.6\text{ kJ}$$

④ 역반응의 반응 엔탈피(ΔH)는 정반응의 반응 엔탈피(ΔH)와 절댓값은 같고, 부호는 반대이다.

예 $H_2O(g)$ 1 mol이 생성되는 반응과 분해되는 반응에서 반응 엔탈피(ΔH)는 절댓값이 같고, 부호는 반대이다.

$$H_2(g)+\frac{1}{2}O_2(g) \longrightarrow H_2O(g) \quad \Delta H=-241.8\text{ kJ}$$

$$H_2O(g) \longrightarrow H_2(g)+\frac{1}{2}O_2(g) \quad \Delta H=241.8\text{ kJ}$$

탐구자료 살펴보기 ▶ 열화학 반응식 완성하기

자료

25℃, 1 atm에서 메탄올(CH_3OH) 1 mol을 완전 연소시킬 때 726.4 kJ의 열이 발생한다. 이 반응의 열화학 반응식은 다음의 단계를 통해 완성할 수 있다.

[1단계] 반응물과 생성물을 화학식으로 나타내고, 상태를 표시한다.

• 반응물 : $CH_3OH(l)$, $O_2(g)$ • 생성물 : $CO_2(g)$, $H_2O(l)$

[2단계] 메탄올(CH_3OH) 1 mol의 완전 연소 반응에 대한 반응 엔탈피를 표시한다. ➡ 메탄올의 연소 반응은 발열 반응이므로 ΔH는 부호가 (−)이다.

$\Delta H=-726.4$ kJ

[3단계] 계수를 고려하여 열화학 반응식을 나타낸다. ➡ 반응물의 양(mol)이 2배가 되면 출입하는 에너지도 2배가 된다. 반응물의 계수가 2배가 되었으므로 반응 엔탈피도 2배가 된다.

$$2CH_3OH(l)+3O_2(g) \longrightarrow 2CO_2(g)+4H_2O(l) \quad \Delta H=-1452.8\text{ kJ}$$

분석

• 화학 반응식에서 CH_3OH 앞의 계수를 $\frac{1}{2}$로 두었을 때의 열화학 반응식은 다음과 같다.

$$\frac{1}{2}CH_3OH(l)+\frac{3}{4}O_2(g) \longrightarrow \frac{1}{2}CO_2(g)+H_2O(l) \quad \Delta H=-363.2\text{ kJ}$$

• CH_3OH의 분자량이 32이므로 CH_3OH 1 mol은 32 g이며, CH_3OH 32 g이 완전 연소하면 726.4 kJ의 열을 방출하고, CH_3OH 16 g이 완전 연소하면 363.2 kJ의 열을 방출한다.

개념 체크

▶ 물질의 상태에 따라 엔탈피가 달라지므로 열화학 반응식에는 물질의 상태를 반드시 표시해야 한다.

1. 열화학 반응식에서 고체는 (   ), 액체는 (l), 기체는 (g), 수용액은 (   )로 표시한다.

2. 열화학 반응식에서 반응 엔탈피는 물질의 (   )에 비례한다.

3. 역반응의 반응 엔탈피(ΔH)는 정반응의 반응 엔탈피(ΔH)와 절댓값은 (   ), 부호는 (   )이다.

정답

1. (s), (aq)
2. 양(mol)
3. 같고, 반대

개념 체크

◐ 생성 엔탈피는 어떤 물질 1 mol이 성분 원소의 가장 안정한 원소로부터 생성될 때의 반응 엔탈피이다.
◐ 흑연, 다이아몬드, 풀러렌 등의 동소체가 존재하는 탄소의 가장 안정한 원소는 흑연이므로 흑연의 표준 생성 엔탈피는 0이다.

1. 표준 생성 엔탈피는 (　　) atm에서의 생성 엔탈피이다.

2. $H_2O(l)$은 $H_2O(g)$보다 표준 생성 엔탈피(ΔH)가 (　　)므로 엔탈피는 $H_2O(l)$이 $H_2O(g)$보다 작다.

3. 탄소의 동소체 중 흑연이 가장 안정한 물질이므로, C(s, 흑연)의 표준 생성 엔탈피는 (　　)이다.

3 생성 엔탈피

(1) 생성 엔탈피

① 어떤 물질 1 mol이 성분 원소의 가장 안정한 원소로부터 생성될 때의 반응 엔탈피이다.

② 1 atm에서의 생성 엔탈피를 표준 생성 엔탈피라고 하며 단위는 kJ/mol이다.

예 $\frac{1}{2}N_2(g)+\frac{1}{2}O_2(g) \longrightarrow NO(g) \quad \Delta H=91.3\text{ kJ}$

➡ $NO(g)$의 표준 생성 엔탈피(ΔH)$=91.3$ kJ/mol

[몇 가지 물질의 표준 생성 엔탈피(ΔH)]

물질	메테인($CH_4(g)$)	에텐($C_2H_4(g)$)	수증기($H_2O(g)$)	이산화 탄소($CO_2(g)$)
표준 생성 엔탈피(ΔH) (kJ/mol)	−74.8	52.5	−241.8	−393.5

➡ $CO_2(g)$의 표준 생성 엔탈피(ΔH)$=-393.5$ kJ/mol이고, 탄소와 산소의 가장 안정한 원소는 각각 C(s, 흑연)과 $O_2(g)$이므로 이를 열화학 반응식으로 나타내면 다음과 같다.

C(s, 흑연)$+O_2(g) \longrightarrow CO_2(g) \quad \Delta H=-393.5\text{ kJ}$

➡ $C_2H_4(g)$의 표준 생성 엔탈피(ΔH)$=52.5$ kJ/mol이고, 탄소와 수소의 가장 안정한 원소는 각각 C(s, 흑연)과 $H_2(g)$이므로 이를 열화학 반응식으로 나타내면 다음과 같다.

2C(s, 흑연)$+2H_2(g) \longrightarrow C_2H_4(g) \quad \Delta H=52.5\text{ kJ}$

③ **원소의 표준 생성 엔탈피(ΔH)** : 표준 상태에서 원소에 여러 가지 동소체가 존재하는 경우 가장 안정한 물질의 표준 생성 엔탈피는 0이다. 산소의 동소체에는 $O_2(g)$와 $O_3(g)$이 존재하는데, 가장 안정한 원소는 $O_2(g)$이므로 $O_2(g)$의 표준 생성 엔탈피가 0이다. 또한 탄소는 흑연, 다이아몬드, 풀러렌 등의 동소체가 존재하며, 이 중 가장 안정한 원소는 흑연이므로 흑연의 표준 생성 엔탈피는 0이다.

물질	산소			탄소		
	$O(g)$	$O_2(g)$	$O_3(g)$	$C(g)$	C(s, 흑연)	C(s, 다이아몬드)
표준 생성 엔탈피(ΔH) (kJ/mol)	249.2	0	143	716.7	0	1.9

과학 돋보기 $H_2O(l)$과 $H_2O(g)$의 엔탈피(H) 비교

• $H_2O(l)$과 $H_2O(g)$의 표준 생성 엔탈피(ΔH)를 비교하여 $H_2O(l)$과 $H_2O(g)$의 엔탈피(H)를 비교할 수 있다. 같은 물질이 상태가 다를 때 표준 생성 엔탈피가 작을수록 엔탈피가 작다. 25°C에서 $H_2O(l)$, $H_2O(g)$의 표준 생성 엔탈피는 다음과 같다.

$H_2(g)+\frac{1}{2}O_2(g) \longrightarrow H_2O(l) \quad \Delta H=-285.8\text{ kJ}$

$H_2(g)+\frac{1}{2}O_2(g) \longrightarrow H_2O(g) \quad \Delta H=-241.8\text{ kJ}$

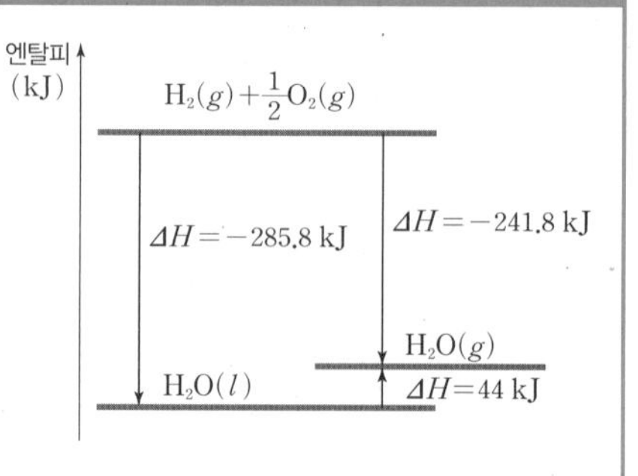

• $H_2O(l)$이 $H_2O(g)$보다 표준 생성 엔탈피(ΔH)가 작으므로 $H_2O(l)$의 엔탈피가 $H_2O(g)$의 엔탈피보다 작다.
• $H_2O(l)$ 1 mol이 $H_2O(g)$ 1 mol로 될 때는 $H_2O(g)$와 $H_2O(l)$의 표준 생성 엔탈피(ΔH) 차에 해당하는 44 kJ의 열을 흡수하며 이때의 열화학 반응식은 다음과 같다.

$H_2O(l) \longrightarrow H_2O(g) \quad \Delta H=44\text{ kJ}$

정답
1. 1
2. 작으
3. 0

(2) 간이 열량계를 이용한 반응열의 측정

① 발생하거나 흡수한 열에너지를 열량계 속의 수용액이 모두 흡수하거나 방출한다고 가정한다.

② 반응 과정에서 발생한 열에너지
=수용액이 흡수한 열에너지(Q)$=c_{수용액} \times m_{수용액} \times \Delta t$

- 비열(c) : 물질 1 g의 온도를 1℃ 높이는 데 필요한 열에너지로 단위는 J/(g·℃)이다.
- $m_{수용액}$: 수용액의 질량(g)
- Δt : 수용액의 온도 변화(℃)$=t_{반응 후}-t_{반응 전}$

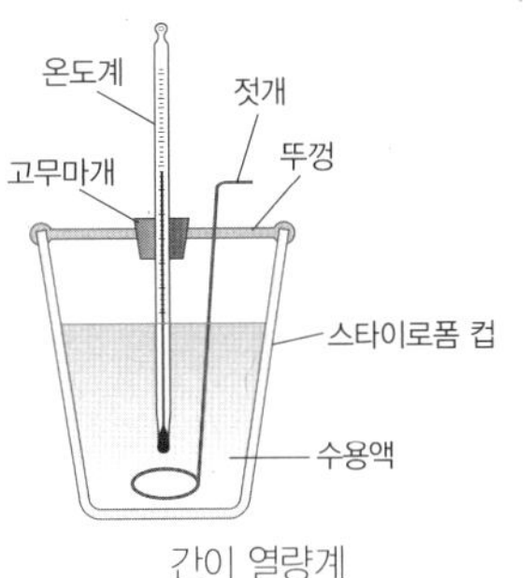

간이 열량계

③ 반응열을 간단하게 측정할 수 있으나, 반응열의 일부가 열량계 등 실험 기구의 온도를 변화시키는 데 쓰이거나 열량계 바깥과 열 교환이 일어나 오차가 발생한다.

개념 체크

- 간이 열량계에서
반응 과정에서 발생한 열에너지
=수용액이 흡수한 열에너지(Q)
$=c_{수용액} \times m_{수용액} \times \Delta t$

1. 간이 열량계에서는 반응에서 발생한 열에너지와 열량계 속 수용액이 흡수한 열에너지가 (　　)다고 가정한다.

2. (　　)은 물질 1 g의 온도를 1℃ 높이는 데 필요한 열에너지이다.

4 결합 에너지와 반응 엔탈피

(1) 결합 에너지

① 화학 반응에서는 반응물을 이루는 원자 사이의 결합이 끊어지고 새로운 결합이 형성되면서 생성물을 만드는데, 이때 원자 사이의 결합이 끊어질 때에는 에너지가 흡수되고 생성될 때에는 에너지가 방출된다.

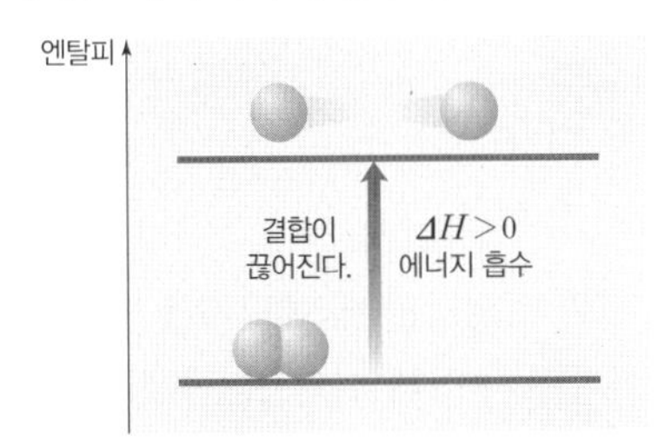

결합이 끊어질 때의 엔탈피 변화

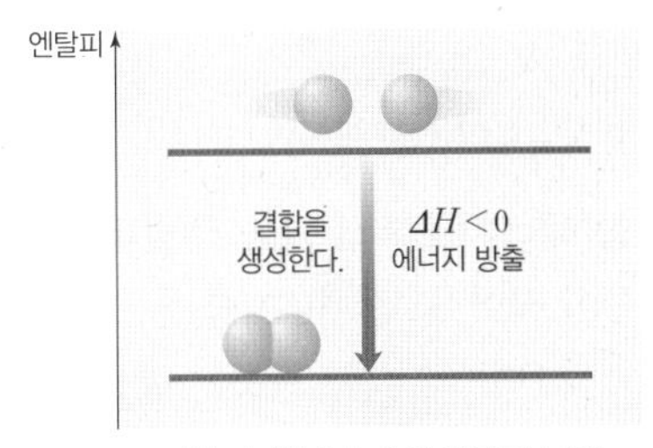

결합이 생성될 때의 엔탈피 변화

② **결합 에너지** : 기체 상태의 물질을 구성하는 두 원자 사이의 공유 결합 1 mol을 끊어 기체 상태의 원자로 만드는 데 필요한 에너지이다.

- 결합을 끊으려면 에너지를 흡수해야 하므로 결합 에너지는 항상 (+)값을 갖는다.

예 H−H의 결합 에너지 : 기체 상태의 수소 분자(H_2) 1 mol이 분자 내 결합이 끊어져 기체 상태의 수소 원자(H)로 될 때 436 kJ의 에너지가 필요하므로 H−H의 결합 에너지는 436 kJ/mol이다.

$$H_2(g) \longrightarrow H(g)+H(g) \quad \Delta H=436\ kJ$$

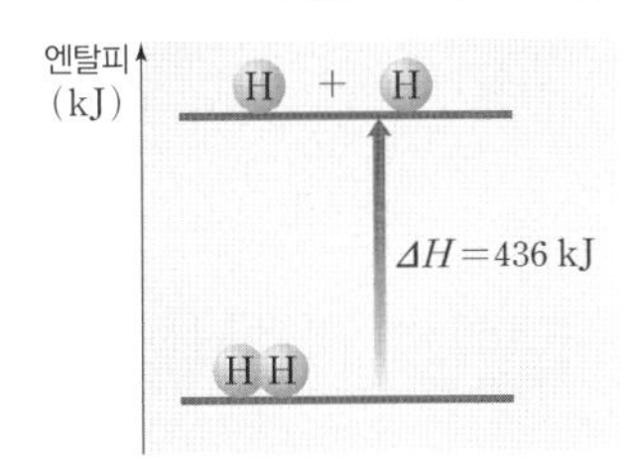

H−H 결합이 끊어질 때

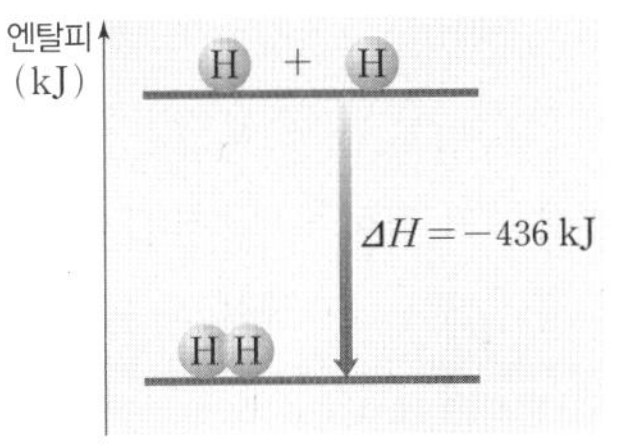

H−H 결합이 생성될 때

정답
1. 같
2. 비열

개념 체크

결합 에너지 : 기체 상태의 물질을 구성하는 두 원자 사이의 공유 결합 1 mol을 끊어 기체 상태의 원자로 만드는 데 필요한 에너지이다.

1. 두 원자 사이의 결합이 강할수록 결합 에너지가 (   )다.

2. 공유 결합이 끊어질 때에는 에너지가 (   )되고, 결합이 생성될 때에는 에너지가 (   )된다.

3. 기체 반응에서 반응 엔탈피(ΔH)는 (   )의 결합 에너지 총합에서 (   )의 결합 에너지 총합을 뺀 값과 같다.

4. 같은 원자 사이의 결합에서 공유 전자쌍 수가 증가하면 결합 에너지가 커진다. (○, ×)

5. 발열 반응인 기체 반응에서 반응물의 결합 에너지 총합은 생성물의 결합 에너지 총합보다 (   )다.

정답
1. 크
2. 흡수, 방출
3. 반응물, 생성물
4. ○
5. 작

③ 결합 에너지와 결합의 세기

- 원자 사이의 결합력이 클수록 결합을 끊기 어려우므로 결합 에너지는 원자 사이의 결합이 강할수록 크다.

  예 $H_2(g) \longrightarrow H(g)+H(g) \quad \Delta H=436$ kJ

  $Cl_2(g) \longrightarrow Cl(g)+Cl(g) \quad \Delta H=243$ kJ

  ➡ H−H의 결합 에너지(436 kJ/mol)는 Cl−Cl의 결합 에너지(243 kJ/mol)보다 크므로 결합의 세기는 H−H 결합이 Cl−Cl 결합보다 강하다.

- 같은 원자 사이의 결합이라도 공유 전자쌍 수가 증가할수록 결합 에너지가 증가한다.

  예 결합 에너지 : C≡C>C=C>C−C, N≡N>N=N>N−N

- C−H의 결합 에너지는 메테인(CH_4)과 에테인(C_2H_6)에서 다르다. 이와 같이 다원자 분자에서 같은 원자 사이의 결합이라도 조건에 따라 결합 에너지가 다르게 나타나므로 이때 결합 에너지는 평균값으로 나타낸다.

[몇 가지 결합의 결합 에너지]

결합	결합 에너지(kJ/mol)	결합	결합 에너지(kJ/mol)	결합	결합 에너지(kJ/mol)
H−H	436	O−O	180	F−F	159
H−C	410	O=O	498	Cl−Cl	243
H−F	570	C−O	350	Br−Br	193
H−Cl	432	C=O	732	I−I	151
H−Br	366	N−N	240	C−C	350
H−I	298	N=N	418	C=C	611
H−O	460	N≡N	945	C≡C	835

※ 단, $CO_2(g)$에서 C=O의 결합 에너지는 799 kJ/mol이다.

(2) 결합 에너지로부터 반응 엔탈피(ΔH) 구하기

① 결합이 끊어질 때 에너지를 흡수($\Delta H>0$)하고, 결합이 생성될 때 에너지를 방출($\Delta H<0$)한다. 그러므로 기체 반응은 반응물의 결합이 끊어져 원자 상태로 되고(1단계), 원자들이 결합하여 생성물이 되는(2단계) 2개의 단계로 생각할 수 있다.

예 수소($H_2(g)$)와 염소($Cl_2(g)$)로부터 염화 수소($HCl(g)$)가 생성될 때의 반응 엔탈피(ΔH) 구하기

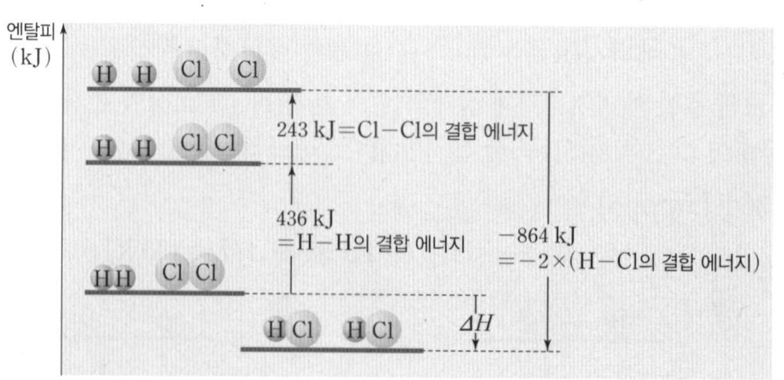

[1단계] 반응물의 결합이 끊어지는 과정

$H_2(g)+Cl_2(g) \longrightarrow 2H(g)+2Cl(g) \quad \Delta H_1=436\text{ kJ}+243\text{ kJ}=679\text{ kJ}$

[2단계] 생성물의 결합이 생성되는 과정

$2H(g)+2Cl(g) \longrightarrow 2HCl(g) \quad \Delta H_2=-2\times 432\text{ kJ}=-864\text{ kJ}$

• 반응 엔탈피(ΔH) : 전체 반응은 1단계와 2단계 반응의 합이다.
$\Delta H = \Delta H_1 + \Delta H_2 = 679\ \mathrm{kJ} + (-864\ \mathrm{kJ}) = -185\ \mathrm{kJ}$

② 기체 반응에서 반응 엔탈피(ΔH)는 반응물의 결합이 끊어질 때 흡수하는 에너지(반응물의 결합 에너지 총합)에서 생성물의 결합이 생성될 때 방출하는 에너지(생성물의 결합 에너지 총합)를 뺀 값이다.

> ΔH =(끊어지는 결합의 결합 에너지 총합)−(생성되는 결합의 결합 에너지 총합)
> =(반응물의 결합 에너지 총합)−(생성물의 결합 에너지 총합)

> **염화 수소(HCl)의 생성 반응**
> $H_2(g) + Cl_2(g) \longrightarrow 2HCl(g) \quad \Delta H$
> ΔH =(반응물의 결합 에너지 총합)−(생성물의 결합 에너지 총합)
> $=((436+243)-2\times432)\ \mathrm{kJ} = -185\ \mathrm{kJ}$

5 헤스 법칙

(1) **헤스 법칙** : 화학 반응이 일어나는 동안에 반응물의 종류와 상태, 생성물의 종류와 상태가 같으면 반응 경로에 관계없이 반응 엔탈피의 총합은 일정하다. 이를 헤스 법칙이라고 한다.

① 탄소의 연소 반응

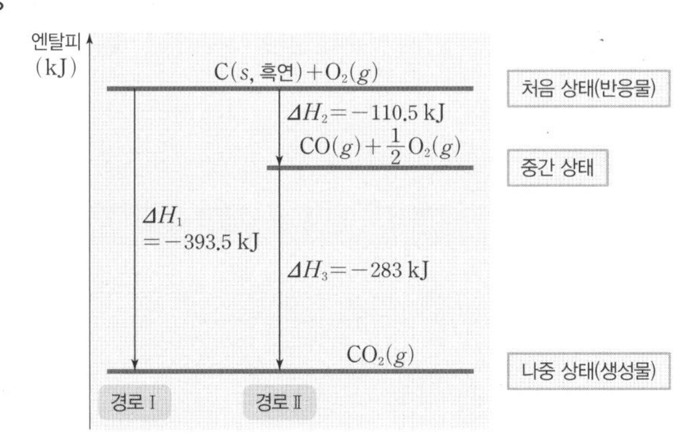

• 경로 Ⅰ : 탄소가 연소하여 직접 이산화 탄소로 되는 과정
$C(s,\ \text{흑연}) + O_2(g) \longrightarrow CO_2(g) \quad \Delta H_1 = -393.5\ \mathrm{kJ}$

• 경로 Ⅱ : 탄소가 연소하여 일산화 탄소로 되었다가 이산화 탄소로 되는 과정
$C(s,\ \text{흑연}) + \frac{1}{2}O_2(g) \longrightarrow CO(g) \quad \Delta H_2 = -110.5\ \mathrm{kJ}$
$CO(g) + \frac{1}{2}O_2(g) \longrightarrow CO_2(g) \quad \Delta H_3 = -283\ \mathrm{kJ}$

• 경로 Ⅱ의 반응 엔탈피의 합은 $\Delta H_2 + \Delta H_3 = -110.5\ \mathrm{kJ} + (-283\ \mathrm{kJ}) = -393.5\ \mathrm{kJ}$로 경로 Ⅰ의 반응 엔탈피 $\Delta H_1 = -393.5\ \mathrm{kJ}$과 같다. 따라서 처음 물질(반응물)과 나중 물질(생성물)의 종류와 상태가 같으면 반응 경로에 관계없이 출입하는 에너지는 같다.

$$\begin{array}{rll} & C(s,\ \text{흑연}) + \frac{1}{2}O_2(g) \longrightarrow CO(g) & \Delta H_2 = -110.5\ \mathrm{kJ} \\ +) & CO(g) + \frac{1}{2}O_2(g) \longrightarrow CO_2(g) & \Delta H_3 = -283\ \mathrm{kJ} \\ \hline & C(s,\ \text{흑연}) + O_2(g) \longrightarrow CO_2(g) & \Delta H_1 = -393.5\ \mathrm{kJ} \end{array}$$

$\Delta H_1 = \Delta H_2 + \Delta H_3$

개념 체크

헤스 법칙 : 화학 반응이 일어나는 동안에 반응물의 종류와 상태, 생성물의 종류와 상태가 같으면 반응 경로에 관계없이 반응 엔탈피 총합은 일정하다.

1. $H_2(g)$ 1 mol이 $H(g)$ 2 mol이 될 때 에너지를 (   )한다.

2. 화학 반응에서 반응물과 생성물의 종류와 상태가 같으면 (   )에 관계없이 반응 엔탈피의 총합은 항상 일정하다.

3. C(s, 흑연) 1 mol이 완전 연소할 때의 반응 엔탈피(ΔH)는 $CO_2(g)$의 (   )와 같다.

4. $CO_2(g)$의 생성 엔탈피(ΔH)는 0보다 (   )다.

정답
1. 흡수
2. 반응 경로
3. 생성 엔탈피
4. 작

개념 체크

- 반응 엔탈피는 생성물의 생성 엔탈피 합에서 반응물의 생성 엔탈피 합을 뺀 값과 같다.

1. 황이 연소되어 삼산화 황이 되는 반응은 발열 반응이다. (○, ×)

2. 발열 반응은 반응물의 생성 엔탈피 합이 생성물의 생성 엔탈피 합보다 (   )다.

② 황의 연소 반응

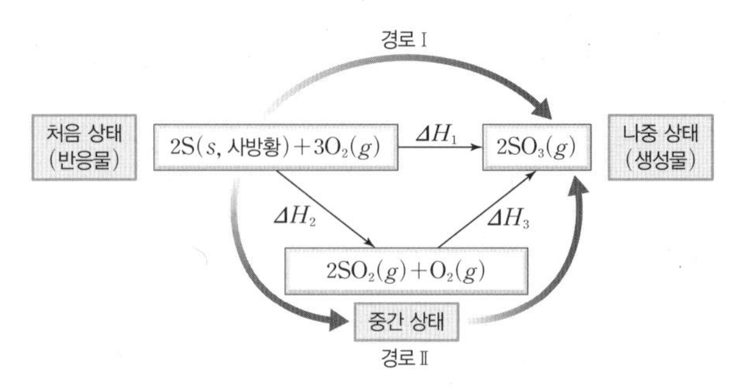

- 경로 I : 황이 연소되어 직접 삼산화 황으로 되는 과정
  $2S(s, 사방황)+3O_2(g) \longrightarrow 2SO_3(g) \quad \Delta H_1$
- 경로 II : 황이 이산화 황이 되었다가 삼산화 황으로 되는 과정
  $2S(s, 사방황)+2O_2(g) \longrightarrow 2SO_2(g) \quad \Delta H_2$
  $2SO_2(g)+O_2(g) \longrightarrow 2SO_3(g) \quad \Delta H_3$
- $S(s,$ 사방황)은 경로 I 을 통해 바로 $SO_3(g)$이 될 수도, 경로 II를 통해 $SO_2(g)$이 되었다가 $SO_3(g)$이 될 수도 있다.
- 경로 I 과 경로 II의 처음 상태는 모두 $S(s,$ 사방황), $O_2(g)$이고, 나중 상태는 모두 $SO_3(g)$으로 같다.
- 경로 I 의 반응 엔탈피와 경로 II의 반응 엔탈피의 합이 같다. ➡ $\Delta H_1=\Delta H_2+\Delta H_3$

과학 돋보기 생성 엔탈피와 헤스 법칙을 이용하여 반응 엔탈피(ΔH) 구하기

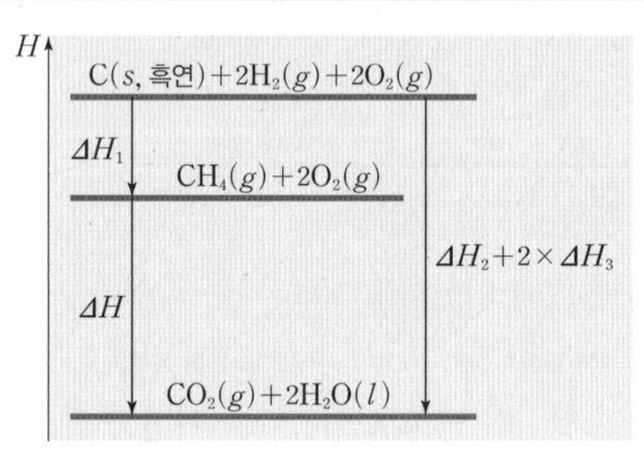

25°C, 1 atm에서 다음 3가지 물질이 생성되는 열화학 반응식은 다음과 같다.

- $C(s, 흑연)+2H_2(g) \longrightarrow CH_4(g) \quad \Delta H_1$ …… ①
- $C(s, 흑연)+O_2(g) \longrightarrow CO_2(g) \quad \Delta H_2$ …… ②
- $H_2(g)+\frac{1}{2}O_2(g) \longrightarrow H_2O(l) \quad \Delta H_3$ …… ③

ΔH_1, ΔH_2, ΔH_3은 각각 $CH_4(g)$, $CO_2(g)$, $H_2O(l)$의 생성 엔탈피이다.

25°C, 1 atm에서 $CH_4(g)$ 연소 반응의 열화학 반응식은 다음과 같다.

- $CH_4(g)+2O_2(g) \longrightarrow CO_2(g)+2H_2O(l) \quad \Delta H$ …… ④

헤스 법칙을 이용하면 ④=②+2×③−①이므로 $\Delta H=\Delta H_2+2\times\Delta H_3-\Delta H_1$이다.

➡ $\Delta H_2+2\times\Delta H_3$은 생성물의 생성 엔탈피 합이고, ΔH_1은 반응물의 생성 엔탈피 합이므로 반응 엔탈피는 다음과 같다.

반응 엔탈피(ΔH)=생성물의 생성 엔탈피 합−반응물의 생성 엔탈피 합

정답
1. ○
2. 크

탐구자료 살펴보기 헤스 법칙 확인

실험 과정 및 자료

[실험 Ⅰ] 스타이로폼 컵에 25℃ 물 100 mL를 넣은 후 $NaOH(s)$ 2.0 g을 넣고 젓개로 저어 완전히 녹인 후 최고 온도를 측정한다.

[실험 Ⅱ] 25℃, 1 M $NaOH(aq)$ 50 mL를 비커에 넣고 다른 비커에 25℃, 1 M $HCl(aq)$ 50 mL를 넣은 다음 두 용액을 스타이로폼 컵에 넣고 혼합한 후 용액의 최고 온도를 측정한다.

[실험 Ⅲ] 스타이로폼 컵에 25℃, 0.5 M $HCl(aq)$ 100 mL를 넣은 후 $NaOH(s)$ 2.0 g을 넣고 젓개로 저어 완전히 녹인 후 용액의 최고 온도를 측정한다.

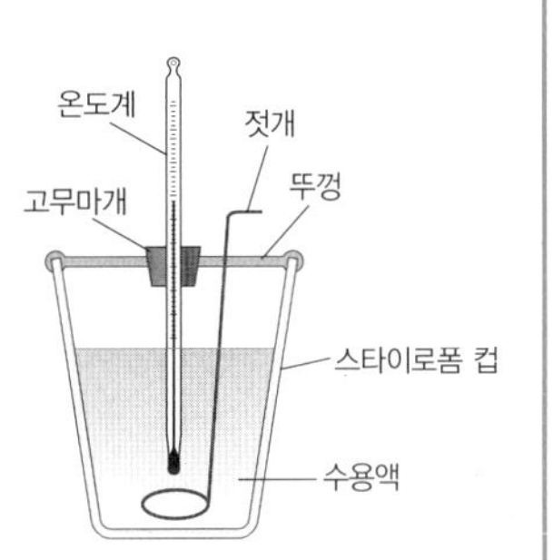

[자료] 각 실험 후 용액의 부피와 밀도, 비열이 동일하다.
- $NaOH$의 화학식량 : 40
- 용액의 부피 : 100 mL
- 용액의 밀도 : 1.02 g/mL
- 용액의 비열 : 4.2 J/(g·℃)

실험 결과

실험	처음 온도(℃)	최고 온도(℃)
Ⅰ	25.0	30.0
Ⅱ	25.0	31.4
Ⅲ	25.0	36.4

분석 point

- 반응 엔탈피 계산

실험	열화학 반응식	반응 엔탈피 계산
Ⅰ	$NaOH(s) \longrightarrow NaOH(aq)$ ΔH_1	$\Delta H_1 = -\dfrac{4.2\ J/(g\cdot ℃)\times 102\ g\times 5.0℃}{\dfrac{2\ g}{40\ g/mol}} = -42.84\ kJ/mol$
Ⅱ	$NaOH(aq)+HCl(aq) \longrightarrow NaCl(aq)+H_2O(l)$ ΔH_2	$\Delta H_2 = -\dfrac{4.2\ J/(g\cdot ℃)\times 102\ g\times 6.4℃}{\dfrac{50}{1000}\ mol} \fallingdotseq -54.84\ kJ/mol$
Ⅲ	$NaOH(s)+HCl(aq) \longrightarrow NaCl(aq)+H_2O(l)$ ΔH_3	$\Delta H_3 = -\dfrac{4.2\ J/(g\cdot ℃)\times 102\ g\times 11.4℃}{\dfrac{50}{1000}\ mol} \fallingdotseq -97.68\ kJ/mol$

➡ 실험 Ⅰ과 Ⅱ의 반응 엔탈피 합은 실험 Ⅲ의 반응 엔탈피와 같다. ∴ $\Delta H_1+\Delta H_2=\Delta H_3$

- $NaOH(s)$과 $HCl(aq)$의 반응에서 반응 경로에 따른 엔탈피 변화는 다음과 같다.

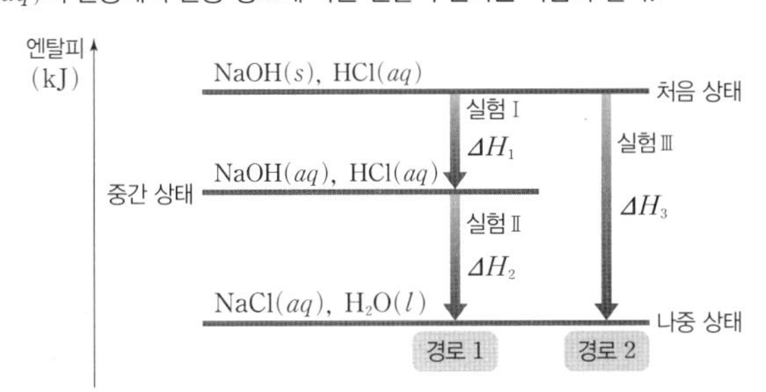

➡ 경로 1과 경로 2의 처음 상태와 나중 상태가 같으므로 실험 Ⅰ과 실험 Ⅱ의 반응 엔탈피 합은 실험 Ⅲ의 반응 엔탈피와 같다.

개념 체크

◉ **중화 엔탈피** : 산의 $H^+(aq)$ 1 mol과 염기의 $OH^-(aq)$ 1 mol이 중화 반응하여 1 mol의 $H_2O(l)$이 생성될 때의 반응 엔탈피이다.

1. 수산화 나트륨($NaOH(s)$)이 물에 용해될 때는 열을 (　　)하므로 수용액의 온도는 (　　)아진다.

2. 중화 반응의 반응 엔탈피(ΔH)는 0보다 작다. (○, ×)

정답
1. 방출, 높
2. ○

개념 체크

◎ **헤스 법칙의 이용** : 화학 반응의 반응 엔탈피를 직접 측정하기 어려운 경우 헤스 법칙을 이용한다.

1. $SO_3(g)$의 생성 엔탈피(ΔH)는 -791.4 kJ/mol이다. (○, ×)

2. S(s, 사방황)이 연소하여 $SO_2(g)$이 될 때 열에너지를 (   )한다.

3. 화학 반응에서 반응물의 생성 엔탈피와 (   )를 알면 반응 엔탈피를 구할 수 있다.

정답
1. ×
2. 방출
3. 생성물의 생성 엔탈피

(2) **헤스 법칙의 이용** : 화학 반응의 반응 엔탈피를 직접 측정하기 어려운 경우 헤스 법칙을 이용한다.

① 구하고자 하는 반응의 열화학 반응식을 적는다.

② 주어지거나 변형한 열화학 반응식을 더하거나 빼서 반응 엔탈피를 구한다.

예 헤스 법칙을 이용한 이산화 황($SO_2(g)$)의 생성 엔탈피(ΔH) 구하기

- 경로 Ⅰ : $2S(s, 사방황)+3O_2(g) \longrightarrow 2SO_3(g)$ $\Delta H_1=-791.4$ kJ
- 경로 Ⅱ : $S(s, 사방황)+O_2(g) \longrightarrow SO_2(g)$ $\Delta H_2=?$
  $2SO_2(g)+O_2(g) \longrightarrow 2SO_3(g)$ $\Delta H_3=-197.8$ kJ

➡ $\Delta H_1=2\times\Delta H_2+\Delta H_3$에서 $\Delta H_2=\frac{1}{2}(\Delta H_1-\Delta H_3)$이다. 따라서 $\Delta H_2=\frac{1}{2}(-791.4\text{ kJ}-(-197.8\text{ kJ}))=-296.8$ kJ이므로 $SO_2(g)$의 생성 엔탈피(ΔH)는 -296.8 kJ/mol이다.

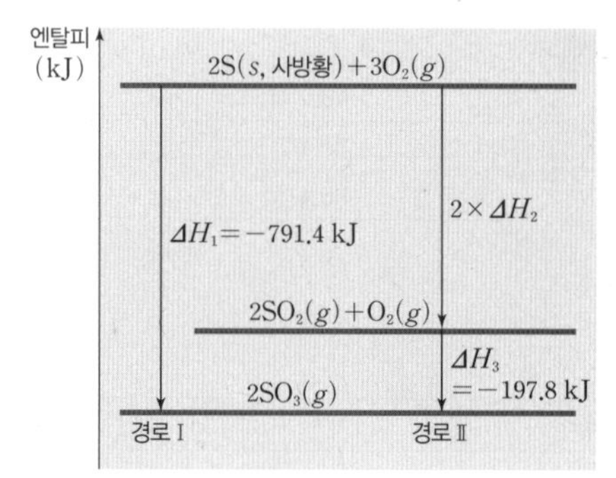

과학 돋보기 헤스 법칙의 이용

다음의 열화학 반응식을 이용하여 메테인(CH_4)의 생성 엔탈피(ΔH)를 구해 보자.

- $H_2(g)+\frac{1}{2}O_2(g) \longrightarrow H_2O(l)$ $\Delta H_1=-285.8$ kJ ……①
- $C(s, 흑연)+O_2(g) \longrightarrow CO_2(g)$ $\Delta H_2=-393.5$ kJ ……②
- $CH_4(g)+2O_2(g) \longrightarrow CO_2(g)+2H_2O(l)$ $\Delta H_3=-890.3$ kJ ……③

[1단계] 구하고자 하는 반응의 열화학 반응식을 적는다.

$C(s, 흑연)+2H_2(g) \longrightarrow CH_4(g)$ ΔH ……④

[2단계] 구하고자 하는 화학 반응식에 있는 물질의 계수와 주어진 열화학 반응식의 계수를 맞춘다.

- ④에서 $C(s, 흑연)$의 계수는 1 ➡ ②에서 $C(s, 흑연)$의 계수는 1이고 반응식에서 같은 쪽에 있으므로 ②×1
- ④에서 $H_2(g)$의 계수는 2 ➡ ①에서 $H_2(g)$의 계수는 1이고 반응식에서 같은 쪽에 있으므로 ①×2
- ④에서 $CH_4(g)$의 계수는 1 ➡ ③에서 $CH_4(g)$의 계수는 1이지만 반응식에서 반대쪽에 있으므로 ③×(−1)

[3단계] 주어지거나 변형한 열화학 반응식을 모두 더하여 반응 엔탈피를 구한다.

$CH_4(g)$이 생성되는 반응의 화학 반응식=①×2+②×1+③×(−1)

$CH_4(g)$의 생성 엔탈피 $\Delta H=2\times\Delta H_1+\Delta H_2-\Delta H_3$

$=(2\times(-285.8)+(-393.5)-(-890.3))$ kJ/mol

$=-74.8$ kJ/mol

[24028-0085]

01 다음은 휴대용 냉각 팩과 손난로에서 일어나는 반응 (가)와 (나)의 화학 반응식이다.

(가) 휴대용 냉각 팩

$NH_4NO_3(s) \longrightarrow NH_4NO_3(aq)$

(나) 손난로

$4Fe(s) + 3O_2(g) \longrightarrow 2Fe_2O_3(s)$

이에 대한 설명으로 옳은 것만을 〈보기〉에서 있는 대로 고른 것은?

보기

ㄱ. (가)는 흡열 반응이다.

ㄴ. (나)에서 엔탈피 합은 생성물이 반응물보다 크다.

ㄷ. (나)가 진행되면 주위의 온도는 높아진다.

① ㄱ ② ㄴ ③ ㄱ, ㄷ ④ ㄴ, ㄷ ⑤ ㄱ, ㄴ, ㄷ

[24028-0086]

02 다음은 25°C, 1 atm에서 A(g)로부터 B(g)가 생성되는 반응의 열화학 반응식과 반응의 진행에 따른 엔탈피(H)를 나타낸 것이다.

$$A(g) \longrightarrow B(g) \quad \Delta H = x \text{ kJ}$$

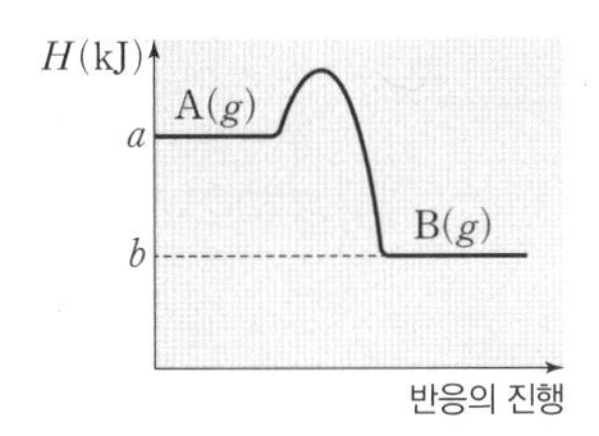

25°C, 1 atm에서 이에 대한 설명으로 옳은 것만을 〈보기〉에서 있는 대로 고른 것은?

보기

ㄱ. $x = a - b$이다.

ㄴ. 생성 엔탈피는 A(g)가 B(g)보다 크다.

ㄷ. 2 mol의 A(g)가 반응하여 2 mol의 B(g)가 생성될 때, $|2x|$ kJ의 열을 방출한다.

① ㄱ ② ㄴ ③ ㄷ ④ ㄱ, ㄷ ⑤ ㄴ, ㄷ

[24028-0087]

03 다음은 25°C, 1 atm에서 $H_2(g)$와 $O_2(g)$가 반응하여 $H_2O(l)$이 생성되는 반응의 열화학 반응식이다.

$$2H_2(g) + O_2(g) \longrightarrow 2H_2O(l) \quad \Delta H = -571 \text{ kJ}$$

25°C, 1 atm에서 이에 대한 설명으로 옳은 것만을 〈보기〉에서 있는 대로 고른 것은? (단, H, O의 원자량은 각각 1, 16이다.)

보기

ㄱ. 열을 방출하는 반응이다.

ㄴ. $H_2O(l)$의 생성 엔탈피는 -285.5 kJ/mol이다.

ㄷ. $H_2(g)$ 4 g이 모두 반응하여 $H_2O(l)$ 36 g이 생성될 때, 반응 엔탈피(ΔH)는 -571 kJ이다.

① ㄱ ② ㄴ ③ ㄱ, ㄷ ④ ㄴ, ㄷ ⑤ ㄱ, ㄴ, ㄷ

[24028-0088]

04 다음은 25°C, 1 atm에서 $NH_3(g)$와 $N_2(g)$가 반응하여 $N_2H_4(g)$이 생성되는 반응의 열화학 반응식과 3가지 결합의 결합 에너지에 대한 자료이다.

$$4NH_3(g) + N_2(g) \longrightarrow 3N_2H_4(g) \quad \Delta H = x \text{ kJ}$$

결합	N−H	N≡N	N−N
결합 에너지(kJ/mol)	390	945	240

이 자료로부터 구한 x는?

① 185 ② 225 ③ 255 ④ 285 ⑤ 315

[24028-0089]

05 그림은 25℃, 1 atm에서 몇 가지 반응의 반응 엔탈피(ΔH)를 나타낸 것이다.

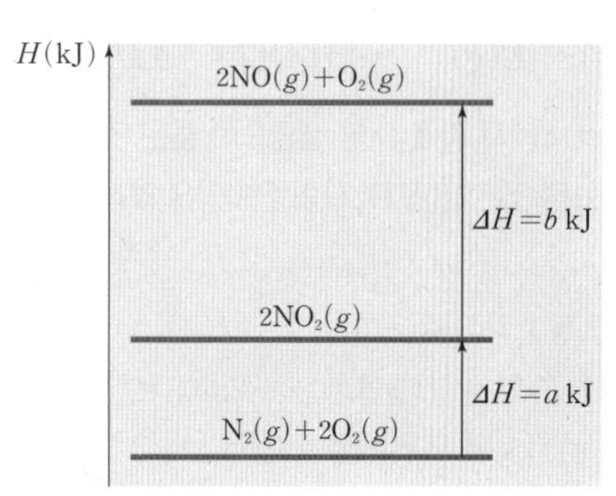

25℃, 1 atm에서 이에 대한 설명으로 옳은 것만을 〈보기〉에서 있는 대로 고른 것은?

보기

ㄱ. 생성 엔탈피는 $NO_2(g)$가 $NO(g)$보다 크다.

ㄴ. $NO(g)$의 생성 엔탈피는 $\frac{a+b}{2}$ kJ/mol이다.

ㄷ. $NO(g)$와 $O_2(g)$가 반응하여 $NO_2(g)$가 생성되는 반응은 흡열 반응이다.

① ㄴ ② ㄷ ③ ㄱ, ㄴ ④ ㄱ, ㄷ ⑤ ㄴ, ㄷ

[24028-0090]

06 다음은 25℃, 1 atm에서 $O_2(g)$와 $O(g)$가 반응하여 $O_3(g)$이 생성되는 반응의 열화학 반응식과 3가지 물질의 생성 엔탈피에 대한 자료이다.

$$O_2(g)+O(g) \longrightarrow O_3(g) \quad \Delta H=x \text{ kJ}$$

물질	$O(g)$	$O_2(g)$	$O_3(g)$
생성 엔탈피(kJ/mol)	a	0	b

이 자료로부터 구한 x는?

① $-\frac{a}{2}+b$ ② $\frac{a}{2}-b$ ③ $-a-b$ ④ $-a+b$ ⑤ $a-b$

[24028-0091]

07 다음은 25℃, 1 atm에서 3가지 반응의 열화학 반응식이다.

- $C(s, \text{흑연})+O_2(g) \longrightarrow CO_2(g) \quad \Delta H=a$ kJ
- $2C(s, \text{흑연})+2H_2(g) \longrightarrow C_2H_4(g) \quad \Delta H=b$ kJ
- $C_2H_4(g)+3O_2(g) \longrightarrow 2CO_2(g)+2H_2O(l) \quad \Delta H=c$ kJ

25℃, 1 atm에서 $H_2O(l)$의 생성 엔탈피(kJ/mol)는? (단, 25℃, 1 atm에서 $O_2(g)$의 생성 엔탈피는 0이다.)

① $\frac{-2a-b+c}{2}$ ② $\frac{-2a+b+c}{2}$ ③ $\frac{-2a+b-c}{2}$ ④ $\frac{2a-b-c}{2}$ ⑤ $\frac{2a+b-c}{2}$

[24028-0092]

08 다음은 25℃, 1 atm에서 몇 가지 반응의 반응 엔탈피(ΔH)와 4가지 결합의 결합 에너지에 대한 자료이다.

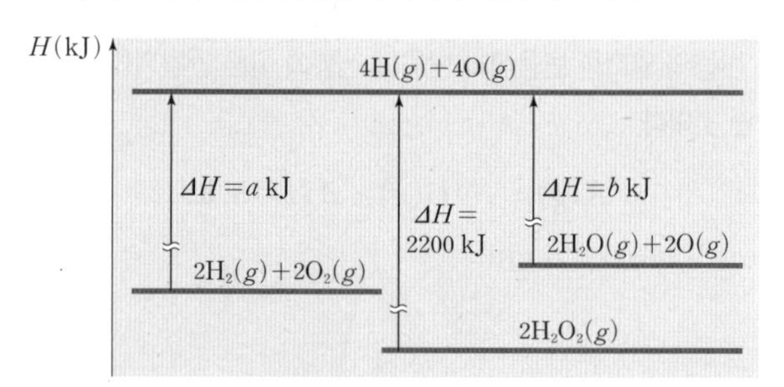

결합	H−H	O−O	O=O	O−H
결합 에너지 (kJ/mol)	436	x	498	460

25℃, 1 atm에서 이에 대한 설명으로 옳은 것만을 〈보기〉에서 있는 대로 고른 것은?

보기

ㄱ. $a=1868$이다.

ㄴ. $b=1840$이다.

ㄷ. $x=180$이다.

① ㄱ ② ㄷ ③ ㄱ, ㄴ ④ ㄴ, ㄷ ⑤ ㄱ, ㄴ, ㄷ

[24028-0093]

09 그림은 25°C, 1 atm에서 C(s, 흑연)과 관련된 반응의 반응 엔탈피(ΔH)를 나타낸 것이다.

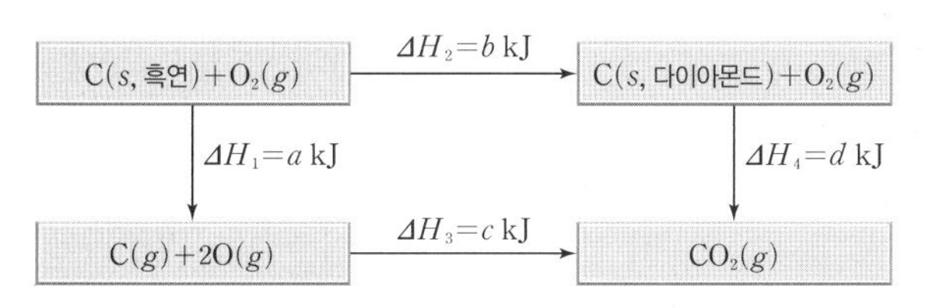

25°C, 1 atm에서 이에 대한 설명으로 옳은 것만을 〈보기〉에서 있는 대로 고른 것은? (단, 25°C, 1 atm에서 C(s, 흑연)의 생성 엔탈피는 0이다.)

보기

ㄱ. O=O의 결합 에너지는 a kJ/mol이다.
ㄴ. $b>0$이다.
ㄷ. $a+c=b+d$이다.

① ㄴ ② ㄷ ③ ㄱ, ㄴ
④ ㄱ, ㄷ ⑤ ㄴ, ㄷ

[24028-0094]

10 다음은 25°C, 1 atm에서 2가지 반응의 열화학 반응식이다. $\Delta H_1>\Delta H_2>0$이다.

(가) $4NH_3(g)+N_2(g) \longrightarrow 3N_2H_4(g)$ ΔH_1
(나) $4NH_3(g)+N_2H_4(g) \longrightarrow 3N_2(g)+8H_2(g)$ ΔH_2

25°C, 1 atm에서 이에 대한 설명으로 옳은 것만을 〈보기〉에서 있는 대로 고른 것은? (단, 25°C, 1 atm에서 $H_2(g)$와 $N_2(g)$의 생성 엔탈피는 0이다.)

보기

ㄱ. (가)에서 엔탈피(H)의 합은 반응물이 생성물보다 크다.
ㄴ. (나)에서 결합 에너지의 총합은 반응물이 생성물보다 크다.
ㄷ. $N_2H_4(g)$의 생성 엔탈피는 0보다 작다.

① ㄱ ② ㄴ ③ ㄷ
④ ㄱ, ㄷ ⑤ ㄴ, ㄷ

[24028-0095]

11 표는 25°C, 1 atm에서 25°C의 물 100 g이 들어 있는 간이 열량계에 25°C의 용질 X(s)와 Y(s)를 각각 녹인 실험 Ⅰ과 Ⅱ에 대한 자료이다.

실험	용질의 질량(g)		최고 또는 최저 온도(°C)
	X(s)	Y(s)	
Ⅰ	1	0	27
Ⅱ	0	1	24

이에 대한 설명으로 옳은 것만을 〈보기〉에서 있는 대로 고른 것은?

보기

ㄱ. X(s)가 물에 용해되는 반응의 반응 엔탈피(ΔH)는 0보다 작다.
ㄴ. Y(s)가 물에 용해되는 반응은 발열 반응이다.
ㄷ. 같은 질량의 X(s)와 Y(s)가 각각 물에 용해될 때, 열의 출입량은 X(s)에서가 Y(s)에서보다 크다.

① ㄴ ② ㄷ ③ ㄱ, ㄴ
④ ㄱ, ㄷ ⑤ ㄴ, ㄷ

[24028-0096]

12 다음은 25°C, 1 atm에서 3가지 반응의 열화학 반응식이다.

○ $H(g)+H(g) \longrightarrow H_2(g)$ $\Delta H=a$ kJ
○ $Cl_2(g) \longrightarrow Cl(g)+Cl(g)$ $\Delta H=b$ kJ
○ $H(g)+Cl(g) \longrightarrow HCl(g)$ $\Delta H=c$ kJ

25°C, 1 atm에서 이에 대한 설명으로 옳은 것만을 〈보기〉에서 있는 대로 고른 것은? (단, 25°C, 1 atm에서 $H_2(g)$와 $Cl_2(g)$의 생성 엔탈피는 0이다.)

보기

ㄱ. $a\times b<0$이다.
ㄴ. H−Cl의 결합 에너지는 c kJ/mol이다.
ㄷ. 이 자료로부터 구한 HCl(g)의 생성 엔탈피는 $\dfrac{-a+b+c}{2}$ kJ/mol이다.

① ㄱ ② ㄴ ③ ㄱ, ㄷ
④ ㄴ, ㄷ ⑤ ㄱ, ㄴ, ㄷ

$CH_4(g)$이 연소되는 반응의 열화학 반응식은 다음과 같다.
$CH_4(g)+2O_2(g) \longrightarrow CO_2(g)+2H_2O(g)$ ΔH

[24028-0097]

01 표는 25℃, 1 atm에서 3가지 물질의 생성 엔탈피와 4가지 결합의 결합 에너지에 대한 자료이다.

물질	$CH_4(g)$	$CO_2(g)$	$H_2O(g)$
생성 엔탈피(kJ/mol)	x	a	b

결합	C−H	O−H	O=O	C=O
결합 에너지(kJ/mol)	410	460	500	800

이 자료로부터 구한 x는? (단, 25℃, 1 atm에서 $O_2(g)$의 생성 엔탈피는 0이다.)

① $a+b+400$　② $2a-b+400$　③ $2a-b-780$
④ $a+2b-800$　⑤ $a+2b+800$

반응 엔탈피는 (반응물의 결합 에너지 총합)−(생성물의 결합 에너지 총합)으로 구할 수 있다.

[24028-0098]

02 다음은 25℃, 1 atm에서 C_2H_4과 C_4H_8이 각각 연소되는 반응의 열화학 반응식과 구조식에 대한 자료이다.

○ $C_2H_4(g)+3O_2(g) \longrightarrow 2CO_2(g)+2H_2O(g)$　$\Delta H=a$ kJ
○ $C_4H_8(g)+6O_2(g) \longrightarrow 4CO_2(g)+4H_2O(g)$　$\Delta H=b$ kJ

분자식	C_2H_4	C_4H_8
구조식	$H_2C=CH_2$	$H_2C=CH-CH_2-CH_3$

이 자료로부터 구한 2×(C−C의 결합 에너지)−(C=C의 결합 에너지)는?

① $\left(-a+\frac{b}{2}\right)$ kJ/mol　② $\left(a-\frac{b}{2}\right)$ kJ/mol　③ $(-a-2b)$ kJ/mol
④ $(-2a+b)$ kJ/mol　⑤ $(2a-b)$ kJ/mol

[24028-0099]

03 다음은 25℃, 1 atm에서 몇 가지 반응의 반응 엔탈피(ΔH)와 2가지 반응의 열화학 반응식이다.

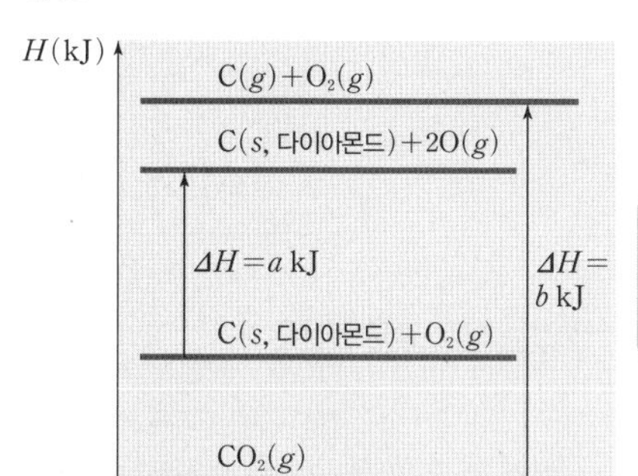

- C(s, 흑연) ⟶ C(g) $\Delta H = x$ kJ
- C(s, 흑연)+$O_2(g)$ ⟶ $CO_2(g)$ $\Delta H = y$ kJ

25℃, 1 atm에서 이에 대한 설명으로 옳은 것만을 〈보기〉에서 있는 대로 고른 것은? (단, 25℃, 1 atm에서 C(s, 흑연)의 생성 엔탈피는 0이다.)

보기

ㄱ. $x > a$이다.
ㄴ. $-x+y=b$이다.
ㄷ. 이 자료로부터 구한 C=O의 결합 에너지는 $\frac{x-y-a}{2}$ kJ/mol이다.

① ㄱ ② ㄴ ③ ㄱ, ㄷ ④ ㄴ, ㄷ ⑤ ㄱ, ㄴ, ㄷ

C(s, 흑연)의 생성 엔탈피가 0이므로 엔탈피는 C(s, 다이아몬드)가 C(s, 흑연)보다 크다.

[24028-0100]

04 다음은 25℃, 1 atm에서 2가지 반응의 열화학 반응식과 3가지 반응의 반응 엔탈피(ΔH)를 나타낸 것이다.

- $CH_4(g)+2O_2(g)$ ⟶ $CO_2(g)+2H_2O(g)$ $\Delta H = -801$ kJ
- $2H_2(g)+O_2(g)$ ⟶ $2H_2O(g)$ $\Delta H = -484$ kJ

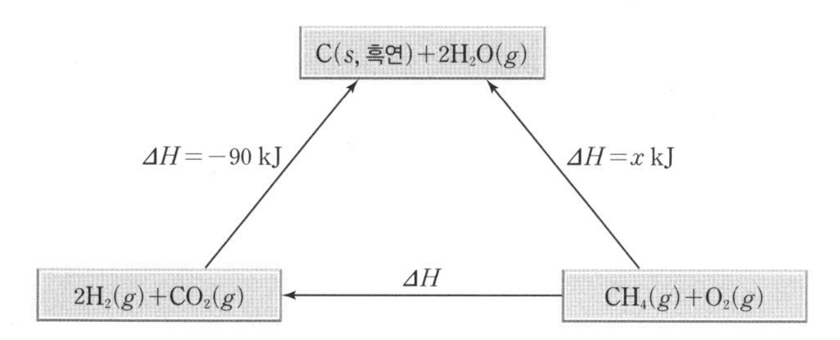

이 자료로부터 구한 x는?

① −424 ② −407 ③ −374 ④ −351 ⑤ −317

반응물의 종류와 상태, 생성물의 종류와 상태가 같으면 반응 경로에 관계없이 반응 엔탈피의 총합은 일정하다.

NO$_2(g)$의 생성 엔탈피는 반응 $N_2(g)+2O_2(g) \longrightarrow 2NO_2(g)$의 반응 엔탈피($\Delta H$)의 $\frac{1}{2}$이다.

[24028-0101]

05 다음은 25°C, 1 atm에서 3가지 반응의 열화학 반응식이다. $\Delta H_2 > \Delta H_3 > 0$이다.

- $N_2(g)+O_2(g) \longrightarrow 2NO(g)$ $\quad \Delta H_1$
- $N_2O_4(g) \longrightarrow 2NO_2(g)$ $\quad \Delta H_2$
- $N_2(g)+2O_2(g) \longrightarrow N_2O_4(g)$ $\quad \Delta H_3$

25°C, 1 atm에서 이에 대한 설명으로 옳은 것만을 <보기>에서 있는 대로 고른 것은?

보기

ㄱ. $\Delta H_1 = \Delta H_2 + \Delta H_3$이다.

ㄴ. 생성 엔탈피는 $NO_2(g)$가 $N_2O_4(g)$보다 크다.

ㄷ. 반응 $2NO(g)+O_2(g) \longrightarrow 2NO_2(g)$의 반응 엔탈피($\Delta H$)는 $-\Delta H_1 + \Delta H_2 - \Delta H_3$이다.

① ㄱ ② ㄴ ③ ㄷ ④ ㄱ, ㄷ ⑤ ㄴ, ㄷ

반응 엔탈피(ΔH)=(생성물의 생성 엔탈피 합)−(반응물의 생성 엔탈피 합)이므로 x를 구하기 위해 $C_2H_4(g)$, $CO_2(g)$, $H_2O(g)$의 생성 엔탈피를 알아야 한다.

[24028-0102]

06 다음은 25°C, 1 atm에서 $C_2H_4(g)$이 연소되는 반응의 열화학 반응식과 3가지 물질의 생성 엔탈피에 대한 자료이다.

$$C_2H_4(g)+3O_2(g) \longrightarrow 2CO_2(g)+2H_2O(g) \quad \Delta H = x \text{ kJ}$$

물질	$O(g)$	$C_2H_4(g)$	$CO_2(g)$
생성 엔탈피(kJ/mol)	249	52.5	−393.5

이 자료로부터 x를 구하기 위해 반드시 이용해야 할 자료만을 <보기>에서 있는 대로 고른 것은? (단, 25°C, 1 atm에서 $O_2(g)$의 생성 엔탈피는 0이다.)

보기

ㄱ. H−H의 결합 에너지

ㄴ. C−H의 결합 에너지

ㄷ. O−H의 결합 에너지

① ㄱ ② ㄴ ③ ㄱ, ㄷ ④ ㄴ, ㄷ ⑤ ㄱ, ㄴ, ㄷ

[24028-0103]

07 그림은 25℃, 1 atm에서 몇 가지 반응의 반응 엔탈피(ΔH)를 나타낸 것이다.

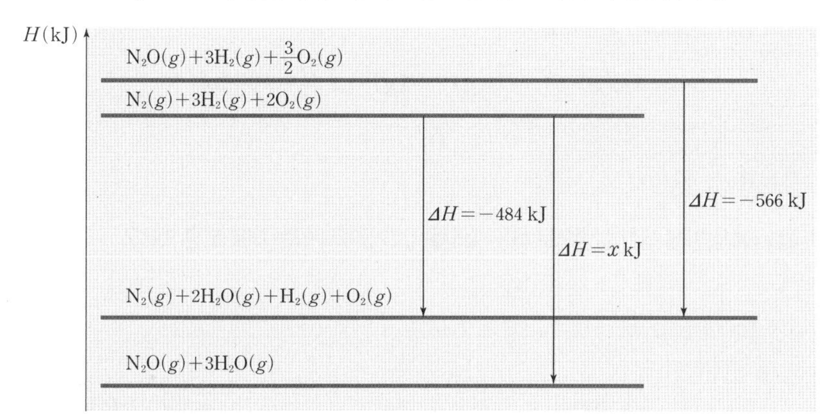

25℃, 1 atm에서 이에 대한 설명으로 옳은 것만을 〈보기〉에서 있는 대로 고른 것은? (단, 25℃, 1 atm에서 $H_2(g)$, $N_2(g)$, $O_2(g)$의 생성 엔탈피는 0이다.)

보기

ㄱ. $H_2O(g)$의 생성 엔탈피는 -242 kJ/mol이다.
ㄴ. $N_2O(g)$의 생성 엔탈피는 82 kJ/mol이다.
ㄷ. $x=-644$이다.

① ㄱ ② ㄷ ③ ㄱ, ㄴ ④ ㄴ, ㄷ ⑤ ㄱ, ㄴ, ㄷ

헤스 법칙을 이용하여 반응 $2H_2(g)+O_2(g) \rightarrow 2H_2O(g)$의 반응 엔탈피($\Delta H$)를 구할 수 있다.

[24028-0104]

08 다음은 25℃, 1 atm에서 3가지 반응의 열화학 반응식과 3가지 결합의 결합 에너지에 대한 자료이다.

○ $2NH_3(g)+2O_2(g) \longrightarrow N_2O(g)+3H_2O(g)$ $\Delta H=-552$ kJ
○ $2N_2O(g) \longrightarrow 2N_2(g)+O_2(g)$ $\Delta H=x$ kJ
○ $2H_2(g)+O_2(g) \longrightarrow 2H_2O(g)$ $\Delta H=y$ kJ

결합	N≡N	H−H	N−H
결합 에너지(kJ/mol)	a	b	c

이 자료로부터 구한 $x-3y$는?

① $-2a-3b-12c+552$ ② $-2a+6b+12c+552$ ③ $2a-6b-12c+828$
④ $-2a-6b+12c+1104$ ⑤ $2a+6b-12c-1104$

$2N_2O(g)+6H_2O(g) \longrightarrow 2N_2(g)+4O_2(g)+6H_2(g)$의 반응 엔탈피($\Delta H$)는 $(x-3y)$ kJ이다.

$O_3(g)$의 생성 엔탈피를 열화학 반응식으로 나타내면 다음과 같다.

$\frac{3}{2}O_2(g) \longrightarrow O_3(g)$ $\Delta H = x$ kJ

[24028-0105]

09 다음은 25℃, 1 atm에서 $O_3(g)$으로부터 $O_2(g)$와 $O(g)$가 생성되는 반응의 열화학 반응식과 3가지 물질의 생성 엔탈피에 대한 자료이다.

$$O_3(g) \longrightarrow O_2(g) + O(g) \quad \Delta H = 106 \text{ kJ}$$

물질	O_3	O_2	O
생성 엔탈피(kJ/mol)	x	0	y

25℃, 1 atm에서 이에 대한 설명으로 옳은 것만을 <보기>에서 있는 대로 고른 것은?

보기

ㄱ. $x > -106$이다.
ㄴ. $x - y = -106$이다.
ㄷ. $O_3(g)$ 1 mol의 공유 결합을 모두 끊는 데 필요한 에너지는 $(2y + 106)$ kJ이다.

① ㄱ ② ㄷ ③ ㄱ, ㄴ ④ ㄴ, ㄷ ⑤ ㄱ, ㄴ, ㄷ

반응 $H_2(g) + F_2(g) \longrightarrow 2HF(g)$에서 H−F의 결합 에너지를 x kJ/mol이라고 하면 결합 에너지를 이용하여 반응 엔탈피(ΔH)를 구할 수 있다.

[24028-0106]

10 다음은 25℃, 1 atm에서 $HOF(g)$로부터 $HF(g)$와 $O_2(g)$가 생성되는 반응의 열화학 반응식과 2가지 결합의 결합 에너지에 대한 자료이다.

$$2HOF(g) \longrightarrow 2HF(g) + O_2(g) \quad \Delta H = -850 \text{ kJ}$$

물질	H−H	F−F
결합 에너지(kJ/mol)	436	160

25℃, 1 atm에서 $HOF(g)$의 생성 엔탈피가 a kJ/mol일 때, 이 자료로부터 구한 H−F의 결합 에너지(kJ/mol)는? (단, 25℃, 1 atm에서 $O_2(g)$의 생성 엔탈피는 0이다.)

① $-a-723$ ② $-a+723$ ③ $-a-786$
④ $-a+786$ ⑤ $a+820$

[24028-0107]

11 **표는 25℃, 1 atm에서 수행한 3가지 실험에 대한 자료이다.**

실험	실험 과정	방출한 열량(kJ)
Ⅰ	1 M $HCl(aq)$ 50 mL와 1 M $NaOH(aq)$ 50 mL를 반응시킨다.	Q_1
Ⅱ	1 M $HCl(aq)$ 100 mL와 $NaOH(s)$ 4 g을 반응시킨다.	Q_2
Ⅲ	$H_2O(l)$ 100 mL에 $NaOH(s)$ 2 g을 모두 녹인다.	Q_3

25℃, 1 atm에서 이에 대한 설명으로 옳은 것만을 〈보기〉에서 있는 대로 고른 것은? (단, NaOH의 화학식량은 40이다.)

● 보 기 ●

ㄱ. 반응 $H^+(aq)+OH^-(aq) \longrightarrow H_2O(l)$의 반응 엔탈피($\Delta H$)는 $-20Q_1$ kJ이다.

ㄴ. $NaOH(s)$ 1 mol이 $H_2O(l)$에 용해될 때, $20Q_3$ kJ의 에너지를 방출한다.

ㄷ. $Q_2=Q_1+Q_3$이다.

① ㄱ ② ㄷ ③ ㄱ, ㄴ ④ ㄴ, ㄷ ⑤ ㄱ, ㄴ, ㄷ

Ⅰ은 $H^+(aq)$ 0.05 mol과 $OH^-(aq)$ 0.05 mol이 반응하여 $H_2O(l)$ 0.05 mol이 생성되는 반응이다.

[24028-0108]

12 **다음은 25℃, 1 atm에서 C(*s*, 흑연)과 $H_2(g)$로부터 3가지 탄화수소가 생성되는 반응의 열화학 반응식과 3가지 결합의 결합 에너지에 대한 자료이다.**

- $2C(s, \text{흑연})+3H_2(g) \longrightarrow C_2H_6(g)$ $\Delta H=-83$ kJ
- $2C(s, \text{흑연})+2H_2(g) \longrightarrow C_2H_4(g)$ $\Delta H=52$ kJ
- $2C(s, \text{흑연})+H_2(g) \longrightarrow C_2H_2(g)$ $\Delta H=224$ kJ

결합	C−C	C=C	C≡C
결합 에너지(kJ/mol)	x	y	z

이 자료로부터 구한 $x-2y+z$는?

① −52 ② −47 ③ −42 ④ −37 ⑤ −32

헤스 법칙을 이용하여 $C_2H_4(g)$이 반응하여 $C_2H_6(g)$과 $C_2H_2(g)$을 생성하는 반응의 반응 엔탈피(ΔH)를 구할 수 있다.

05 화학 평형과 평형 이동

개념 체크

▶ **가역 반응** : 반응 조건(농도, 압력, 온도 등)에 따라 정반응과 역반응이 모두 일어날 수 있는 반응이다.

▶ **화학 평형 상태** : 가역 반응에서 반응물과 생성물의 농도가 변하지 않아서 겉으로 보기에 반응이 정지된 것처럼 보이는 동적 평형 상태이다.

1. 정반응과 역반응이 모두 일어날 수 있는 반응을 ( ) 반응이라고 한다.

2. 연소 반응과 같이 한 방향으로만 진행되는 반응을 ( ) 반응이라고 한다.

3. 정반응과 역반응이 모두 일어나고 있는 가역 반응에서 반응물의 농도와 생성물의 농도가 일정하게 유지되는 상태를 ( ) 상태라고 한다.

4. 화학 평형 상태에서는 정반응 속도와 역반응 속도가 ( )다.

1 화학 평형

(1) 가역 반응과 비가역 반응

① **가역 반응** : 농도, 압력, 온도 등의 반응 조건에 따라 정반응과 역반응이 모두 일어날 수 있는 반응으로, 화학 반응식에서 $\rightleftarrows$로 나타낸다. 정반응은 화학 반응식에서 오른쪽으로 진행되는 반응이고 역반응은 왼쪽으로 진행되는 반응이다.

예 $2NO_2(g) \rightleftarrows N_2O_4(g)$

$N_2(g)+3H_2(g) \rightleftarrows 2NH_3(g)$

② **비가역 반응** : 한쪽 방향으로만 진행되는 반응으로, 정반응에 비해 역반응이 무시할 수 있을 만큼 거의 일어나지 않는다.

예 연소 반응 : $C_3H_8(g)+5O_2(g) \longrightarrow 3CO_2(g)+4H_2O(l)$

앙금 생성 반응 : $Na_2CO_3(aq)+CaCl_2(aq) \longrightarrow CaCO_3(s)+2NaCl(aq)$

(2) 화학 평형 상태

가역 반응에서 반응물과 생성물의 농도가 변하지 않아서 겉으로 보기에 반응이 정지된 것처럼 보이는 상태를 화학 평형 상태라고 한다. 그러나 반응이 정지된 것이 아니라 실제로 정반응과 역반응이 같은 속도로 일어나고 있는 동적 평형 상태이다.

예 NO_2와 N_2O_4의 화학 평형 ($2NO_2(g) \rightleftarrows N_2O_4(g)$)

❶ 반응 용기에 NO_2만 넣었을 때

반응 용기에 NO_2를 넣으면 정반응이 진행되어 시간이 지남에 따라 NO_2의 농도는 감소하고 N_2O_4의 농도는 증가한다. N_2O_4가 생성되면 역반응도 진행된다. 시간 t 이후에는 NO_2와 N_2O_4의 농도는 각각 일정하다. NO_2가 소모되는 반응과 NO_2가 생성되는 반응이 같은 속도로 일어나 겉으로 보기에 반응이 정지된 것처럼 보인다. 시간 t 이후는 화학 평형 상태이다.

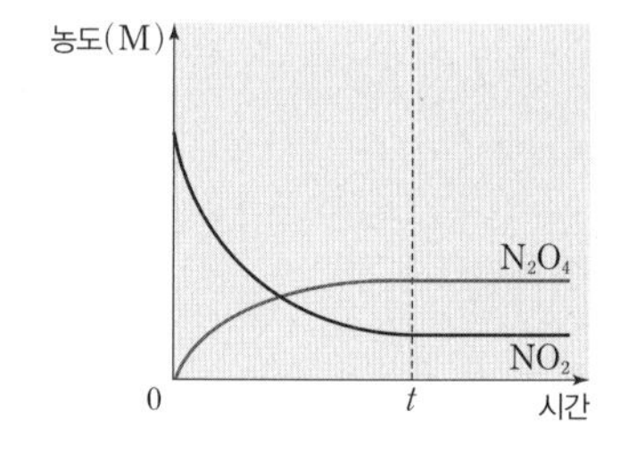

❷ 반응 용기에 N_2O_4만 넣었을 때

반응 용기에 N_2O_4를 넣으면 역반응이 진행되어 시간이 지남에 따라 N_2O_4의 농도는 감소하고 NO_2의 농도는 증가한다. 시간 t' 이후에는 NO_2와 N_2O_4의 농도는 각각 일정해진다. 시간 t' 이후는 화학 평형 상태이다.

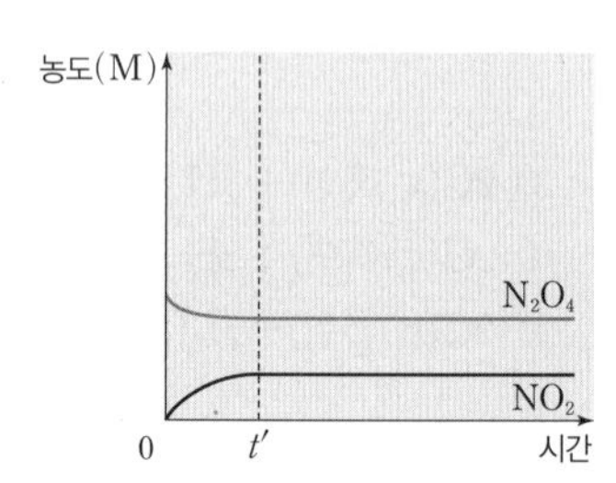

(3) 화학 평형 상태의 성질

① 화학 평형 상태에서 외부 조건(온도, 압력 등)이 변하지 않으면 반응물과 생성물의 농도는 각각 일정하게 유지된다.

정답
1. 가역
2. 비가역
3. 화학 평형
4. 같

② 용기에 반응물이나 생성물만 넣어도 반응이 진행되어 화학 평형 상태에 도달한다.

③ 화학 평형 상태에서 반응물과 생성물의 농도비는 화학 반응식의 계수비와 무관하다.

예 강철 용기에서 일어나는 암모니아 합성 반응($N_2(g)+3H_2(g) \rightleftharpoons 2NH_3(g)$)에서 화학 평형 상태의 농도비는 계수비와 무관하다.

	$N_2(g)$	+ $3H_2(g)$	$\rightleftharpoons 2NH_3(g)$
초기 농도(M)	1.000	1.000	0
반응 농도(M)	−0.079	−0.237	+0.158
평형 농도(M)	0.921	0.763	0.158

➡ 평형 농도비≠1:3:2

2 평형 상수

(1) 화학 평형 법칙

일정한 온도에서 어떤 가역 반응이 화학 평형 상태에 있을 때, 반응물의 농도 곱에 대한 생성물의 농도 곱의 비는 항상 일정하다. 화학 평형 상태에서 이 값을 평형 상수(K)라고 한다.

과학 돋보기 평형 상수

표는 일정한 온도에서 다음 반응이 화학 평형 상태에 도달했을 때, 각 물질의 평형 농도와 평형 농도 사이의 관계를 나타낸 것이다.

$$H_2(g)+I_2(g) \rightleftharpoons 2HI(g)$$

실험	평형 농도(M)			평형 농도 사이의 관계		
	$[H_2]$	$[I_2]$	$[HI]$	$\frac{[HI]}{[H_2][I_2]}$	$\frac{2\times[HI]}{[H_2][I_2]}$	$\frac{[HI]^2}{[H_2][I_2]}$
Ⅰ	0.252	0.119	1.228	40.950	81.899	50.286
Ⅱ	0.055	0.055	0.390	128.926	257.851	50.281
Ⅲ	0.165	0.165	1.170	42.975	85.950	50.281

실험 Ⅰ, Ⅱ, Ⅲ에서 화학 평형 상태에서의 농도가 다르더라도 $\frac{[HI]^2}{[H_2][I_2]}$의 값은 항상 일정하다.

➡ 일정한 온도에서 반응물의 평형 농도 곱에 대한 생성물의 평형 농도 곱의 비는 일정하며, 이를 평형 상수라고 한다.

예 일정한 온도에서 NO_2와 N_2O_4를 서로 다른 초기 농도로 넣고 반응시켜 평형 상태에 도달하였을 때 $\frac{[N_2O_4]}{[NO_2]^2}$의 값은 항상 일정하다.

$$2NO_2(g) \rightleftharpoons N_2O_4(g)$$

실험	초기 농도(M)		평형 농도(M)		평형에서 $\frac{[N_2O_4]}{[NO_2]^2}$
	$[NO_2]$	$[N_2O_4]$	$[NO_2]$	$[N_2O_4]$	
Ⅰ	0.0800	0	0.0125	0.0338	216
Ⅱ	0	0.0700	0.0169	0.0616	216
Ⅲ	0.0400	0.0300	0.0141	0.0430	216

개념 체크

- 화학 평형 상태에서 반응물과 생성물의 농도는 외부 조건이 변하지 않으면 각각 일정하게 유지된다.
- 용기에 반응물이나 생성물만 넣어도 반응을 일으켜 화학 평형 상태에 도달한다.
- **화학 평형 법칙** : 일정한 온도에서 어떤 가역 반응이 화학 평형 상태에 있을 때, 반응물의 농도 곱에 대한 생성물의 농도 곱의 비는 항상 일정하다.

1. 가역 반응에서 반응물만 넣을 경우 (　　)이 우세하게 진행되어 (　　)에 도달한다.

2. 화학 평형 상태에서 반응물과 생성물의 농도비는 화학 반응식의 계수비와 항상 같다. (○, ×)

정답

1. 정반응, 화학 평형 상태
2. ×

개념 체크

평형 상수 : 일정한 온도에서 평형 상태에 있는 어떤 반응의 반응물의 농도 곱에 대한 생성물의 농도 곱의 비를 평형 상수라고 한다.

1. 일정한 온도에서 어떤 가역 반응이 화학 평형 상태에 있을 때, 반응물의 농도 곱에 대한 생성물의 농도 곱의 비를 (　　)라고 한다.

2. 반응 $H_2(g)+I_2(g) \rightleftharpoons 2HI(g)$의 평형 상수식은 (　　)이다.

3. 반응 $A(g) \rightleftharpoons 2B(g)$에서 용기에 A 1 M, B 2 M가 화학 평형 상태에 있을 때 평형 상수는 (　　) 이다.

4. 정반응의 평형 상수가 K이면 역반응의 평형 상수는 (　　)이다.

정답

1. 평형 상수
2. $\frac{[HI]^2}{[H_2][I_2]}$
3. 4
4. $\frac{1}{K}$

(2) 평형 상수(K)

반응물 A와 B가 반응하여 생성물 C와 D가 생성되는 반응에서 평형 상수(K)는 각 물질의 평형 농도(M)로부터 다음과 같이 구할 수 있으며, 평형 상수는 단위가 없다.

$$aA+bB \rightleftharpoons cC+dD \quad (a\sim d : \text{반응 계수})$$

$$\text{평형 상수}(K)=\frac{[C]^c[D]^d}{[A]^a[B]^b}$$

([A], [B], [C], [D]는 각각 A, B, C, D의 평형 농도(M))

① 평형 상수는 온도에 의해서만 달라지며 농도나 기체의 압력에 의해서는 달라지지 않는다.

② 정반응의 평형 상수가 K일 때 역반응의 평형 상수(K')는 $\frac{1}{K}$이다.

예 $2A(g)+B(g) \rightleftharpoons 2C(g) \quad K=\frac{[C]^2}{[A]^2[B]}$

$2C(g) \rightleftharpoons 2A(g)+B(g) \quad K'=\frac{[A]^2[B]}{[C]^2}=\frac{1}{K}$

③ 고체 물질이나 용매는 평형 상수식에 나타내지 않는다.

예 $CaCO_3(s) \rightleftharpoons CaO(s)+CO_2(g) \quad K=[CO_2]$

과학 돋보기 화학 반응식과 평형 상수

1. 정반응의 평형 상수가 K일 때 화학 반응식의 반응 계수를 n배하면 평형 상수는 K^n이 된다.

예 $A(g) \rightleftharpoons 2B(g) \quad K=\frac{[B]^2}{[A]}$

$2A(g) \rightleftharpoons 4B(g) \quad K'=\frac{[B]^4}{[A]^2}=K^2$

2. 전체 반응의 평형 상수는 각 단계 반응의 평형 상수를 이용하여 구할 수 있다.

예 25℃에서 탄산(H_2CO_3)의 이온화 반응에서 평형 상수

$H_2CO_3(aq)+H_2O(l) \rightleftharpoons H_3O^+(aq)+HCO_3^-(aq) \quad K_1=\frac{[H_3O^+][HCO_3^-]}{[H_2CO_3]}=4.2\times10^{-7}$

$HCO_3^-(aq)+H_2O(l) \rightleftharpoons H_3O^+(aq)+CO_3^{2-}(aq) \quad K_2=\frac{[H_3O^+][CO_3^{2-}]}{[HCO_3^-]}=4.8\times10^{-11}$

$H_2CO_3(aq)+2H_2O(l) \rightleftharpoons 2H_3O^+(aq)+CO_3^{2-}(aq) \quad K=\frac{[H_3O^+]^2[CO_3^{2-}]}{[H_2CO_3]}=K_1\times K_2$

$=(4.2\times10^{-7})\times(4.8\times10^{-11})=2.0\times10^{-17}$

3. 온도가 일정한 1개의 반응 용기에서 2가지 화학 반응이 평형을 이루고 있을 때, 2개의 평형 상수를 곱하거나 나눈 값도 일정하다.

예 $A(g) \rightleftharpoons 2B(g) \quad K_1=\frac{[B]^2}{[A]}$

$B(g) \rightleftharpoons C(g)+D(g) \quad K_2=\frac{[C][D]}{[B]}$

$K_1\times K_2^2=\frac{[C]^2[D]^2}{[A]}$은 일정하며, 이는 화학 반응식 $A(g) \rightleftharpoons 2C(g)+2D(g)$의 평형 상수에 해당한다.

(3) 평형 상수(K)의 의미

① **K가 1보다 큰 경우** : 화학 평형 상태에서 반응물의 농도 곱에 비해 생성물의 농도 곱이 크다.

② **K가 1보다 작은 경우** : 화학 평형 상태에서 생성물의 농도 곱에 비해 반응물의 농도 곱이 크다.

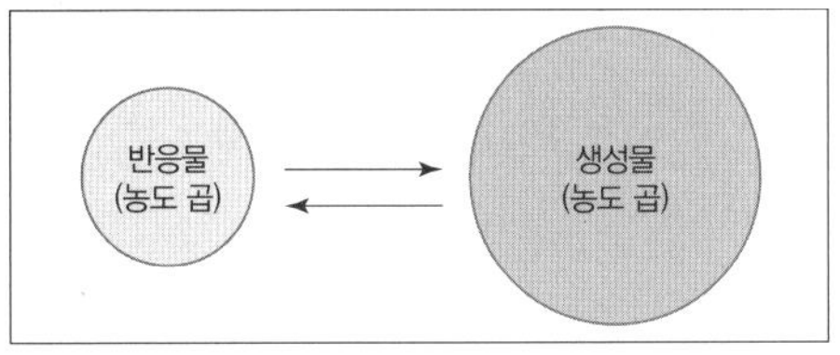

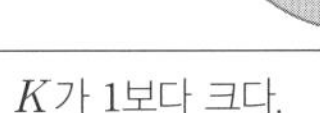

K가 1보다 크다.

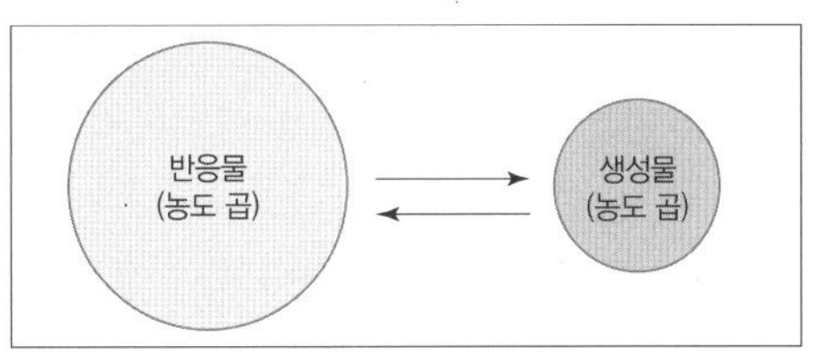

K가 1보다 작다.

(4) 평형 상수의 계산

① 화학 반응식을 완결하고 평형 상수식을 쓴다.

② 화학 반응의 양적 관계를 이용하여 화학 평형 상태에서 각 물질의 몰 농도를 구한다.

③ 평형 상수식에 각 물질의 평형 농도(M)를 대입하여 평형 상수를 구한다.

예 일정한 온도에서 부피가 1.0 L인 강철 용기에 N_2 2.5 mol, H_2 6.5 mol을 넣고 반응시켰을 때 평형 상태에서 NH_3 3.0 mol이 생성된 경우의 평형 상수 계산하기

• 화학 반응식과 평형 상수식 쓰기

$$N_2(g)+3H_2(g) \rightleftharpoons 2NH_3(g) \Rightarrow \text{평형 상수}(K)=\frac{[NH_3]^2}{[N_2][H_2]^3}$$

• 평형 농도 구하기

	$N_2(g)$ +	$3H_2(g)$ $\rightleftharpoons$	$2NH_3(g)$
초기 농도(M)	2.5	6.5	0
반응 농도(M)	−1.5	−4.5	+3.0
평형 농도(M)	1.0	2.0	3.0

• 평형 상수 구하기 : 평형 상수식에 평형 농도를 대입한다.

$$\Rightarrow K=\frac{[NH_3]^2}{[N_2][H_2]^3}=\frac{3.0^2}{1.0\times 2.0^3}=\frac{9}{8}$$

(5) 반응 지수(Q)를 통한 화학 반응의 진행 방향 예측

① **반응 지수(Q)** : 평형 상수식에 반응물과 생성물의 현재 농도(M)를 대입하여 구한 값이다.

$$a\text{A}+b\text{B} \rightleftharpoons c\text{C}+d\text{D} \quad (a\sim d : \text{반응 계수})$$

$$\text{반응 지수}(Q)=\frac{[\text{C}]^c[\text{D}]^d}{[\text{A}]^a[\text{B}]^b}$$

([A], [B], [C], [D]는 각각 A, B, C, D의 현재 농도(M))

② **화학 반응의 진행 방향 예측** : 같은 온도에서 반응 지수(Q)를 평형 상수(K)와 비교하여 반응의 진행 방향을 예측할 수 있다. Q와 K가 같으면 화학 평형 상태이고, 평형에 도달하지 않은 반응은 Q가 K와 같아질 때까지 정반응 또는 역반응 쪽으로 반응이 우세하게 진행된다.

구분	생성물의 농도	반응의 진행 방향
$Q<K$	현재 상태<평형 상태	생성물의 농도가 커져야 하므로 정반응이 우세하게 진행
$Q=K$	현재 상태=평형 상태	화학 평형 상태
$Q>K$	현재 상태>평형 상태	생성물의 농도가 작아져야 하므로 역반응이 우세하게 진행

개념 체크

◘ **K가 1보다 큰 경우** : 화학 평형 상태에서 반응물의 농도 곱에 비해 생성물의 농도 곱이 크다.

◘ **K가 1보다 작은 경우** : 화학 평형 상태에서 생성물의 농도 곱에 비해 반응물의 농도 곱이 크다.

◘ **반응 지수(Q)** : 평형 상수식에 반응물과 생성물의 현재 농도(M)를 대입하여 구한 값이다.

◘ **반응 지수와 평형 상수**

- $Q<K$이면 정반응이 우세하게 진행된다.
- $Q=K$이면 화학 평형 상태이다.
- $Q>K$이면 역반응이 우세하게 진행된다.

1. 평형 상수 $K>1$이면 화학 평형 상태에서 반응물의 농도 곱보다 생성물의 농도 곱이 (　　)다.

2. A $\rightleftharpoons$ 2B의 평형 상수가 K이면 2A $\rightleftharpoons$ 4B의 평형 상수는 (　　)이다.

3. 2A $\rightleftharpoons$ B의 평형 상수가 K_1이고, B $\rightleftharpoons$ C+D의 평형 상수가 K_2이면 2A $\rightleftharpoons$ C+D의 평형 상수는 (　　)이다.

4. 반응물과 생성물의 현재 농도를 평형 상수식에 대입하여 구한 값을 (　　) 라고 한다.

5. 반응 지수 $Q>K$일 때 (　　)이 우세하게 진행된다.

6. 반응 지수 $Q<K$일 때 (　　)이 우세하게 진행된다.

정답

1. 크　2. K^2
3. $K_1\times K_2$　4. 반응 지수
5. 역반응　6. 정반응

개념 체크

◎ 르샤틀리에 원리 : 화학 평형 상태에서 농도, 온도, 압력 등의 반응 조건을 변화시키면, 그 변화를 상쇄하려는 방향으로 반응이 진행되어 새로운 평형에 도달하게 된다.

◎ 화학 평형 상태에서 반응물 농도 증가 : 정반응이 우세하게 진행되어 새로운 평형에 도달한다.

◎ 화학 평형 상태에서 생성물 제거 : 정반응이 우세하게 진행되어 새로운 평형에 도달한다.

1. $Cr_2O_7^{2-}(aq)+H_2O(l) \rightleftarrows 2CrO_4^{2-}(aq)+2H^+(aq)$ 반응이 평형 상태에 있을 때 NaOH 수용액을 첨가하면 평형은 (　　) 쪽으로 이동하고, H_2SO_4 수용액을 첨가하면 평형은 (　　) 쪽으로 이동한다.

2. 강철 용기 안에서 $N_2(g)+3H_2(g) \rightleftarrows 2NH_3(g)$ 반응이 화학 평형에 있을 때 N_2를 추가하면 반응 지수(Q)가 평형 상수(K)보다 (　　)므로 평형은 (　　) 쪽으로 이동한다.

정답
1. 정반응, 역반응
2. 작으, 정반응

예 부피가 1 L인 두 용기 내부의 혼합 기체가 각각 평형을 이루고 있는 상태에서 꼭지를 열었을 때 반응의 진행 방향 예측(단, 온도는 일정하고 연결관의 부피는 무시한다.)

꼭지

(가) 1 L: A 1 mol, B 1 mol, C 2 mol
(나) 1 L: A 4 mol, B 1 mol, C 4 mol

• 화학 반응식을 이용하여 평형 상수식 쓰기

$$A(g)+B(g) \rightleftarrows 2C(g) \quad K=\frac{[C]^2}{[A][B]}$$

• 꼭지를 열기 전 (가)와 (나)에서 평형 상수 구하기

(가) $K=\frac{2^2}{1\times1}=4$　　　(나) $K=\frac{4^2}{4\times1}=4$

• 꼭지를 열었을 때 반응 지수 구하기 : 혼합 기체의 부피가 2 L이므로 A~C의 농도는 각각 2.5 M, 1 M, 3 M이다. $Q=\frac{3^2}{2.5\times1}=\frac{18}{5}=3.6$

• 반응 지수와 평형 상수의 비교 : $Q<K$이므로 꼭지를 열면 정반응이 우세하게 진행되어 평형에 도달한다.

3 화학 평형의 이동

(1) 평형 이동 법칙(르샤틀리에 원리)

화학 평형 상태에 있는 화학 반응에서 농도, 온도, 압력 등의 반응 조건을 변화시키면, 그 변화를 상쇄하려는 방향으로 반응이 진행되어 새로운 평형에 도달하게 된다.

(2) 평형 이동에 영향을 미치는 요인

① **농도 변화에 의한 평형 이동** : 평형 상태에 있는 화학 반응에서 반응물이나 생성물의 농도를 변화시키면 농도 변화를 상쇄하려는 방향으로 반응이 진행되어 새로운 평형에 도달한다. 농도 변화에 의한 평형 이동이 일어나도 온도가 변하지 않으면 평형 상수(K)는 변하지 않는다.

조건 변화	평형 이동	속도 비교
반응물의 농도 증가 또는 생성물의 농도 감소	정반응 쪽으로 평형 이동 (반응물의 농도 감소, 생성물의 농도 증가 방향)	정반응 속도 > 역반응 속도
반응물의 농도 감소 또는 생성물의 농도 증가	역반응 쪽으로 평형 이동 (반응물의 농도 증가, 생성물의 농도 감소 방향)	정반응 속도 < 역반응 속도

탐구자료 살펴보기　다이크로뮴산 이온($Cr_2O_7^{2-}$)과 크로뮴산 이온(CrO_4^{2-}) 사이의 평형 이동

실험 과정

1. 다이크로뮴산 칼륨($K_2Cr_2O_7$) 수용액에 수산화 나트륨(NaOH) 수용액을 넣고 색깔 변화를 관찰한다.
2. 과정 1의 용액에 황산(H_2SO_4) 수용액을 넣고 색깔 변화를 관찰한다.

실험 결과

• 다이크로뮴산 칼륨($K_2Cr_2O_7$) 수용액은 주황색을 띤다. 이 용액에 수산화 나트륨(NaOH) 수용액을 넣었더니 노란색으로 변하였다.
• 과정 1의 용액에 황산(H_2SO_4) 수용액을 넣었더니 다시 주황색으로 변하였다.

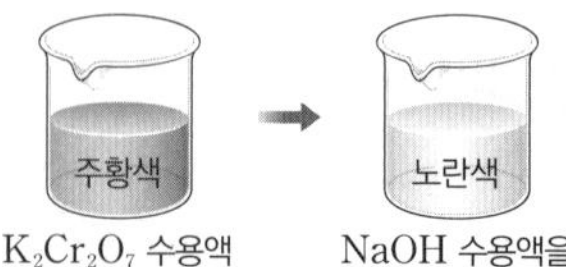

분석 point

• 다이크로뮴산 칼륨($K_2Cr_2O_7$)을 물에 녹이면 다음과 같이 평형을 이룬다.

$$\underset{\text{주황색}}{\underline{Cr_2O_7^{2-}(aq)}}+H_2O(l) \rightleftarrows \underset{\text{노란색}}{\underline{2CrO_4^{2-}(aq)}}+2H^+(aq)$$

$K_2Cr_2O_7$ 수용액에 NaOH 수용액을 넣으면 수산화 이온(OH^-)이 수소 이온(H^+)과 반응하므로 수용액 속 H^+의 농도가 감소한다. H^+의 농도가 감소하면 평형은 정반응 쪽으로 이동하여 CrO_4^{2-}의 농도가 증가하므로 수용액의 색이 노란색으로 변한다.

- 과정 1의 용액에 황산(H_2SO_4) 수용액을 넣으면 H^+의 농도가 증가한다. H^+의 농도가 증가하면 평형은 역반응 쪽으로 이동하여 $Cr_2O_7^{2-}$의 농도가 증가하므로 수용액의 색이 주황색으로 변한다.

과학 돋보기 농도와 평형 이동

그림은 강철 용기 안에서 일어나는 $N_2(g)+3H_2(g) \rightleftharpoons 2NH_3(g)$ 반응의 화학 평형 상태에서 N_2를 추가했을 때 각 물질의 농도를 시간에 따라 나타낸 것이다. (단, 온도는 일정하다.)

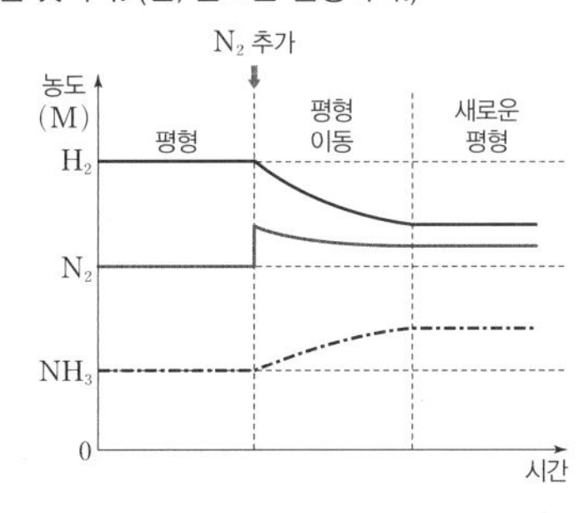

- N_2를 추가한 시점 : N_2의 농도가 급격하게 증가한다.
- 평형 이동의 원리 : N_2의 농도를 감소시키는 방향으로 평형이 이동한다.
- N_2를 추가하면 반응 지수(Q)<평형 상수(K)이며, Q가 K와 같아질 때까지 N_2와 H_2의 농도는 작아지고, NH_3의 농도는 커져야 하므로 정반응이 우세하게 반응이 진행되어 새로운 평형에 도달한다.
- 새로운 평형 : 각 물질의 농도가 일정하게 유지되는 새로운 평형에 도달한다. 이때 온도는 변하지 않았으므로 새로운 평형에서의 평형 상수는 처음 평형에서의 평형 상수와 같다.

② **압력 변화에 의한 평형 이동** : 화학 평형 상태에 있는 화학 반응에서 압력을 높이면 압력을 낮추는 방향으로 평형이 이동하고, 압력을 낮추면 압력을 높이는 방향으로 평형이 이동한다.

- 고체와 액체의 농도는 압력의 영향을 받지 않고, 기체의 경우에는 압력의 영향을 받는다.

  예 $CaCO_3(s) \rightleftharpoons CaO(s)+CO_2(g)$의 반응에서 압력 변화와 평형 이동 : $CaCO_3$과 CaO이 고체이므로 압력 변화에 의한 평형의 이동은 CO_2의 압력에 의해 좌우된다.

- 압력 변화에 의한 평형 이동이 이루어지더라도 온도가 변하지 않으면 평형 상수(K)는 변화가 없다.

  예 $N_2O_4(g) \rightleftharpoons 2NO_2(g)$의 반응에서 압력 변화와 평형 이동

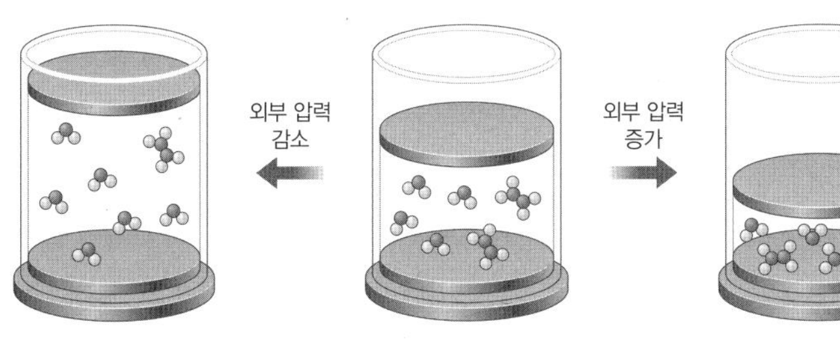

(가) 새로운 화학 평형 상태 평형 상수$=K$ | 화학 평형 상태 평형 상수$=K$ | (나) 새로운 화학 평형 상태 평형 상수$=K$

압력을 감소시키면 압력이 증가하는 방향으로 평형이 이동해야 하므로 전체 기체 분자 수가 증가하는 정반응이 우세하게 반응이 진행되어 새로운 평형인 (가)에 도달한다. N_2O_4가 NO_2로 변하며 전체 기체 분자 수가 증가한다. 압력을 증가시키면 압력이 감소하는 방향으로 평형이 이동해야 하므로 전체 기체 분자 수가 감소하는 역반응이 우세하게

개념 체크

화학 평형 상태에서 압력을 높일 때 : 압력을 감소시키는 방향으로 평형이 이동한다.

1. 강철 용기 안에서 $N_2(g)+3H_2(g) \rightleftharpoons 2NH_3(g)$ 반응이 평형 상태에 있을 때 H_2의 농도를 증가시키면 N_2의 농도는 (   )하고 NH_3의 농도는 (   )하는 방향으로 평형이 이동한다.

2. 화학 평형 상태에 있는 화학 반응에서 압력을 증가시키면 압력을 (   )시키는 방향으로 평형이 이동한다.

정답
1. 감소, 증가
2. 감소

반응이 진행되어 새로운 평형인 (나)에 도달한다. NO_2가 N_2O_4로 변하며 전체 기체 분자 수가 감소한다.

화학 평형 상태에서 (가)와 (나)의 새로운 화학 평형 상태로 이동하더라도 온도가 변하지 않으면 평형 상수는 K로 일정하다.

탐구자료 살펴보기 기체의 압력 변화에 따른 평형 이동

실험 과정

1. 주사기에 이산화 질소(NO_2)와 사산화 이질소(N_2O_4)의 혼합 기체를 넣고 밀폐한 후 충분한 시간이 지난 후에 색을 관찰한다.
2. 주사기에 압력을 가하여 부피를 $\frac{1}{2}$배로 감소시킨 직후와 피스톤을 고정하고 충분한 시간이 지난 후 혼합 기체의 색을 관찰한다.

실험 결과

- 과정 1의 결과 혼합 기체는 연한 갈색을 띠었다.
- 부피를 $\frac{1}{2}$배로 감소시킨 직후 갈색이 매우 짙어졌다가 충분한 시간이 지난 후 조금 옅어졌지만 과정 1의 연한 갈색보다 조금 진한 갈색이 유지되었다.

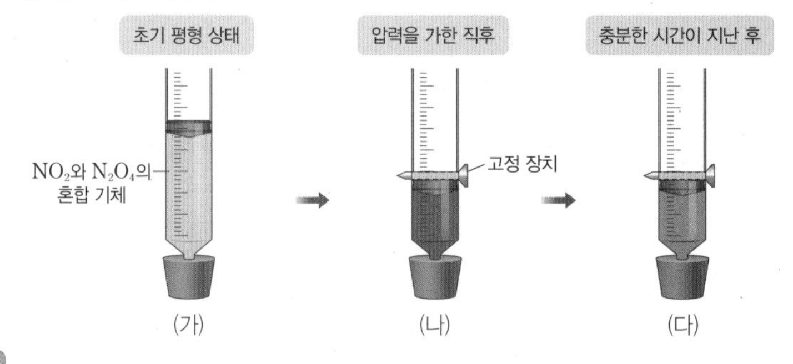

분석 point

- 다음은 이산화 질소(NO_2)로부터 사산화 이질소(N_2O_4)가 생성되는 반응의 화학 반응식과 평형 상수이다.

$$2NO_2(g) \rightleftharpoons N_2O_4(g) \quad K=\frac{[N_2O_4]}{[NO_2]^2}$$

- 과정 1의 평형 상태 (가)에서 적갈색의 이산화 질소(NO_2)와 무색의 사산화 이질소(N_2O_4)가 혼합되어 연한 갈색을 띠었을 때의 평형 상수를 K라고 할 때, 압력을 가하여 부피를 $\frac{1}{2}$배로 감소시킨 직후인 (나)에서 NO_2와 N_2O_4의 농도가 (가)에서보다 각각 2배가 되므로 기체의 색이 (가)보다 진하게 변한다. 이 경우 반응 지수 $Q=\frac{2[N_2O_4]}{(2[NO_2])^2}=\frac{K}{2}$가 되고, $Q<K$이므로 정반응이 우세하게 진행되므로 적갈색의 NO_2는 감소하고 무색의 N_2O_4는 증가하여 충분한 시간이 지난 후 (다)에서 기체의 색은 (나)보다 다소 연해진다.

- 부피가 일정한 용기에서 비활성 기체 등 반응에 영향을 주지 않는 기체를 첨가한 경우에는 반응물이나 생성물의 몰 농도(M)가 변하지 않으므로 평형이 이동하지 않는다.

과학 돋보기 압력 변화에 의한 평형 이동과 화학 반응식의 계수 관계

$aA(g)+bB(g) \rightleftharpoons cC(g)+dD(g)$ 반응의 화학 평형 상태에서

- 압력을 증가시켰을 때 정반응 쪽으로 평형이 이동하였다. ➡ 전체 기체 분자 수가 감소하는 방향으로 평형이 이동하므로 반응물의 계수 합이 생성물의 계수 합보다 크다. ➡ $a+b>c+d$
- 압력을 감소시켰을 때 정반응 쪽으로 평형이 이동하였다. ➡ 전체 기체 분자 수가 증가하는 방향으로 평형이 이동하므로 반응물의 계수 합이 생성물의 계수 합보다 작다. ➡ $a+b<c+d$
- 압력을 증가시키거나 감소시켰는데도 평형의 이동이 없다. ➡ 반응물의 계수 합과 생성물의 계수 합이 같다. ➡ $a+b=c+d$

개념 체크

◘ **압력 변화와 평형 이동** : 압력을 변화시켰음에도 평형이 이동하지 않은 경우 화학 반응식에서 기체 반응물의 계수 합과 기체 생성물의 계수 합은 같다.

1. $A(g)+B(g) \rightleftharpoons 2C(g)$ 반응이 평형 상태에 있을 때 부피를 증가시키면 기체의 압력이 (　　)하지만 평형 이동은 일어나지 않는다.

2. $N_2O_4(g) \rightleftharpoons 2NO_2(g)$ 반응이 화학 평형 상태에 있을 때 부피를 감소시켜 압력을 높이면 (　　)이 우세하게 진행되어 평형에 도달한다.

정답
1. 감소
2. 역반응

③ **온도 변화에 의한 평형 이동** : 화학 평형 상태에 있는 화학 반응에서 온도를 높이면 열을 흡수하는 흡열 반응 쪽으로 평형이 이동하고, 온도를 낮추면 열을 방출하는 발열 반응 쪽으로 평형이 이동한다.

- 평형 상태에서 온도가 일정할 때 농도나 압력이 변해 새로운 평형 상태에 도달해도 평형 상수는 일정하지만, 온도가 변하면 평형 상수가 달라진다. 정반응이 흡열 반응일 때 온도를 높이면 평형 상수는 증가하고, 온도를 낮추면 평형 상수는 감소한다. 정반응이 발열 반응일 때 온도를 높이면 평형 상수는 감소하고, 온도를 낮추면 평형 상수는 증가한다.

예 $N_2(g)+3H_2(g) \rightleftharpoons 2NH_3(g)$ 반응($\Delta H=-92.2$ kJ)의 온도에 따른 평형 상수

온도(K)	평형 상수	온도(K)	평형 상수
300	2.6×10^8	500	1.7×10^2
400	3.9×10^4	600	4.2

이 반응은 발열 반응이므로 온도를 높이면 평형 상수가 감소한다.

개념 체크

◘ 온도 변화와 평형 이동 : 온도가 증가할 때 평형 상수가 증가하는 반응은 $\Delta H>0$, 온도가 증가할 때 평형 상수가 감소하는 반응은 $\Delta H<0$이다.

1. 온도가 감소할수록 평형 상수가 감소하는 반응은 ΔH(　　)0이다.

2. 온도 변화에 의한 평형 이동이 일어나면 평형 상수(K)는 (일정하다 / 변한다).

3. 촉매를 사용해도 평형 상수는 변하지 않는다. (○, ×)

탐구자료 살펴보기 온도에 따른 평형 이동

실험 과정

1. 시험관에 0.2 M 염화 코발트(Ⅱ) 수용액($CoCl_2(aq)$) 3 mL와 진한 염산($HCl(aq)$) 2 mL를 넣고 색 변화를 관찰한다.
2. 과정 1의 시험관을 90°C의 물에 넣고 색 변화를 관찰한다.
3. 과정 2의 시험관을 얼음물에 넣고 색 변화를 관찰한다.

실험 결과

- 붉은색 염화 코발트(Ⅱ) 수용액 3 mL에 진한 염산 2 mL를 넣었더니 보라색으로 변하였다.
- 시험관을 90°C의 물에 넣었더니 푸른색으로 변하였다.
- 시험관을 얼음물에 넣었더니 붉은색으로 변하였다.

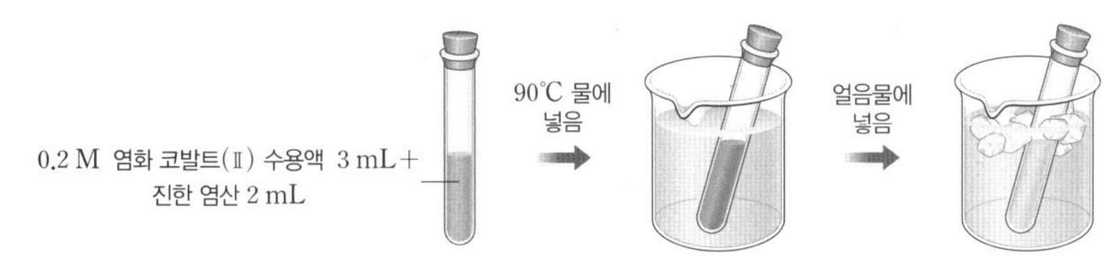

분석 point

$Co(H_2O)_6^{2+}$이 Cl^-과 반응하여 $CoCl_4^{2-}$으로 되는 반응은 흡열 반응이다.

$$\underset{\text{붉은색}}{\underline{Co(H_2O)_6^{2+}(aq)}}+4Cl^-(aq) \rightleftharpoons \underset{\text{푸른색}}{\underline{CoCl_4^{2-}(aq)}}+6H_2O(l) \quad \Delta H=50\text{ kJ}$$

온도를 높이면 흡열 반응인 정반응이 우세하게 진행되어 푸른색의 $CoCl_4^{2-}$의 농도가 증가하고, 온도를 낮추면 발열 반응인 역반응이 우세하게 진행되어 붉은색의 $Co(H_2O)_6^{2+}$의 농도가 증가한다.

④ **촉매와 평형 이동** : 촉매는 반응 속도에는 영향을 미치지만 평형을 이동시키지는 않는다. 따라서 촉매는 평형 상수나 생성물의 양에는 영향을 주지 않는다.

정답

1. >
2. 변한다
3. ○

개념 체크

◎ **수득률** : 화학 반응에서 이론상 최대로 얻을 수 있는 생성물의 양에 대한 실제로 얻어진 생성물의 양의 비율이다.

1. 화학 반응에서 이론상 최대로 얻을 수 있는 생성물의 양에 대한 실제로 얻어진 생성물의 양을 비율로 나타낸 것을 (　　)이라고 한다.

2. 정반응이 흡열 반응인 경우 온도를 (　　)면 생성물의 수득률을 높일 수 있다.

3. 정반응이 기체 분자 수가 감소하는 반응인 경우 압력을 (　　)면 생성물의 수득률을 높일 수 있다.

정답
1. 수득률
2. 높이
3. 높이

4 평형 이동의 응용

(1) 수득률

화학 반응에서 이론상 최대로 얻을 수 있는 생성물의 양에 대한 실제로 얻어진 생성물의 양의 비율이다.

$$\text{수득률}(\%) = \frac{\text{실제로 얻어진 생성물의 양}}{\text{이론상 최대로 얻을 수 있는 생성물의 양}} \times 100$$

① **압력에 의한 영향** : 기체 분자 수가 감소하는 반응의 경우에는 압력을 높이면 정반응 쪽으로 평형이 이동하므로 수득률은 증가하고, 압력을 낮추면 역반응 쪽으로 평형이 이동하므로 수득률은 감소한다.

② **온도에 의한 영향** : 정반응이 흡열 반응인 경우에는 온도를 높이면 정반응 쪽으로 평형이 이동하므로 수득률은 증가하고, 온도를 낮추면 역반응 쪽으로 평형이 이동하므로 수득률은 감소한다.

과학 돋보기 | 암모니아 합성과 수득률

1. 암모니아 합성 반응의 열화학 반응식

$N_2(g) + 3H_2(g) \rightleftarrows 2NH_3(g) \quad \Delta H = -92.2\ \text{kJ}$

2. 암모니아의 수득률 : 정반응이 발열 반응이므로 온도가 낮을수록 수득률이 증가한다. 정반응이 기체 분자 수가 감소하는 반응이므로 압력이 높을수록 수득률이 증가한다.

3. 하버·보슈법 : 공업적으로 암모니아를 합성할 때 압력이 높을수록 수득률이 증가하지만 압력을 너무 높이면 반응 용기를 제작하기 어렵고, 온도가 낮을수록 수득률이 증가하지만 온도가 너무 낮으면 반응 속도가 느려진다. 따라서 적절한 촉매를 사용하고 400~600°C, 200~400 atm 정도의 조건에서 반응시켜 암모니아를 대량으로 합성한다.

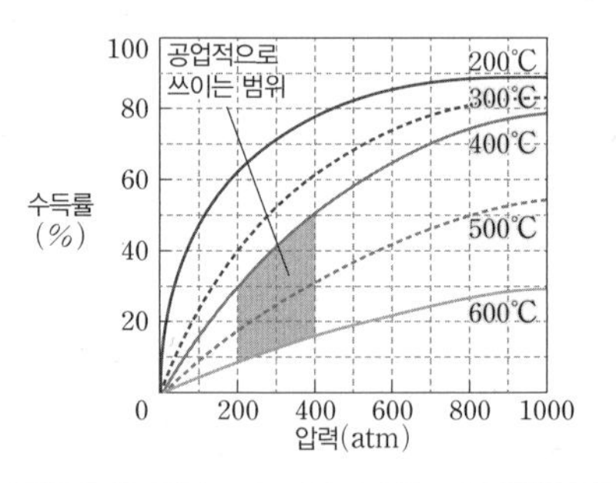

(2) 실생활에서의 화학 평형 이동

① 고압 산소 치료실은 산소의 압력이 높기 때문에 폐를 통해 혈액 속으로 산소가 많이 녹아 들어가 상처 치료가 빨라진다.

② 설탕이 물에 용해되는 반응은 흡열 반응이므로 온도를 높이면 설탕이 물에 잘 용해된다.

③ 이산화 탄소가 물에 용해되는 반응은 발열 반응이므로 온도를 낮추면 이산화 탄소가 물에 잘 용해된다. 따라서 밀폐되지 않은 탄산음료를 상온에 보관하면 용해되어 있는 이산화 탄소의 양이 감소하므로 톡 쏘는 느낌이 적어진다.

5 상평형

(1) 온도와 압력에 의한 상태 변화

① **온도에 의한 상태 변화** : 얼음에 열을 가하여 온도를 높이면 물이 되고, 온도를 더 높이면 수증기가 된다.

② **압력에 의한 상태 변화** : 얼음에 압력을 가하면 물이 된다. 고압의 가스통에 들어 있는 액체 뷰테인은 밸브를 열면 기체로 빠져나온다.

(2) 상평형 그림

온도와 압력에 따른 물질의 상태를 나타낸 그림이다. 승화 곡선, 증기 압력 곡선(기화 곡선), 융해 곡선으로 이루어져 있고, 곡선 상의 모든 점에서 2가지 상태가 공존하여 평형을 이룬다(단, 삼중점에서는 3가지 상태가 공존하여 평형을 이룬다).

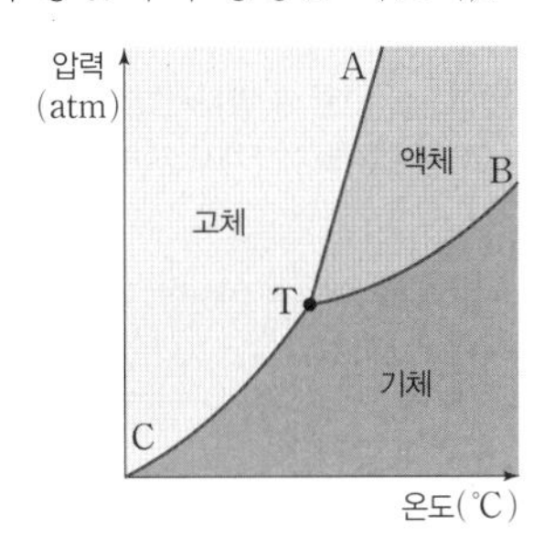

① **융해 곡선(AT)** : 고체와 액체가 상평형을 이루는 온도와 압력을 나타낸 곡선이다.

② **증기 압력 곡선(기화 곡선, BT)** : 액체와 기체가 상평형을 이루는 온도와 압력을 나타낸 곡선이다.

③ **승화 곡선(CT)** : 고체와 기체가 상평형을 이루는 온도와 압력을 나타낸 곡선이다.

④ **삼중점(T)** : 기체, 액체, 고체의 3가지 상태가 공존하여 평형을 이루는 온도와 압력이다.

⑤ **어는점(녹는점)** : 고체와 액체가 상평형을 이루는 온도이다.

⑥ **끓는점** : 액체와 기체가 상평형을 이루는 온도이다.

(3) 물의 상평형 그림

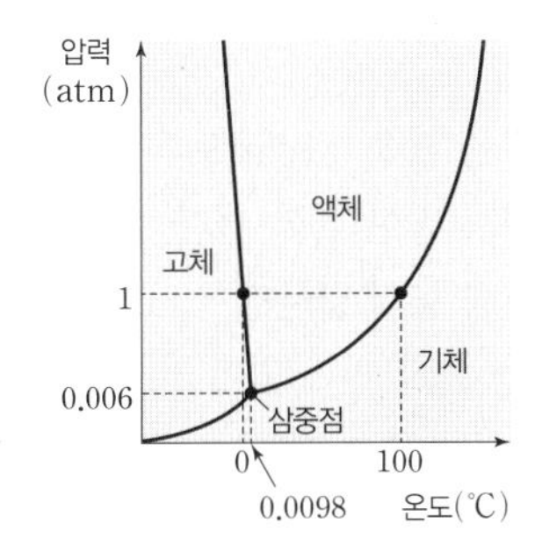

① 물은 융해 곡선의 기울기가 음(−)의 값을 가지므로 외부 압력이 커지면 어는점이 낮아진다.

② 물은 삼중점의 압력이 0.006 atm이므로 1 atm에서는 온도를 높일 때 고체에서 액체를 거쳐 기체로 상태가 변하지만, 0.006 atm보다 낮은 압력에서는 온도를 높일 때 고체 상태에서 액체 상태를 거치지 않고 기체 상태로 승화가 일어난다.

개념 체크

◎ 상평형 그림 : 온도와 압력에 따른 물질의 상태를 나타낸 그림이다.

◎ 삼중점 : 기체, 액체, 고체의 3가지 상태가 공존하여 평형을 이루는 온도와 압력이다.

◎ 물의 상평형 그림의 특징 : 융해 곡선의 기울기가 음(−)의 값을 가진다.

1. (   )은 온도와 압력에 따른 물질의 상태를 나타낸 그림이다.

2. 상평형 그림에서 (   )은 고체와 액체가 상평형을 이루는 온도와 압력을 나타내고, (   )은 액체와 기체가 상평형을 이루는 온도와 압력을 나타내고, (   )은 고체와 기체가 상평형을 이루는 온도와 압력을 나타낸다.

3. (   )은 기체, 액체, 고체의 3가지 상태가 공존하여 평형을 이루는 온도와 압력이다.

4. 물은 융해 곡선의 기울기가 음(−)의 값이므로 외부 압력이 커지면 어는점이 높아진다. (○, ×)

정답

1. 상평형 그림
2. 융해 곡선, 증기 압력 곡선(기화 곡선), 승화 곡선
3. 삼중점
4. ×

개념 체크

◎ **이산화 탄소의 상평형 그림의 특징** : 삼중점의 압력이 1 atm보다 크다.

1. 이산화 탄소의 상평형 그림에서 삼중점에서의 압력이 1 atm보다 크므로 드라이아이스는 1 atm에서 온도를 높이면 승화한다. (○, ×)

2. 액체 이산화 탄소를 만들기 위해서는 (   )에서의 압력인 5.1 atm 이상의 압력이 필요하다.

정답
1. ○
2. 삼중점

(4) 이산화 탄소의 상평형 그림

① 이산화 탄소는 융해 곡선의 기울기가 양(+)의 값을 가지므로 외부 압력이 커지면 어는점이 높아진다.

② 이산화 탄소는 삼중점의 압력이 5.1 atm으로 1 atm보다 크므로 1 atm에서 온도를 높이면 고체 이산화 탄소(드라이아이스)는 승화한다.

③ 액체 이산화 탄소를 만들기 위해서는 5.1 atm 이상의 압력이 필요하다.

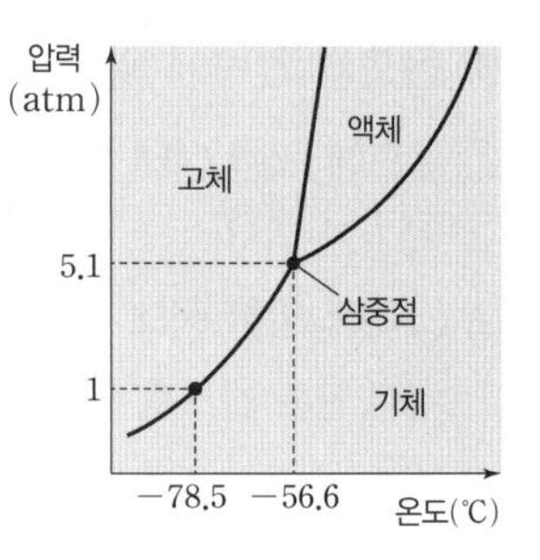

탐구자료 살펴보기 액체 이산화 탄소 만들기

실험 과정

1. 일회용 플라스틱 스포이트의 끝을 잘라 입구를 넓힌 후 막자사발에서 곱게 간 드라이아이스를 넣는다.
2. 과정 1의 스포이트의 입구를 접고 펜치로 기체가 빠져나가지 않게 막은 후 플라스틱 수조의 물속에 넣는다.

실험 결과

• 수조의 물속에 넣은 스포이트 속 드라이아이스가 액체로 변하였다가 스포이트가 터졌다.

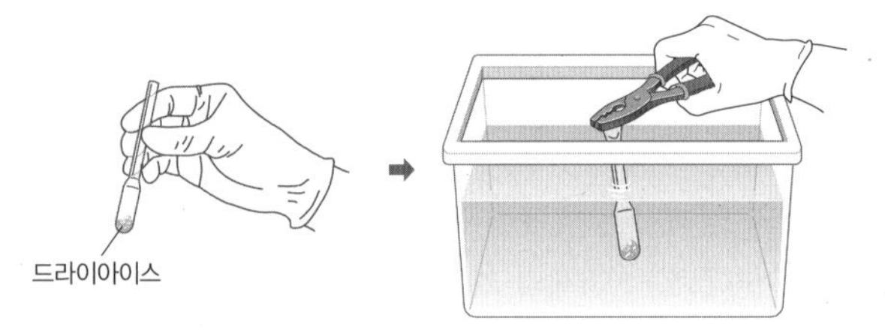

분석 point

수조의 물속에 넣은 스포이트 속 드라이아이스가 빨리 승화되어 기체 이산화 탄소가 생성되고 생성된 기체 이산화 탄소가 빠져나가지 못하므로 스포이트 내부의 압력이 커지게 된다. 이산화 탄소의 삼중점의 압력인 5.1 atm 이상이 되었을 때 드라이아이스가 융해된다. 스포이트가 터진 것은 스포이트 내부 압력이 크기 때문이다.

(5) 상평형 그림과 물질의 상태 변화

① 물의 상평형 그림에서 증기 압력 곡선을 보면 압력이 커질수록 끓는점이 높아지는 것을 알 수 있다. 압력솥에서 밥을 지을 경우 1 atm보다 큰 압력으로 인해 물의 끓는점이 100℃보다 높아지므로 높은 온도에서 밥이 빨리 된다. 반면 높은 산에서 냄비로 밥을 지을 경우 1 atm보다 작은 압력으로 인해 물의 끓는점이 100℃보다 낮아지므로 낮은 온도에서 밥이 설익는다. 이때 냄비에 돌을 올려놓으면 압력이 커지므로 밥이 설익는 것을 막을 수 있다.

② 물의 상평형 그림에서 융해 곡선을 보면 압력이 커질수록 녹는점이 낮아지는 것을 알 수 있다. 양쪽에 무거운 추가 달린 실을 얼음에 올리면 압력 증가에 의해 얼음이 녹아 실이 얼음 속으로 들어간다.

③ 동결 건조 식품은 재료의 온도를 급속히 낮추어 얼린 후 삼중점에서의 압력보다 작은 압력에서 얼음을 수증기로 승화시켜 건조한 식품이다. 저온에서 건조하므로 맛과 향, 영양소 파괴가 적다. 이는 우주 식품이나 라면 건더기 스프, 인스턴트 커피 등을 만드는 데 이용한다.

[24028-0109]

01 다음은 T K의 강철 용기에서 반응 $X(g) \rightleftarrows Y(g)+Z(g)$이 평형에 도달하였을 때, 이에 대한 세 학생의 대화이다.

제시한 내용이 옳은 학생만을 있는 대로 고른 것은?

① A ② B ③ C
④ A, B ⑤ B, C

[24028-0110]

02 그림은 H_2O의 상평형 그림을 나타낸 것이다.

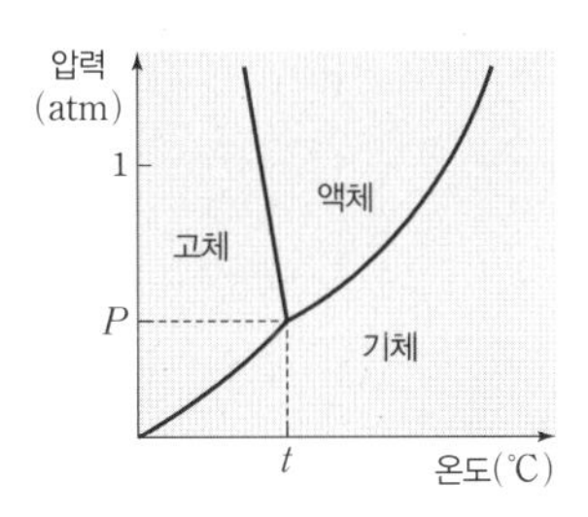

H_2O에 대한 설명으로 옳은 것만을 〈보기〉에서 있는 대로 고른 것은?

보기

ㄱ. t℃, P atm에서 안정한 상의 수는 3이다.
ㄴ. 1 atm에서 어는점은 t℃보다 낮다.
ㄷ. t℃, 1 atm에서 안정한 상은 액체이다.

① ㄱ ② ㄷ ③ ㄱ, ㄴ
④ ㄴ, ㄷ ⑤ ㄱ, ㄴ, ㄷ

[24028-0111]

03 다음은 $A(g)$와 $B(g)$가 반응하여 $C(g)$가 생성되는 반응의 화학 반응식과 온도 T에서 농도로 정의되는 평형 상수(K)이다.

$$A(g)+B(g) \rightleftarrows 2C(g) \quad K$$

표는 온도 T에서 $A(g)$~$C(g)$가 용기에서 평형을 이루고 있을 때, $A(g)$와 $B(g)$의 몰 분율을 나타낸 것이다.

기체	$A(g)$	$B(g)$
몰 분율	$\frac{1}{2}$	$\frac{1}{4}$

이에 대한 설명으로 옳은 것만을 〈보기〉에서 있는 대로 고른 것은?

보기

ㄱ. $C(g)$의 몰 분율은 $\frac{1}{4}$이다.
ㄴ. 역반응은 일어나지 않는다.
ㄷ. $K=2$이다.

① ㄱ ② ㄴ ③ ㄱ, ㄷ
④ ㄴ, ㄷ ⑤ ㄱ, ㄴ, ㄷ

[24028-0112]

04 다음은 $A(g)$와 $B(g)$가 반응하여 $C(g)$가 생성되는 반응의 화학 반응식과 온도 T에서 농도로 정의되는 평형 상수(K)이다.

$$A(g)+3B(g) \rightleftarrows 2C(g) \quad K=200$$

그림은 온도 T에서 $A(g)$~$C(g)$가 강철 용기에서 평형을 이루고 있는 모습을 나타낸 것이다.

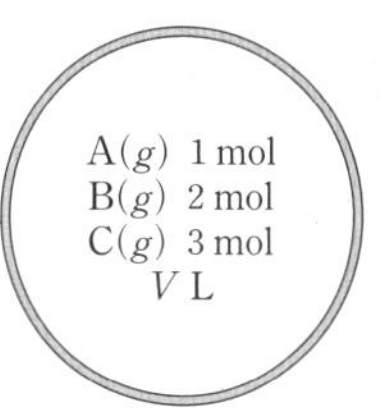

V는?

① 15 ② $\frac{40}{3}$ ③ 1 ④ $\frac{3}{40}$ ⑤ $\frac{1}{15}$

[24028-0113]

05 다음은 $A(g)$와 $B(g)$가 반응하여 $C(g)$가 생성되는 반응의 화학 반응식과 온도 T에서 농도로 정의되는 평형 상수(K)이다.

$$A(g) + bB(g) \rightleftharpoons 2C(g) \quad K \ (b\text{는 반응 계수})$$

그림은 부피가 10 L인 강철 용기에 $A(g)$~$C(g)$가 들어 있는 초기 상태와 반응이 진행되어 도달한 평형 상태를 나타낸 것이다.

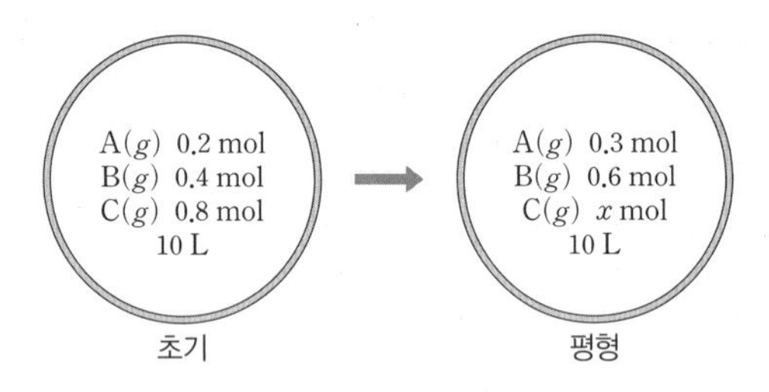

이에 대한 설명으로 옳은 것만을 〈보기〉에서 있는 대로 고른 것은? (단, 온도는 T로 일정하다.)

보기

ㄱ. $b \times x = 1.2$이다.

ㄴ. 평형에 도달하기 전까지 정반응이 우세하게 진행된다.

ㄷ. $K = \frac{10}{3}$이다.

① ㄱ ② ㄴ ③ ㄷ ④ ㄱ, ㄴ ⑤ ㄱ, ㄷ

[24028-0114]

06 그림은 CO_2의 상평형 그림을 나타낸 것이다.

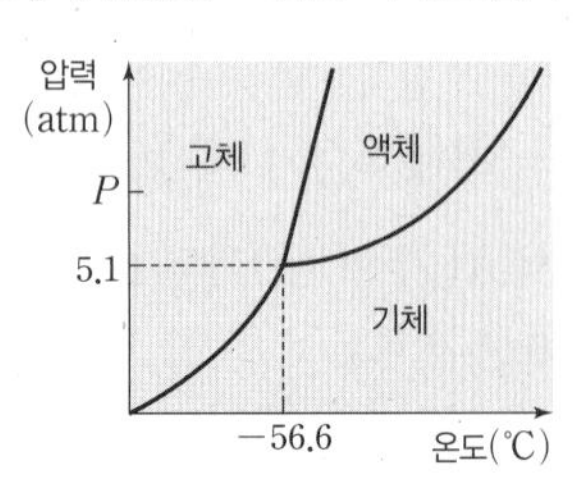

CO_2에 대한 설명으로 옳은 것만을 〈보기〉에서 있는 대로 고른 것은?

보기

ㄱ. P atm에서 끓는점은 −56.6℃보다 높다.

ㄴ. −56.6℃, P atm에서 안정한 상은 고체이다.

ㄷ. 1 atm에서 액체가 안정한 상으로 존재할 수 있다.

① ㄱ ② ㄷ ③ ㄱ, ㄴ ④ ㄴ, ㄷ ⑤ ㄱ, ㄴ, ㄷ

[24028-0115]

07 다음은 $A(g)$로부터 $B(g)$가 생성되는 반응의 열화학 반응식이다.

$$A(g) \rightleftharpoons B(g) \quad \Delta H > 0$$

그림 (가)와 (나)는 T_1 K와 T_2 K의 두 강철 용기에서 $A(g)$와 $B(g)$가 각각 평형을 이루고 있는 모습을 나타낸 것이다. $T_1 > T_2$이다.

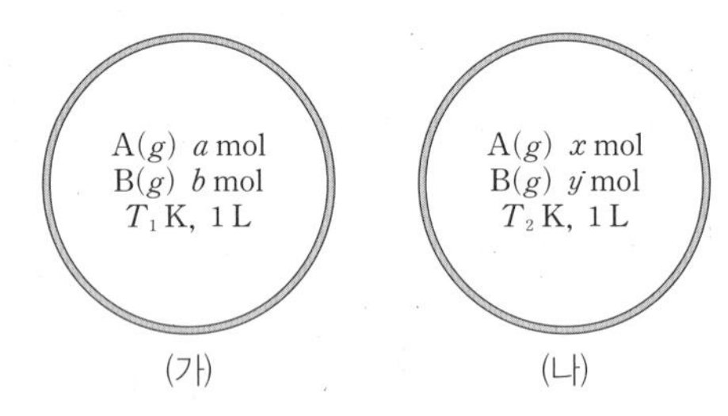

이에 대한 설명으로 옳은 것만을 〈보기〉에서 있는 대로 고른 것은?

보기

ㄱ. (가)에서 정반응 속도 > 역반응 속도이다.

ㄴ. T_1 K에서 농도로 정의되는 평형 상수(K)는 $\frac{b}{a}$이다.

ㄷ. $b \times x > a \times y$이다.

① ㄱ ② ㄴ ③ ㄷ ④ ㄱ, ㄴ ⑤ ㄴ, ㄷ

[24028-0116]

08 다음은 $A(g)$로부터 $B(g)$와 $C(g)$가 생성되는 반응의 화학 반응식과 온도 T에서 농도로 정의되는 평형 상수(K)이다.

$$2A(g) \rightleftharpoons B(g) + C(g) \quad K = \frac{1}{4}$$

용기에 $A(g)$ 4 mol을 넣고 반응시켜 평형에 도달하였을 때, $B(g)$의 몰 분율은? (단, 온도는 T로 일정하다.)

① $\frac{1}{8}$ ② $\frac{1}{6}$ ③ $\frac{1}{4}$ ④ $\frac{1}{3}$ ⑤ $\frac{1}{2}$

[24028-0117]

09 다음은 $A(g)$로부터 $B(g)$와 $C(g)$가 생성되는 반응의 화학 반응식과 온도 T에서 농도로 정의되는 평형 상수(K)이다.

$$2A(g) \rightleftharpoons B(g)+C(g) \quad K$$

표는 강철 용기에 $A(g)$~$C(g)$를 넣고 반응이 진행되어 평형에 도달하였을 때, 초기 농도와 평형 농도를 나타낸 것이다.

기체	$A(g)$	$B(g)$	$C(g)$
초기 농도(M)	1.6	0.6	0.2
평형 농도(M)	a	b	$2a$

$\frac{K}{b}$는? (단, 온도는 T로 일정하다.)

① 1 ② 2 ③ 4 ④ 5 ⑤ 6

[24028-0118]

10 다음은 화학 평형과 관련된 실험이다.

[열화학 반응식과 농도로 정의되는 평형 상수(K)]

○ $2NO_2(g)$ (적갈색) $\rightleftharpoons$ $N_2O_4(g)$ (무색) ΔH, K

[실험 과정 및 결과]

○ 25℃에서 $NO_2(g)$와 $N_2O_4(g)$가 평형을 이루고 있는 시험관을 0℃ 얼음물에 담가 새로운 평형에 도달하였더니 전체 기체의 색깔이 옅어졌다.

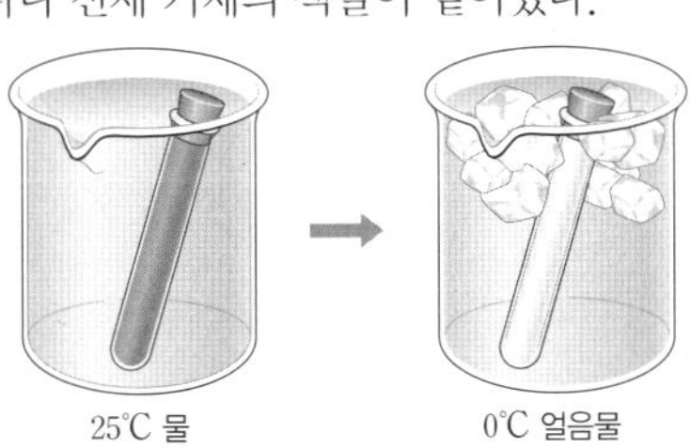

이에 대한 설명으로 옳은 것만을 〈보기〉에서 있는 대로 고른 것은?

보기

ㄱ. $[NO_2]$는 25℃에서가 0℃에서보다 크다.

ㄴ. $\Delta H<0$이다.

ㄷ. K는 25℃에서가 0℃에서보다 크다.

① ㄱ ② ㄷ ③ ㄱ, ㄴ ④ ㄴ, ㄷ ⑤ ㄱ, ㄴ, ㄷ

[24028-0119]

11 그림은 물질 A의 상평형 그림을 나타낸 것이다.

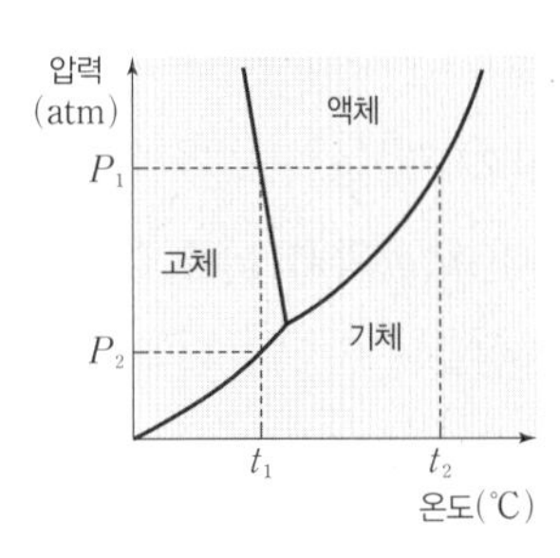

A에 대한 설명으로 옳은 것만을 〈보기〉에서 있는 대로 고른 것은?

보기

ㄱ. t_2℃, P_2 atm에서 안정한 상의 수는 2이다.

ㄴ. P_1 atm에서 끓는점은 t_2℃이다.

ㄷ. t_1℃, $\frac{P_1+P_2}{2}$ atm에서 안정한 상은 액체이다.

① ㄱ ② ㄴ ③ ㄷ ④ ㄱ, ㄴ ⑤ ㄴ, ㄷ

[24028-0120]

12 다음은 $A(g)$와 $B(g)$가 반응하여 $C(g)$가 생성되는 반응의 화학 반응식이다.

$$3A(g)+B(g) \rightleftharpoons 2C(g)$$

그림은 온도 T에서 실린더에 들어 있는 $A(g)$~$C(g)$가 평형을 이루고 있는 모습을 나타낸 것이다.

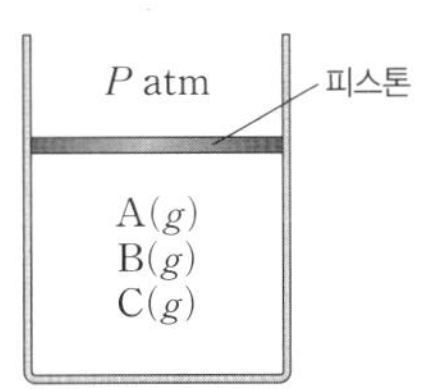

정반응이 우세하게 진행되는 조건 변화만을 〈보기〉에서 있는 대로 고른 것은? (단, 온도와 외부 압력은 일정하고, 피스톤의 질량과 마찰 및 고체의 부피는 무시한다.)

보기

ㄱ. 피스톤을 고정하고 $A(g)$를 추가한다.

ㄴ. 피스톤에 추를 올린다.

ㄷ. 고체 정촉매를 첨가한다.

① ㄱ ② ㄷ ③ ㄱ, ㄴ ④ ㄴ, ㄷ ⑤ ㄱ, ㄴ, ㄷ

[24028-0121]

13 다음은 $A(g)$와 $B(g)$가 반응하여 $C(g)$가 생성되는 반응의 화학 반응식과 온도 T에서 농도로 정의되는 평형 상수(K)이다.

$$A(g)+B(g) \rightleftharpoons C(g) \quad K$$

100 L 강철 용기에 $A(g)$와 $B(g)$를 각각 5 mol씩 넣고 반응시켜 평형에 도달하였을 때, $C(g)$의 몰 분율은 $\frac{2}{3}$이었다.

K는? (단, 온도는 T로 일정하다.)

① 4 ② 8 ③ 40 ④ 80 ⑤ 400

[24028-0122]

14 다음은 $A(g)$와 $B(g)$가 반응하여 $C(g)$가 생성되는 반응의 화학 반응식과 온도 T에서 농도로 정의되는 평형 상수(K)이다.

$$A(g)+B(g) \rightleftharpoons C(g) \quad K$$

그림은 꼭지로 분리된 두 강철 용기 중 한쪽에는 $A(g)$~$C(g)$가 평형을 이루고 다른 한쪽은 진공인 것을 나타낸 것이다.

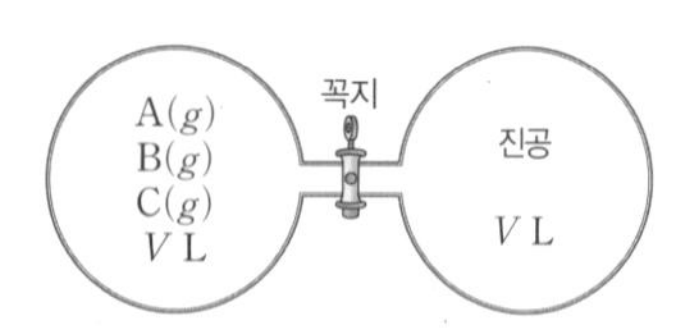

꼭지를 연 순간부터 평형에 도달하기 전까지의 변화에 대한 설명으로 옳은 것만을 〈보기〉에서 있는 대로 고른 것은? (단, 온도는 T로 일정하고, 연결관의 부피는 무시한다.)

보기
ㄱ. $A(g)$의 양(mol)은 증가한다.
ㄴ. $C(g)$의 몰 분율은 감소한다.
ㄷ. K는 감소한다.

① ㄱ ② ㄷ ③ ㄱ, ㄴ
④ ㄴ, ㄷ ⑤ ㄱ, ㄴ, ㄷ

[24028-0123]

15 그림은 물질 X의 상평형 그림을 나타낸 것이다. ㉠~㉢은 기체, 액체, 고체를 순서 없이 나타낸 것이다.

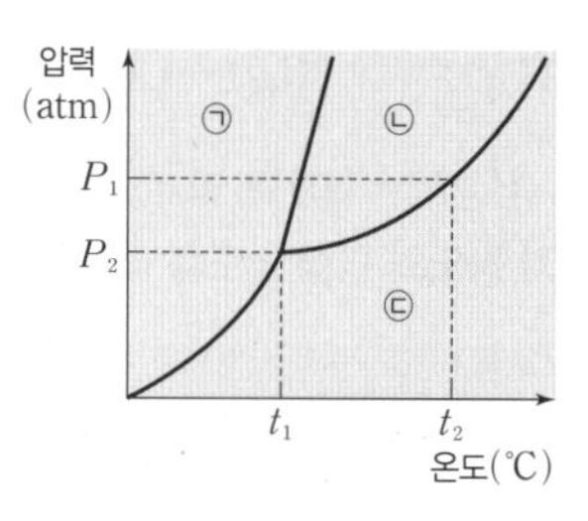

X에 대한 설명으로 옳은 것만을 〈보기〉에서 있는 대로 고른 것은?

보기
ㄱ. t_2℃, P_2 atm에서 안정한 상은 ㉢이다.
ㄴ. P_1 atm에서 ㉠과 ㉡이 모두 안정한 상일 때의 온도는 t_1℃보다 높다.
ㄷ. P_1 atm에서 끓는점은 t_2℃이다.

① ㄱ ② ㄷ ③ ㄱ, ㄴ
④ ㄴ, ㄷ ⑤ ㄱ, ㄴ, ㄷ

[24028-0124]

16 다음은 $A(g)$로부터 $B(g)$가 생성되는 반응의 열화학 반응식이다.

$$A(g) \rightleftharpoons 2B(g) \quad \Delta H>0$$

그림 (가)는 T_1 K인 강철 용기에서 $A(g)$와 $B(g)$가 평형을 이루는 것을, (나)는 (가)에 $A(g)$를 추가한 후 T_1 K에서 평형에 도달한 것을, (다)는 (나)에서 온도를 높여 T_2 K에서 평형에 도달한 것을 나타낸 것이다.

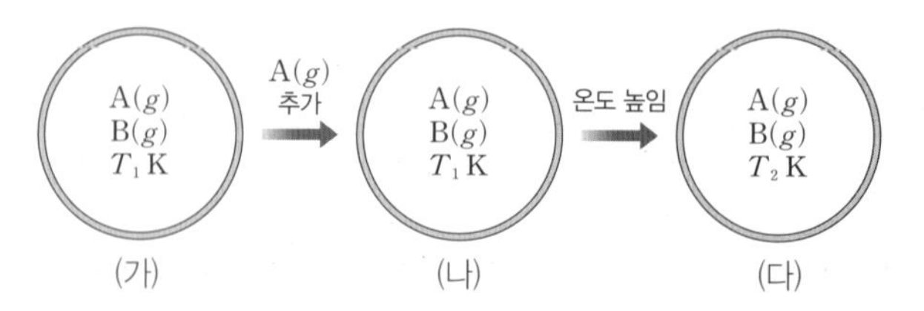

농도로 정의되는 평형 상수(K)를 비교한 것으로 옳은 것은?

① (가)=(나)=(다) ② (가)=(나)>(다)
③ (가)>(나)>(다) ④ (다)>(가)=(나)
⑤ (다)>(나)>(가)

[24028-0125]

17 다음은 물질 A에 대한 자료이다.

○ A의 안정한 상은 고체, 액체, 기체이고, 삼중점은 t℃, P atm이다.
○ 온도가 x축, 압력이 y축인 A의 상평형 그림에서 융해 곡선, 증기 압력 곡선, 승화 곡선은 모두 기울기가 양(+)의 값을 갖는다.

A에 대한 설명으로 옳은 것만을 〈보기〉에서 있는 대로 고른 것은?

● 보기 ●

ㄱ. t℃, P atm에서 안정한 상의 수는 3이다.
ㄴ. t℃보다 낮은 온도에서 액체가 안정한 상으로 존재할 수 있다.
ㄷ. P atm보다 낮은 압력에서 안정한 상의 수가 2인 온도는 t℃보다 낮다.

① ㄱ ② ㄴ ③ ㄱ, ㄷ ④ ㄴ, ㄷ ⑤ ㄱ, ㄴ, ㄷ

[24028-0126]

18 다음은 A(g)로부터 B(g)가 생성되는 반응의 화학 반응식과 온도 T에서 농도로 정의되는 평형 상수(K)이다.

$$2A(g) \rightleftharpoons B(g) \quad K$$

그림 (가)는 강철 용기에서 A(g)와 B(g)가 평형을 이루고 있는 것을, (나)는 (가)의 용기에 A(g)를 추가한 직후의 모습을 나타낸 것이다.

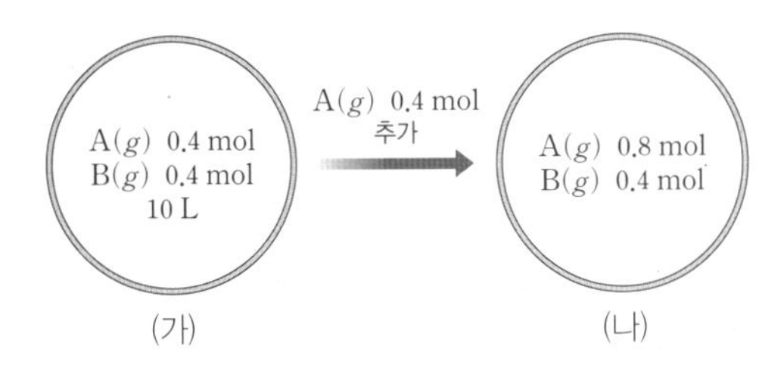

이에 대한 설명으로 옳은 것만을 〈보기〉에서 있는 대로 고른 것은? (단, 온도는 T로 일정하다.)

● 보기 ●

ㄱ. $K=25$이다.
ㄴ. (나)에서 반응 지수(Q)는 $\frac{25}{4}$이다.
ㄷ. (나)에서 평형에 도달하기 전까지 정반응이 우세하게 진행된다.

① ㄱ ② ㄷ ③ ㄱ, ㄴ ④ ㄴ, ㄷ ⑤ ㄱ, ㄴ, ㄷ

[24028-0127]

19 그림 (가)는 t℃에서 물질 X의 2가지 상이 강철 용기 속에서 평형을 이루고 있는 것을, (나)는 X의 상평형 그림을 나타낸 것이다. X(α)의 상은 고체와 액체 중 하나이다.

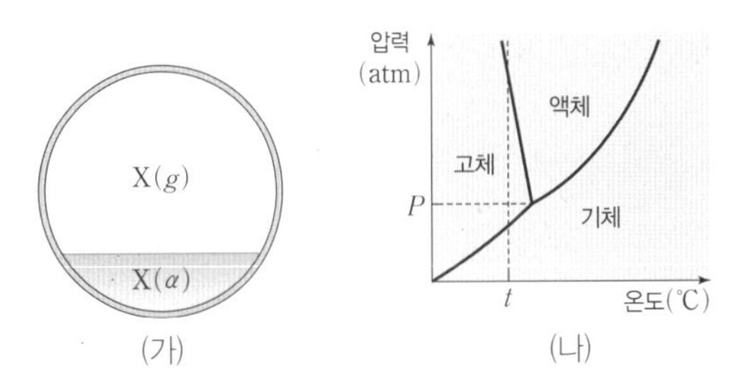

이에 대한 설명으로 옳은 것만을 〈보기〉에서 있는 대로 고른 것은?

● 보기 ●

ㄱ. t℃, P atm에서 X의 안정한 상은 고체이다.
ㄴ. X(α)의 상은 액체이다.
ㄷ. (가)에서 X(g)의 압력은 P atm보다 작다.

① ㄱ ② ㄴ ③ ㄱ, ㄷ ④ ㄴ, ㄷ ⑤ ㄱ, ㄴ, ㄷ

[24028-0128]

20 다음은 A(g)와 B(g)가 반응하여 C(g)가 생성되는 반응의 열화학 반응식이다.

$$A(g)+bB(g) \rightleftharpoons 2C(g) \quad \Delta H \quad (b\text{는 반응 계수})$$

그림 (가)는 T_1 K의 강철 용기에서 A(g)~C(g)가 평형을 이루고 있는 것을, (나)는 (가)에서 T_2 K로 온도를 높인 후 평형을 이루고 있는 것을 나타낸 것이다.

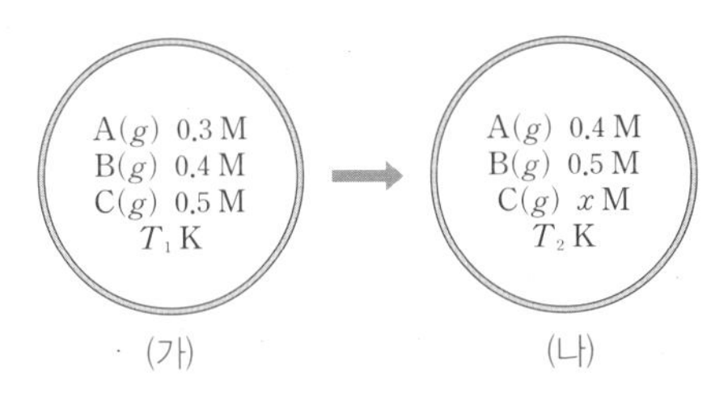

이에 대한 설명으로 옳은 것만을 〈보기〉에서 있는 대로 고른 것은?

● 보기 ●

ㄱ. $\frac{x}{b}=0.3$이다.
ㄴ. T_2 K일 때 농도로 정의되는 평형 상수(K)는 $\frac{3}{20}$이다.
ㄷ. $\Delta H>0$이다.

① ㄱ ② ㄴ ③ ㄱ, ㄷ ④ ㄴ, ㄷ ⑤ ㄱ, ㄴ, ㄷ

상평형 그림에서 융해 곡선, 증기 압력 곡선, 승화 곡선 위에서의 안정한 상의 수는 각각 2이다.

[24028-0129]

01 다음은 물질 A에 대한 자료이다. $P_1 > P_2$이다.

○ 상평형 그림

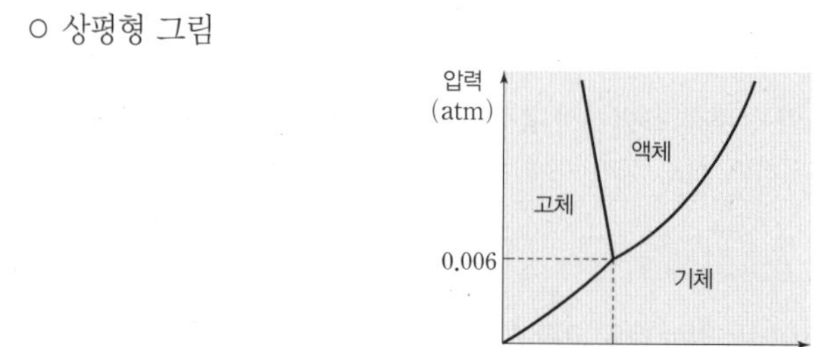

○ t℃에서 안정한 상의 수가 2인 압력 : P_1 atm, P_2 atm

이에 대한 설명으로 옳은 것만을 <보기>에서 있는 대로 고른 것은?

보기

ㄱ. $t > 0.0098$이다.

ㄴ. t℃, $\frac{P_1+P_2}{2}$ atm에서 A의 안정한 상의 수는 3이다.

ㄷ. t℃, P_1 atm에서와 t℃, P_2 atm에서 공통적인 A의 안정한 상은 고체이다.

① ㄱ ② ㄴ ③ ㄷ ④ ㄱ, ㄷ ⑤ ㄴ, ㄷ

초기에는 실린더에 반응물인 A(g)와 B(g)만 들어 있으므로 정반응이 우세하게 진행되어 평형에 도달한다.

[24028-0130]

02 다음은 A(g)와 B(g)가 반응하여 C(g)가 생성되는 반응의 화학 반응식과 온도 T에서 농도로 정의되는 평형 상수(K)이다.

$$A(g) + 3B(g) \rightleftharpoons 2C(g) \quad K$$

그림은 T에서 실린더에 A(g)와 B(g)를 넣은 초기 상태를 나타낸 것이다.
반응이 진행되어 평형에 도달하였을 때, 이에 대한 설명으로 옳은 것만을 <보기>에서 있는 대로 고른 것은? (단, 온도와 외부 압력은 일정하고, 피스톤의 질량과 마찰은 무시한다.)

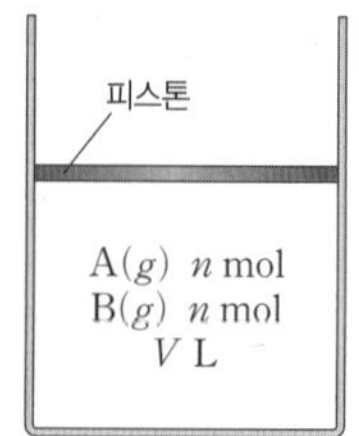

보기

ㄱ. $K = \frac{[C]^2}{[A][B]^3}$이다.

ㄴ. 혼합 기체의 부피는 V L보다 작다.

ㄷ. $\frac{[B]}{[A]} = 3$이다.

① ㄱ ② ㄴ ③ ㄷ ④ ㄱ, ㄴ ⑤ ㄴ, ㄷ

[24028-0131]

03 다음은 A(g)와 B(g)가 반응하여 C(g)가 생성되는 반응의 화학 반응식과 온도 T에서 농도로 정의되는 평형 상수(K)이다.

$$2A(g)+B(g) \rightleftharpoons 2C(g) \quad K$$

그림 (가)는 실린더에서 A(g)~C(g)가 평형을 이루고 있는 것을, (나)는 피스톤을 들어 올려 고정시킨 것을, (다)는 반응이 진행되어 도달한 새로운 평형을 나타낸 것이다.

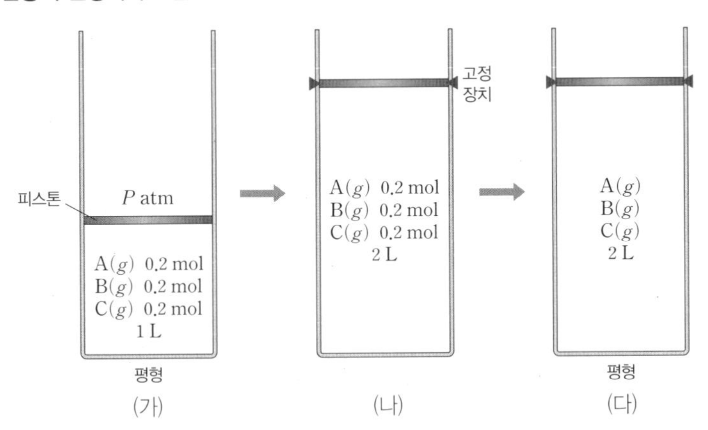

이에 대한 설명으로 옳은 것만을 〈보기〉에서 있는 대로 고른 것은? (단, 온도는 T로 일정하다.)

보기

ㄱ. $K=5$이다. ㄴ. (나)에서 반응 지수(Q)는 10이다. ㄷ. (다)에서 [A]>[C]이다.

① ㄱ ② ㄷ ③ ㄱ, ㄴ ④ ㄴ, ㄷ ⑤ ㄱ, ㄴ, ㄷ

부피가 2배가 되면 전체 기체의 압력이 $\frac{1}{2}$배가 된다. 화학 반응식에서 반응물의 계수 합이 생성물의 계수보다 크므로 전체 기체 분자 수가 증가하는 방향인 역반응이 우세하게 진행된다.

[24028-0132]

04 그림은 물질 A의 상평형 그림을, 표는 온도와 압력에 따른 A의 안정한 상의 수를 나타낸 것이다. $P_1>P_2$이다.

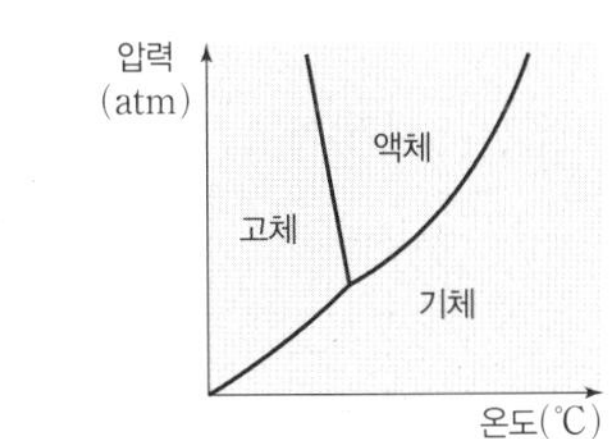

온도와 압력	안정한 상의 수
t_1℃, P_1 atm	2
t_1℃, P_2 atm	2
t_2℃, P_3 atm	3

이에 대한 설명으로 옳은 것만을 〈보기〉에서 있는 대로 고른 것은?

보기

ㄱ. $t_2>t_1$이다.
ㄴ. t_1℃, P_1 atm에서 A의 안정한 상에는 기체가 포함된다.
ㄷ. t_2℃, P_2 atm에서 A의 안정한 상은 액체이다.

① ㄱ ② ㄴ ③ ㄱ, ㄷ ④ ㄴ, ㄷ ⑤ ㄱ, ㄴ, ㄷ

상평형 그림에서 삼중점에서의 안정한 상의 수는 3이고, 융해 곡선, 증기 압력 곡선, 승화 곡선 위에서의 안정한 상의 수는 각각 2이다.

초기 A(g)의 양(mol)을 $6n$이라고 하면 B(g)의 양(mol)은 $3n$이다.

[24028-0133]

05 다음은 A(g)와 B(g)가 반응하여 C(g)가 생성되는 반응의 화학 반응식과 온도 T에서 농도로 정의되는 평형 상수(K)이다.

$$A(g) + B(g) \rightleftarrows 2C(g) \quad K=4$$

그림은 강철 용기에 A(g)와 B(g)를 넣고 반응시켜 평형에 도달하였을 때 기체를 모형으로 나타낸 것이다.

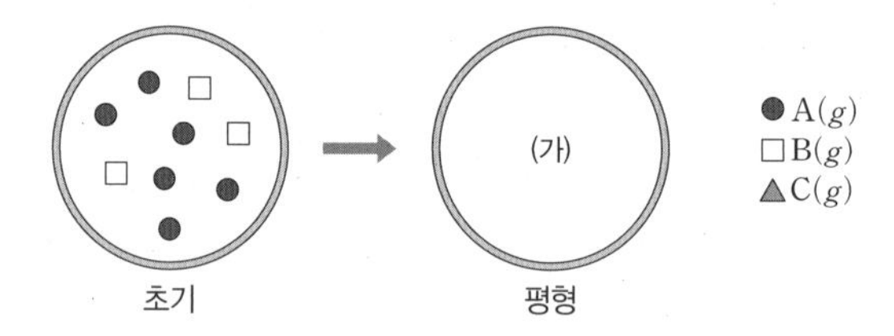

다음 중 (가)로 가장 적절한 것은? (단, 온도는 T로 일정하다.)

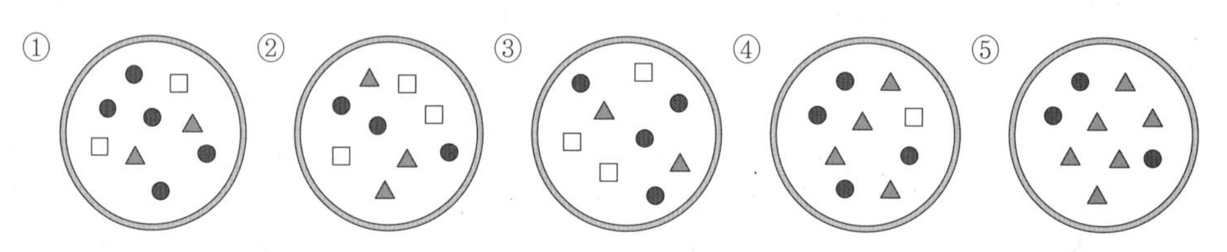

P_1 atm에서 t_1℃일 때와 t_2℃일 때 안정한 상의 수가 각각 2가 되기 위해서는 P_1 atm은 X의 삼중점에서의 압력보다 커야 한다.

[24028-0134]

06 그림 (가)와 (나)는 물질 X와 Y의 상평형 그림을 순서 없이 나타낸 것이고, 표는 온도와 압력에 따른 X의 안정한 상에 대한 자료이다. ㉠~㉢은 기체, 액체, 고체를 순서 없이 나타낸 것이고, $P_1 > P_2$이다.

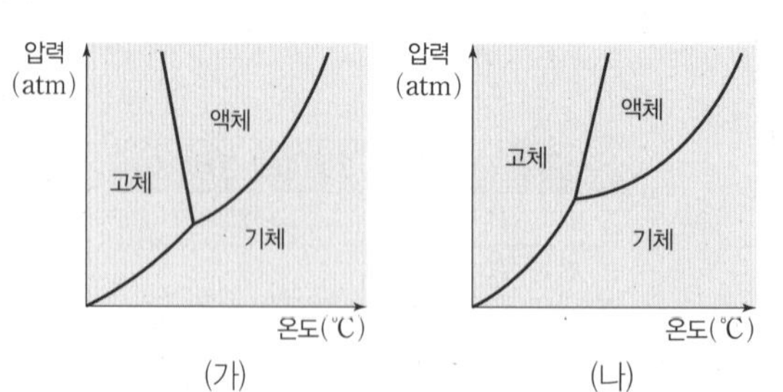

압력(atm)	안정한 상	
	t_1℃	t_2℃
P_1	㉠, ㉡	㉠, ㉢
P_2	㉠, ㉢	

이에 대한 설명으로 옳은 것만을 <보기>에서 있는 대로 고른 것은?

보기

ㄱ. ㉡은 고체이다.
ㄴ. (나)는 Y의 상평형 그림이다.
ㄷ. X의 삼중점에서의 압력은 P_2 atm보다 크다.

① ㄱ ② ㄴ ③ ㄱ, ㄷ ④ ㄴ, ㄷ ⑤ ㄱ, ㄴ, ㄷ

[24028-0135]

07 다음은 $A(g)$로부터 $B(g)$와 $C(g)$가 생성되는 반응의 화학 반응식과 온도 T에서 농도로 정의되는 평형 상수(K)이다.

$$A(g) \rightleftharpoons B(g)+C(g) \quad K$$

그림은 V L 강철 용기에 $A(g)$ 8 mol을 넣고 반응시킬 때 $B(g)$의 몰 분율에 따른 $\frac{\text{반응 지수}(Q)}{K}$를 나타낸 것이다.

이에 대한 설명으로 옳은 것만을 〈보기〉에서 있는 대로 고른 것은? (단, 온도는 T로 일정하다.)

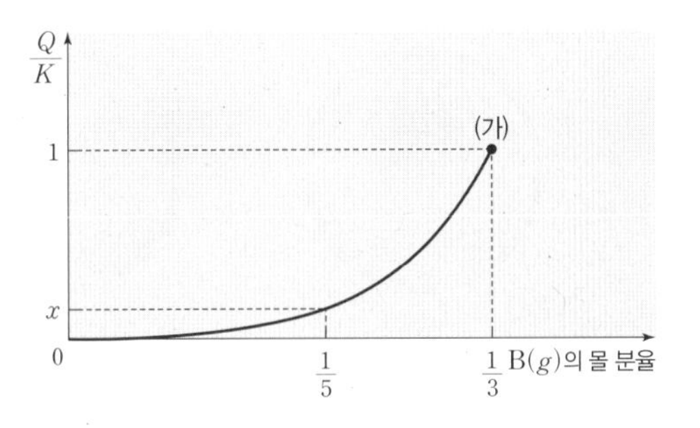

생성된 $B(g)$의 양(mol)이 n일 때, $A(g)$와 $C(g)$의 양(mol)은 각각 $8-n$과 n이고, $B(g)$의 몰 분율은 $\frac{n}{8+n}$이다.

보기

ㄱ. (가)에서 정반응 속도는 역반응 속도보다 크다.

ㄴ. $K=\frac{4}{V}$이다.

ㄷ. $x=\frac{1}{5}$이다.

① ㄱ ② ㄴ ③ ㄷ ④ ㄱ, ㄴ ⑤ ㄴ, ㄷ

[24028-0136]

08 다음은 $A(g)$로부터 $B(g)$와 $C(g)$가 생성되는 반응의 열화학 반응식과 농도로 정의되는 평형 상수(K)이다.

$$2A(g) \rightleftharpoons B(g) + 3C(g) \quad \Delta H>0,\ K$$

그림은 온도와 부피가 다른 두 강철 용기 (가)와 (나)에서 $A(g)$~$C(g)$가 평형을 이루고 있는 것을 나타낸 것이다.

이에 대한 설명으로 옳은 것만을 〈보기〉에서 있는 대로 고른 것은?

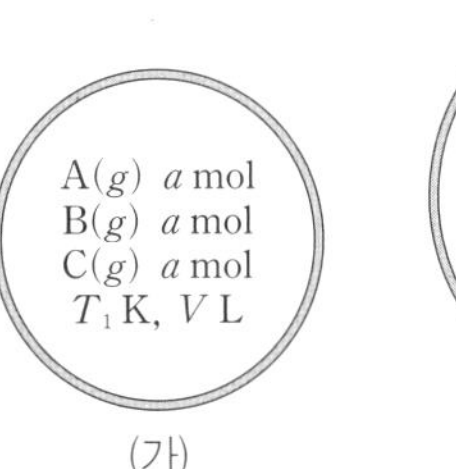

(가)

A(g) $2a$ mol
B(g) $2a$ mol
C(g) a mol
T_2 K, $2V$ L

(나)

정반응이 흡열 반응($\Delta H>0$)인 반응의 평형 상수(K)는 온도가 높을 때가 온도가 낮을 때보다 크다.

보기

ㄱ. $\frac{T_2 \text{ K에서 } K}{T_1 \text{ K에서 } K}=\frac{1}{4}$이다.

ㄴ. $T_1>T_2$이다.

ㄷ. (나)의 온도를 T_1 K로 변화시킨 후 평형에 도달하면 $\frac{[B]}{[A]}>1$이다.

① ㄱ ② ㄴ ③ ㄱ, ㄷ ④ ㄴ, ㄷ ⑤ ㄱ, ㄴ, ㄷ

t_1℃, $2P_1$ atm에서 안정한 상이 고체와 기체이므로 이는 승화 곡선 위의 점에 해당한다.

[24028-0137]

09 그림 (가)는 t_1℃에서 물질 X의 2가지 상이 강철 용기 속에서 평형을 이루고 있는 것을, (나)는 (가)에서 온도를 t_2℃로 변화시킨 후 X의 2가지 상이 평형을 이루고 있는 것을, (다)는 X의 상평형 그림을 나타낸 것이다.

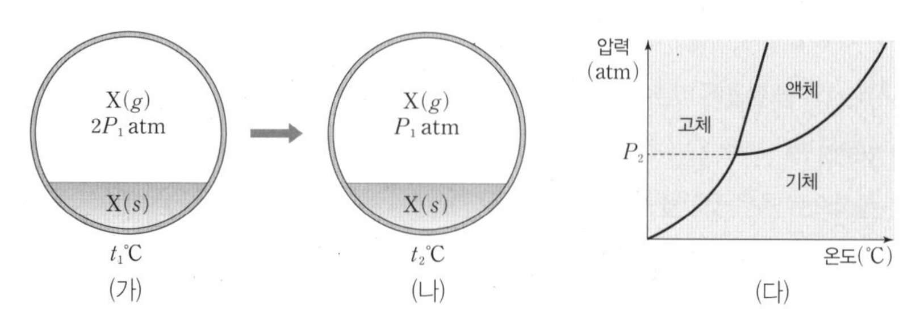

이에 대한 설명으로 옳은 것만을 〈보기〉에서 있는 대로 고른 것은?

보기

ㄱ. $P_1 > P_2$이다.

ㄴ. $t_1 > t_2$이다.

ㄷ. $\frac{t_1+t_2}{2}$℃, P_1 atm에서 X의 안정한 상은 고체이다.

① ㄱ ② ㄴ ③ ㄱ, ㄷ ④ ㄴ, ㄷ ⑤ ㄱ, ㄴ, ㄷ

t_2일 때는 $\frac{K}{Q}=1$이므로 평형 상태이다.

[24028-0138]

10 다음은 A(g)로부터 B(g)와 C(g)가 생성되는 반응의 화학 반응식과 온도 T에서 농도로 정의되는 평형 상수(K)이다.

$$2A(g) \rightleftharpoons 2B(g) + C(g) \quad K$$

표는 V L 강철 용기에 A(g) a mol을 넣고 반응시킬 때 시간에 따른 C(g)의 양(mol)과 $\frac{K}{\text{반응 지수}(Q)}$에 대한 자료이다.

시간	t_1	t_2
C(g)의 양(mol)	1	2
$\frac{K}{Q}$	18	1

$\frac{a}{K}$는? (단, 온도는 T로 일정하다.)

① V ② $2V$ ③ $3V$ ④ $4V$ ⑤ $5V$

[24028-0139]

11 다음은 $A(g)$와 $B(g)$가 반응하여 $C(g)$가 생성되는 반응의 화학 반응식과 온도 T에서 농도로 정의되는 평형 상수(K)이다.

$$A(g)+B(g) \rightleftharpoons C(g) \quad K$$

그림 (가)는 강철 용기에서 $A(g)$~$C(g)$가 평형을 이루고 있는 것을, (나)는 (가)에서 $A(g)$ x mol을 추가한 직후의 모습을, (다)는 (나)에서 반응이 진행되어 도달한 새로운 평형을 나타낸 것이다.

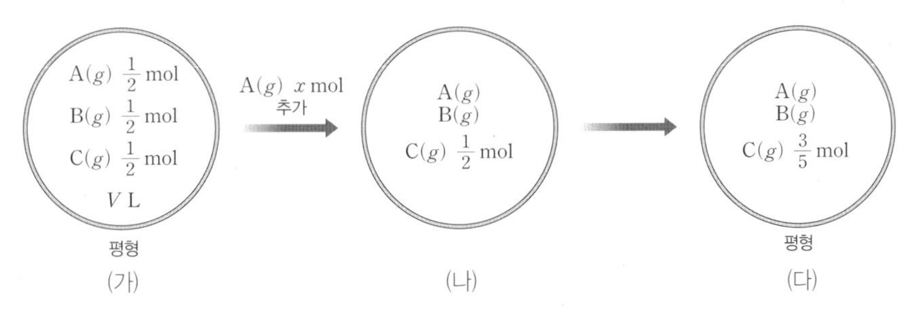

이에 대한 설명으로 옳은 것만을 <보기>에서 있는 대로 고른 것은? (단, 온도는 T로 일정하다.)

보기

ㄱ. $K=2V$이다.
ㄴ. (나)에서 반응 지수(Q)는 K보다 크다.
ㄷ. $x=\frac{7}{20}$이다.

① ㄱ ② ㄴ ③ ㄱ, ㄷ ④ ㄴ, ㄷ ⑤ ㄱ, ㄴ, ㄷ

$Q<K$이면 정반응이 우세하게, $Q>K$이면 역반응이 우세하게 진행된다.

[24028-0140]

12 다음은 $A(g)$로부터 $B(g)$와 $C(g)$가 생성되는 반응의 화학 반응식과 온도 T에서 농도로 정의되는 평형 상수(K)이다.

$$2A(g) \rightleftharpoons bB(g)+C(g) \quad K \quad (b\text{는 반응 계수})$$

그림 (가)는 1 L 강철 용기에서 $A(g)$~$C(g)$가 평형을 이루고 있는 것을, 표는 (가)에 추가한 $B(g)$의 양(mol)에 따른 반응 지수(Q)를 나타낸 것이다.

이에 대한 설명으로 옳은 것만을 <보기>에서 있는 대로 고른 것은? (단, 온도는 T로 일정하다.)

A(g) 1 mol
B(g) 1 mol
C(g) x mol
1 L

(가)

추가한 B(g)의 양(mol)	0	0.7	1
Q	1	1.7	2

보기

ㄱ. $x=1$이다.
ㄴ. $b=1$이다.
ㄷ. (가)에 $B(g)$를 0.7 mol 추가한 후 반응이 진행되어 [C]=0.9 M가 되었을 때 $Q=K$이다.

① ㄱ ② ㄴ ③ ㄱ, ㄷ ④ ㄴ, ㄷ ⑤ ㄱ, ㄴ, ㄷ

추가한 $B(g)$의 양(mol)이 0일 때는 (가)에 해당하므로 $Q=1=K$이다.

X(s)의 압력에 따른 녹는점을 연결한 선은 X의 상평형 그림에서 융해 곡선에 해당한다.

[24028-0141]

13 다음은 학생 A가 수행한 탐구 활동이다.

[가설]

○ (가)

[탐구 과정 및 결과]

○ 물질 X(s)의 압력에 따른 녹는점을 조사한다.

압력(atm)	20	50	100	150
녹는점(℃)	−0.14	−0.37	−0.75	−1.14

[결론]

○ 가설은 옳다.

학생 A의 결론이 타당할 때, 이에 대한 설명으로 옳은 것만을 〈보기〉에서 있는 대로 고른 것은? (단, X는 고체, 액체, 기체의 3가지 상만 갖는다.)

보기

ㄱ. 'X(s)는 압력이 커질수록 녹는점이 낮아진다.'는 (가)로 적절하다.

ㄴ. −0.37℃, 50 atm에서 X의 안정한 상의 수는 1이다.

ㄷ. −1.14℃, 100 atm에서 X의 안정한 상은 액체이다.

① ㄱ ② ㄴ ③ ㄱ, ㄷ ④ ㄴ, ㄷ ⑤ ㄱ, ㄴ, ㄷ

정반응이 흡열 반응($\Delta H>0$)인 반응의 평형 상수(K)는 온도가 높을 때가 온도가 낮을 때보다 크다.

[24028-0142]

14 다음은 A(g)로부터 B(g)와 C(g)가 생성되는 반응의 열화학 반응식이다.

$$A(g) \rightleftharpoons B(g)+C(g) \quad \Delta H>0$$

그림 (가)는 T_1 K의 실린더에 A(g)와 B(g)를 넣은 초기 상태를, (나)는 (가)에서 반응이 진행되어 도달한 평형 Ⅰ을, (다)는 (나)에서 피스톤을 고정하고 온도를 T_2 K로 변화시킨 후 반응이 진행되어 도달한 평형 Ⅱ를 나타낸 것이다. T_1 K와 T_2 K에서 농도로 정의되는 평형 상수(K)는 각각 $\frac{1}{9}$과 1이다.

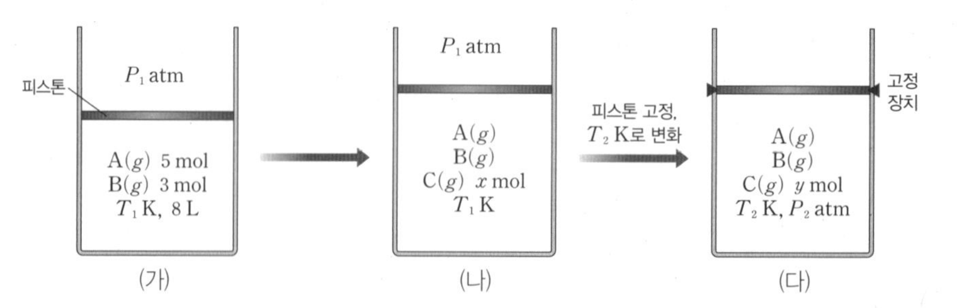

이에 대한 설명으로 옳은 것만을 〈보기〉에서 있는 대로 고른 것은? (단, 피스톤의 질량과 마찰은 무시한다.)

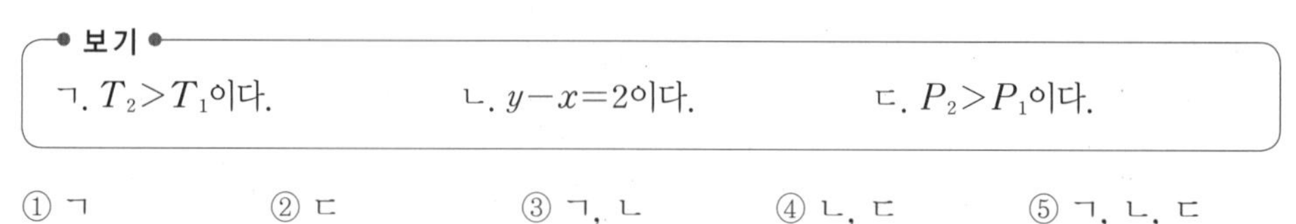

보기

ㄱ. $T_2>T_1$이다. ㄴ. $y-x=2$이다. ㄷ. $P_2>P_1$이다.

① ㄱ ② ㄷ ③ ㄱ, ㄴ ④ ㄴ, ㄷ ⑤ ㄱ, ㄴ, ㄷ

[24028-0143]

15 다음은 $A(g)$와 $B(g)$가 반응하여 $C(g)$가 생성되는 반응의 화학 반응식과 온도 T에서 농도로 정의되는 평형 상수(K)이다.

$$A(g)+2B(g) \rightleftharpoons 2C(g) \quad K$$

그림 (가)는 외부 압력이 P_1 atm인 실린더에서 $A(g)$~$C(g)$가 평형을 이루고 있는 것을, (나)는 외부 압력을 P_2 atm으로 변화시킨 후 반응이 진행되어 도달한 새로운 평형을 나타낸 것이다. (나)에서 $\frac{[C]}{[A]}=\frac{4}{3}$이다.

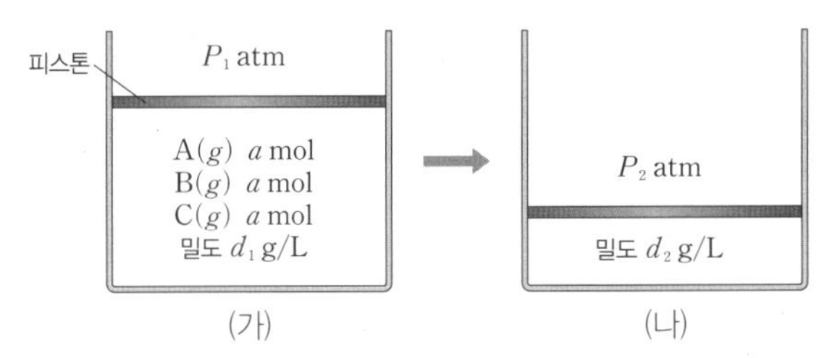

$\frac{d_2}{d_1}$는? (단, 온도는 T로 일정하고, 피스톤의 질량과 마찰은 무시한다.)

① $\frac{13}{6}$ ② $\frac{7}{3}$ ③ $\frac{12}{5}$ ④ $\frac{5}{2}$ ⑤ $\frac{8}{3}$

(가)에서 (나)가 될 때 질량이 일정한데 부피가 감소하므로 밀도는 증가한다.

[24028-0144]

16 다음은 $A(g)$로부터 $B(g)$가 생성되는 반응의 화학 반응식과 온도 T에서 농도로 정의되는 평형 상수(K)이다.

$$A(g) \rightleftharpoons 2B(g) \quad K=\frac{3}{10}$$

그림 (가)는 피스톤으로 분리된 실린더에 $X(g)$와 $Y(g)$를 넣은 초기 상태를, (나)는 (가)에서 반응이 진행되어 도달한 평형을 나타낸 것이다. X와 Y는 A와 B를 순서 없이 나타낸 것이다.

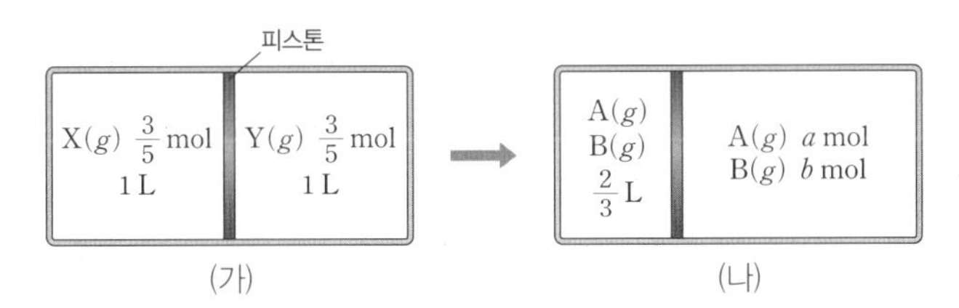

이에 대한 설명으로 옳은 것만을 〈보기〉에서 있는 대로 고른 것은? (단, 온도는 T로 일정하고, 피스톤의 마찰과 부피는 무시한다.)

보기

ㄱ. X는 A이다.

ㄴ. $a=b$이다.

ㄷ. (나)에서 피스톤을 제거한 직후 반응 지수 $Q>\frac{3}{10}$이다.

① ㄱ ② ㄴ ③ ㄱ, ㄷ ④ ㄴ, ㄷ ⑤ ㄱ, ㄴ, ㄷ

$X(g)$를 넣은 쪽은 부피가 감소하고, $Y(g)$를 넣은 쪽은 부피가 증가한다.

A(g)가 5 mol에서 1 mol로 4 mol만큼 감소할 때, B(g)가 10 mol에서 8 mol로 2 mol만큼 감소하였으므로 반응 몰비는 A(g) : B(g) =2 : 1이다.

[24028-0145]

17 다음은 A(g)와 B(g)가 반응하여 C(g)가 생성되는 반응의 화학 반응식과 온도 T에서 농도로 정의되는 평형 상수(K)이다.

$$a\text{A}(g)+\text{B}(g) \rightleftharpoons 2\text{C}(g) \quad K \quad (a\text{는 반응 계수})$$

그림은 V L 강철 용기에 같은 질량의 A(g)와 B(g)를 넣고 반응시켰을 때 시간에 따른 A(g)와 B(g)의 양(mol)을 나타낸 것이다.

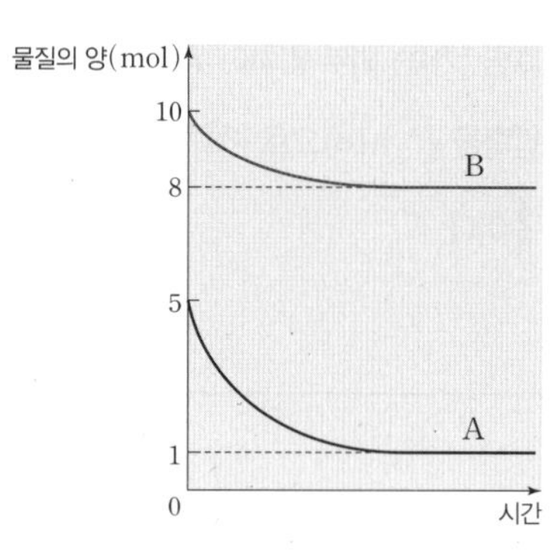

$\dfrac{K\times \text{C의 분자량}}{a\times \text{A의 분자량}}$? (단, 온도는 T로 일정하다.)

① $\frac{1}{2}V$ ② $\frac{3}{4}V$ ③ V
④ $\frac{5}{4}V$ ⑤ $\frac{3}{2}V$

(나)에서 꼭지를 열기 전 전체 C(g)의 양(mol)은 $5y$이고, 반응 지수 $Q<K$이면 정반응이 우세하게, $Q>K$이면 역반응이 우세하게 진행된다.

[24028-0146]

18 다음은 A(g)와 B(g)가 반응하여 C(g)가 생성되는 반응의 화학 반응식과 온도 T에서 농도로 정의되는 평형 상수(K)이다.

$$\text{A}(g)+\text{B}(g) \rightleftharpoons \text{C}(g) \quad K$$

그림 (가)는 꼭지로 분리된 강철 용기에 A(g)와 B(g)를 넣은 초기 상태를, (나)는 반응이 진행되어 도달한 평형을 나타낸 것이다. (나)에서 꼭지를 열어 새로운 평형에 도달하였을 때 C(g)의 양은 x mol이다.

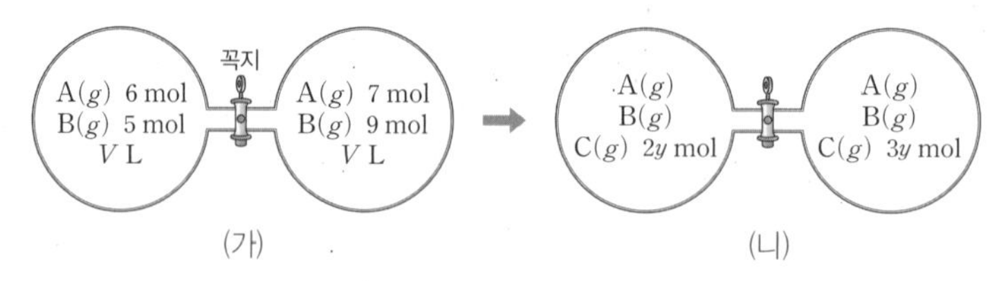

이에 대한 설명으로 옳은 것만을 〈보기〉에서 있는 대로 고른 것은? (단, 온도는 T로 일정하고, 연결관의 부피는 무시한다.)

보기

ㄱ. $y=1$이다.
ㄴ. $K=2V$이다.
ㄷ. $x>5y$이다.

① ㄱ ② ㄴ ③ ㄷ ④ ㄱ, ㄴ ⑤ ㄴ, ㄷ

[24028-0147]

19 다음은 $A(g)$와 $B(g)$가 반응하여 $C(g)$가 생성되는 반응의 열화학 반응식과 농도로 정의되는 평형 상수(K)이다.

$$A(g)+2B(g) \rightleftharpoons 2C(g) \quad \Delta H, K$$

그림 (가)는 T_1 K의 실린더에서 $A(g)$~$C(g)$가 평형을 이루고 있는 것을, (나)는 온도를 T_2 K로 변화시킨 후 반응이 진행되어 도달한 새로운 평형을 나타낸 것이다.

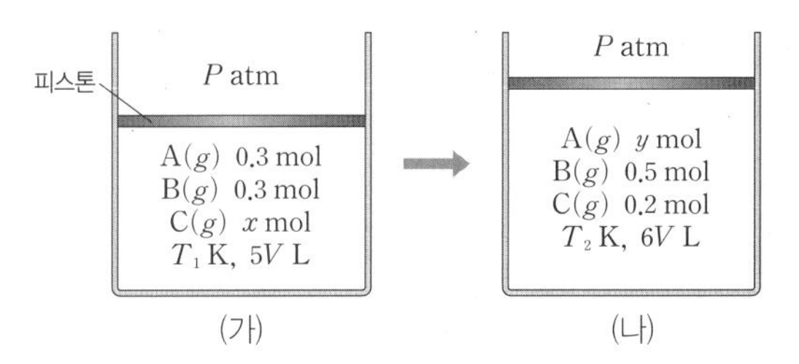

(가) (나)

이에 대한 설명으로 옳은 것만을 〈보기〉에서 있는 대로 고른 것은? (단, 외부 압력은 P atm으로 일정하고, 피스톤의 질량과 마찰은 무시한다.)

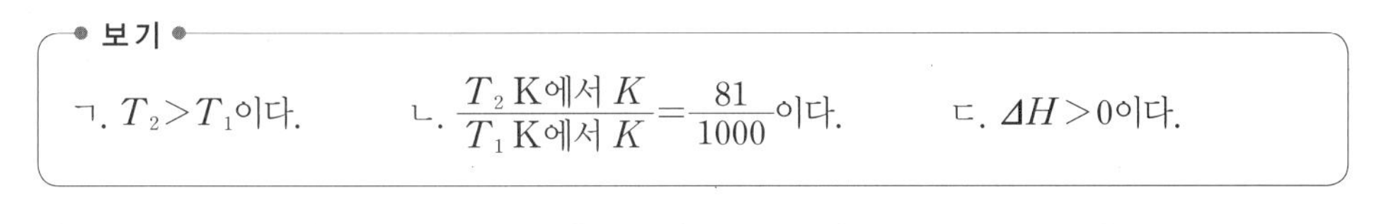

보기

ㄱ. $T_2>T_1$이다.

ㄴ. $\dfrac{T_2 \text{ K에서 } K}{T_1 \text{ K에서 } K}=\dfrac{81}{1000}$이다.

ㄷ. $\Delta H>0$이다.

① ㄱ ② ㄷ ③ ㄱ, ㄴ ④ ㄴ, ㄷ ⑤ ㄱ, ㄴ, ㄷ

화학 반응식에서 반응 계수비는 반응 몰비와 같으므로 $B(g)$가 0.2 mol 증가할 때, $A(g)$는 0.1 mol 증가하여 0.4($=y$) mol이 되고, $C(g)$는 0.4($=x$) mol에서 0.2 mol이 감소하여 0.2 mol이 된다.

[24028-0148]

20 다음은 $A(g)$로부터 $B(g)$와 $C(g)$가 생성되는 반응의 화학 반응식과 온도 T에서 농도로 정의되는 평형 상수(K)이다.

$$A(g) \rightleftharpoons B(g)+C(g) \quad K$$

그림 (가)는 꼭지로 분리된 강철 용기와 실린더에 $A(g)$~$C(g)$를 넣은 초기 상태를, (나)는 반응이 진행되어 도달한 평형을 나타낸 것이다. $P_1 : P_2 : P_3=5 : 8 : 9$이고, (나)에서 꼭지를 모두 열어 새로운 평형에 도달하였을 때 실린더 속 기체의 부피는 x L이다.

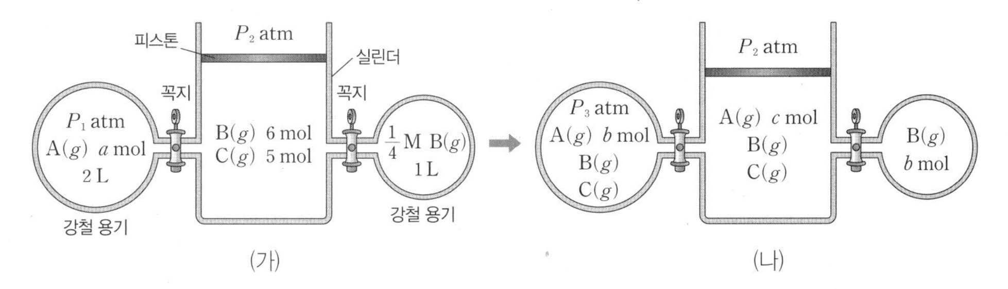

(가) (나)

$\dfrac{c \times x}{a \times K}$는? (단, 온도와 외부 압력은 각각 T와 P_2 atm으로 일정하고, 연결관의 부피 및 피스톤의 질량과 마찰은 무시한다.)

① $\dfrac{11}{10}$ ② $\dfrac{6}{5}$ ③ $\dfrac{13}{10}$ ④ $\dfrac{18}{5}$ ⑤ $\dfrac{19}{5}$

(가)에서 1 L 강철 용기에 $B(g)$의 몰 농도가 $\frac{1}{4}$ M이므로 $B(g)$의 양은 $\frac{1}{4}$ M×1 L $=\frac{1}{4}$ mol이고, 1 L 강철 용기에 $B(g)$만 있으므로 반응이 일어나지 않는다.

06 산 염기 평형

개념 체크

◎ **강산, 강염기, 약산, 약염기** : 강산과 강염기는 물에 녹아 대부분 이온화하는 산과 염기이고, 약산과 약염기는 물에 녹아 일부만 이온화하는 산과 염기이다.

1. 같은 온도와 농도의 수용액에서 HCl이 CH_3COOH보다 이온화하는 정도가 (   )다.

2. 같은 온도와 농도, 같은 부피의 수용액에서 OH^- 수는 $NaOH(aq) > NH_3(aq)$이다. (○, ×)

3. 같은 온도와 농도, 같은 부피의 수용액에서 전체 이온 수는 $CH_3COOH(aq) > HCl(aq)$이다. (○, ×)

1 산과 염기의 세기

(1) 이온화와 산·염기의 세기

① **강산과 약산** : 물에 녹아 대부분 이온화하는 산을 강산, 물에 녹아 일부만 이온화하는 산을 약산이라고 한다.

예 강산 : 염산(HCl), 황산(H_2SO_4), 질산(HNO_3) 등
약산 : 탄산(H_2CO_3), 인산(H_3PO_4), 아세트산(CH_3COOH) 등

• 같은 온도, 농도의 수용액에서 강산은 약산보다 이온화하는 정도가 크다.

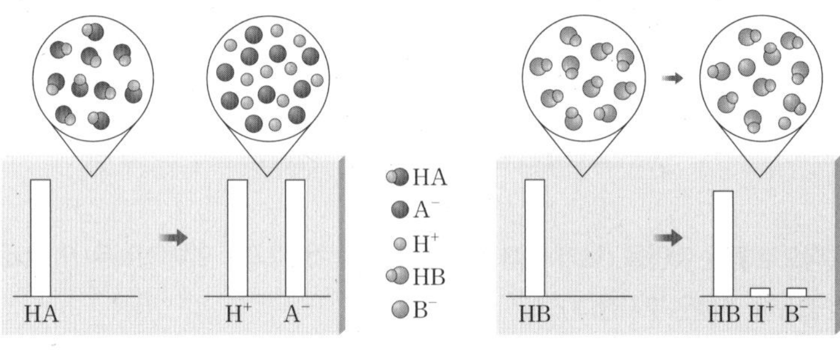

강산 HA의 이온화 모형　　　약산 HB의 이온화 모형

② **강염기와 약염기** : 물에 녹아 대부분 이온화하는 염기를 강염기, 물에 녹아 일부만 이온화하는 염기를 약염기라고 한다.

예 강염기 : 수산화 나트륨(NaOH), 수산화 칼륨(KOH), 수산화 칼슘($Ca(OH)_2$) 등
약염기 : 암모니아(NH_3), 메틸 아민(CH_3NH_2) 등

• 같은 온도, 농도의 수용액에서 강염기는 약염기보다 이온화하는 정도가 크다.

탐구자료 살펴보기 산의 세기 비교

실험 과정

1. 농도와 부피가 같은 $HCl(aq)$과 $CH_3COOH(aq)$을 2개의 비커에 각각 넣고, 전극을 담근 후 전류의 세기를 측정하여 이온화하는 정도를 알아본다.

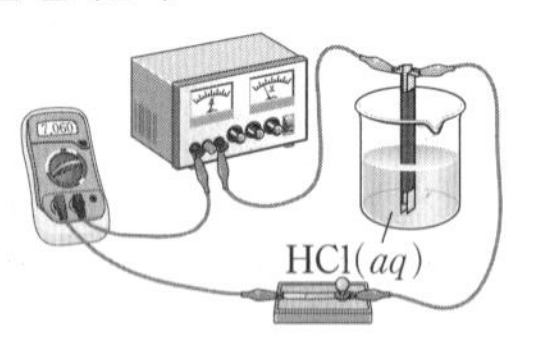

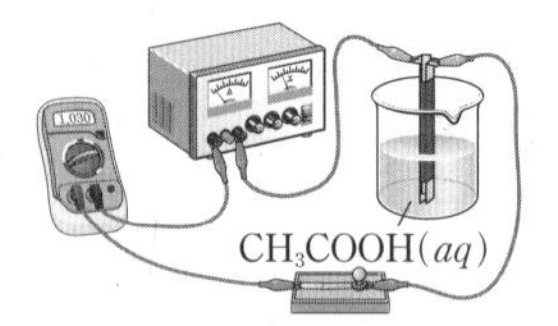

2. 농도가 같은 $HCl(aq)$과 $CH_3COOH(aq)$이 각각 50 mL씩 들어 있는 비커에 동일한 마그네슘 조각을 넣고 반응 초기에 발생하는 $H_2(g)$의 양을 비교한다.

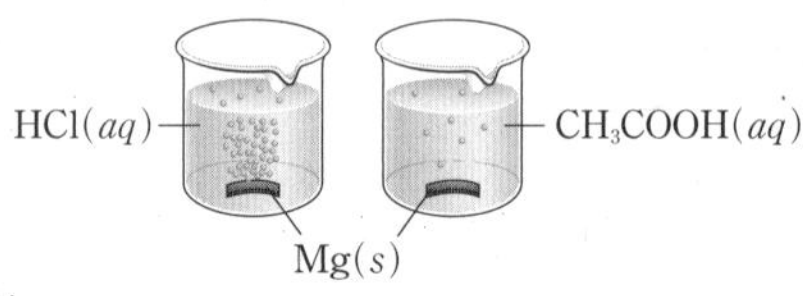

실험 결과

• 전류의 세기는 $HCl(aq)$에서가 $CH_3COOH(aq)$에서보다 컸다.
• 반응 초기에 발생하는 $H_2(g)$의 양은 $HCl(aq)$에서가 $CH_3COOH(aq)$에서보다 많았다.

분석 point

이온화가 잘 되어 산의 수용액 속 H^+의 농도가 클수록 전류의 세기가 크고, 반응 초기에 발생하는 $H_2(g)$의 양이 많다.
➡ 수용액에 존재하는 H^+ 수 : $HCl(aq) > CH_3COOH(aq)$
➡ 물에 녹아 이온화하는 정도는 HCl가 CH_3COOH보다 크다.

정답
1. 크
2. ○
3. ×

과학 돋보기 | 이온화도

- 이온화 평형을 이루는 전해질 수용액에서 용해된 전해질의 양(mol)에 대한 이온화된 전해질의 양(mol)의 비를 이온화도(α)라고 한다.

$$이온화도(\alpha)=\frac{이온화된\ 전해질의\ 양(mol)}{용해된\ 전해질의\ 양(mol)}\ (0<\alpha\leq 1)$$

- 농도가 같을 때 산과 염기의 이온화도가 클수록 산과 염기의 세기가 강하다.
- 강산과 강염기는 용해된 물질의 대부분이 이온화되므로 이온화도는 1에 가깝고, 약산과 약염기는 용해된 물질의 일부만 이온화되므로 이온화도가 매우 작다.

(2) 이온화 상수와 산과 염기의 세기

① **산의 이온화 상수(K_a)** : 산 HA는 물에 녹아 다음과 같이 이온화 평형을 이룬다.

$$HA(aq)+H_2O(l) \rightleftharpoons A^-(aq)+H_3O^+(aq)$$

이 반응의 평형 상수 $K=\frac{[H_3O^+][A^-]}{[HA][H_2O]}$이다. 수용액에서 용매인 물의 농도는 평형 상수를 구하는 식에 나타내지 않으며, 상수 K_a로 나타내면 $K_a=\frac{[H_3O^+][A^-]}{[HA]}$이고, 이때 K_a를 산의 이온화 상수라고 한다.

② **염기의 이온화 상수(K_b)** : 염기 B가 물에 녹아 이온화 평형을 이룰 때 염기의 이온화 상수 K_b는 다음과 같다.

$$B(aq)+H_2O(l) \rightleftharpoons BH^+(aq)+OH^-(aq) \quad K_b=\frac{[BH^+][OH^-]}{[B]}$$

③ **K_a와 K_b의 성질**

- K_a와 K_b는 일종의 평형 상수이므로 온도에만 영향을 받고, 온도가 일정하면 농도에 관계없이 항상 일정하다.
- K_a가 클수록 이온화가 잘 되어 $[H_3O^+]$가 크므로 상대적으로 강한 산이고, K_a가 작을수록 상대적으로 약한 산이다.
- K_b가 클수록 이온화가 잘 되어 $[OH^-]$가 크므로 상대적으로 강한 염기이고, K_b가 작을수록 상대적으로 약한 염기이다.
- 몇 가지 산의 이온화 상수(K_a)

산	이온화 반응	K_a (25℃)
HCl	$HCl(aq)+H_2O(l) \rightleftharpoons Cl^-(aq)+H_3O^+(aq)$	매우 큼
CH_3COOH	$CH_3COOH(aq)+H_2O(l) \rightleftharpoons CH_3COO^-(aq)+H_3O^+(aq)$	1.8×10^{-5}
HCN	$HCN(aq)+H_2O(l) \rightleftharpoons CN^-(aq)+H_3O^+(aq)$	6.2×10^{-10}

➡ 산의 세기 : $HCl>CH_3COOH>HCN$

- 몇 가지 염기의 이온화 상수(K_b)

염기	이온화 반응	K_b (25℃)
CH_3NH_2	$CH_3NH_2(aq)+H_2O(l) \rightleftharpoons CH_3NH_3^+(aq)+OH^-(aq)$	4.6×10^{-4}
NH_3	$NH_3(aq)+H_2O(l) \rightleftharpoons NH_4^+(aq)+OH^-(aq)$	1.8×10^{-5}

➡ 염기의 세기 : $CH_3NH_2>NH_3$

개념 체크

◎ 산 HA의 이온화 상수

$K_a=\frac{[H_3O^+][A^-]}{[HA]}$

◎ 염기 B의 이온화 상수

$K_b=\frac{[BH^+][OH^-]}{[B]}$

1. K_a와 K_b는 평형 상수이므로 (　　)에 의해서만 그 값이 변한다.

2. (　　)은 K_a가 크고, (　　)은 K_a가 작다.

3. 산 HA 수용액이 이온화 평형을 이룰 때 $[A^-]$ (　　) $[H_3O^+]$이다.

정답
1. 온도
2. 강산, 약산
3. =

개념 체크

짝산 짝염기 : 수소 이온(H^+)의 이동에 의해 염기와 산으로 되는 한 쌍의 물질을 말한다.

1. 산 HA와 HB에서 이온화 상수가 HA>HB이면 산의 세기는 HA>HB이다. (○, ×)

2. HCl와 H_2O의 반응에서 HCl의 짝염기는 ( )이고, H_2O의 짝산은 ( )이다.

3. 짝산 짝염기는 ( )의 이동에 의해 염기와 산으로 되는 한 쌍의 물질을 말한다.

4. NH_3와 H_2O의 반응에서 NH_3의 ( )은 NH_4^+이다.

탐구자료 살펴보기 산의 세기 비교

자료

• 산 HA와 HB의 이온화 반응과 이온화 상수(K_a)

산	이온화 반응	K_a (25℃)
HA	$HA(aq)+H_2O(l) \rightleftharpoons A^-(aq)+H_3O^+(aq)$	매우 큼
HB	$HB(aq)+H_2O(l) \rightleftharpoons B^-(aq)+H_3O^+(aq)$	2.0×10^{-5}

분석

• 이온화 상수가 HA>HB이므로 산의 세기는 HA>HB이다.
• 수용액의 농도가 같을 때, $[H_3O^+]$는 $HA(aq)>HB(aq)$이다.

분석 point

K_a가 클수록 산의 세기가 강하다.

과학 돋보기 약산 HA의 이온화 상수 구하기

$HA(aq)+H_2O(l) \rightleftharpoons A^-(aq)+H_3O^+(aq)$의 이온화 평형을 이루는 0.1 M $HA(aq)$에서 H_3O^+의 농도가 1×10^{-3} M일 때 HA의 이온화 상수(K_a)는 다음과 같이 구한다.

	$HA(aq)$	+	$H_2O(l)$	$\rightleftharpoons$	$A^-(aq)$	+	$H_3O^+(aq)$
처음 농도(M)	0.1				0		0
반응 농도(M)	-1×10^{-3}				$+1\times10^{-3}$		$+1\times10^{-3}$
평형 농도(M)	$0.1-1\times10^{-3}$				1×10^{-3}		1×10^{-3}

약산의 경우 산 HA의 농도에 비해 이온화된 H_3O^+의 농도가 매우 작아 $0.1-1\times10^{-3}≒0.1$로 계산할 수 있다.

$$K_a=\frac{[H_3O^+][A^-]}{[HA]}=\frac{(1\times10^{-3})^2}{0.1-1\times10^{-3}}≒\frac{(1\times10^{-3})^2}{0.1}=1\times10^{-5}$$

(3) 짝산 짝염기와 산의 세기

① **산과 염기** : 브뢴스테드·로리 정의에 의하면 산은 수소 이온(H^+)을 내놓는 물질, 염기는 수소 이온(H^+)을 받는 물질이다.

② **짝산 짝염기** : 수소 이온(H^+)의 이동에 의해 염기와 산으로 되는 한 쌍의 산과 염기를 짝산 짝염기라고 한다.

짝산 짝염기

$$\underset{\text{산}}{HCl(aq)}+\underset{\text{염기}}{H_2O(l)} \rightleftharpoons \underset{\text{염기}}{Cl^-(aq)}+\underset{\text{산}}{H_3O^+(aq)}$$

짝산 짝염기

• 산 HCl의 짝염기는 Cl^-이고, 염기 H_2O의 짝산은 H_3O^+이다.

③ **이온화 상수와 평형** : 산이나 염기가 수용액에서 평형을 이룰 때 이온화 상수가 큰 물질은 정반응이 우세한 평형을 이루고, 이온화 상수가 작은 물질은 역반응이 우세한 평형을 이룬다.

④ **짝산과 짝염기의 상대적 세기** : 짝산과 짝염기의 쌍들이 H^+을 주고받는 정도에 따라 산과 염기의 상대적 세기를 나타낼 수 있다.

➡ 산의 세기가 강할수록 그 짝염기의 세기는 약하고, 산의 세기가 약할수록 그 짝염기의 세기는 강하다.

예 약산인 CH_3COOH의 이온화 반응은 K_a가 매우 작으므로 역반응이 우세한 평형을

정답

1. ○
2. Cl^-, H_3O^+
3. 수소 이온(H^+)
4. 짝산

이룬다. H_3O^+은 CH_3COOH보다 산의 세기가 강하므로 H_3O^+의 짝염기인 H_2O은 CH_3COOH의 짝염기인 CH_3COO^-보다 염기의 세기가 약하다.

짝산 짝염기

$$CH_3COOH(aq)+H_2O(l) \rightleftharpoons CH_3COO^-(aq)+H_3O^+(aq) \quad K_a=1.8\times10^{-5}(25℃)$$

약산 약염기 강염기 강산

짝산 짝염기

예 강산인 HCl의 이온화 반응은 K_a가 매우 크므로 정반응이 우세한 평형을 이룬다. HCl은 H_3O^+보다 산의 세기가 강하므로 HCl의 짝염기인 Cl^-은 H_3O^+의 짝염기인 H_2O보다 염기의 세기가 약하다.

짝산 짝염기

$$HCl(aq)+H_2O(l) \rightleftharpoons Cl^-(aq)+H_3O^+(aq) \quad K_a: \text{매우 큼}(25℃)$$

강산 강염기 약염기 약산

짝산 짝염기

과학 돋보기 NH_3와 H_2O의 반응에서 짝산 짝염기

[NH_3와 H_2O이 반응할 때의 반응 모형과 화학 반응식]

- 정반응에서 H_2O이 내놓은 H^+을 NH_3가 받으므로 H_2O은 산이고, NH_3는 염기이다.
- 역반응에서 NH_4^+이 내놓은 H^+을 OH^-이 받으므로 NH_4^+은 산이고, OH^-은 염기이다.
- NH_3의 짝산은 NH_4^+이고, H_2O의 짝염기는 OH^-이다.

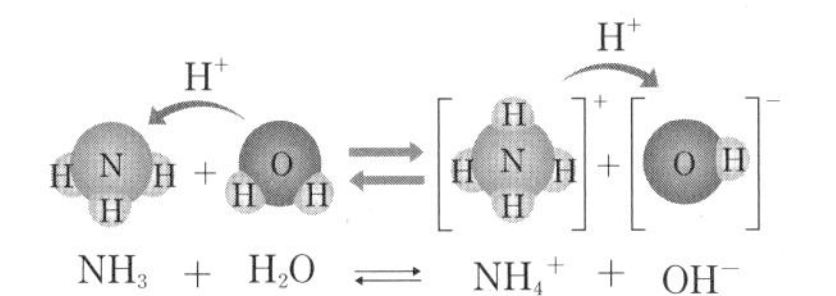

짝산 짝염기

$$NH_3(aq)+H_2O(l) \rightleftharpoons NH_4^+(aq)+OH^-(aq)$$

염기 산 산 염기

짝산 짝염기

탐구자료 살펴보기 산과 그 짝염기의 상대적 세기

자료

산의 세기	짝산 짝염기		짝염기의 세기
	산	염기	
강	HCl	Cl^-	약
↑	H_3O^+	H_2O	↓
	HF	F^-	
	CH_3COOH	CH_3COO^-	
	NH_4^+	NH_3	
약	H_2O	OH^-	강

분석

- 산의 세기 : H^+을 잘 내놓을수록 강산이다. ➡ $HCl>H_3O^+>HF>CH_3COOH>NH_4^+>H_2O$
- 짝염기의 세기 : H^+을 잘 받을수록 강염기이다. ➡ $Cl^-<H_2O<F^-<CH_3COO^-<NH_3<OH^-$

분석 point

- 산의 세기가 강할수록 그 짝염기의 세기는 약하다.
- $HCl+H_2O \rightleftharpoons Cl^-+H_3O^+$의 반응에서 산의 세기는 $HCl>H_3O^+$이고 염기의 세기는 $Cl^-<H_2O$이다.

개념 체크

◘ **짝산과 짝염기의 상대적 세기** : 산의 세기가 강할수록 그 짝염기의 세기는 약하고, 산의 세기가 약할수록 그 짝염기의 세기는 강하다.

1. 산이나 염기가 수용액에서 평형을 이룰 때 이온화 상수가 큰 물질은 (   )이 우세한 평형을 이룬다.

2. 산의 세기가 강할수록 그 짝염기의 세기는 (   )하고, 산의 세기가 약할수록 그 짝염기의 세기는 (   )하다.

3. $HA(aq)+H_2O(l) \rightleftharpoons A^-(aq)+H_3O^+(aq)$ $K_a=1.8\times10^{-5}(25℃)$의 반응에서 산의 세기는 HA (   ) H_3O^+이고, 염기의 세기는 H_2O (   ) A^-이다.

정답

1. 정반응
2. 약, 강
3. <, <

개념 체크

염의 가수 분해 : 염이 물에 녹을 때 생성된 이온이 물과 반응하여 H_3O^+이나 OH^-을 생성하는 반응이다.

1. 같은 온도에서 짝산 짝염기 관계인 산의 이온화 상수와 염기의 이온화 상수의 곱은 (　　)하다.

2. 모든 염 수용액의 액성은 중성이다. (○, ×)

정답
1. 일정
2. ×

(4) 짝산 짝염기의 이온화 상수

① 산 HA의 이온화 평형이 $HA(aq)+H_2O(l) \rightleftharpoons A^-(aq)+H_3O^+(aq)$일 때 HA의 짝염기인 A^-의 이온화 평형은 $A^-(aq)+H_2O(l) \rightleftharpoons HA(aq)+OH^-(aq)$이다.

② 산 HA의 이온화 상수는 $K_a=\frac{[H_3O^+][A^-]}{[HA]}$이고, 염기 A^-의 이온화 상수는

$K_b=\frac{[HA][OH^-]}{[A^-]}$이므로 $K_a \times K_b=\frac{[H_3O^+][A^-]}{[HA]} \times \frac{[HA][OH^-]}{[A^-]}=[H_3O^+][OH^-]=K_w$

이다.

탐구자료 살펴보기 짝산 짝염기의 상대적 세기와 이온화 상수

자료

짝산			짝염기		
이름	화학식	K_a (25℃)	이름	화학식	K_b (25℃)
아세트산	CH_3COOH	1.8×10^{-5}	아세트산 이온	CH_3COO^-	㉠
탄산	H_2CO_3	4.5×10^{-7}	탄산수소 이온	HCO_3^-	2.2×10^{-8}
암모늄 이온	NH_4^+	5.6×10^{-10}	암모니아	NH_3	1.8×10^{-5}

분석

- 산의 이온화 상수(K_a)가 $CH_3COOH>H_2CO_3$이므로 산의 세기는 $CH_3COOH>H_2CO_3$이며, 짝염기의 세기는 $HCO_3^->CH_3COO^-$이므로 염기의 이온화 상수(K_b)는 $HCO_3^->CH_3COO^-$이다. 따라서 ㉠은 2.2×10^{-8} 보다 작다.
- 짝산 짝염기 관계인 산 H_2CO_3의 이온화 상수(K_a)와 염기 HCO_3^-의 이온화 상수(K_b)를 곱하면 $K_a\times K_b=(4.5\times10^{-7})\times(2.2\times10^{-8})\fallingdotseq1.0\times10^{-14}$이고, 짝산 짝염기 관계인 산 NH_4^+의 이온화 상수(K_a)와 염기 NH_3의 이온화 상수(K_b)를 곱하면 $K_a\times K_b=(5.6\times10^{-10})\times(1.8\times10^{-5})\fallingdotseq1.0\times10^{-14}$이다.
- 짝산 짝염기 관계인 산 CH_3COOH의 이온화 상수(K_a)와 염기 CH_3COO^-의 이온화 상수(K_b)의 곱은 $K_a\times K_b=(1.8\times10^{-5})\times$㉠$=1.0\times10^{-14}$에서 ㉠$\fallingdotseq5.6\times10^{-10}$이다.

분석 point

같은 온도에서 짝산 짝염기의 이온화 상수를 곱한 값은 일정하다. $\because K_a\times K_b=K_w$

2 염의 가수 분해

(1) **염** : 산의 음이온과 염기의 양이온이 결합하여 생성된 이온 결합 물질을 염이라고 한다. 다음과 같이 산과 염기가 중화 반응하면 물과 염이 생성된다.

산		염기		물		염
$HCl(aq)$	+	$NaOH(aq)$	⟶	$H_2O(l)$	+	$NaCl(aq)$
$CH_3COOH(aq)$	+	$NaOH(aq)$	⟶	$H_2O(l)$	+	$CH_3COONa(aq)$
$H_2CO_3(aq)$	+	$2NaOH(aq)$	⟶	$2H_2O(l)$	+	$Na_2CO_3(aq)$

(2) **염의 가수 분해** : 염의 수용액에서 염을 이루는 이온이 물과 반응하여 H_3O^+이나 OH^-을 생성하는 반응을 염의 가수 분해라고 한다. 가수 분해에 의해 염 수용액의 액성이 결정된다.

① **강산과 강염기가 반응하여 생성된 염** : 강산의 음이온과 강염기의 양이온이 모두 가수 분해하지 않는다.

예 NaCl, KCl, $NaNO_3$ 등 : 양이온과 음이온이 가수 분해하지 않으므로 수용액은 중성이다.

이온화 : $NaCl(aq) \longrightarrow Na^+(aq)+Cl^-(aq)$

② **약산과 강염기가 반응하여 생성된 염** : 약산의 짝염기인 음이온이 가수 분해하여 OH^-을 생성하므로 수용액은 염기성을 나타낸다.

예 CH_3COONa, $NaHCO_3$, Na_2CO_3 등

이온화 : $CH_3COONa(aq) \longrightarrow CH_3COO^-(aq)+Na^+(aq)$

가수 분해 : $CH_3COO^-(aq)+H_2O(l) \rightleftharpoons CH_3COOH(aq)+OH^-(aq)$

③ **강산과 약염기가 반응하여 생성된 염** : 약염기의 짝산인 양이온이 가수 분해하여 H_3O^+을 생성하므로 수용액은 산성을 나타낸다.

예 NH_4Cl, $(NH_4)_2SO_4$ 등

이온화 : $NH_4Cl(aq) \longrightarrow NH_4^+(aq)+Cl^-(aq)$

가수 분해 : $NH_4^+(aq)+H_2O(l) \rightleftharpoons NH_3(aq)+H_3O^+(aq)$

반응한 산과 염기	염의 종류	염 수용액의 액성
강산+강염기	NaCl, KNO_3, Na_2SO_4	중성
강산+약염기	NH_4Cl, $(NH_4)_2SO_4$, NH_4NO_3	산성
약산+강염기	CH_3COONa, $KHCO_3$, Na_2CO_3	염기성

개념 체크

강산과 약염기가 반응하여 생성된 염은 수용액에서 가수 분해하여 H_3O^+을 생성하므로 수용액은 산성이고, 약산과 강염기가 반응하여 생성된 염은 수용액에서 가수 분해하여 OH^-을 생성하므로 수용액은 염기성이다.

1. 강산과 강염기가 반응하여 생성되는 염은 이온화되어도 (　　)하지 않는다.

2. CH_3COO^-은 약산의 짝염기로 물과 반응하여 (　　)과 (　　)을 생성한다.

3. NH_4Cl 수용액에서 가수 분해하는 이온은 (　　)이다.

탐구자료 살펴보기 염 수용액의 액성

실험 과정

1. 3개의 비커에 증류수를 각각 50 mL씩 넣는다.
2. 과정 1의 비커에 $NH_4Cl(s)$, $CH_3COONa(s)$, $NaCl(s)$을 각각 2 g씩 넣어 녹인다.
3. 각 수용액을 유리 막대에 묻힌 다음 pH 시험지를 이용하여 수용액의 액성을 알아본다.

자료

- NH_4Cl은 산 HCl과 염기 NH_3가 중화 반응하여 생성된 염이다.
- CH_3COONa은 산 CH_3COOH과 염기 NaOH이 중화 반응하여 생성된 염이다.
- NaCl은 산 HCl과 염기 NaOH이 중화 반응하여 생성된 염이다.

실험 결과

염	염에 들어 있는 이온	염 수용액의 액성
NH_4Cl	NH_4^+, Cl^-	산성
CH_3COONa	Na^+, CH_3COO^-	염기성
NaCl	Na^+, Cl^-	중성

- 강산 HCl과 약염기 NH_3가 반응하여 생성된 염인 NH_4Cl은 수용액에서 NH_4^+이 가수 분해하여 H_3O^+을 생성하므로 수용액은 산성이다.
- $CH_3COONa(aq)$이 염기성이고, CH_3COOH이 약산이므로, NaOH은 강염기이다.
  ➡ CH_3COO^-이 가수 분해하여 OH^-을 생성한다.
  $CH_3COO^-(aq)+H_2O(l) \rightleftharpoons CH_3COOH(aq)+OH^-(aq)$
- 강산 HCl과 강염기 NaOH이 반응하여 생성된 염인 NaCl은 수용액에서 가수 분해하지 않으므로 수용액은 중성이다.

정답

1. 가수 분해
2. CH_3COOH, OH^-
3. NH_4^+

개념 체크

◐ CH_3COOH과 CH_3COONa으로 이루어진 완충 용액 : $HCl(aq)$을 가하면 $HCl(aq)$의 H^+이 CH_3COO^-과 반응하고, $NaOH(aq)$을 가하면 $NaOH(aq)$의 OH^-이 CH_3COOH과 반응하여 수용액의 pH는 거의 변하지 않는다.

[1~3] NH_3와 NH_4Cl으로 이루어진 완충 용액에서

1. 용액에 약염기인 NH_3와 그 짝산인 ( )이 존재한다.

2. $HCl(aq)$을 가하면 $HCl(aq)$의 H^+이 ( )와 반응한다.

3. NaOH을 소량 가하면 수용액의 pH가 급격히 증가한다. (○, ×)

정답

1. NH_4^+
2. NH_3
3. ×

3 완충 용액

(1) **완충 용액** : 약산과 그 약산의 짝염기가 섞여 있는 수용액이나 약염기와 그 약염기의 짝산이 섞여 있는 수용액은 산이나 염기를 소량 가해도 pH가 거의 변하지 않는다. 이러한 용액을 완충 용액이라고 한다.

• 증류수는 산이나 염기를 조금 넣어도 pH가 크게 변하지만, 완충 용액은 pH가 거의 변하지 않는다.

• 몇 가지 완충 용액과 pH

완충 용액의 성분	완충 용액의 구성	pH(25℃) (성분 물질의 농도가 같을 때)
CH_3COOH / CH_3COO^-	약산 / 그 짝염기	4.75
NH_3 / NH_4^+	약염기 / 그 짝산	9.25
H_2CO_3 / HCO_3^-	약산 / 그 짝염기	6.35

① CH_3COOH과 CH_3COONa으로 이루어진 완충 용액

• 이온화 평형

$$CH_3COOH(aq)+H_2O(l) \rightleftharpoons CH_3COO^-(aq)+H_3O^+(aq)$$

$$CH_3COONa(aq) \longrightarrow CH_3COO^-(aq)+Na^+(aq)$$

• 용액에 약산인 CH_3COOH과 그 짝염기인 CH_3COO^-이 존재한다.

➡ 소량의 산을 가하거나 염기를 가해도 pH가 거의 변하지 않는다.

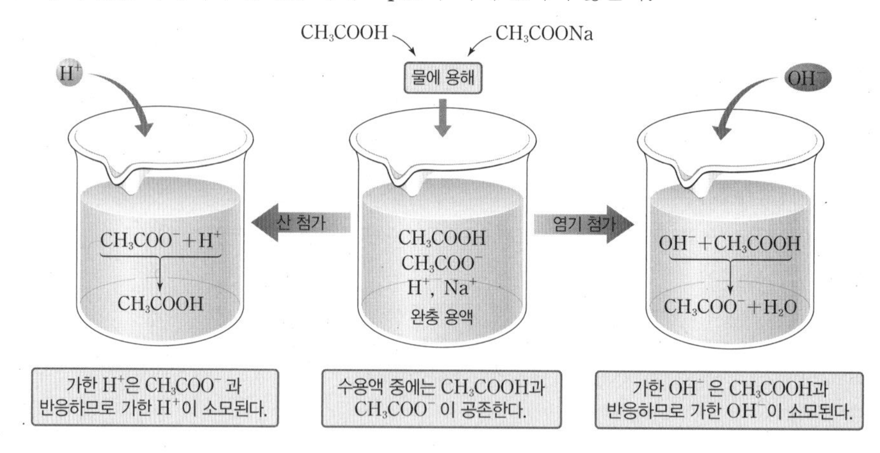

➡ $HCl(aq)$을 소량 가할 때 : $HCl(aq)$의 H^+이 CH_3COO^-과 반응하여 CH_3COOH이 되므로 가한 H^+이 소모되어 수용액의 pH는 거의 변하지 않는다.

➡ $NaOH(aq)$을 소량 가할 때 : $NaOH(aq)$의 OH^-은 CH_3COOH과 반응하여 CH_3COO^-과 H_2O이 되므로 가한 OH^-이 소모되어 수용액의 pH는 거의 변하지 않는다.

② NH_3와 NH_4Cl으로 이루어진 완충 용액

• 이온화 평형

$$NH_3(aq)+H_2O(l) \rightleftharpoons NH_4^+(aq)+OH^-(aq)$$

$$NH_4Cl(aq) \longrightarrow NH_4^+(aq)+Cl^-(aq)$$

• 용액에 약염기인 NH_3와 그 짝산인 NH_4^+이 존재한다.

➡ 소량의 산을 가하거나 염기를 가해도 pH가 거의 변하지 않는다.

➡ $HCl(aq)$을 소량 가할 때 : $HCl(aq)$의 H^+이 NH_3와 반응하여 NH_4^+이 되므로 가한 H^+이 소모되어 수용액의 pH는 거의 변하지 않는다.

➡ $NaOH(aq)$을 소량 가할 때 : $NaOH(aq)$의 OH^-은 NH_4^+과 반응하여 NH_3와 H_2O이 되므로 가한 OH^-이 소모되어 수용액의 pH는 거의 변하지 않는다.

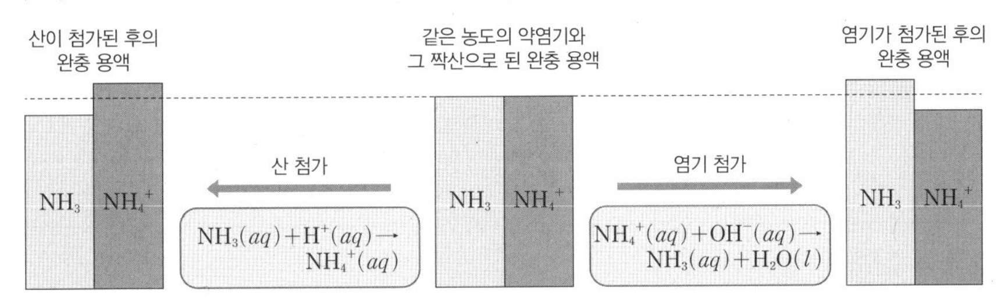

개념 체크

완충 용액 : 약산과 그 약산의 짝염기가 섞여 있는 수용액이나 약염기와 그 약염기의 짝산이 섞여 있는 수용액으로 산이나 염기를 소량 가해도 pH가 거의 변하지 않는다.

1. NH_3와 NH_4Cl으로 이루어진 완충 용액에서 소량의 $NaOH(aq)$을 첨가하면 OH^-이 (NH_3 / NH_4^+)와/과 반응하여 가한 OH^-이 소모된다.

2. 증류수에 염기를 가해도 pH가 거의 변하지 않는다. (○, ×)

탐구자료 살펴보기 완충 용액의 특징

실험 과정

1. 삼각 플라스크 (가)와 (나)에는 증류수 100 mL를 넣고, 삼각 플라스크 (다)와 (라)에는 CH_3COOH 0.1 mol과 CH_3COONa 0.1 mol을 녹인 수용액 100 mL를 넣고 pH 측정기로 pH를 측정한다.

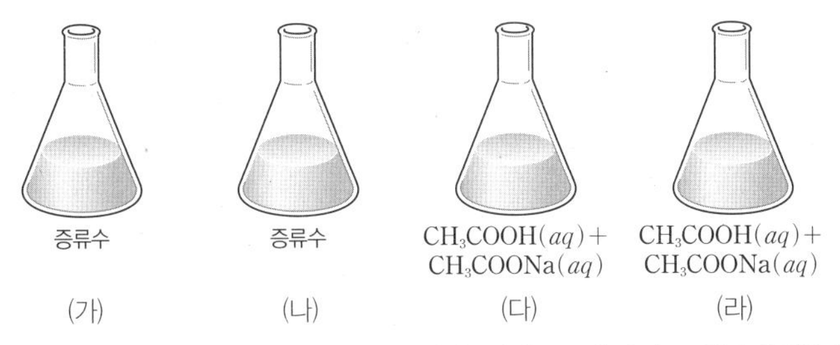

2. 과정 1의 (가)와 (다)에 1 M $HCl(aq)$을 각각 1 mL씩 떨어뜨린 후 pH 측정기로 pH를 측정한다.
3. 과정 1의 (나)와 (라)에 1 M $NaOH(aq)$을 각각 1 mL씩 떨어뜨린 후 pH 측정기로 pH를 측정한다.

실험 결과

실험	pH(25℃)	
	증류수	$CH_3COOH(aq)+CH_3COONa(aq)$
과정 1에서	7.0	4.75
1 M $HCl(aq)$을 넣었을 때	2.0	4.74
1 M $NaOH(aq)$을 넣었을 때	12.0	4.76

- 증류수에 소량의 산이나 염기를 가하면 pH가 급격히 변한다.
- 약산 CH_3COOH과 그 짝염기가 포함된 염 CH_3COONa이 녹은 수용액은 완충 용액이며, 완충 용액에 소량의 산이나 염기를 가해도 pH가 거의 변하지 않는다.
  ➡ CH_3COOH과 CH_3COONa이 같은 농도로 녹아 있는 완충 용액의 pH는 4.75 정도이며, 이 완충 용액에 산을 소량 가하면 pH가 조금 작아지고 염기를 소량 가하면 pH가 조금 커지지만, 그 변화 값이 매우 작아 4.75에 가깝다.

분석 point

완충 용액에 소량의 산이나 염기를 가해도 pH는 거의 변하지 않는다.

정답
1. NH_4^+
2. ×

개념 체크

◘ H_2CO_3과 HCO_3^-의 완충 용액이 완충 작용할 때 혈액 속의 OH^-의 농도가 증가하면 증가한 OH^-이 H_2CO_3과 반응하여 소모되므로 혈액의 pH가 일정하게 유지된다.

1. 혈액 속 H_3O^+의 농도가 증가하면, 혈액의 pH는 급격하게 감소한다. (○, ×)

2. 혈액 속의 H_2CO_3은 HCO_3^-의 짝염기이다. (○, ×)

과학 돋보기 짝염기의 혼합 없이 약산만으로 완충 효과가 나타나지 않는 이유

- 산 HA의 이온화 상수(K_a)$=\frac{[H_3O^+][A^-]}{[HA]}$이므로 $[H_3O^+]=K_a\frac{[HA]}{[A^-]}$이다. 따라서 pH 변화는 $\frac{[HA]}{[A^-]}$의 변화가 클수록 크게 나타난다.
- 약산 HA의 수용액에 소량의 HCl(aq)을 첨가할 경우 ➡ 약산 HA는 극히 일부만 이온화하므로 상대적으로 [HA]는 매우 크고, $[A^-]$는 매우 작다. 따라서 HA(aq)에 소량의 HCl(aq)을 첨가하여 평형 이동이 일어나면 $\frac{[HA]}{[A^-]}$의 변화가 크게 나타나 완충 효과가 나타나지 않는다.
- 약산 HA의 수용액에 그 짝염기 A^-을 혼합한 완충 용액에 소량의 HCl(aq)을 첨가할 경우 ➡ 약산 HA는 극히 일부만 이온화하지만 그 짝염기 A^-을 혼합하였으므로 상대적으로 [HA]와 $[A^-]$는 모두 매우 크다. 따라서 이 완충 용액에 소량의 HCl(aq)을 첨가하여 평형 이동이 일어나면 $\frac{[HA]}{[A^-]}$의 변화가 작게 나타나 완충 효과가 나타난다.

(2) **생체 내 완충 용액**

① 혈액은 pH가 7.4 정도로 일정하게 유지되는 완충 용액이다. 생체 내에서 일어나는 화학 반응은 다양한 효소가 관여하며, 효소의 작용은 pH의 영향을 크게 받으므로 적정한 pH를 유지하는 것이 매우 중요하다.

- 혈액에서의 완충 용액 : 혈액에서는 탄산(H_2CO_3)과 탄산수소 이온(HCO_3^-)의 완충 용액, 인산이수소 이온($H_2PO_4^-$)과 인산수소 이온(HPO_4^{2-})의 완충 용액 등이 완충 작용을 한다.

② H_2CO_3과 HCO_3^-의 완충 용액

- 혈액에 녹은 이산화 탄소(CO_2)와 물(H_2O)이 반응하여 H_2CO_3을 생성하며, 혈액 속에서 H_2CO_3과 그 짝염기인 HCO_3^-은 평형을 이룬다.

$$CO_2(g)+H_2O(l) \rightleftharpoons H_2CO_3(aq) \quad \cdots\cdots ㉠$$
$$H_2CO_3(aq)+H_2O(l) \rightleftharpoons HCO_3^-(aq)+H_3O^+(aq) \quad \cdots\cdots ㉡$$

➡ 혈액 속 H_3O^+의 농도 증가 : 운동으로 생긴 젖산 등으로 혈액 속의 H_3O^+의 농도가 증가하면, 증가한 H_3O^+이 HCO_3^-과 반응하여 소모되므로 혈액의 pH가 거의 일정하게 유지된다(㉡의 역반응이 일어남). $H_3O^+(aq)+HCO_3^-(aq) \longrightarrow H_2CO_3(aq)+H_2O(l)$
이때 증가한 H_2CO_3은 CO_2와 H_2O로 분해되며 CO_2는 호흡으로 몸 밖으로 배출된다(㉠의 역반응이 일어남). $H_2CO_3(aq) \longrightarrow CO_2(g)+H_2O(l)$

➡ 혈액 속 OH^-의 농도 증가 : 혈액 속의 OH^-의 농도가 증가하면 증가한 OH^-이 H_2CO_3과 반응하여 소모되므로 혈액의 pH가 거의 일정하게 유지된다.
$H_2CO_3(aq)+OH^-(aq) \longrightarrow HCO_3^-(aq)+H_2O(l)$

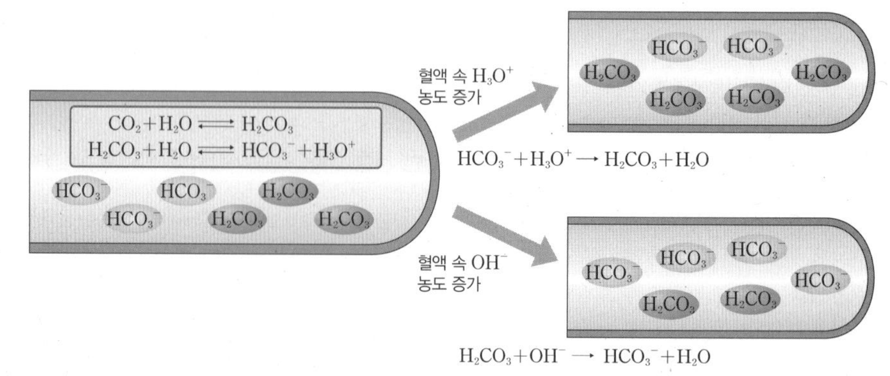

정답
1. ×
2. ×

③ $H_2PO_4^-$과 HPO_4^{2-}의 완충 용액 : 혈액 속의 $H_2PO_4^-$과 HPO_4^{2-}의 완충 작용도 혈액의 pH 조절에 영향을 미치며 두 이온은 혈액 속에서 다음과 같은 평형을 이룬다.

$$H_2PO_4^-(aq)+H_2O(l) \rightleftharpoons HPO_4^{2-}(aq)+H_3O^+(aq)$$

➡ 혈액 속 H_3O^+의 농도 증가 : 혈액 속 H_3O^+의 농도가 증가하면, 증가한 H_3O^+이 HPO_4^{2-}과 반응하여 소모되므로 혈액의 pH가 거의 일정하게 유지된다.

➡ 혈액 속 OH^-의 농도 증가 : 혈액 속의 OH^-의 농도가 증가하면 증가한 OH^-이 $H_2PO_4^-$과 반응하여 소모되므로 혈액의 pH가 거의 일정하게 유지된다.

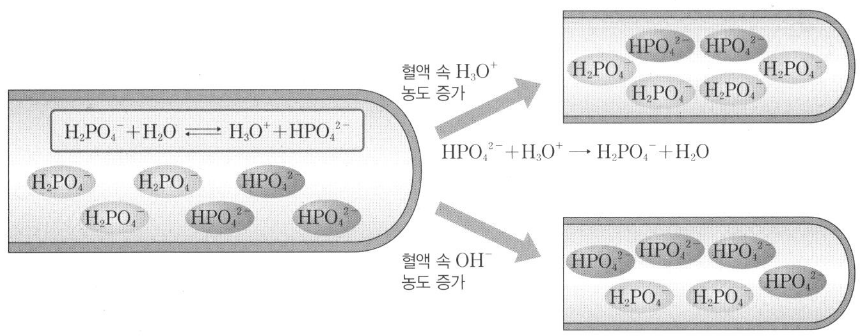

과학 돋보기 혈액의 pH와 질병

• 혈액에서는 H_2CO_3과 그 짝염기인 HCO_3^-이 1 : 20 정도의 비율을 유지하며 다음과 같은 평형을 이룬다.

$CO_2(g)+H_2O(l) \rightleftharpoons H_2CO_3(aq)$ …… ㉠

$H_2CO_3(aq)+H_2O(l) \rightleftharpoons HCO_3^-(aq)+H_3O^+(aq)$ …… ㉡

➡ 산혈증과 알칼리혈증 : 산혈증은 폐에 이상이 생겨 몸속에서 생성된 이산화 탄소가 제대로 배출되지 않거나 신장에 이상이 생겨 산이 제대로 배출되지 않을 때 혈액의 pH가 적정 범위 이하로 떨어진 상태로 두통, 피로, 의식 장애 등이 나타난다. 알칼리혈증은 과도한 호흡으로 이산화 탄소를 과다 배출했을 때 혈액의 pH가 적정 범위보다 높아지는 상태로 호흡곤란, 근육 경련, 의식장애 등이 나타난다.

➡ 고산병 : 높은 산에서는 산소가 부족해져 산소를 공급하기 위해 호흡량을 늘리면 CO_2의 배출량이 증가하여 ㉠과 ㉡의 역반응이 우세하게 진행되며, 이로 인해 pH가 적정 범위보다 높아지게 되면, 구토, 두통 등이 일어날 수 있다.

과학 돋보기 인체 속 완충 작용의 예

• 헤모글로빈의 완충 작용

$$HbO_2+H^+ \rightleftharpoons HbH^++O_2$$

➡ 폐를 지난 혈액의 적혈구 속 헤모글로빈은 산소와 결합한 형태로 인체 속 여러 세포로 이동하고, 세포 내 많은 대사 활동으로 양이 증가한 H^+과 반응하며 산소를 방출한다.

• 아미노산의 완충 작용

H R−C−COOH NH$_3^+$	←(+H^+)—	H R−C−COO$^-$ NH$_3^+$	—(+OH^-)→	H R−C−COO$^-$ NH$_2$
(가)		중성 용액에서의 아미노산		(나)

➡ 아미노산은 인체 내에서 H^+의 양이 증가할 때 H^+과 반응하여 (가)가 되고, OH^-의 양이 증가할 때 OH^-과 반응하여 (나)가 된다.

개념 체크

◎ 혈액에서의 완충 용액 : 혈액에서는 탄산(H_2CO_3)과 탄산수소 이온(HCO_3^-)의 완충 용액, 인산이수소 이온($H_2PO_4^-$)과 인산수소 이온(HPO_4^{2-})의 완충 용액 등이 완충 작용을 한다.

[1~2] 혈액 속에서 $H_2PO_4^-(aq)+H_2O(l) \rightleftharpoons HPO_4^{2-}(aq)+H_3O^+(aq)$의 이온화 반응이 평형을 이루고 있을 때

1. 산을 가하면 정반응 쪽으로 평형이 이동한다. (○, ×)

2. 혈액 속의 (   )의 농도가 증가하면 증가한 (   )이 $H_2PO_4^-$과 반응하여 소모되므로 혈액의 pH가 거의 일정하게 유지된다.

정답
1. ×
2. OH^-, OH^-

[24028-0149]

01 다음은 25°C에서 산 HA, HB의 이온화 상수(K_a)와 염기 C^-의 이온화 상수(K_b)이다.

○ HA의 $K_a=2\times10^{-5}$
○ HB의 $K_a=1\times10^{-7}$
○ C^-의 $K_b=5\times10^{-9}$

HA~HC의 산의 세기를 비교한 것으로 옳은 것은? (단, 25°C에서 물의 이온화 상수(K_w)는 1×10^{-14}이다.)

① HA > HB > HC ② HA > HC > HB
③ HB > HA > HC ④ HB > HC > HA
⑤ HC > HA > HB

[24028-0150]

02 다음은 약산 HA의 이온화 반응식과 25°C에서 이온화 상수(K_a)이다.

$$HA(aq)+H_2O(l) \rightleftharpoons A^-(aq)+H_3O^+(aq) \quad K_a$$

그림은 25°C에서 HA(*aq*)을 나타낸 것이다.

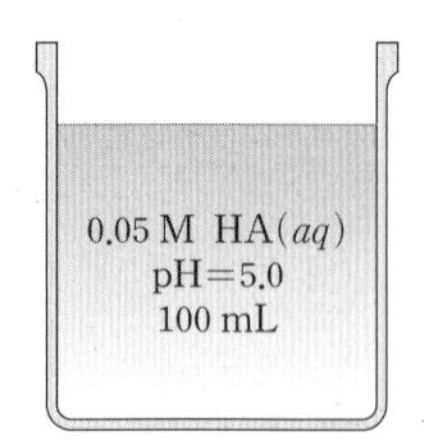

이에 대한 설명으로 옳은 것만을 〈보기〉에서 있는 대로 고른 것은?

보기
ㄱ. $[A^-]=0.05$ M이다.
ㄴ. H_3O^+의 양은 1×10^{-6} mol이다.
ㄷ. $K_a=2\times10^{-4}$이다.

① ㄱ ② ㄴ ③ ㄷ
④ ㄱ, ㄴ ⑤ ㄴ, ㄷ

[24028-0151]

03 다음은 약산 HA의 이온화 반응식과 25°C에서 이온화 상수(K_a)이다.

$$HA(aq)+H_2O(l) \rightleftharpoons A^-(aq)+H_3O^+(aq)$$
$$K_a=5\times10^{-6}$$

25°C에서 x M HA(*aq*)의 pH=3.0이고, $[OH^-]=y$ M일 때, $\frac{y}{x}$는? (단, 25°C에서 물의 이온화 상수(K_w)는 1×10^{-14}이다.)

① 5×10^{-11} ② 2×10^{-10} ③ 5×10^{-10}
④ 2×10^{-3} ⑤ 5×10^{-3}

[24028-0152]

04 다음은 25°C에서 염기 NH_3, CH_3NH_2의 이온화 상수(K_b)와 산 $CH_3NH_3^+$의 이온화 상수(K_a)이다.

○ NH_3의 $K_b=1.8\times10^{-5}$
○ CH_3NH_2의 $K_b=4.6\times10^{-4}$
○ $CH_3NH_3^+$의 $K_a=x$

이에 대한 설명으로 옳은 것만을 〈보기〉에서 있는 대로 고른 것은? (단, 25°C에서 물의 이온화 상수(K_w)는 1×10^{-14}이다.)

보기
ㄱ. 염기의 세기는 $NH_3>CH_3NH_2$이다.
ㄴ. $x>1\times10^{-11}$이다.
ㄷ. 25°C에서 0.01 M $CH_3NH_3Cl(aq)$의 pH<7.0이다.

① ㄱ ② ㄴ ③ ㄷ
④ ㄱ, ㄴ ⑤ ㄴ, ㄷ

[24028-0153]

05 다음은 NH_3의 이온화 반응식과 25°C에서 이온화 상수(K_b)이다.

$$NH_3(aq)+H_2O(l) \rightleftharpoons NH_4^+(aq)+OH^-(aq) \quad K_b=1.8\times10^{-5}$$

25°C에서 0.1 M $NH_4Cl(aq)$에 대한 설명으로 옳은 것만을 〈보기〉에서 있는 대로 고른 것은? (단, 25°C에서 물의 이온화 상수(K_w)는 1×10^{-14}이다.)

보기

ㄱ. pH>7.0이다.
ㄴ. 25°C에서 NH_4^+의 이온화 상수 $K_a<1.8\times10^{-5}$이다.
ㄷ. $[NH_3]=0.1$ M이다.

① ㄱ ② ㄴ ③ ㄷ
④ ㄱ, ㄴ ⑤ ㄴ, ㄷ

[24028-0154]

06 그림은 $HA(aq)$과 $NaA(aq)$을 혼합하여 만든 수용액 (가)~(다)에서 HA와 A^-을 모형으로 나타낸 것이다. HA는 약산이고, (가)~(다)의 부피는 모두 같다.

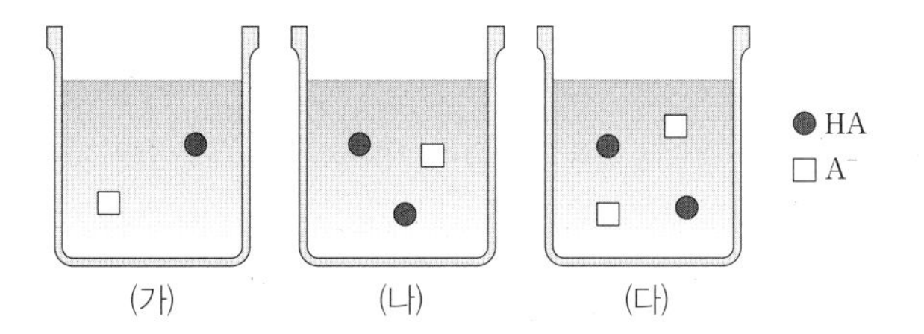

(가)~(다)의 pH를 비교한 것으로 옳은 것은? (단, 수용액의 온도는 25°C로 일정하다.)

① (가)=(나)=(다) ② (가)>(나)>(다)
③ (가)=(다)>(나) ④ (나)>(가)=(다)
⑤ (다)>(나)>(가)

[24028-0155]

07 다음은 약산 HA의 이온화 반응식과 25°C에서 이온화 상수(K_a)이다.

$$HA(aq)+H_2O(l) \rightleftharpoons A^-(aq)+H_3O^+(aq) \quad K_a=3\times10^{-6}$$

그림은 25°C에서 $HA(aq)$과 $NaA(aq)$을 나타낸 것이다.

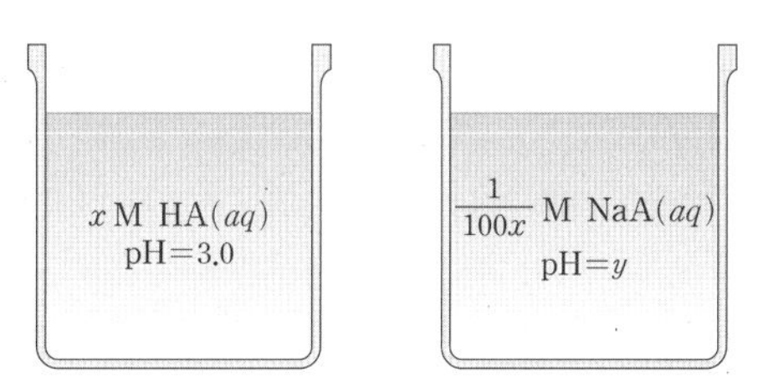

$x\times y$는? (단, 25°C에서 물의 이온화 상수(K_w)는 1×10^{-14}이다.)

① 50.0 ② 10.0 ③ 4.0 ④ 3.0 ⑤ 1.0

[24028-0156]

08 다음은 약산 HA의 이온화 반응식과 25°C에서 이온화 상수(K_a)이다.

$$HA(aq)+H_2O(l) \rightleftharpoons A^-(aq)+H_3O^+(aq) \quad K_a$$

그림은 25°C에서 $HA(aq)$과 $NaA(aq)$을 혼합하여 만든 수용액을 나타낸 것이다.

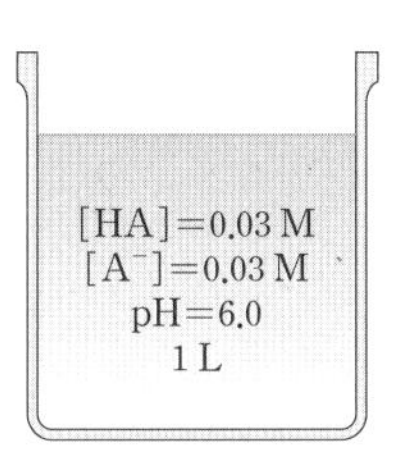

이에 대한 설명으로 옳은 것만을 〈보기〉에서 있는 대로 고른 것은? (단, 수용액의 온도는 25°C로 일정하고, 25°C에서 물의 이온화 상수(K_w)는 1×10^{-14}이며, 혼합 수용액의 부피는 혼합 전 각 수용액의 부피의 합과 같다.)

보기

ㄱ. $[OH^-]=1\times10^{-8}$ M이다.
ㄴ. $K_a=1\times10^{-6}$이다.
ㄷ. 1 M $HCl(aq)$ 1 mL를 첨가하면 $[HA]>[A^-]$이다.

① ㄱ ② ㄷ ③ ㄱ, ㄴ
④ ㄴ, ㄷ ⑤ ㄱ, ㄴ, ㄷ

[24028-0157]

09 다음은 약산 HA의 이온화 반응식과 25℃에서 이온화 상수(K_a)이다.

$$HA(aq)+H_2O(l) \rightleftharpoons A^-(aq)+H_3O^+(aq)\ K_a=a$$

표는 HA(*aq*)과 NaA(*aq*)을 혼합하여 만든 수용액 (가)와 (나)에 대한 자료이다.

수용액	$\frac{[HA]}{[A^-]}$	pH
(가)	2	5.0
(나)	1	x

이에 대한 설명으로 옳은 것만을 〈보기〉에서 있는 대로 고른 것은? (단, 수용액의 온도는 25℃로 일정하다.)

보기
ㄱ. (가)에서 $[H_3O^+]=2a$ M이다.
ㄴ. $a=2\times10^{-5}$이다.
ㄷ. $x<5.0$이다.

① ㄱ ② ㄴ ③ ㄱ, ㄷ ④ ㄴ, ㄷ ⑤ ㄱ, ㄴ, ㄷ

[24028-0158]

10 그림은 25℃에서 수용액 (가)를 나타낸 것이다. 25℃에서 CH_3COOH의 이온화 상수 $K_a=2\times10^{-5}$이다.

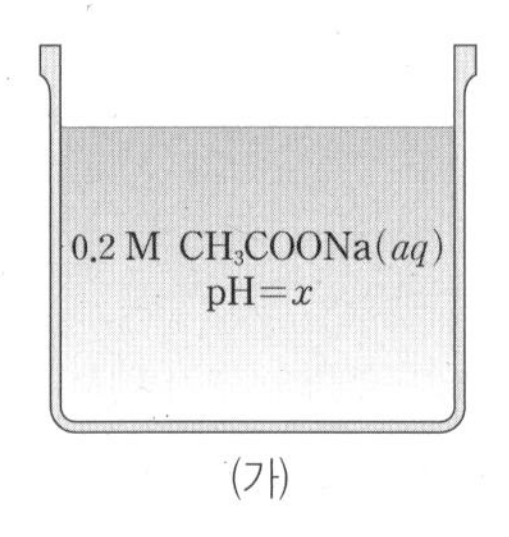

(가)

이에 대한 설명으로 옳은 것만을 〈보기〉에서 있는 대로 고른 것은? (단, 25℃에서 물의 이온화 상수(K_w)는 1×10^{-14}이다.)

보기
ㄱ. (가)는 완충 용액이다.
ㄴ. $x>7.0$이다.
ㄷ. (가)에서 $\frac{[CH_3COOH]}{[CH_3COO^-]}>2\times10^{-5}$이다.

① ㄱ ② ㄴ ③ ㄷ ④ ㄱ, ㄴ ⑤ ㄴ, ㄷ

[24028-0159]

11 다음은 약산 HA와 HB의 이온화 반응식과 25℃에서 이온화 상수(K_a)이다.

○ $HA(aq)+H_2O(l) \rightleftharpoons A^-(aq)+H_3O^+(aq)$ $K_a=x$
○ $HB(aq)+H_2O(l) \rightleftharpoons B^-(aq)+H_3O^+(aq)$ $K_a=\frac{x}{100}$

표는 HA(*aq*)과 HB(*aq*)에 대한 자료이다.

수용액	몰 농도(M)	pH
HA(*aq*)	0.2	3.0
HB(*aq*)	y	4.0

이에 대한 설명으로 옳은 것만을 〈보기〉에서 있는 대로 고른 것은? (단, 수용액의 온도는 25℃로 일정하다.)

보기
ㄱ. 산의 세기는 HA>HB이다.
ㄴ. $x>1\times10^{-6}$이다.
ㄷ. $y=0.1$이다.

① ㄱ ② ㄷ ③ ㄱ, ㄴ ④ ㄴ, ㄷ ⑤ ㄱ, ㄴ, ㄷ

[24028-0160]

12 다음은 혈액의 완충 작용과 관련된 반응의 화학 반응식이다.

(가) $CO_2(g)+H_2O(l) \rightleftharpoons$ ㉠(aq)
(나) ㉠$(aq)+H_2O(l) \rightleftharpoons HCO_3^-(aq)+H_3O^+(aq)$

이에 대한 설명으로 옳은 것만을 〈보기〉에서 있는 대로 고른 것은? (단, 온도는 일정하다.)

보기
ㄱ. ㉠은 H_2CO_3이다.
ㄴ. (나)에서 HCO_3^-의 짝산은 H_3O^+이다.
ㄷ. 혈액에서 $CO_2(g)$가 과다하게 배출되면 혈액의 pH는 감소한다.

① ㄱ ② ㄴ ③ ㄱ, ㄷ ④ ㄴ, ㄷ ⑤ ㄱ, ㄴ, ㄷ

[24028-0161]

 다음은 어떤 학생이 수행한 탐구 활동이다.

[자료]

○ 약산 $HA(aq)$의 이온화 반응식과 25℃에서의 이온화 상수(K_a)

$$HA(aq)+H_2O(l) \rightleftharpoons A^-(aq)+H_3O^+(aq) \quad K_a=1\times10^{-7}$$

[가설]

○ 같은 부피의 물과 완충 용액에 $NaOH(s)$ 0.01 mol을 각각 첨가했을 때 [㉠]

[탐구 과정]

(가) 그림과 같이 물이 들어 있는 비커 Ⅰ, $HA(aq)$과 $NaA(aq)$을 혼합한 수용액이 들어 있는 비커 Ⅱ를 준비한다.

(나) (가)의 Ⅰ과 Ⅱ에 $NaOH(s)$ 0.01 mol을 각각 첨가하여 모두 녹인 후 수용액의 pH를 측정한다.

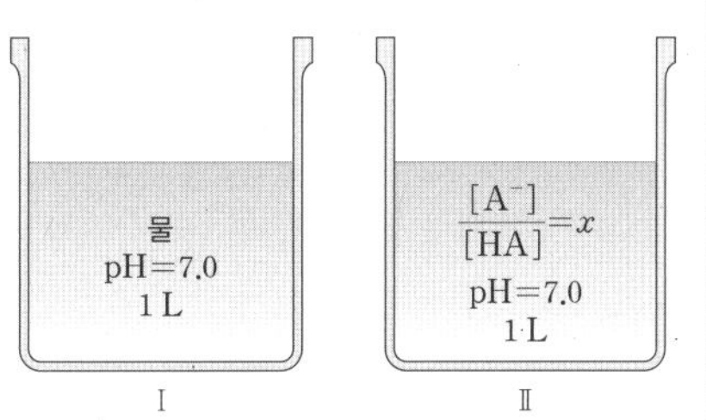

[탐구 결과]

○ (나) 과정 후 비커에 들어 있는 수용액의 pH

비커	Ⅰ	Ⅱ
수용액의 pH	12.0	7.5

[결론]

○ 가설은 옳다.

학생의 결론이 타당할 때, 이에 대한 설명으로 옳은 것만을 <보기>에서 있는 대로 고른 것은? (단, 물과 수용액의 온도는 25℃로 일정하고, 고체의 용해에 의한 물과 수용액의 부피 변화는 무시한다.)

보기

ㄱ. 'pH 변화는 물이 완충 용액보다 크다.'는 ㉠으로 적절하다.

ㄴ. $x=1$이다.

ㄷ. (나) 과정 후 비커 Ⅱ에 들어 있는 수용액에서 $\frac{[A^-]}{[HA]}>1$이다.

① ㄱ ② ㄷ ③ ㄱ, ㄴ ④ ㄴ, ㄷ ⑤ ㄱ, ㄴ, ㄷ

pH=7.0이면 $[H_3O^+]=1\times10^{-7}$ M이다.

[24028-0162]

02 다음은 약염기 B^-의 이온화 반응식과 25℃에서 이온화 상수(K_b)이다.

$$B^-(aq)+H_2O(l) \rightleftharpoons HB(aq)+OH^-(aq) \quad K_b$$

25℃에서 0.2 M $HB(aq)$의 pOH=9.0이고 $[H_3O^+]=x$ M일 때, $\frac{K_b}{x}$는? (단, 25℃에서 물의 이온화 상수(K_w)는 1×10^{-14}이다.)

① 1 ② 2 ③ 10 ④ 20 ⑤ 100

$[H_3O^+]=\frac{K_w}{[OH^-]}$이고, 산의 이온화 상수가 K_a일 때 그 짝염기의 이온화 상수 $K_b=\frac{K_w}{K_a}$이다.

(가)는 완충 용액이고, (나)는 완충 용액이 아니다.

[24028-0163]

03 다음은 $H_2PO_4^-$의 이온화 반응식과 25°C에서의 이온화 상수(K_a)이다.

$$H_2PO_4^-(aq) + H_2O(l) \rightleftharpoons HPO_4^{2-}(aq) + H_3O^+(aq) \quad K_a = 6\times10^{-8}$$

그림 (가)는 $H_2PO_4^-(aq)$과 $HPO_4^{2-}(aq)$을 혼합하여 만든 수용액을, (나)는 물을 나타낸 것이다.

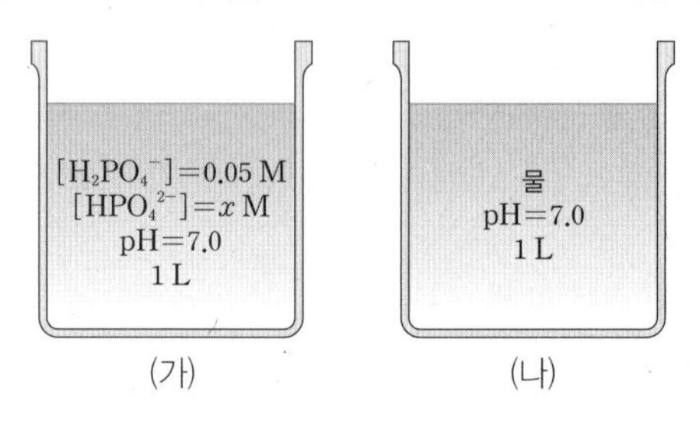

이에 대한 설명으로 옳은 것만을 〈보기〉에서 있는 대로 고른 것은? (단, 물과 수용액의 온도는 25°C로 일정하고, 고체의 용해에 의한 수용액의 부피 변화는 무시한다.)

보기

ㄱ. HPO_4^{2-}의 짝산은 $H_2PO_4^-$이다.

ㄴ. $x=0.03$이다.

ㄷ. $NaOH(s)$ 0.01 mol을 (가)와 (나)에 각각 첨가하여 녹였을 때 pH는 (나)>(가)이다.

① ㄱ ② ㄷ ③ ㄱ, ㄴ ④ ㄴ, ㄷ ⑤ ㄱ, ㄴ, ㄷ

산의 이온화 상수가 K_a일 때 그 짝염기의 이온화 상수 $K_b = \frac{K_w}{K_a}$이다.

[24028-0164]

04 다음은 약산 HA의 이온화 반응식과 25°C에서 이온화 상수(K_a)이다.

$$HA(aq) + H_2O(l) \rightleftharpoons A^-(aq) + H_3O^+(aq) \quad K_a = 5\times10^{-6}$$

그림은 2가지 수용액 (가)와 (나)를 나타낸 것이다.

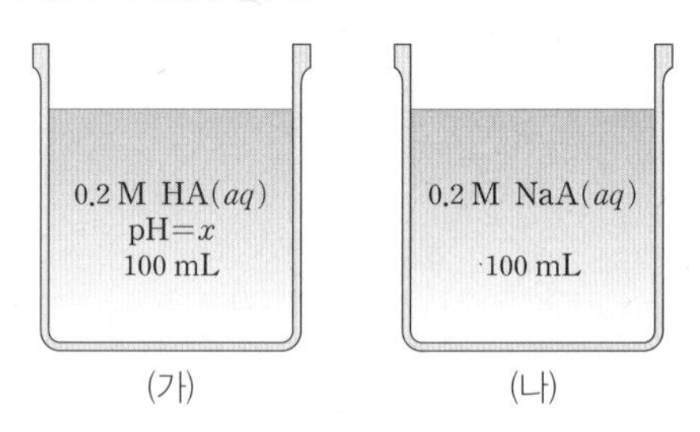

이에 대한 설명으로 옳은 것만을 〈보기〉에서 있는 대로 고른 것은? (단, 수용액의 온도는 25°C로 일정하고, 25°C에서 물의 이온화 상수(K_w)는 1×10^{-14}이며, 혼합 수용액의 부피는 혼합 전 각 수용액의 부피의 합과 같다.)

보기

ㄱ. 25°C에서 A^-의 이온화 상수(K_b)는 2×10^{-9}이다.

ㄴ. $x=5.0$이다.

ㄷ. (가)와 (나)를 모두 혼합한 수용액의 $[OH^-] > 1\times10^{-9}$ M이다.

① ㄱ ② ㄴ ③ ㄱ, ㄷ ④ ㄴ, ㄷ ⑤ ㄱ, ㄴ, ㄷ

[24028-0165]

05 다음은 완충 용액 제조에 대한 인공지능과의 질문과 대답이다. 25℃에서 CH_3COOH의 이온화 상수 $K_a=2\times10^{-5}$이다.

[질문]

○ 0.1 M $CH_3COOH(aq)$을 이용해서 어떻게 완충 용액을 만들까요?

[인공지능의 대답]

○ ㉠ 0.1 M $CH_3COOH(aq)$ 1 L에 0.1 M $NaOH(aq)$ 500 mL를 첨가한 후 잘 섞어 주면 ㉡ pH=4.7인 완충 용액이 됩니다.

이에 대한 설명으로 옳은 것만을 〈보기〉에서 있는 대로 고른 것은? (단, 수용액의 온도는 25℃로 일정하다.)

보기

ㄱ. ㉠의 pH<4.7이다.

ㄴ. ㉡의 $[H_3O^+]>1\times10^{-5}$ M이다.

ㄷ. $\frac{[CH_3COO^-]}{[CH_3COOH]}$는 ㉠>㉡이다.

① ㄱ ② ㄷ ③ ㄱ, ㄴ ④ ㄴ, ㄷ ⑤ ㄱ, ㄴ, ㄷ

$[H_3O^+]=1\times10^{-5}$ M인 용액의 pH=5.00이다.

[24028-0166]

06 다음은 약산 HA의 이온화 반응식과 25℃에서 이온화 상수(K_a)이다.

$$HA(aq)+H_2O(l) \rightleftharpoons A^-(aq)+H_3O^+(aq) \quad K_a=6\times10^{-7}$$

그림은 0.1 M $HA(aq)$과 0.1 M $NaA(aq)$의 혼합 수용액 (가)와 (나)의 pH를 나타낸 것이다.

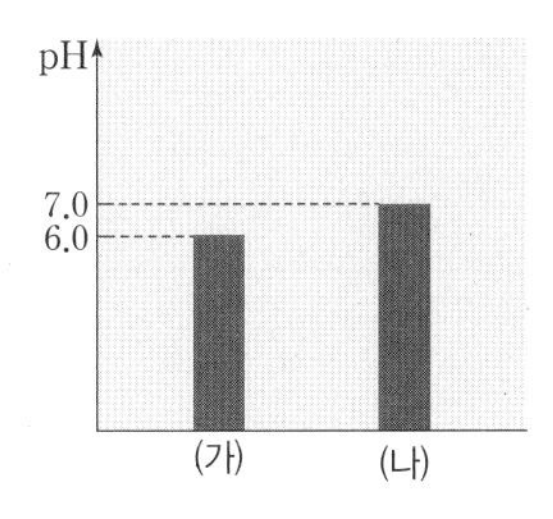

이에 대한 설명으로 옳은 것만을 〈보기〉에서 있는 대로 고른 것은? (단, 수용액의 온도는 25℃로 일정하고, 25℃에서 물의 이온화 상수(K_w)는 1×10^{-14}이며, 고체의 용해에 의한 수용액의 부피 변화는 무시한다.)

보기

ㄱ. (나)에서 $[H_3O^+]=[OH^-]$이다.

ㄴ. (가)에서 $\frac{[A^-]}{[HA]}=\frac{3}{5}$이다.

ㄷ. (나) 100 mL에 $NaOH(s)$ 0.01 mol을 첨가하면 $\frac{[A^-]}{[HA]}>6$이다.

① ㄱ ② ㄷ ③ ㄱ, ㄴ ④ ㄴ, ㄷ ⑤ ㄱ, ㄴ, ㄷ

약산 HA의 $K_a=\frac{[A^-][H_3O^+]}{[HA]}$이다.

(나)에서 pH=2.0, $[H_3O^+]$=0.01 M이므로 HB는 모두 이온화하는 강산이다.

[24028-0167]

07 다음은 약산 HA의 이온화 반응식과 25℃에서 이온화 상수(K_a)이다.

$$HA(aq)+H_2O(l) \rightleftharpoons A^-(aq)+H_3O^+(aq) \quad K_a=a$$

그림은 2가지 수용액 (가)와 (나)를 나타낸 것이다.

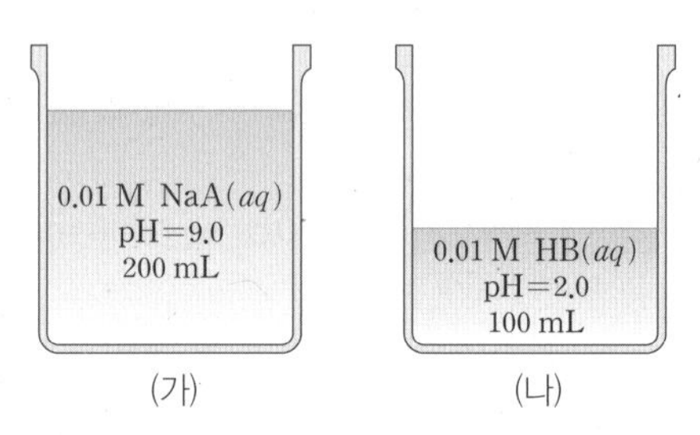

이에 대한 설명으로 옳은 것만을 <보기>에서 있는 대로 고른 것은? (단, 수용액의 온도는 25℃로 일정하고, 25℃에서 물의 이온화 상수(K_w)는 1×10^{-14}이며, 혼합 수용액의 부피는 혼합 전 각 수용액의 부피의 합과 같다.)

보기

ㄱ. (가)에서 $[OH^-]=1\times10^{-5}$ M이다.
ㄴ. $a<1\times10^{-7}$이다.
ㄷ. (가)와 (나)를 모두 혼합한 수용액의 pH=7.0이다.

① ㄱ ② ㄷ ③ ㄱ, ㄴ ④ ㄴ, ㄷ ⑤ ㄱ, ㄴ, ㄷ

약산 HA의 $K_a=\frac{[A^-][H_3O^+]}{[HA]}$이다.

[24028-0168]

08 다음은 약산 HA의 이온화 반응식과 25℃에서 이온화 상수(K_a)이다.

$$HA(aq)+H_2O(l) \rightleftharpoons A^-(aq)+H_3O^+(aq) \quad K_a$$

그림은 HA(aq)과 NaA(aq)을 혼합하여 만든 수용액 (가)~(다)의 [HA]와 $[A^-]$를 나타낸 것이다. (나)의 pH=7.0이다.

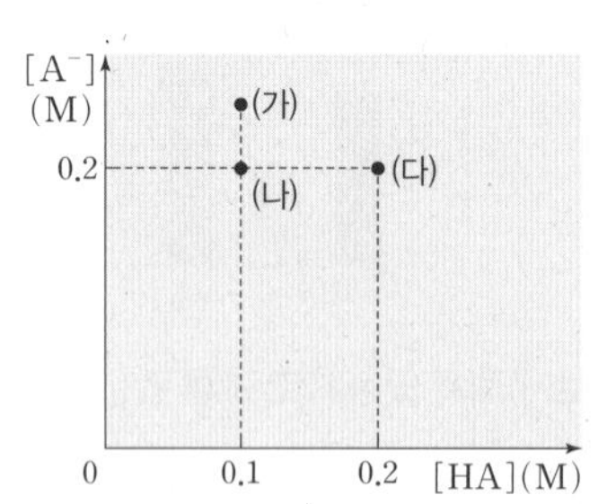

이에 대한 설명으로 옳은 것만을 <보기>에서 있는 대로 고른 것은? (단, 수용액의 온도는 25℃로 일정하고, 혼합 수용액의 부피는 혼합 전 각 수용액의 부피의 합과 같다.)

보기

ㄱ. $K_a=1\times10^{-7}$이다.
ㄴ. (가)의 pH>7.0이다.
ㄷ. (다) 100 mL에 1 M NaA(aq) 10 mL를 첨가하면 pH=7.0이다.

① ㄱ ② ㄴ ③ ㄷ ④ ㄱ, ㄴ ⑤ ㄴ, ㄷ

[24028-0169]

09 표는 25°C에서 2가지 수용액 (가)와 (나)에 대한 자료이다.

수용액	용질	몰 농도(M)	부피(mL)	pH
(가)	AOH	0.1	200	13.0
(나)	HB	0.2	200	3.0

이에 대한 설명으로 옳은 것만을 〈보기〉에서 있는 대로 고른 것은? (단, 수용액의 온도는 25°C로 일정하고, 25°C에서 물의 이온화 상수(K_w)는 1×10^{-14}이며, 혼합 수용액의 부피는 혼합 전 각 수용액의 부피의 합과 같다.)

보기

ㄱ. (가)에서 OH^-의 양은 0.02 mol이다.
ㄴ. 25°C에서 B^-의 이온화 상수(K_b)는 5×10^{-6}이다.
ㄷ. (가)와 (나)를 모두 혼합한 수용액에 0.1 M HCl(aq)을 첨가하여 pH=6.0인 수용액을 만들 수 있다.

① ㄱ ② ㄴ ③ ㄱ, ㄷ ④ ㄴ, ㄷ ⑤ ㄱ, ㄴ, ㄷ

(가)에서 pH=13.0이므로 $[H_3O^+]=1\times10^{-13}$ M이고, $[OH^-]=\frac{K_w}{[H_3O^+]}=0.1$ M이다. 따라서 AOH는 모두 이온화하는 강염기이다.

[24028-0170]

10 그림은 25°C에서 3가지 수용액 (가)~(다)를 나타낸 것이다.

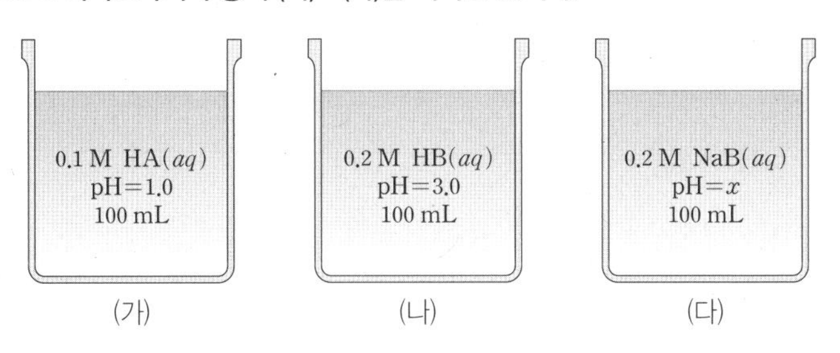

이에 대한 설명으로 옳은 것만을 〈보기〉에서 있는 대로 고른 것은? (단, 수용액의 온도는 25°C로 일정하고, 25°C에서 물의 이온화 상수(K_w)는 1×10^{-14}이며, 혼합 수용액의 부피는 혼합 전 각 수용액의 부피의 합과 같다.)

보기

ㄱ. 25°C에서 이온화 상수(K_a)는 HA가 HB보다 크다.
ㄴ. $x>9.0$이다.
ㄷ. $\frac{\text{(가)와 (다)를 모두 혼합한 수용액의 pH}}{\text{(나)와 (다)를 모두 혼합한 수용액의 pH}}=1$이다.

① ㄱ ② ㄷ ③ ㄱ, ㄴ ④ ㄴ, ㄷ ⑤ ㄱ, ㄴ, ㄷ

pH=1.0이면 $[H_3O^+]=1\times10^{-1}$ M이고, pH=3.0이면 $[H_3O^+]=1\times10^{-3}$ M이다.

$[H_3O^+]=\frac{[HA]}{[A^-]}K_a$이므로

$[OH^-]=\frac{K_w}{[H_3O^+]}=\frac{[A^-]K_w}{[HA]K_a}$

이다.

[24028-0171]

11 다음은 약산 HA의 이온화 반응식과 25℃에서 이온화 상수(K_a)이다.

$$HA(aq)+H_2O(l) \rightleftharpoons A^-(aq)+H_3O^+(aq) \quad K_a$$

그림은 0.2 M $HA(aq)$ (가)에 0.4 M $NaA(aq)$을 가하여 만든 혼합 수용액 (나)와 (다)를 나타낸 것이다.

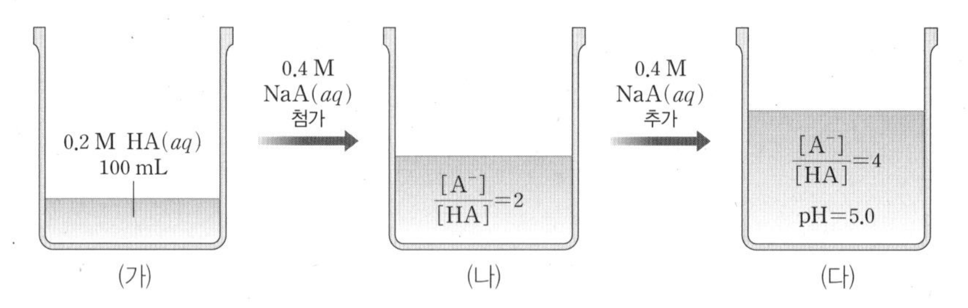

이에 대한 설명으로 옳은 것만을 〈보기〉에서 있는 대로 고른 것은? (단, 수용액의 온도는 25℃로 일정하고, 25℃에서 물의 이온화 상수(K_w)는 1×10^{-14}이다.)

보기

ㄱ. $K_a=4\times10^{-5}$이다.

ㄴ. (가)에서 $[H_3O^+]=2\times10^{-3}$ M이다.

ㄷ. $[OH^-]$는 (다)가 (나)의 2배이다.

① ㄱ　② ㄴ　③ ㄷ　④ ㄱ, ㄷ　⑤ ㄴ, ㄷ

약산 HA의 $K_a=\frac{[A^-][H_3O^+]}{[HA]}$이다.

[24028-0172]

12 다음은 약산 HA의 이온화 반응식과 25℃에서 이온화 상수(K_a)이다.

$$HA(aq)+H_2O(l) \rightleftharpoons A^-(aq)+H_3O^+(aq) \quad K_a$$

그림은 0.1 M $HA(aq)$과 0.1 M $NaA(aq)$의 혼합 수용액 (가)~(다)의 $\frac{[A^-]}{[HA]}$와 pH를 나타낸 것이다.

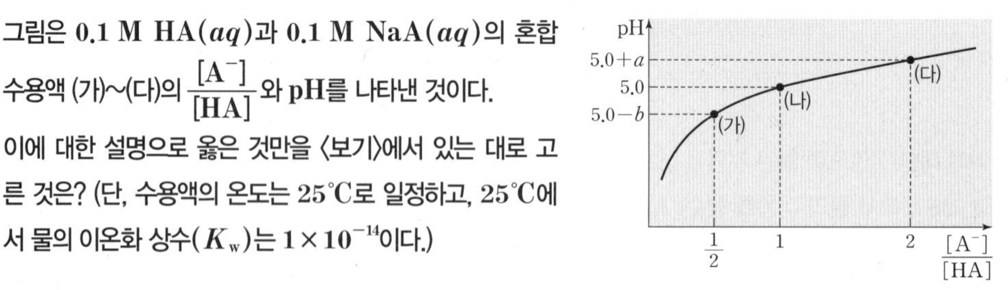

이에 대한 설명으로 옳은 것만을 〈보기〉에서 있는 대로 고른 것은? (단, 수용액의 온도는 25℃로 일정하고, 25℃에서 물의 이온화 상수(K_w)는 1×10^{-14}이다.)

보기

ㄱ. $K_a=1\times10^{-5}$이다.

ㄴ. $\frac{(다)의\ [H_3O^+]}{(나)의\ [OH^-]}>1\times10^3$이다.

ㄷ. $a=b$이다.

① ㄱ　② ㄷ　③ ㄱ, ㄴ　④ ㄴ, ㄷ　⑤ ㄱ, ㄴ, ㄷ

반응 속도

1 화학 반응 속도

(1) **빠른 반응과 느린 반응** : 우리 주위에서 일어나는 다양한 화학 반응은 빠르게 일어나는 반응과 느리게 일어나는 반응으로 구분할 수 있다.

① 빠른 반응의 예 : 중화 반응, 연소 반응, 앙금 생성 반응 등

② 느린 반응의 예 : 석회 동굴의 생성 반응, 철의 부식 반응 등

(2) **화학 반응의 빠르기 측정** : 화학 반응에 따라 여러 가지 방법으로 측정할 수 있다.

반응	기체가 발생하는 경우		고체가 생성되는 경우
측정	반응 시간에 따른 질량 측정	반응 시간에 따른 기체 생성물의 부피 측정	고체 때문에 × 표가 보이지 않을 때까지 걸리는 시간 측정
실험 장치	느슨하게 막은 솜, 묽은 염산, 탄산 칼슘	마그네슘, 묽은 염산	묽은 염산, 싸이오황산 나트륨 수용액
화학 반응식	$CaCO_3(s)+2HCl(aq) \longrightarrow CaCl_2(aq)+H_2O(l)+CO_2(g)$	$Mg(s)+2HCl(aq) \longrightarrow MgCl_2(aq)+H_2(g)$	$Na_2S_2O_3(aq)+2HCl(aq) \longrightarrow S(s)+2NaCl(aq)+H_2O(l)+SO_2(g)$
반응의 빠르기	$\frac{\text{발생한 } CO_2\text{의 질량(g)}}{\text{반응 시간(s)}}$	$\frac{\text{발생한 } H_2\text{의 부피(mL)}}{\text{반응 시간(s)}}$	$\frac{1}{\times \text{표가 보이지 않을 때까지 걸린 시간(s)}}$

탐구자료 살펴보기 화학 반응의 빠르기 측정하기

실험 과정

1. 충분한 양의 묽은 염산이 들어 있는 삼각 플라스크를 전자저울 위에 올려놓는다.
2. 1의 삼각 플라스크에 탄산 칼슘 5 g을 넣은 후, 10 s 간격으로 질량을 측정한다.

실험 결과

반응 시간(s)	0	10	20	30	40	50
질량(g)	192.4	191.4	190.9	190.6	190.4	190.3

분석 point

- 위 반응에서 반응의 빠르기는 반응 시간에 따라 발생한 CO_2의 질량을 측정하여 나타낼 수 있다. 각 구간에서 질량의 차이는 발생한 CO_2의 질량에 해당하므로 반응의 빠르기는 $\frac{\text{발생한 } CO_2\text{의 질량(g)}}{\text{반응 시간(s)}}$으로 나타낼 수 있고, 단위는 g/s를 사용할 수 있다.
- 각 구간에서 반응의 빠르기

구간	0~10 s	10~20 s	20~30 s	30~40 s	40~50 s
발생한 CO_2의 질량(g)	1	0.5	0.3	0.2	0.1
반응의 빠르기(g/s)	0.1	0.05	0.03	0.02	0.01

개념 체크

- 화학 반응의 빠르기는 반응에 따라 여러 가지 방법으로 측정할 수 있다.

1. 기체가 발생하는 반응에서 화학 반응의 빠르기는 반응 시간에 따라 발생한 기체의 (　　)이나 (　　)를 측정하여 나타낼 수 있다.

2. 앙금이 생성되는 반응에서는 앙금이 ×표를 모두 가릴 때까지 걸린 시간이 (　　)수록 화학 반응의 빠르기가 크다.

정답

1. 질량, 부피
2. 짧을

개념 체크

◉ **반응 속도** : 화학 반응에서 반응 시간 동안 변화한 물질의 농도와 부피, 질량 등으로 나타낼 수 있다.

◉ **평균 반응 속도** : 시간·농도 그래프에서 두 지점을 지나는 직선의 기울기(절댓값)이다.

1. 반응 속도는 반응 시간 동안 반응물의 (　　)한 농도나 생성물의 (　　)한 농도를 측정하여 나타낸다.

2. 시간(s)에 따른 반응물의 몰 농도(mol/L) 변화를 나타낸 반응 속도의 단위는 (　　)이다.

3. $H_2(g)+I_2(g) \rightarrow 2HI(g)$의 반응에서 HI의 농도가 증가하는 속도는 H_2의 농도가 감소하는 속도의 (　　) 배이다.

4. (평균 / 순간) 반응 속도는 시간·농도 그래프에서 두 지점을 지나는 직선의 기울기(절댓값)에 해당한다.

5. 일반적으로 반응이 진행될수록 반응물의 농도가 감소하므로 반응 속도는 점점 (　　)진다.

(3) 반응 속도

화학 반응이 일어나는 빠르기이며, 반응 시간 동안의 반응물 또는 생성물의 농도 변화량으로 나타낼 수 있다.

$$\text{반응 속도} = \frac{\text{반응물의 농도 감소량}}{\text{반응 시간}} \text{ 또는 } \frac{\text{생성물의 농도 증가량}}{\text{반응 시간}}$$

(단위 : mol/(L·s), mol/(L·min), M/s, M/min 등)

① **반응 속도의 표현** : 화학 반응이 일어날 때 시간 변화(Δt)에 따른 반응물의 농도 변화 또는 생성물의 농도 변화로 반응 속도를 나타낸다. 화학 반응식에서 반응물이나 생성물의 농도 변화를 화학 반응식의 계수로 나누어서 나타낸다. 반응물의 농도는 반응 과정에서 감소하므로 반응 속도를 표현할 때에는 (−)를 붙인다.

$$a\text{A}+b\text{B} \longrightarrow c\text{C}+d\text{D}$$

$$v=-\frac{1}{a}\frac{\Delta[\text{A}]}{\Delta t}=-\frac{1}{b}\frac{\Delta[\text{B}]}{\Delta t}=\frac{1}{c}\frac{\Delta[\text{C}]}{\Delta t}=\frac{1}{d}\frac{\Delta[\text{D}]}{\Delta t}$$

예 $H_2(g)+I_2(g) \longrightarrow 2HI(g)$의 반응 속도 표현

- 반응 계수비가 $H_2 : I_2 : HI = 1 : 1 : 2$이므로 H_2의 농도가 감소하는 속도나 I_2의 농도가 감소하는 속도는 HI의 농도가 증가하는 속도의 $\frac{1}{2}$과 같다.
- 반응물과 생성물의 농도 변화에 따른 반응 속도 사이에는 다음과 같은 관계가 성립한다.

$$-\frac{\Delta[H_2]}{\Delta t}=-\frac{\Delta[I_2]}{\Delta t}=\frac{1}{2}\frac{\Delta[HI]}{\Delta t}$$

② **평균 반응 속도** : 반응물이나 생성물의 농도 변화량을 반응이 일어난 시간으로 나누어 나타내는 반응 속도이며, 시간·농도 그래프에서 두 점을 지나는 직선의 기울기(절댓값)에 해당한다.

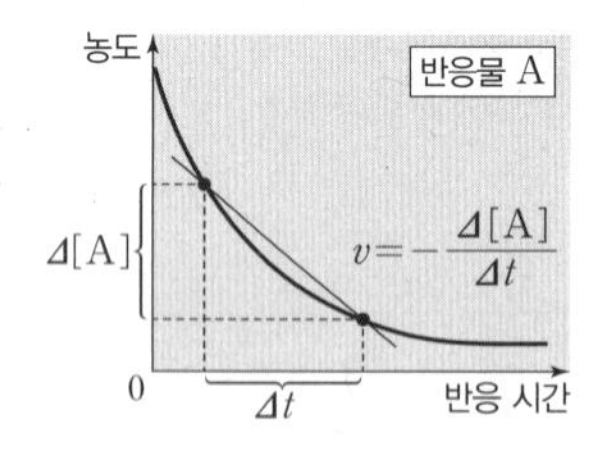

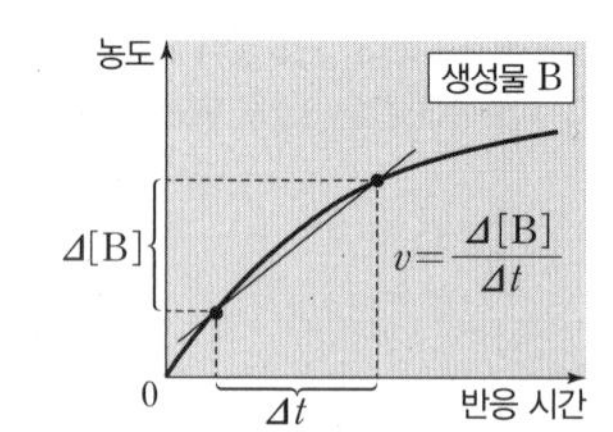

③ **순간 반응 속도** : 특정 시간에서의 반응 속도를 나타내며, 시간·농도 그래프에서 특정 시간(t)에서의 접선의 기울기(절댓값)에 해당한다.

④ **초기 반응 속도** : 시간·농도 그래프에서 $t=0$일 때의 순간 반응 속도이다.

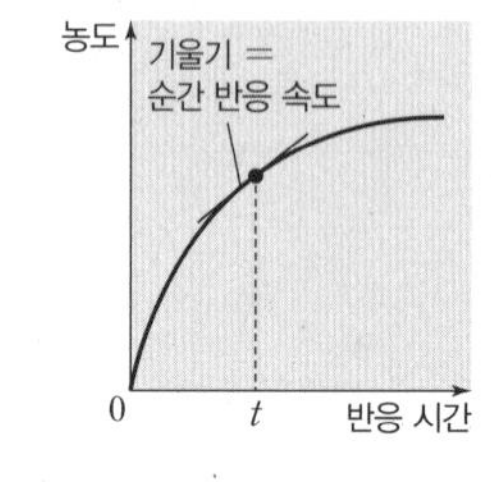

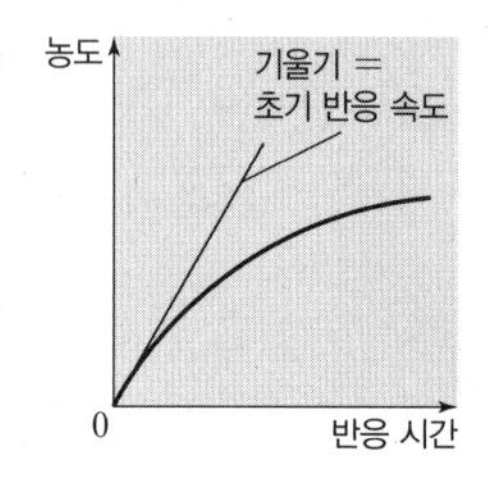

정답

1. 감소, 증가
2. mol/(L·s)
3. 2
4. 평균
5. 느려

2 반응 속도식

(1) **반응 속도식(반응 속도 법칙)** : 반응 속도(v)는 반응물의 농도에 따라 달라지며, 물질 A와 B가 반응하여 물질 C와 D가 생성되는 반응에서 반응 속도식은 다음과 같이 나타낼 수 있다.

$$a\mathrm{A}+b\mathrm{B} \longrightarrow c\mathrm{C}+d\mathrm{D} \quad v=k[\mathrm{A}]^m[\mathrm{B}]^n \ (k : \text{반응 속도 상수})$$

① 반응 차수

- m과 n은 반응 차수를 나타낸다.
- m, n은 실험을 통해 구하며, 반응식의 계수인 a, b와 관계가 없다.
- A에 대한 m차 반응, B에 대한 n차 반응이고, 전체 반응 차수는 $(m+n)$이다.

예 화학 반응식과 반응 속도식

화학 반응식	반응 속도식	전체 반응 차수
$H_2(g)+I_2(g) \longrightarrow 2HI(g)$	$v=k[H_2][I_2]$	2
$CH_3CHO(g) \longrightarrow CH_4(g)+CO(g)$	$v=k[CH_3CHO]^2$	2

② **반응 속도 상수(k)** : k는 반응에 따라 다른 값을 가지며, 농도에 따라서는 달라지지 않는 상수로, 온도와 활성화 에너지에 따라서는 그 값이 달라진다. k의 단위는 전체 반응 차수에 따라 다르다.

예 $v=k[\mathrm{A}]^2[\mathrm{B}]$의 반응 속도식에서 전체 반응 차수는 3이고, 반응 속도 상수(k)는 $k=\dfrac{v}{[\mathrm{A}]^2[\mathrm{B}]}$이므로 반응 시간의 단위가 s일 때, k의 단위는 $\dfrac{\mathrm{mol/(L\cdot s)}}{(\mathrm{mol/L})^2\times(\mathrm{mol/L})}$ $=\mathrm{L^2/(mol^2\cdot s)}$이다.

③ 반응 속도식에서 전체 반응 차수와 반응 속도 상수(k)의 단위는 표와 같이 나타낼 수 있다.

반응 속도식	전체 반응 차수	반응 속도 상수(k)의 단위
$v=k$	0	$\mathrm{mol/(L\cdot s)}$
$v=k[\mathrm{A}]$	1	$1/\mathrm{s}$
$v=k[\mathrm{A}][\mathrm{B}]$	2	$\mathrm{L/(mol\cdot s)}$
$v=k[\mathrm{A}]^2[\mathrm{B}]$	3	$\mathrm{L^2/(mol^2\cdot s)}$

과학 돋보기 화학 평형과 반응 속도

화학 평형 상태는 정반응 속도와 역반응 속도가 같아져서 더 이상 반응이 일어나지 않는 것처럼 보이는 상태이다. 가역 반응에서 반응 용기에 반응물만 넣어 주면 반응물의 농도는 점점 감소하므로 정반응 속도는 점점 느려지고, 생성물의 농도는 점점 증가하므로 역반응 속도는 점점 빨라진다. 시간이 흘러 정반응 속도와 역반응 속도가 같아지면 화학 평형 상태가 된다.

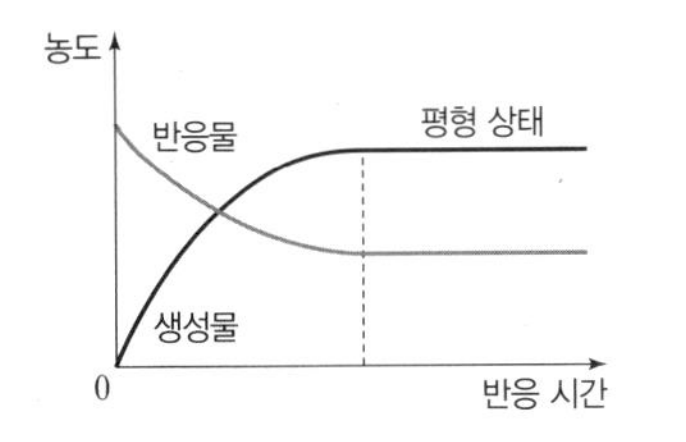

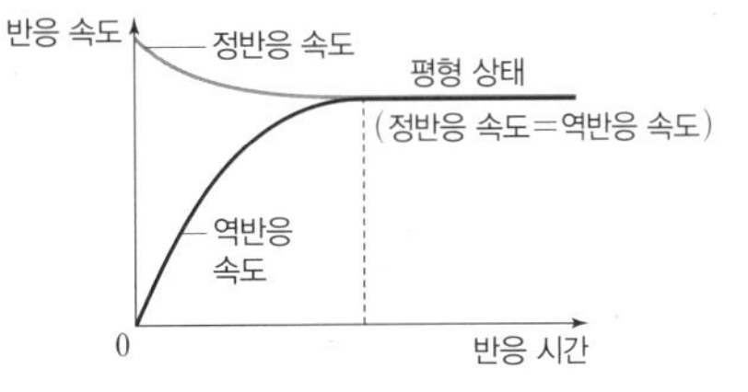

개념 체크

- **반응 속도식** : 반응 속도가 반응물의 농도와 어떤 관계가 있는지를 보여주는 식이다.
- **반응 차수** : 반응 속도식 $v=k[\mathrm{A}]^m[\mathrm{B}]^n$에서 m과 n은 각 물질에 대한 반응 차수이고, 전체 반응 차수는 $(m+n)$이다.

1. $a\mathrm{A}+b\mathrm{B} \longrightarrow c\mathrm{C}+d\mathrm{D}$의 반응이 A에 대한 m차 반응이고, B에 대한 n차 반응이면, 반응 속도식은 (   )으로 나타낸다.

2. 온도가 일정할 때 반응 속도 상수는 반응물의 농도에 따라 달라진다. (○, ×)

3. 반응 속도식이 $v=k[\mathrm{A}]$의 반응에서 k는 (   )이고, 반응 시간의 단위가 s일 때, k의 단위는 (   )이다.

정답
1. $v=k[\mathrm{A}]^m[\mathrm{B}]^n$
2. ×
3. 반응 속도 상수, 1/s

개념 체크

반응 차수 구하기 : 반응 속도식 $v=k[A]^m[B]^n$에서 반응 차수 m과 n은 한 물질의 초기 농도가 같은 상태에서 다른 물질의 초기 농도를 변화시켜 가면서 초기 반응 속도를 비교하는 실험을 통해 구한다.

1. $v=k[A]^m[B]^n$에서 반응 차수 m과 n은 (　　) 을 통해 구한다.

2. $v=k[A]^m[B]^n$에서 B의 농도가 같은 경우, A의 초기 농도가 2배로 될 때 초기 반응 속도가 2배가 된다면 m은 (　　)이다.

정답

1. 실험
2. 1

(2) 반응 차수와 반응 속도 상수의 결정

$v=k[A]^m[B]^n$에서 반응 차수 m과 n은 실험을 통해 구한다. 한 반응물의 초기 농도가 같은 상태에서 다른 반응물의 초기 농도를 변화시켜 가면서 초기 반응 속도를 측정한 다음, 반응물의 초기 농도비와 초기 반응 속도비를 비교하면 구할 수 있다.

예 $2NO(g)+O_2(g) \longrightarrow 2NO_2(g)$의 반응에서 반응물인 NO와 O_2의 초기 농도를 달리하면서 초기 반응 속도를 측정한다.

실험	반응물의 초기 농도(mol/L)		초기 반응 속도 (mol/(L·s))
	NO	O_2	
Ⅰ	0.02	0.01	0.028
Ⅱ	0.02	0.02	0.056
Ⅲ	0.04	0.02	0.224

① 반응 속도식을 쓴다.
➡ $v=k[NO]^m[O_2]^n$

⇩

② 실험 Ⅰ과 Ⅱ를 비교하면 O_2의 초기 농도가 2배가 될 때 초기 반응 속도가 2배가 됨을 알 수 있다. 이 반응은 O_2에 대한 1차 반응이다. ($n=1$)
➡ $v=k[NO]^m[O_2]$

⇩

③ 실험 Ⅱ와 Ⅲ을 비교하면 NO의 초기 농도가 2배가 될 때 초기 반응 속도가 4배가 됨을 알 수 있다. 이 반응은 NO에 대한 2차 반응이다. ($m=2$)
➡ $v=k[NO]^2[O_2]$

⇩

④ 반응 속도식 $v=k[NO]^2[O_2]$에 어느 한 실험에서의 반응물의 초기 농도와 초기 반응 속도를 대입하여 반응 속도 상수를 구한다.
➡ $k=\frac{v}{[NO]^2[O_2]}=\frac{0.028\ mol/(L\cdot s)}{(0.02\ mol/L)^2\times 0.01\ mol/L}=7\times10^3\ L^2/(mol^2\cdot s)$

과학 돋보기 **반응 차수와 반응 계수**

화학 반응식	$2H_2O_2(aq) \longrightarrow 2H_2O(l)+O_2(g)$
반응 속도식	$v=k[H_2O_2]$

화학 반응식	$2NO_2(g) \longrightarrow 2NO(g)+O_2(g)$
반응 속도식	$v=k[NO_2]^2$

- 화학 반응식의 반응 계수와 반응 속도식의 반응 차수는 무관하다.
- 반응 속도식은 실험적으로 반응물의 초기 농도를 바꿔가면서 측정된 결과를 토대로 구할 수 있다.

탐구자료 살펴보기 반응 속도식

자료

- 화학 반응식 : $2NO(g)+Br_2(g) \longrightarrow 2NOBr(g)$
- 일산화 질소(NO)와 브로민(Br_2)의 반응에서 NO와 Br_2의 초기 농도를 달리하면서 초기 반응 속도를 측정한 자료이다.

실험	[NO](M)	[Br_2](M)	초기 반응 속도(M/s)
Ⅰ	0.1	0.2	20
Ⅱ	0.2	0.2	80
Ⅲ	0.1	0.4	40

분석

- 실험 Ⅰ과 Ⅱ를 비교하여 NO의 농도가 2배가 될 때, 초기 반응 속도가 4배가 됨을 알 수 있다.
  ➡ NO에 대한 2차 반응
- 실험 Ⅰ과 Ⅲ을 비교하여 Br_2의 농도가 2배가 될 때, 초기 반응 속도가 2배가 됨을 알 수 있다.
  ➡ Br_2에 대한 1차 반응
- 반응 속도식 $v=k[NO]^2[Br_2]$
- 실험 Ⅰ에서 $20\ M/s=k(0.1\ M)^2\times0.2\ M$이므로 $k=1\times10^4\ M^{-2}\cdot s^{-1}$이다.

분석 point

2가지 이상의 반응물이 있는 경우 다른 반응물의 초기 농도가 일정한 상태에서 한 반응물의 농도 변화에 따른 초기 반응 속도의 변화를 통해 각 반응물에 대한 반응 차수를 구한 뒤, 반응 속도식을 완성하면 된다.

(3) 1차 반응과 반감기

① **1차 반응의 특징** : 1차 반응에서 반응 속도는 반응물의 농도에 비례한다. 반응물의 농도에 따른 반응 속도 그래프에서 기울기는 반응 속도 상수(k)에 해당한다.

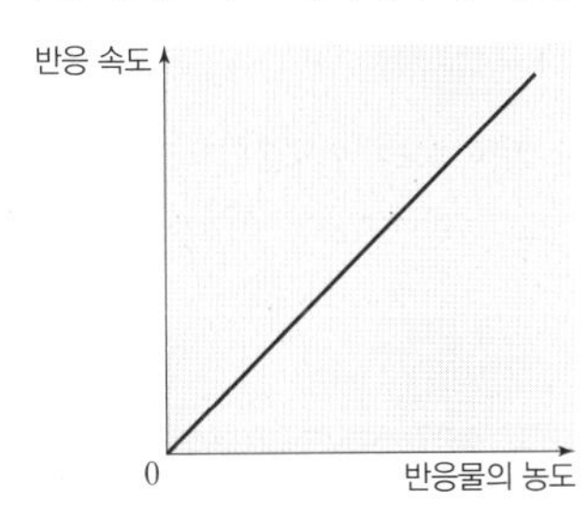

(기울기 : 반응 속도 상수(k))

예 • 오산화 이질소(N_2O_5)의 분해 반응

$2N_2O_5(g) \longrightarrow 4NO_2(g)+O_2(g) \qquad v=k[N_2O_5]$

• 과산화 수소(H_2O_2)의 분해 반응

$2H_2O_2(aq) \longrightarrow 2H_2O(l)+O_2(g) \qquad v=k[H_2O_2]$

② **반감기** : 반응물의 농도가 반으로 줄어들 때까지 걸리는 시간이며, 반감기는 반응 차수에 따라 달라진다.

개념 체크

1차 반응 : 반응 속도가 반응물의 농도에 비례한다.

1. A → B 반응이 A에 대한 1차 반응이라면 반응 속도식은 (　　)이다.

2. 온도가 일정할 때 1차 반응의 반응 속도는 반응물의 농도에 비례한다. (○, ×)

정답

1. $v=k[A]$
2. ○

개념 체크

◉ **반감기** : 반응물의 농도가 반으로 줄어들 때까지 걸리는 시간이다.
◉ **1차 반응** : 반응 속도가 반응물의 농도에 비례하며, 반응물의 농도에 따른 반응 속도 그래프에서 기울기는 반응 속도 상수(k)에 해당한다.
◉ **1차 반응의 반감기** : 1차 반응은 반응물의 농도에 관계없이 반감기가 일정하다.

1. 반응물의 농도가 반으로 줄어들 때까지 걸리는 시간을 (   )라고 한다.

2. 1차 반응에서 반응물의 농도에 따른 반응 속도 그래프에서 기울기는 (   )에 해당한다.

3. 1차 반응에서 t s 동안 반응물의 농도가 처음 농도의 $\frac{1}{4}$배로 감소한다면 반감기는 (   ) s이다.

4. 1차 반응에서 반감기는 반응물의 농도에 관계없이 일정하다. (○, ×)

• 1차 반응과 반감기 : 1차 반응에서 반감기는 반응물의 농도에 관계없이 일정하다.

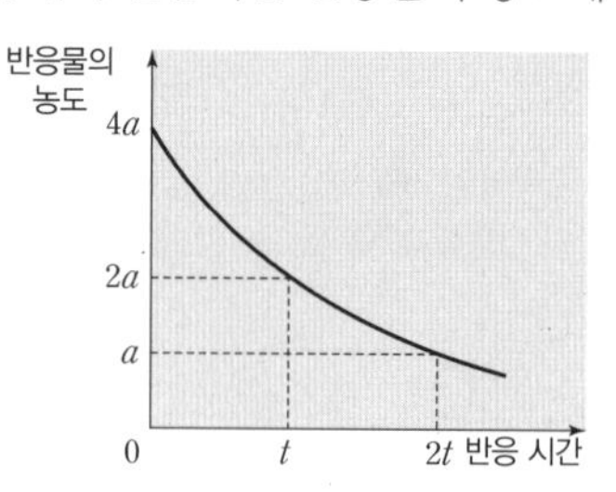

(반감기 : t)

탐구자료 살펴보기 1차 반응의 반감기

자료

그림은 과산화 수소의 분해 반응에서 시간에 따른 과산화 수소의 농도 변화를 나타낸 것이다.

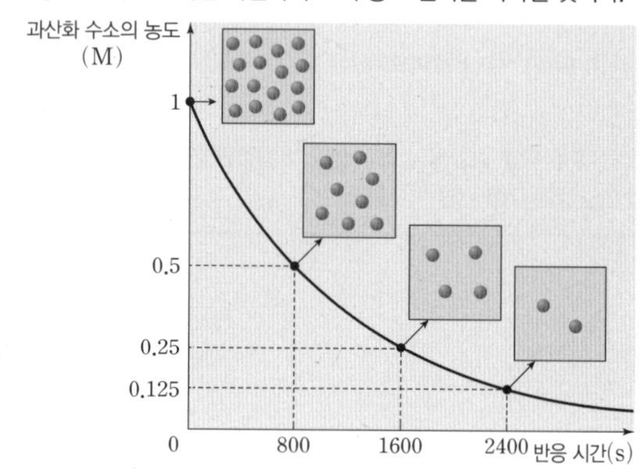

분석

• 화학 반응식 : $2H_2O_2(aq) \longrightarrow 2H_2O(l)+O_2(g)$
• 반감기는 800 s로 일정하므로 이 반응은 1차 반응이다. 따라서 반응 속도식은 $v=k[H_2O_2]$이다.

분석 point

반감기가 일정한 반응은 1차 반응이므로 반응 속도가 반응물의 농도에 비례한다.

과학 돋보기 1차 반응과 반응 계수

반응 aA(g) ⟶ bB(g) (a, b는 반응 계수)에서 시간에 따른 A와 B의 농도 변화를 통하여 반감기가 t min으로 일정하므로 1차 반응이고, 같은 시간 동안 감소한 A의 양(mol)과 증가한 B의 양(mol)을 통하여 반응 계수비 $a : b=1 : 2$이고, 화학 반응식은 A ⟶ 2B임을 알 수 있다.

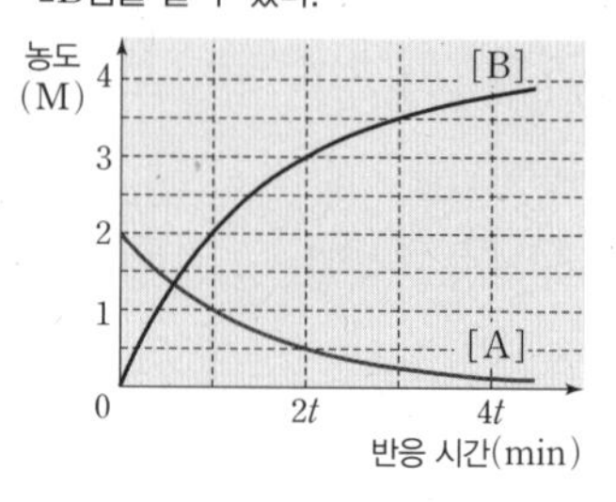

정답
1. 반감기
2. 반응 속도 상수
3. $\frac{t}{2}$
4. ○

3 활성화 에너지

(1) 화학 반응과 충돌 방향

화학 반응이 일어나려면 반응하는 물질의 입자들이 충돌해야 하며, 충돌하는 순간에 입자들의 방향이 화학 반응을 일으키기에 적합해야 한다.

예 $NO_2(g)+CO(g) \longrightarrow NO(g)+CO_2(g)$의 반응에서 입자들의 충돌 방향과 화학 반응

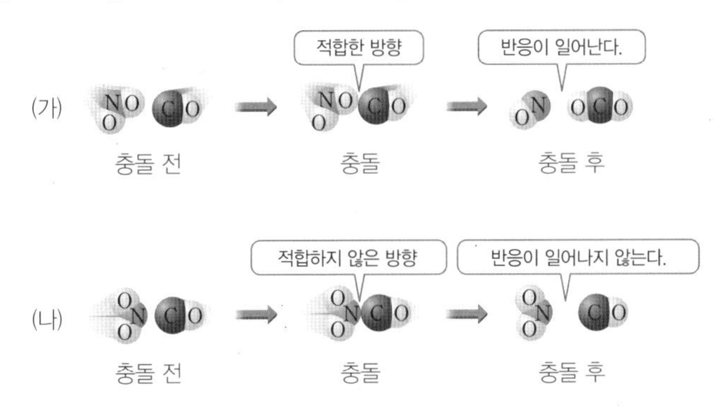

$NO_2(g)$와 $CO(g)$가 반응하여 $NO(g)$와 $CO_2(g)$를 생성하기 위해서는 (가)와 같이 $NO_2(g)$의 O 원자와 $CO(g)$의 C 원자가 충돌해야 한다. (나)와 같이 적합하지 않은 방향으로 충돌하면 반응은 일어나지 않는다.

(2) 활성화 에너지(E_a)

① **활성화 에너지** : 화학 반응을 일으키는 데 필요한 최소한의 에너지이다. 활성화 에너지는 반응물이 생성물로 되기 위해 넘어야 하는 에너지 장벽이라고 할 수 있다.

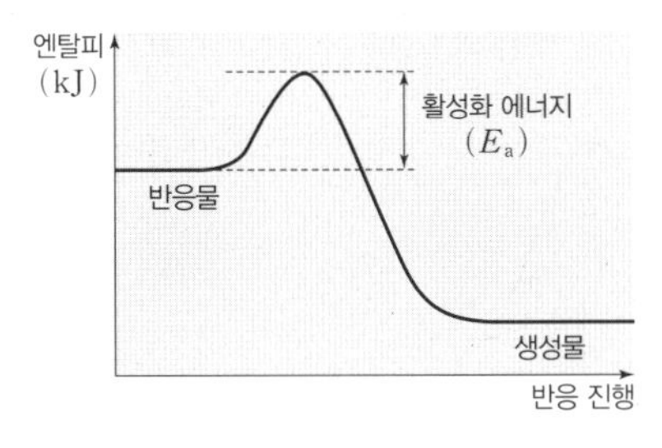

② **활성화 에너지(E_a)와 반응 엔탈피(ΔH)** : 반응 엔탈피(ΔH)는 생성물의 엔탈피 합에서 반응물의 엔탈피 합을 뺀 값에 해당하므로 활성화 에너지와는 관계가 없다.

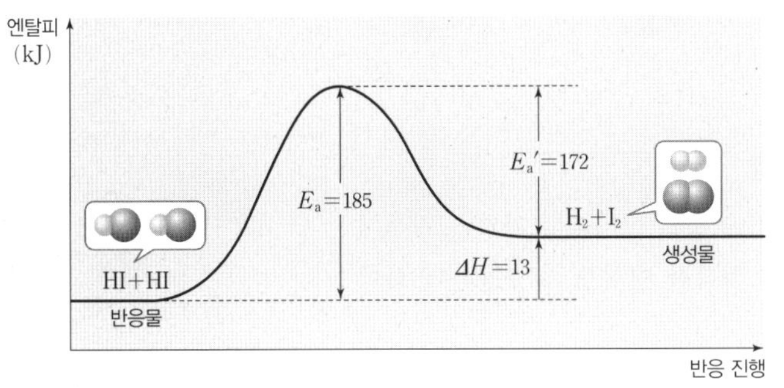

E_a : 정반응의 활성화 에너지

E_a' : 역반응의 활성화 에너지

③ **활성화 에너지와 반응 속도** : 온도와 반응물의 농도가 일정할 때, 반응의 활성화 에너지가 작을수록 반응 속도가 빠르고, 활성화 에너지가 클수록 반응 속도가 느리다.

개념 체크

- **활성화 에너지** : 화학 반응을 일으키는 데 필요한 최소한의 에너지이다.
- **활성화 에너지와 반응 엔탈피(ΔH)** : 반응 엔탈피는 정반응의 활성화 에너지에서 역반응의 활성화 에너지를 빼서 구할 수 있다.

1. 반응물이 충돌하여 화학 반응을 일으키는 데 필요한 최소한의 에너지를 (　　) 라고 한다.

2. 활성화 에너지는 반응물과 생성물의 엔탈피 차이에 해당한다. (○, ×)

3. 반응 엔탈피(ΔH)는 (정반응 / 역반응)의 활성화 에너지에서 (정반응 / 역반응)의 활성화 에너지를 빼서 구할 수 있다.

정답
1. 활성화 에너지
2. ×
3. 정반응, 역반응

개념 체크

◎ 활성화 에너지와 반응 속도 : 활성화 에너지가 작을수록 반응 속도가 빠르다.
◎ 발열 반응과 활성화 에너지 : 역반응의 활성화 에너지가 정반응의 활성화 에너지보다 크다.
◎ 유효 충돌 : 활성화 에너지 이상의 에너지를 가진 입자들이 반응을 일으킬 수 있는 방향으로 충돌할 때 반응이 일어나는 충돌이다.

1. 온도와 반응물의 농도가 일정할 때, 활성화 에너지가 (　　)면 반응 속도가 느리고, 활성화 에너지가 (　　)면 반응 속도가 빠르다.

2. 발열 반응은 정반응의 활성화 에너지가 역반응의 활성화 에너지보다 (　　)고, 흡열 반응은 정반응의 활성화 에너지가 역반응의 활성화 에너지보다 (　　)다.

3. (유효 / 비유효) 충돌은 활성화 에너지 이상의 에너지를 가진 입자들이 반응을 일으킬 수 있는 방향으로 충돌할 때 반응이 일어나는 충돌이다.

정답
1. 크, 작으
2. 작, 크
3. 유효

과학 돋보기 활성화물

일산화 질소(NO)와 오존(O_3)의 반응의 열화학 반응식과 반응의 진행에 따른 엔탈피 변화는 다음과 같다.

$$NO(g)+O_3(g) \rightleftharpoons NO_2(g)+O_2(g) \quad \Delta H=-199.5\ kJ$$

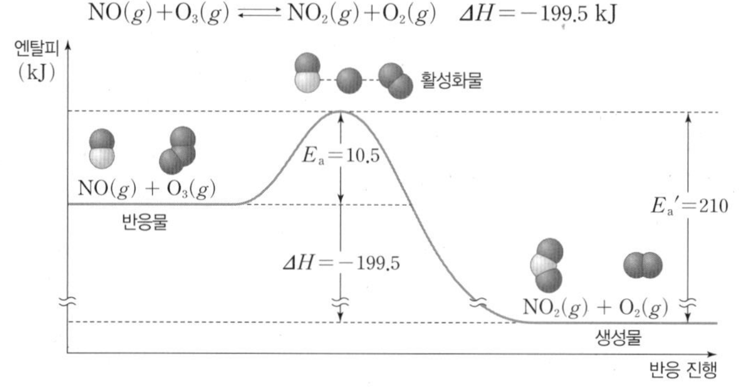

• 활성화 에너지 이상의 에너지를 가진 분자들이 에너지가 가장 높은 불안정한 상태에 도달한 것을 활성화 상태라고 하고, 활성화 상태에 있는 불안정한 화합물을 활성화물이라고 한다.
• 활성화물은 화학 결합이 끊어지거나 생기기 직전의 불안정한 상태이다.
• 활성화물은 다시 반응물이 되거나 생성물로 변한다.

과학 돋보기 발열 반응과 흡열 반응에서의 활성화 에너지

• 열화학 반응식 : $A(g) \rightleftharpoons B(g) \quad \Delta H<0$
➡ 정반응의 활성화 에너지(E_a)가 역반응의 활성화 에너지(E_a')보다 작다.
• 열화학 반응식 : $C(g) \rightleftharpoons D(g) \quad \Delta H>0$
➡ 정반응의 활성화 에너지(E_a)가 역반응의 활성화 에너지(E_a')보다 크다.

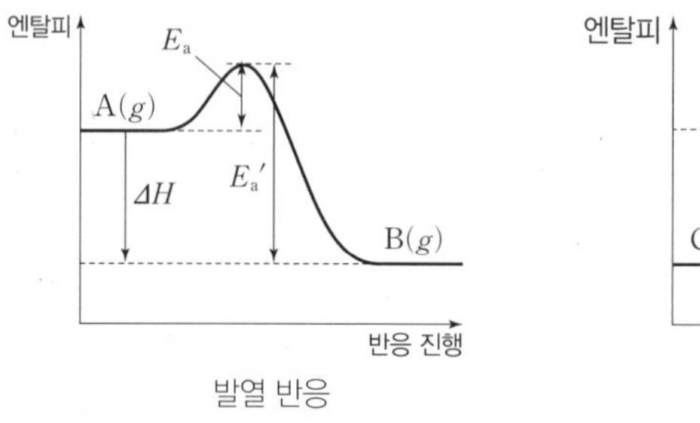

발열 반응

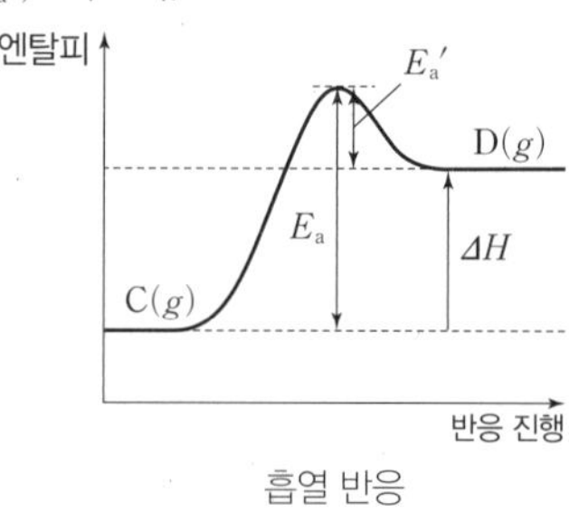

흡열 반응

(3) 유효 충돌과 비유효 충돌

① **유효 충돌** : 활성화 에너지 이상의 에너지를 가진 입자들이 화학 반응이 일어나기에 적합한 방향으로 충돌하여 화학 반응이 일어나는 충돌이다.

② **비유효 충돌** : 충돌 방향이 반응이 일어나는 데 적합하지 않거나 입자의 에너지가 활성화 에너지보다 작을 때 충돌해도 화학 반응이 일어나지 않는 충돌이다.

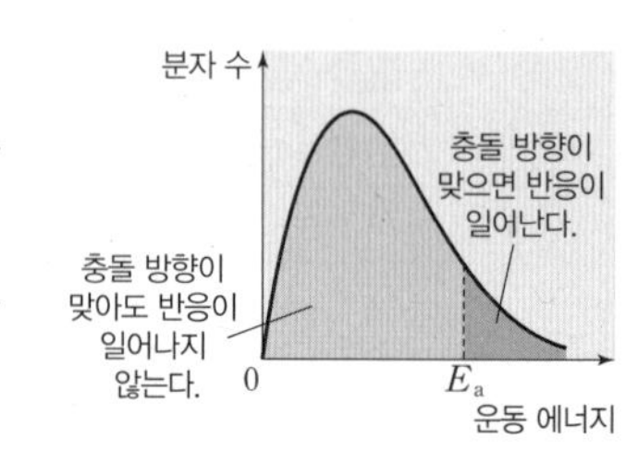

[24028-0173]

01 그림은 묽은 염산($HCl(aq)$)을 이용하여 화학 반응의 빠르기를 측정하는 2가지 실험 장치를 나타낸 것이다.

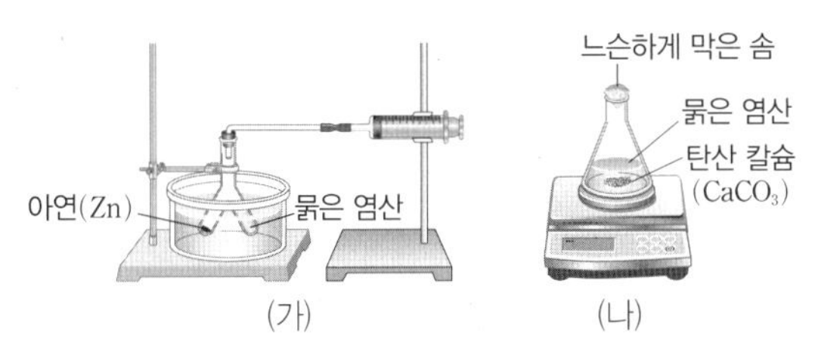

이에 대한 설명으로 옳은 것만을 〈보기〉에서 있는 대로 고른 것은?

보기

ㄱ. (가)에서는 반응 시간에 따라 발생한 기체의 부피를 측정하여 화학 반응의 빠르기를 측정한다.

ㄴ. (나)에서는 반응 시간에 따라 발생한 기체의 질량을 측정하여 화학 반응의 빠르기를 측정한다.

ㄷ. (가)와 (나)에서는 같은 종류의 기체가 발생한다.

① ㄱ ② ㄷ ③ ㄱ, ㄴ ④ ㄴ, ㄷ ⑤ ㄱ, ㄴ, ㄷ

[24028-0174]

02 다음은 반응 $A(g) \longrightarrow B(g)$에 대한 자료이다.

○ 반응 시간에 따른 $A(g)$의 농도 변화

[A](M) — 4a, 2a, a / 0, t, 2t 반응 시간(s)

○ 반응 속도식은 $v=k[A]^m$이다.
(k는 반응 속도 상수, m은 반응 차수)

○ 평균 반응 속도는 0~t s 동안이 t~2t s 동안의 x배이다.

○ 순간 반응 속도는 t s일 때가 2t s일 때의 y배이다.

$m+x+y$는? (단, 온도는 일정하다.)

① 4 ② 5 ③ 6 ④ 7 ⑤ 8

[24028-0175]

03 다음은 $A(g)$로부터 $B(g)$가 생성되는 반응의 화학 반응식과 반응 속도식이다.

$$2A(g) \longrightarrow B(g) \quad v=k[A]^m$$

(k는 반응 속도 상수, m은 반응 차수)

표는 강철 용기에 $A(g)$의 초기 농도를 달리하여 넣고 반응시킨 실험 Ⅰ~Ⅲ에 대한 자료이다.

실험	$A(g)$의 초기 농도(M)	초기 반응 속도(상댓값)
Ⅰ	0.1	1
Ⅱ	0.3	3
Ⅲ	0.5	5

이에 대한 설명으로 옳은 것만을 〈보기〉에서 있는 대로 고른 것은? (단, 온도는 일정하다.)

보기

ㄱ. $m=1$이다.

ㄴ. $\dfrac{\text{Ⅰ에서 } A(g)\text{의 반감기}}{\text{Ⅱ에서 } A(g)\text{의 반감기}}=\dfrac{1}{3}$이다.

ㄷ. Ⅲ에서 반응이 진행되는 동안 $\dfrac{[B]\text{의 증가 속도}}{[A]\text{의 감소 속도}}=\dfrac{1}{2}$이다.

① ㄱ ② ㄴ ③ ㄱ, ㄷ ④ ㄴ, ㄷ ⑤ ㄱ, ㄴ, ㄷ

[24028-0176]

04 다음은 25°C, 1 atm에서 $A(g)$와 $B(g)$가 반응하여 $C(g)$와 $D(g)$가 생성되는 반응에 대한 자료이다.

○ 열화학 반응식

$$A(g)+B(g) \rightleftarrows C(g)+D(g) \quad \Delta H=-200 \text{ kJ}$$

○ 정반응의 활성화 에너지(kJ/mol) : a

○ 역반응의 활성화 에너지(kJ/mol) : b

이에 대한 설명으로 옳은 것만을 〈보기〉에서 있는 대로 고른 것은? (단, 온도는 일정하다.)

보기

ㄱ. 엔탈피의 총합은 반응물이 생성물보다 크다.

ㄴ. $b>a$이다.

ㄷ. $b-a=200$이다.

① ㄱ ② ㄷ ③ ㄱ, ㄴ ④ ㄴ, ㄷ ⑤ ㄱ, ㄴ, ㄷ

[24028-0177]

05 다음은 A(g)로부터 B(g)와 C(g)가 생성되는 반응의 화학 반응식과 반응 속도식이다.

$$2A(g) \longrightarrow 4B(g)+C(g) \quad v=k[A]^m$$

(k는 반응 속도 상수, m은 반응 차수)

표는 강철 용기에 일정량의 A(g)를 넣고 반응시킬 때, 반응 시간에 따른 A(g)와 B(g)의 농도를 나타낸 것이다.

반응 시간(min)	0	t	$2t$	$3t$	$4t$
[A](M)	x		$\frac{1}{4}x$		
[B](M)	0	x		$\frac{7}{4}x$	

이에 대한 설명으로 옳은 것만을 〈보기〉에서 있는 대로 고른 것은? (단, 온도는 일정하다.)

보기

ㄱ. $m=1$이다.

ㄴ. 반응 속도는 t min일 때가 $3t$ min일 때의 4배이다.

ㄷ. $4t$ min일 때, $[C]=\frac{15}{32}x$ M이다.

① ㄱ ② ㄷ ③ ㄱ, ㄴ ④ ㄴ, ㄷ ⑤ ㄱ, ㄴ, ㄷ

[24028-0178]

06 다음은 A(g)와 B(g)가 반응하여 C(g)가 생성되는 반응의 화학 반응식과 반응 속도식이다.

$$2A(g)+B(g) \longrightarrow C(g) \quad v=k[A] \text{ (}k\text{는 반응 속도 상수)}$$

표는 강철 용기에 A(g)와 B(g)의 양(mol)을 달리하여 넣고 반응시킨 실험 Ⅰ~Ⅲ에 대한 자료이다. Ⅰ에서 반감기는 t min이다.

실험	초기 기체의 양(mol)		초기 반응 속도(상댓값)
	A(g)	B(g)	
Ⅰ	1	2	v_1
Ⅱ	a	4	v_1
Ⅲ	3	$8a$	v_2

이에 대한 설명으로 옳은 것만을 〈보기〉에서 있는 대로 고른 것은? (단, Ⅰ~Ⅲ에서 온도는 T로 일정하다.)

보기

ㄱ. $a=1$이다.

ㄴ. $v_2=3v_1$이다.

ㄷ. Ⅲ에서 A(g)의 반감기는 $\frac{1}{3}t$ min이다.

① ㄱ ② ㄷ ③ ㄱ, ㄴ ④ ㄴ, ㄷ ⑤ ㄱ, ㄴ, ㄷ

[24028-0179]

07 다음은 A(g)와 B(g)가 반응하여 C(g)가 생성되는 반응의 화학 반응식과 반응 속도식이다.

$$2A(g)+B(g) \longrightarrow 2C(g) \quad v=k[A]^m[B]^n$$

(k는 반응 속도 상수, m, n은 반응 차수)

표는 온도 T에서 강철 용기에 A(g)와 B(g)의 초기 농도를 달리하면서 반응시킨 실험 Ⅰ~Ⅳ에 대한 자료이다.

실험	초기 [A](M)	초기 [B](M)	초기 반응 속도(상댓값)
Ⅰ	a	b	v
Ⅱ	$2a$	b	$4v$
Ⅲ	$2a$	$2b$	$8v$
Ⅳ	㉠	$3b$	$12v$

$(m+n)\times$㉠은? (단, 온도는 T로 일정하다.)

① $4a$ ② $6a$ ③ $8a$ ④ $9a$ ⑤ $12a$

[24028-0180]

08 다음은 A(g)로부터 B(g)가 생성되는 반응의 화학 반응식과 반응 속도식이다.

$$aA(g) \longrightarrow bB(g) \quad v=k[A]$$

(a, b는 반응 계수, k는 반응 속도 상수)

그림은 강철 용기에 A(g)를 넣고 반응시켰을 때 반응 시간에 따른 용기 속 입자를 모형으로 나타낸 것이다. $(x+y)$ min일 때 ▲은 나타내지 않았다.

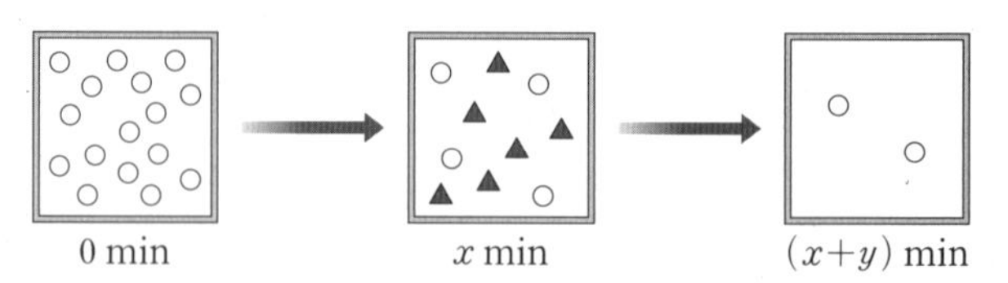

이에 대한 설명으로 옳은 것만을 〈보기〉에서 있는 대로 고른 것은? (단, 온도는 일정하다.)

보기

ㄱ. $a=2b$이다.

ㄴ. 반감기는 x min이다.

ㄷ. $(x+y)$ min일 때 용기에 들어 있는 ▲의 수는 8이다.

① ㄱ ② ㄷ ③ ㄱ, ㄴ ④ ㄴ, ㄷ ⑤ ㄱ, ㄴ, ㄷ

[24028-0181]

09 다음은 과산화 수소(H_2O_2) 분해 반응의 화학 반응식이다.

$$2H_2O_2(aq) \longrightarrow 2H_2O(l)+O_2(g)$$

표는 25℃, 1 atm에서 삼각 플라스크에 1 M $H_2O_2(aq)$ 500 mL를 넣고 반응이 진행될 때 반응 시간에 따른 H_2O_2의 농도를 나타낸 것이다.

반응 시간(min)	0	t	$2t$	$3t$
$[H_2O_2]$(M)	1	$\frac{1}{2}$	$\frac{1}{4}$	$\frac{1}{8}$

이에 대한 설명으로 옳은 것만을 〈보기〉에서 있는 대로 고른 것은? (단, 용액의 부피 및 온도와 압력은 일정하고, 반응 속도 상수는 k이다.)

보기

ㄱ. 반응 속도식은 $v=k[H_2O_2]$이다.

ㄴ. 0~3t min 동안 생성된 $O_2(g)$의 양은 $\frac{7}{16}$ mol이다.

ㄷ. $\frac{2t\sim3t \text{ min 동안의 평균 반응 속도}}{t\sim2t \text{ min 동안의 평균 반응 속도}}=1$이다.

① ㄱ ② ㄴ ③ ㄱ, ㄷ ④ ㄴ, ㄷ ⑤ ㄱ, ㄴ, ㄷ

[24028-0182]

10 다음은 A(g)로부터 B(g)가 생성되는 반응의 화학 반응식이다.

$$aA(g) \longrightarrow bB(g) \quad (a, b\text{는 반응 계수})$$

표는 1 L 강철 용기에 4 mol의 A(g)를 넣고 반응이 진행될 때 반응 시간에 따른 A(g)와 B(g)의 농도를 나타낸 것이다.

반응 시간(min)	0	t	$2t$	$3t$
[A](M)	4	2	1	x
[B](M)	0	4	6	y

이에 대한 설명으로 옳은 것만을 〈보기〉에서 있는 대로 고른 것은? (단, 온도는 일정하다.)

보기

ㄱ. $b=2a$이다.

ㄴ. 이 반응은 A에 대한 1차 반응이다.

ㄷ. $\frac{x}{y}=\frac{1}{14}$이다.

① ㄱ ② ㄷ ③ ㄱ, ㄴ ④ ㄴ, ㄷ ⑤ ㄱ, ㄴ, ㄷ

[24028-0183]

11 다음은 A(g)로부터 B(g)와 C(g)가 생성되는 반응의 화학 반응식이다.

$$2A(g) \longrightarrow bB(g)+C(g) \quad (b\text{는 반응 계수})$$

표는 강철 용기에 A(g)를 넣고 반응이 진행될 때 반응 시간에 따른 A(g)의 부분 압력과 B(g)와 C(g)의 부분 압력의 합을 나타낸 것이다. A(g)~C(g)의 부분 압력은 각각 P_A, P_B, P_C이다.

반응 시간(min)	0	t	$2t$	$3t$
P_A(atm)	0.8	0.4		
P_B+P_C(atm)	0	0.4		0.7

2t min일 때 B(g)의 몰 분율은? (단, 온도는 일정하다.)

① $\frac{1}{5}$ ② $\frac{1}{4}$ ③ $\frac{2}{7}$ ④ $\frac{3}{8}$ ⑤ $\frac{3}{7}$

[24028-0184]

12 다음은 A(g)로부터 B(g)가 생성되는 반응의 화학 반응식과 반응 속도식이다.

$$2A(g) \longrightarrow B(g) \quad v=k[A] \quad (k\text{는 반응 속도 상수})$$

그림은 강철 용기에 A(g)가 들어 있는 초기 상태를, 표는 반응이 진행될 때 반응 시간에 따른 용기 속 A(g)의 몰 분율(X_A)을 나타낸 것이다.

A(g) 2 mol

반응 시간(min)	0	t	$2t$
X_A	1	$\frac{2}{3}$	x

이에 대한 설명으로 옳은 것만을 〈보기〉에서 있는 대로 고른 것은? (단, 온도는 일정하다.)

보기

ㄱ. 반감기는 t min이다.

ㄴ. $x=\frac{2}{5}$이다.

ㄷ. $\frac{t \text{ min일 때 B}(g)\text{의 부분 압력}}{2t \text{ min일 때 A}(g)\text{의 부분 압력}}=\frac{3}{4}$이다.

① ㄱ ② ㄴ ③ ㄷ ④ ㄱ, ㄴ ⑤ ㄴ, ㄷ

A(g) ⟶ 2B(g) 반응에서 증가한 B(g)의 양을 $2y$ mol이라고 하면 전체 기체의 양은 $(1.6+y)$ mol이다.

[24028-0185]

01 다음은 A(g)로부터 B(g)가 생성되는 반응의 화학 반응식과 반응 속도식이다.

$$\mathrm{A}(g) \longrightarrow 2\mathrm{B}(g) \quad v=k[\mathrm{A}] \quad (k\text{는 반응 속도 상수})$$

그림은 1 L 강철 용기에 A(g)를 넣은 초기 상태를, 표는 반응이 진행되었을 때 반응 시간에 따른 $\frac{\text{용기 속 전체 기체의 압력}}{[\mathrm{A}]}$을 나타낸 것이다. $2t$ min일 때 B(g)의 몰 분율은 $\frac{6}{7}$이다.

A(g) 1.6 mol
1 L

반응 시간(min)	t	$2t$	$3t$
$\frac{\text{용기 속 전체 기체의 압력}}{[\mathrm{A}]}$(상댓값)	1		x

x는? (단, 온도는 일정하다.)

① 3　② 4　③ 5　④ 6　⑤ 7

A(g) ⟶ B(g)+cC(g) 반응에서 반응이 진행됨에 따라 증가하는 전체 기체의 압력은 생성되는 C(g)의 양(mol)에 비례한다.

[24028-0186]

02 다음은 A(g)로부터 B(g)와 C(g)가 생성되는 반응의 화학 반응식이다.

$$\mathrm{A}(g) \longrightarrow \mathrm{B}(g)+c\mathrm{C}(g) \quad (c\text{는 반응 계수})$$

표는 강철 용기에 A(g)를 넣고 반응시킬 때, 반응 시간에 따른 B(g)와 C(g)의 몰 농도 및 용기 속 전체 기체의 압력을 나타낸 것이다.

반응 시간(min)	[B](M)	[C](M)	전체 기체의 압력(atm)
t	0.8		$1.2P$
$2t$		1.2	$1.4P$
$3t$	1.4		$1.5P$

이에 대한 설명으로 옳은 것만을 〈보기〉에서 있는 대로 고른 것은? (단, 온도는 일정하다.)

보기

ㄱ. $c=2$이다.

ㄴ. $\frac{2t\sim3t\text{ min 동안의 평균 반응 속도}}{0\sim t\text{ min 동안의 평균 반응 속도}}=\frac{1}{4}$이다.

ㄷ. $\frac{t\text{ min일 때 A}(g)\text{의 부분 압력}}{2t\text{ min일 때 B}(g)\text{의 부분 압력}}=\frac{2}{3}$이다.

① ㄱ　② ㄴ　③ ㄷ　④ ㄱ, ㄴ　⑤ ㄴ, ㄷ

[24028-0187]

03 다음은 $A(g)$로부터 $B(g)$와 $C(g)$가 생성되는 반응의 화학 반응식과 반응 속도식이다.

$$A(g) \longrightarrow B(g)+2C(g) \quad v=k[A] \quad (k\text{는 반응 속도 상수})$$

그림은 강철 용기에 $A(g)$를 넣고 반응시켰을 때, 반응 시간에 따른 B의 몰 분율(X_B)을 나타낸 것이다.

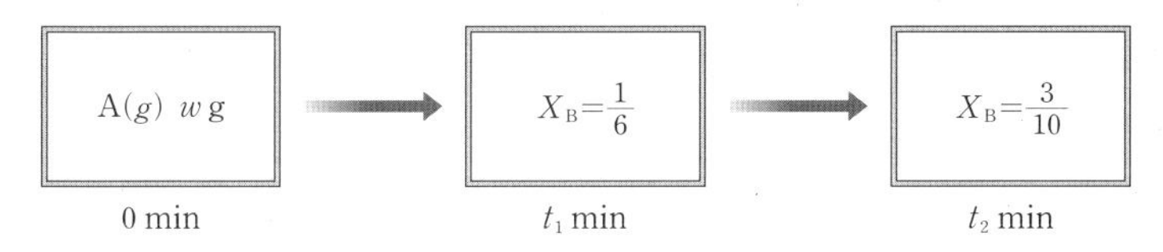

이에 대한 설명으로 옳은 것만을 <보기>에서 있는 대로 고른 것은? (단, 온도는 일정하다.)

보기

ㄱ. t_2 min일 때 용기에 들어 있는 $A(g)$의 질량은 $\frac{1}{4}w$ g이다.

ㄴ. $t_2=2t_1$이다.

ㄷ. $\dfrac{t_1\text{ min일 때 용기에 들어 있는 }A(g)\text{의 양(mol)}}{t_2\text{ min일 때 용기에 들어 있는 }C(g)\text{의 양(mol)}}=\dfrac{1}{3}$이다.

① ㄱ ② ㄴ ③ ㄱ, ㄷ ④ ㄴ, ㄷ ⑤ ㄱ, ㄴ, ㄷ

반응 계수가 $C(g)$가 $B(g)$의 2배이므로 몰 분율도 $C(g)$가 $B(g)$의 2배이다.

[24028-0188]

04 다음은 $A(g)$로부터 $B(g)$가 생성되는 반응의 화학 반응식이다.

$$A(g) \longrightarrow 2B(g)$$

표는 온도 T에서 강철 용기에 $A(g)$와 $B(g)$의 혼합 기체를 넣고 반응이 진행될 때, 반응 시간에 따른 [A]+[B]를 나타낸 것이다. $\dfrac{3t\text{ min일 때 [B]}}{t\text{ min일 때 [A]}}=4$이다.

반응 시간(min)	0	t	$2t$	$3t$	$4t$
[A]+[B](M)	1	1.4		1.7	

이에 대한 설명으로 옳은 것만을 <보기>에서 있는 대로 고른 것은? (단, 온도는 T로 일정하다.)

보기

ㄱ. 반응 전 기체의 양(mol)은 $A(g)$가 $B(g)$보다 크다.

ㄴ. $\dfrac{2t\sim3t\text{ min 동안의 평균 반응 속도}}{0\sim t\text{ min 동안의 평균 반응 속도}}=\dfrac{1}{4}$이다.

ㄷ. $4t$ min일 때 [B]=1.5 M이다.

① ㄱ ② ㄷ ③ ㄱ, ㄴ ④ ㄴ, ㄷ ⑤ ㄱ, ㄴ, ㄷ

1차 반응에서 반감기가 1회 지날 때마다 반응물의 농도는 $\frac{1}{2}$배로 감소한다.

aA(g) ⟶ bB(g)+cC(g) 반응에서 $a>b$이면 반응이 진행됨에 따라 P_A+P_B는 감소하며, $c>a$이면 반응이 진행됨에 따라 P_A+P_C는 증가한다.

[24028-0189]

05 다음은 A(g)로부터 B(g)와 C(g)가 생성되는 반응의 화학 반응식이다.

$$2A(g) \longrightarrow B(g)+cC(g) \quad (c\text{는 반응 계수})$$

표는 강철 용기에 A(g)를 넣고 반응시켰을 때, 반응 시간에 따른 P_A+P_B와 P_A+P_C를 나타낸 것이다. ㉠과 ㉡은 P_A+P_B와 P_A+P_C를 순서 없이 나타낸 것이고, P_A~P_C는 각각 A(g)~C(g)의 부분 압력이다.

반응 시간(min)	0	t	$2t$	$3t$
㉠(atm)	1	$\frac{5}{4}$	$\frac{11}{8}$	
㉡(atm)	1	$\frac{3}{4}$	$\frac{5}{8}$	x

이에 대한 설명으로 옳은 것만을 〈보기〉에서 있는 대로 고른 것은? (단, 온도는 일정하다.)

보기

ㄱ. $c=2$이다.

ㄴ. t min일 때 C(g)의 몰 분율은 $\frac{1}{2}$이다.

ㄷ. $x=\frac{9}{16}$이다.

① ㄱ ② ㄴ ③ ㄷ ④ ㄱ, ㄴ ⑤ ㄴ, ㄷ

4A(g) ⟶ B(g)+cC(g) 반응에서 반응 몰비가 A : B : C=4 : 1 : c이므로 감소한 [A] : 증가한 [B] : 증가한 [C]=4 : 1 : c이다.

[24028-0190]

06 다음은 A(g)로부터 B(g)와 C(g)가 생성되는 반응의 화학 반응식과 반응 속도식이다.

$$4A(g) \longrightarrow B(g)+cC(g) \quad v=k[A] \quad (c\text{는 반응 계수, }k\text{는 반응 속도 상수})$$

그림은 강철 용기에 A(g)를 넣고 반응시킬 때, 반응 시간 t_1 min과 t_2 min에서 용기 속 기체의 농도를 나타낸 것이다.

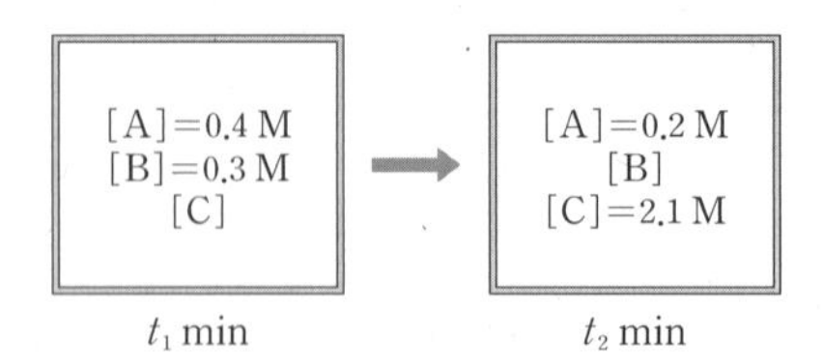

이에 대한 설명으로 옳은 것만을 〈보기〉에서 있는 대로 고른 것은? (단, 온도는 일정하다.)

보기

ㄱ. $c>5$이다.

ㄴ. $t_2=2t_1$이다.

ㄷ. $\frac{\text{반응 전 A}(g)\text{의 압력}}{t_1\text{ min일 때 전체 기체의 압력}}=\frac{16}{25}$이다.

① ㄴ ② ㄷ ③ ㄱ, ㄴ ④ ㄱ, ㄷ ⑤ ㄱ, ㄴ, ㄷ

[24028-0191]

07 다음은 $A(g)$로부터 $B(g)$가 생성되는 반응의 화학 반응식과 반응 속도식이다.

$$aA(g) \longrightarrow bB(g) \quad v=k[A] \quad (a, b\text{는 반응 계수}, k\text{는 반응 속도 상수})$$

그림은 강철 용기에 $A(g)$를 넣고 반응시킬 때, 용기 속 $\frac{w_B}{w_A}$에 따른 전체 기체의 압력을 나타낸 것이다. w_A와 w_B는 각각 용기 속 $A(g)$와 $B(g)$의 질량이다.

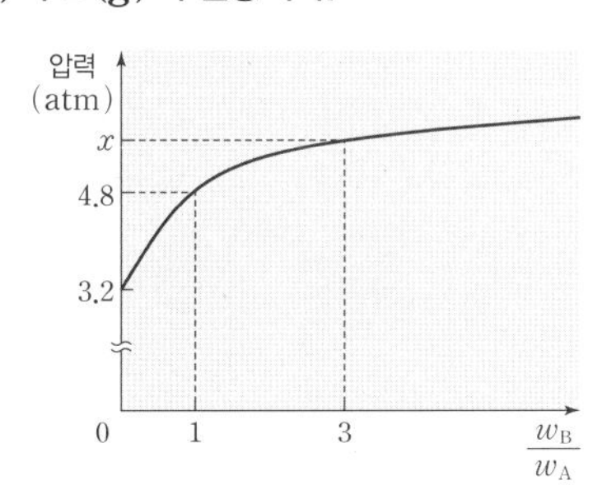

이에 대한 설명으로 옳은 것만을 〈보기〉에서 있는 대로 고른 것은? (단, 온도는 일정하다.)

보기

ㄱ. $b=2a$이다.

ㄴ. $x=5.6$이다.

ㄷ. $\dfrac{\frac{w_B}{w_A}\text{가 1에서 3이 되는 동안의 평균 반응 속도}}{\frac{w_B}{w_A}\text{가 0에서 1이 되는 동안의 평균 반응 속도}}=\dfrac{1}{2}$이다.

① ㄱ　② ㄷ　③ ㄱ, ㄴ　④ ㄴ, ㄷ　⑤ ㄱ, ㄴ, ㄷ

반응 시간이 첫 번째 반감기에 도달한 시점에서 반응물의 질량은 생성물의 질량과 같다.

[24028-0192]

08 다음은 $A(g)$로부터 $B(g)$와 $C(g)$가 생성되는 반응의 화학 반응식과 반응 속도식이다.

$$2A(g) \longrightarrow 3B(g)+C(g) \quad v=k[A] \quad (k\text{는 반응 속도 상수})$$

표는 강철 용기에 $A(g)$를 넣고 반응시킬 때, 반응 시간에 따른 $\frac{w_C-w_B}{w_A}$를 나타낸 것이다. w_A~w_C는 각각 용기 속 $A(g)$~$C(g)$의 질량이고, $0<t_1<t_2<t_3$이며, $\dfrac{t_1\text{ min일 때 전체 기체의 압력}}{0\text{ min일 때 }A(g)\text{의 압력}}=\dfrac{5}{4}$이다.

반응 시간(min)	0	t_1	t_2	t_3
$\frac{w_C-w_B}{w_A}$	0	$\frac{11}{51}$	$\frac{11}{17}$	$\frac{33}{17}$

$\frac{t_3}{t_2}\times$(t_3 min일 때 $C(g)$의 몰 분율)은? (단, 온도는 일정하다.)

① $\frac{3}{14}$　② $\frac{2}{7}$　③ $\frac{5}{14}$　④ $\frac{3}{7}$　⑤ $\frac{7}{14}$

감소한 반응물의 질량은 증가한 생성물의 질량과 같다.

반응 A(g) ⟶ 2B(g)이 진행될 때 강철 용기 속 B(g)의 양을 $2x$ mol이라고 하면 $\frac{[B]}{[A]}=\frac{2x}{1-x}$이다.

[24028-0193]

09 다음은 A(g)로부터 B(g)가 생성되는 반응의 화학 반응식이다.

$$A(g) \longrightarrow 2B(g)$$

그림은 강철 용기에 1 mol의 A(g)를 넣고 반응이 진행될 때, 반응 시간에 따른 $\frac{[B]}{[A]}$를 나타낸 것이다.

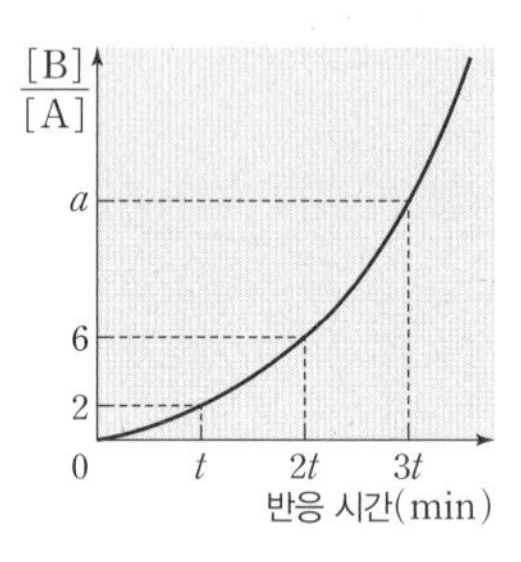

이에 대한 설명으로 옳은 것만을 ⟨보기⟩에서 있는 대로 고른 것은? (단, 온도는 일정하다.)

보기

ㄱ. t min일 때, 용기 속 B(g)의 양은 1 mol이다.

ㄴ. $2t$ min일 때, 용기 속 A(g)의 몰 분율은 $\frac{1}{7}$이다.

ㄷ. $a=12$이다.

① ㄱ ② ㄷ ③ ㄱ, ㄴ ④ ㄴ, ㄷ ⑤ ㄱ, ㄴ, ㄷ

온도와 부피가 일정할 때 용기 속 전체 기체의 압력은 전체 기체의 양(mol)에 비례한다.

[24028-0194]

10 다음은 A(g)로부터 B(g)와 C(g)가 생성되는 반응의 화학 반응식과 반응 속도식이다.

$$2A(g) \longrightarrow 2B(g)+C(g) \quad v=k[A] \quad (k\text{는 반응 속도 상수})$$

그림은 온도 T에서 2개의 1 L 강철 용기에 A(g)의 질량을 달리하여 넣고 반응시킨 실험 (가)와 (나)에서 각각 반응 시간 t_1 min과 t_2 min일 때 용기 속 기체의 몰 농도와 전체 기체의 압력을 나타낸 것이다.

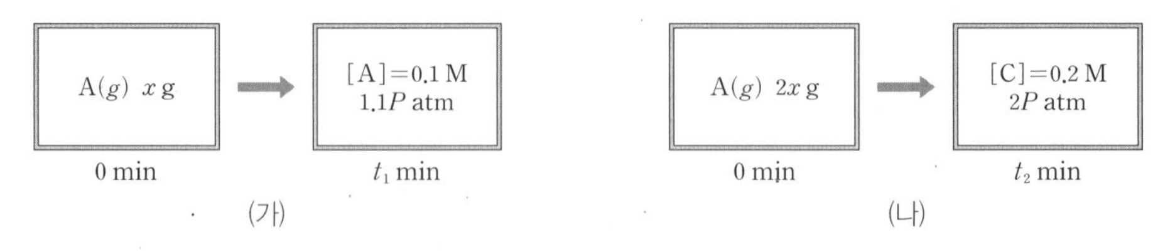

이에 대한 설명으로 옳은 것만을 ⟨보기⟩에서 있는 대로 고른 것은? (단, 온도는 T로 일정하다.)

보기

ㄱ. $t_2>t_1$이다.

ㄴ. A의 분자량은 $\frac{5}{2}x$이다.

ㄷ. (가)에서 t_2 min일 때 [B]$=0.3$ M이다.

① ㄱ ② ㄴ ③ ㄷ ④ ㄱ, ㄴ ⑤ ㄴ, ㄷ

[24028-0195]

11 다음은 $A(g)$로부터 $B(g)$와 $C(g)$가 생성되는 반응의 화학 반응식이다.

$$2A(g) \longrightarrow B(g)+cC(g) \quad (c\text{는 반응 계수})$$

표는 강철 용기에 $A(g)$를 넣고 반응시킬 때, 반응 시간에 따른 용기 속 반응물에 대한 생성물의 농도비를 나타낸 것이다.

반응 시간(min)		0	t	$2t$	$3t$
반응물에 대한 생성물의 농도비	$\frac{[B]}{[A]}$	0		$\frac{3}{2}$	x
	$\frac{[C]}{[A]}$	0	1	3	

이에 대한 설명으로 옳은 것만을 <보기>에서 있는 대로 고른 것은? (단, 온도는 일정하다.)

보기

ㄱ. $c=2$이다.

ㄴ. $x=\frac{5}{2}$이다.

ㄷ. $\frac{3t\text{ min일 때 전체 기체의 압력}}{0\text{ min일 때 }A(g)\text{의 압력}}=\frac{23}{16}$이다.

① ㄴ ② ㄷ ③ ㄱ, ㄴ ④ ㄱ, ㄷ ⑤ ㄱ, ㄴ, ㄷ

$\frac{[C]}{[A]}$가 $\frac{[B]}{[A]}$의 2배이면 생성된 양(mol)은 $C(g)$가 $B(g)$의 2배이다.

[24028-0196]

12 다음은 온도 T에서 2가지 반응의 화학 반응식과 반응 속도식이다. k_1과 k_2는 각 반응의 반응 속도 상수이고, $k_1=2k_2$이다.

- $A(g) \longrightarrow 2B(g)$ $\quad v=k_1[A]$
- $X(g) \longrightarrow Y(g)$ $\quad v=k_2[X]$

그림은 부피가 같은 강철 용기 (가)와 (나)에 기체의 압력이 1 atm이 되도록 $A(g)$와 $X(g)$를 각각 넣고 반응시켰을 때, 반응 시간에 따른 $B(g)$와 $Y(g)$의 부분 압력을 나타낸 것이다.

(가) [$A(g)$ 1 atm] (0 min) ➡ [$B(g)$ $\frac{3}{2}$ atm] (t_1 min)

(나) [$X(g)$ 1 atm] (0 min) ➡ [$Y(g)$ $\frac{3}{4}$ atm] (t_2 min)

$\frac{t_1\text{ min일 때 (나)에서 }X(g)\text{의 몰 분율}}{t_2\text{ min일 때 (가)에서 }B(g)\text{의 몰 분율}}$은? (단, 온도는 T로 일정하다.)

① $\frac{31}{60}$ ② $\frac{21}{40}$ ③ $\frac{11}{20}$ ④ $\frac{51}{70}$ ⑤ $\frac{41}{50}$

$A(g)$와 $X(g)$의 초기 농도는 같고, 반응 속도 상수가 클수록 반응 속도는 빠르며, 반감기는 짧다.

08 반응 속도에 영향을 미치는 요인

개념 체크

◎ 농도와 반응 속도 : 화학 반응이 일어나려면 입자 사이에 충돌이 일어나야 하므로 반응물의 농도가 증가하면 반응 속도가 빨라진다.

◎ 기체의 압력과 반응 속도 : 온도가 일정할 때 기체의 부분 압력이 증가하면 단위 부피당 기체 분자 수가 증가하여 충돌 횟수도 증가하므로 반응 속도가 빨라진다.

1. 반응물의 농도가 증가하면 입자 간의 충돌 횟수가 (　　)하여 반응 속도가 (　　)진다.

2. 기체의 부분 압력이 증가하면 단위 부피당 입자 수가 (　　)하여 충돌 횟수도 (　　)하므로 반응 속도가 (　　)진다.

3. 고체 반응물의 표면적이 (　　)하면 접촉 면적이 커지고, 충돌 횟수가 (　　)하므로 반응 속도가 (　　)진다.

정답
1. 증가, 빨라
2. 증가, 증가, 빨라
3. 증가, 증가, 빨라

1 충돌 횟수와 반응 속도

(1) 농도와 반응 속도

일반적으로 온도가 일정할 때 반응물의 농도가 증가하면 단위 부피당 입자 수가 증가하여 입자 간의 충돌 횟수가 증가하므로 반응 속도가 빨라진다.

농도 증가 ➡ 충돌 횟수 증가 ➡ 반응 속도 증가

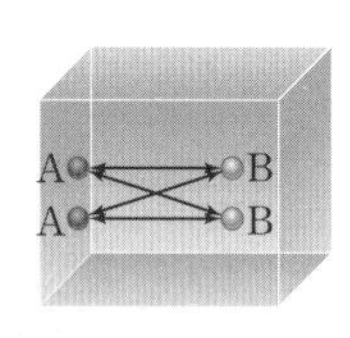

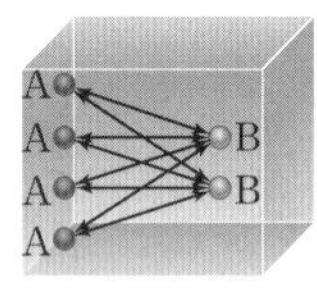

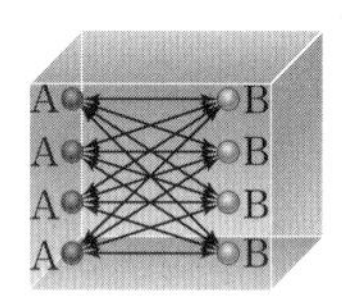

예 농도에 따라 반응 속도가 변하는 경우
- 강철솜은 공기 중에서보다 산소가 든 집기병에서 빠르게 연소된다.
- 탄산 칼슘과 염산의 반응에서 염산의 농도가 증가할수록 반응 속도가 빨라진다.

(2) 기체의 압력과 반응 속도

온도가 일정할 때 기체 사이의 반응에서 기체의 부분 압력이 증가하면 단위 부피당 기체 분자 수가 증가하여 충돌 횟수도 증가하므로 반응 속도가 빨라진다.

압력 증가 ➡ 단위 부피당 분자 수 증가 ➡ 충돌 횟수 증가 ➡ 반응 속도 증가

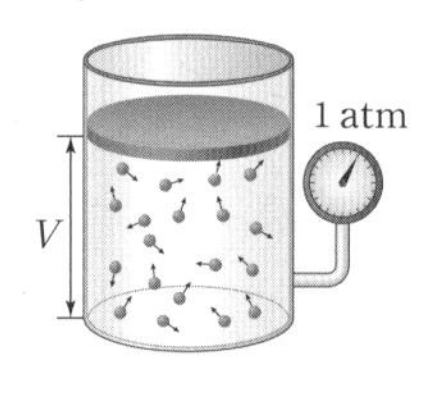

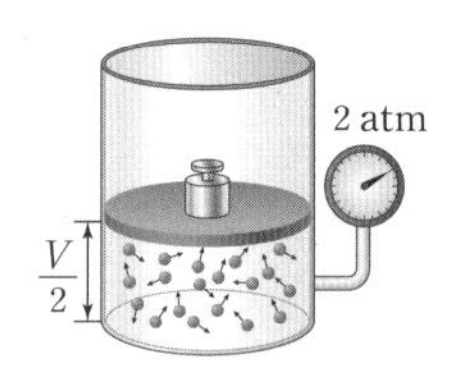

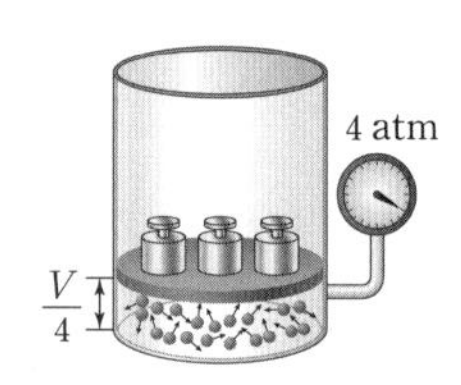

(3) 표면적과 반응 속도

온도가 일정할 때 반응물이 고체인 경우 표면적이 넓어 반응물 사이의 접촉 면적이 커지면 충돌 횟수가 증가하여 반응 속도가 빨라진다.

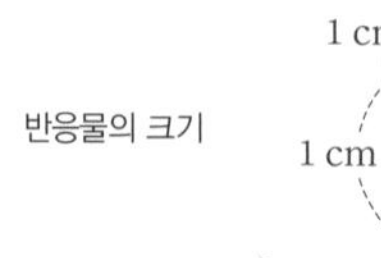

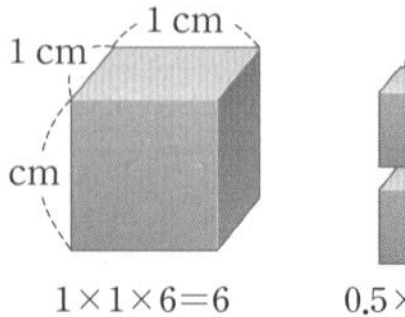

반응물의 크기	(1 cm 정육면체)		
1개의 표면적(cm^2)	$1\times1\times6=6$	$0.5\times0.5\times6=1.5$	$0.25\times0.25\times6=0.375$
총 표면적(cm^2)	$1\times6=6$	$8\times1.5=12$	$64\times0.375=24$

예 표면적에 따라 반응 속도가 변하는 경우
- 미세 먼지가 많은 탄광이나 밀가루 공장에서 폭발 사고가 일어나기 쉽다.
- 알약보다 가루약의 흡수가 더 빠르다.

탐구자료 살펴보기 **농도가 반응 속도에 미치는 영향**

실험 과정

1. Y자 시험관 3개의 한쪽 가지에 각각 0.05 M $NaHSO_3(aq)$ 6 mL를 넣고 여기에 녹말 용액 2 mL를 첨가한다.
2. 과정 1의 Y자 시험관의 다른 한쪽에 0.1 M $KIO_3(aq)$을 각각 1.4 mL, 2.8 mL, 4.2 mL씩 넣고, 여기에 증류수를 가해 각각의 부피가 6 mL가 되게 한 뒤 시험관을 마개로 막는다.
3. 초시계를 누르면서 3개의 Y자 시험관을 2번씩 뒤집어 두 용액을 잘 섞이게 한다.
4. 한쪽 가지에 혼합 용액을 모은 후 용액의 색이 청람색으로 변하기 시작할 때까지 걸린 시간을 측정한다.

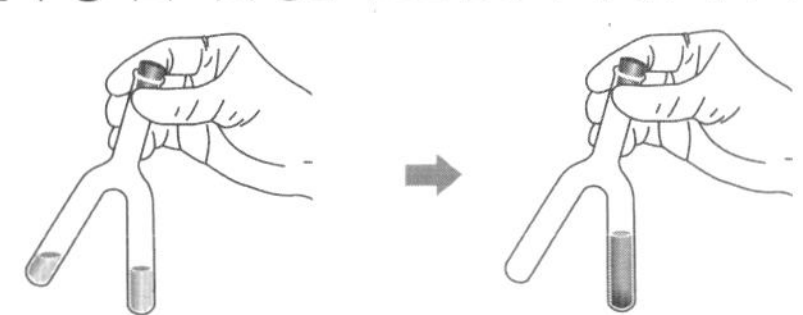

실험 결과

시험관	혼합 용액		반응 초기 $KIO_3(aq)$의 농도(M)	색이 변할 때까지 걸린 시간(s)
	0.1 M $KIO_3(aq)$의 부피(mL)	전체 부피(mL)		
Ⅰ	1.4	14	0.01	36
Ⅱ	2.8	14	0.02	18
Ⅲ	4.2	14	0.03	12

분석 point

- 용액의 색이 청람색으로 변하기 시작할 때까지의 시간이 짧을수록 반응 속도는 빠르다.
- $NaHSO_3(aq)$과 $KIO_3(aq)$의 반응에서 $NaHSO_3(aq)$의 초기 농도가 일정하면 $KIO_3(aq)$의 초기 농도가 증가할수록 반응 속도가 빨라진다.

2 온도와 반응 속도

(1) 온도와 반응 속도

온도가 높아지면 분자들의 평균 운동 에너지가 증가하고, 활성화 에너지(E_a) 이상의 에너지를 갖는 분자 수가 증가한다. 따라서 온도가 높아지면 반응이 가능한 분자 수가 증가하여 반응 속도가 빨라진다.

온도 증가 ➡ 활성화 에너지(E_a) 이상의 에너지를 갖는 분자 수 증가 ➡ 반응 속도 증가

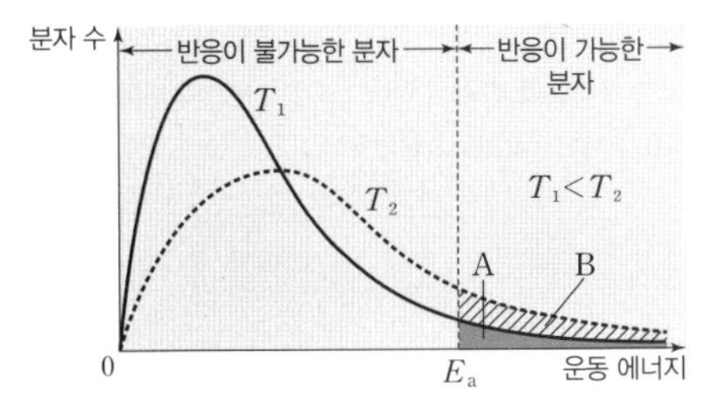

A : 온도 T_1에서 E_a 이상의 에너지를 갖는 분자 수

B : 온도가 T_1에서 T_2로 높아질 때 증가한 E_a 이상의 에너지를 갖는 분자 수

① 온도가 T_1에서 T_2로 높아져도 전체 분자 수는 변하지 않는다.

② 온도가 T_1에서 T_2로 높아져도 화학 반응의 활성화 에너지(E_a)는 변하지 않지만, 활성화 에너지 이상의 에너지를 갖는 분자 수는 온도 T_1일 때 A에서 온도 T_2일 때 (A+B)로 증가하므로 반응 속도는 T_1에서보다 T_2에서가 빠르다.

개념 체크

온도와 반응 속도 : 온도가 높아지면 활성화 에너지 이상의 운동 에너지를 갖는 분자 수가 증가하므로 반응 속도가 빨라진다.

1. 온도가 높아지면 (　　) 에너지 이상의 운동 에너지를 갖는 분자 수가 증가하므로 반응 속도가 (　　) 진다.

2. 온도가 높아지면 활성화 에너지가 감소하므로 반응 속도가 빨라진다. (○, ×)

정답

1. 활성화, 빨라
2. ×

개념 체크

온도와 반응 속도 상수 : 온도가 높아지면 정반응의 반응 속도 상수와 역반응의 반응 속도 상수가 모두 증가하며, 정반응 속도와 역반응 속도가 모두 빨라진다.

반감기와 반응 속도 상수 : 1차 반응에서 반응 속도 상수가 클수록 반감기가 짧다.

1. 온도가 높아져도 반응 속도 상수는 일정하다. (○, ×)

2. 온도가 높아지면 정반응 속도와 역반응 속도가 모두 빨라진다. (○, ×)

3. 반응물의 종류와 농도가 같아도 온도가 높을수록 반응 속도가 빨라지므로 반감기가 ( )진다.

(2) 반응 속도 상수와 온도

온도가 높아지면 반응 속도식에서 반응 속도 상수(k)의 값이 커지기 때문에 정반응 속도와 역반응 속도가 모두 빨라진다.

예 온도에 따라 반응 속도가 변하는 경우

- 온실에서 식물이 잘 자란다.
- 음식물을 냉장고에 보관하면 실온에서보다 오랫동안 보관할 수 있다.

과학 돋보기 온도와 반응 속도

$2A(g) \longrightarrow B(g)$의 반응이 A에 대한 1차 반응일 때 생성물 B의 농도 변화를 통하여 다음과 같은 내용을 알 수 있다.

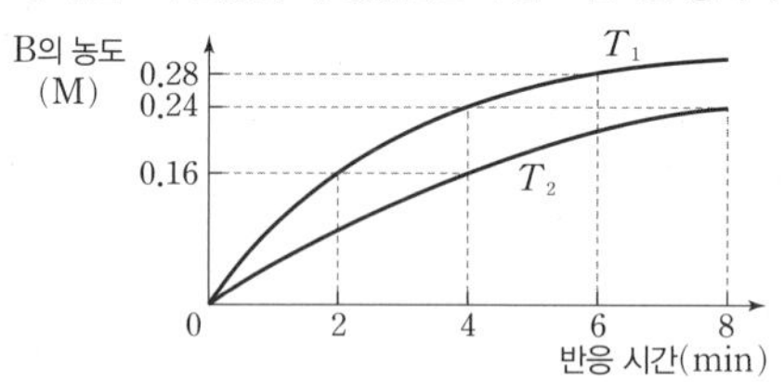

- 반응물 A의 초기 농도 $[A]_0$: A에 대한 1차 반응이므로 반감기는 일정하다. T_1에서 2 min일 때 B의 농도가 0.16 M, 4 min일 때 0.24 M, 6 min일 때 0.28 M이다. B의 농도 증가량이 $\frac{1}{2}$배씩 감소하는 데 걸린 시간이 2 min으로 일정하므로 T_1에서 A의 반감기는 2 min이다. 처음 2 min 동안 생성된 B의 농도가 0.16 M이므로 A의 농도 감소량은 0.32 M이다. 따라서 A의 초기 농도 $[A]_0 = 0.32\ M \times 2 = 0.64\ M$이다.
- 반감기와 반응 속도 상수 : 반감기는 T_1에서 2 min, T_2에서 4 min이고, 1차 반응에서 반감기가 짧을수록 반응 속도 상수는 크다. T_1, T_2에서 반응물의 초기 농도가 같으므로 초기 반응 속도는 T_1일 때가 T_2일 때보다 크다.
- 8 min일 때 각 온도에서의 A의 농도 : T_1에서 8 min일 때 반감기를 4번 거쳤으므로 A의 농도는 $0.64 \times \left(\frac{1}{2}\right)^4 = 0.04(M)$이고, T_2에서 8 min일 때 반감기를 2번 거쳤으므로 A의 농도는 $0.64 \times \left(\frac{1}{2}\right)^2 = 0.16(M)$이다.

탐구자료 살펴보기 온도가 반응 속도에 미치는 영향

실험 과정

1. 시험관 3개에 0.5 M 싸이오황산 나트륨($Na_2S_2O_3$) 수용액을 5 mL씩 넣고, 또 다른 시험관 3개에 1 M 염산을 5 mL씩 넣는다.
2. 100 mL 비커 3개에 각각 0°C, 25°C, 50°C의 물을 넣은 후 각 비커에 싸이오황산 나트륨 수용액이 담긴 시험관과 염산이 담긴 시험관을 각각 1개씩 넣어 비커에 담긴 물과 온도가 같도록 놓아둔다.
3. 3개의 삼각 플라스크 바닥에 유성 펜으로 ×표시를 한다.
4. 온도가 0°C, 25°C, 50°C로 유지되는 장치에 넣은 3개의 삼각 플라스크에 각각 0°C, 25°C, 50°C의 싸이오황산 나트륨 수용액과 염산을 넣어 섞은 후, ×표가 보이지 않을 때까지 걸리는 시간을 측정한다.

실험 결과

온도(°C)	0	25	50
걸린 시간(s)	140	50	42
반응의 빠르기(s^{-1})	0.007	0.02	0.023

분석 point

$Na_2S_2O_3(aq)$과 염산의 반응에서 온도가 높아질수록 반응 속도가 빨라진다.

정답
1. ×
2. ○
3. 짧아

3 촉매와 반응 속도

(1) **촉매** : 화학 반응에서 자신은 소모되지 않으면서 반응 속도를 빠르게 또는 느리게 하는 물질이다. 촉매를 사용하면 반응의 활성화 에너지의 크기가 변하여 반응 속도가 달라진다.

촉매 사용 ➡ 활성화 에너지의 크기 변화 ➡ 반응 속도 변화

(2) **촉매의 종류**

① **정촉매** : 활성화 에너지의 크기를 감소시켜 반응할 수 있는 분자 수가 증가하므로 반응 속도가 빨라진다.

정촉매 사용 ➡ 활성화 에너지 감소 ➡ 반응할 수 있는 분자 수 증가 ➡ 반응 속도 증가

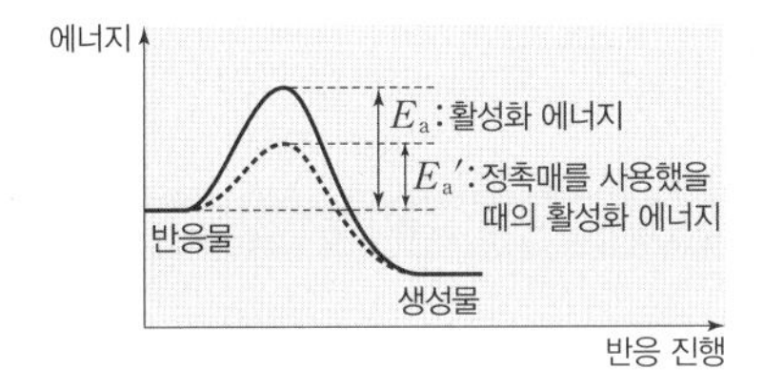

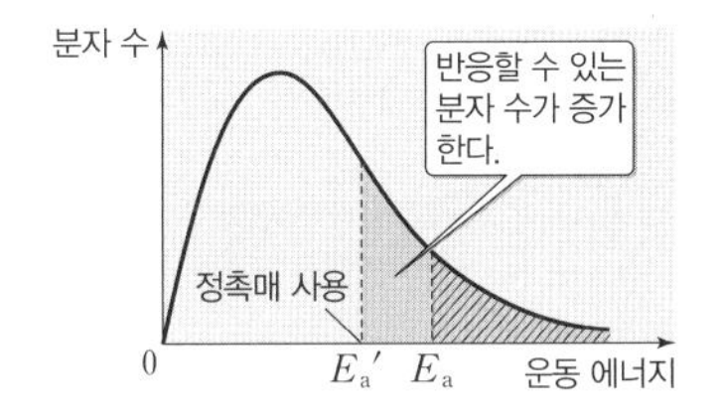

예 과산화 수소수에 이산화 망가니즈를 넣으면 과산화 수소가 물과 산소로 분해되는 속도가 빨라진다.

② **부촉매** : 활성화 에너지의 크기를 증가시켜 반응할 수 있는 분자 수가 감소하므로 반응 속도가 느려진다.

부촉매 사용 ➡ 활성화 에너지 증가 ➡ 반응할 수 있는 분자 수 감소 ➡ 반응 속도 감소

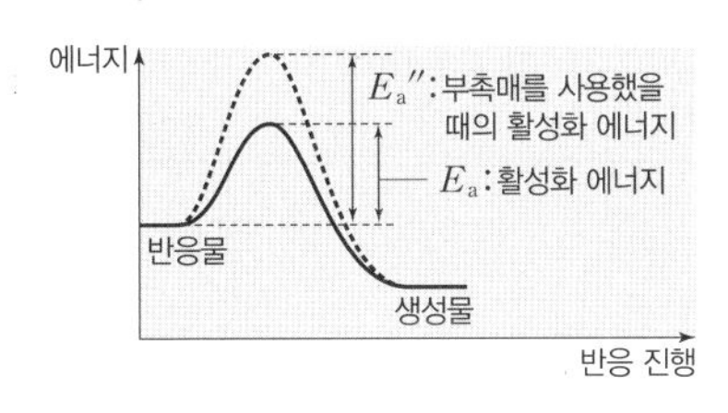

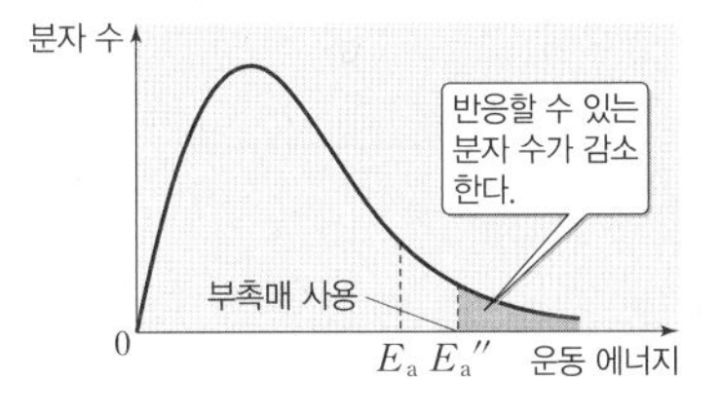

예 과산화 수소수에 인산을 넣으면 과산화 수소의 분해 반응 속도가 느려진다.

과학 돋보기 촉매와 반응 경로

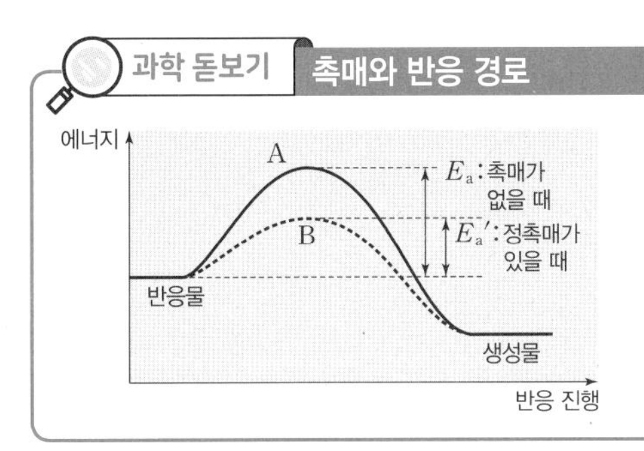

촉매를 사용하면 반응 경로가 바뀌면서 활성화 에너지의 크기가 달라지므로 반응 속도가 달라진다. 경로 A는 촉매를 사용하지 않은 것이고, 경로 B는 정촉매를 사용한 것이다.

개념 체크

- **촉매** : 화학 반응에서 자신은 소모되지 않으면서 반응 속도를 변하게 하는 물질이다.
- **촉매와 활성화 에너지** : 촉매를 사용하면 활성화 에너지의 크기가 달라져서 반응 속도가 변한다.
- **촉매와 반응 경로** : 촉매를 사용하면 반응 경로가 달라지면서 활성화 에너지가 달라지므로 반응 속도가 변한다.
- **정촉매** : 활성화 에너지를 감소시켜 반응 속도를 빠르게 한다.
- **부촉매** : 활성화 에너지를 증가시켜 반응 속도를 느리게 한다.

1. (　　)를 사용하면 활성화 에너지의 크기를 감소시키므로 반응 속도가 빨라진다.

2. 정촉매를 사용하면 반응 속도 상수가 (　　)지므로 반응 속도가 빨라진다.

3. 과산화 수소의 분해 반응에서 이산화 망가니즈는 (　　)로 작용하고, 인산은 (　　)로 작용한다.

4. 촉매를 사용하면 반응 경로가 (변한다 / 변하지 않는다).

정답
1. 정촉매
2. 커
3. 정촉매, 부촉매
4. 변한다

개념 체크

◎ 촉매와 반응 엔탈피($\varDelta H$) : 촉매를 사용해도 화학 반응의 반응 엔탈피($\varDelta H$)는 변하지 않는다.

1. 촉매를 사용하면 화학 반응의 반응 엔탈피($\varDelta H$)는 감소한다. (○, ×)

2. 촉매를 사용하면 정반응 속도와 역반응 속도가 모두 달라진다. (○, ×)

정답
1. ×
2. ○

탐구자료 살펴보기 촉매가 반응 속도에 미치는 영향

실험 과정

1. 눈금 실린더 2개에 10% 과산화 수소수($H_2O_2(aq)$)를 10 mL씩 넣고 주방용 세제 2 mL를 각각 넣는다.
2. 한 실린더에는 아무것도 넣지 않고, 다른 실린더에는 소량의 $KI(s)$ 가루를 넣고 변화를 관찰한다.

실험 결과

• 소량의 $KI(s)$을 넣은 눈금 실린더에서 비누 거품이 더 빠르게 생성되었다.

분석 point

KI은 과산화 수소의 분해 반응을 빠르게 일어나게 하는 정촉매이다.

③ 촉매의 특징

• 촉매는 활성화 에너지의 크기를 변화시키므로 정반응 속도와 역반응 속도를 모두 변화시킨다.

• 촉매를 사용해도 활성화 에너지의 크기만 달라지고, 반응물과 생성물의 에너지는 달라지지 않는다. 따라서 촉매를 사용해도 반응 엔탈피($\varDelta H$)는 변하지 않는다.

과학 돋보기 암모니아(NH_3) 합성 과정에서 촉매의 역할

암모니아의 합성 반응식은 다음과 같다.

$$N_2(g)+3H_2(g) \longrightarrow 2NH_3(g) \qquad \varDelta H=-92\ kJ$$

암모니아를 합성할 때 정촉매를 사용하면 활성화 에너지의 크기가 작아지므로 반응 속도가 빨라지며, 반응 시간이 단축되고 정촉매를 사용하기 전보다 낮은 온도에서도 반응이 쉽게 진행된다. 이때 $\varDelta H=-92$ kJ로 변화 없다.

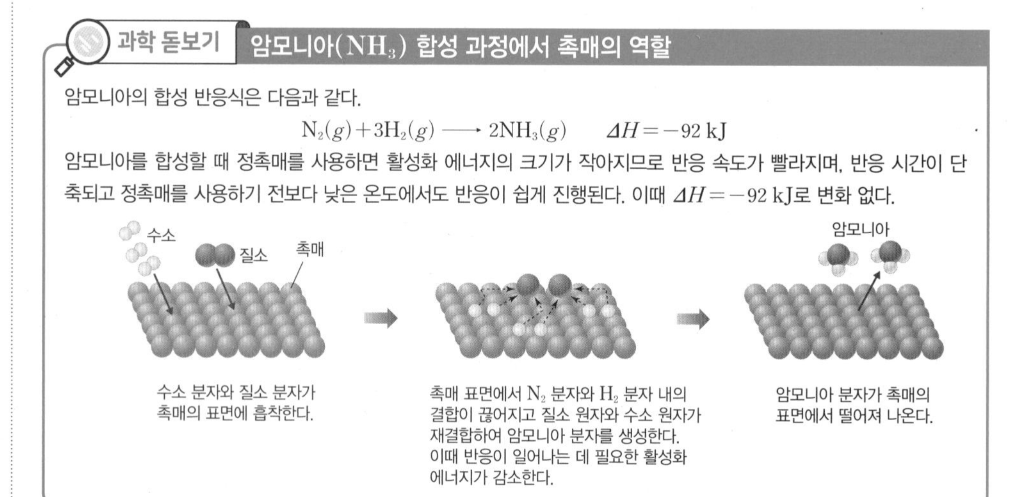

수소 분자와 질소 분자가 촉매의 표면에 흡착한다.

촉매 표면에서 N_2 분자와 H_2 분자 내의 결합이 끊어지고 질소 원자와 수소 원자가 재결합하여 암모니아 분자를 생성한다. 이때 반응이 일어나는 데 필요한 활성화 에너지가 감소한다.

암모니아 분자가 촉매의 표면에서 떨어져 나온다.

4 생명 현상과 산업 현장에서 촉매의 이용

(1) 효소의 작용

① 효소 : 생물체 내에서 일어나는 여러 가지 화학 반응에서 촉매 역할을 하는 물질이다.

예 $2H_2O_2(l) \longrightarrow 2H_2O(l)+O_2(g)$의 반응에서 효소는 정촉매와 마찬가지로 반응의 활성화 에너지의 크기를 감소시킨다. 효소가 활성화 에너지를 감소시키므로 반응 속도는 효소를 사용할 때가 효소를 사용하지 않을 때보다 빠르다.

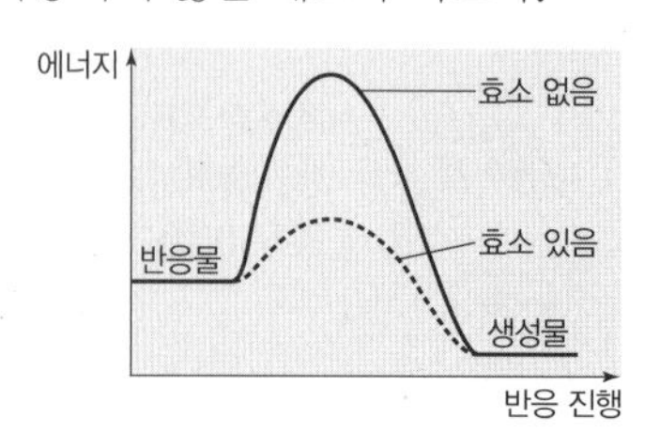

② **효소의 기질 특이성** : 효소에는 특정 기질과 반응할 수 있는 활성 부위가 존재한다. 따라서 효소는 특정 기질과 반응하며, 다른 기질과는 반응하지 않는 기질 특이성이 있다.

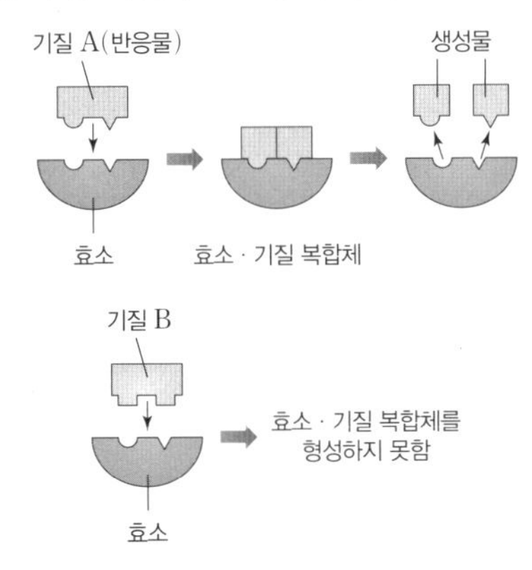

③ **효소의 작용과 온도 및 pH** : 효소는 주로 단백질로 이루어져 있기 때문에 온도와 pH의 영향을 받는다. 효소는 백금과 같은 표면 촉매와는 달리 최적 온도와 최적 pH가 있다. 일반적으로 온도가 높아질수록 반응 속도가 증가하지만 효소가 작용하는 반응의 경우 최적 온도 이상으로 온도가 높아지면 효소가 파괴되어 반응 속도가 현저하게 감소한다. 또한 pH에 따라서도 효소의 활성 부위가 파괴될 수 있으므로 효소는 특정 pH에서 반응 속도가 최대가 된다.

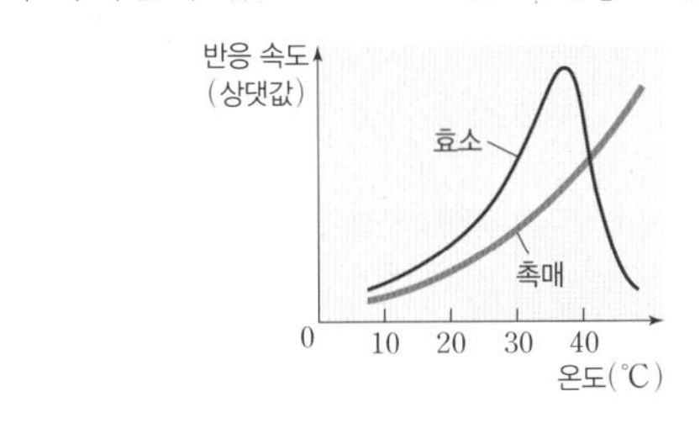

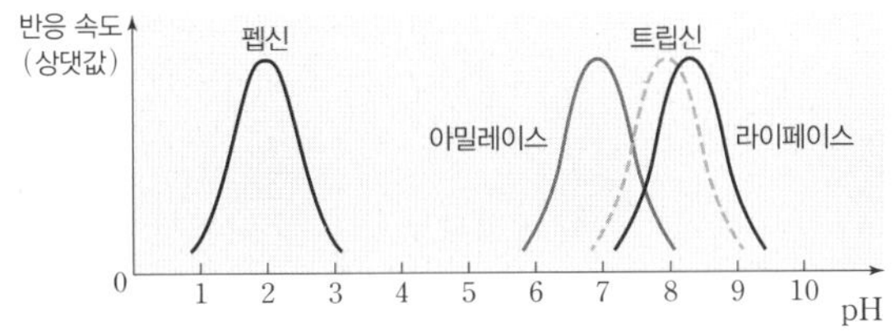

④ **효소의 중요성** : 효소는 생체 내에서 일어나는 반응의 촉매 역할을 하므로 시간이 오래 걸리는 반응들의 반응 속도를 빠르게 하여 반응이 쉽게 일어날 수 있게 하는 역할을 한다.

과학 돋보기 **효소와 온도**

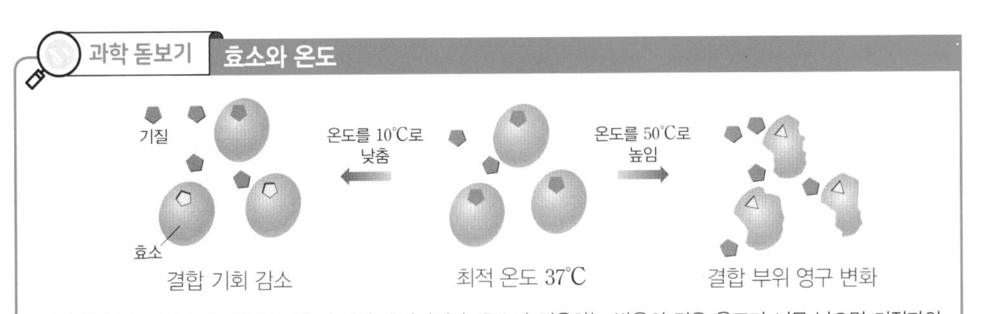

일반적으로 온도가 높아질수록 반응 속도가 증가하지만, 효소가 작용하는 반응의 경우 온도가 너무 낮으면 기질과의 결합 기회가 감소하여 반응 속도가 느려지고 온도가 너무 높으면 효소가 파괴되어 반응 속도가 느려진다. 따라서 효소가 작용하는 최적 온도가 있다.

개념 체크

- **효소** : 생물체 내에서 일어나는 화학 반응에서 촉매 작용을 하는 물질이다.
- **효소의 기질 특이성** : 효소는 특정 기질과 결합할 수 있는 활성 부위를 가지고 있다.
- **효소의 작용과 온도** : 효소는 주로 단백질로 이루어져 있으므로 효소가 작용할 수 있는 최적 온도가 있다.
- **효소의 작용과 pH** : 각각의 효소가 작용할 수 있는 최적 pH가 있다.

1. 생물체 내에서 일어나는 화학 반응의 촉매 역할을 하는 물질을 (   )라고 한다.

2. 효소는 생물체 내에서 일어나는 화학 반응의 (   ) 에너지를 변화시키는 역할을 한다.

3. 효소는 특정 기질에만 작용하며, 이를 (   )이라고 한다.

4. 효소가 작용할 때 온도와 pH의 영향을 받는다. (○, ×)

5. 효소는 온도가 너무 높으면 구조가 변화되거나 파괴되어 촉매로 작용하지 않을 수 있다. (○, ×)

정답
1. 효소
2. 활성화
3. 기질 특이성
4. ○
5. ○

개념 체크

● **효소의 열쇠·자물쇠 모형** : 효소는 열쇠, 기질은 자물쇠에 비유하여 효소가 특정 기질과만 반응하는 기질 특이성을 설명한다.

1. 효소의 (　　)는 특정 기질과 반응하여 기질 특이성을 나타낸다.

2. 효소는 모든 온도에서 반응 속도를 빠르게 해 준다. (○, ×)

정답

1. 활성 부위
2. ×

⑤ **효소의 이용** : 주로 식품에 이용하고 있으며 포도주, 치즈, 된장, 청국장, 식혜, 김치 등이 효소를 이용한 발효 식품의 예이다.

탐구자료 살펴보기 효소의 구조와 기능

목적

효소의 구조와 기능에 대한 열쇠·자물쇠 모형을 알아본다.

자료

그림은 효소의 기질 특이성에 대한 모형을 나타낸 것이다.

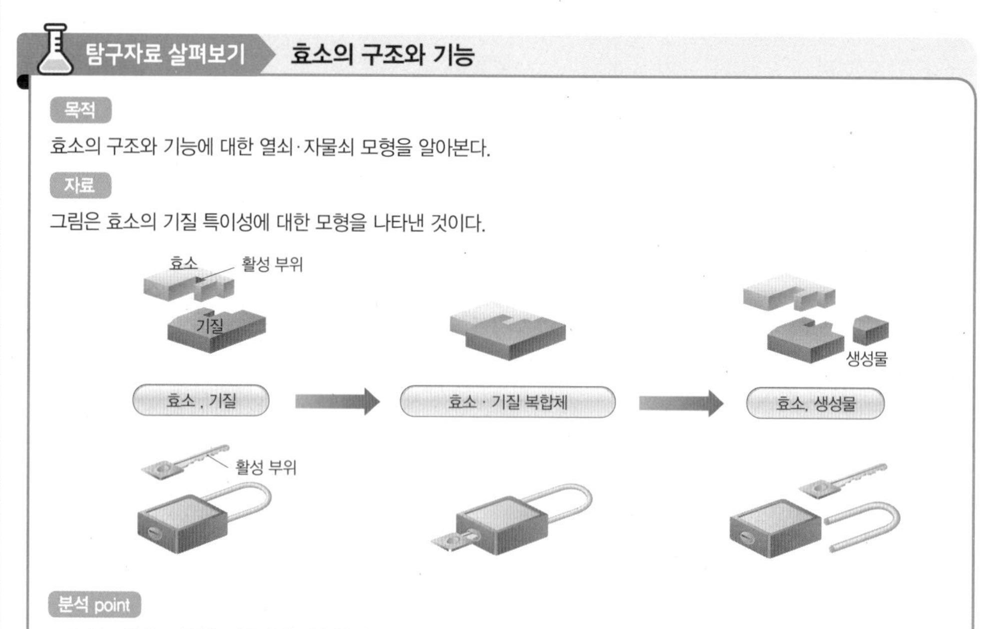

분석 point

- 효소는 열쇠, 기질은 자물쇠에 비유할 수 있다. 자물쇠는 특정 열쇠로만 열 수 있고 다른 열쇠로는 열리지 않으므로 효소의 특성을 설명할 수 있는 모형이다.
- 효소는 특정 기질과 반응할 수 있는 활성 부위가 존재하기 때문에 다른 기질과는 반응하지 않는다. 즉, 효소는 특정 기질과만 반응하는 기질 특이성을 갖는다.
- 기질 특이성을 갖는 효소는 다른 촉매에 비하여 활성화 에너지를 더 크게 감소시킬 수 있기 때문에 효율적으로 반응 속도를 빠르게 하는 역할을 한다.

(2) **현대 산업과 촉매**

촉매를 사용하면 활성화 에너지가 낮아지므로 낮은 온도에서 반응이 빠르게 일어날 수 있어서 산업에서 제조 비용의 감소, 시간의 단축, 생산량 증가의 측면에서 매우 유용하다.

① **효소의 산업적 이용** : 효소를 산업에 적용하여 효율적으로 이용할 수 있다.

분류	효소의 이용	효소(주성분)
식품	녹말을 엿당으로 분해시킨다.	아밀레이스
	유지방을 지방산으로 분해시켜 치즈의 생성 속도를 빠르게 한다.	라이페이스
생활용품	세탁물의 때를 빠르게 분해시킬 수 있다. 콘택트렌즈에 남아 있는 단백질을 빠르게 분해시킬 수 있다.	프로테이스, 라이페이스 등
의약품	소화 효소를 포함한 소화제를 복용하면 소화가 빨리 된다.	펩신, 아밀레이스, 프로테이스 등

② **표면 촉매**

- 백금(Pt), 팔라듐(Pd), 니켈(Ni)과 같은 다양한 금속이 포함된 고체 상태의 촉매로 암모니아의 합성, 탄소 사이의 2중 결합의 수소화 반응 등에 널리 사용되고 있다.
- 표면 촉매의 작용은 기체 또는 액체 상태의 반응물이 고체 상태의 촉매 표면에 흡착되어 일어난다.

예 에텐(C_2H_4)의 수소화 반응에서 표면 촉매의 작용

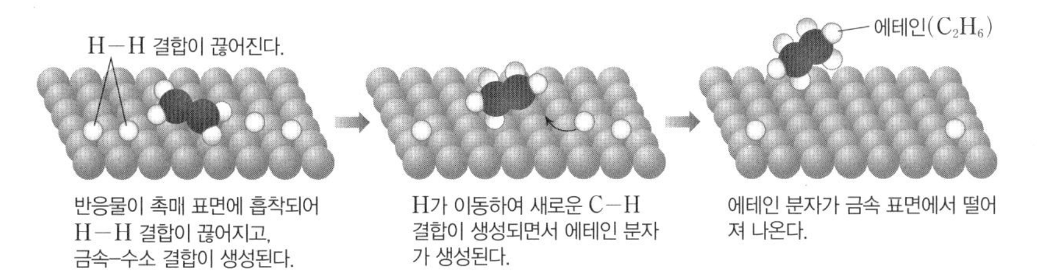

- 표면 촉매는 촉매로서의 활성이 높아서 널리 사용되지만, 불안정하고 부수적인 반응물에 대한 예측이 어려워서 폐기물의 문제가 나타나기도 한다.

③ 유기 촉매

- 반응을 조절하기 어려운 표면 촉매의 단점을 보완하고자 유기물 형태로 유기 촉매를 만들어 사용하고 있다.
- 유기 촉매는 반응의 선택성이 높고, 쉽게 분해될 수 있다.

예 의약품의 합성 과정에서 유기 촉매로 사용할 수 있는 프롤린($C_5H_9NO_2$)

④ 광촉매

- 빛에너지를 받을 때 촉매 작용을 일으키는 물질을 광촉매라고 한다.
- 이산화 타이타늄(TiO_2)이 가장 널리 사용되며, TiO_2은 빛에너지를 받으면 물을 수소와 산소로 분해하거나 유기물을 분해하는 특징을 나타낸다.

예 TiO_2은 수소 연료 전지에 수소를 공급하는 장치나 공기 청정기, 타일, 벽지 등의 세균 번식을 막는 데 이용된다.

과학 돋보기 **광촉매의 작용과 이용**

- 광촉매인 TiO_2에 빛에너지를 가하면 공기 중의 산소와 수분으로부터 에너지가 높은 활성화물이 만들어지고 이 물질들이 오염 물질을 분해하게 된다.

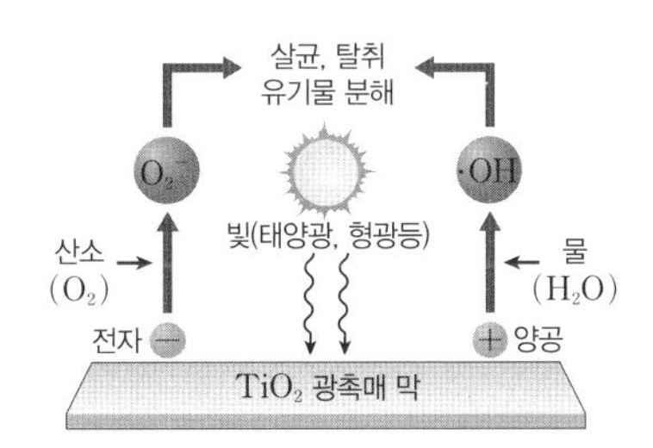

- 광촉매는 항균, 공기 정화, 탈취, 정수, 오염 방지 등에 활용할 수 있다.

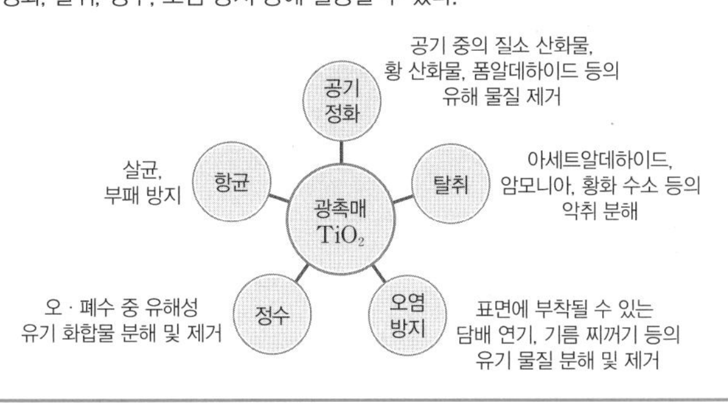

개념 체크

- **표면 촉매** : 금속이 포함된 고체 상태의 촉매
- **유기 촉매** : 유기물로 이루어진 촉매
- **광촉매** : 빛에너지를 받을 때 촉매 작용을 일으키는 물질

1. 암모니아 합성에 촉매로 이용되는 철(Fe)은 (　　) 촉매이다.

2. 빛에너지를 받을 때 촉매 작용을 일으키는 물질을 (　　)라고 한다.

3. 이산화 타이타늄(TiO_2)은 대표적인 유기 촉매이다. (○, ×)

정답
1. 표면
2. 광촉매
3. ×

[24028-0197]

01 다음은 일상생활 속 반응 속도와 관계된 3가지 현상이다.

(가) 입 안에 넣은 사탕을 깨물어 부수면 빨리 녹는다.
(나) 더운 곳에 놓아둔 음식이 빨리 상한다.
(다) 철은 건조한 곳보다 습한 곳에서 더 빨리 녹슨다.

(가)~(다) 중 표면적이 반응 속도에 영향을 미친 현상만을 있는 대로 고른 것은?

① (가) ② (나) ③ (가), (다)
④ (나), (다) ⑤ (가), (나), (다)

[24028-0198]

02 다음은 학생 A가 수행한 탐구 활동이다.

[가설] ○ ㉠

[탐구 과정]

(가) Y자 시험관 Ⅰ~Ⅲ의 한쪽 가지에 0.05 M $NaHSO_3(aq)$ 6 mL와 녹말 용액 2 mL를 각각 넣는다.

(나) (가)의 Y자 시험관 다른 한쪽에 0.1 M $KIO_3(aq)$과 증류수를 표와 같이 혼합하여 넣는다.

Y자 시험관	Ⅰ	Ⅱ	Ⅲ
0.1 M $KIO_3(aq)$의 부피(mL)	2	4	6
증류수의 부피(mL)	6	4	2

(다) (나)의 Y자 시험관을 마개로 막고 두 용액을 혼합한다.

(라) (다)의 용액이 청람색으로 변하는 순간까지 걸리는 시간을 각각 측정한다.

[탐구 결과]

○ Y자 시험관 속 용액의 색깔이 변하는 순간까지 걸린 시간은 Ⅰ > Ⅱ > Ⅲ이다.

[결론] ○ 가설은 옳다.

학생 A의 결론이 타당할 때, ㉠으로 가장 적절한 것은? (단, 온도는 일정하다.)

① 촉매를 사용하면 반응 속도가 빨라진다.
② 반응물의 농도가 진할수록 반응 속도가 빠르다.
③ 반응물의 농도가 묽을수록 반응 속도가 빠르다.
④ 반응물의 표면적이 클수록 반응 속도가 빠르다.
⑤ 반응물의 표면적이 작을수록 반응 속도가 빠르다.

[24028-0199]

03 다음은 $A(g)$로부터 $B(g)$가 생성되는 반응의 화학 반응식이다.

$$A(g) \rightleftharpoons B(g)$$

표는 온도 T에서 1 mol의 $A(g)$가 들어 있는 강철 용기에서 반응이 진행될 때, 강철 용기에 첨가한 물질에 따른 정반응의 활성화 에너지(E_a)를 나타낸 것이다.

첨가한 물질	E_a(kJ/mol)
없음	$2a$
X	$3a$
Y	a

X를 넣었을 때가 Y를 넣었을 때보다 큰 것만을 〈보기〉에서 있는 대로 고른 것은? (단, 온도는 T로 일정하다.)

보기

ㄱ. 반응 엔탈피(ΔH)
ㄴ. 역반응의 활성화 에너지
ㄷ. 평형에 도달하였을 때 용기 속 $B(g)$의 양(mol)

① ㄱ ② ㄴ ③ ㄷ ④ ㄱ, ㄴ ⑤ ㄴ, ㄷ

[24028-0200]

04 표는 1 L 강철 용기에 같은 양(mol)의 $A(g)$를 넣고 반응 $A(g) \longrightarrow 2B(g)$을 진행시킨 실험 Ⅰ~Ⅳ에 대한 자료이다.

실험	첨가한 물질	온도(℃)	초기 반응 속도 (상댓값)
Ⅰ	없음	25	1.0
Ⅱ	X	25	1.8
Ⅲ	Y	40	0.6
Ⅳ	Y	t	1.0

이에 대한 설명으로 옳은 것만을 〈보기〉에서 있는 대로 고른 것은?

보기

ㄱ. X는 정촉매이다.
ㄴ. t>40이다.
ㄷ. 반응 엔탈피(ΔH)는 Ⅰ에서가 Ⅱ에서보다 크다.

① ㄱ ② ㄷ ③ ㄱ, ㄴ ④ ㄴ, ㄷ ⑤ ㄱ, ㄴ, ㄷ

[24028-0201]

05 그림 (가)는 충분한 양의 0.5 M $HCl(aq)$과 w g의 $CaCO_3(s)$을 반응시켜 시간에 따른 질량 변화를 측정하는 모습을, (나)는 온도 T_1, T_2에서 (가)에서의 반응이 진행될 때 반응 시간에 따른 질량 변화를 나타낸 것이다.

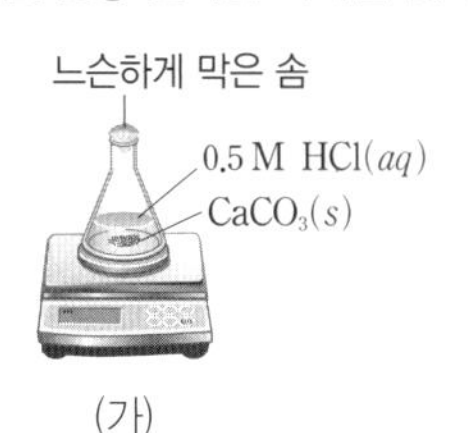

(가)

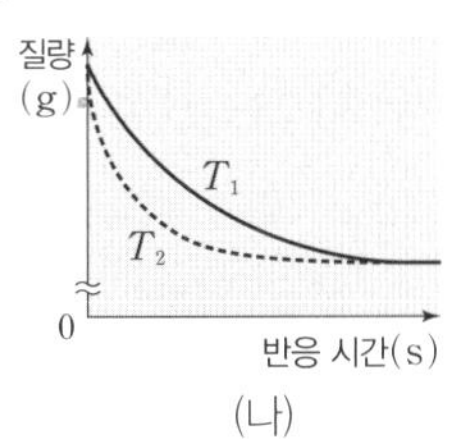

(나)

이에 대한 설명으로 옳은 것만을 〈보기〉에서 있는 대로 고른 것은?

보기

ㄱ. 반응의 빠르기는 $\frac{\text{생성된 기체의 질량(g)}}{\text{반응 시간(s)}}$으로 나타낼 수 있다.

ㄴ. $T_1 > T_2$이다.

ㄷ. T_2에서 0.5 M $HCl(aq)$ 대신 1 M의 $HCl(aq)$을 사용하면 반응 초기 화학 반응의 빠르기는 (나)의 T_2에서보다 크게 나타난다.

① ㄱ ② ㄴ ③ ㄷ ④ ㄱ, ㄷ ⑤ ㄴ, ㄷ

[24028-0202]

06 다음은 $A(g)$로부터 $B(g)$가 생성되는 반응의 화학 반응식과 반응 속도식이다.

$A(g) \longrightarrow B(g)$ $v=k[A]$ (k는 반응 속도 상수)

그림은 2개의 강철 용기 (가)와 (나)에 각각 w g의 $A(g)$를 넣고 각각 온도 T_1과 T_2에서 반응시켜 반응 시간이 t min일 때 용기에 들어 있는 $A(g)$ 또는 $B(g)$의 질량을 나타낸 것이다.

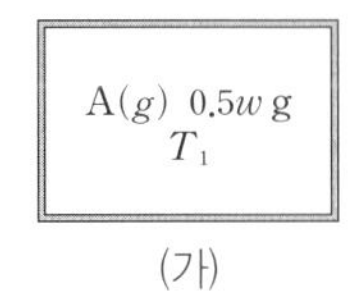

(가)

B(g) 0.75w g
T_2
(나)

이에 대한 설명으로 옳은 것만을 〈보기〉에서 있는 대로 고른 것은? (단, (가)와 (나)에서 온도는 각각 T_1, T_2로 일정하다.)

보기

ㄱ. T_2에서 반감기는 $\frac{t}{2}$ min이다.

ㄴ. $T_2 > T_1$이다.

ㄷ. 0~t min 동안 $\frac{\text{(나)에서의 평균 반응 속도}}{\text{(가)에서의 평균 반응 속도}} = \frac{3}{2}$이다.

① ㄱ ② ㄷ ③ ㄱ, ㄴ ④ ㄴ, ㄷ ⑤ ㄱ, ㄴ, ㄷ

[24028-0203]

07 다음은 $A(g)$로부터 $B(g)$가 생성되는 반응에 대한 자료이다.

- 화학 반응식 : $A(g) \longrightarrow B(g)$
- 반응 속도식 : $v=k[A]$ (k는 반응 속도 상수)
- 1 L 강철 용기에 1 mol의 $A(g)$를 넣고 온도 T_1, T_2에서 각각 반응시켰을 때의 반감기

온도	T_1	T_2
반감기(min)	t	$2t$

이에 대한 설명으로 옳은 것만을 〈보기〉에서 있는 대로 고른 것은?

보기

ㄱ. $T_1 > T_2$이다.

ㄴ. $4t$ min일 때 $\frac{T_1\text{에서 [A]}}{T_2\text{에서 [B]}} = \frac{1}{12}$이다.

ㄷ. T_2에서 1 L 강철 용기에 2 mol의 $A(g)$를 넣고 반응시키면 반감기는 t min이다.

① ㄱ ② ㄴ ③ ㄷ ④ ㄱ, ㄴ ⑤ ㄴ, ㄷ

[24028-0204]

08 다음은 $A(g)$로부터 $B(g)$와 $C(g)$가 생성되는 반응의 화학 반응식이다.

$$A(g) \longrightarrow 2B(g) + C(g)$$

표는 강철 용기에 $A(g)$를 넣고 반응시킬 때, 반응 시간에 따른 용기 속 [A]+[B]+[C]를 나타낸 것이다. $2t$ min일 때 $X(s)$를 첨가하였고, $X(s)$는 정촉매 또는 부촉매 중 하나이다.

반응 시간(min)	0	t	$2t$	$3t$
[A]+[B]+[C](M)	2	4	5	5.8

이에 대한 설명으로 옳은 것만을 〈보기〉에서 있는 대로 고른 것은? (단, 온도는 일정하다.)

보기

ㄱ. t min일 때 [A]=1 M이다.

ㄴ. $X(s)$는 정촉매이다.

ㄷ. $3t$ min일 때 $\frac{C(g)\text{의 부분 압력}}{A(g)\text{의 부분 압력}} = 19$이다.

① ㄱ ② ㄷ ③ ㄱ, ㄴ ④ ㄴ, ㄷ ⑤ ㄱ, ㄴ, ㄷ

[24028-0205]

09 다음은 A(g)로부터 B(g)가 생성되는 반응의 화학 반응식이다.

$$A(g) \longrightarrow 2B(g)$$

표는 강철 용기에 A(g)를 넣고 온도 T_1, T_2에서 각각 반응을 진행시켰을 때, 반응 시간(t)에 따른 용기 속 B(g)의 부분 압력을 나타낸 것이다. 반응 전 A(g)의 압력은 실험 Ⅱ에서가 Ⅰ에서의 2배이다.

실험	온도	B(g)의 부분 압력(atm)			
		$t=0$	$t=a$ min	$t=2a$ min	$t=3a$ min
Ⅰ	T_1	0	1.6	2.4	2.8
Ⅱ	T_2	0		3.2	

이에 대한 설명으로 옳은 것만을 <보기>에서 있는 대로 고른 것은? (단, Ⅰ과 Ⅱ에서 온도는 각각 T_1, T_2로 일정하다.)

보기

ㄱ. A(g)에 대한 1차 반응이다.

ㄴ. $t=2a$ min일 때 $\dfrac{\text{Ⅱ에서 A}(g)\text{의 부분 압력}}{\text{Ⅰ에서 A}(g)\text{의 부분 압력}}=2$이다.

ㄷ. $T_2>T_1$이다.

① ㄱ ② ㄴ ③ ㄱ, ㄷ ④ ㄴ, ㄷ ⑤ ㄱ, ㄴ, ㄷ

[24028-0206]

10 다음은 A(g)로부터 B(g)가 생성되는 반응의 화학 반응식이다.

$$A(g) \longrightarrow 2B(g)$$

그림은 강철 용기에 서로 다른 농도의 A(g)를 넣고 각각 온도 T_1, T_2에서 반응시켰을 때, 반응 시간에 따른 [A]+[B]를 나타낸 것이다.

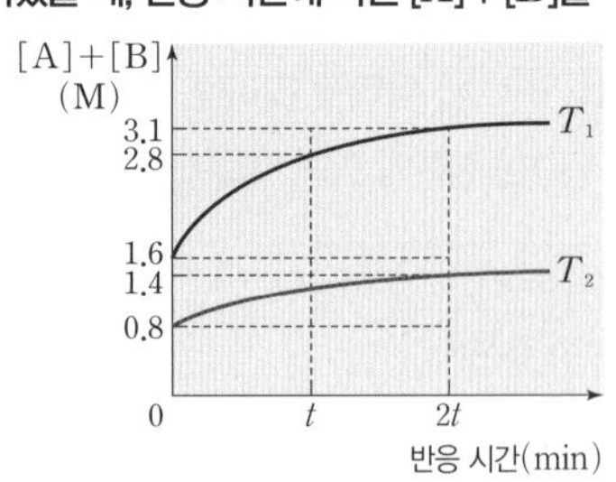

이에 대한 설명으로 옳은 것만을 <보기>에서 있는 대로 고른 것은? (단, 온도는 각각 T_1, T_2로 일정하다.)

보기

ㄱ. T_2에서 반감기는 t min이다.

ㄴ. $2t$ min일 때 [B]는 T_1에서가 T_2에서의 2배이다.

ㄷ. 반응 속도 상수(k)는 T_1에서가 T_2에서보다 크다.

① ㄱ ② ㄴ ③ ㄱ, ㄷ ④ ㄴ, ㄷ ⑤ ㄱ, ㄴ, ㄷ

[24028-0207]

11 다음은 A(g)로부터 B(g)가 생성되는 반응의 화학 반응식이다.

$$2A(g) \longrightarrow B(g)$$

표는 강철 용기에 A(g)의 농도를 달리하여 넣고 반응시킨 실험 Ⅰ~Ⅲ에서 [A] 또는 [B]를 나타낸 것이다.

실험	A(g)의 초기 농도(M)	온도	t min일 때 [A](M)	$2t$ min일 때 [B](M)
Ⅰ	0.16	T_1	0.08	0.06
Ⅱ	0.32	T_2		0.08
Ⅲ	0.32	T_3	0.16	

T_1~T_3을 비교한 것으로 옳은 것은? (단, Ⅰ~Ⅲ에서 온도는 각각 T_1, T_2, T_3으로 일정하다.)

① $T_1=T_2=T_3$ ② $T_1=T_3>T_2$
③ $T_1>T_3>T_2$ ④ $T_2=T_3>T_1$
⑤ $T_3>T_2>T_1$

[24028-0208]

12 다음은 A(g)로부터 B(g)가 생성되는 반응의 화학 반응식이다.

$$2A(g) \longrightarrow B(g)$$

그림은 강철 용기에 A(g)를 넣고 온도 T_1, T_2에서 각각 반응시킬 때, 반응 시간에 따른 A(g)의 농도를 나타낸 것이다.

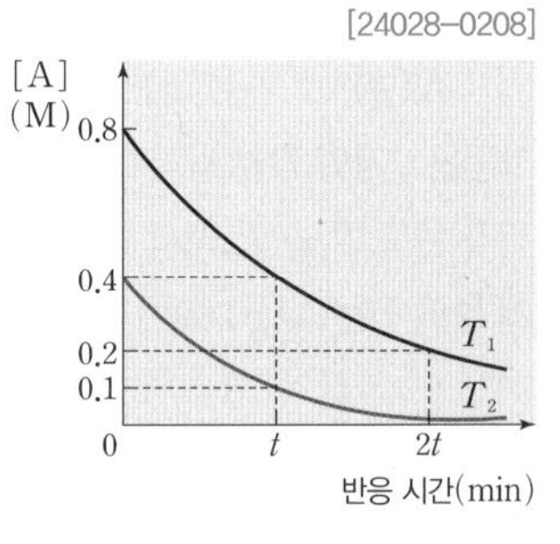

이에 대한 설명으로 옳은 것만을 <보기>에서 있는 대로 고른 것은? (단, 온도는 각각 T_1, T_2로 일정하다.)

보기

ㄱ. 이 반응은 A(g)에 대한 1차 반응이다.

ㄴ. $\dfrac{T_1\text{에서 반응 속도 상수}}{T_2\text{에서 반응 속도 상수}}<1$이다.

ㄷ. T_2에서 $2t$ min일 때 $[B]=\dfrac{3}{16}$ M이다.

① ㄱ ② ㄷ ③ ㄱ, ㄴ ④ ㄴ, ㄷ ⑤ ㄱ, ㄴ, ㄷ

[24028-0209]

01 다음은 학생 A가 반응 속도를 측정하기 위해 수행한 탐구 활동이다.

[화학 반응식] ○ $Na_2S_2O_3(aq)+2HCl(aq) \longrightarrow$ ㉠ $(s)+2NaCl(aq)+H_2O(l)+SO_2(g)$

[가설] ○ $Na_2S_2O_3(aq)$의 ㉡ 반응 속도가 빠르다.

[탐구 과정]

(가) 0.2 M $Na_2S_2O_3(aq)$ 80 mL에 증류수를 가해 전체 부피가 100 mL가 되도록 삼각 플라스크에 넣은 후 그림과 같이 '×' 표시를 한 흰 종이 위에 놓는다.

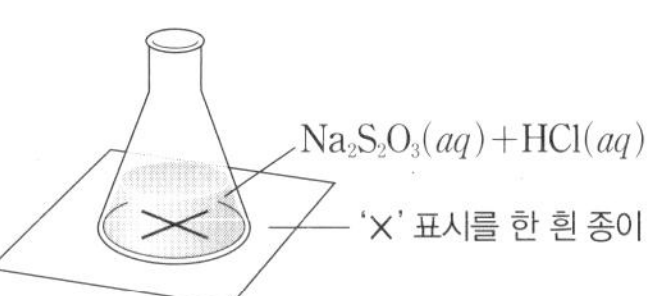

(나) (가)의 삼각 플라스크에 0.5 M HCl(aq) 100 mL를 넣고 '×' 표시가 모두 가려질 때까지의 시간을 측정한다.

(다) (가)에서 0.2 M $Na_2S_2O_3(aq)$ 80 mL 대신 60 mL, 40 mL, 20 mL로 과정 (가)와 (나)를 반복한다.

[탐구 결과]

0.2 M $Na_2S_2O_3(aq)$의 부피(mL)	80	60	40	20
'×' 표시가 모두 가려질 때까지의 시간(s)	t_1	t_2	t_3	t_4

○ $t_1 < t_2 < t_3 < t_4$이다.

[결론] ○ 가설은 옳다.

생성된 앙금이 '×' 표시를 모두 가릴 때까지 걸리는 시간을 측정하여 반응 속도를 비교할 수 있다.

학생 A의 결론이 타당할 때, 이에 대한 설명으로 옳은 것만을 〈보기〉에서 있는 대로 고른 것은? (단, 온도는 일정하다.)

보기

ㄱ. ㉠은 S이다.

ㄴ. '농도가 진할수록'은 ㉡으로 적절하다.

ㄷ. 탐구 결과를 이용하면 '표면적이 클수록 반응 속도가 빠르다.'는 것을 설명할 수 있다.

① ㄱ ② ㄷ ③ ㄱ, ㄴ ④ ㄴ, ㄷ ⑤ ㄱ, ㄴ, ㄷ

[24028-0210]

02 다음은 A(g)로부터 B(g)와 C(g)가 생성되는 반응의 화학 반응식과 반응 속도식이다.

$$2A(g) \longrightarrow 2B(g)+C(g) \quad v=k[A] \quad (k\text{는 반응 속도 상수})$$

그림 (가)와 (나)는 강철 용기에 A(g)를 넣고 온도 T_1, T_2에서 각각 반응시켜 반응 시간이 $2t$ min일 때 용기 속 전체 기체의 압력을 나타낸 것이다. $\dfrac{T_1\text{에서 반응 속도 상수}}{T_2\text{에서 반응 속도 상수}}=2$이다.

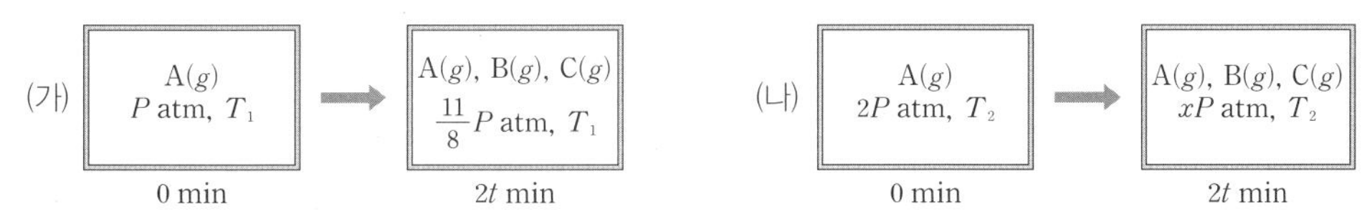

$2A(g) \longrightarrow 2B(g)+C(g)$ 반응에서 증가한 C(g)의 부분 압력 $=\frac{1}{2}\times$증가한 B(g)의 부분 압력 $=\frac{1}{2}\times$감소한 A(g)의 부분 압력이다.

이에 대한 설명으로 옳은 것만을 〈보기〉에서 있는 대로 고른 것은?

보기

ㄱ. $T_1 > T_2$이다.

ㄴ. $x=\frac{11}{4}$이다.

ㄷ. $\dfrac{(\text{가})\text{에서 } t \text{ min일 때 C}(g)\text{의 부분 압력}}{(\text{나})\text{에서 } 2t \text{ min일 때 C}(g)\text{의 부분 압력}}=\frac{1}{2}$이다.

① ㄴ ② ㄷ ③ ㄱ, ㄴ ④ ㄱ, ㄷ ⑤ ㄱ, ㄴ, ㄷ

일정 시간 동안 생성되는 기체의 부피를 측정하여 반응 속도를 비교할 수 있다.

[24028-0211]

03 다음은 $A(aq)$의 분해 반응의 화학 반응식이다.

$$A(aq) \longrightarrow B(l)+C(g)$$

그림은 $A(aq)$을 용기에 넣어 반응시키는 모습을, 표는 1 M $A(aq)$ 100 mL를 용기에 넣고 서로 다른 반응 조건에서 반응시킨 실험 Ⅰ~Ⅲ에 대한 자료이다.

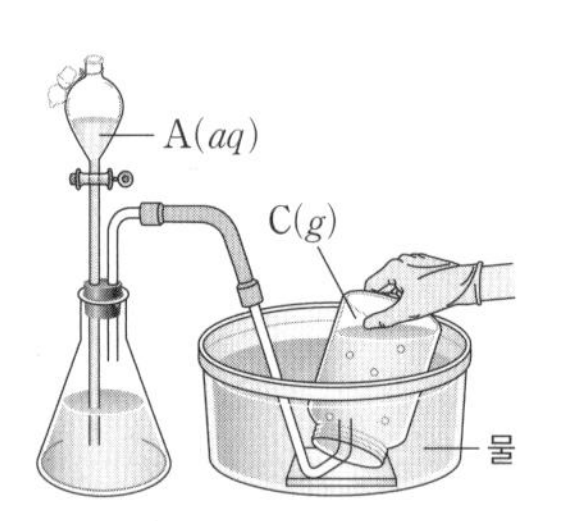

실험	반응 조건		반응 후 t s일 때까지 생성된 $C(g)$의 부피(L)
	첨가한 물질	온도(℃)	
Ⅰ	없음	25	V
Ⅱ	X	25	$0.3V$
Ⅲ	Y	20	$1.3V$

이에 대한 설명으로 옳은 것만을 〈보기〉에서 있는 대로 고른 것은? (단, 용액의 부피는 일정하고, 각 실험에서 온도는 일정하다.)

보기

ㄱ. X는 정촉매이다.
ㄴ. 정반응의 활성화 에너지는 Ⅰ에서가 Ⅲ에서보다 크다.
ㄷ. 반응이 완결될 때까지 생성된 $C(g)$의 부피는 Ⅰ에서가 Ⅱ에서보다 크다.

① ㄱ ② ㄴ ③ ㄷ ④ ㄱ, ㄴ ⑤ ㄴ, ㄷ

온도가 증가하면 활성화 에너지 이상의 에너지를 갖는 분자 수가 증가하여 반응 속도가 빨라진다.

[24028-0212]

04 다음은 $A(g)$로부터 $B(g)$가 생성되는 반응의 화학 반응식과 반응 속도식이다.

$$A(g) \longrightarrow 2B(g) \quad v=k[A] \quad (k\text{는 반응 속도 상수})$$

그림 (가)는 온도 T_1, T_2에서 $A(g)$ 1 mol의 분자 운동 에너지 분포 곡선을, (나)는 1 L 강철 용기 Ⅰ과 Ⅱ에 1 mol의 $A(g)$를 각각 넣고 반응시켰을 때, 반응 시간에 따른 [A]+[B]를 나타낸 것이다. Ⅰ과 Ⅱ에 들어 있는 기체의 온도는 각각 T_1, T_2 중 하나이다.

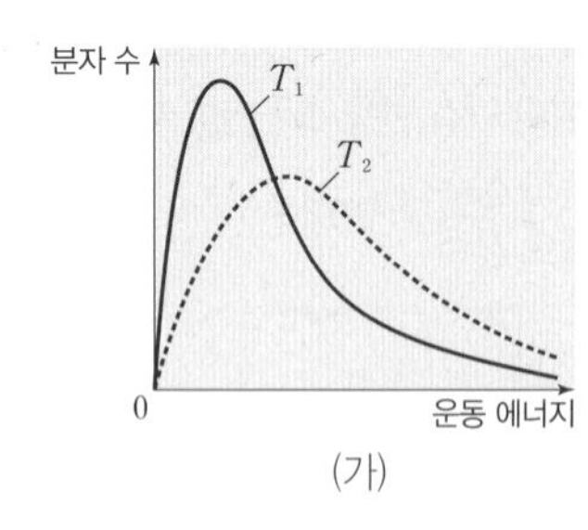

(가)

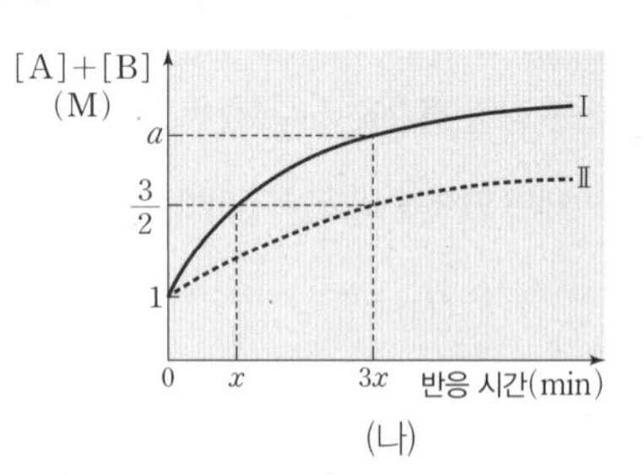

(나)

이에 대한 설명으로 옳은 것만을 〈보기〉에서 있는 대로 고른 것은?

보기

ㄱ. Ⅱ에서 기체의 온도는 T_1이다.
ㄴ. $a=\frac{15}{8}$이다.
ㄷ. $\dfrac{\text{Ⅰ에서 } 2x \text{ min일 때 [A]}}{\text{Ⅱ에서 } 3x \text{ min일 때 [B]}}=\frac{1}{4}$이다.

① ㄱ ② ㄷ ③ ㄱ, ㄴ ④ ㄴ, ㄷ ⑤ ㄱ, ㄴ, ㄷ

[24028-0213]

05 **표는 효소, 표면 촉매, 광촉매를 주어진 분류 기준으로 분류한 것이다. ㉠~㉢은 효소, 표면 촉매, 광촉매를 순서 없이 나타낸 것이다.**

분류 기준	예	아니요
특정 기질과 반응하는 활성 부위가 있는가?	㉠	㉡, ㉢
촉매 작용을 위해 빛에너지가 필요한가?	㉡	㉠, ㉢

이에 대한 설명으로 옳은 것만을 ⟨보기⟩에서 있는 대로 고른 것은?

보기

ㄱ. ㉢은 표면 촉매이다.
ㄴ. ㉡을 넣고 화학 반응을 완결시키면 넣지 않았을 때보다 생성물의 양이 많아진다.
ㄷ. ㉠~㉢은 모두 화학 반응의 활성화 에너지를 변화시킨다.

① ㄱ ② ㄴ ③ ㄱ, ㄷ ④ ㄴ, ㄷ ⑤ ㄱ, ㄴ, ㄷ

효소는 생체 내에서 일어나는 여러 가지 화학 반응에서 촉매 역할을 하는 물질이며, 기질 특이성이 있다.

[24028-0214]

06 **다음은 $A(g)$로부터 $B(g)$가 생성되는 반응의 화학 반응식이다.**

$$A(g) \longrightarrow 2B(g)$$

그림은 강철 용기 Ⅰ과 Ⅱ에 $A(g)$와 $B(g)$의 혼합 기체를 각각 넣고 반응이 진행될 때, 반응 시간에 따른 용기 속 전체 기체의 압력(P)을 나타낸 것이다. 반응이 진행되는 동안 Ⅰ과 Ⅱ에서 온도는 각각 일정하다.

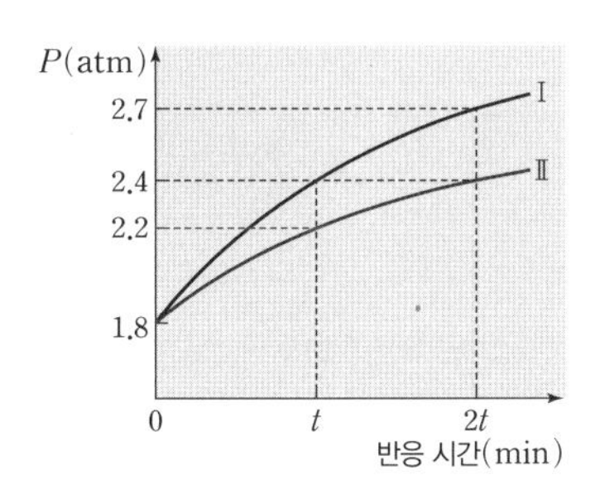

이에 대한 설명으로 옳은 것만을 ⟨보기⟩에서 있는 대로 고른 것은?

보기

ㄱ. 온도는 Ⅰ에서와 Ⅱ에서가 같다.
ㄴ. 0 min일 때 $\frac{\text{Ⅱ에서 A(g)의 부분 압력}}{\text{Ⅰ에서 A(g)의 부분 압력}}=\frac{2}{3}$이다.
ㄷ. t min일 때 $B(g)$의 부분 압력은 Ⅰ에서와 Ⅱ에서가 같다.

① ㄱ ② ㄷ ③ ㄱ, ㄴ ④ ㄴ, ㄷ ⑤ ㄱ, ㄴ, ㄷ

$A(g) \longrightarrow 2B(g)$ 반응에서 감소한 $A(g)$의 부분 압력은 증가한 전체 기체의 압력과 같다.

온도가 높을수록 반응 속도가 빨라져 반감기는 짧아진다.

[24028-0215]

07 다음은 $A(g)$로부터 $B(g)$와 $C(g)$가 생성되는 반응의 화학 반응식이다.

$$A(g) \longrightarrow bB(g) + C(g) \quad (b\text{는 반응 계수})$$

표는 강철 용기에 1 mol의 $A(g)$를 넣고 온도 T_1, T_2에서 각각 반응시켰을 때, 반응 시간에 따른 $C(g)$의 몰 분율을 나타낸 것이다. 실험 Ⅰ에서 $2x$ s일 때 용기 속 $\frac{B(g)\text{의 양(mol)}}{A(g)\text{의 양(mol)}}=2$이다.

실험	온도	$C(g)$의 몰 분율				
		0 s	x s	$2x$ s	$3x$ s	$4x$ s
Ⅰ	T_1	0		$\frac{1}{4}$		$\frac{3}{10}$
Ⅱ	T_2	0	$\frac{1}{4}$		㉠	

이에 대한 설명으로 옳은 것만을 〈보기〉에서 있는 대로 고른 것은? (단, Ⅰ과 Ⅱ에서 온도는 각각 T_1, T_2로 일정하다.)

보기

ㄱ. $b=2$이다.

ㄴ. ㉠은 $\frac{1}{3}$이다.

ㄷ. $\frac{T_2\text{에서 반응 속도 상수}}{T_1\text{에서 반응 속도 상수}}=2$이다.

① ㄱ ② ㄴ ③ ㄱ, ㄷ ④ ㄴ, ㄷ ⑤ ㄱ, ㄴ, ㄷ

1차 반응의 반감기는 반응물의 농도와 관계없이 일정하다.

[24028-0216]

08 다음은 $A(g)$로부터 $B(g)$가 생성되는 반응의 화학 반응식과 반응 속도식이다.

$$A(g) \longrightarrow 2B(g) \quad v=k[A] \quad (k\text{는 반응 속도 상수})$$

표는 강철 용기에 $A(g)$의 질량을 달리하여 넣고 온도 T_1~T_3에서 각각 반응시켰을 때, 반응 시간에 따른 $\frac{\text{용기 속 }B(g)\text{의 질량}}{\text{용기 속 }A(g)\text{의 질량}}$을 나타낸 것이다. 용기에 처음 넣어 준 $A(g)$의 질량은 실험 Ⅰ~Ⅲ에서 각각 w g, $\frac{3}{2}w$ g, $2w$ g이다.

실험	온도	$\frac{\text{용기 속 }B(g)\text{의 질량}}{\text{용기 속 }A(g)\text{의 질량}}$			
		0 min	a min	$2a$ min	$3a$ min
Ⅰ	T_1	0	1		
Ⅱ	T_2	0			3
Ⅲ	T_3	0		2	

이에 대한 설명으로 옳은 것만을 〈보기〉에서 있는 대로 고른 것은? (단, Ⅰ~Ⅲ에서 온도는 각각 T_1, T_2, T_3으로 일정하다.)

보기

ㄱ. Ⅱ에서 반감기는 $1.5a$ min이다.

ㄴ. $T_1=T_3$이다.

ㄷ. Ⅲ에서 $2a$ min일 때 $B(g)$의 몰 분율은 $\frac{2}{3}$이다.

① ㄱ ② ㄴ ③ ㄱ, ㄷ ④ ㄴ, ㄷ ⑤ ㄱ, ㄴ, ㄷ

[24028-0217]

09 다음은 $A(g)$로부터 $B(g)$와 $C(g)$가 생성되는 반응의 화학 반응식과 반응 속도식이다.

$$2A(g) \longrightarrow B(g)+cC(g) \quad v=k[A]$$ (c는 반응 계수, k는 반응 속도 상수)

표는 강철 용기 (가)와 (나)에 $A(g)$의 압력이 1 atm이 되도록 넣고 각각 온도 T_1, T_2에서 반응시켰을 때, 반응 시간에 따른 $\frac{P_C}{P_A}$를 나타낸 것이다. P_A~P_C는 각각 용기 속 $A(g)$~$C(g)$의 부분 압력이고, (가)에서 반응 시간이 t_2 s일 때 $P_B=\frac{1}{3}$ atm이다.

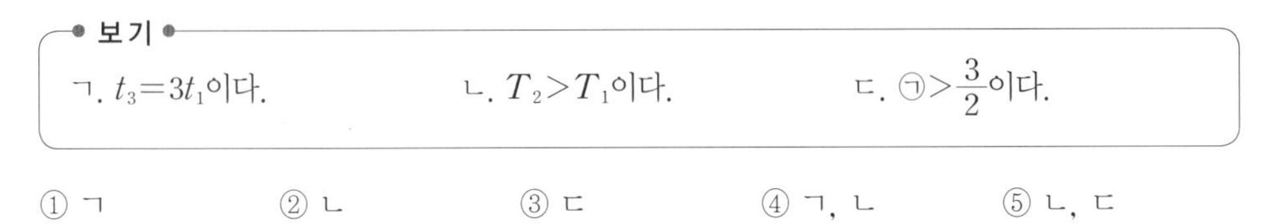

반응 시간(s)		0	t_1	t_2	t_3
$\frac{P_C}{P_A}$	(가)	0	$\frac{1}{2}$	1	$\frac{3}{2}$
	(나)	0	㉠		$\frac{7}{2}$

> 반응 몰비가 $A(g):B(g):C(g)=2:1:c$이므로 $\Delta[A]:\Delta[B]:\Delta[C]=2:1:c$이다.

이에 대한 설명으로 옳은 것만을 〈보기〉에서 있는 대로 고른 것은? (단, (가)와 (나)에서 온도는 각각 T_1, T_2로 일정하다.)

보기

ㄱ. $t_3=3t_1$이다.　　ㄴ. $T_2>T_1$이다.　　ㄷ. ㉠$>\frac{3}{2}$이다.

① ㄱ　② ㄴ　③ ㄷ　④ ㄱ, ㄴ　⑤ ㄴ, ㄷ

[24028-0218]

10 다음은 $A(g)$로부터 $B(g)$와 $C(g)$가 생성되는 반응의 화학 반응식과 반응 속도식이다.

$$2A(g) \longrightarrow 4B(g)+C(g) \quad v=k[A]$$ (k는 반응 속도 상수)

그림은 강철 용기 (가)와 (나)에 $A(g)$를 넣고 온도 T_1, T_2에서 각각 반응시켰을 때, 반응 시간이 각각 t min과 $3t$ min일 때 용기 속 기체의 질량을 나타낸 것이다.

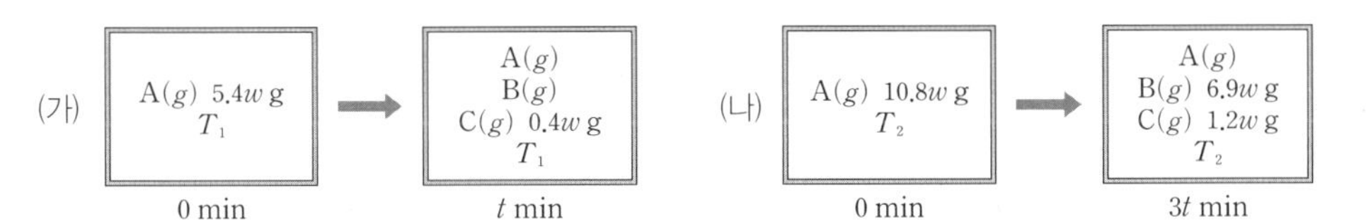

> $A(g)$로부터 $B(g)$와 $C(g)$가 생성되므로 $\frac{B(g)\text{의 질량}}{C(g)\text{의 질량}}$은 항상 일정하다.

이에 대한 설명으로 옳은 것만을 〈보기〉에서 있는 대로 고른 것은? (단, (가)와 (나)에서 온도는 각각 T_1, T_2로 일정하다.)

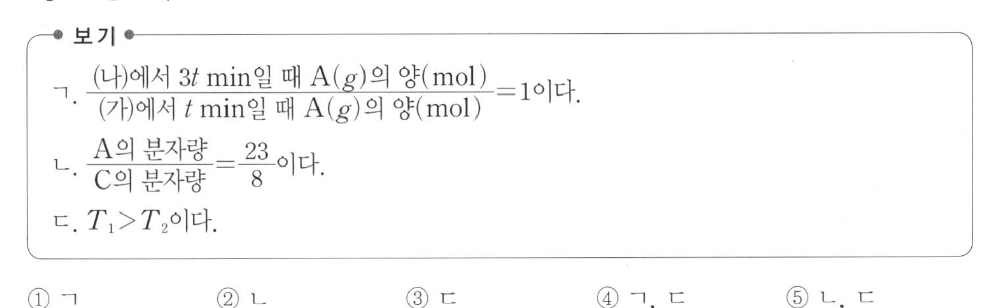

보기

ㄱ. $\frac{\text{(나)에서 } 3t \text{ min일 때 } A(g)\text{의 양(mol)}}{\text{(가)에서 } t \text{ min일 때 } A(g)\text{의 양(mol)}}=1$이다.

ㄴ. $\frac{A\text{의 분자량}}{C\text{의 분자량}}=\frac{23}{8}$이다.

ㄷ. $T_1>T_2$이다.

① ㄱ　② ㄴ　③ ㄷ　④ ㄱ, ㄷ　⑤ ㄴ, ㄷ

반응 전과 후 전체 기체의 질량은 보존되며, 반응이 진행되면 반응물의 질량은 감소하고, 생성물의 질량은 증가한다.

[24028-0219]

11 다음은 A(g)로부터 B(g)가 생성되는 반응의 화학 반응식과 반응 속도식이다.

$$2A(g) \longrightarrow B(g) \quad v=k[A] \quad (k\text{는 반응 속도 상수})$$

그림은 강철 용기 (가)와 (나)에 A(g)와 B(g)의 혼합 기체 w g을 각각 넣고 온도 T_1, T_2에서 반응시켰을 때, 반응 시간에 따른 용기 속 어느 한 기체의 질량을 나타낸 것이다. ㉠과 ㉡은 각각 A(g)와 B(g) 중 하나이다.

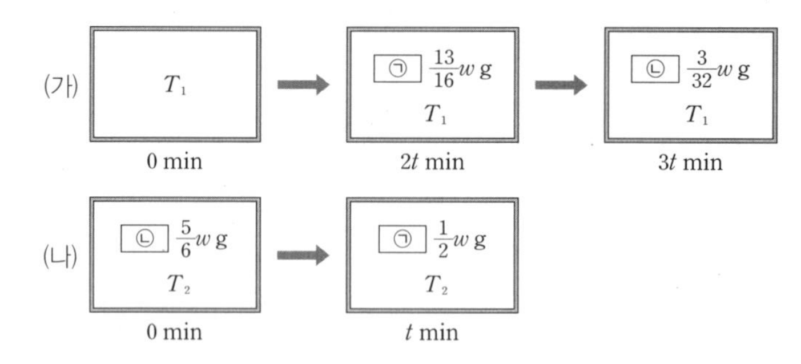

이에 대한 설명으로 옳은 것만을 〈보기〉에서 있는 대로 고른 것은? (단, (가)와 (나)에서 온도는 각각 T_1, T_2로 일정하다.)

보기

ㄱ. (가)에서 처음 넣어 준 A(g)의 질량은 $\frac{3}{4}w$ g이다.

ㄴ. $T_1 > T_2$이다.

ㄷ. t min일 때 $\frac{\text{(나)에서 B}(g)\text{의 몰 분율}}{\text{(가)에서 B}(g)\text{의 몰 분율}} = \frac{2}{3}$이다.

① ㄱ ② ㄷ ③ ㄱ, ㄴ ④ ㄴ, ㄷ ⑤ ㄱ, ㄴ, ㄷ

평균 반응 속도는 $-\frac{\Delta[A]}{\Delta t}$이다.

[24028-0220]

12 다음은 A(g)로부터 B(g)가 생성되는 반응의 화학 반응식이다.

$$2A(g) \longrightarrow B(g)$$

표는 강철 용기 (가)와 (나)에 w g의 A(g)를 넣고 온도 T_1, T_2에서 각각 반응시켰을 때, 반응 시간에 따른 평균 반응 속도를 나타낸 것이다. (가)에서 $3t$ min일 때 $\frac{[B]}{[A]} = \frac{7}{2}$이다.

반응 시간(min)		$0 \sim 3t$	$3t \sim 4t$
평균 반응 속도 (상댓값)	(가)	14	3
	(나)	12	

이에 대한 설명으로 옳은 것만을 〈보기〉에서 있는 대로 고른 것은? (단, (가)와 (나)에서 온도는 각각 T_1, T_2로 일정하다.)

보기

ㄱ. $T_1 > T_2$이다.

ㄴ. $4t$ min일 때 $\frac{\text{(가)에서 [B](M)}}{\text{(나)에서 [B](M)}} < \frac{15}{14}$이다.

ㄷ. $3t$ min일 때 $\frac{\text{(가)에서 순간 반응 속도}}{\text{(나)에서 순간 반응 속도}} > \frac{1}{2}$이다.

① ㄴ ② ㄷ ③ ㄱ, ㄴ ④ ㄱ, ㄷ ⑤ ㄱ, ㄴ, ㄷ

09 전기 화학과 이용

1 화학 전지

(1) 산화 환원 반응

① **산화와 환원** : 산화는 산소를 얻거나 전자를 잃거나 산화수가 증가하는 반응이고, 환원은 산소를 잃거나 전자를 얻거나 산화수가 감소하는 반응이다.

산화 환원 정의 기준	산소	전자	산화수
산화(Oxidation)	얻음	잃음	증가
환원(Reduction)	잃음	얻음	감소

② **산화제와 환원제** : 산화제는 자신은 환원되면서 다른 물질을 산화시키는 물질이고, 환원제는 자신은 산화되면서 다른 물질을 환원시키는 물질이다.

③ **산화와 환원의 동시성** : 한 물질이 전자를 잃어 산화될 때 다른 물질이 그 전자를 얻어 환원되므로 산화 반응과 환원 반응은 항상 동시에 일어난다.

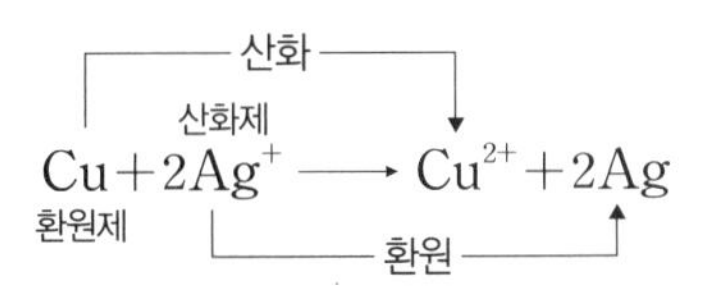

구리(Cu)는 전자를 잃고 구리 이온(Cu^{2+})으로 산화되고, 은 이온(Ag^{+})은 그 전자를 얻어 은(Ag)으로 환원된다. 이처럼 산화 반응과 환원 반응은 항상 동시에 일어난다.

(2) 금속의 반응성

① 금속들은 공기 중의 산소, 물, 산 수용액과 반응하는 정도가 서로 다르다. ➡ 금속이 공기 중의 산소, 물, 산 수용액과 반응하는 정도에 따라 금속의 반응성 순서가 정해진다.

금속	K	Ca	Na	Mg	Al	Zn	Fe	Ni	Sn	Pb	(H)	Cu	Hg	Ag	Pt	Au
공기 중의 산소와의 반응	상온에서 산화됨										상온에서 산화되지 않음					
물과의 반응	찬물과도 반응하여 수소 발생			고온의 수증기와 반응하여 수소 발생				반응하지 않음								
산과의 반응	묽은 산과 반응하여 수소 발생										진한 질산, 진한 황산과 반응				왕수와 반응	

② **금속과 산의 반응** : 산 수용액에 수소(H_2)보다 반응성이 큰 금속(Zn, Fe, Ni 등)을 넣으면 금속은 산화되어 양이온이 되고, H^{+}이 환원되어 수소(H_2) 기체가 발생한다. 수소(H_2)보다 반응성이 작은 금속(Au, Pt, Ag, Hg, Cu)은 H^{+}과 반응하지 않는다.

$$Zn + 2H^{+} \longrightarrow Zn^{2+} + H_2$$

(산화: $Zn \rightarrow Zn^{2+}$, 환원: $2H^{+} \rightarrow H_2$)

산화 반응 : $Zn \longrightarrow Zn^{2+} + 2e^{-}$

환원 반응 : $2H^{+} + 2e^{-} \longrightarrow H_2$

③ **이온화 경향** : 금속 원소는 일반적으로 전자를 잃고 양이온이 되려는 성질이 있는데 이를 이온화 경향이라고 한다. 금속의 이온화 경향이 클수록 전자를 잃고 산화되기 쉽다.

K	Ca	Na	Mg	Al	Zn	Fe	Ni	Sn	Pb	(H)	Cu	Hg	Ag	Pt	Au
칼륨	칼슘	나트륨	마그네슘	알루미늄	아연	철	니켈	주석	납	수소	구리	수은	은	백금	금

⬅ 이온화 경향이 큼
전자를 잃기 쉬움
산화되기 쉬움

이온화 경향이 작음 ➡
전자를 잃기 어려움
산화되기 어려움

개념 체크

- **산화** : 산소를 얻거나 전자를 잃거나 산화수가 증가하는 반응이다.
- **환원** : 산소를 잃거나 전자를 얻거나 산화수가 감소하는 반응이다.
- 이온화 경향은 금속의 종류에 따라 다르며, 이온화 경향이 클수록 전자를 잃고 산화되기 쉽다.

1. 자신은 환원되면서 다른 물질을 산화시키는 물질을 (　　)라고 하고, 자신은 산화되면서 다른 물질을 환원시키는 물질을 (　　) 라고 한다.

2. Cu와 Ag^{+}의 반응에서 Cu는 전자를 잃고 (산화 / 환원)되고, Ag^{+}은 전자를 얻어 (산화 / 환원)된다.

3. 금속 원소가 전자를 잃고 양이온이 되려는 성질을 (　　) 경향이라고 한다.

정답
1. 산화제, 환원제
2. 산화, 환원
3. 이온화

개념 체크

◎ **화학 전지** : 자발적인 산화 환원 반응을 이용하여 화학 에너지를 전기 에너지로 전환시키는 장치이다.

1. $Zn(s)$을 $CuSO_4(aq)$에 넣어 주면 Zn은 Zn^{2+}으로 (산화 / 환원)되고, Cu^{2+}은 Cu로 (산화 / 환원)된다.

2. 금속 $A(s)$를 금속 이온(B^+)이 들어 있는 수용액에 넣어 산화 환원 반응이 일어났다면, 금속의 반응성은 A가 B보다 (크다 / 작다).

3. 이온화 경향이 서로 다른 두 금속을 전극으로 하여 화학 전지를 구성하였을 때 이온화 경향이 큰 금속이 (+ / −)극이 되고, 이온화 경향이 작은 금속이 (+ / −)극이 된다.

4. 화학 전지의 (−)극에서는 (산화 / 환원) 반응이, (+)극에서는 (산화 / 환원) 반응이 일어난다.

정답

1. 산화, 환원
2. 크다
3. −, +
4. 산화, 환원

탐구자료 살펴보기 금속과 금속 이온의 반응

실험 과정

그림과 같이 황산 구리($CuSO_4$) 수용액에 아연(Zn)판을 담근 후, 일어나는 변화를 관찰한다.

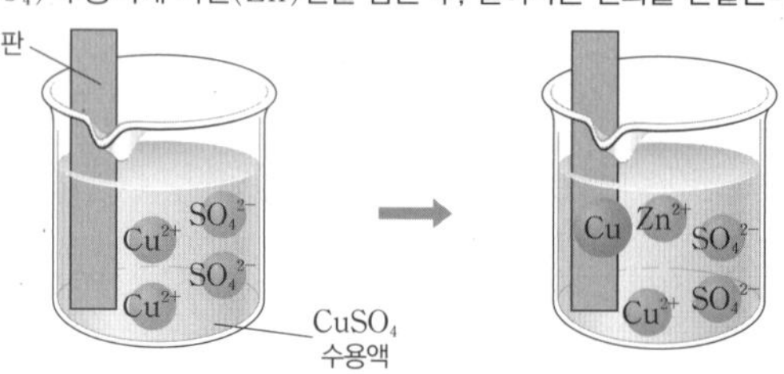

실험 결과

• 황산 구리($CuSO_4$) 수용액의 푸른색이 점차 옅어지고 Zn판 표면에 Cu가 석출된다.

분석 point

Zn은 전자를 잃고 Zn^{2+}으로 산화되고, Zn판 표면에서 푸른색 Cu^{2+}은 전자를 얻어 Cu로 환원된다.

산화 반응 : $Zn(s) \longrightarrow Zn^{2+}(aq) + 2e^-$
환원 반응 : $Cu^{2+}(aq) + 2e^- \longrightarrow Cu(s)$

전체 반응 : $Zn(s) + Cu^{2+}(aq) \longrightarrow Zn^{2+}(aq) + Cu(s)$

과학 돋보기 금속의 반응성과 산화 환원 반응

• 금속의 반응성은 금속이 전자를 잃고 산화되어 양이온이 되기 쉬운 정도를 나타낸다.

Na>Mg>Al>Zn>Fe>Sn>(H)>Cu>Ag>Au

전자를 잃기 쉬움	←→	전자를 잃기 어려움
산화되기 쉬움	←→	산화되기 어려움
양이온이 되기 쉬움	←→	양이온이 되기 어려움
반응성이 큼	←→	반응성이 작음
이온화 경향이 큼	←→	이온화 경향이 작음

• 금속의 반응성 비교와 산화 환원 반응 : 금속 이온(A^{n+})이 들어 있는 수용액에 다른 금속(B)을 넣었을 때, 반응성이 B>A이면 전자가 이동하는 산화 환원 반응이 일어난다. 상대적으로 반응성이 큰 금속은 반응성이 작은 금속 이온에게 전자를 주고 양이온이 된다.

예 반응성이 아연(Zn)>구리(Cu)이므로
- 황산 구리($CuSO_4$) 수용액에 Zn을 넣으면 산화 환원 반응이 일어난다.
  $Cu^{2+}(aq) + Zn(s) \longrightarrow Cu(s) + Zn^{2+}(aq)$
  ➡ 반응성이 큰 금속이 전자를 잃고 산화되어 양이온으로 존재
- 황산 아연($ZnSO_4$) 수용액에 Cu를 넣으면 반응이 일어나지 않는다.

(3) 화학 전지의 원리

① **화학 전지** : 금속의 반응성 차이에 의한 자발적인 산화 환원 반응을 이용하여 화학 에너지를 전기 에너지로 전환시키는 장치로 (−)극과 (+)극의 두 전극과 전해질 용액으로 구성된다.

➡ 일반적으로 (−)극과 (+)극의 두 전극은 이온화 경향 차이가 큰 금속을 이용한다. (−)극은 이온화 경향이 큰 금속으로 (−)극에서는 산화 반응이 일어나고, (+)극은 이온화 경향이 작은 금속으로 (+)극에서는 환원 반응이 일어난다.

- 전자는 도선을 따라 (－)극에서 (＋)극으로 이동하고, 전류는 (＋)극에서 (－)극으로 흐른다.

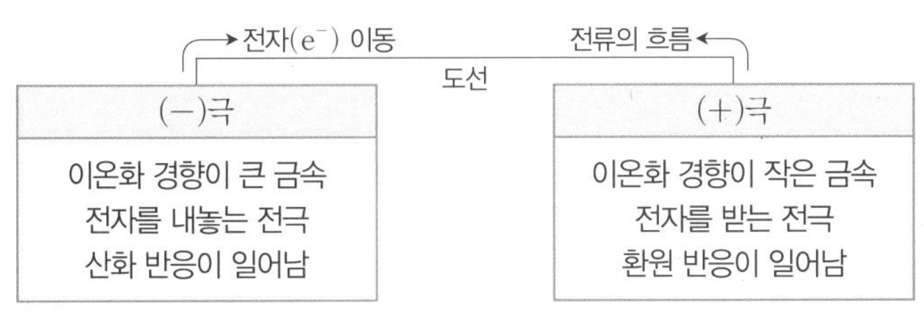

② **볼타 전지** : 아연(Zn)판과 구리(Cu)판을 묽은 황산($H_2SO_4(aq)$)에 담그고 도선으로 두 금속판을 연결한 전지이다.

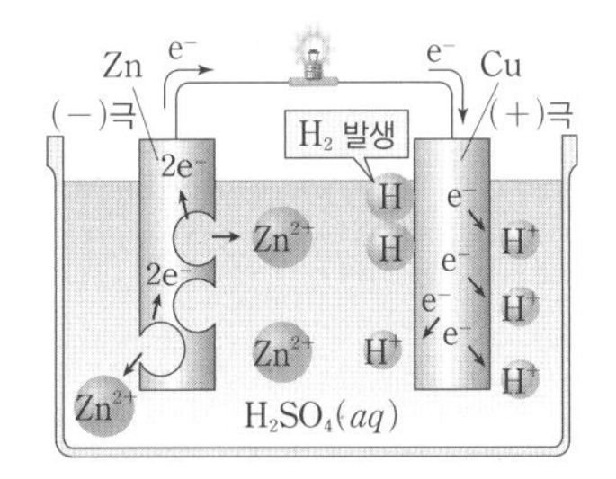

- 전극 반응

(－)극 : $Zn(s) \longrightarrow Zn^{2+}(aq)+2e^-$ ➡ 산화 반응, 아연판 질량 감소

(＋)극 : $2H^+(aq)+2e^- \longrightarrow H_2(g)$ ➡ 환원 반응, 구리판 질량 일정, 수소 기체 발생

전체 반응 : $Zn(s)+2H^+(aq) \longrightarrow Zn^{2+}(aq)+H_2(g)$

➡ 아연판에서는 아연(Zn)이 전자를 잃고 아연 이온(Zn^{2+})으로 산화되어 용액 속으로 녹아들어 가고, 전자는 도선을 따라 구리판 쪽으로 이동한다. 구리판에서는 수소 이온(H^+)이 전자를 얻어 수소(H_2) 기체로 환원된다. 이때 산화 반응이 일어나는 아연판은 (－)극이 되고, 환원 반응이 일어나는 구리판은 (＋)극이 된다.

- 볼타 전지에서는 분극 현상으로 전류가 잠시 흐르다가 전압이 급격히 떨어진다.

과학 돋보기 **분극 현상**

- 분극 현상의 원인 : 구리판의 표면에서 발생한 수소(H_2) 기체가 구리판을 둘러싸 수소 이온(H^+)이 구리판에서 전자를 받는 반응을 방해하기 때문에 전압이 급격히 떨어지게 된다.
- 감극제 : 분극 현상을 해소하기 위해 수소 기체를 물로 산화시키는 산화제를 감극제라고 하며, 이산화 망가니즈(MnO_2), 과산화 수소(H_2O_2) 등과 같은 강한 산화제가 이용된다.

예 $2MnO_2+H_2 \longrightarrow Mn_2O_3+H_2O$

③ **다니엘 전지** : 아연(Zn)판을 황산 아연($ZnSO_4$) 수용액에 담그고, 구리(Cu)판을 황산 구리($CuSO_4$) 수용액에 담근 다음 두 전해질 수용액을 염다리로 연결하고, 도선으로 두 금속판을 연결한 전지이다.

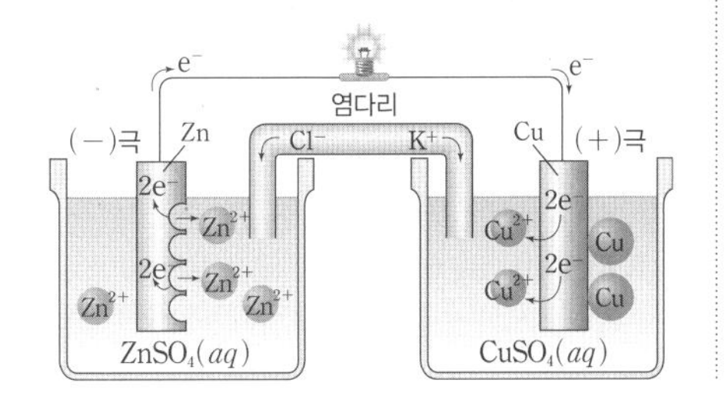
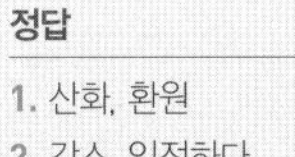

개념 체크

◘ **분극 현상** : 볼타 전지의 (＋)극에서 발생하는 수소 기체가 전자의 이동을 방해하여 전압이 급격히 떨어지는 현상이다.
◘ **감극제** : 분극 현상을 없애는 물질로 강한 산화제이다.

1. 볼타 전지의 Zn판에서는 (산화 / 환원) 반응이 일어나고, Cu판에서는 (산화 / 환원) 반응이 일어난다.

2. 볼타 전지에서 반응이 일어날 때 (－)극인 Zn판의 질량은 (증가 / 감소 / 일정)하고, (＋)극인 Cu판의 질량은 (증가한다 / 감소한다 / 일정하다).

3. 볼타 전지에서는 전류가 잠시 흐르다가 전압이 급격히 떨어지는 (   ) 현상이 일어난다.

4. 분극 현상을 없애기 위해 넣어 주는 물질을 (   )라고 한다.

정답
1. 산화, 환원
2. 감소, 일정하다
3. 분극
4. 감극제

개념 체크

◎ **염다리** : 다니엘 전지에서 두 전해질 용액이 전기적으로 중성을 유지하도록 이온의 이동 통로 역할을 한다.

1. 다니엘 전지의 Zn판의 질량은 (증가 / 감소 / 일정) 하고, Cu판의 질량은 (증가한다 / 감소한다 / 일정하다).

2. 다니엘 전지에서 (   )는 이온의 이동 통로로서 두 전해질 용액이 전기적으로 중성을 유지하도록 해 준다.

3. 다니엘 전지에서 염다리 내의 양이온은 (+ / −)극 쪽으로 이동하고, 음이온은 (+ / −)극 쪽으로 이동한다.

• 전극 반응

(−)극 : $Zn(s) \longrightarrow Zn^{2+}(aq)+2e^-$ ➡ 산화 반응, 아연판 질량 감소

(+)극 : $Cu^{2+}(aq)+2e^- \longrightarrow Cu(s)$ ➡ 환원 반응, 구리판 질량 증가, Cu 석출

전체 반응 : $Zn(s)+Cu^{2+}(aq) \longrightarrow Zn^{2+}(aq)+Cu(s)$

➡ 아연판에서는 아연(Zn)이 전자를 잃고 아연 이온(Zn^{2+})으로 산화되어 용액 속으로 녹아들어 가고, 전자는 도선을 따라 구리판 쪽으로 이동한다. 구리판에서는 구리 이온(Cu^{2+})이 전자를 얻어 구리(Cu)로 석출된다. 이때 산화 반응이 일어나는 아연판은 (−)극이 되고, 환원 반응이 일어나는 구리판은 (+)극이 된다.

➡ 반응이 진행됨에 따라 (−)극인 Zn 전극 주위에는 Zn^{2+}이 계속 생성되므로 양이온이 음이온보다 많아지고, (+)극인 Cu 전극 주위에는 Cu^{2+}이 계속 소모되므로 양이온이 음이온보다 적어져 양전하와 음전하의 불균형이 생긴다. 염다리를 통해 양이온인 K^+이 Cu 전극 쪽으로 이동하고, 음이온인 Cl^-이 Zn 전극 쪽으로 이동하면서 전하의 불균형이 해소되어 두 전해질 용액은 전기적으로 중성을 유지한다.

과학 돋보기 염다리

다니엘 전지에서는 두 전해질 용액이 염다리로 연결되어 있다. 염다리는 전극 반응에 영향을 주지 않는 KCl, KNO_3, Na_2SO_4 등으로 이루어져 있으며, 이온의 이동 통로가 되어 양쪽 전해질 용액이 전기적으로 중성을 유지하도록 한다.

- (−)극에서는 양이온이 음이온보다 많아져 전하의 불균형이 생기므로 염다리 내의 음이온(Cl^-, NO_3^-, SO_4^{2-})은 (−)극 쪽으로 이동한다.
- (+)극에서는 양이온이 음이온보다 적어져 전하의 불균형이 생기므로 염다리 내의 양이온(K^+, Na^+)은 (+)극 쪽으로 이동한다.

탐구자료 살펴보기 간단한 화학 전지 만들기

실험 과정

1. 오렌지를 반으로 자른 후, 아연판과 구리판을 오렌지에 2 cm 간격으로 꽂는다.
2. 그림과 같이 집게 전선을 이용하여 한 오렌지의 아연판은 다른 오렌지의 구리판에 연결한다.
3. 양 끝의 전선에 발광 다이오드를 연결한다.

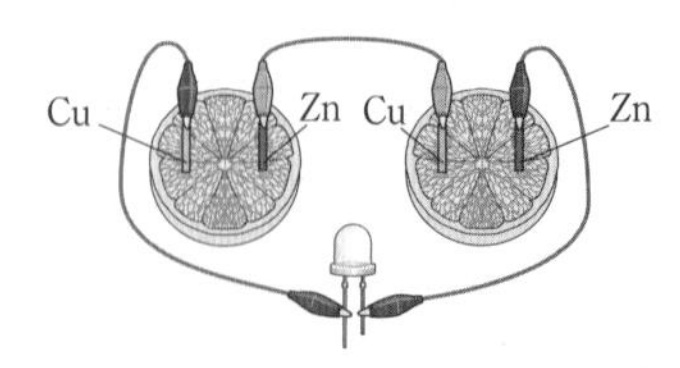

실험 결과

- 발광 다이오드의 불이 켜졌다.

분석 point

- 오렌지에는 전해질인 시트르산이 녹아 있으므로 오렌지는 화학 전지에서 전해질 용액 역할을 한다. 오렌지 대신 레몬, 자몽, 라임 등을 이용할 수 있고, 묽은 황산 등의 전해질 수용액을 이용할 수 있다.
- 아연판은 오렌지 속의 산 성분과 반응하여 전자를 잃는 산화 반응을 하고, 전자는 도선을 통해 구리판으로 이동하게 되어 전류가 흐른다. 따라서 과일 전지에서 아연판이 (−)극이 되고, 구리판이 (+)극이 된다.

정답

1. 감소, 증가한다
2. 염다리
3. +, −

(4) 실용 전지(여러 가지 전지)

볼타 전지와 다니엘 전지와 같은 화학 전지는 사용하기 불편하므로 일상생활에서는 사용하기 편한 실용 전지가 사용된다. 실용 전지에는 충전할 수 없는 1차 전지와 충전하여 다시 사용할 수 있는 2차 전지가 있다.

① 건전지(망가니즈 건전지)

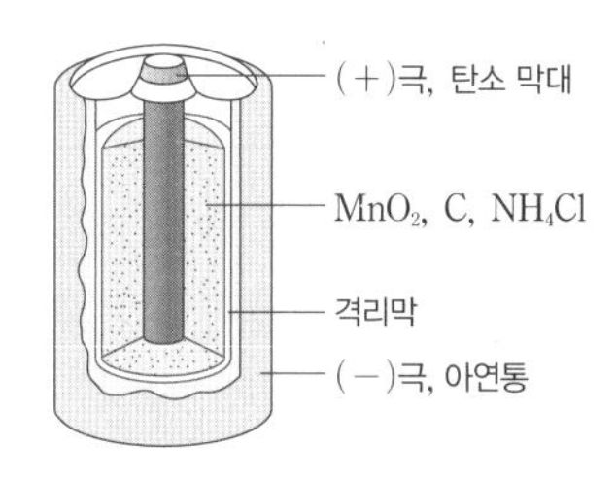

- (−)극은 아연(Zn)통, (+)극은 탄소(C) 막대를 사용하며, 전해질은 염화 암모늄(NH_4Cl) 포화 수용액에 이산화 망가니즈(MnO_2)와 탄소(C) 가루를 섞은 반죽 형태로 수분이 거의 없다.
- 값이 저렴하고 가벼우며 다양한 크기로 만들 수 있지만 산화 환원 반응으로 물이 생겨 부식이 일어날 수 있으며, 다른 전지에 비해 전압이 빨리 떨어지는 단점이 있다.

② 알칼리 건전지

- 망가니즈 건전지의 산성 전해질인 염화 암모늄(NH_4Cl) 대신 염기성인 수산화 칼륨(KOH)을 전해질로 사용한 전지이다.
- 산성 전해질의 경우보다 아연(Zn)의 부식이 잘 일어나지 않으므로 망가니즈 건전지에 비해 수명이 길고, 전압이 일정하게 유지된다.

③ 납축전지

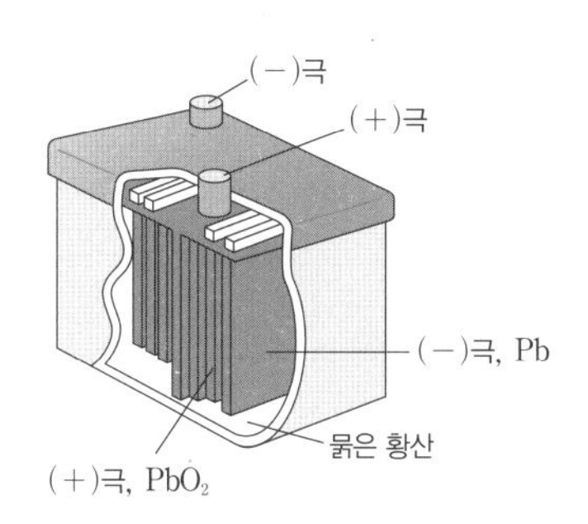

- 묽은 황산($H_2SO_4(aq)$)에 납(Pb)판과 이산화 납(PbO_2)판을 넣어 만든 화학 전지로 Pb판이 (−)극이고, PbO_2판이 (+)극이다.
- 충전이 가능한 2차 전지로 방전될 때 황산 납($PbSO_4$)이 생성되어 양쪽 전극의 질량이 증가하고, 황산 수용액의 농도는 묽어진다.

④ 리튬 이온 전지

- 리튬(Li)은 원자량이 가장 작은 금속으로 가볍고 에너지 저장 능력이 매우 크다. 따라서 리튬 이온 전지는 소형화되는 스마트폰, 태플릿 PC, 노트북 등 휴대용 전자 기기에 널리 쓰이는 2차 전지이다.

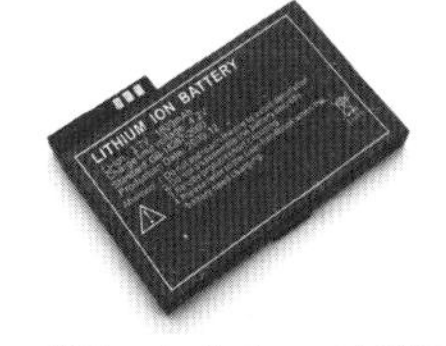

- (−)극으로 흑연(C), (+)극으로 리튬 코발트 산화물($LiCoO_2$)과 리튬 망가니즈 산화물($LiMn_2O_4$) 등이 사용된다.

개념 체크

- **1차 전지** : 충전할 수 없는 실용 전지로 망가니즈 건전지, 알칼리 건전지 등이 있다.
- **2차 전지** : 충전하여 다시 사용할 수 있는 실용 전지로 납축전지, 리튬 이온 전지 등이 있다.

1. 망가니즈 건전지에서 아연통은 (+ / −)극이고, 탄소 막대는 (+ / −)극이다.

2. 알칼리 건전지는 (1차 / 2차) 전지, 납축전지는 (1차 / 2차) 전지이다.

정답
1. −, +
2. 1차, 2차

개념 체크

◉ **전기 분해** : 전기 에너지를 이용하여 비자발적인 산화 환원 반응을 일으키는 과정이다.
◉ **전해질 용융액의 전기 분해**
- (+)극 : 음이온의 산화 반응이 일어난다.
- (−)극 : 양이온의 환원 반응이 일어난다.

1. ( )는 전기 에너지를 이용하여 비자발적인 산화 환원 반응을 일으키는 과정이다.

2. 전기 분해에서 (+)극에서는 (산화 / 환원) 반응이, (−)극에서는 (산화 / 환원) 반응이 일어난다.

3. 전해질 용융액을 전기 분해하면 (+)극에서는 (양/음)이온이 산화되고, (−)극에서는 (양 / 음)이온이 환원된다.

4. 염화 마그네슘($MgCl_2$) 용융액을 전기 분해하면 (+ / −)극에서는 마그네슘 금속이 생성되고, (+ / −)극에서는 염소 기체가 발생한다.

정답
1. 전기 분해
2. 산화, 환원
3. 음, 양
4. −, +

- 리튬 이온이 (−)극에서 (+)극으로 이동하면서 전류가 흐른다. 충전 시에는 리튬 이온이 (+)극에서 (−)극으로 이동한다.

2 전기 분해

(1) 전기 분해

① 전기 에너지를 이용하여 비자발적인 산화 환원 반응을 일으키는 과정을 전기 분해라고 한다.
② 전해질의 수용액이나 용융액에 직류 전류를 흘려주면 양이온은 (−)극으로 이동하고, 음이온은 (+)극으로 이동한다. 이때 (−)극에서는 전자를 얻기 쉬운 경향이 큰 물질의 환원 반응이 일어나고, (+)극에서는 전자를 잃기 쉬운 경향이 큰 물질의 산화 반응이 일어난다.
③ 산화 반응이 일어나는 전극을 산화 전극, 환원 반응이 일어나는 전극을 환원 전극이라고 한다. 전기 분해에서 (−)극은 환원 전극이고, (+)극은 산화 전극이다.

(2) 전해질 용융액의 전기 분해

① 염화 나트륨(NaCl) 용융액의 전기 분해

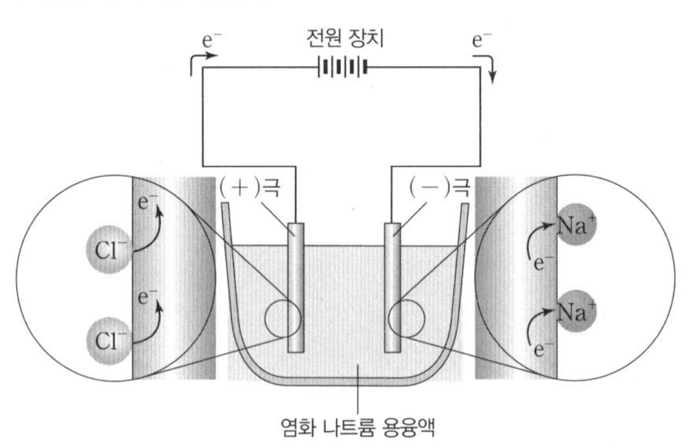

(+)극 : $2Cl^-(l) \longrightarrow Cl_2(g) + 2e^-$ ➡ 산화 반응
(−)극 : $2Na^+(l) + 2e^- \longrightarrow 2Na(l)$ ➡ 환원 반응

전체 반응 : $2Na^+(l) + 2Cl^-(l) \longrightarrow 2Na(l) + Cl_2(g)$

➡ 염화 나트륨 용융액에 전극을 넣고 직류 전원을 연결하면 (+)극에서는 염화 이온(Cl^-)이 전자를 내놓고 산화되어 염소(Cl_2) 기체가 발생하고, (−)극에서는 나트륨 이온(Na^+)이 전자를 얻고 환원되어 나트륨(Na)이 생성된다.

② 염화 마그네슘($MgCl_2$) 용융액의 전기 분해

(+)극 : $2Cl^-(l) \longrightarrow Cl_2(g) + 2e^-$ ➡ 산화 반응
(−)극 : $Mg^{2+}(l) + 2e^- \longrightarrow Mg(l)$ ➡ 환원 반응

전체 반응 : $Mg^{2+}(l) + 2Cl^-(l) \longrightarrow Mg(l) + Cl_2(g)$

➡ 염화 마그네슘 용융액에 전극을 넣고 직류 전원을 연결하면 (+)극에서는 염화 이온(Cl^-)이 전자를 내놓고 산화되어 염소(Cl_2) 기체가 발생하고, (−)극에서는 마그네슘 이온(Mg^{2+})이 전자를 얻고 환원되어 마그네슘(Mg)이 생성된다.

(3) 전해질 수용액의 전기 분해

① 전해질 수용액에는 전해질의 양이온, 음이온, H_2O이 존재하므로 전기 분해할 때 각 전극에서 양이온, 음이온, H_2O 분자가 산화 환원 반응 경쟁을 한다.

- (+)극 : 전해질의 음이온과 H_2O 중에서 산화되기 쉬운(전자를 잃기 쉬운) 물질이 먼저 산화된다.

➡ F^-, NO_3^-, SO_4^{2-}, CO_3^{2-}, PO_4^{3-} 등은 산화되기 어려우므로 H_2O이 먼저 산화되면서 산소(O_2) 기체가 발생하고 수소 이온(H^+)이 생성된다.

$$2H_2O(l) \longrightarrow O_2(g) + 4H^+(aq) + 4e^-$$

➡ Cl^-, Br^-, OH^- 등은 H_2O보다 산화되기 쉬우므로 먼저 산화된다.

$$2Cl^-(aq) \longrightarrow Cl_2(g) + 2e^-$$

$$4OH^-(aq) \longrightarrow O_2(g) + 2H_2O(l) + 4e^-$$

- (−)극 : 전해질의 양이온과 H_2O 중에서 환원되기 쉬운(전자를 얻기 쉬운) 물질이 먼저 환원된다.

➡ Li^+, Na^+, K^+, Mg^{2+}, Ca^{2+}, Al^{3+} 등은 환원되기 어려우므로 H_2O이 먼저 환원되면서 수소(H_2) 기체가 발생하고 수산화 이온(OH^-)이 생성된다.

$$2H_2O(l) + 2e^- \longrightarrow H_2(g) + 2OH^-(aq)$$

➡ Cu^{2+}, Ag^+ 등은 H_2O보다 환원되기 쉬우므로 먼저 환원되어 금속으로 석출된다.

$$Cu^{2+}(aq) + 2e^- \longrightarrow Cu(s)$$

② 염화 구리($CuCl_2$) 수용액의 전기 분해

(+)극 : $2Cl^-(aq) \longrightarrow Cl_2(g) + 2e^-$ ➡ 산화 반응

(−)극 : $Cu^{2+}(aq) + 2e^- \longrightarrow Cu(s)$ ➡ 환원 반응

전체 반응 : $Cu^{2+}(aq) + 2Cl^-(aq) \longrightarrow Cu(s) + Cl_2(g)$

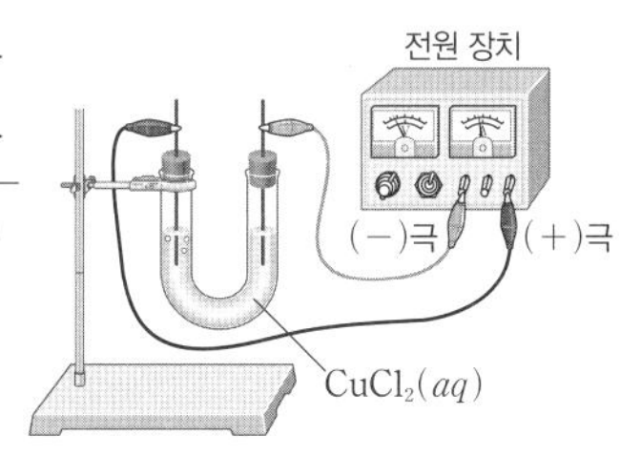

➡ (+)극에서는 Cl^-이 전자를 내놓고 산화되어 $Cl_2(g)$가 발생하고, (−)극에서는 Cu^{2+}이 전자를 얻고 환원되어 Cu가 석출된다.

③ 염화 나트륨(NaCl) 수용액의 전기 분해

(+)극 : $2Cl^-(aq) \longrightarrow Cl_2(g) + 2e^-$ ➡ 산화 반응

(−)극 : $2H_2O(l) + 2e^- \longrightarrow H_2(g) + 2OH^-(aq)$ ➡ 환원 반응

전체 반응 : $2Cl^-(aq) + 2H_2O(l) \longrightarrow Cl_2(g) + H_2(g) + 2OH^-(aq)$

➡ (+)극에서는 Cl^-이 전자를 내놓고 산화되어 $Cl_2(g)$가 발생하고, (−)극에서는 H_2O이 전자를 얻고 환원되어 $H_2(g)$가 발생하고 OH^-이 생성된다.

④ 황산 구리($CuSO_4$) 수용액의 전기 분해

(+)극 : $2H_2O(l) \longrightarrow O_2(g) + 4H^+(aq) + 4e^-$ ➡ 산화 반응

(−)극 : $2Cu^{2+}(aq) + 4e^- \longrightarrow 2Cu(s)$ ➡ 환원 반응

전체 반응 : $2Cu^{2+}(aq) + 2H_2O(l) \longrightarrow 2Cu(s) + O_2(g) + 4H^+(aq)$

➡ (+)극에서는 H_2O이 전자를 내놓고 산화되어 $O_2(g)$가 발생하고 H^+이 생성되며, (−)극에서는 Cu^{2+}이 전자를 얻고 환원되어 Cu가 석출된다.

개념 체크

전해질 수용액의 전기 분해
- (+)극 : 전해질의 음이온과 H_2O 중에서 산화되기 쉬운 물질이 먼저 산화된다.
- (−)극 : 전해질의 양이온과 H_2O 중에서 환원되기 쉬운 물질이 먼저 환원된다.

1. 염화 구리(Ⅱ) 수용액을 전기 분해하면 (+)극에서는 (　　) 기체가, (−)극에서는 (　　)가 생성된다.

2. 환원되기 쉬운 경향은 $Na^+(aq) > H_2O(l)$이다. (○, ×)

3. 황산 구리(Ⅱ) 수용액의 전기 분해에서 (+)극에서는 (　　)이 산화되고, (−)극에서는 (　　)이 환원된다.

정답
1. 염소(Cl_2), 구리(Cu)
2. ×
3. H_2O(물), Cu^{2+}(구리 이온)

개념 체크

전해질 수용액의 전기 분해 : 전해질의 음이온이 NO_3^-, SO_4^{2-}과 같이 H_2O보다 산화되기 어려운 이온인 경우 (+)극에서는 H_2O이 먼저 산화되면서 산소(O_2) 기체가 발생한다.

1. 화학 전지에서는 (자발 / 비자발)적인 산화 환원 반응이 일어나고, 전기 분해 장치에서는 (자발 / 비자발)적인 산화 환원 반응이 일어난다.

2. 질산 은($AgNO_3$) 수용액과 황산 구리($CuSO_4$) 수용액을 각각 전기 분해할 때 (+)극에서는 모두 (　　) 기체가 발생한다.

과학 돋보기 화학 전지와 전기 분해 장치

	화학 전지	전기 분해 장치
반응의 자발성	자발적인 산화 환원 반응	비자발적인 산화 환원 반응
에너지 전환	화학 에너지 → 전기 에너지	전기 에너지 → 화학 에너지
전극 반응	• (+)극 : 환원 반응 • (−)극 : 산화 반응	• (+)극 : 산화 반응 • (−)극 : 환원 반응

- 화학 전지에서는 전지 반응이 자발적으로 일어나지만 전기 분해 장치에서는 분해 반응이 자발적으로 일어나지 않는다. 따라서 전기 분해 반응이 일어나기 위해서는 외부에서 전기 에너지를 공급해 주어야 한다.
- 화학 전지는 산화 환원 반응을 이용하여 화학 에너지를 전기 에너지로 전환시키는 장치이고, 전기 분해 장치는 전기 에너지를 화학 에너지로 전환시키는 장치이다.
- 화학 전지의 (−)극에서는 전자를 잃는 산화 반응이 일어나고, (+)극에서는 (−)극으로부터 이동해 온 전자를 얻는 환원 반응이 일어난다. 전기 분해 장치의 (−)극에서는 전원 장치에서 공급된 전자를 얻는 환원 반응이 일어나고, (+)극에서는 전자를 잃는 산화 반응이 일어난다.

탐구자료 살펴보기 전해질 수용액의 전기 분해

자료

그림과 같이 염화 나트륨($NaCl$) 수용액, 질산 은($AgNO_3$) 수용액, 황산 구리($CuSO_4$) 수용액을 각각 전기 분해하였다. 이때 각 전극에서 일어나는 변화는 표와 같다.

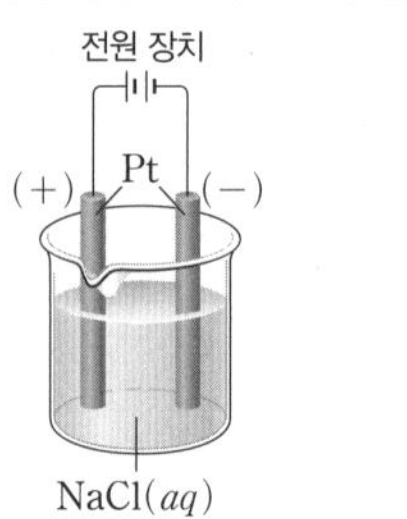

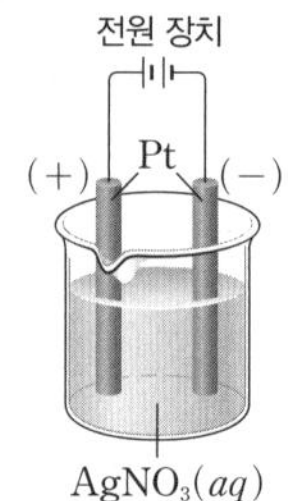

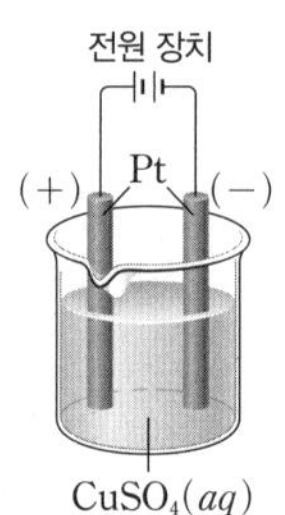

수용액	전극에서 일어나는 변화	
	(+)극	(−)극
$NaCl(aq)$	기체 발생	기체 발생
$AgNO_3(aq)$	기체 발생	금속 석출
$CuSO_4(aq)$	기체 발생	금속 석출

분석

- $NaCl(aq)$의 경우 (+)극에서는 염소(Cl_2) 기체가, (−)극에서는 수소(H_2) 기체가 발생한다.
- $AgNO_3(aq)$의 경우 (+)극에서는 산소(O_2) 기체가 발생하며, (−)극에서는 Ag이 석출된다.
- $CuSO_4(aq)$의 경우 (+)극에서는 산소(O_2) 기체가 발생하며, (−)극에서는 Cu가 석출된다.

분석 point

- 전해질의 음이온이 NO_3^-, SO_4^{2-}인 경우 (+)극에서는 $2H_2O(l) \longrightarrow O_2(g)+4H^+(aq)+4e^-$의 산화 반응이 일어나며 O_2 기체가 발생한다.
- 전해질의 양이온이 Na^+, Mg^{2+}인 경우 (−)극에서는 $2H_2O(l)+2e^- \longrightarrow H_2(g)+2OH^-(aq)$의 환원 반응이 일어나며 H_2 기체가 발생한다.

정답

1. 자발, 비자발
2. 산소(O_2)

탐구자료 살펴보기 물의 전기 분해

실험 과정

1. 증류수를 비커에 담은 후, Na_2SO_4을 소량 첨가하고 BTB 용액을 2~3방울 떨어뜨린다.
2. 과정 1의 수용액으로 가득 채운 2개의 시험관을 전극이 고정된 비커 속에 거꾸로 세운다.
3. 전원 장치를 이용하여 전류를 흘려주어 발생하는 기체를 모으고, 각 전극 주위에서 용액의 색 변화를 관찰한다.

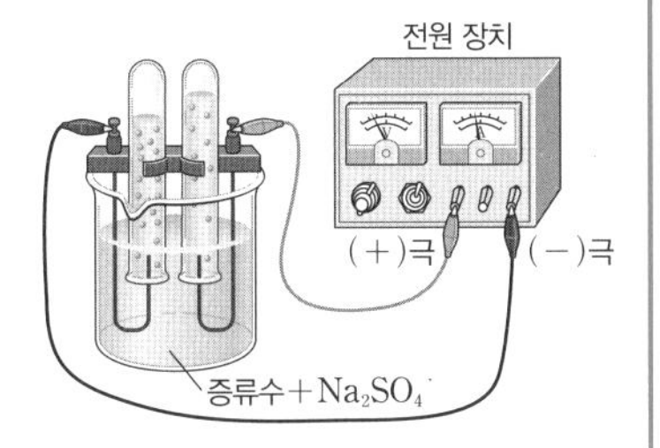

실험 결과

• 전극에서의 변화

전극	생성 기체	용액의 색 변화
(+)극	산소 기체	노란색
(−)극	수소 기체	푸른색

• 생성되는 기체의 부피비 $H_2(g)$: $O_2(g)$ = 2 : 1

분석 point

• 순수한 물은 거의 이온화되지 않아 전류가 흐르지 않으므로, 물보다 산화와 환원이 되기 어려운 이온들로 구성된 Na_2SO_4, KNO_3 등의 전해질을 소량 넣어 전기 분해한다.
• Na_2SO_4을 소량 넣고 물(H_2O)을 전기 분해하면 (+)극에서는 산소 기체가 발생하고, (−)극에서는 수소 기체가 발생한다.

(+)극 : $2H_2O(l) \longrightarrow O_2(g)+4H^+(aq)+4e^-$ ➡ 산화 반응
(−)극 : $4H_2O(l)+4e^- \longrightarrow 2H_2(g)+4OH^-(aq)$ ➡ 환원 반응

전체 반응 : $2H_2O(l) \longrightarrow 2H_2(g)+O_2(g)$

➡ (+)극에서는 SO_4^{2-}이 H_2O보다 산화되기 어려우므로 H_2O이 산화되면서 산소(O_2) 기체가 발생하고 H^+이 생성되므로 BTB 용액을 떨어뜨린 용액의 색이 노란색으로 변한다.
➡ (−)극에서는 Na^+이 H_2O보다 환원되기 어려우므로 H_2O이 환원되면서 수소(H_2) 기체가 발생하고, OH^-이 생성되므로 BTB 용액을 떨어뜨린 용액의 색이 푸른색으로 변한다.

(4) 전기 분해의 이용

① **전기 도금** : 전기 분해의 원리를 이용하여 물체에 다른 금속의 막을 입히는 것을 전기 도금이라고 한다.

• 금속의 이온이 들어 있는 용액에 전극을 넣고 전류를 흘려주면 (+)극에서는 금속의 산화 반응이 일어나 금속이 이온화되고, (−)극에서는 금속 이온의 환원 반응이 일어나 금속이 석출된다.

➡ 도금 재료인 금속은 전원 장치의 (+)극에 연결하고, 도금할 물체는 전원 장치의 (−)극에 연결한다.

② **은 도금** : 숟가락에 은(Ag) 도금을 할 때 (+)극에는 은(Ag)판을, (−)극에는 숟가락을 연결한 후, 은 이온(Ag^+)이 들어 있는 수용액에 담가 전류를 흘려주면 숟가락에 은 도금이 된다.

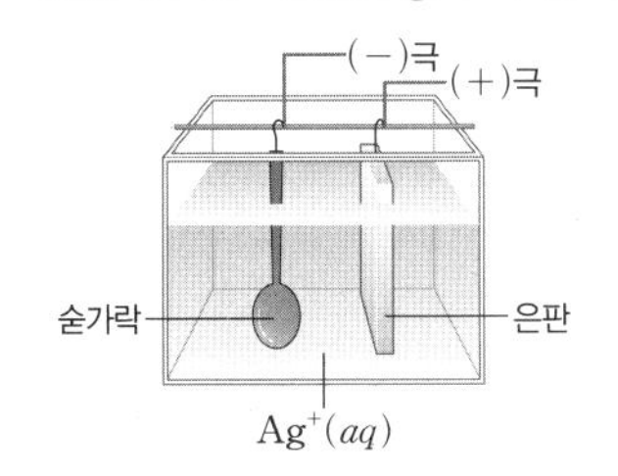

(+)극 : $Ag(s) \longrightarrow Ag^+(aq)+e^-$ ➡ 산화 반응
(−)극 : $Ag^+(aq)+e^- \longrightarrow Ag(s)$ ➡ 환원 반응

개념 체크

◘ **물의 전기 분해** : 물에 KNO_3이나 Na_2SO_4 등의 전해질을 소량 넣고 전기 분해하면 (−)극에서는 수소 기체가, (+)극에서는 산소 기체가 2 : 1의 부피비로 생성된다.
◘ **전기 도금** : 전기 분해의 원리를 이용하여 물체에 다른 금속의 막을 입히는 과정이다.

1. 물을 전기 분해하면 (+)극에서는 (   ) 기체가, (−)극에서는 (   ) 기체가 발생한다.

2. 황산 나트륨(Na_2SO_4) 수용액의 전기 분해에서 (+)극에서는 (   )이 산화되고, (−)극에서는 (   )이 환원된다.

3. 전기 도금은 (   )의 원리를 이용하여 물체에 다른 금속의 막을 입히는 과정이다.

4. 전기 도금에서는 도금 재료인 금속은 전원 장치의 (+ / −)극에 연결하고, 도금할 물체는 전원 장치의 (+ / −)극에 연결한다.

정답
1. 산소(O_2), 수소(H_2)
2. 물(H_2O), 물(H_2O)
3. 전기 분해
4. +, −

개념 체크

◘ 수소 연료 전지 : 연료인 수소가 공기 중의 산소와 반응할 때 발생하는 에너지를 전기 에너지로 전환시키는 전지이다.

1. 수소 연료 전지에서 수소 기체는 (산화 / 환원)되고, 산소 기체는 (산화 / 환원)된다.

2. 수소 연료 전지를 작동시키기 위해서 외부에서 $H_2(g)$를 공급해 주어야 한다. (○, ×)

정답

1. 산화, 환원
2. ○

과학 돋보기 백금(Pt) 전극과 구리(Cu) 전극을 사용한 전기 분해

그림과 같이 백금 전극과 구리 전극을 각각 황산 구리($CuSO_4$) 수용액에 넣은 후 전원 장치에 연결하면 (가)와 (나)의 (+)극에서 서로 다른 물질이 생성된다.

전자를 잃기 쉬운 경향은 $Cu > H_2O$이고, 전자를 얻기 쉬운 경향은 $Cu^{2+} > H_2O$이다.

- 전기 분해에서 백금 전극은 산화 반응과 환원 반응을 하지 않으며, 비활성 전극이라고 한다.
- (가)에서는 $CuSO_4(aq)$이 전기 분해되며 각 전극에서 일어나는 반응의 화학 반응식은 다음과 같다.
  (+)극 : $2H_2O(l) \longrightarrow O_2(g) + 4H^+(aq) + 4e^-$
  ➡ 산화 반응
  (−)극 : $2Cu^{2+}(aq) + 4e^- \longrightarrow 2Cu(s)$
  ➡ 환원 반응

전원 장치 (+) Pt (−) $CuSO_4(aq)$ (가)

전원 장치 (+) Cu (−) $CuSO_4(aq)$ (나)

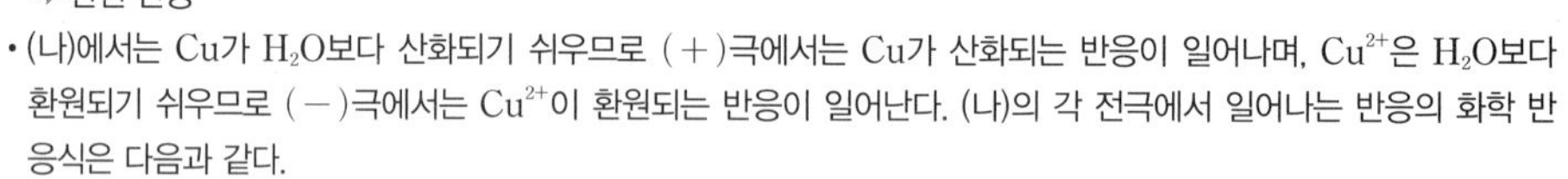

- (나)에서는 Cu가 H_2O보다 산화되기 쉬우므로 (+)극에서는 Cu가 산화되는 반응이 일어나며, Cu^{2+}은 H_2O보다 환원되기 쉬우므로 (−)극에서는 Cu^{2+}이 환원되는 반응이 일어난다. (나)의 각 전극에서 일어나는 반응의 화학 반응식은 다음과 같다.
  (+)극 : $Cu(s) \longrightarrow Cu^{2+}(aq) + 2e^-$ ➡ 산화 반응
  (−)극 : $Cu^{2+}(aq) + 2e^- \longrightarrow Cu(s)$ ➡ 환원 반응

3 수소 연료 전지

(1) 연료 전지

① 공급된 연료를 이용하여 자발적인 산화 환원 반응을 일으키게 하여 화학 에너지를 전기 에너지로 전환하는 장치이다.

② 반응물이 소모되면 폐기하거나 재충전해야 하는 화학 전지와는 달리 연료 전지는 반응물이 전지 내부에 저장되어 있지 않고 외부로부터 계속해서 공급됨으로써 지속적으로 작동되는 전지이므로 충전할 필요가 없다.

(2) 수소 연료 전지

① **수소 연료 전지** : 연료인 수소가 공기 중의 산소와 반응할 때 발생하는 에너지를 전기 에너지로 전환시키는 전지를 수소 연료 전지라고 한다.

② **수소 연료 전지의 구성** : 수소 연료 전지는 2개의 전극과 분리막, 전해질로 이루어져 있고, 외부에서 수소(H_2) 기체와 산소(O_2) 기체가 계속 공급된다.

➡ 수소 연료 전지는 작동 온도와 전해질의 종류에 따라 여러 가지 종류가 있다.

③ **수소 연료 전지의 전기 발생 원리**

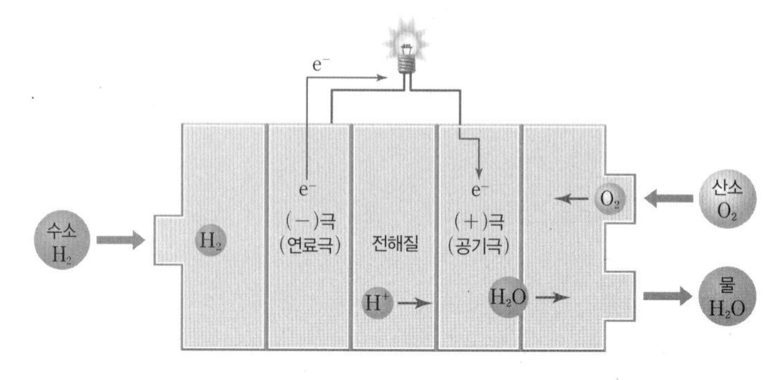

- 공급된 수소(H_2) 기체는 (−)극인 연료극에서 산화되어 수소 이온(H^+)과 전자가 된다.
  ➡ H^+은 전해질을 거쳐 (+)극인 공기극으로 이동한다.
  ➡ 전자는 외부 회로를 따라 이동하며 전류가 발생한다.
  ➡ 공기극에서 H^+과 전자, 산소(O_2) 기체가 반응하여 물이 생성된다.

④ 수소 연료 전지의 전극 반응식

(−)극 : $2H_2(g) \longrightarrow 4H^+(aq)+4e^-$ ➡ 산화 반응
(+)극 : $O_2(g)+4H^+(aq)+4e^- \longrightarrow 2H_2O(l)$ ➡ 환원 반응

전체 반응 : $2H_2(g)+O_2(g) \longrightarrow 2H_2O(l)$ ➡ 발열 반응

➡ 수소 연료 전지의 생성물은 물(H_2O)이므로 환경 오염을 거의 일으키지 않고, 소음도 없다. 또한 에너지 효율도 40~60%로 매우 높으며, 반응 과정에서 방출되는 열을 이용하면 에너지 효율은 80% 정도가 된다. 하지만 수소 연료 전지의 실용성을 높이기 위해서는 수소를 효율적으로 생산하는 기술과 수소 저장 기술 등 해결해야 할 과제가 남아 있다.

⑤ **수소 생산 기술** : 수소를 생산하는 방법으로는 전기 에너지를 이용하여 화석 연료를 리포밍(개질)하는 방법, 미생물을 이용하는 방법, 물을 전기 분해하는 방법, 물의 광분해 반응 등이 있다.

과학 돋보기 물로부터 수소를 얻는 방법

물의 전기 분해
물에 전기 에너지를 공급하면 물이 분해되어 (−)극에서 수소(H_2) 기체가 발생한다.

식물의 광합성
광합성은 명반응과 암반응 두 단계로 일어나는데, 명반응은 엽록소에 의해 흡수된 빛에너지가 화학 에너지로 전환되는 과정으로 엽록소는 태양 에너지를 이용하여 물을 분해한다.

물의 광분해
태양 에너지를 이용하여 물을 분해함으로써 수소를 얻는 방법이다. 식물의 광합성 과정 중 엽록소에 빛이 흡수되면 물이 분해되어 수소 이온(H^+)과 산소(O_2) 기체가 발생하는데, 엽록소를 대신하여 광촉매나 반도체성 광전극을 이용하여 물을 광분해하면 수소 기체를 얻을 수 있다.

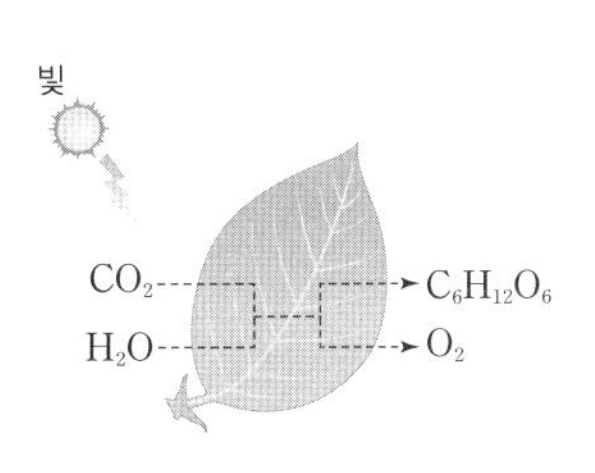

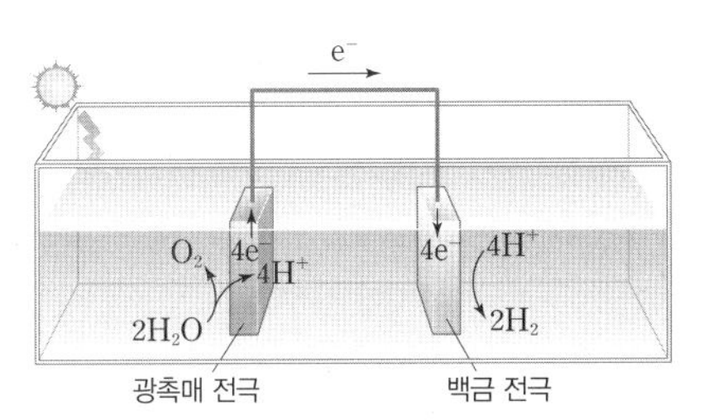

빛을 광촉매 전극에 쬐어 주면 광촉매 전극에서 물이 전자를 내놓고 산소(O_2)로 산화되고, 전자는 외부 도선을 따라 백금(Pt) 전극으로 이동하여 수소 이온(H^+)을 환원시켜 수소(H_2) 기체를 얻을 수 있다.

광촉매 전극에서의 반응 : $2H_2O(l) \longrightarrow O_2(g)+4H^+(aq)+4e^-$ ➡ 산화 반응
백금 전극에서의 반응 : $4H^+(aq)+4e^- \longrightarrow 2H_2(g)$ ➡ 환원 반응

전체 반응 : $2H_2O(l) \longrightarrow 2H_2(g)+O_2(g)$

개념 체크

◐ **수소 연료 전지의 전극 반응**
- (−)극 : $2H_2 \longrightarrow 4H^+ + 4e^-$
- (+)극 : $O_2+4H^++4e^- \longrightarrow 2H_2O$

◐ **물의 광분해** : 태양 에너지를 이용하여 물을 분해함으로써 수소를 얻는 과정이다.

1. 수소 연료 전지의 최종 생성물은 (　　)이다.

2. 수소 연료 전지에서 수소 기체가 공급되는 연료극은 (+ / −)극이고, 산소 기체가 공급되는 공기극은 (+ / −)극이다.

3. 물의 광분해는 (　　)를 이용하여 수소 기체를 얻는 과정이다.

4. 물의 (　　)를 이용하여 수소를 얻는 과정에서 식물의 엽록소를 대신하여 광촉매나 반도체성 광전극을 사용한다.

정답
1. H_2O(물)
2. −, +
3. 태양 에너지
4. 광분해

[24028-0221]

01 다음은 친환경 자동차에 대한 설명이다.

> ㉠ 을/를 연료로 사용하는 전기차는 ㉠ 을/를 산소와 반응시켜 전기를 생산하여 구동력을 발생시키고, 최종 생성물이 물뿐이므로 친환경 자동차이다.

㉠으로 가장 적절한 것은?

① 수소 ② 질소 ③ 탄소
④ 메탄올 ⑤ 에탄올

[24028-0222]

02 그림은 1 M $ASO_4(aq)$에 금속 B와 C를 넣었을 때의 결과를 나타낸 것이다. 반응 후 금속 A가 석출되고, C^+이 생성되었다.

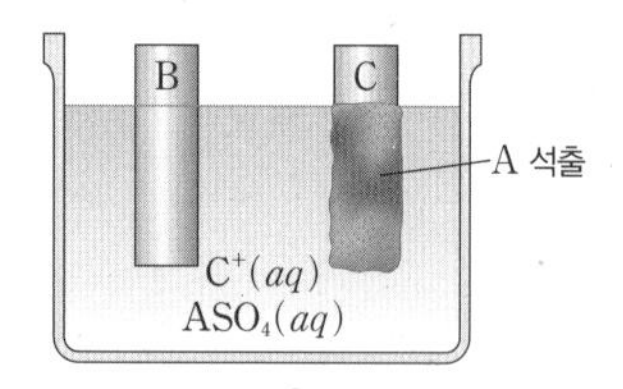

이에 대한 설명으로 옳은 것만을 〈보기〉에서 있는 대로 고른 것은? (단, A~C는 임의의 원소 기호이다.)

보기
ㄱ. 이온화 경향은 B>A이다.
ㄴ. 반응이 진행되는 동안 수용액 속 전체 양이온 수는 증가한다.
ㄷ. $BSO_4(aq)$에 금속 C를 넣으면 금속 B가 석출된다.

① ㄱ ② ㄴ ③ ㄷ
④ ㄱ, ㄴ ⑤ ㄴ, ㄷ

[24028-0223]

03 그림은 금속 A와 B를 전극으로 사용한 화학 전지를 나타낸 것이다. 반응이 진행될 때 $A(s)$의 질량은 감소하고 $B(s)$가 석출되었으며, 전자의 이동 방향은 ㉠과 ㉡ 중 하나이다.

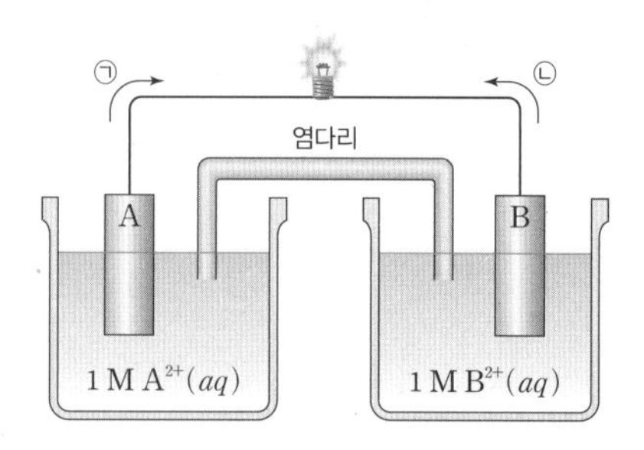

이에 대한 설명으로 옳은 것만을 〈보기〉에서 있는 대로 고른 것은? (단, A와 B는 임의의 원소 기호이고, 음이온은 반응하지 않는다.)

보기
ㄱ. 전자의 이동 방향은 ㉠이다.
ㄴ. 염다리는 수용액의 전하 균형을 유지시켜 준다.
ㄷ. 0~t s 동안 산화된 A의 양(mol)과 환원된 B^{2+}의 양(mol)은 같다.

① ㄱ ② ㄷ ③ ㄱ, ㄴ
④ ㄴ, ㄷ ⑤ ㄱ, ㄴ, ㄷ

[24028-0224]

04 그림은 물의 전기 분해 장치를 나타낸 것이다.

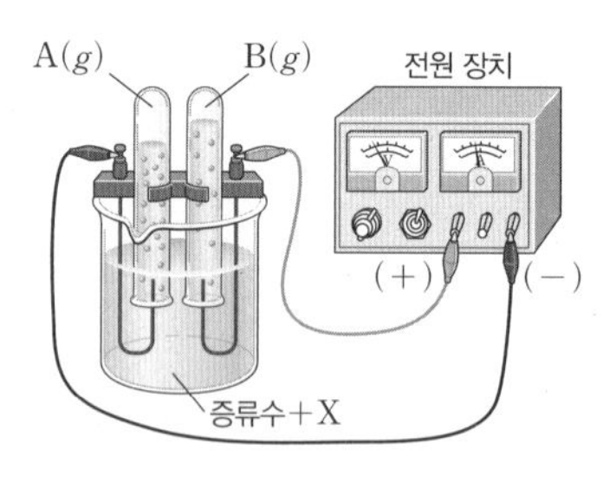

물의 전기 분해 반응이 진행될 때, 이에 대한 설명으로 옳은 것만을 〈보기〉에서 있는 대로 고른 것은?

보기
ㄱ. $CuCl_2$는 X로 적절하다.
ㄴ. (+)극에서 $H_2O(l)$이 산화된다.
ㄷ. A는 O_2이다.

① ㄱ ② ㄴ ③ ㄷ
④ ㄱ, ㄴ ⑤ ㄴ, ㄷ

[24028-0225]

05 다음은 수소 연료 전지에 대한 세 학생의 대화이다.

제시한 내용이 옳은 학생만을 있는 대로 고른 것은?

① A ② B ③ C
④ A, B ⑤ B, C

[24028-0226]

06 그림은 1 M $H_2SO_4(aq)$에 금속 A와 B를 넣은 것을 나타낸 것이다. A(s) 표면에서만 기포가 발생하였다.

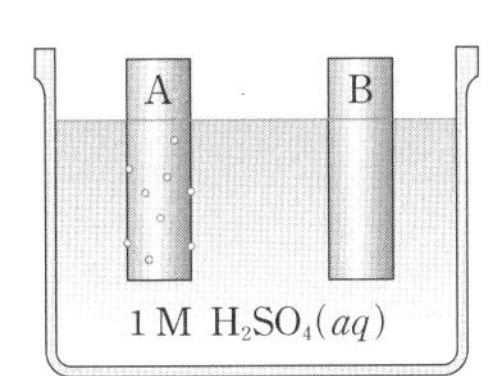

이에 대한 설명으로 옳은 것만을 〈보기〉에서 있는 대로 고른 것은? (단, 수용액의 온도는 25°C로 일정하고, A와 B는 임의의 원소 기호이다.)

보기

ㄱ. 금속의 이온화 경향은 A>B이다.
ㄴ. 반응이 진행되는 동안 수용액의 pH는 증가한다.
ㄷ. 반응이 진행되는 동안 $\frac{A(s)\text{의 질량}}{B(s)\text{의 질량}}$은 감소한다.

① ㄱ ② ㄷ ③ ㄱ, ㄴ
④ ㄴ, ㄷ ⑤ ㄱ, ㄴ, ㄷ

[24028-0227]

07 그림 (가)와 (나)는 각각 Zn(s)과 Cu(s)를 전극으로 사용한 화학 전지를 나타낸 것이다.

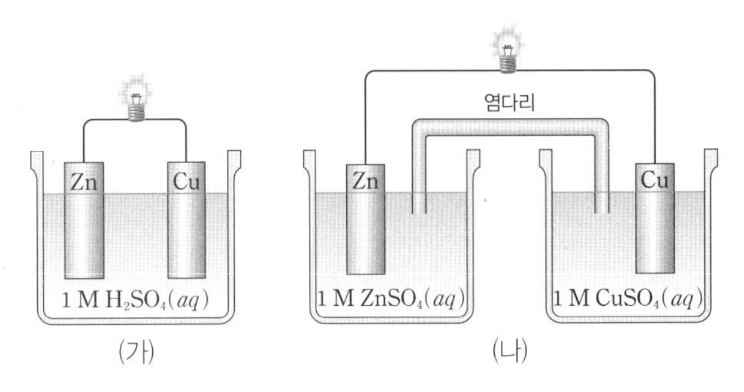

반응이 진행될 때, (가)와 (나)의 공통점만을 〈보기〉에서 있는 대로 고른 것은?

보기

ㄱ. Zn(s)의 질량이 감소한다.
ㄴ. Cu(s)의 질량이 증가한다.
ㄷ. 전체 양이온 수가 감소한다.

① ㄱ ② ㄴ ③ ㄷ ④ ㄱ, ㄴ ⑤ ㄱ, ㄷ

[24028-0228]

08 그림 (가)와 (나)는 각각 NaCl(l)과 NaCl(aq)을 전기 분해하는 장치를 나타낸 것이다.

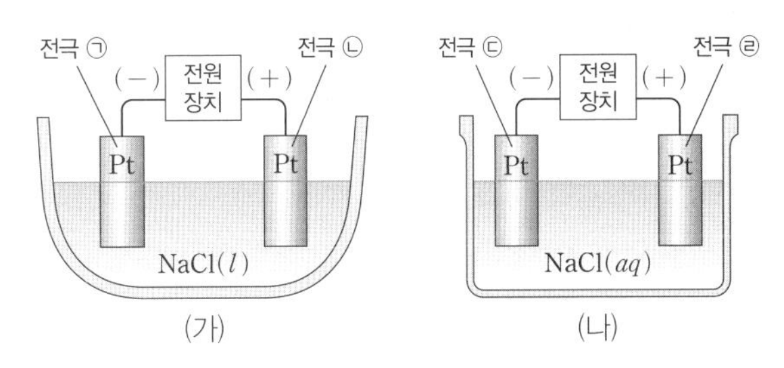

반응이 진행될 때, 이에 대한 설명으로 옳은 것만을 〈보기〉에서 있는 대로 고른 것은?

보기

ㄱ. 전극 ㉢에서 금속이 석출된다.
ㄴ. 0~t s 동안 전극 ㉠과 전극 ㉡에서 생성되는 물질의 양(mol)은 같다.
ㄷ. 전극 ㉡과 전극 ㉣에서 생성되는 물질의 종류는 같다.

① ㄱ ② ㄴ ③ ㄷ ④ ㄱ, ㄷ ⑤ ㄴ, ㄷ

[24028-0229]

09 다음은 금속 X와 Y를 전극으로 사용한 화학 전지와 이에 대한 세 학생의 대화이다.

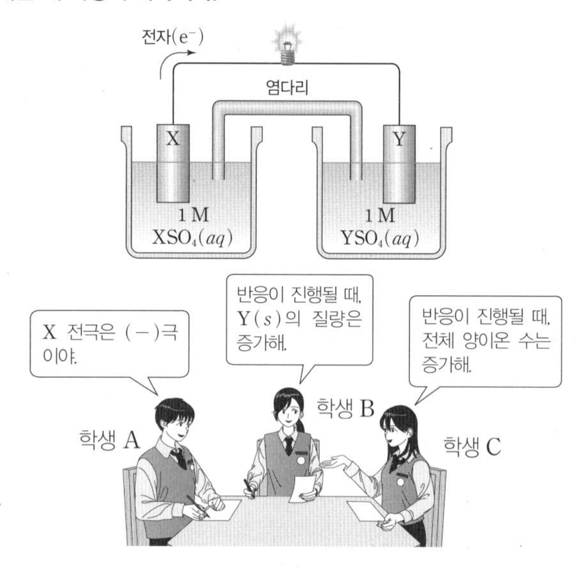

제시한 내용이 옳은 학생만을 있는 대로 고른 것은? (단, X와 Y는 임의의 원소 기호이고, 물이나 음이온은 반응하지 않는다.)

① A ② B ③ C ④ A, B ⑤ B, C

[24028-0230]

10 그림 (가)는 $ASO_4(aq)$에 금속 B를 넣었을 때, 반응한 B의 질량에 따른 수용액에 들어 있는 전체 양이온 수를, (나)는 반응한 B의 질량에 따른 전체 금속의 질량을 나타낸 것이다.

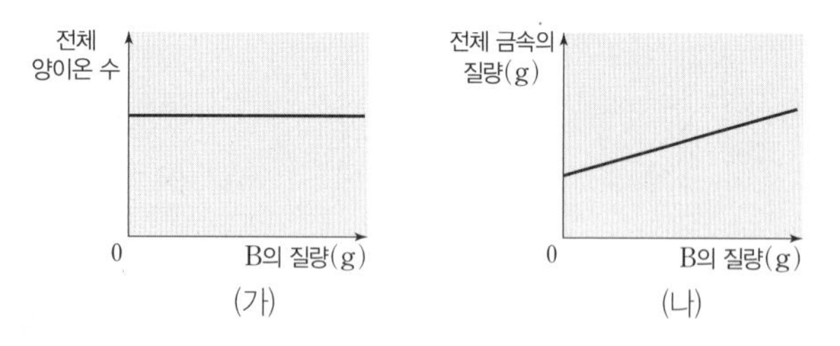

A가 B보다 큰 것만을 〈보기〉에서 있는 대로 고른 것은? (단, A와 B는 임의의 원소 기호이다.)

보기

ㄱ. 이온의 산화수
ㄴ. 원자량
ㄷ. 금속의 이온화 경향

① ㄱ ② ㄴ ③ ㄷ ④ ㄱ, ㄴ ⑤ ㄴ, ㄷ

[24028-0231]

11 그림은 물의 광분해 장치를 나타낸 것이다.

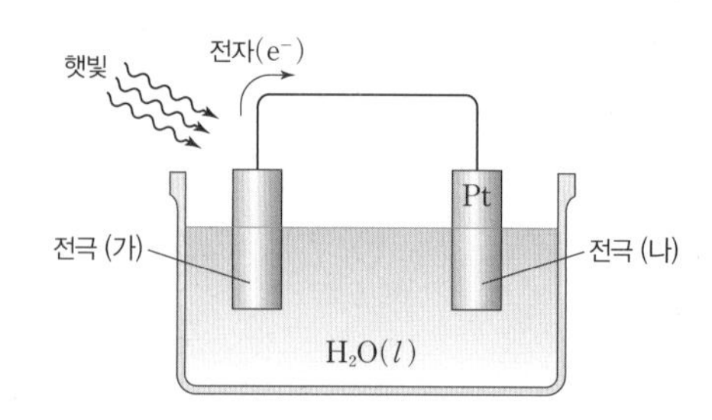

이에 대한 설명으로 옳은 것만을 〈보기〉에서 있는 대로 고른 것은?

보기

ㄱ. 물의 광분해 반응은 흡열 반응이다.
ㄴ. 전극 (가)에서 산화 반응이 일어난다.
ㄷ. 전극 (나)에서 $H_2(g)$가 생성된다.

① ㄱ ② ㄷ ③ ㄱ, ㄴ
④ ㄴ, ㄷ ⑤ ㄱ, ㄴ, ㄷ

[24028-0232]

12 그림은 $Cu(s)$ 표면을 $Ag(s)$으로 도금하는 장치를 나타낸 것이다. ㉠과 ㉡은 각각 (+)극과 (−)극 중 하나이다.

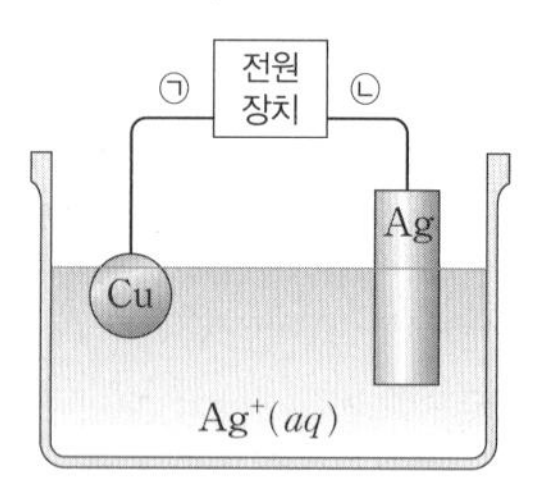

반응이 진행될 때, 이에 대한 설명으로 옳은 것만을 〈보기〉에서 있는 대로 고른 것은? (단, 음이온은 반응하지 않는다.)

보기

ㄱ. ㉠은 (+)극이다.
ㄴ. $Ag^+(aq)$의 양(mol)은 감소한다.
ㄷ. 환원되기 쉬운 경향은 $Ag^+(aq) > H_2O(l)$이다.

① ㄴ ② ㄷ ③ ㄱ, ㄴ
④ ㄱ, ㄷ ⑤ ㄴ, ㄷ

[24028-0233]

01 표는 금속의 이온화 경향을 알아보기 위한 실험 결과에 대한 자료이다.

수용액 \ 금속	A	B	C
$A_2SO_4(aq)$	−		반응 안함
$BSO_4(aq)$	반응함	−	
$CSO_4(aq)$			−

이에 대한 설명으로 옳은 것만을 <보기>에서 있는 대로 고른 것은? (단, A~C는 임의의 원소 기호이고, 물이나 음이온은 반응하지 않는다.)

보기

ㄱ. $A(s)$와 $C(s)$를 전극으로 사용한 화학 전지에서 $A(s)$ 전극은 (−)극이다.

ㄴ. $BSO_4(aq)$과 $A(s)$가 반응하는 동안 수용액 속 전체 양이온 수는 증가한다.

ㄷ. $CSO_4(aq)$과 $B(s)$의 반응 결과를 추가로 알면 A~C의 이온화 경향을 모두 비교할 수 있다.

① ㄱ ② ㄷ ③ ㄱ, ㄴ ④ ㄴ, ㄷ ⑤ ㄱ, ㄴ, ㄷ

이온화 경향이 큰 금속은 전자를 잃고 산화되어 양이온으로 존재하고, 이온화 경향이 작은 금속은 양이온이 전자를 받아 환원되어 원소로 존재한다.

[24028-0234]

02 그림 (가)는 금속 A와 B를 전극으로 사용한 화학 전지를, (나)는 반응이 진행될 때 시간에 따른 화학 전지 속 A^{a+} 수와 B^+ 수의 합을 나타낸 것이다. (가)에서 전자의 이동 방향은 ㉠과 ㉡ 중 하나이고, 원자량은 B > A이다.

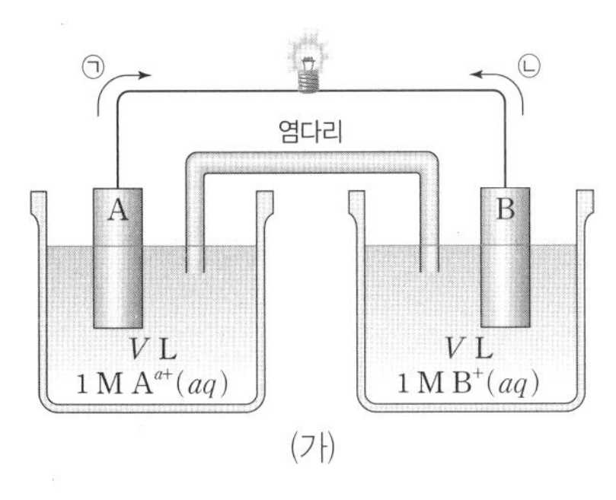

(가)

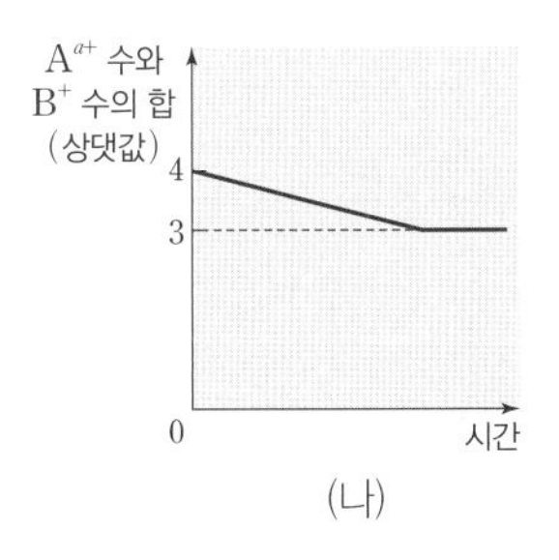

(나)

반응이 진행될 때, 이에 대한 설명으로 옳은 것만을 <보기>에서 있는 대로 고른 것은? (단, A와 B는 임의의 원소 기호이고, 음이온은 반응하지 않는다.)

보기

ㄱ. 전자의 이동 방향은 ㉠이다.

ㄴ. $a=2$이다.

ㄷ. $0\sim t$ s 동안 $\frac{|A(s)\text{의 질량 변화량}|}{|B(s)\text{의 질량 변화량}|}<1$이다.

① ㄱ ② ㄷ ③ ㄱ, ㄴ ④ ㄴ, ㄷ ⑤ ㄱ, ㄴ, ㄷ

화학 전지에서 이온화 경향이 큰 금속은 (−)극으로 산화 반응이 일어나고, 이온화 경향이 작은 금속은 (+)극으로 환원 반응이 일어난다.

BNO$_3$(aq)의 전기 분해에서 (−)극에서 H_2(g)가 발생하고, (+)극에서 O_2(g)가 발생한다.

[24028-0235]

03 그림은 ACl_2(aq)과 BNO_3(aq)의 전기 분해 장치를 나타낸 것이고, 표는 이 장치에 일정한 시간 동안 전류를 흘려주었을 때 각 전극에서 생성된 물질에 대한 자료이다. 원자량은 B > O이다.

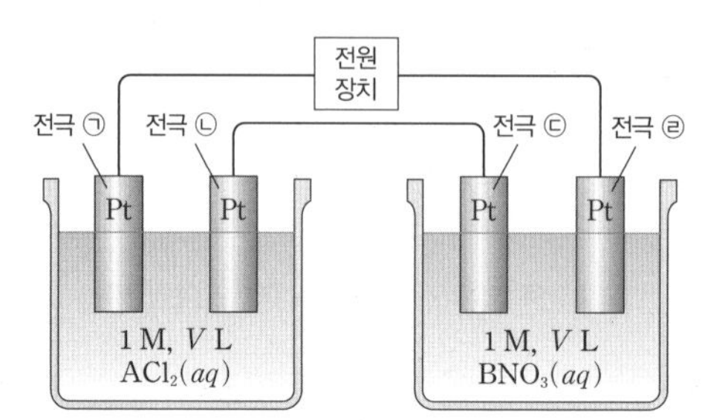

전극	물질	질량(g)
㉠	A(s)	32
㉡	(가)	
㉢	(나)	1
㉣	O_2(g)	8

이에 대한 설명으로 옳은 것만을 〈보기〉에서 있는 대로 고른 것은? (단, A와 B는 임의의 원소 기호이고, H와 O의 원자량은 각각 1, 16이다.)

보기

ㄱ. 생성된 (가)의 양은 0.5 mol이다.

ㄴ. 환원되기 쉬운 경향은 $H_2O(l) > B^+(aq)$이다.

ㄷ. 반응이 진행되어 A^{2+}의 양이 0.75V mol일 때, $\frac{A^{2+}\text{의 양(mol)}}{B^{+}\text{의 양(mol)}} = \frac{3}{2}$이다.

① ㄱ ② ㄷ ③ ㄱ, ㄴ ④ ㄴ, ㄷ ⑤ ㄱ, ㄴ, ㄷ

B^{2+}의 수가 감소하고, A^{a+}과 C^{c+}의 수가 증가하므로 전극 ㉠과 ㉢은 (−)극, 전극 ㉡과 ㉣은 (+)극이다.

[24028-0236]

04 그림 (가)는 금속 A~C를 전극으로 사용한 화학 전지를, (나)는 반응이 진행될 때, 시간에 따른 전체 수용액 속 A^{a+}, B^{2+}, C^{c+}의 수를 나타낸 것이다.

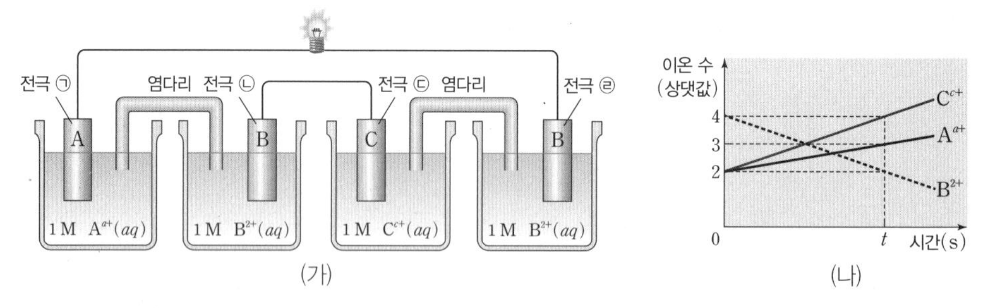

(가) (나)

반응이 진행될 때, 이에 대한 설명으로 옳은 것만을 〈보기〉에서 있는 대로 고른 것은? (단, A~C는 임의의 원소 기호이고, 음이온은 반응하지 않는다.)

보기

ㄱ. 전극 ㉠에서 산화 반응이 일어난다.

ㄴ. $a=2c$이다.

ㄷ. B^{2+}의 양(mol)이 초기의 $\frac{1}{4}$배일 때, $\frac{A^{a+}\text{의 양(mol)}}{C^{c+}\text{의 양(mol)}} = \frac{7}{10}$이다.

① ㄱ ② ㄷ ③ ㄱ, ㄴ ④ ㄴ, ㄷ ⑤ ㄱ, ㄴ, ㄷ

[24028-0237]

05 그림 (가)는 금속 X와 Y를 전극으로 사용한 화학 전지를, (나)는 금속 Y 표면을 금속 X로 도금하는 장치를 나타낸 것이다. 반응이 진행될 때 전극 ㉠과 ㉣에서 금속이 생성되고, 전극 ㉡과 ㉢에서 금속의 질량은 감소한다.

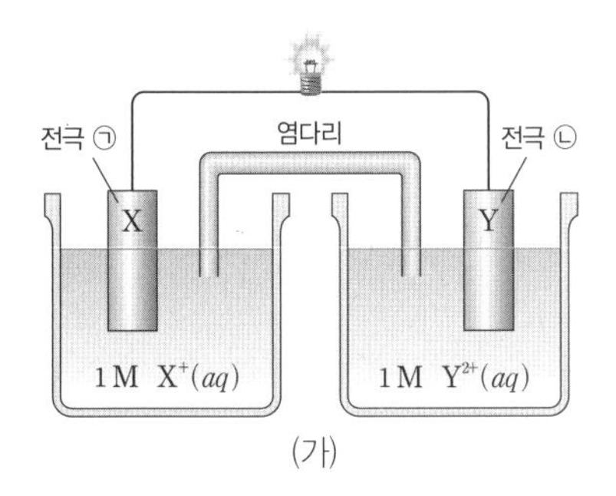

(가)

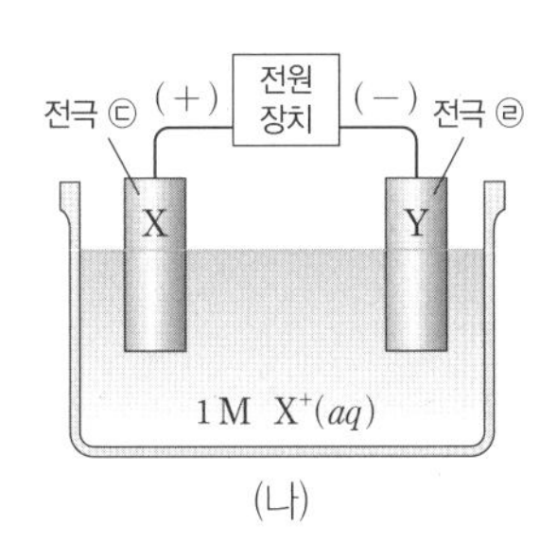

(나)

반응이 진행될 때, 이에 대한 설명으로 옳은 것만을 〈보기〉에서 있는 대로 고른 것은? (단, X와 Y는 임의의 원소 기호이고, 수용액의 부피는 일정하며, 음이온은 반응하지 않는다.)

보기

ㄱ. 환원되기 쉬운 경향은 $X^{+}(aq) > Y^{2+}(aq)$이다.
ㄴ. (가)에서 전자는 도선을 따라 $Y(s)$에서 $X(s)$로 이동한다.
ㄷ. (나)에서 $[X^{+}]$는 감소한다.

① ㄱ ② ㄷ ③ ㄱ, ㄴ ④ ㄴ, ㄷ ⑤ ㄱ, ㄴ, ㄷ

화학 전지에서 이온화 경향이 큰 금속은 (−)극, 이온화 경향이 작은 금속은 (+)극이며, 이온화 경향이 클수록 이온의 환원되기 쉬운 경향은 작다.

[24028-0238]

06 다음은 백금(Pt) 전극을 사용한 $ANO_3(aq)$과 $BCl(aq)$의 전기 분해 장치에서 각 전극에서 일어나는 반응의 화학 반응식을 순서 없이 나타낸 것이다.

○ $A^{+}(aq) + e^{-} \longrightarrow A(s)$
○ $2H_2O(l) + 2e^{-} \longrightarrow H_2(g) + 2OH^{-}(aq)$
○ $2Cl^{-}(aq) \longrightarrow Cl_2(g) + 2e^{-}$
○ $2H_2O(l) \longrightarrow O_2(g) + 4H^{+}(aq) + 4e^{-}$

두 전기 분해 장치에서 이동한 전자의 양(mol)이 같을 때, 이에 대한 설명으로 옳은 것만을 〈보기〉에서 있는 대로 고른 것은? (단, A와 B는 임의의 원소 기호이고, 수용액의 온도는 일정하다.)

보기

ㄱ. 환원되기 쉬운 경향은 $H_2O(l) > B^{+}(aq)$이다.
ㄴ. 반응이 진행되는 동안 $ANO_3(aq)$의 pH는 증가한다.
ㄷ. $\dfrac{\text{생성된 } A(s)\text{의 양(mol)}}{\text{발생한 } O_2(g)\text{의 양(mol)}} = 4$이다.

① ㄱ ② ㄴ ③ ㄱ, ㄷ ④ ㄴ, ㄷ ⑤ ㄱ, ㄴ, ㄷ

이동한 전자의 양(mol)이 같으므로 화학 반응식에서 전자의 계수가 모두 4가 되도록 화학 반응식을 변환하면 생성물의 몰비는 $O_2(g) : H_2(g) : Cl_2(g) : A(s) = 1 : 2 : 2 : 4$이다.

전기 분해에서 (+)극에서는 산화되기 쉬운 경향이 큰 물질의 산화 반응이, (−)극에서는 환원되기 쉬운 경향이 큰 물질의 환원 반응이 일어난다.

[24028-0239]

07 다음은 물질 (가)~(다)의 전기 분해 실험에 대한 자료이다. (가)~(다)는 $NaCl(l)$, $CuSO_4(aq)$, $Na_2SO_4(aq)$을 순서 없이 나타낸 것이고, ㉠과 ㉡은 기체이다.

○ 환원되기 쉬운 경향 : $Cu^{2+}(aq) > H_2O(l) > Na^+(aq)$

○ 반응이 진행될 때, 각 전극에서 생성된 물질

물질	(가)	(나)	(다)
(+)극	㉠	㉠	
(−)극	㉡		㉢

이에 대한 설명으로 옳은 것만을 〈보기〉에서 있는 대로 고른 것은?

● 보기 ●

ㄱ. (나)는 $CuSO_4(aq)$이다.

ㄴ. 산화되기 쉬운 경향은 $SO_4^{2-}(aq) > H_2O(l)$이다.

ㄷ. 같은 양(mol)의 전자가 이동하였을 때, $\frac{\text{(가)에서 생성된 ㉠의 양(mol)}}{\text{(다)에서 생성된 ㉢의 양(mol)}} = \frac{1}{2}$이다.

① ㄱ ② ㄷ ③ ㄱ, ㄴ ④ ㄱ, ㄷ ⑤ ㄴ, ㄷ

수소 연료 전지는 최종 생성물이 $H_2O(l)$이고, 물의 광분해 장치는 빛에너지를 이용하여 $H_2O(l)$을 분해하여 $H_2(g)$를 얻는 장치이다.

[24028-0240]

08 그림 (가)는 수소 연료 전지를, (나)는 물의 광분해 장치를 나타낸 것이다. A와 B는 H_2와 O_2를 순서 없이 나타낸 것이다.

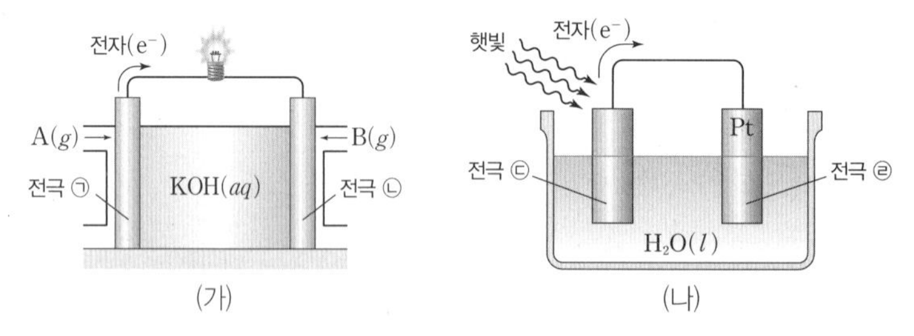

이에 대한 설명으로 옳은 것만을 〈보기〉에서 있는 대로 고른 것은?

● 보기 ●

ㄱ. 전극 ㉠에서 산화 반응이 일어난다.

ㄴ. 전극 ㉢에서 $A(g)$가 생성된다.

ㄷ. (가)와 (나)는 모두 화학 에너지를 전기 에너지로 전환하는 장치이다.

① ㄱ ② ㄴ ③ ㄷ ④ ㄱ, ㄴ ⑤ ㄴ, ㄷ

[24028-0241]

09 그림 (가)는 $Zn(s)$과 $Cu(s)$를 전극으로 사용한 화학 전지를, (나)와 (다)는 각각 $NaCl(l)$과 $CuSO_4(aq)$의 전기 분해 장치를 나타낸 것이고, 표는 (가)~(다)에서 같은 양(mol)의 전자가 이동하였을 때 전극에서 생성되는 물질에 대한 자료이다. 산화되기 쉬운 경향은 $H_2O(l) > SO_4^{2-}(aq)$이고, 환원되기 쉬운 경향은 $Cu^{2+}(aq) > H_2O(l)$이다.

화학 전지의 (−)극과 전기 분해 장치의 (+)극에서는 산화 반응이 일어나고, 화학 전지의 (+)극과 전기 분해 장치의 (−)극에서는 환원 반응이 일어난다.

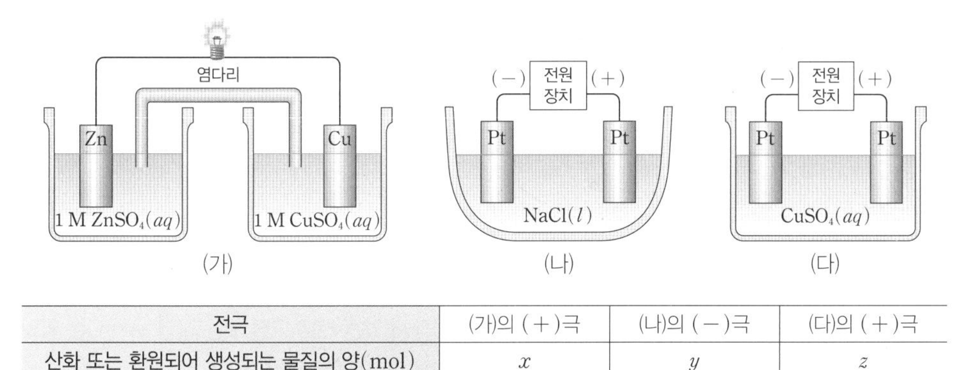

(가) (나) (다)

전극	(가)의 (+)극	(나)의 (−)극	(다)의 (+)극
산화 또는 환원되어 생성되는 물질의 양(mol)	x	y	z

$\frac{x+z}{y}$는?

① $\frac{1}{2}$ ② $\frac{3}{4}$ ③ 1 ④ 2 ⑤ $\frac{5}{2}$

[24028-0242]

10 다음은 물의 광분해 장치와 $CuSO_4(aq)$의 전기 분해 장치의 각 전극에서 일어나는 반응의 화학 반응식을 나타낸 것이다.

광분해 장치의 광촉매 전극과 전기 분해 장치의 (+)극에서는 산화 반응이 일어나고, 광분해 장치의 백금 전극과 전기 분해 장치의 (−)극에서는 환원 반응이 일어난다.

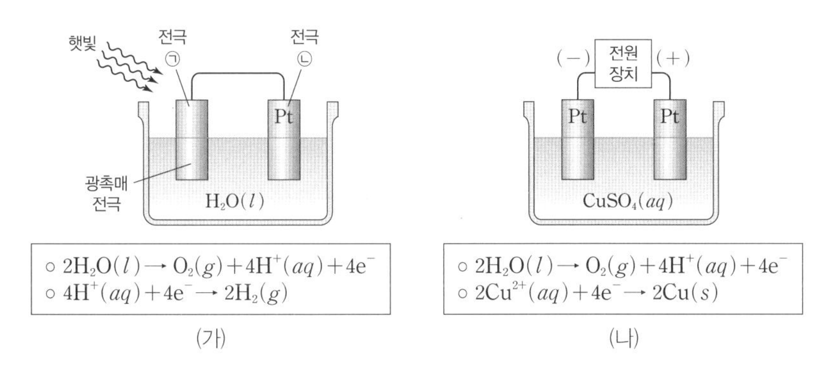

(가)	(나)
○ $2H_2O(l) \rightarrow O_2(g) + 4H^+(aq) + 4e^-$ ○ $4H^+(aq) + 4e^- \rightarrow 2H_2(g)$	○ $2H_2O(l) \rightarrow O_2(g) + 4H^+(aq) + 4e^-$ ○ $2Cu^{2+}(aq) + 4e^- \rightarrow 2Cu(s)$

반응이 진행될 때, 이에 대한 설명으로 옳은 것만을 〈보기〉에서 있는 대로 고른 것은? (단, 수용액의 온도는 일정하다.)

보기

ㄱ. (나)에서 수용액의 pH는 감소한다.

ㄴ. (가)에서 $\frac{\text{전극 ㉠에서 생성된 기체의 양(mol)}}{\text{전극 ㉡에서 생성된 기체의 양(mol)}} = 2$이다.

ㄷ. (나)에서 수용액 속 $\frac{\text{음이온 수}}{\text{양이온 수}}$는 감소한다.

① ㄱ ② ㄴ ③ ㄷ ④ ㄱ, ㄷ ⑤ ㄴ, ㄷ

(가)에서 일어나는 반응은 $2A^{+}(aq)+C(s) \longrightarrow 2A(s)+C^{2+}(aq)$이다.

[24028-0243]

11 그림 (가)는 A^{a+}과 B^{b+}이 들어 있는 수용액에 충분한 양의 금속 C를 넣었을 때 수용액에 존재하는 양이온 모형을, (나)는 금속 B와 C를 전극으로 사용한 화학 전지를 나타낸 것이다. (나)에서 반응이 진행될 때, $\frac{\text{증가한 } B^{b+}\text{의 양(mol)}}{\text{감소한 } C^{c+}\text{의 양(mol)}}=\frac{2}{3}$이다.

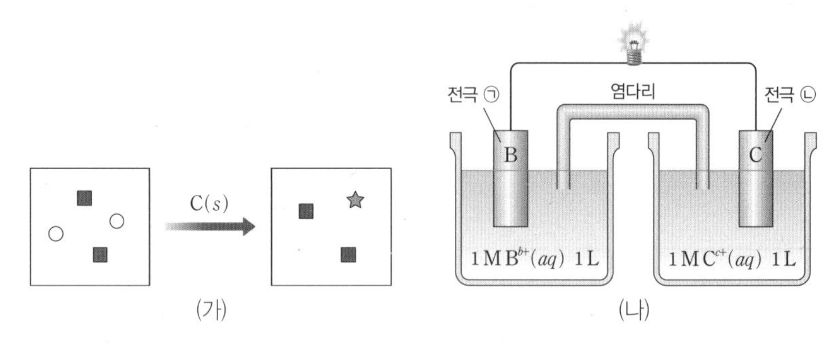

(가) (나)

반응이 진행될 때, 이에 대한 설명으로 옳은 것만을 〈보기〉에서 있는 대로 고른 것은? (단, A~C는 임의의 원소 기호이고, 온도는 일정하며, 음이온은 반응하지 않는다.)

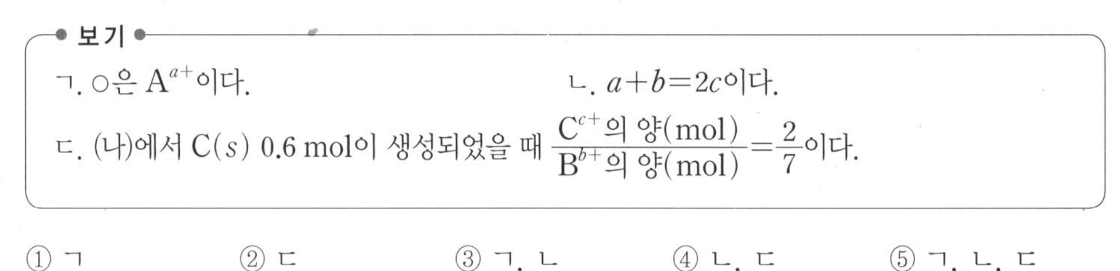

보기

ㄱ. ○은 A^{a+}이다.
ㄴ. $a+b=2c$이다.
ㄷ. (나)에서 C(s) 0.6 mol이 생성되었을 때 $\frac{C^{c+}\text{의 양(mol)}}{B^{b+}\text{의 양(mol)}}=\frac{2}{7}$이다.

① ㄱ ② ㄷ ③ ㄱ, ㄴ ④ ㄴ, ㄷ ⑤ ㄱ, ㄴ, ㄷ

전극 ㉠과 ㉢에서 환원 반응이, 전극 ㉡에서 산화 반응이 일어난다.

[24028-0244]

12 그림 (가)와 (나)는 각각 물의 전기 분해 장치와 광분해 장치를 나타낸 것이다.

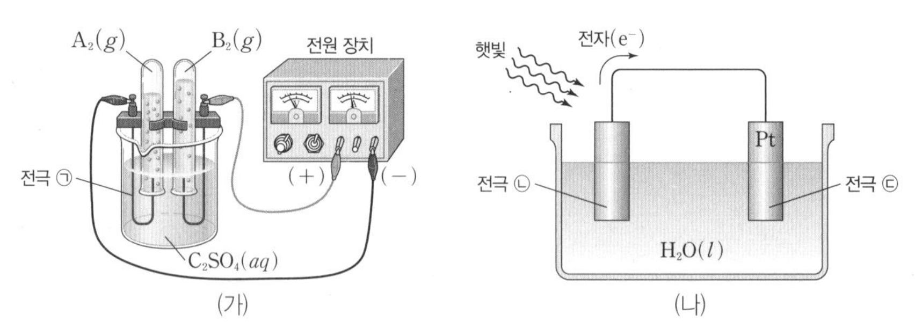

(가) (나)

반응이 진행될 때, 이에 대한 설명으로 옳은 것만을 〈보기〉에서 있는 대로 고른 것은? (단, A~C는 임의의 원소 기호이고, 물의 자동 이온화는 무시한다.)

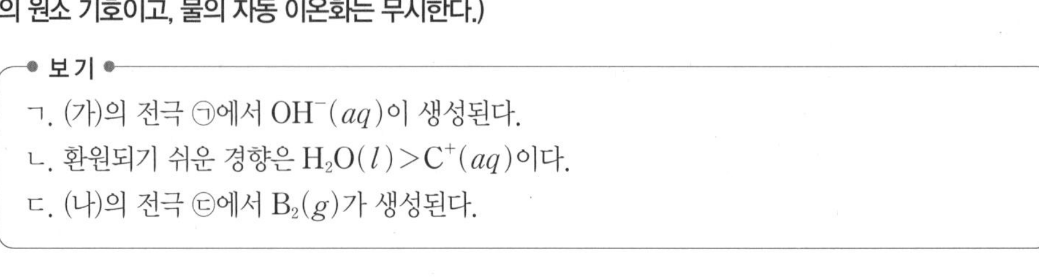

보기

ㄱ. (가)의 전극 ㉠에서 $OH^{-}(aq)$이 생성된다.
ㄴ. 환원되기 쉬운 경향은 $H_2O(l)>C^{+}(aq)$이다.
ㄷ. (나)의 전극 ㉢에서 $B_2(g)$가 생성된다.

① ㄱ ② ㄷ ③ ㄱ, ㄴ ④ ㄴ, ㄷ ⑤ ㄱ, ㄴ, ㄷ

문제를 사진 찍고
해설 강의 보기
Google Play | App Store

EBS*i* 사이트
무료 강의 제공

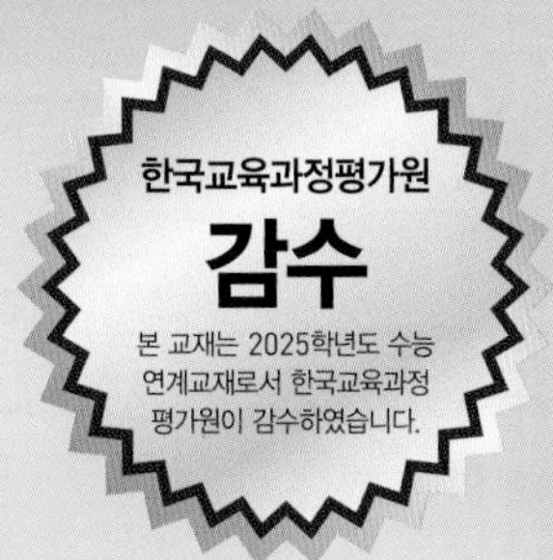

정답과 해설

수능특강

과학탐구영역
화학 Ⅱ

2025학년도 수능 연계교재

본 교재는 대학수학능력시험을 준비하는 데 도움을 드리고자 과학과 교육과정을 토대로 제작된 교재입니다.
학교에서 선생님과 함께 교과서의 기본 개념을 충분히 익힌 후 활용하시면 더 큰 학습 효과를 얻을 수 있습니다.

수능특강

과학탐구영역 **화학Ⅱ**

정답과 해설

01 기체

수능 2점 테스트

본문 11~13쪽

01 ③ 02 ② 03 ③ 04 ② 05 ① 06 ④ 07 ③
08 ⑤ 09 ⑤ 10 ④ 11 ② 12 ①

01 기체의 성질

㉠. 혼합 기체의 전체 압력이 1 atm이고, B(g)의 부분 압력이 0.75 atm이므로 A(g)의 부분 압력은 1 atm−0.75 atm= 0.25 atm이다.

㉡. A(g)의 몰 분율은 $\frac{0.25 \text{ atm}}{1 \text{ atm}}=\frac{1}{4}$이다.

~~㉢~~. B(g)의 몰 분율이 $1-\frac{1}{4}=\frac{3}{4}$이므로 기체의 몰비는 A($g$) : B($g$)=1 : 3이고, 기체의 질량비가 A($g$) : B($g$)=8 : 6이다. 따라서 분자량비가 A : B=$\frac{8}{1}$: $\frac{6}{3}$=4 : 1이므로 분자량은 A가 B의 4배이다.

02 이상 기체 방정식

~~㉠~~. 기체의 분자량 $M=\frac{dRT}{P}$이므로 온도가 일정할 때 분자량은 $\frac{\text{밀도}}{\text{압력}}$에 비례한다. 따라서 분자량비가 A : B=$\frac{8d}{1}$: $\frac{4d}{4}$ =8 : 1이므로 분자량은 A가 B의 8배이다.

~~㉡~~. 기체의 양(mol) $n=\frac{PV}{RT}$이므로 온도가 일정할 때 기체의 양(mol)은 기체의 압력과 부피의 곱에 비례한다. 따라서 기체의 몰비가 B(g) : C(g)=4×2V : 1×V=8 : 1이므로 기체의 양(mol)은 B(g)가 C(g)의 8배이다.

㉢. 밀도=$\frac{\text{질량}}{\text{부피}}$이므로 질량비는 A($g$) : C($g$)=8$d$×2$V$: 11d×V=16 : 11이다. 따라서 기체의 질량은 A(g)가 C(g)보다 크다.

03 이상 기체 방정식

$PV=\frac{w}{M}RT$에서 분자량과 압력이 일정할 때 기체의 $\frac{\text{부피}}{\text{질량}}$는 절대 온도에 비례한다.

㉠. 절대 온도의 비가 (가) : (나) : (다)=$\frac{V}{1}$: $\frac{2V}{2}$: $\frac{V}{3}$=3 : 3 : 1이므로 온도는 (가)에서와 (나)에서가 같다.

~~㉡~~. 기체 분자의 평균 운동 에너지는 절대 온도에만 비례하고, 절대 온도가 (가)>(다)이므로 분자의 평균 운동 에너지는 (가)>(다)이다.

㉢. 밀도=$\frac{\text{질량}}{\text{부피}}$이다. 질량은 (다)에서가 (가)에서의 3배이고 부피는 (가)에서와 (다)에서가 같으므로 기체의 밀도는 (다)에서가 (가)에서의 3배이다.

04 보일·샤를 법칙

A(g)의 압력이 (가)에서는 1140 mmHg이고, (나)에서는 380 mmHg이다.
$PV=nRT$에서 기체의 양(mol)이 일정할 때 기체의 압력과 부피의 곱은 절대 온도에 비례한다. 따라서 $1140\times V : 380\times 2V = T : x$에서 $x=\frac{2}{3}T$이다.

05 보일·샤를 법칙

$PV=nRT$에서 기체의 양(mol)은 $\frac{PV}{T}$에 비례한다. (나)에서 A(g)의 압력을 P_A라고 하면 (가)와 (나)에서 A(g)의 양(mol)이 같으므로 $\frac{1 \text{ atm}\times V \text{ L}}{T \text{ K}}=\frac{P_A\times 3V \text{ L}}{2T \text{ K}}$에서 $P_A=\frac{2}{3}$ atm이므로 $z=\frac{2}{3}$이다.
$PV=nRT$에서 압력과 온도가 일정할 때, 기체의 부피는 기체의 양(mol)에 비례한다.
분자량이 A가 B의 8배이고, (나)에서 기체의 부피비가 A(g) : B(g)=3 : 1이므로 기체의 몰비는 A(g) : B(g)= $\frac{3.2}{8}$: $\frac{x}{1}$=3 : 1에서 $x=\frac{2}{15}$이다.

(가)와 (나)에서 B(g)의 양(mol)이 같으므로 $\frac{y \text{ atm}\times 3V \text{ L}}{T \text{ K}}=\frac{\frac{2}{3} \text{ atm}\times V \text{ L}}{2T \text{ K}}$에서 $y=\frac{1}{9}$이다. 따라서 $\frac{y\times z}{x}=\frac{5}{9}$이다.

06 이상 기체 방정식

기체의 양(mol) $n=\frac{PV}{RT}$이므로 온도가 일정할 때 기체의 양(mol)은 기체의 압력과 부피의 곱에 비례한다.
~~㉠~~. 기체의 압력과 부피의 곱이 X(g)는 $2PV$ atm·L이고, Y(g)는 PV atm·L으로 기체의 양(mol)이 X(g)가 Y(g)의 2배이므로 기체의 양(mol)은 (나)에서가 (가)에서의 2배이다.
㉡. X(g)와 Y(g)의 질량이 같고, 기체의 양(mol)이 X(g)가 Y(g)의 2배이므로 분자량은 Y가 X의 2배이다.

㉢. 기체의 부피가 (나)에서는 V L, (다)에서는 $\frac{1}{3}V$ L이고, (나)와 (다)에서 기체의 질량이 같으므로 기체의 밀도는 (다)에서가 (나)에서의 3배이다.

07 이상 기체 방정식

$PV=nRT$에서 압력과 부피가 일정할 때 기체의 양(mol)은 절대 온도에 반비례한다.
기체의 양(mol)이 (나)에서가 (가)에서의 2배이므로 절대 온도는 (가)에서가 (나)에서의 2배이다. 따라서 $x=\frac{1}{2}$이다.
온도가 일정할 때 기체의 압력은 $\frac{n}{V}$에 비례한다. 모형 1개를 n mol이라고 하면 (가)와 (다)에서 기체의 압력비가 1 atm : y atm$=\frac{2n\text{ mol}}{1\text{ L}}:\frac{6n\text{ mol}}{2\text{ L}}=2:3$이므로 $y=\frac{3}{2}$이다.
㉠. $x=\frac{1}{2}$, $y=\frac{3}{2}$이므로 $\frac{y}{x}=3$이다.
㉡. (다)에서 혼합 기체의 전체 압력이 $\frac{3}{2}$ atm이고, X(g)의 몰 분율이 $\frac{1}{3}$이므로 X(g)의 부분 압력은 $\frac{3}{2}\text{ atm}\times\frac{1}{3}=0.5\text{ atm}$이다.
~~ㄷ~~. 기체의 밀도$=\frac{\text{질량}}{\text{부피}}$이고 기체의 질량은 기체의 양(mol)과 분자량의 곱에 비례한다. 분자량이 X가 Y의 2배이므로 전체 기체의 밀도비는 (나) : (다)$=\frac{1\times4n}{1}:\frac{2\times2n+1\times4n}{2}=1:1$이다. 따라서 (나)와 (다)에서 전체 기체의 밀도는 같다.

08 부분 압력 법칙

$PV=nRT$에서 온도가 일정할 때 기체의 양(mol)은 기체의 압력과 부피의 곱에 비례한다.
꼭지를 열기 전 강철 용기 속 혼합 기체의 전체 압력을 P_T atm이라고 하면 $P_T\text{ atm}\times V\text{ L}+1\text{ atm}\times2V\text{ L}=1\text{ atm}\times5V\text{ L}$에서 $P_T=3$이다. 따라서 B(g)의 부분 압력이 2 atm이므로 A(g)의 부분 압력은 1 atm이고, 기체의 양(mol)은 B(g)가 A(g)의 2배이다.
꼭지를 열기 전 A(g)의 압력이 강철 용기와 실린더에서 같고, 부피는 실린더에서가 강철 용기에서의 2배이므로 A(g)의 질량도 실린더에서가 강철 용기에서의 2배이다. 따라서 $x=16$이다.
꼭지를 열기 전 강철 용기 속 기체의 양(mol)이 B(g)가 A(g)의 2배이고, 질량은 A(g)가 B(g)의 2배이므로 분자량은 A가 B의 4배이다. 따라서 $x\times\frac{\text{B의 분자량}}{\text{A의 분자량}}=4$이다.

09 부분 압력 법칙

$PV=nRT$에서 온도가 일정할 때 기체의 양(mol)은 기체의 압력과 부피의 곱에 비례한다.
㉠. (가)에서 B(g)의 압력은 1.5 atm이고, (나)에서 혼합 기체의 전체 압력은 2 atm이다.
A(g)의 양(mol)과 B(g)의 양(mol)의 합이 (가)와 (나)에서 같으므로 $x\text{ atm}\times V\text{ L}+1.5\text{ atm}\times2V\text{ L}=2\text{ atm}\times3V\text{ L}$에서 $x=3$이다.
㉡. (가)에서 기체의 압력과 부피의 곱이 A(g)와 B(g)가 같으므로 A(g)의 양(mol)과 B(g)의 양(mol)이 같고, 질량은 B(g)가 A(g)의 4배이므로 분자량은 B가 A의 4배이다.
㉢. 혼합 기체의 전체 압력은 2 atm이고, A(g)의 몰 분율이 $\frac{1}{2}$이므로 (나)에서 A(g)의 부분 압력은 $2\text{ atm}\times\frac{1}{2}=1\text{ atm}$이다.

10 이상 기체 방정식

$PV=nRT$에서 $n=\frac{PV}{RT}$이므로 혼합 기체의 양은 $\frac{\frac{3}{8}\text{ atm}\times5\text{ L}}{25\text{ atm}\cdot\text{L/mol}}=0.075\text{ mol}$이다.
기체의 밀도$=\frac{\text{질량}}{\text{부피}}$이므로 혼합 기체의 질량은 $\frac{3}{5}\text{ g/L}\times5\text{ L}=3\text{ g}$이다.
㉠. A(g)의 양이 0.05 mol이므로 A(g)의 몰 분율은 $\frac{0.05}{0.075}=\frac{2}{3}$이다.
~~ㄴ~~. A(g) 0.05 mol의 질량이 2.2 g이므로 A(g) 1 mol의 질량은 44 g이다. 따라서 A의 분자량은 44이다.
㉢. B(g)의 질량은 3 g−2.2 g=0.8 g이다.

11 기체의 화학 반응과 기체의 성질

반응 전 B(g)의 양을 n mol이라고 하면 반응에서 B(g)가 모두 반응하며, 이때의 양적 관계는 다음과 같다.

	A(g)	+ 2B(g) ⟶	2C(g)
반응 전(mol)	2	n	0
반응(mol)	$-\frac{n}{2}$	$-n$	$+n$
반응 후(mol)	$2-\frac{n}{2}$	0	n

$PV=nRT$에서 온도가 일정할 때 기체의 압력은 $\frac{n}{V}$에 비례하므로 반응 전과 후 A(g)의 압력비는 1 atm : $\frac{3}{8}$ atm$=\frac{2\text{ mol}}{V\text{ L}}:\frac{\left(2-\frac{n}{2}\right)\text{ mol}}{2V\text{ L}}$에서 $n=1$이다.
꼭지를 열기 전 V L의 A(g) 2 mol의 압력이 1 atm이므로 V L의 B(g) 1 mol의 압력은 $\frac{1}{2}$ atm이며, $x=\frac{1}{2}$이다.
C(g)의 몰 분율이 $\frac{1}{1.5+1}=\frac{2}{5}$이므로 C($g$)의 몰 분율$\times x=\frac{1}{5}$이다.

12 기체의 부분 압력

(가)에서 $A(g)$의 부분 압력이 $1\ \text{atm}\times\frac{x}{x+2}=0.2\ \text{atm}$에서 $x=0.5$이다.

온도와 부피가 일정할 때 기체의 압력은 기체의 양(mol)에 비례한다. (나)에서 부분 압력이 $A(g)$는 0.1 atm, $B(g)$는 0.6 atm이므로 기체의 몰비는 $A(g):B(g)=0.1\ \text{atm}:0.6\ \text{atm}=0.5\ \text{mol}:(2+y)\ \text{mol}$이다. 따라서 $y=1$이다.

$PV=nRT$에서 기체의 양(mol)과 부피가 일정할 때 기체의 압력은 절대 온도에 비례한다. $A(g)$의 부분 압력이 (가)에서는 0.2 atm, (나)에서는 0.1 atm이므로 $0.2\ \text{atm}:0.1\ \text{atm}=T_1\ \text{K}:T_2\ \text{K}$에서 $\frac{T_1}{T_2}=2$이다. 따라서 $\frac{T_1}{T_2}\times\frac{x}{y}=1$이다.

수능 3점 테스트 본문 14~19쪽

01 ④ 02 ② 03 ④ 04 ③ 05 ④ 06 ⑤ 07 ②
08 ⑤ 09 ③ 10 ③ 11 ② 12 ①

01 기체의 성질

$PV=nRT$에서 기체의 양(mol) $n=\frac{PV}{RT}$이다.

ㄱ. (가)에서 $A(g)$의 양은 $\frac{2\ \text{atm}\times5\ \text{L}}{25\ \text{atm}\cdot\text{L/mol}}=0.4\ \text{mol}$이고, (나)에서 혼합 기체의 양은 $\frac{3\ \text{atm}\times5\ \text{L}}{25\ \text{atm}\cdot\text{L/mol}}=0.6\ \text{mol}$이다. 따라서 $x=0.4$, $y=0.4$이므로 $x+y=0.8$이다.

ㄴ. (나)에서 $B(g)$의 몰 분율이 $\frac{2}{3}$이므로 $B(g)$의 부분 압력은 $3\ \text{atm}\times\frac{2}{3}=2\ \text{atm}$이다.

ㄷ. 기체의 밀도$=\frac{\text{질량}}{\text{부피}}$이다. (가)에서 $A(g)$의 질량은 $0.16\ \text{g/L}\times5\ \text{L}=0.8\ \text{g}$이고, (나)에서 혼합 기체의 질량은 $0.4\ \text{g/L}\times5\ \text{L}=2\ \text{g}$이다. (나)에서 $A(g)$ 0.2 mol의 질량이 0.4 g이므로 $B(g)$ 0.4 mol의 질량은 1.6 g이다. 따라서 분자량은 A가 2이고, B가 4이므로 분자량은 B가 A의 2배이다.

02 기체의 성질

$PV=nRT$에서 기체의 양(mol)은 $\frac{PV}{T}$에 비례한다. 추 1개의 압력을 P atm이라고 하면 (나)와 (다)에서 $A(g)$의 양(mol)은 같으므로 $\frac{(1+P)\ \text{atm}\times1.5V\ \text{L}}{T\ \text{K}}=\frac{(1+2P)\ \text{atm}\times2V\ \text{L}}{2T\ \text{K}}$에서 $P=1$이다.

ㄱ. (가)와 (나)에서 온도가 같으므로 (가)와 (나)에서 분자의 평균 운동 에너지는 같다.

ㄴ. 추 1개에 의한 압력은 1 atm이다.

ㄷ. 온도가 일정할 때 기체의 양(mol)은 기체의 압력과 부피의 곱에 비례한다.

$A(g)$ x g의 양을 a mol, $A(g)$ y g의 양을 b mol이라고 하면 (가)와 (나)에서 $A(g)$의 몰비는 $a\ \text{mol}:(a+b)\ \text{mol}=1\ \text{atm}\times V\ \text{L}:2\ \text{atm}\times1.5V\ \text{L}$에서 $b=2a$이다. 따라서 $\frac{y}{x}=2$이다.

03 기체의 성질

$PV=nRT$에서 기체의 양(mol)이 일정할 때 기체의 압력은 $\frac{T}{V}$에 비례한다.

ㄱ. (가)와 (나)에서 기체의 양(mol)이 같으므로 $P_1:P_2=\frac{T\ \text{K}}{4\ \text{L}}:\frac{2T\ \text{K}}{3\ \text{L}}=3:8$이다. 따라서 $P_2>P_1$이다.

ㄴ. 온도가 일정할 때 기체의 양(mol)은 기체의 압력과 부피의 곱에 비례하므로 (나)와 (다)에서 기체의 몰비는 $Y(g):X(g)=P_2\times3\ \text{L}:P_1\times2\ \text{L}=4:1$이다. (나)와 (다)에서 기체의 질량이 같으므로 분자량비는 $X:Y=4:1$이다. 따라서 분자량은 $X>Y$이다.

ㄷ. (가)와 (나)에서 기체의 양(mol)이 같으므로 기체의 질량비는 (가) : (나)$=4:1$이다.

따라서 기체의 밀도비는 (가) : (나)$=\frac{4}{4}:\frac{1}{3}=3:1$이다. 따라서 기체의 밀도는 (가)에서가 (나)에서의 3배이다.

04 보일 법칙

실린더 속 기체의 압력이 (가)에서는 1140 mmHg이므로 1.5 atm이고, (나)에서는 1520 mmHg이므로 2 atm이다.

$PV=nRT$에서 온도와 기체의 양(mol)이 일정할 때 기체의 부피는 압력에 반비례한다.

(가)와 (나)에서 피스톤 오른쪽 실린더 속 $A(g)$의 양(mol)은 같으므로 $1.5\ \text{atm}\times2\ \text{L}=2\ \text{atm}\times y\ \text{L}$에서 $y=1.5$이다.

(가)와 (나)에서 기체의 양(mol)은 변하지 않는다.

(나)에서 $A(g)$와 $B(g)$의 혼합 기체의 부피가 3.5 L이므로 x atm×1 L+1.5 atm×2 L : 1.5 atm×2 L=3.5 : 1.5에서 $x=4$이다.

㉠. $x=4$, $y=1.5$이므로 $x \times y=6$이다.

~~㉡~~. (가)의 실린더에서 $B(g)$의 압력은 1.5 atm이다.

㉢. (나)의 강철 용기에서 $A(g)$의 부분 압력은 $2\text{ atm} \times \frac{4}{7} = \frac{8}{7}$ atm이다.

05 기체의 성질

$PV=nRT$에서 기체의 양(mol)은 $\frac{PV}{T}$에 비례한다. $A(g)$와 $B(g)$의 몰비가 (나) : (다)$=\frac{P\text{ atm}\times 3\text{ L}}{3T\text{ K}} : \frac{2P\text{ atm}\times 2\text{ L}}{2T\text{ K}}$ $=1 : 2$이다.

~~㉠~~. $A(g)$와 $B(g)$의 질량은 같고, 기체의 양(mol)은 $B(g)$가 $A(g)$의 2배이므로 분자량은 A가 B의 2배이다.

㉡. (가)와 (나)에서 $A(g)$의 압력과 부피의 곱은 같다. 따라서 (가)에서 $A(g)$의 압력은 $\frac{P\text{ atm}\times 3\text{ L}}{4\text{ L}}=\frac{3}{4}P$ atm이다.

㉢. 기체의 양(mol)은 (다)에서가 (나)에서의 2배이다.

06 기체의 부분 압력

(나)에서 혼합 기체의 전체 압력이 1 atm이고, $He(g)$의 부분 압력이 0.5 atm이므로 $X(g)$의 부분 압력은 0.5 atm이다.

$He(g)$의 몰비가 (가) : (나)=2 atm×5 L : 0.5 atm×10 L =2 : 1이다. 따라서 $x=1.6$이다.

㉠. (나)에서 $He(g)$과 $X(g)$의 부분 압력이 같으므로 $He(g)$의 양(mol)과 $X(g)$의 양(mol)이 같다. (나)에서 $He(g)$ 0.8 g이 0.2 mol이므로 $X(g)$ 3.2 g도 0.2 mol이다. 따라서 X의 분자량은 16이다.

㉡. (가)에서 $He(g)$ 1.6 g은 0.4 mol이고, $X(g)$ 1.6 g은 0.1 mol이다. 따라서 (가)에서 혼합 기체의 양은 0.5 mol이다.

㉢. $PV=nRT$에서 온도와 부피가 일정할 때 기체의 압력은 기체의 양(mol)에 비례한다. 따라서 $He(g)$의 부분 압력이 2 atm이므로 $X(g)$의 부분 압력은 0.5 atm이다.

07 이상 기체 방정식

기체의 양(mol)은 $\frac{PV}{T}$에 비례하므로 Ⅰ과 Ⅱ에서 기체의 몰비는 $A(g) : B(g)=\frac{1\text{ atm}\times 1\text{ L}}{T\text{ K}} : \frac{2\text{ atm}\times 3\text{ L}}{\frac{3}{2}T\text{ K}}=1 : 4$이다.

Ⅰ과 Ⅱ에서 기체의 질량비가 $A(g) : B(g)=2 : 4$이므로 분자량비는 $A : B=\frac{2}{1} : \frac{4}{4}=2 : 1$이다.

Ⅲ에서 $A(g)$의 질량을 a g, $B(g)$의 질량을 $(8-a)$ g이라고 하면 $A(g)$의 몰 분율이 $\frac{3}{5}$이므로 몰비는 $A(g) : B(g)=3 : 2$이다. 따라서 $\frac{a}{2} : \frac{8-a}{1}=3 : 2$에서 $a=6$이다.

~~㉠~~. 기체의 몰비가 Ⅰ : Ⅲ$=\frac{2}{2} : \left(\frac{6}{2}+\frac{2}{1}\right)=1 : 5$이므로 $\frac{1\text{ atm}\times 1\text{ L}}{T\text{ K}} : \frac{1\text{ atm}\times V\text{ L}}{2T\text{ K}}=1 : 5$에서 $V=10$이다.

㉡. Ⅲ에서 기체의 질량은 $A(g)$가 6 g, $B(g)$가 2 g이다.

~~㉢~~. 온도가 같으므로 Ⅲ에서 $A(g)$와 $B(g)$는 분자의 평균 운동 에너지가 같다.

08 화학 반응과 기체의 성질

$PV=nRT$에서 온도가 일정할 때 기체의 양(mol)은 기체의 압력과 부피의 곱에 비례한다.

(가)의 Ⅱ에서 $B(g)$의 양을 $4n$ mol이라고 하면 Ⅰ에서 $A(g)$의 양은 Pn mol이고, Ⅲ에서 $A(g)$의 양은 $\frac{4}{3}n$ mol이다.

(나)에서 $A(g)$가 모두 반응하며, 이때의 양적 관계는 다음과 같다.

	$2A(g)$ +	$B(g)$	⟶ $2C(g)$
반응 전(mol)	Pn	$4n$	0
반응(mol)	$-Pn$	$-\frac{P}{2}n$	$+Pn$
반응 후(mol)	0	$4n-\frac{P}{2}n$	Pn

㉠. (나) 과정 후 $B(g)$의 몰 분율이 $\frac{1}{2}$이므로 $C(g)$의 몰 분율도 $\frac{1}{2}$이고 $4n-\frac{P}{2}n=Pn$에서 $P=\frac{8}{3}$이다.

㉡. (가)에서 $A(g)$의 압력은 Ⅰ에서가 Ⅲ에서의 2배이므로 $w=2$이다.

(다)에서 $A(g)$가 모두 반응하며, 이때의 양적 관계는 다음과 같다.

	$2A(g)$ +	$B(g)$	⟶ $2C(g)$
반응 전(mol)	$\frac{4}{3}n$	$\frac{8}{3}n$	$\frac{8}{3}n$
반응(mol)	$-\frac{4}{3}n$	$-\frac{2}{3}n$	$+\frac{4}{3}n$
반응 후(mol)	0	$2n$	$4n$

(다)에서 $C(g)$의 몰 분율이 $\frac{4n}{2n+4n}=\frac{2}{3}$이므로 $x=\frac{2}{3}$이다. 따라서 $w \times x=\frac{4}{3}$이다.

㉢. (가)에서 기체의 몰비가 Ⅰ : Ⅱ$=\frac{8}{3} : 4=2 : 3$이므로 분자량비는 $A : B=\frac{4}{2} : \frac{3}{3}=2 : 1$이다. 따라서 분자량은 A가 B의 2배이다.

09 기체의 부분 압력

$PV=nRT$에서 온도가 일정할 때 기체의 양(mol)은 기체의 압력과 부피의 곱에 비례한다.

(가)에서 압력과 부피의 곱이 $A(g)$는 2 atm × 0.5V L=V atm·L이고, 실린더에 들어 있는 $B(g)$는 1 atm × V L=V atm·L으로 같으므로 $A(g)$의 양은 1 mol이다. (나)에서 혼합 기체의 전체 압력이 1.5 atm이고, $A(g)$의 부분 압력이 $\frac{3}{5}$ atm이므로 $A(g)$의 몰 분율은 $\frac{2}{5}$이다. 따라서 $B(g)$의 몰 분율은 $\frac{3}{5}$이다.

$A(g)$의 양이 1 mol이므로 $B(g)$의 양은 1.5 mol이며 $x=0.5$이다.

$PV=nRT$에서 기체의 부피는 $\frac{nT}{P}$에 비례한다. (가)에서 실린더 속 $B(g)$와 (나)에서 혼합 기체의 부피비는

V L : $\frac{1\text{ mol}\times T\text{ K}}{1\text{ atm}}=(1+y)V$ L : $\frac{2.5\text{ mol}\times\frac{3}{2}T\text{ K}}{1.5\text{ atm}}$에서

$y=1.5$이다. 따라서 $x=0.5$, $y=1.5$이므로 $\frac{y}{x}=3$이다.

10 화학 반응과 기체의 성질

$PV=nRT$에서 온도가 일정할 때 기체의 양(mol)은 기체의 압력과 부피의 곱에 비례한다.

(가)에서 Ⅰ의 $A(g)$와 Ⅱ의 $C(g)$의 몰비는 x : 1=3 atm × V L : $\frac{1}{2}$ atm × 2V L=3 : 1에서 $x=3$이다.

(나)에서 $B(g)$가 모두 반응하며, 이때의 양적 관계는 다음과 같다.

	$A(g)$ +	$bB(g)$ ⟶	$2C(g)$ +	$2D(g)$
반응 전(mol)	3	y	1	0
반응(mol)	$-\frac{y}{b}$	$-y$	$+\frac{2y}{b}$	$+\frac{2y}{b}$
반응 후(mol)	$3-\frac{y}{b}$	0	$1+\frac{2y}{b}$	$\frac{2y}{b}$

(나) 과정 후 Ⅱ에서 $C(g)$의 부분 압력이 $\frac{5}{3}$ atm이다. 온도가 일정할 때 기체의 압력은 $\frac{n}{V}$에 비례하므로 (가)에서 $A(g)$의 압력과 (나)의 Ⅱ에서 $C(g)$의 부분 압력비는 3 atm : $\frac{5}{3}$ atm= $\frac{3\text{ mol}}{V\text{ L}}$: $\frac{\left(1+\frac{2y}{b}\right)\text{ mol}}{3V\text{ L}}$에서 $\frac{y}{b}=2$이다.

(다)에서 $A(g)$ 1 mol과 $B(g)$ 3 mol이 모두 반응하므로 반응 몰비는 $A(g)$: $B(g)$=1 : 3이다. 따라서 $b=3$이고, $y=6$이다.

(다)에서 $A(g)$ 1 mol과 $B(g)$ 3 mol이 반응할 때의 양적 관계는 다음과 같다.

	$A(g)$ +	$3B(g)$ ⟶	$2C(g)$ +	$2D(g)$
반응 전(mol)	1	3	6	4
반응(mol)	−1	−3	+2	+2
반응 후(mol)	0	0	8	6

(다) 과정 후 Ⅰ~Ⅲ에 들어 있는 $C(g)$의 양은 8 mol이다.

(가)에서 $A(g)$의 압력과 (다)의 Ⅱ에서 $C(g)$의 부분 압력비는 3 atm : P_2 atm$=\frac{3\text{ mol}}{V\text{ L}}$: $\frac{8\text{ mol}}{4V\text{ L}}$에서 $P_2=2$이다.

(가)의 Ⅱ에서 $B(g)$와 $C(g)$의 부분 압력비는 몰비와 같으므로 기체의 부분 압력비는 $B(g)$: $C(g)=P_1$: 0.5=6 : 1에서 $P_1=3$이다. 따라서 $(x+y)\times\frac{P_2}{P_1}=(3+6)\times\frac{2}{3}=6$이다.

11 화학 반응과 기체의 성질

$PV=nRT$에서 온도가 일정할 때 기체의 양(mol)은 기체의 압력과 부피의 곱에 비례한다.

(가)의 실린더에서 $A(g)$의 양을 $2n$ mol이라고 하면 Ⅰ에서 $B(g)$의 양은 $4xn$ mol이고, Ⅱ에서 $A(g)$의 양은 $2n$ mol이다.

(나)에서 실린더와 Ⅰ의 혼합 기체 전체 압력은 1 atm이고, 혼합 기체의 부피는 5 L이므로 혼합 기체의 양은 $5n$ mol이다.

(다)에서 실린더와 Ⅰ과 Ⅱ의 혼합 기체의 전체 압력은 1 atm이고, 혼합 기체의 부피는 6.5 L이므로 혼합 기체의 양은 $6.5n$ mol이다.

(나)에서 $A(g)$가 모두 반응하며, 이때의 양적 관계는 다음과 같다.

	$A(g)$ +	$bB(g)$ ⟶	$2C(g)$
반응 전(mol)	$2n$	$4xn$	
반응(mol)	$-2n$	$-2bn$	$+4n$
반응 후(mol)	0	$(4x-2b)n$	$4n$

반응 후 혼합 기체의 양이 $5n$ mol이므로 $4x-2b+4=5$에서 $4x-2b=1$ …… ①이다.

(다)에서 $B(g)$가 모두 반응하며, 이때의 양적 관계는 다음과 같다.

	$A(g)$	+ $bB(g)$ ⟶	$2C(g)$
반응 전(mol)	$2n$	n	$4n$
반응(mol)	$-\frac{1}{b}n$	$-n$	$+\frac{2}{b}n$
반응 후(mol)	$\left(2-\frac{1}{b}\right)n$	0	$\left(4+\frac{2}{b}\right)n$

반응 후 혼합 기체의 양이 $6.5n$ mol이므로 $6+\frac{1}{b}=6.5$에서 $b=2$이다.

X. $b=2$를 식 ①에 대입하면 $x=\frac{5}{4}$이다. 따라서 $x\times b=\frac{5}{2}$이다.

ㄴ. (나) 과정 후 실린더와 Ⅰ에 $B(g)$ n mol, $C(g)$ $4n$ mol이 들어 있으므로 (나) 과정 후 Ⅰ에서 $B(g)$의 몰 분율은 $\frac{1}{5}$이다.

ㄷ. $C(g)$의 몰 분율이 (나) 과정 후는 $\frac{4}{5}$이고, (다) 과정 후는 $\frac{10}{13}$이며, 혼합 기체의 전체 압력은 1 atm으로 같으므로 Ⅰ에서 $C(g)$의 부분 압력은 (나) 과정 후에서가 (다) 과정 후에서보다 크다.

12 화학 반응과 기체의 성질

$PV=nRT$에서 온도가 일정할 때 기체의 양(mol)은 기체의 압력과 부피의 곱에 비례한다. (가)에서 $B(g)$의 양을 p mol이라고 하면 기체의 몰비는 $A(g):B(g)=0.1\text{ mol}:p\text{ mol}=1\text{ atm}\times V\text{ L}:\frac{3}{4}\text{ atm}\times 4V\text{ L}$에서 $p=0.3$이다. (가)에서 $C(g)$의 양을 q mol이라고 하면 (나)에서 $A(g)$가 모두 반응하며, 이때의 양적 관계는 다음과 같다.

	$A(g)$	+ $2B(g)$	⟶ $C(g)$	+ $2D(g)$
반응 전(mol)	0.1	0.3	q	0
반응(mol)	-0.1	-0.2	$+0.1$	$+0.2$
반응 후(mol)	0	0.1	$q+0.1$	0.2

(나) 과정 후 $D(g)$의 몰 분율이 $\frac{1}{3}$이므로 $\frac{0.2}{q+0.4}=\frac{1}{3}$에서 $q=0.2$이다. 따라서 $C(g)$의 몰 분율이 $\frac{1}{2}$이므로 $y=\frac{1}{2}$이다.

$PV=nRT$에서 온도가 일정할 때 기체의 압력은 $\frac{n}{V}$에 비례한다. (가)의 Ⅰ에서 $A(g)$의 양이 0.1 mol이고, 부피가 V L일 때 압력이 1 atm이며, (나) 과정 후 $B(g)$의 양이 0.1 mol이고, 부피가 $5V$ L일 때 압력이 x atm이므로 기체의 압력비는 $A(g):B(g)=1\text{ atm}:x\text{ atm}=\frac{0.1\text{ mol}}{V\text{ L}}:\frac{0.1\text{ mol}}{5V\text{ L}}$에서 $x=\frac{1}{5}$이다. 따라서 $x\times y=\frac{1}{5}\times\frac{1}{2}=\frac{1}{10}$이다.

02 액체와 고체

수능 2점 테스트

본문 33~35쪽

01 ④ 02 ⑤ 03 ① 04 ③ 05 ② 06 ④ 07 ②
08 ⑤ 09 ③ 10 ② 11 ④ 12 ④

01 분자 사이의 힘

CH_3Cl은 C 원자를 중심으로 H 원자 3개와 Cl 원자 1개가 사면체 방향으로 결합되어 있는 극성 분자이다.

ㄱ. 분산력은 모든 분자 사이에 작용하는 분자 간 힘이다.

ㄴ. F, O, N 원자에 결합된 H 원자를 갖는 분자 사이에는 수소 결합이 존재한다. $CH_3Cl(l)$은 분자 사이에 수소 결합이 존재하지 않는다.

ㄷ. CH_3Cl은 극성 분자이므로 분자 사이에 쌍극자·쌍극자 힘이 존재한다.

02 분자 사이의 힘과 끓는점

액체 상태에서 분자 사이의 힘이 클수록 기준 끓는점이 높다.

ㄱ. HF는 F 원자에 결합된 H 원자가 있으므로 분자 사이에 수소 결합이 존재한다. (가)~(라) 중 HF가 분자량이 가장 작음에도 기준 끓는점이 가장 높은 주된 이유는 수소 결합이 존재하기 때문이다.

ㄴ. H_2S가 F_2보다 분자량이 약간 작음에도 더 높은 기준 끓는점을 가지는 주된 이유는 굽은 형의 극성 분자인 H_2S 분자 사이에 쌍극자·쌍극자 힘이 존재하기 때문이다.

ㄷ. Cl_2와 F_2은 무극성 분자로 분자 사이에 분산력만 작용한다. Cl_2가 F_2보다 기준 끓는점이 높은 이유는 분산력이 더 크기 때문이다.

03 탄소 화합물의 분자 사이의 힘

분산력은 모든 분자 사이에 작용하는 분자 사이의 힘이고, 쌍극자·쌍극자 힘은 극성 분자 사이에 작용하는 분자 사이의 힘이고, 수소 결합은 F, O, N 원자에 결합된 H 원자가 있을 때 작용하는 분자 사이의 힘이다.

ㄱ. 액체 상태에서 분자 사이의 힘이 클수록 기준 끓는점이 높다. (다)의 기준 끓는점이 가장 높으므로 액체 상태에서 분자 사이의 힘은 (다)가 가장 크다.

ㄴ. (가)~(다) 중 수소 결합이 존재하는 것은 (나)와 (다) 2가지이다. (가)의 경우 분자 내 H와 F이 존재하지만 두 원자 사이에 결합이 형성되어 있지 않으므로 분자 사이에 수소 결합이 존재하지 않는다.

ㄷ. (가)~(다)는 모두 극성 분자이므로 쌍극자·쌍극자 힘이 존재하는 것은 3가지이다.

04 H_2O의 밀도와 단위 부피당 분자 수

온도가 높을수록 액체의 증기 압력이 증가하므로 $t_3 < t_2 < t_1$이다. $H_2O(l)$의 밀도가 4℃에서 가장 크므로 단위 부피당 분자 수도 4℃에서 최대이며, t_3℃에서 t_1℃로 온도가 상승할 때 단위 부피당 분자 수가 증가하다가 감소하므로 $t_1 \leq 4$이거나 $t_3 \geq 4$일 수 없고 $t_3 < 4 < t_1$이다. 4℃에서 $H_2O(l)$의 증기 압력이 t_2℃에서 $H_2O(l)$의 증기 압력인 a보다 작으므로 $4 < t_2$이다. 따라서 $t_3 < 4 < t_2 < t_1$이다.

05 물질의 가열 곡선과 비열

물은 1 atm, 0~100℃에서 액체 상태로 존재한다.

ㄱ. (가)는 $H_2O(l)$ 10 g의 가열 곡선이다.

㉡. (나)는 $A(s)$ 10 g의 가열 곡선으로 1 atm, 16.6℃에서 A에 열을 가해도 온도가 일정하게 유지되는 것은 상변화가 일어나기 때문이다.

ㄷ. 물질 10 g을 10℃에서 16.6℃로 같은 온도만큼 변화시키는 데 $A(s)$는 Q_1, $H_2O(l)$은 Q_2의 열량이 필요하므로 $\frac{H_2O(l)\text{의 비열}}{A(s)\text{의 비열}} = \frac{Q_2}{Q_1}$이다.

06 증기 압력 곡선

기준 끓는점은 외부 압력이 1 atm일 때의 끓는점이므로 기준 끓는점에서 액체의 증기 압력은 1 atm(760 mmHg)이다.

ㄱ. 액체 상태에서 분자 사이의 힘이 클수록 기준 끓는점이 높다. $B(l)$가 $A(l)$보다 기준 끓는점이 높으므로 분자 사이의 힘은 $B(l)$가 $A(l)$보다 크다.

㉡. $A(l)$의 기준 끓는점이 t℃이므로 t℃에서 $A(l)$의 증기 압력은 760 mmHg이다. t℃에서 $B(l)$의 증기 압력은 100 mmHg이므로 t℃에서 $A(l)$와 $B(l)$의 증기 압력 차이는 660 mmHg이다.

㉢. 증기 압력보다 높은 외부 압력에서는 액체로 존재하고, 증기 압력보다 낮은 외부 압력에서는 기체로 존재한다. t℃에서 $A(l)$의 증기 압력이 500 mmHg보다 크므로 t℃, 500 mmHg에서 A의 안정한 상은 기체이다.

07 액체의 증기 압력

$A(l)$의 증기 압력은 막힌 J자관에서 진공 쪽으로 더 올라간 수은 기둥의 압력에 해당하므로 h_2 mmHg이고, 열린 J자관에서는 [외부 압력$=h_1$ mmHg$+A(l)$의 증기 압력]이다. 따라서 h_1 mmHg$+h_2$ mmHg$=$외부 압력이다.

ㄱ. $A(l)$의 증기 압력은 외부 압력에서 h_1 mmHg를 뺀 값이므로 50℃에서 $A(l)$의 증기 압력은 760 mmHg$-$410 mmHg$=$350 mmHg이다.

㉡. $A(l)$의 증기 압력은 40℃에서가 50℃에서보다 작다. 따라서 h_2는 a보다 작고, 외부 압력 760 mmHg와 증기 압력의 차이는 증가하여 h_1은 410보다 크다.

ㄷ. 증기 압력은 온도에 따라서만 달라지므로 외부 압력 750 mmHg, 50℃에서도 h_2는 a와 같다. 외부 압력이 760 mmHg에서 750 mmHg로 감소했으므로 외부 압력과 증기 압력의 차이는 감소하여 h_1은 410보다 작다.

08 녹는점, 끓는점, 밀도

밀도$=\frac{\text{질량}}{\text{부피}}$이므로 같은 질량의 부피가 작으면 밀도는 크다.

ㄱ. 15℃는 A의 기준 녹는점과 기준 끓는점 사이의 온도이고, B의 기준 녹는점보다 낮은 온도이므로 1 atm, 15℃에서 안정한 상은 A는 액체, B는 고체이다.

㉡. 10℃에서 같은 질량의 부피를 비교하면 $B(s)$가 $A(l)$보다 작다. 따라서 10℃에서 밀도는 $B(s)$가 $A(l)$보다 크므로 $B(s)$는 $A(l)$에 가라앉는다.

㉢. 액체에서 고체로 상변화가 일어날 때 B는 부피가 감소하므로 밀도가 증가한다.

09 고체 결정의 종류

얼음은 분자 결정, 구리는 금속 결정, 다이아몬드는 공유 결정(원자 결정)이다.

㉠. 고체 상태에서 전기 전도성이 있는 것은 금속 결정이므로 (가)는 구리이다.

㉡. (나)는 얼음이며, 얼음은 물 분자들이 분자 사이에 작용하는 힘에 의해 규칙적으로 배열되어 결정을 이루고 있는 분자 결정이다.

ㄷ. 다이아몬드에는 C 원자와 C 원자 사이에 공유 결합이 존재하고, 얼음 속 H_2O 분자에는 O 원자와 H 원자 사이에 공유 결합이 존재하므로 '공유 결합이 존재하는 물질인가?'는 다이아몬드와 얼음을 분류하는 기준 ㉠으로 적절하지 않다.

10 염화 나트륨과 염화 세슘의 결정 구조

NaCl 결정에서는 양이온인 Na^+끼리 면심 입방 구조, 음이온인 Cl^-끼리 면심 입방 구조를 이루고, CsCl 결정에서는 양이온인 Cs^+끼리 단순 입방 구조, 음이온인 Cl^-끼리 단순 입방 구조를 이루고 있다.

ㄱ. 단위 세포당 Cl^-의 수는 (가)에서는 $\frac{1}{8}\times8+\frac{1}{2}\times6=4$이고, (나)에서는 $\frac{1}{8}\times8=1$이므로 (가)가 (나)의 4배이다.

ㄴ. (가)에서는 Cl^-의 전후상하좌우에 Na^+이 존재하고 (나)에서

는 Cl^-을 중심으로 하는 정육면체의 꼭짓점에 Cs^+이 존재한다. Cl^-에 가장 가까운 양이온의 수가 (가)와 (나)에서 각각 6과 8이므로 (나)가 (가)보다 크다.

ⓒ. Cl^-에 가장 가까운 Cl^-의 수는 Cl^-이 면심 입방 구조를 이루는 (가)에서는 12이고, Cl^-이 단순 입방 구조를 이루는 (나)에서는 6이므로 (가)가 (나)의 2배이다.

11 금속의 결정 구조

한 원자에 가장 인접한 원자 수는 단순 입방 구조에서 6, 체심 입방 구조에서 8, 면심 입방 구조에서 12이다. 한 원자에 가장 인접한 원자 수가 금속 B에서가 A에서의 $\frac{3}{2}$배이므로 금속 A와 B의 결정 구조는 각각 체심 입방 구조와 면심 입방 구조이다.

12 금속 결정의 단위 세포

단위 세포당 원자 수가 체심 입방 구조에서는 2, 면심 입방 구조에서는 4이다.

ⓐ. 원자의 질량은 $\frac{\text{단위 세포의 질량}}{\text{단위 세포당 원자 수}}$이므로 원자량비는 A : B $=\frac{7}{2}:\frac{27}{4}=14:27$이다.

ⓑ̸. 단위 세포는 결정의 특징을 나타내는 가장 작은 단위 구조이며, 단위 세포가 반복적으로 배열되어 결정 전체를 이루므로 단위 세포의 밀도는 각 금속의 밀도와 같다. 따라서 단위 세포의 밀도비는 A : B=16 : 21이다.

ⓒ. 밀도$=\frac{\text{질량}}{\text{부피}}$이므로 단위 세포의 질량을 단위 세포의 밀도(금속의 밀도)로 나누어 단위 세포의 부피비를 구하면 A : B$=\frac{7}{8}:\frac{27}{10.5}=49:144$이다. 따라서 단위 세포의 부피는 B가 A보다 크다.

수능 3점 테스트 본문 36~41쪽

01 ② 02 ② 03 ④ 04 ⑤ 05 ③ 06 ③ 07 ③
08 ② 09 ① 10 ④ 11 ② 12 ④

01 분자 사이의 힘

1 atm에서 액체 상태로 존재하는 온도 구간은 기준 녹는점과 기준 끓는점 사이이다.

ⓐ̸. (가)~(다)는 분자량이 모두 같기 때문에 분자량과 분산력 사이의 관계를 파악하는 예가 될 수 없다. 분자량이 같지만 표면적이 달라서 분산력에 영향을 주어 끓는점이 다른 물질의 예에 해당한다.

ⓑ. 기준 끓는점이 (가)가 (다)보다 높으므로 액체 상태에서 분자 사이의 힘은 (가)가 (다)보다 크다.

ⓒ̸. (기준 끓는점－기준 어는점)은 1 atm에서 액체 상태로 존재하는 온도 구간과 같으므로 (나)가 (다)보다 크다.

02 분자 사이의 힘

F_2과 Br_2은 무극성 물질이고, HCl와 BrCl은 극성 물질이다.

ⓐ̸. '액체 상태에서 분자 사이의 힘은 분자량이 비슷한 경우 극성 물질이 무극성 물질보다 크다.'는 학습 내용을 확인하기 위해서는 분자량이 비슷한 무극성 물질과 극성 물질의 끓는점을 비교해야 하므로 가장 적절한 물질은 F_2과 HCl이다.

ⓑ. 같은 원자 2개로 이루어진 Br_2은 무극성 분자로 쌍극자 모멘트가 0이다.

ⓒ̸. 25℃는 Br_2의 기준 끓는점보다 낮은 온도이므로 25℃, 1 atm에서 Br_2의 안정한 상은 기체가 아니다.

03 물의 구조와 성질

A는 H_2O 분자 사이의 수소 결합이고, B는 H_2O 분자를 구성하는 O 원자와 H 원자 사이의 공유 결합이다.

ⓐ. 0℃ $H_2O(s)$이 녹아 0℃ $H_2O(l)$이 될 때 얼음의 결정 구조를 이루는 수소 결합의 일부가 끊어지고, $H_2O(l)$의 온도가 상승함에 따라 H_2O 분자 사이에 수소 결합의 일부가 끊어진다. 따라서 H_2O 1 g당 수소 결합(A)의 수는 P>Q>R이다.

ⓑ. $H_2O(l)$의 표면 장력이 큰 주된 이유는 분자 사이에 수소 결합(A)이 존재하기 때문이다.

ⓒ̸. H_2O 1 mol은 18 g이다. 0℃, 1 atm에서 1 cm^3 $H_2O(l)$의 질량은 1 g보다 작으므로 H_2O의 양은 $\frac{1}{18}$ mol보다 작다.

04 가열 곡선

[열량=비열×질량×온도 변화]이다.

ⓐ. 1 atm에서 X(s)를 가열할 때 온도가 상승하다가 t_2℃에서 온도가 일정하게 유지되므로 t_2℃는 X의 기준 녹는점이다.

ⓑ. X(s)의 온도를 t_1℃에서 t_2℃로 올릴 때와 X(l)의 온도를 t_2℃에서 t_3℃로 올릴 때에 필요한 열량비는 $2a:10a=1:5$이다. X의 질량이 일정하므로 열량∝비열×온도 변화이며, X(s)와 X(l)의 비열을 각각 c, $2c$라고 하면 $c(t_2-t_1):2c(t_3-t_2)=1:5$가 성립하여 $5(t_2-t_1)=2(t_3-t_2)$이다.

ⓒ. 1 atm에서 t_1℃, 5 g의 X(s)를 t_3℃, X(l)로 만드는 데는 $10a$ kJ이 필요하고, t_3℃, X(g)로 만드는 데는 $37a$ kJ이 필요하다. $20a$ kJ은 $10a$ kJ과 $37a$ kJ 사이의 값이므로 $20a$ kJ의 열량을 가했을 때 X(l)에서 X(g)로 상변화가 일어나며 X의 온도는 t_3℃로 유지된다.

05 액체의 증기 압력과 기준 끓는점

F, O, N 원자에 결합된 H 원자가 있을 때 분자 사이에 수소 결합이 존재한다.

㉠. 탄소 화합물 B에는 O 원자에 결합된 H 원자가 있으므로 B(l)에서 분자 사이에는 수소 결합이 존재한다.

X. t℃에서 B(l)의 증기 압력은 대기압(760 mmHg)보다 746 mmHg만큼 작으므로 14 mmHg이다.

㉢. t℃에서 A(l)의 증기 압력은 B(l)의 증기 압력보다 758 mmHg만큼 크므로 14 mmHg+758 mmHg=772 mmHg이다. A(l)의 증기 압력이 1 atm인 온도는 t℃보다 낮으므로 외부 압력이 1 atm일 때 A(l)는 t℃보다 낮은 온도에서 끓는다.

06 금속 결정의 단위 세포

표는 단순 입방 구조, 체심 입방 구조, 면심 입방 구조에서 단위 세포당 원자 수와 한 원자에 가장 인접한 원자 수를 정리한 것이다.

결정 구조	단순 입방 구조	체심 입방 구조	면심 입방 구조
단위 세포당 원자 수	1	2	4
한 원자에 가장 인접한 원자 수	6	8	12

단위 세포당 원자 수가 2보다 작은 ㉡은 단순 입방 구조이고, 한 원자에 가장 인접한 원자 수가 8보다 큰 ㉢은 면심 입방 구조이다.

㉠. 단위 세포당 원자 수가 2 이상이며 한 원자에 가장 인접한 원자 수가 8 이하인 ㉠은 체심 입방 구조이다.

㉡. $\frac{\text{한 원자에 가장 인접한 원자 수}}{\text{단위 세포당 원자 수}}$는 ㉠(체심 입방 구조)이 $\frac{8}{2}=4$, ㉢(면심 입방 구조)이 $\frac{12}{4}=3$으로 ㉠>㉢이다.

X. '단위 세포의 꼭짓점에만 원자가 존재하는가?'가 기준이라면 ㉡(단순 입방 구조)이 '예'로 분류되고 ㉠(체심 입방 구조)과 ㉢(면심 입방 구조)이 '아니요'로 분류되어야 하므로 A로 적절하지 않다.

07 증기 압력 곡선

용기 (가) 속 A(l)의 양은 0.75 mol로 일정해지며, (나) 속 B(l)의 양은 0.62 mol 이하인 n mol로 일정해지므로 액체와 평형을 이룬 용기 속 기체의 양(mol)은 B(g)>A(g)이다. 온도와 부피가 같을 때 기체의 압력은 기체의 양(mol)에 비례하므로 25℃에서 증기 압력은 B(l)가 A(l)보다 크다.

㉠. 액체 상태에서 분자 사이의 힘이 클수록 증기 압력은 작다. 같은 온도에서 증기 압력이 B(l)>A(l)이므로 분자 사이의 힘은 A(l)>B(l)이다.

㉡. 같은 온도에서 증기 압력이 B(l)>A(l)이므로 ㉠이 B(l)의 증기 압력 곡선이다.

X. 25℃보다 낮은 a℃에서 B(l)의 증기 압력이 25℃에서 A(l)의 증기 압력보다 크므로 동적 평형 상태에서 용기 속 기체 분자 수를 비교하면 a℃, B(g) 분자 수가 25℃, A(g) 분자 수보다 크다. 따라서 a℃에서 평형에 도달했을 때 B(g)는 0.25 mol보다 크고, B(l)는 0.75 mol보다 작으므로 $\frac{\text{B}(l)\text{의 양(mol)}}{\text{B}(g)\text{의 양(mol)}}<3$이다.

08 액체의 증기 압력

40℃에서 증기 압력이 X(l)는 135 mmHg, Y(l)는 $(760+h_2)$ mmHg이다. A(l)와 B(l)는 각각 78.2℃와 118℃에서 증기 압력이 760 mmHg로 40℃에서 760 mmHg보다 큰 증기 압력을 가질 수 없으므로 Y는 C이다.

X. 56℃에서 75 mmHg의 증기 압력을 가지는 B(l)가 더 낮은 온도인 40℃에서 135 mmHg의 증기 압력을 가질 수 없으므로 X는 A이다.

X. 40℃에서 C(l)의 증기 압력이 760 mmHg보다 크므로 외부 압력이 760 mmHg일 때 C(l)의 끓는점은 40℃보다 낮다. 따라서 ㉠<40이다.

㉢. 40℃에서 Y(l)의 증기 압력은 $(760+h_2)$ mmHg이며 이 값은 X(l)의 증기 압력인 135 mmHg보다 h_1 mmHg만큼 크므로 $760+h_2=135+h_1$에서 $h_1=h_2+625$이다.

09 액체의 증기 압력

t_2℃에서 부피가 작은 용기 ㉠ 속은 A(l)와 A(g)가 동적 평형 상태이고, 부피가 큰 용기 ㉡ 속에는 A가 모두 기체로 존재한다. 따라서 작은 용기인 ㉠ 속의 압력 P_2가 t_2℃에서 A(l)의 증기 압력이다.

㉠. t_1℃에서 두 용기 속 기체의 압력이 P_1로 같다. 두 용기 모두 동적 평형 상태이며 t_1℃에서 A(l)의 증기 압력은 P_1이다.

X. t_2℃에서 A(l)와 A(g)가 평형 상태인 것은 부피가 작은 용기 ㉠이다.

X. P_2는 t_2℃에서 A(l)와 평형을 이룬 증기의 압력이고, P_3은 t_2℃에서 안정한 상이 기체인 A(g)의 압력이므로 $P_2>P_3$이다.

10 녹는점, 끓는점, 비열

[열량=비열×질량×온도 변화]이다.

㉠. 1 atm에서 끓는점이 B가 가장 높으므로 액체 상태에서 분자 사이의 힘은 B가 가장 크다.

X. 1 atm에서 B와 C는 녹는점이 0℃보다 높고, A는 녹는점이 0℃보다 낮고 끓는점이 0℃보다 높으므로 0℃, 1 atm에서 B와 C는 고체로 존재하고, A는 액체로 존재한다. 0℃, 1 atm에서 안정한 상이 고체인 것은 2가지이다.

㉢. B(l)와 C(l)의 질량이 같고 25℃부터 끓는점까지의 온도 변화가 B(l)가 C(l)보다 크고 비열이 B(l)가 C(l)보다 크므

로 끓기 시작하기까지 가해야 할 열량은 B(l)가 C(l)보다 크다. 단위 시간당 동일한 열량으로 가열하므로 가열 시간은 열량에 비례하며, 따라서 끓기 시작하기까지 걸리는 시간은 C(l)가 B(l)보다 짧다.

11 단위 세포 만들기

단위 세포당 원자 수가 단순 입방 구조에서는 $\frac{1}{8}\times8=1$, 체심 입방 구조에서는 $\frac{1}{8}\times8+1=2$, 면심 입방 구조에서는 $\frac{1}{8}\times8+\frac{1}{2}\times6=4$이다. 따라서 단순 입방 구조, 체심 입방 구조, 면심 입방 구조의 단위 세포 모형의 질량은 각각 스타이로폼 공 1개, 2개, 4개의 질량과 같다.
그림은 단위 세포 모형을 잘라 생긴 직사각형 단면에 존재하는 스타이로폼의 면적을 나타낸 것이다.

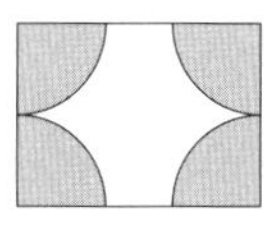
단순 입방 구조

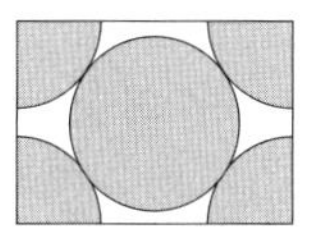
체심 입방 구조

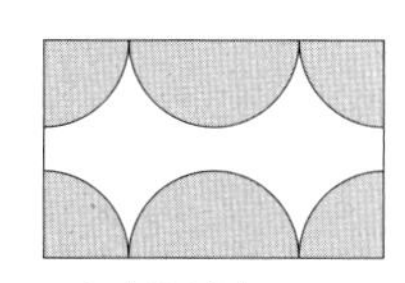
면심 입방 구조

반지름이 r인 원의 면적을 S라고 하면 단면에 존재하는 스타이로폼의 면적은 단순 입방 구조, 체심 입방 구조, 면심 입방 구조에서 각각 S, $2S$, $2S$이며, B의 모형이 C의 모형보다 단면에 존재하는 스타이로폼의 면적이 크므로 C가 만든 모형이 단순 입방 구조이다. 단위 세포 모형의 질량이 B의 모형이 A의 모형보다 크므로 A와 B가 각각 만든 모형은 체심 입방 구조, 면심 입방 구조이다.
ㄱ. 자르지 않은 공이 포함된 단위 세포 모형을 만든 학생은 체심 입방 구조를 만든 A이다.
ㄴ. C가 만든 단순 입방 구조의 단위 세포 모형은 스타이로폼 공 1개와 질량이 같다.
ㄷ. $\frac{\text{단위 세포 모형의 질량}}{\text{직사각형 단면에 존재하는 스타이로폼의 면적}}$(상댓값)은 단순 입방 구조, 체심 입방 구조, 면심 입방 구조에서 각각 1, 1, 2이므로 단순 입방 구조(C)와 체심 입방 구조(A)에서 같다.

12 이온 결정의 구조

(가)에서 단위 세포당 양이온 수와 음이온 수는 각각 $1+\frac{1}{4}\times12=4$, $\frac{1}{8}\times8+\frac{1}{2}\times6=4$이므로 (가)는 양이온과 음이온의 이온 수비가 1 : 1인 화합물이다. (나)에서 단위 세포당 양이온 수와 음이온 수는 각각 $\frac{1}{8}\times8=1$, $\frac{1}{4}\times12=3$이므로 (나)는 양이온과 음이온의 이온 수비가 1 : 3인 화합물이다. 따라서 (가)는 AB, (나)는 CB_3이다.
ㄱ. $n=3$이다.
ㄴ. 1개의 양이온에 가장 인접한 음이온은 전후상하좌우의 6개로 (가)와 (나)에서 같다.
ㄷ. 단위 세포당 음이온의 수는 (가)의 AB에서는 4, (나)의 CB_n에서는 3이므로 AB가 CB_n보다 크다.

03 용액

수능 2점 테스트 본문 53~56쪽

01 ③ 02 ③ 03 ② 04 ③ 05 ⑤ 06 ⑤ 07 ④
08 ⑤ 09 ② 10 ① 11 ⑤ 12 ④ 13 ③ 14 ③
15 ② 16 ⑤

01 용액의 농도

퍼센트 농도(%)$=\frac{\text{용질의 질량(g)}}{\text{용액의 질량(g)}}\times 100$,

몰랄 농도(m)$=\frac{\text{용질의 양(mol)}}{\text{용매의 질량(kg)}}$,

몰 농도(M)$=\frac{\text{용질의 양(mol)}}{\text{용액의 부피(L)}}$이다.

Ⓐ. 용질의 질량과 용매의 질량을 알면 용액의 퍼센트 농도를 구할 수 있다.

~~Ⓑ~~. 용질의 양(mol)은 용질의 질량(g)을 용질의 화학식량으로 나누어 구할 수 있으므로 몰랄 농도를 구하는 데 필요한 것은 용질인 설탕의 분자량이다. 용매인 물의 분자량은 필요하지 않다.

Ⓒ. 용질의 양(mol)은 용질의 질량(g)을 용질의 화학식량으로 나누어 구하고, 용액의 부피는 용액의 질량을 용액의 밀도로 나누어 구할 수 있으므로 몰 농도를 구하는 데 필요한 것은 설탕의 분자량과 수용액의 밀도이다.

02 퍼센트 농도, ppm, 몰 농도

ppm은 백만분의 1을 나타내는 단위로 $\frac{\text{용질의 질량(g)}}{\text{용액의 질량(g)}}\times 10^6$ 이다.

㉠. 바이타민 C의 퍼센트 농도(%)는 $\frac{900\times 10^{-3}\text{ g}}{180\text{ g}}\times 100=$ 0.5%이다.

㉡. 나트륨의 ppm 농도는 $\frac{54\times 10^{-3}\text{ g}}{180\text{ g}}\times 10^6=300$ ppm이다.

~~㉢~~. 몰 농도(M)는 용액 1 L에 녹아 있는 용질의 양(mol)을 나타낸 것이므로 같은 용액 속에 녹아 있는 여러 용질의 몰 농도는 용질의 양(mol)에 비례한다.

$$\frac{\text{나트륨의 몰 농도}}{\text{칼슘의 몰 농도}}=\frac{\text{나트륨의 양(mol)}}{\text{칼슘의 양(mol)}}=\frac{\frac{54\times 10^{-3}\text{ g}}{23\text{ g/mol}}}{\frac{10\times 10^{-3}\text{ g}}{40\text{ g/mol}}}=\frac{216}{23}$$

이므로 10보다 작은 값이다.

03 농도의 변환

10% 용액 100 g 중 용질과 용매의 질량은 각각 10 g과 90 g이다.

~~㉠~~. 농도의 변환 과정에 용액의 밀도가 필요한 (나)는 몰 농도이다.

㉡. 몰 분율은 $\frac{\text{각 성분의 양(mol)}}{\text{혼합물의 전체 양(mol)}}$이며, 물질의 양(mol)은 질량(g)을 화학식량으로 나누어 구할 수 있으므로 물의 분자량과 A의 화학식량이 필요한 (다)는 A의 몰 분율이다.

~~㉢~~. 용매 1 kg에 녹아 있는 용질 A의 질량은 $\frac{1000}{90}\times 10$ g이다. (가)는 몰랄 농도이며, 용매 1 kg에 녹아 있는 용질 A의 양(mol)을 구하는 데 필요한 ㉠은 A의 화학식량이다.

04 용액의 농도

용질의 화학식량이 M일 때 1 m 용액 $(1000+M)$ g에 용질 1 mol, 질량으로는 M g이 녹아 있다.

㉠. 1 m 요소 수용액은 물 1 kg에 요소 1 mol, 즉 60 g이 녹아 있는 용액이므로 물 250 g에 녹여야 하는 요소의 질량은 15 g이다.

㉡. 15% 요소 수용액 10 g은 요소 1.5 g과 물 8.5 g으로 이루어져 있다. 요소 1.5 g이 녹아 있는 1 m 용액에서 물의 질량을 a g이라고 하면 $\frac{\frac{1.5\text{ g}}{60\text{ g/mol}}}{\frac{a\text{ g}}{1000\text{ g/kg}}}=1\ m$에서 $a=25$이다. 따라서 추가할 물의 질량은 25 g에서 8.5 g을 뺀 16.5 g이다.

~~㉢~~. 3 m 요소 수용액은 물 1 kg에 요소 3 mol(=180 g)이 녹아 있는 용액이므로 3 m 요소 수용액 118 g은 물 100 g과 요소 0.3 mol로 이루어져 있다. 3 m 농도를 1 m 농도로 만들려면 물의 질량이 3배가 되도록 물 200 g을 추가하면 된다.

05 몰랄 농도

1 m A(aq)에서는 용액 (1000+A의 화학식량) g 속에 A 1 mol, 2 m A(aq)에서는 용액 (1000+A의 화학식량×2) g 속에 A 2 mol이 녹아 있다.

㉠. A 2 mol이 녹아 있는 2 m A(aq)의 질량이 A 1 mol이 녹아 있는 1 m A(aq)의 질량보다 크므로 같은 500 g의 용액 속에 녹아 있는 A의 질량은 2 m A(aq)이 1 m A(aq)의 2배보다 작다.

㉡. 용액의 질량은 (가)와 (나)가 같고, 용질의 질량은 (나)가 (가)의 2배보다 작으므로 퍼센트 농도는 (나)가 (가)의 2배보다 작다.

㉢. (가)와 (나)의 몰랄 농도가 각각 1 m와 2 m이므로 A의 몰 분율은 (가)와 (나)에서 각각 $\frac{1}{\frac{1000}{\text{물의 분자량}}+1}$, $\frac{2}{\frac{1000}{\text{물의 분자량}}+2}$이며, 두 분수에서 분자는 (나)가 (가)의 2배이고 분모는 (나)가 (가)보다 크므로 A의 몰 분율은 (나)가 (가)의 2배보다 작다.

06 퍼센트 농도와 몰랄 농도

퍼센트 농도(%)$=\dfrac{\text{용질의 질량(g)}}{\text{용액의 질량(g)}}\times 100$이다.

㉠. 20% A(aq) 300 g 속 A의 질량은 $\dfrac{300\text{ g}\times 20}{100}=60$ g이고, 물의 질량은 240 g이다. 물을 추가하거나 증발시켜도 용질의 질량은 변하지 않으므로 용액 (나)에 녹아 있는 A의 질량은 60 g이다.

㉡. A 60 g은 $\dfrac{60\text{ g}}{100\text{ g/mol}}=0.6$ mol이며, A 0.6 mol이 녹아 있는 1.2 m 수용액에서 물의 질량을 a g이라고 하면 $\dfrac{0.6\text{ mol}}{\dfrac{a\text{ g}}{1000\text{ g/kg}}}=1.2\ m$에서 $a=500$이다. 추가한 물의 질량은 500 g$-$240 g$=$260 g이다.

㉢. 용질 0.6 mol이 녹아 있는 2.4 m 수용액에서 물의 질량을 b g이라고 하면 $\dfrac{0.6\text{ mol}}{\dfrac{b\text{ g}}{1000\text{ g/kg}}}=2.4\ m$에서 $b=250$이다. 증발시킨 물의 질량은 500 g$-$250 g$=$250 g이다.

07 몰랄 농도와 몰 분율

(가)와 (나)에서 용질의 몰 분율이 같으므로 용매의 양(mol)과 용질이 양(mol)이 각각 같다고 하면 분자량이 B가 A의 k배이므로 용매의 질량은 (나)가 (가)의 k배이며, (나)의 몰랄 농도는 $\dfrac{a}{k}\ m$이다. (가)와 (다)는 용질의 종류만 다르고 용매의 종류와 몰랄 농도가 같으므로 두 용액에서 용매의 질량과 용질의 양(mol)이 각각 같다고 하면 (다)에서 용질의 몰 분율은 (가)에서와 같은 b이다.

$\dfrac{x\times y}{a\times b}=\dfrac{x}{a}\times\dfrac{y}{b}=\dfrac{1}{k}\times 1=\dfrac{1}{k}$이다.

08 퍼센트 농도, 몰랄 농도, 몰 분율

a% A(aq)에 물 80 g을 가했을 때 퍼센트 농도가 $\dfrac{1}{2}$배가 되므로 a% A(aq)의 질량은 80 g이다.

㉠. a% A(aq)에 물 x g을 가했을 때 농도가 $\dfrac{4a}{5}$%인데, 용질의 질량은 일정하므로 물을 가하기 전과 후에 용액의 질량비는 4 : 5이다. 희석 전 용액의 질량이 80 g이므로 P에서 용액의 질량은 100 g이고, 가한 물의 질량은 20 g이다.

㉡. 용질 A의 질량을 w g이라고 하면 용매의 질량은 희석 전에 $(80-w)$ g, P에서 $(100-w)$ g이다. 용질의 양(mol)이 같을 때 용액의 몰랄 농도는 용매의 질량에 반비례하므로

$\dfrac{\text{희석 전 A}(aq)\text{의 몰랄 농도}}{\text{P에서 A}(aq)\text{의 몰랄 농도}}=\dfrac{100-w}{80-w}$로 $\dfrac{5}{4}$보다 큰 값이다.

㉢. 용질 A의 질량을 w g이라고 하고, 물의 분자량과 A의 화학식량을 각각 $M_{물}$, M_{A}라고 하면 용액 속 물질의 전체 양은 희석 전에는 $\left(\dfrac{80-w}{M_{물}}+\dfrac{w}{M_{\text{A}}}\right)$ mol이고, Q에서는 $\left(\dfrac{160-w}{M_{물}}+\dfrac{w}{M_{\text{A}}}\right)$ mol$=\left(\dfrac{2(80-w)}{M_{물}}+\dfrac{w}{M_{물}}+\dfrac{w}{M_{\text{A}}}\right)$ mol이며, $M_{\text{A}}>M_{물}$이므로 물질의 전체 양(mol)은 Q에서가 희석 전의 2배보다 크다. 용질의 양(mol)이 같을 때 용질의 몰 분율은 용액 속 물질의 전체 양(mol)에 반비례하므로 $\dfrac{\text{Q에서 용액 속 A의 몰 분율}}{\text{희석 전 용액 속 A의 몰 분율}}=\dfrac{\text{희석 전 용액 속 물질의 전체 양(mol)}}{\text{Q에서 용액 속 물질의 전체 양(mol)}}<\dfrac{1}{2}$이다.

09 일상생활에서의 끓는점 오름

비휘발성 용질이 녹아 있는 용액의 끓는점은 용매의 끓는점보다 높으며, 이를 끓는점 오름이라고 한다.

(X̶) 고도가 높은 산장에서 밥을 지으면 쌀이 설익는 것은 외부 압력이 낮을 때 끓는점이 낮아지기 때문이다.

(X̶) 외부 압력이 같을 때 물이 에탄올보다 높은 온도에서 끓는 것은 액체 상태에서 분자 사이의 힘이 물이 에탄올보다 크기 때문이다.

(㉢) 주방에서 물과 김치찌개가 끓고 있을 때 김치찌개의 온도가 더 높은 것은 비휘발성 용질이 녹아 있는 김치찌개가 순수한 용매인 물보다 끓는점이 높기 때문으로, 용액의 끓는점 오름과 관련된 현상이다.

10 용액의 증기 압력 내림

용액의 증기 압력 내림은 용질의 몰 분율에 비례한다.

㉠. t°C에서 수은 기둥의 높이 차가 h mm이므로 증기 압력은 용액 (가)가 (나)보다 h mmHg만큼 크다.

X̶. 용액 (가)와 (나)에서 용매의 양(mol)을 각각 $2a$, a라고 하고, 용질의 양(mol)을 각각 b, b라고 하면 용질의 몰 분율은 (가)에서 $\dfrac{b}{2a+b}$, (나)에서 $\dfrac{b}{a+b}=\dfrac{2b}{2a+2b}$로 (나)가 (가)의 2배보다 작다.

X̶. 용매의 종류가 같으므로 t°C에서 증기 압력 내림(ΔP)은 용액 (나)가 (가)보다 h mmHg만큼 크다. (가)와 (나)의 증기 압력 내림을 각각 $\Delta P_{(가)}$, $\Delta P_{(나)}$라고 하면 용질의 몰 분율이 (나)가 (가)의 2배보다 작으므로 $\Delta P_{(나)}<2\Delta P_{(가)}$, $\Delta P_{(나)}-\Delta P_{(가)}<\Delta P_{(가)}$이다. t°C에서 (가)의 증기 압력 내림은 (나)와 (가)의 증기 압력 내림의 차이인 h mmHg보다 크다.

11 용액의 증기 압력 내림

온도가 높을수록 용액의 증기 압력이 증가하므로 $P_2>P_1$이다. 같은 온도에서 b% A(aq)이 a% A(aq)보다 증기 압력이 크므로 $a>b$이다.

㉠. 같은 온도에서 퍼센트 농도가 a%로 같은 A(aq)과 B(aq)

중 $B(aq)$의 증기 압력이 더 크므로 용매(물)의 몰 분율은 $B(aq)$이 $A(aq)$보다 크다. 물의 양(mol)이 같을 때 용질의 양(mol)은 B가 A보다 작은 것이므로 화학식량은 B가 A보다 크다.

ⓒ. 25℃에서 a% $B(aq)$과 b% $A(aq)$의 증기 압력이 같으므로 용질의 몰 분율이 같으며, 몰 분율은 온도에 무관하므로 두 수용액의 몰 분율은 50℃에서도 같다. 50℃에서 두 수용액의 증기 압력이 같으므로 $x=P_3$이다.

ⓒ. 25℃와 50℃에서의 물의 증기 압력을 각각 $P_{물,\ 25℃}$와 $P_{물,\ 50℃}$라고 하고, a% $A(aq)$과 b% $A(aq)$에서 용매의 몰 분율을 각각 x_1, x_2라고 하면 용액의 증기 압력은 표와 같다.

수용액	증기 압력(mmHg)	
	25℃	50℃
a% $A(aq)$	$P_1=x_1P_{물,\ 25℃}$	$P_2=x_1P_{물,\ 50℃}$
b% $A(aq)$	$P_2=x_2P_{물,\ 25℃}$	$P_3=x_2P_{물,\ 50℃}$

$P_2-P_1=(x_2-x_1)P_{물,\ 25℃}$, $P_3-P_2=(x_2-x_1)P_{물,\ 50℃}$이며, $P_{물,\ 50℃}>P_{물,\ 25℃}$이므로 $P_3-P_2>P_2-P_1$이다. 따라서 $\frac{P_1+P_3}{2}>P_2$이다.

12 용액의 끓는점 오름

끓는점 오름(ΔT_b)은 용매의 몰랄 오름 상수(K_b)와 용액의 몰랄 농도(m)의 곱과 같다. $\Delta T_b=K_b\times m$

ⓧ. 화학식량이 X가 Y의 3배이므로 w g의 용질의 양(mol)은 Y가 X의 3배이다. 용매의 질량이 100 g으로 같으므로 P에서 몰랄 농도는 (나)가 (가)의 3배이다.

ⓒ. P에서 몰랄 농도(m)는 (나)가 (가)의 3배이며, 끓는점 오름(ΔT_b)은 (가)가 (나)보다 크므로 몰랄 오름 상수(K_b)는 A가 B보다 크다.

ⓒ. $B(l)$ 150 g에 X w g을 녹인 용액은 $B(l)$ 150 g에 Y $\frac{w}{3}$ g을 녹인 용액과 끓는점 오름이 같다. $B(l)$ 100 g에 Y가 w g 녹아 있는 용액의 끓는점 오름이 $(a-b)$℃이므로 $B(l)$ 150 g에 Y $\frac{w}{3}$ g을 녹인 용액의 끓는점 오름은 $\frac{100\times(a-b)℃}{150\times3}=\frac{2(a-b)}{9}$℃이다.

13 용액의 증기 압력 내림

온도와 용매의 종류가 같으면 증기 압력 내림의 비는 용질의 몰 분율의 비와 같다. 녹인 $A(s)$의 양을 n mol이라고 하면 용질의 몰 분율은 (가)와 (나)에서 각각 $\frac{n}{\frac{W}{18}+n}=\frac{18n}{W+18n}$, $\frac{n}{\frac{2W}{18}+n}=\frac{18n}{2W+18n}$이고, 증기 압력 내림이 (가)와 (나)에서 각각 $\frac{101}{17}$ mmHg, 3 mmHg이므로 증기 압력 내림의 비는 (가) : (나)$=\frac{1}{W+18n}:\frac{1}{2W+18n}=101:51$이며, $101(W+18n)=51(2W+18n)$에서 $W=900n$이다.

용질의 몰 분율이 $\frac{1}{101}$인 (나)의 증기 압력 내림이 3 mmHg이므로 $P=101\times3=303$이다.

(나)는 물 $1800n$ g에 A n mol이 녹아 있는 용액이므로 몰랄 농도는 $\frac{n\ \text{mol}}{\frac{1800n\ \text{g}}{1000\ \text{g/kg}}}=\frac{5}{9}\ m$이다.

$a\times P=\frac{5}{9}\times303=\frac{505}{3}$이다.

14 용액의 냉각 곡선

1 atm에서 물의 어는점은 0℃이므로 0.2 m $A(aq)$의 어는점 내림(ΔT_f)은 k℃이다.

ⓞ. 어는점 내림(ΔT_f)은 몰랄 내림 상수(K_f)에 몰랄 농도(m)를 곱한 값으로, $k℃=K_f\times0.2\ m$이므로 물의 몰랄 내림 상수(K_f)는 $5k$ ℃/m이다.

ⓒ. 몰랄 농도는 온도의 영향을 받지 않으므로 처음부터 얼기 시작할 때까지는 0.2 m로 일정하다. 용액이 얼 때 용매만 얼어 용액의 농도가 점점 진해지고 어는점은 더 낮아진다. R에서 어는점 내림은 $2k$℃이며, 몰랄 농도는 $\frac{2k℃}{5k\ ℃/m}=0.4\ m$이다. 따라서 몰랄 농도는 R에서가 P에서의 2배이다.

ⓧ. 몰랄 농도는 R에서가 Q에서의 2배이다. 몰랄 농도가 2배이면 용질의 양(mol)이 같을 때 용매의 질량은 $\frac{1}{2}$배이며, 용질의 몰 분율$=\frac{\text{용질의 양(mol)}}{\text{용매의 양(mol)}+\text{용질의 양(mol)}}$에서 분자는 R과 Q에서 같고 분모는 R에서가 Q에서의 $\frac{1}{2}$보다 큰 값이므로 용질의 몰 분율은 R에서가 Q에서의 2배보다 작은 값이다.

15 서로 다른 온도에서의 증기 압력 내림

물의 증기 압력은 t_1℃에서 P mmHg, t_2℃에서 $(P-150)$ mmHg이다. 용액의 증기 압력은 용매의 증기 압력에 용매의 몰 분율을 곱한 값이므로 $xP=P-150$ ⋯ ①, $x(P-150)=P-270$ ⋯ ②이다. 식 ①에서 식 ②를 빼면 $150x=120$에서 $x=0.8$이다. 그림에서 t_1℃, t_2℃에서의 증기 압력 차이가 용매의 몰 분율이 1일 때와 x일 때 각각 150 mmHg와 120 mmHg이므로 $1:x=150:120$에서 $x=0.8$을 구할 수도 있다.

$x=0.8$을 식 ①에 대입하면 $0.8\times P=P-150$, $P=750$이므로 $x\times P=0.8\times 750=600$이다.

16 용액의 삼투압

온도가 다른 두 설탕물의 삼투압이 같을 때 낮은 온도의 설탕물의 농도가 더 크다.

㉠. 온도가 높을수록 삼투압이 증가한다. a M 설탕물의 삼투압이 t_2℃에서가 t_1℃에서보다 크므로 $t_2>t_1$이다.

㉡. t_1℃, a M 설탕물과 t_2℃, b M 설탕물의 삼투압이 같으므로 $a>b$이다. 기준 어는점은 농도가 더 큰 a M 설탕물이 b M 설탕물보다 낮다.

㉢. t_2℃보다 낮은 온도인 t_1℃에서는 삼투압이 더 작으므로 액체면의 높이 차이는 h_1보다 작다.

수능 3점 테스트

본문 57~66쪽

01 ②	02 ③	03 ④	04 ④	05 ③	06 ③	07 ③
08 ②	09 ⑤	10 ⑤	11 ②	12 ⑤	13 ③	14 ②
15 ①	16 ④	17 ②	18 ④	19 ③	20 ①	

01 퍼센트 농도와 몰 농도

퍼센트 농도(%)는 $\dfrac{\text{용질의 질량(g)}}{\text{용액의 질량(g)}}\times 100$,

몰 농도(M)는 $\dfrac{\text{용질의 양(mol)}}{\text{용액의 부피(L)}}$이므로

$\dfrac{\text{퍼센트 농도}}{\text{몰 농도}}\propto\dfrac{\text{용질의 화학식량}}{\text{용액의 밀도}}$이다.

(가)와 (나)는 용액의 밀도가 같으므로 용질의 화학식량의 비는 $\dfrac{\text{퍼센트 농도}}{\text{몰 농도}}$의 비와 같다. $\dfrac{\text{퍼센트 농도}}{\text{몰 농도}}$의 비가 (가) : (나)$=3:1$이므로 화학식량의 비는 X : Y$=3:1$이다. (나)와 (다)는 용질의 종류가 같으므로 용액의 밀도비는 $\dfrac{\text{몰 농도}}{\text{퍼센트 농도}}$의 비와 같다. $\dfrac{\text{몰 농도}}{\text{퍼센트 농도}}$의 비가 (나) : (다)$=1:\dfrac{5}{4}$이므로 $d=\dfrac{5}{4}$이다. 따라서 $\dfrac{\text{Y의 화학식량}}{\text{X의 화학식량}}\times d=\dfrac{1}{3}\times\dfrac{5}{4}=\dfrac{5}{12}$이다.

02 용액의 혼합과 농도

1 m A(aq) x g과 a% A(aq) y g에 들어 있는 A의 질량이 같다. 1 m A(aq) ($1000+M$) g에 A M g이 들어 있고, a% A(aq) 100 g에 A a g이 들어 있으므로 A 1 g을 포함한 용액의 질량은 1 m A(aq)은 $\dfrac{(1000+M)}{M}$ g, a% A(aq)은 $\dfrac{100}{a}$ g이다. 따라서 $\dfrac{y}{x}=\dfrac{100}{a}\times\dfrac{M}{1000+M}=\dfrac{100M}{a(1000+M)}$이다.

03 진한 염산을 이용한 염산 수용액의 제조

㉠. 36.5% 진한 염산 40 g에 들어 있는 HCl의 질량은 $40\times\dfrac{36.5}{100}$ g이며, 물 x g을 넣어 7.3% HCl(aq)을 만들었으므로 $\dfrac{40\times\dfrac{36.5}{100}\text{ g}}{(40+x)\text{ g}}\times 100=7.3$에서 $x=\dfrac{40\times 36.5}{7.3}-40=160$이다.

✗. (가)에서 만든 7.3% HCl(aq) 중 HCl의 양은 $\dfrac{40\times\dfrac{36.5}{100}\text{ g}}{36.5\text{ g/mol}}=0.4$ mol이고, 물의 질량은 $200\text{ g}\times\dfrac{92.7}{100}=185.4$ g이다. HCl 0.4 mol이 녹아 있는 0.5 m HCl(aq)에서 용매의 질량은 800 g이므로 추가할 물의 질량은 $y=800-185.4=614.6$이다.

㉢. (나)의 0.5 m HCl(aq) 속 HCl의 양은 0.4 mol이고 부피 1 L의 1.2 M HCl(aq) 속 HCl의 양은 1.2 mol이므로 36.5% 진한 염산 z mL 속 HCl의 양은 0.8 mol이다. HCl 0.8×36.5 g을 포함한 36.5% 진한 염산의 질량은 $0.8\times 36.5\text{ g}\times\dfrac{100}{36.5}=80$ g이므로 $d\text{ g/mL}=\dfrac{80\text{ g}}{z\text{ mL}}$에서 $z=\dfrac{80}{d}$이다.

04 몰랄 농도

c m 용액은 용매 1 kg에 용질 c mol이 녹아 있는 용액이므로 용액 ($1000+c\times$화학식량) g에 용질 c mol이 녹아 있다.

✗. (가)와 (나)에서 물의 몰 분율은 $\dfrac{\dfrac{1000}{\text{물의 분자량}}}{\dfrac{1000}{\text{물의 분자량}}+c}$으로 같다.

㉡. c m A(aq)은 용액 ($1000+100c$) g에 A c mol이 녹아 있는 용액이다. 용액의 질량 ($1000+100c$) g을 밀도 d g/mL로 나누어 부피를 구하면 $\dfrac{1000+100c}{d}$ mL이므로 (가)의 몰 농도는 $\dfrac{c\text{ mol}}{\dfrac{1000+100c}{1000d}\text{ L}}=\dfrac{10cd}{10+c}$ M이다.

㉢. c m B(aq)은 용액 ($1000+60c$) g에 B $60c$ g이 녹아 있는 용액이므로 (나)의 퍼센트 농도는 $\dfrac{60c\text{ g}}{(1000+60c)\text{ g}}\times 100=\dfrac{300c}{50+3c}$%이다.

05 퍼센트 농도, 몰랄 농도, 몰 농도

a m A(aq)은 용액 $(1000+100a)$ g에 A a mol이 녹아 있는 용액이다.

ㄱ. 5% A(aq) 120 g에 포함된 A의 양은 $\frac{120\text{ g}\times\frac{5}{100}}{100\text{ g/mol}}=$ 0.06 mol이다.

✗. (나)에 녹아 있는 A의 양을 x mol이라고 하면 260 g : x mol $=(1000+100a)$ g : a mol에서 $x=\frac{260a}{1000+100a}=\frac{13a}{50+5a}$ 이다.

ㄷ. (다) 0.16 M A(aq) 1 L에 녹아 있는 A의 양이 0.16 mol이므로 (나)에 녹아 있는 A의 양은 0.16 mol−0.06 mol=0.1 mol이다. $\frac{13a}{50+5a}$ mol=0.1 mol이므로 $a=0.4$이다.

06 몰 농도와 몰랄 농도

용질의 양(mol)은 몰 농도(M)에 용액의 부피(L)를 곱하거나 몰랄 농도(m)에 용매의 질량(kg)을 곱해서 구한다.

ㄱ. (가)와 (나)에 녹아 있는 A의 양은 $\frac{a}{10}$ mol로 같다.

ㄴ. 같은 온도에서 증기 압력이 (나)가 (가)보다 크므로 A의 몰 분율은 (가)가 (나)보다 크고 몰랄 농도도 (가)가 (나)보다 크다. 따라서 1 atm에서 (가)가 (나)보다 어는점 내림이 크므로 기준 어는점은 (나)가 (가)보다 높다.

✗. 같은 양(mol)의 용질을 포함한 두 A(aq) 중 용액의 질량이 작은 쪽이 농도가 더 크므로 용액의 질량은 (가)가 (나)보다 작아야 한다. (가)와 (나)의 질량이 각각 $100d$ g, $\left(100+\frac{aM}{10}\right)$ g이며, $100d<\left(100+\frac{aM}{10}\right)$이므로 $d<1+\frac{aM}{1000}$이다.

07 요소 수용액과 포도당 수용액의 증기 압력

수용액 A(포도당 수용액)와 수용액 B(요소 수용액)에서 용질의 몰 분율은 각각 $\frac{\frac{45}{180}}{\frac{355.5}{18}+\frac{45}{180}}=\frac{1}{80}$, $\frac{\frac{30}{60}}{\frac{360}{18}+\frac{30}{60}}=\frac{1}{41}$이다.

✗. 수용액 A와 B 중 물의 몰 분율이 더 큰 것은 A이며, ㄴ이 ㄱ보다 증기 압력이 크므로 A는 ㄴ이다.

✗. t℃에서 물의 증기 압력을 P mmHg라고 하면 요소 수용액과 포도당 수용액의 증기 압력 내림은 각각 $\frac{P}{41}$ mmHg와 $\frac{P}{80}$ mmHg이고 그 차이가 3.9 mmHg이므로 $\left(\frac{1}{41}-\frac{1}{80}\right)P=3.9$에서 $P=3.9\times\frac{41\times80}{39}=328$이다.

ㄷ. 요소 수용액 ㄷ과 포도당 수용액 ㄴ은 용질의 몰 분율이 같다. ㄷ에서 물의 질량을 w g이라고 하면 $\frac{0.5}{\frac{w}{18}+0.5}=\frac{1}{80}$에서 $w=711$이고, ㄷ에 포함된 요소의 질량이 30 g이므로 ㄷ의 질량은 711 g+30 g=741 g이다.

08 물과 수용액의 증기 압력 곡선

용액의 증기 압력 내림은 용매의 증기 압력에 용질의 몰 분율을 곱한 값이다.

✗. 용질 X의 몰 분율은 $\frac{\text{증기 압력 내림}}{\text{물의 증기 압력}}$이다. t_2℃와 t_3℃에서 $\frac{\text{증기 압력 내림}}{\text{물의 증기 압력}}$은 같은 값이므로 $\frac{55}{P}=\frac{60}{P+60}$에서 $P=660$이다.

✗. 용질 X의 몰 분율 $a=\frac{55}{P}$에 $P=660$을 대입하면 $a=\frac{55}{660}=\frac{1}{12}$이다.

ㄷ. 외부 압력이 $(P+60)$ mmHg일 때 물의 끓는점이 t_3℃이므로 X(aq)의 끓는점은 t_3℃보다 높다.

09 용액의 증기 압력 내림

용액의 증기 압력은 용매의 증기 압력에 용매의 몰 분율을 곱한 값이다.

✗. (나)에서 He의 부분 압력과 A(aq)의 증기 압력을 합한 값이 1 atm이다. t℃에서 $H_2O(l)$의 증기 압력이 0.25 atm이며 비휘발성 용질이 녹아 있는 A(aq)의 증기 압력은 0.25 atm보다 작으므로 He(g)의 부분 압력은 $\frac{3}{4}$ atm보다 크다.

ㄴ. 같은 온도에서 기체의 압력은 기체의 양(mol)에 비례하고 기체의 부피에 반비례한다. He(g)의 몰비는 (가) : (나)=3 : 5이고, 기체의 부피비는 (가) : (나)=3 : 4이므로 He(g)의 부분 압력의 비는 (가) : (나)=1 : $\frac{5}{4}$=4 : 5이다.

ㄷ. (가)에서 전체 압력이 $\frac{7}{8}$ atm이고 물의 증기 압력이 0.25 atm이므로 He(g)의 부분 압력은 $\frac{7}{8}$ atm$-\frac{1}{4}$ atm$=\frac{5}{8}$ atm이다. (나)에서 He(g)의 부분 압력을 x atm이라고 하면 $\frac{5}{8}:x=4:5$에서 $x=\frac{25}{32}$이며, 1 atm에서 $\frac{25}{32}$ atm을 뺀 $\frac{7}{32}$ atm이 A(aq)의 증기 압력이다. 용매의 몰 분율은 $\frac{\text{용액의 증기 압력}}{\text{용매의 증기 압력}}$이므로 $\frac{\frac{7}{32}\text{ atm}}{0.25\text{ atm}}=\frac{7}{8}$이다.

10 용액의 끓는점 오름

끓는점 오름(ΔT_b)은 용매의 몰랄 오름 상수(K_b)와 용액의 몰랄 농도(m)의 곱이므로 용매의 종류가 같으면 ΔT_b는 m에 비례한다.

㉠. 용매의 종류가 같은 두 용액의 끓는점 오름이 같으면 몰랄 농도가 같고, 같은 양(mol)의 용질이 녹아 있는 용매의 양(mol)이 같으므로 용매의 몰 분율이 같다. 수용액 (가)와 (다)는 끓는점 오름이 같으므로 용매의 몰 분율이 같다.

㉡. 수용액 (가)와 (다)는 용매의 몰 분율이 같으며 물의 질량이 (다)가 (가)의 1.5배이므로 전체 용질의 양(mol)도 (다)가 (가)의 1.5배이다.

A와 B의 화학식량을 각각 M_A, M_B라고 하면 전체 용질의 양은 (가)에서 $\left(\frac{1}{M_A}+\frac{2}{M_B}\right)$ mol, (다)에서 $\left(\frac{3}{M_A}+\frac{2.5}{M_B}\right)$ mol이며, (다)에서가 (가)에서의 1.5배이므로 $1.5\times\left(\frac{1}{M_A}+\frac{2}{M_B}\right)=\frac{3}{M_A}+\frac{2.5}{M_B}$에서 $\frac{3}{M_A}=\frac{1}{M_B}$이므로 M_A는 M_B의 3배이다.

㉢. 용매의 종류가 같으면 끓는점 오름은 $\frac{\text{용질의 양(mol)}}{\text{용매의 질량(kg)}}$인 몰랄 농도에 비례한다. M_A와 M_B를 각각 $3k$, k라고 하면

$a:b=\dfrac{\frac{1}{3k}+\frac{2}{k}}{0.1}:\dfrac{\frac{2}{3k}+\frac{3}{k}}{0.2}=14:11$이다.

11 용액의 어는점 내림

어는점 내림(ΔT_f)은 용매의 몰랄 내림 상수(K_f)와 용액의 몰랄 농도(m)의 곱이다. $\Delta T_f=K_f\times m$

㉠. (가)는 용매 A 0.2 kg에 용질 0.1 mol이 녹아 있는 0.5 m 용액이므로 어는점 내림은 2.5℃이다. (나)는 용매의 종류가 (가)와 같고 어는점은 (가)보다 0.5℃ 낮으므로 (나)의 어는점 내림은 3℃이다.

㉡. (가)와 (나)의 어는점 내림이 각각 2.5℃와 3℃이므로 (가)와 (나)의 몰랄 농도비가 5 : 6이다. 따라서 (나)의 농도는 $\frac{3}{5}$ m이다. Y의 화학식량을 M_Y라고 하면 $\dfrac{\frac{a\text{ g}}{M_Y\text{ g/mol}}}{0.5\text{ kg}}=\frac{3}{5}$ m이므로 M_Y는 $\frac{10a}{3}$이다.

㉢. (다)는 몰랄 농도가 $\dfrac{\frac{\frac{a}{6}\text{ g}}{\frac{10a}{3}\text{ g/mol}}}{0.4\text{ kg}}=\frac{1}{8}$ m이므로 (다)의 어는점 내림은 20 ℃/$m\times\frac{1}{8}$ m=2.5℃이다. 1 atm에서 (다)의 어는점 $(t+1)$℃는 용매 B(l)의 기준 어는점보다 2.5℃만큼 낮으므로 B(l)의 기준 어는점은 $(t+3.5)$℃이다.

12 용질의 종류와 온도에 따른 삼투압

삼투압은 몰 농도와 절대 온도에 비례한다.

㉠. A(aq)과 B(aq)의 몰 농도를 각각 C_A, C_B라고 하면 T_1 K의 A(aq)과 T_2 K의 B(aq)의 삼투압이 같으므로 $C_AT_1=C_BT_2$이며, 같은 부피의 용액에 같은 질량의 용질이 녹아 있을 때 몰 농도는 용질의 분자량에 반비례하므로 $\frac{T_1}{\text{A의 분자량}}=\frac{T_2}{\text{B의 분자량}}$이다. 분자량비는 A : B=$T_1:T_2$이며, 분자량은 B가 A보다 크다.

㉡. 같은 온도에서 같은 부피의 용액에 같은 질량의 용질이 녹아 있는 용액의 삼투압은 용질의 분자량에 반비례한다. 따라서 분자량비는 B : C=$\frac{1}{P_2}:\frac{1}{P_1}=P_1:P_2$이다.

㉢. A(aq)은 T_1 K에서 삼투압이 P_2 atm이므로 T_2 K에서의 삼투압은 $\frac{T_2}{T_1}\times P_2$ atm이다. 같은 온도에서 삼투압의 비는 A(aq) : C(aq)=$\frac{P_2T_2}{T_1}:P_1=P_2T_2:P_1T_1$이다.

13 용질의 몰 분율에 따른 증기 압력 내림

용액의 증기 압력 내림은 용매의 증기 압력에 용질의 몰 분율을 곱한 값이다.

㉠. t℃에서 A(l)의 증기 압력이 k이며, 용매가 A이고 용질의 몰 분율이 $1.5a$인 용액의 증기 압력 내림이 $\frac{k}{20}$이므로 $1.5a=\frac{1}{20}$에서 $a=\frac{1}{30}$이다.

㉡. t℃에서 B(l)의 증기 압력을 x라고 하면 a가 $\frac{1}{30}$이므로 $\frac{x}{30}=\frac{k}{20}$가 성립하여 $x=1.5k$이다.

㉢. 용질의 몰 분율은 Q에서가 P에서의 1.5배이다. 용질의 몰 분율이 1.5배인 것은 더 작은 용매 질량에 1.5배 양(mol)의 용질이 녹아 있는 것이므로 몰랄 농도는 Q에서가 P에서의 1.5배보다 크다.

14 용액의 끓는점 오름

A와 B의 몰랄 오름 상수를 각각 $K_{b,A}$ ℃/m, $K_{b,B}$ ℃/m이라고 하고, X와 Y의 화학식량을 각각 M_X, M_Y라고 하면 (가)~(다)의 끓는점 오름(ΔT_b)은 각각

$K_{b,A}$ ℃/$m\times\dfrac{\frac{1\text{ g}}{M_X\text{ g/mol}}}{0.1\text{ kg}}=\frac{10K_{b,A}}{M_X}$℃,

$K_{b,B}$ ℃/$m\times\dfrac{\dfrac{2\text{ g}}{M_Y\text{ g/mol}}}{0.1\text{ kg}}=\dfrac{20K_{b,B}}{M_Y}$℃,

$K_{b,B}$ ℃/$m\times\dfrac{\dfrac{3\text{ g}}{M_X\text{ g/mol}}+\dfrac{1\text{ g}}{M_Y\text{ g/mol}}}{0.3\text{ kg}}=$

$10K_{b,B}\left(\dfrac{1}{M_X}+\dfrac{1}{3M_Y}\right)$℃이고,

$\dfrac{K_{b,A}}{M_X}:\dfrac{2K_{b,B}}{M_Y}:\left(\dfrac{K_{b,B}}{M_X}+\dfrac{K_{b,B}}{3M_Y}\right)=1:3:1$이다.

$\dfrac{K_{b,A}}{M_X}=k$ … ①, $\dfrac{2K_{b,B}}{M_Y}=3k$ … ②, $\dfrac{K_{b,B}}{M_X}+\dfrac{K_{b,B}}{3M_Y}=k$ … ③

이고, 식 ②에서 얻은 $\dfrac{K_{b,B}}{3M_Y}=\dfrac{k}{2}$를 식 ③에 대입하면 $\dfrac{K_{b,B}}{M_X}=\dfrac{k}{2}$ … ④가 얻어지며 식 ①÷식 ④를 통해 $\dfrac{K_{b,A}}{K_{b,B}}=2$, 식 ②÷식 ④를 통해 $\dfrac{M_X}{M_Y}=3$임을 알 수 있다.

ㄱ. 화학식량은 X가 Y의 3배이다.

ㄴ. 몰랄 오름 상수는 A가 B의 2배이다.

ㄷ. $A(l)$ 200 g에 $Y(s)$ 1 g을 녹인 용액은 $A(l)$ 200 g에 $X(s)$ 3 g을 녹인 용액과 끓는점 오름이 같으며, 이 용액은 용매 $A(l)$의 질량이 (가)의 2배, 용질 $X(s)$의 양(mol)이 (가)의 3배이므로 끓는점 오름은 (가)의 1.5배이다.

15 용액의 삼투압

같은 온도에서 삼투압은 용액의 몰 농도에 비례한다. 0.1 M $A(aq)$의 삼투압(상댓값)이 25이고, 0.1 M $A(aq)$ V mL에 0.04 M $A(aq)$ 150 mL를 넣은 용액의 삼투압(상댓값)이 16이므로 혼합 용액의 몰 농도는 0.1 M$\times\dfrac{16}{25}=\dfrac{8}{125}$ M이며,

$\dfrac{0.1\text{ M}\times\dfrac{V}{1000}\text{ L}+0.04\text{ M}\times0.15\text{ L}}{\left(\dfrac{V}{1000}+0.15\right)\text{ L}}=\dfrac{8}{125}$ M에서 $V=100$

이다. 0.1 M $A(aq)$ 100 mL에 0.04 M $A(aq)$ 60 mL를 넣은 용액의 몰 농도는 $\dfrac{0.1\text{ M}\times0.1\text{ L}+0.04\text{ M}\times0.06\text{ L}}{(0.1+0.06)\text{ L}}=\dfrac{31}{400}$ M이며, 삼투압은 몰 농도에 비례하므로 $25:x=0.1:\dfrac{31}{400}$에서 $x=\dfrac{155}{8}$이다. 0.1 M $A(aq)$ 100 mL에 c M $A(aq)$ 100 mL를 넣은 용액의 삼투압(상댓값)이 50이므로 혼합 용액의 몰 농도는 0.2 M이며, 같은 부피의 두 용액을 혼합했을 때 혼합 용액의 몰 농도는 두 용액의 몰 농도의 평균값이므로 $c=0.3$이다. 0.1 M $A(aq)$ 100 mL에 0.3 M $A(aq)$ 150 mL를 넣은 용액의 몰 농도는 $\dfrac{0.1\text{ M}\times0.1\text{ L}+0.3\text{ M}\times0.15\text{ L}}{(0.1+0.15)\text{ L}}=\dfrac{11}{50}$ M이며, 삼투압은 몰 농도에 비례하므로 $25:y=0.1:\dfrac{11}{50}$에서 $y=55$이다. 따라서 $\dfrac{y}{x}=55\times\dfrac{8}{155}=\dfrac{88}{31}$이다.

16 용액의 삼투압

같은 온도의 수용액 (가)와 (나)는 부피와 삼투압이 같으므로 (가)와 (나)에 녹아 있는 전체 용질의 양(mol)이 같다. (가)에 X w g, (나)에 Y k g과 Z $(w-k)$ g이 녹아 있을 때 두 용액 속 전체 용질의 양(mol)이 같으므로 $\dfrac{w}{2}=\dfrac{k}{1}+\dfrac{w-k}{6}$이다. $k=\dfrac{2w}{5}$이므로 (나)에 녹아 있는 $\dfrac{\text{Z의 질량}}{\text{Y의 질량}}$은 $\dfrac{3}{2}$이다.

17 용액의 증기 압력 내림

(가)에서 물과 A의 양을 각각 n mol, k mol이라고 하고, (가)~(다)에서 A의 몰 분율을 각각 $x_{A,(가)}$, $x_{A,(나)}$, $x_{A,(다)}$라고 하면 $x_{A,(가)}$, $x_{A,(나)}$, $x_{A,(다)}$는 각각 $\dfrac{k}{n+k}$, $\dfrac{k}{n+8+k}$, $\dfrac{k}{n+16+k}$이다.

ㄱ. (가)~(다)의 증기 압력 내림을 각각 $\Delta P_{(가)}$, $\Delta P_{(나)}$, $\Delta P_{(다)}$라고 하면 $\Delta P_{(가)}:\Delta P_{(나)}:\Delta P_{(다)}=x_{A,(가)}:x_{A,(나)}:x_{A,(다)}$이며, $(\Delta P_{(가)}-\Delta P_{(나)}):(\Delta P_{(가)}-\Delta P_{(다)})=(x_{A,(가)}-x_{A,(나)}):(x_{A,(가)}-x_{A,(다)})=(658-655.2):(660-655.2)=2.8:4.8=7:12$이다.

$\left(\dfrac{1}{n+k}-\dfrac{1}{n+8+k}\right):\left(\dfrac{1}{n+k}-\dfrac{1}{n+16+k}\right)$

$=\dfrac{8}{(n+k)(n+k+8)}:\dfrac{16}{(n+k)(n+k+16)}$

$=\dfrac{1}{n+k+8}:\dfrac{2}{n+k+16}=7:12$이므로

$(n+k+8):(n+k+16)=6:7$에서 $n+k=40$이다.

ㄴ. 용액의 증기 압력 내림(ΔP)의 비는 (가) : (나)$=\dfrac{k}{n+k}:\dfrac{k}{n+8+k}=\dfrac{k}{40}:\dfrac{k}{48}=6:5$이다.

ㄷ. 용액의 증기 압력 내림(ΔP)의 비가 (가) : (나)$=6:5$이므로 물의 증기 압력(mmHg)을 P, (가)에서 증기 압력 내림(mmHg)을 $6a$라고 하면 $P-6a=655.2$, $P-5a=658$이다. 따라서 $a=2.8$이므로 $P=658+5\times2.8=672$이다.

18 삼투압과 용액의 몰 농도

같은 온도에서 용액의 삼투압은 용액의 몰 농도에 비례한다. 삼투압이 (나)>(가)>(다)이므로 몰 농도는 (나)>(가)>(다)이다.

ㄱ. 몰 농도가 (나)>(가)이며, (가)와 (나)에 녹아 있는 용질의 종류가 같으므로 $\dfrac{\text{용질의 질량}}{\text{용액의 부피}}$은 (나)>(가)이다. 따라서 $\dfrac{\text{용질의 질량}}{\text{용액의 부피}}$

$=\frac{3w}{V}$인 ㉠이 (나)이고, $\frac{\text{용질의 질량}}{\text{용액의 부피}}=\frac{w}{V}$인 ㉡과 ㉢이 각각 (가)와 (다) 중 하나이다.

㉡. (가)와 (다)는 $\frac{\text{용질의 질량}}{\text{용액의 부피}}=\frac{w}{V}$로 같으며, 몰 농도가 (가)>(다)이므로 화학식량은 (다)에 녹아 있는 Y가 (가)에 녹아 있는 X보다 크다.

㉢. (가)와 (다)는 $\frac{\text{용질의 질량}}{\text{용액의 부피}}$이 같고 용액의 밀도가 같으므로 $\frac{\text{용질의 질량}}{\text{용액의 질량}}$이 같다. 따라서 (가)와 (다)의 퍼센트 농도는 같다.

19 용액의 삼투압

온도와 용액의 부피가 같을 때 삼투압은 용액 속 전체 용질의 양(mol)에 비례한다.

㉠. 0.3 M 요소 수용액의 부피를 V mL, 0.1 M 포도당 수용액의 부피를 $(100-V)$ mL라고 하면 혼합 용액에 녹아 있는 요소와 포도당의 질량의 합은 $0.3\text{ mol/L}\times\frac{V}{1000}\text{ L}\times60\text{ g/mol}+0.1\text{ mol/L}\times\frac{(100-V)}{1000}\text{ L}\times180\text{ g/mol}=1.8\text{ g}$으로 일정하다.

[다른 풀이] 포도당의 분자량이 요소의 분자량의 3배이므로 같은 부피의 0.3 M 요소 수용액과 0.1 M 포도당 수용액에 들어 있는 요소와 포도당의 질량은 같다. 두 수용액의 부피의 합이 100 mL로 일정한 혼합 용액에 녹아 있는 요소와 포도당의 질량의 합은 일정하며, 0.1 M 포도당 수용액 100 mL에 녹아 있는 포도당의 질량 $0.1\text{ M}\times0.1\text{ L}\times180\text{ g/mol}=1.8\text{ g}$과 같다. 0.3 M 요소 수용액 100 mL에 녹아 있는 요소의 질량 $0.3\text{ M}\times0.1\text{ L}\times60\text{ g/mol}=1.8\text{ g}$으로 구할 수도 있다.

㉡. 삼투압(상댓값)이 13인 Q에서 $\frac{\text{요소 수용액의 부피}}{\text{포도당 수용액의 부피}}=4$이므로 요소 수용액과 포도당 수용액의 부피는 각각 80 mL, 20 mL이며, 전체 용질의 양은 $0.3\text{ M}\times0.08\text{ L}+0.1\text{ M}\times0.02\text{ L}=\frac{26}{1000}$ mol이다. 삼투압(상댓값)이 10인 P에서 포도당 수용액의 부피를 V_1 mL라고 하면 $0.3\text{ M}\times\frac{(100-V_1)}{1000}\text{ L}+0.1\text{ M}\times\frac{V_1}{1000}\text{ L}=\frac{20}{1000}$ mol에서 $V_1=50$이다. 혼합 용액을 만드는 데 넣은 포도당 수용액의 부피가 P와 Q에서 각각 50 mL, 20 mL이므로 Q에서가 P에서의 $\frac{2}{5}$배이다.

㉢. 삼투압(상댓값)이 11일 때의 포도당 수용액의 부피를 V_2 mL라고 하면 $0.3\text{ M}\times\frac{(100-V_2)}{1000}\text{ L}+0.1\text{ M}\times\frac{V_2}{1000}\text{ L}=\frac{22}{1000}$ mol에서 $V_2=40$이다. x는 $\frac{60\text{ mL}}{40\text{ mL}}=\frac{3}{2}$이다.

20 용액의 끓는점 오름

수용액의 끓는점 오름은 몰랄 농도에 비례한다.

㉠. 용질 A와 B의 화학식량을 각각 M_A, M_B라고 하면 용액 (가)와 (나)의 몰랄 농도는 각각 $\frac{\frac{a\text{ g}}{M_A\text{ g/mol}}}{0.25\text{ kg}}=\frac{4a}{M_A}$ m, $\frac{\frac{0.2a\text{ g}}{M_B\text{ g/mol}}}{0.1\text{ kg}}=\frac{2a}{M_B}$ m이며, $\frac{2}{M_A}:\frac{1}{M_B}=2:3$이므로 M_A는 M_B의 3배이다.

㉡. (가)와 (나)에 물 w g을 추가한 용액의 몰랄 농도가 같으므로 A와 B의 화학식량을 각각 $3k$, k라고 하면 $\frac{\frac{a}{3k}}{\frac{250+w}{1000}}=\frac{\frac{0.2a}{k}}{\frac{100+w}{1000}}$, $3(250+w)=5(100+w)$에서 $w=125$이다.

㉢. 용질의 양(mol)이 같을 때 몰랄 농도는 용매의 질량에 반비례한다. 물 100 g에 용질이 녹아 있는 용액 (나)에 물 $2w$ g(=250 g)을 추가하여 물의 질량이 350 g이 되면 몰랄 농도의 비는 추가 전 : 추가 후$=\frac{1}{100}:\frac{1}{350}=7:2$이다. 끓는점 오름은 몰랄 농도에 비례하므로 $3:x=7:2$에서 $x=\frac{6}{7}$이다.

04 반응 엔탈피

수능 2점 테스트 본문 77~79쪽

01 ③ 02 ⑤ 03 ⑤ 04 ② 05 ① 06 ④ 07 ②
08 ⑤ 09 ⑤ 10 ② 11 ④ 12 ①

01 반응열과 화학 반응식

(가)는 냉각 팩의 반응이므로 주위의 온도가 낮아지는 흡열 반응, (나)는 손난로의 반응이므로 주위의 온도가 높아지는 발열 반응이다.

㉠. (가)는 흡열 반응이다.

ㄴ. (나)는 발열 반응이므로 엔탈피 합은 생성물이 반응물보다 작다.

㉢. 발열 반응이 진행되면 주위로 열을 방출하므로 주위의 온도는 높아진다.

02 열화학 반응식과 생성 엔탈피

반응의 진행에 따른 엔탈피 그림에서 엔탈피는 반응물 $A(g)$가 생성물 $B(g)$보다 크므로 반응 $A(g) \longrightarrow B(g)$은 발열 반응이고 $x<0$이다.

ㄱ. 반응 엔탈피(ΔH)=(생성물의 엔탈피 합)−(반응물의 엔탈피 합)이므로 $x=b-a$이다.

㉡. 반응 엔탈피(ΔH)=(생성물의 생성 엔탈피 합)−(반응물의 생성 엔탈피 합)이고 반응 $A(g) \longrightarrow B(g)$의 반응 엔탈피는 0보다 작으므로 생성 엔탈피는 $A(g)$가 $B(g)$보다 크다.

㉢. 1 mol의 $A(g)$가 반응하여 1 mol의 $B(g)$가 생성될 때, $|x|$ kJ의 열을 방출하므로 2 mol의 $A(g)$가 반응하여 2 mol의 $B(g)$가 생성될 때, $|2x|$ kJ의 열을 방출한다.

03 열화학 반응식

㉠. 주어진 반응에서 $\Delta H<0$이므로 주위로 열을 방출하는 발열 반응이다.

㉡. 반응 $H_2(g)+\frac{1}{2}O_2(g) \longrightarrow H_2O(l)$의 반응 엔탈피($\Delta H$)가 $H_2O(l)$의 생성 엔탈피이다. 따라서 $H_2O(l)$의 생성 엔탈피는 $\frac{1}{2}\times(-571)=-285.5$(kJ/mol)이다.

㉢. $H_2(g)$ 2 mol이 반응하여 $H_2O(l)$ 2 mol이 생성될 때, 반응 엔탈피(ΔH)는 −571 kJ이다. H_2 2 mol에 해당하는 질량이 4 g, H_2O 2 mol에 해당하는 질량이 36 g이므로 $H_2(g)$ 4 g이 모두 반응하여 $H_2O(l)$ 36 g이 생성될 때, 반응 엔탈피(ΔH)는 −571 kJ이다.

04 결합 에너지와 반응 엔탈피

NH_3, N_2, N_2H_4의 구조식은 다음과 같다.

```
H−N−H                 H       H
  |        N≡N          \   /
  H                      N−N
                        /   \
                       H     H
```

반응 엔탈피(ΔH)=(반응물의 결합 에너지 총합)−(생성물의 결합 에너지 총합)이므로

반응 $4NH_3(g)+N_2(g) \longrightarrow 3N_2H_4(g)$에서

$\Delta H=12\times$(N−H의 결합 에너지)+(N≡N의 결합 에너지)$-3\times$(N−N의 결합 에너지)$-12\times$(N−H의 결합 에너지)=(N≡N의 결합 에너지)$-3\times$(N−N의 결합 에너지)$=945-3\times240=225$(kJ)이다.

05 생성 엔탈피와 헤스 법칙

ㄱ. 반응 $\frac{1}{2}N_2(g)+O_2(g) \longrightarrow NO_2(g)$의 반응 엔탈피($\Delta H$)는 $NO_2(g)$의 생성 엔탈피, 반응 $\frac{1}{2}N_2(g)+\frac{1}{2}O_2(g) \longrightarrow NO(g)$의 반응 엔탈피($\Delta H$)는 $NO(g)$의 생성 엔탈피이므로 $NO_2(g)$의 생성 엔탈피는 $\frac{a}{2}$ kJ/mol, $NO(g)$의 생성 엔탈피는 $\frac{a+b}{2}$ kJ/mol이다. 따라서 생성 엔탈피는 $NO_2(g)$가 $NO(g)$보다 작다.

[다른 풀이] $NO_2(g)$와 $NO(g)$의 생성 엔탈피는 $N_2(g)$와 $O_2(g)$로부터 $NO_2(g)$와 $NO(g)$가 각각 생성될 때의 반응 엔탈피(ΔH)이고, 엔탈피는 $NO(g)$가 $NO_2(g)$보다 크므로 생성 엔탈피는 $NO_2(g)$가 $NO(g)$보다 작다.

㉡. $NO(g)$의 생성 엔탈피는 $\frac{a+b}{2}$ kJ/mol이다.

ㄷ. $NO(g)$와 $O_2(g)$의 엔탈피 합이 $NO_2(g)$의 엔탈피보다 크므로 $NO(g)$와 $O_2(g)$가 반응하여 $NO_2(g)$가 생성되는 반응은 발열 반응이다.

06 생성 엔탈피

주어진 생성 엔탈피(ΔH) 자료를 이용한 열화학 반응식은 다음과 같다.

$\frac{1}{2}O_2(g) \longrightarrow O(g)$ $\quad \Delta H=a$ kJ이므로

$O(g) \longrightarrow \frac{1}{2}O_2(g)$ $\quad \Delta H=-a$ kJ … ①

$\frac{3}{2}O_2(g) \longrightarrow O_3(g)$ $\quad \Delta H=b$ kJ … ②

식 ①+②에서

$O_2(g)+O(g) \longrightarrow O_3(g)$ $\quad \Delta H=(-a+b)$ kJ

이므로 $x=-a+b$이다.

07 생성 엔탈피와 헤스 법칙

반응 엔탈피(ΔH)=(생성물의 생성 엔탈피 합)−(반응물의 생성 엔탈피 합)이므로

$C_2H_4(g)+3O_2(g) \longrightarrow 2CO_2(g)+2H_2O(l)$ $\Delta H=c$ kJ에서 c=(2×$H_2O(l)$의 생성 엔탈피)+(2×$CO_2(g)$의 생성 엔탈피)−($C_2H_4(g)$의 생성 엔탈피)이다. 주어진 열화학 반응식에서 $CO_2(g)$의 생성 엔탈피는 a kJ/mol, $C_2H_4(g)$의 생성 엔탈피는 b kJ/mol이다. $H_2O(l)$의 생성 엔탈피를 x kJ/mol이라고 하면 $c=2x+2a-b$이므로 $x=\frac{-2a+b+c}{2}$이다.

08 결합 에너지와 헤스 법칙

ㄱ. 반응 $2H_2(g)+2O_2(g) \longrightarrow 4H(g)+4O(g)$의 반응 엔탈피($\Delta H$)는 H−H 결합 2 mol과 O=O 결합 2 mol을 끊는 데 필요한 에너지이다. 결합 에너지는 H−H가 436 kJ/mol, O=O가 498 kJ/mol이므로 $a=436\times2+498\times2=1868$이다.

ㄴ. 반응 $2H_2O(g) \longrightarrow 4H(g)+2O(g)$의 반응 엔탈피($\Delta H$)는 O−H 결합 4 mol이 끊어질 때의 에너지 변화이다. O−H의 결합 에너지는 460 kJ/mol이므로 $b=4\times460=1840$이다.

ㄷ. H_2O_2의 구조식은 H−O−O−H 이다.

$2H_2O_2(g) \longrightarrow 4H(g)+4O(g)$의 반응 엔탈피($\Delta H$)는 O−H 결합 4 mol과 O−O 결합 2 mol이 끊어질 때의 에너지 변화이다. $2200=4\times460+2x$이므로 $x=180$이다.

09 헤스 법칙

✗. 반응 C(s, 흑연)$+O_2(g) \longrightarrow C(g)+2O(g)$의 반응 엔탈피($\Delta H$)는 C(s, 흑연)의 승화 엔탈피와 O=O 결합의 결합 에너지를 더한 값이다. 따라서 O=O의 결합 에너지는 a kJ/mol보다 작다.

ㄴ. C(s, 흑연), C(s, 다이아몬드)와 같이 동소체가 존재할 경우 가장 안정한 물질의 생성 엔탈피가 0이다. C(s, 흑연)의 생성 엔탈피가 0이므로 C(s, 다이아몬드)의 생성 엔탈피는 0보다 크다. 따라서 $b>0$이다.

ㄷ. 반응물의 종류와 상태, 생성물의 종류와 상태가 같으면 반응 경로에 관계없이 반응 엔탈피의 총합은 일정하다.

$\Delta H_1+\Delta H_3$과 $\Delta H_2+\Delta H_4$에서 반응물은 C(s, 흑연)과 $O_2(g)$이고 생성물은 $CO_2(g)$로 동일하다. 따라서 $a+c=b+d$이다.

10 열화학 반응식과 헤스 법칙

✗. (가)에서 $\Delta H_1>0$이므로 엔탈피(H)의 합은 반응물이 생성물보다 작다.

ㄴ. (나)에서 $\Delta H_2>0$이므로 결합 에너지의 총합은 반응물이 생성물보다 크다.

✗. $4NH_3(g)+N_2(g) \longrightarrow 3N_2H_4(g)$ ΔH_1 … ①

$4NH_3(g)+N_2H_4(g) \longrightarrow 3N_2(g)+8H_2(g)$ ΔH_2 … ②

식 ①−②에서

$4N_2(g)+8H_2(g) \longrightarrow 4N_2H_4(g)$ $\Delta H=\Delta H_1-\Delta H_2$,

$N_2(g)+2H_2(g) \longrightarrow N_2H_4(g)$ $\Delta H=\frac{\Delta H_1-\Delta H_2}{4}$이고,

$\Delta H_1>\Delta H_2>0$이므로 $N_2H_4(g)$의 생성 엔탈피(ΔH)는 0보다 크다.

11 반응열과 반응 엔탈피

ㄱ. Ⅰ에서 X(s)를 물에 녹이면 온도가 높아지므로 X(s)가 물에 용해되는 반응은 발열 반응이다. 따라서 X(s)가 물에 용해되는 반응의 반응 엔탈피(ΔH)는 0보다 작다.

✗. Ⅱ에서 Y(s)를 물에 녹이면 온도가 낮아지므로 Y(s)가 물에 용해되는 반응은 흡열 반응이다.

ㄷ. 100 g의 물에 X(s)와 Y(s)를 각각 1 g씩 녹인 실험 Ⅰ과 Ⅱ에서 온도 변화는 Ⅰ에서가 Ⅱ에서보다 크다. 따라서 같은 질량의 X(s)와 Y(s)가 각각 물에 용해될 때, 열의 출입량은 X(s)에서가 Y(s)에서보다 크다.

12 반응열과 화학 반응식

ㄱ. 반응 $H(g)+H(g) \longrightarrow H_2(g)$은 H−H 결합이 형성되는 반응으로 에너지를 방출하므로 $a<0$이다.

반응 $Cl_2(g) \longrightarrow Cl(g)+Cl(g)$은 Cl−Cl 결합을 끊을 때 필요한 에너지를 흡수하므로 $b>0$이다. 따라서 $a\times b<0$이다.

✗. $H(g)+Cl(g) \longrightarrow HCl(g)$ $\Delta H=c$ kJ이므로 H−Cl의 결합 에너지는 $-c$ kJ/mol이다.

✗. $HCl(g)$의 생성 엔탈피는 반응 $\frac{1}{2}H_2(g)+\frac{1}{2}Cl_2(g) \longrightarrow HCl(g)$의 반응 엔탈피이고, ΔH=(반응물의 결합 에너지 총합)−(생성물의 결합 에너지 총합)이므로 이 자료로부터 구한 $HCl(g)$의 생성 엔탈피는 $\frac{-a+b+2c}{2}$ kJ/mol이다.

수능 3점 테스트 본문 80~85쪽

01 ⑤ 02 ④ 03 ① 04 ② 05 ② 06 ③ 07 ⑤
08 ④ 09 ⑤ 10 ② 11 ③ 12 ④

01 생성 엔탈피와 결합 에너지

반응 엔탈피(ΔH)=(생성물의 생성 엔탈피 합)−(반응물의 생성 엔탈피 합)이고 $CH_4(g)$, $CO_2(g)$, $H_2O(g)$의 생성 엔탈피가 주어졌으므로 주어진 문항은 CH_4의 연소 반응과 관계가 있음을 알 수 있다. $CH_4(g)$이 연소되는 반응의 열화학 반응식은 다음과 같다.

$CH_4(g)+2O_2(g) \longrightarrow CO_2(g)+2H_2O(g) \quad \Delta H$

생성 엔탈피를 이용한 $\Delta H=(a+2\times b-x)$ kJ이고, 결합 에너지를 이용한 $\Delta H=(4\times410+2\times500-2\times800-4\times460)$ kJ $=-800$ kJ이다. 따라서 $\Delta H=a+2\times b-x=-800$이므로 $x=a+2b+800$이다.

02 결합 에너지와 반응 엔탈피

$C_2H_4(g)+3O_2(g) \longrightarrow 2CO_2(g)+2H_2O(g) \; \Delta H=a$ kJ … ①

$C_4H_8(g)+6O_2(g) \longrightarrow 4CO_2(g)+4H_2O(g) \; \Delta H=b$ kJ … ②

식 2×①−②에서

$2C_2H_4(g) \longrightarrow C_4H_8(g) \quad \Delta H=(2a-b)$ kJ이다.

ΔH=(반응물의 결합 에너지 총합)−(생성물의 결합 에너지 총합)이므로 $2a-b=2\times$(C=C의 결합 에너지)$+8\times$(C−H의 결합 에너지)−(C=C의 결합 에너지)$-2\times$(C−C의 결합 에너지)$-8\times$(C−H의 결합 에너지)이다. 따라서 $2\times$(C−C의 결합 에너지)−(C=C의 결합 에너지)는 $(-2a+b)$ kJ/mol이다.

03 헤스 법칙과 열화학 반응식

C(s, 흑연)의 생성 엔탈피가 0이므로 생성 엔탈피는 C(s, 다이아몬드)가 C(s, 흑연)보다 크다.

그림은 C(s, 흑연)의 엔탈피를 추가하여 몇 가지 반응의 반응 엔탈피(ΔH)를 나타낸 것이다.

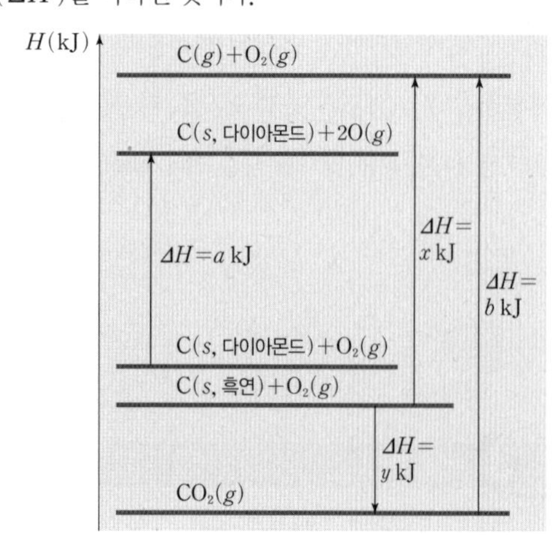

ㄱ. 반응 C(s, 흑연) $\longrightarrow$ C(g)의 $\Delta H=x$ kJ이고, 위 그림에서 $x>a$이다.

ㄴ. C(s, 흑연) $\longrightarrow$ C(g) $\quad \Delta H=x$ kJ … ①

C(s, 흑연)$+O_2(g) \longrightarrow CO_2(g) \quad \Delta H=y$ kJ … ②

식 ②−①에서

$C(g)+O_2(g) \longrightarrow CO_2(g) \quad \Delta H=(-x+y)$ kJ이다. 따라서 위 그림에서 $-x+y=-b$이다.

ㄷ. $C(g)+O_2(g) \longrightarrow CO_2(g) \; \Delta H=(-x+y)$ kJ에서 ΔH는 (O=O의 결합 에너지)$-2\times$(C=O의 결합 에너지)로 구할 수 있다. 또한 그림에서 O=O의 결합 에너지는 a kJ/mol이다. 따라서 $-x+y=a-2\times$(C=O의 결합 에너지)이다.

C=O의 결합 에너지는 $\frac{x-y+a}{2}$ kJ/mol이다.

04 헤스 법칙

$CH_4(g)+2O_2(g) \longrightarrow CO_2(g)+2H_2O(g)$

$\Delta H=-801$ kJ … ①

$2H_2(g)+O_2(g) \longrightarrow 2H_2O(g) \quad \Delta H=-484$ kJ … ②

식 ①−②에서

$CH_4(g)+O_2(g) \longrightarrow 2H_2(g)+CO_2(g) \quad \Delta H=-317$ kJ

[경로 (가)]

$CH_4(g)+O_2(g) \longrightarrow 2H_2(g)+CO_2(g)$

$2H_2(g)+CO_2(g) \longrightarrow$ C(s, 흑연)$+2H_2O(g)$

[경로 (나)]

$CH_4(g)+O_2(g) \longrightarrow$ C(s, 흑연)$+2H_2O(g)$에서 헤스 법칙에 의해 경로 (가)와 (나)의 반응 엔탈피의 총합은 같으므로, $x=-317+(-90)=-407$이다.

05 반응 엔탈피와 헤스 법칙

ㄱ. $N_2(g)+O_2(g) \longrightarrow 2NO(g) \quad \Delta H_1$,

$N_2(g)+2O_2(g) \longrightarrow 2NO_2(g) \quad \Delta H_2+\Delta H_3$이므로,

$\Delta H_1 \neq \Delta H_2+\Delta H_3$이다.

ㄴ. $N_2(g)+2O_2(g) \longrightarrow 2NO_2(g) \; \Delta H_2+\Delta H_3$에서 $NO_2(g)$의 생성 엔탈피는 $\frac{\Delta H_2+\Delta H_3}{2}$이고, $N_2(g)+2O_2(g) \longrightarrow N_2O_4(g) \; \Delta H_3$에서 $N_2O_4(g)$의 생성 엔탈피는 ΔH_3이다.

$\Delta H_2>\Delta H_3>0$이므로 $\frac{\Delta H_2+\Delta H_3}{2}>\Delta H_3$이다.

ㄷ. $2NO(g)+O_2(g) \longrightarrow 2NO_2(g)$의 반응 엔탈피($\Delta H$)는 $-\Delta H_1+\Delta H_2+\Delta H_3$이다.

06 생성 엔탈피와 결합 에너지

반응 엔탈피(ΔH)=(생성물의 생성 엔탈피 합)−(반응물의 생성 엔탈피 합)이므로 x를 구하기 위해 $C_2H_4(g)$, $CO_2(g)$, $H_2O(g)$의 생성 엔탈피를 알아야 한다. 자료에서 $C_2H_4(g)$, $CO_2(g)$의 생성 엔탈피가 주어졌으므로 x를 구하기 위해

$H_2O(g)$의 생성 엔탈피를 이용해야 한다. 또한 $O(g)$의 생성 엔탈피(249 kJ/mol)는 O=O의 결합 에너지의 $\frac{1}{2}$이다.

반응 $H_2(g)+\frac{1}{2}O_2(g) \longrightarrow H_2O(g)$의 ΔH가 $H_2O(g)$의 생성 엔탈피이므로 ΔH를 결합 에너지를 이용해 구하면,

ΔH=(H−H의 결합 에너지)$+\frac{1}{2}\times$(O=O의 결합 에너지)$-2\times$(O−H의 결합 에너지)이다. 따라서 H−H의 결합 에너지(ㄱ)와 O−H의 결합 에너지(ㄷ) 자료를 이용해야 한다.

07 생성 엔탈피와 헤스 법칙

헤스 법칙에 의해 반응에 대한 물질의 엔탈피(H)는 다음과 같다.

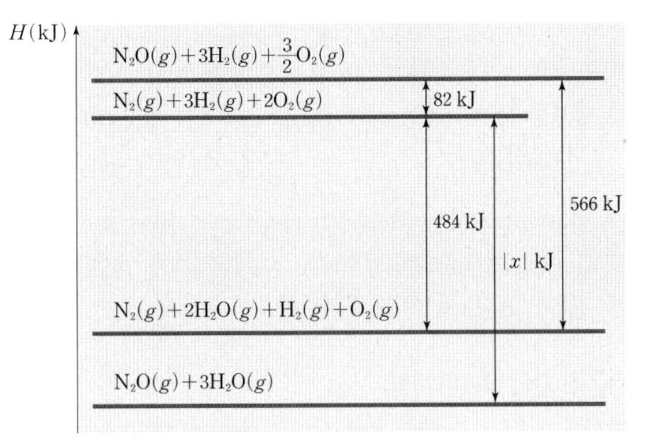

ㄱ. $2H_2(g)+O_2(g) \longrightarrow 2H_2O(g)$ $\Delta H=-484$ kJ이므로 $H_2O(g)$의 생성 엔탈피는 −242 kJ/mol이다.

ㄴ. $N_2(g)+\frac{1}{2}O_2(g) \longrightarrow N_2O(g)$ $\Delta H=82$ kJ이므로 $N_2O(g)$의 생성 엔탈피는 82 kJ/mol이다.

ㄷ. $H_2(g)+\frac{1}{2}O_2(g) \longrightarrow H_2O(g)$ $\Delta H=-242$ kJ … ①

$N_2(g)+\frac{1}{2}O_2(g) \longrightarrow N_2O(g)$ $\Delta H=82$ kJ … ②

식 ①+②에서

$N_2(g)+H_2(g)+O_2(g) \longrightarrow N_2O(g)+H_2O(g)$

$\Delta H=-160$ kJ

이다. 따라서 $x=-484-160=-644$이다.

08 결합 에너지와 헤스 법칙

$2N_2O(g) \longrightarrow 2N_2(g)+O_2(g)$ $\Delta H=x$ kJ … ①

$2H_2(g)+O_2(g) \longrightarrow 2H_2O(g)$ $\Delta H=y$ kJ … ②

식 ①−3×②에서

$2N_2O(g)+6H_2O(g) \longrightarrow 2N_2(g)+4O_2(g)+6H_2(g)$

$\Delta H=(x-3y)$ kJ … ③

$2NH_3(g)+2O_2(g) \longrightarrow N_2O(g)+3H_2O(g)$

$\Delta H=-552$ kJ … ④

식 ③+2×④에서

$4NH_3(g) \longrightarrow 2N_2(g)+6H_2(g)$

$\Delta H=(x-3y-1104)$ kJ … ⑤

결합 에너지를 이용하여 구한 ⑤의 $\Delta H=(12c-2a-6b)$ kJ이므로 $x-3y-1104=-2a-6b+12c$이다. 따라서 $x-3y=-2a-6b+12c+1104$이다.

09 생성 엔탈피와 반응 엔탈피

$O_3(g)$과 $O(g)$의 생성 엔탈피를 열화학 반응식으로 나타내면 다음과 같다.

$\frac{3}{2}O_2(g) \longrightarrow O_3(g)$ $\Delta H=x$ kJ … ①

$\frac{1}{2}O_2(g) \longrightarrow O(g)$ $\Delta H=y$ kJ … ②

$O_3(g) \longrightarrow O_2(g)+O(g)$ $\Delta H=106$ kJ … ③

ㄱ. 식 ①+③에서

$\frac{1}{2}O_2(g) \longrightarrow O(g)$ $\Delta H=(x+106)$ kJ이다.

반응 $\frac{1}{2}O_2(g) \longrightarrow O(g)$의 ΔH는 O=O 결합 에너지의 $\frac{1}{2}$이고 결합 에너지는 양수이므로 $x+106>0$이다. 따라서 $x>-106$이다.

ㄴ. 식 ②와 식 ①+③에서 $y=x+106$이므로 $x-y=-106$이다.

ㄷ. 식 2×②+③에서

$O_3(g) \longrightarrow 3O(g)$ $\Delta H=(2y+106)$ kJ이므로 $O_3(g)$ 1 mol의 공유 결합을 모두 끊는 데 필요한 에너지는 $(2y+106)$ kJ이다.

10 결합 에너지

$H_2(g)+F_2(g) \longrightarrow 2HF(g)$ ΔH에서 H−F의 결합 에너지를 x kJ/mol이라고 하면 결합 에너지를 이용하여 구한 $\Delta H=(436+160-2x)$ kJ이다.

$2HOF(g) \longrightarrow 2HF(g)+O_2(g)$ $\Delta H=-850$ kJ에서

반응 엔탈피(ΔH)=(생성물의 생성 엔탈피 합)−(반응물의 생성 엔탈피 합)이므로 $-850=596-2x-2a$, $x=-a+723$이다. 따라서 이 자료로부터 구한 H−F의 결합 에너지(kJ/mol)는 $-a+723$이다.

11 헤스 법칙

ㄱ. Ⅰ은 $H^+(aq)$ 0.05 mol과 $OH^-(aq)$ 0.05 mol이 반응하여 $H_2O(l)$ 0.05 mol이 생성되는 반응이다. 따라서 1 mol의 $H^+(aq)$과 1 mol의 $OH^-(aq)$이 반응하여 1 mol의 $H_2O(l)$이 생성되는 반응의 열화학 반응식은 다음과 같다.

$H^+(aq)+OH^-(aq) \longrightarrow H_2O(l)$ $\Delta H=-20Q_1$ kJ

ⓛ. Ⅲ은 $NaOH(s)$ $\frac{2}{40}=0.05$ mol이 물에 용해되는 반응이다. 따라서 1 mol의 $NaOH(s)$이 물에 용해되는 반응의 열화학 반응식은 다음과 같다.

$NaOH(s) \longrightarrow NaOH(aq)$ $\Delta H=-20Q_3$ kJ

따라서 $NaOH(s)$ 1 mol이 $H_2O(l)$에 용해될 때, $20Q_3$ kJ의 에너지를 방출한다.

✗. Ⅱ에서 반응하는 H^+의 양(mol)은 $1\times0.1=0.1$, OH^-의 양(mol)은 $\frac{4}{40}=0.1$이므로 이 반응의 열화학 반응식은 다음과 같다.

$HCl(aq)+NaOH(s) \longrightarrow NaCl(aq)+H_2O(l)$

$\Delta H=-10Q_2$ kJ

[경로 (가)]

$NaOH(s) \longrightarrow NaOH(aq)$ $\Delta H=-20Q_3$

$HCl(aq)+NaOH(aq) \longrightarrow NaCl(aq)+H_2O(l)$

$\Delta H=-20Q_1$ kJ

[경로 (나)]

$HCl(aq)+NaOH(s) \longrightarrow NaCl(aq)+H_2O(l)$

$\Delta H=-10Q_2$ kJ

헤스 법칙에 의해 경로 (가)와 (나)의 반응 엔탈피의 총합은 같으므로 $-10Q_2=-20Q_1+(-20Q_3)$, $Q_2=2Q_1+2Q_3$이다.

12 결합 에너지와 헤스 법칙

$2C(s,\ 흑연)+3H_2(g) \longrightarrow C_2H_6(g)$ $\Delta H=-83$ kJ … ①

$2C(s,\ 흑연)+2H_2(g) \longrightarrow C_2H_4(g)$ $\Delta H=52$ kJ … ②

$2C(s,\ 흑연)+H_2(g) \longrightarrow C_2H_2(g)$ $\Delta H=224$ kJ … ③

식 ①$-2\times$②$+$③에서

$2C_2H_4(g) \longrightarrow C_2H_6(g)+C_2H_2(g)$

$\Delta H=-83-2\times52+224=37$ kJ … ④

결합 에너지를 이용하여 구한 ④의 ΔH는 $2\times$(C=C의 결합 에너지)$-$(C−C의 결합 에너지)$-$(C≡C의 결합 에너지)$=(2y-x-z)$ kJ이다. 따라서 $x-2y+z=-37$이다.

05 화학 평형과 평형 이동

수능 2점 테스트 본문 97~101쪽

01 ⑤ 02 ⑤ 03 ① 04 ② 05 ① 06 ③ 07 ⑤
08 ③ 09 ④ 10 ③ 11 ② 12 ③ 13 ⑤ 14 ③
15 ⑤ 16 ④ 17 ③ 18 ⑤ 19 ③ 20 ①

01 화학 평형

✗. $X(g)$~$Z(g)$가 화학 평형을 이루고 있으므로 정반응과 역반응이 같은 속도로 일어나고 있다.

ⓑ. 일정한 온도에서 평형 상태에 있을 때 반응물의 농도 곱에 대한 생성물의 농도 곱의 비가 농도로 정의되는 평형 상수이므로 $K=\frac{[Y][Z]}{[X]}$이다.

ⓒ. 평형 상태에서 정반응 속도와 역반응 속도가 같으므로 반응물과 생성물의 양(mol)이 일정하다. 온도와 부피가 일정하므로 전체 기체의 압력은 일정하게 유지된다.

02 H_2O의 상평형 그림

H_2O의 상평형 그림에서 융해 곡선의 기울기는 음(−)의 값을 갖는다.

�. t℃, P atm은 삼중점이므로 안정한 상이 기체, 액체, 고체, 3가지이다.

ⓛ. 1 atm에서 융해 곡선 위의 온도인 어는점은 t℃보다 낮다.

ⓒ. 1 atm일 때 어는점보다 높은 t℃에서 안정한 상은 액체이다.

03 몰 분율과 평형 상수

ⓖ. 각 기체의 몰 분율의 합은 1이다. $A(g)$와 $B(g)$의 몰 분율이 각각 $\frac{1}{2}$, $\frac{1}{4}$이므로 $C(g)$의 몰 분율은 $1-\frac{1}{2}-\frac{1}{4}=\frac{1}{4}$이다.

✗. $A(g)$~$C(g)$가 화학 평형을 이루고 있으므로 정반응과 역반응이 같은 속도로 일어나고 있다.

✗. $A(g)$~$C(g)$의 몰 분율이 각각 $\frac{1}{2}$, $\frac{1}{4}$, $\frac{1}{4}$이므로 $A(g)$~$C(g)$의 몰 농도를 각각 $\frac{1}{2}a$ M, $\frac{1}{4}a$ M, $\frac{1}{4}a$ M라고 하면

$$K=\frac{[C]^2}{[A][B]}=\frac{\left(\frac{1}{4}a\right)^2}{\frac{1}{2}a\times\frac{1}{4}a}=\frac{1}{2}$$이다.

04 평형 상수

$A(g)$~$C(g)$의 몰 농도는 각각 $\frac{1}{V}$ M, $\frac{2}{V}$ M, $\frac{3}{V}$ M이다.

$K=\frac{[C]^2}{[A][B]^3}=\frac{\left(\frac{3}{V}\right)^2}{\frac{1}{V}\times\left(\frac{2}{V}\right)^3}=\frac{9V^2}{8}=200$이므로 $V^2=\frac{1600}{9}$, $V=\frac{40}{3}$이다.

05 화학 평형

초기에서 평형에 도달하기까지 반응물이 증가한 양은 $A(g)$가 0.1 mol, $B(g)$가 0.2 mol이므로 반응 몰비는 $A(g) : B(g)=1 : 2$이고, $b=2$이다.

㉠. 반응 계수비가 $A(g) : C(g)=1 : 2$이므로 $A(g)$가 0.1 mol 증가할 때 $C(g)$는 0.2 mol 감소한다. 따라서 $x=0.8-0.2=0.6$이고, $b\times x=1.2$이다.

X. 평형에 도달하기 전까지 반응물인 $A(g)$와 $B(g)$의 양(mol)이 증가하므로 역반응이 우세하게 진행된다.

X. 용기의 부피가 10 L이므로 $K=\frac{[C]^2}{[A][B]^2}=\frac{0.06^2}{0.03\times0.06^2}=\frac{100}{3}$이다.

06 CO_2의 상평형 그림

㉠. 증기 압력 곡선의 기울기가 양(+)의 값을 가지므로 삼중점의 압력보다 높은 P atm에서 끓는점은 삼중점의 온도(−56.6℃)보다 높다.

㉡. 융해 곡선의 기울기가 양(+)의 값을 가지므로 삼중점의 온도(−56.6℃), 삼중점의 압력보다 높은 P atm에서 안정한 상은 고체이다.

X. 삼중점의 압력보다 낮은 1 atm에서는 액체가 안정한 상으로 존재할 수 없다.

07 온도와 평형 상수

두 강철 용기의 부피가 각각 1 L이므로 (가)에서 $A(g)$와 $B(g)$의 몰 농도는 각각 a M, b M이고, (나)에서 $A(g)$와 $B(g)$의 몰 농도는 각각 x M, y M이다.

X. (가)는 $A(g)$와 $B(g)$가 화학 평형을 이루고 있으므로 정반응 속도와 역반응 속도가 같다.

㉡. T_1 K에서 $K=\frac{[B]}{[A]}=\frac{b}{a}$이다.

㉢. 반응 $A(g) \rightleftharpoons B(g)$은 흡열 반응($\Delta H>0$)이므로 온도가 높은 T_1 K에서 평형 상수$\left(\frac{b}{a}\right)$가 T_2 K에서 평형 상수$\left(\frac{y}{x}\right)$보다 크다. 따라서 $b\times x>a\times y$이다.

08 평형 상수

평형에 도달했을 때 생성된 $B(g)$의 양을 x mol이라고 하면 기체의 양(mol) 변화는 다음과 같다.

	$2A(g)$ ⇌	$B(g)$ +	$C(g)$
초기(mol)	4	0	0
반응(mol)	$-2x$	$+x$	$+x$
평형(mol)	$4-2x$	x	x

용기의 부피를 V L라고 하면, 평형 상수 $K=\frac{[B][C]}{[A]^2}=\frac{\left(\frac{x}{V}\right)^2}{\left(\frac{4-2x}{V}\right)^2}=\frac{1}{4}$이므로 $x=1$이다. 따라서 평형에서 $A(g)$~$C(g)$의 양(mol)은 각각 2, 1, 1이고, $B(g)$의 몰 분율은 $\frac{1}{2+1+1}=\frac{1}{4}$이다.

09 평형 상수

초기에서 평형에 도달할 때까지 증가한 $B(g)$의 몰 농도를 x M라고 하면 몰 농도의 변화는 다음과 같다.

	$2A(g)$ ⇌	$B(g)$ +	$C(g)$
초기(M)	1.6	0.6	0.2
반응(M)	$-2x$	$+x$	$+x$
평형(M)	a	b	$2a$

$2(1.6-2x)=0.2+x=2a$이므로 $x=0.6$, $a=0.4$이고, 평형에서 $A(g)$~$C(g)$의 몰 농도(M)는 각각 0.4, 1.2(=b), 0.8이다.

$K=\frac{[B][C]}{[A]^2}=\frac{1.2\times0.8}{0.4^2}=6$이므로 $\frac{K}{b}=\frac{6}{1.2}=5$이다.

10 온도 변화에 의한 평형 이동

화학 반응이 평형 상태일 때 온도를 낮추면 열을 방출하는 발열 반응 쪽으로 평형이 이동한다.

㉠. $NO_2(g)$는 적갈색이고, $N_2O_4(g)$는 무색이므로 $[NO_2]$가 클수록 적갈색이 진하다. 따라서 $[NO_2]$는 25℃에서가 0℃에서보다 크다.

㉡. 온도를 낮추었을 때 반응물인 $NO_2(g)$의 농도가 작아져 전체 기체의 색깔이 옅어졌으므로 정반응 쪽으로 평형 이동하였다. 따라서 정반응은 발열 반응($\Delta H<0$)이다.

X. 발열 반응은 온도가 높을 때(25℃)가 온도가 낮을 때(0℃)보다 평형 상수(K)가 작다.

11 상평형 그림

X. t_2℃, P_2 atm에서 안정한 상은 기체, 1가지이다.

㉡. P_1 atm에서 끓는점은 증기 압력 곡선 위의 온도인 t_2℃이다.

X. 융해 곡선의 기울기가 음(−)의 값을 가지는 상평형 그림에서, t_1℃에서 액체와 고체가 안정한 상인 압력 P_1 atm과 기체와 고

체가 안정한 상인 압력 P_2 atm의 평균인 압력 $\frac{P_1+P_2}{2}$ atm에서 안정한 상은 고체이다.

12 르샤틀리에 원리

화학 반응이 평형 상태에 있을 때 농도, 온도, 압력의 반응 조건을 변화시키면, 그 변화를 상쇄하는 방향으로 반응이 우세하게 진행되어 새로운 평형에 도달한다.

ㄱ. 피스톤을 고정하고 A(g)를 추가하면 반응물의 농도가 증가하므로 정반응이 우세하게 진행된다.

ㄴ. 피스톤에 추를 올리면 기체의 부피가 감소하면서 기체의 압력이 증가한다. 화학 반응식에서 반응물의 계수 합(3+1)이 생성물의 계수(2)보다 크므로 전체 기체 분자 수가 감소하는 방향인 정반응이 우세하게 진행된다.

ㄷ. 촉매는 평형을 이동시키지 않으므로 고체 정촉매를 첨가하여도 정반응이 우세하게 진행되지 않는다.

13 몰 분율과 평형 상수

평형에 도달했을 때 생성된 C(g)의 양을 x mol이라고 하면 기체의 양(mol) 변화는 다음과 같다.

	A(g) +	B(g) ⇌	C(g)
초기(mol)	5	5	0
반응(mol)	$-x$	$-x$	$+x$
평형(mol)	$5-x$	$5-x$	x

이때 C(g)의 몰 분율은 $\frac{x}{10-x}=\frac{2}{3}$이므로 $x=4$이고, 평형에서 A(g)~C(g)의 양(mol)은 각각 1, 1, 4이다. 강철 용기의 부피가 100 L이므로 평형 상수 $K=\frac{[C]}{[A][B]}=\frac{\frac{4}{100}}{\frac{1}{100}\times\frac{1}{100}}=400$이다.

14 압력 변화에 의한 평형 이동

꼭지를 열면 기체의 부피는 2배가 되고 전체 기체의 압력이 $\frac{1}{2}$배가 된다. 화학 반응식에서 반응물의 계수 합(1+1)이 생성물의 계수(1)보다 크므로 전체 기체 분자 수가 증가하는 방향인 역반응이 우세하게 진행된다.

ㄱ. 평형에 도달하기 전까지 역반응이 우세하게 진행되므로 A(g)의 양(mol)은 증가한다.

ㄴ. A(g)와 B(g)의 양(mol)은 증가하고, C(g)의 양(mol)은 감소하므로 C(g)의 몰 분율은 감소한다.

ㄷ. 평형 상수(K)는 온도 변화에 의해서만 달라지며 압력 변화에 의해서는 달라지지 않는다.

15 상평형 그림

㉠~㉢은 각각 고체, 액체, 기체이다.

ㄱ. t_2℃, P_2 atm에서 안정한 상은 ㉢(기체)이다.

ㄴ. 융해 곡선의 기울기가 양(+)의 값을 가지므로 P_1 atm에서 ㉠(고체)과 ㉡(액체)이 모두 안정한 상일 때의 온도는 삼중점의 온도(t_1℃)보다 높다.

ㄷ. P_1 atm에서 끓는점은 증기 압력 곡선 위의 온도인 t_2℃이다.

16 온도 변화에 의한 평형 이동

평형 상수(K)는 온도 변화에 의해서만 달라지고 농도 변화에 의해서는 달라지지 않으므로 (가)에서와 (나)에서가 같다. 정반응이 흡열 반응($\Delta H>0$)일 때, 온도를 높이면 열을 흡수하는 정반응 쪽으로 평형이 이동하여 평형 상수(K)가 증가하므로 평형 상수는 (다)에서가 (나)에서보다 크다. 따라서 평형 상수(K)는 (다) > (가) = (나)이다.

17 상평형 그림

조건에 따라 A의 상평형 그림을 나타내면 다음과 같다.

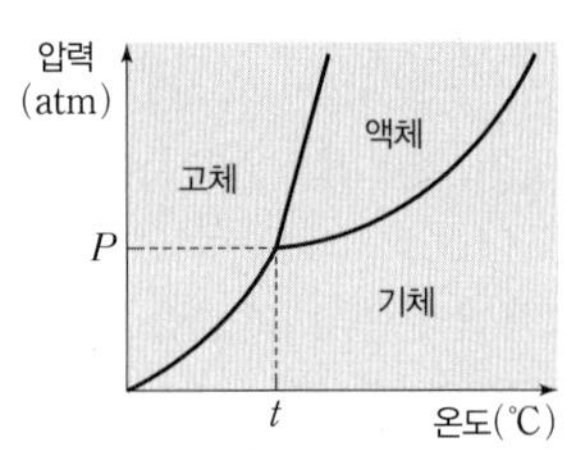

ㄱ. 삼중점(t℃, P atm)에서 안정한 상의 수는 3이다.

ㄴ. 융해 곡선의 기울기가 양(+)의 값을 가지므로 삼중점의 온도(t℃)보다 낮은 온도에서는 액체가 안정한 상으로 존재할 수 없다.

ㄷ. 승화 곡선의 기울기가 양(+)의 값을 가지므로 삼중점의 압력(P atm)보다 낮은 압력에서는 안정한 상의 수가 2(고체, 기체)인 온도는 삼중점의 온도(t℃)보다 낮다.

18 농도 변화에 의한 평형 이동

평형 상태에 있는 화학 반응에서 반응물의 농도를 증가시키면 반응물의 농도를 감소시키는 방향으로 반응이 진행되어 새로운 평형에 도달한다.

ㄱ. $K=\frac{[B]}{[A]^2}=\frac{\frac{0.4}{10}}{\left(\frac{0.4}{10}\right)^2}=25$이다.

ㄴ. (나)에서 $Q=\frac{[B]}{[A]^2}=\frac{\frac{0.4}{10}}{\left(\frac{0.8}{10}\right)^2}=\frac{25}{4}$이다.

ㄷ. (나)에서 $Q<K$이므로 정반응이 우세하게 진행된다.

19 상평형 그림

㉠. 삼중점의 압력인 P atm, 삼중점의 온도보다 낮은 t℃에서 X의 안정한 상은 고체이다.

X. 삼중점의 온도보다 낮은 t℃에서 X(g)와 상평형을 이루는 X(a)의 상은 고체이다.

㉢. 승화 곡선의 기울기가 양(+)의 값을 가지므로 삼중점의 온도보다 낮은 t℃에서 X(s)와 상평형을 이루는 X(g)의 압력은 삼중점의 압력인 P atm보다 작다.

20 온도 변화에 의한 평형 이동

화학 평형에 있는 화학 반응에서 온도를 높이면 열을 흡수하는 흡열 반응 쪽으로 평형이 이동한다.

㉠. T_1 K에서 T_2 K로 온도가 변할 때 몰 농도 증가량이 A(g)가 0.1 M, B(g)가 0.1 M이므로 $b=1$이고, 또 A(g)와 C(g)의 반응 계수비가 1 : 2이므로 A(g)의 몰 농도가 0.1 M 증가할 때 C(g)의 몰 농도는 0.2 M 감소하여 0.3(=x) M가 된다. 따라서 $\frac{x}{b}=\frac{0.3}{1}=0.3$이다.

X. 강철 용기의 부피를 V L라고 하면 T_2 K일 때 $K=\frac{[C]^2}{[A][B]}=\frac{\left(\frac{0.3}{V}\right)^2}{\frac{0.4}{V}\times\frac{0.5}{V}}=\frac{9}{20}$이다.

X. T_1 K에서 T_2 K로 온도를 높일 때 역반응이 우세하게 진행되었으므로 정반응은 발열 반응($\Delta H<0$)이다.

수능 3점 테스트

본문 102~111쪽

01 ③	02 ④	03 ⑤	04 ①	05 ④	06 ①	07 ②
08 ④	09 ②	10 ④	11 ③	12 ⑤	13 ①	14 ⑤
15 ④	16 ②	17 ④	18 ⑤	19 ③	20 ⑤	

01 상평형 그림

상평형 그림에서 융해 곡선, 증기 압력 곡선, 승화 곡선 위에서의 안정한 상의 수는 각각 2이다.

X. 융해 곡선의 기울기가 음(−)의 값을 가지므로 t℃에서 안정한 상의 수가 2인 압력이 2가지가 되기 위해서는 t℃는 삼중점의 온도인 0.0098℃보다 낮아야 한다.

X. t℃, $\frac{P_1+P_2}{2}$ atm에서 A의 안정한 상은 고체, 1가지이다.

㉢. $P_1>P_2$이므로, t℃, P_1 atm에서 A의 안정한 상은 고체, 액체이고, t℃, P_2 atm에서 A의 안정한 상은 고체, 기체이므로 공통적인 안정한 상은 고체이다.

02 평형 상수

초기에는 실린더에 반응물인 A(g)와 B(g)만 들어 있으므로 정반응이 우세하게 진행되어 평형에 도달한다.

㉠. 일정한 온도에서 평형 상태에 있을 때 반응물의 농도 곱에 대한 생성물의 농도 곱의 비가 농도로 정의되는 평형 상수이므로 $K=\frac{[C]^2}{[A][B]^3}$이다.

㉡. 화학 반응식에서 반응물의 계수 합(1+3)이 생성물의 계수(2)보다 크므로 정반응이 우세하게 진행되었을 때 전체 기체의 분자 수가 감소하므로 혼합 기체의 압력이 일정할 때 기체의 부피는 감소한다. 따라서 혼합 기체의 부피는 초기 부피 V L보다 작다.

X. 평형에 도달했을 때 생성된 C(g)의 양을 $2x$ mol이라고 하면 A(g)의 양은 $(n-x)$ mol, B(g)의 양은 $(n-3x)$ mol이다. 따라서 $\frac{[B]}{[A]}=\frac{n-3x}{n-x}<1$이다.

03 압력 변화에 의한 평형 이동

부피가 2배가 되면 전체 기체의 압력이 $\frac{1}{2}$배가 된다. 화학 반응식에서 반응물의 계수 합(2+1)이 생성물의 계수(2)보다 크므로 전체 기체 분자 수가 증가하는 방향인 역반응이 우세하게 진행된다.

㉠. $K=\frac{[C]^2}{[A]^2[B]}=\frac{0.2^2}{0.2^2\times0.2}=5$이다.

㉡. (나)에서 $Q=\frac{[C]^2}{[A]^2[B]}=\frac{0.1^2}{0.1^2\times0.1}=10$이다.

㉢. (나)에서 $Q=10>K=5$이므로 역반응이 우세하게 진행되어 평형에 도달한다. (나)에서 [A]=[C]인데 역반응이 우세하게 진행되므로 (다)에서 [A]>[C]이다.

04 상평형 그림

상평형 그림에서 삼중점에서의 안정한 상의 수는 3이고, 융해 곡선, 증기 압력 곡선, 승화 곡선 위에서의 안정한 상의 수는 각각 2이다. 삼중점의 온도와 압력은 t_2℃, P_3 atm이다.

㉠. 융해 곡선의 기울기가 음(−)의 값을 가지므로 t_1℃에서 안정한 상의 수가 2인 압력이 2가지가 되기 위해서는 t_1℃는 삼중점의 온도인 t_2℃보다 작아야 한다. 따라서 $t_2>t_1$이다.

X. t_1℃, P_1 atm에서 A의 안정한 상은 고체, 액체이다.

X. t_2℃, P_2 atm에서 A의 안정한 상은 기체이다.

05 평형 상수

초기 A(g)의 양(mol)을 $6n$이라고 하면 B(g)의 양(mol)은

$3n$이다. 평형에 도달할 때까지 감소한 A(g)의 양(mol)을 xn이라고 하면 기체의 양(mol) 변화는 다음과 같다.

	A(g) +	B(g) $\rightleftarrows$	2C(g)
초기(mol)	$6n$	$3n$	0
반응(mol)	$-xn$	$-xn$	$+2xn$
평형(mol)	$(6-x)n$	$(3-x)n$	$2xn$

용기의 부피를 V L라고 하면, 평형 상수

$$K=\frac{[C]^2}{[A][B]}=\frac{\left(\frac{2xn}{V}\right)^2}{\frac{6-x}{V}n\times\frac{3-x}{V}n}=\frac{4x^2}{(6-x)(3-x)}=4$$

이므로 $x=2$이다. 평형에서 A(g)~C(g)의 양(mol)은 각각 $4n$, n, $4n$이므로 모형에서 ●은 4개, □은 1개, ▲은 4개이다.

06 상평형 그림

P_1 atm에서 t_1℃일 때와 t_2℃일 때 안정한 상의 수가 각각 2가 되기 위해서는 P_1 atm은 X의 삼중점에서의 압력보다 커야 한다. (가)를 X의 상평형 그림이라고 하면 다음과 같이 나타낼 수 있다.

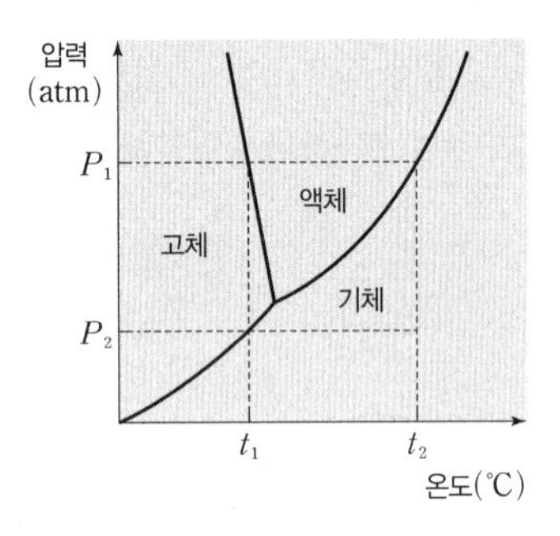

㉠을 고체, ㉡을 액체, ㉢을 기체라고 하면 t_2℃, P_1 atm에서 안정한 상은 ㉡, ㉢이 되어야 하는데 이는 조건과 맞지 않다. 따라서 (나)가 X의 상평형 그림이고, 다음과 같이 나타낼 수 있다.

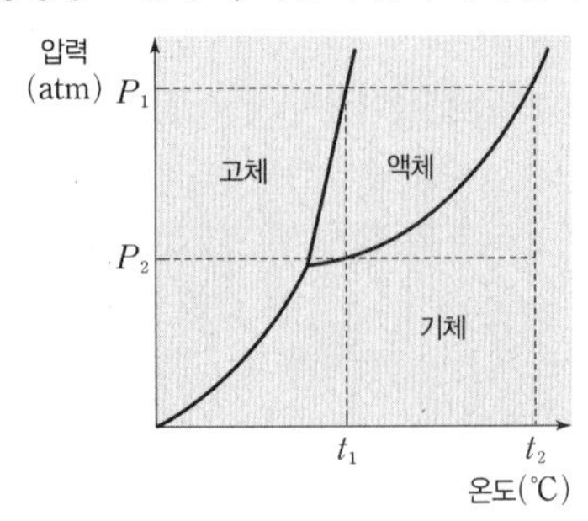

㉠은 액체, ㉡은 고체, ㉢은 기체이다.

ㄱ. ㉡은 고체이다.

~~ㄴ~~. (나)는 X의 상평형 그림이다.

~~ㄷ~~. X의 삼중점에서의 압력은 P_2 atm보다 작다.

07 몰 분율과 반응 지수

초기 A(g)의 양(mol)이 8이고, 반응 A(g) $\rightleftarrows$ B(g)+C(g)에서 생성된 B(g)의 양(mol)이 n일 때, A(g)와 C(g)의 양(mol)은 각각 $8-n$과 n이므로 B(g)의 몰 분율은 $\frac{n}{8+n}$이다.

~~ㄱ~~. (가)에서 $\frac{Q}{K}=1$이므로 (가)는 평형 상태이다. 따라서 정반응 속도와 역반응 속도는 같다.

ㄴ. 평형 상태인 (가)에서 생성된 B(g)의 양(mol)이 n_1일 때 B(g)의 몰 분율이 $\frac{1}{3}$이므로 $\frac{n_1}{8+n_1}=\frac{1}{3}$, $n_1=4$이고, 이때 A(g)와 C(g)의 양(mol)은 각각 4이다. 따라서 평형 상수 $K=\frac{[B][C]}{[A]}=\frac{\frac{4}{V}\times\frac{4}{V}}{\frac{4}{V}}=\frac{4}{V}$이다.

~~ㄷ~~. B(g)의 몰 분율이 $\frac{1}{5}$일 때 생성된 B(g)의 양(mol)을 n_2라고 하면 $\frac{n_2}{8+n_2}=\frac{1}{5}$, $n_2=2$이고, 이때 A(g)와 C(g)의 양(mol)은 각각 6과 2이다. 반응 지수 $Q=\frac{[B][C]}{[A]}=\frac{\frac{2}{V}\times\frac{2}{V}}{\frac{6}{V}}=\frac{2}{3V}$이므로 $x=\frac{Q}{K}=\frac{\frac{2}{3V}}{\frac{4}{V}}=\frac{1}{6}$이다.

08 온도와 평형 상수

~~ㄱ~~. (가)에서 T_1 K일 때 평형 상수 $K=\frac{[B][C]^3}{[A]^2}=\frac{\frac{a}{V}\times\left(\frac{a}{V}\right)^3}{\left(\frac{a}{V}\right)^2}=\frac{a^2}{V^2}$이고, (나)에서 T_2 K일 때 평형 상수 $K=\frac{[B][C]^3}{[A]^2}=\frac{\frac{2a}{2V}\times\left(\frac{a}{2V}\right)^3}{\left(\frac{2a}{2V}\right)^2}=\frac{a^2}{8V^2}$이다. 따라서 $\frac{T_2\text{ K에서 }K}{T_1\text{ K에서 }K}=\frac{1}{8}$이다.

ㄴ. K는 T_1 K일 때가 T_2 K일 때보다 크다. 정반응이 흡열 반응($\Delta H>0$)인 반응의 K는 온도가 높을 때가 온도가 낮을 때보다 크다. 따라서 $T_1>T_2$이다.

ㄷ. K는 T_1 K일 때가 T_2 K일 때보다 크므로 (나)의 온도를 T_1 K로 변화시키면 정반응이 우세하게 진행된다. [A]는 감소하고, [B]는 증가하므로 평형에 도달하면 $\frac{[B]}{[A]}>1$이다.

09 상평형 그림

t_1℃, $2P_1$ atm에서 안정한 상이 고체와 기체이고, t_2℃, P_1 atm에서 안정한 상이 고체와 기체이므로 이는 모두 승화 곡선 위의 점에 해당한다.

ㄱ. 삼중점에서의 압력 P_2 atm은 P_1 atm보다 크다.

ㄴ. 승화 곡선의 기울기는 양(+)의 값을 가지므로 압력이 P_1 atm으로 낮아지기 위해서는 온도를 낮추어야 한다. 따라서 $t_1>t_2$이다.

ㄷ. t_1℃$>t_2$℃이고, P_1 atm에서 X의 승화점이 t_2℃이므로 $\frac{t_1+t_2}{2}$℃, P_1 atm에서 X의 안정한 상은 기체이다.

10 반응 지수와 평형 상수

초기 $A(g)$의 양(mol)이 a이고, 반응 $2A(g) \rightleftharpoons 2B(g)+C(g)$에서 t_1일 때 생성된 $C(g)$의 양(mol)이 1이면 $A(g)$와 $B(g)$의 양(mol)은 각각 $a-2$와 2이고, t_2일 때 생성된 $C(g)$의 양(mol)이 2이면 $A(g)$와 $B(g)$의 양(mol)은 각각 $a-4$와 4이다. 온도 T에서 K는 일정하므로, 반응 지수 Q는 t_2일 때가 t_1일 때의 18배이다. t_1과 t_2일 때 Q는 각각 $\frac{2^2\times1}{(a-2)^2V}$과 $\frac{4^2\times2}{(a-4)^2V}$이므로 $\frac{2^2\times1}{(a-2)^2V}:\frac{4^2\times2}{(a-4)^2V}=1:18$이고, $\frac{2}{a-4}=\frac{3}{a-2}$, $a=8$이다. t_2일 때는 $\frac{K}{Q}=1$이므로 평형 상태이다. t_2일 때 $A(g)$~$C(g)$의 양(mol)이 각각 4, 4, 2이므로 $K=\frac{[B]^2[C]}{[A]^2}=\frac{4^2\times2}{4^2V}=\frac{2}{V}$이다. 따라서 $\frac{a}{K}=\frac{8}{\frac{2}{V}}=4V$이다.

11 농도 변화에 의한 평형 이동

ㄱ. (가)는 평형 상태이므로 $K=\frac{[C]}{[A][B]}=\frac{\frac{1}{2}\times V}{\frac{1}{2}\times\frac{1}{2}}=2V$이다.

ㄴ. (나)에서 $Q=\frac{[C]}{[A][B]}=\frac{\frac{1}{2}\times V}{\left(\frac{1}{2}+x\right)\times\frac{1}{2}}<K=2V$이다.

[다른 풀이] (나)에서 (다)가 될 때 생성물 $C(g)$가 증가하였으므로 (나)에서 정반응이 우세하게 진행된 것이다. 따라서 (나)에서 $Q<K$이다.

ㄷ. (나)에서 (다)가 될 때 $C(g)$가 $\frac{1}{10}$ mol만큼 증가하였으므로 (다)에서 $A(g)$와 $B(g)$의 양은 각각 $\left(\frac{2}{5}+x\right)$ mol, $\frac{2}{5}$ mol이다. (다)에서 $K=\frac{[C]}{[A][B]}=\frac{\frac{3}{5}\times V}{\left(\frac{2}{5}+x\right)\times\frac{2}{5}}=2V$이므로 $x=\frac{7}{20}$이다.

12 농도 변화에 의한 평형 이동

ㄱ. 추가한 $B(g)$의 양(mol)이 0일 때는 (가)에 해당하므로 $Q=1=K$이다. (가)에서 $K=\frac{[B]^b[C]}{[A]^2}=\frac{1^b\times x}{1^2}=1$이므로 $x=1$이다.

ㄴ. 추가한 $B(g)$의 양(mol)이 1일 때 $Q=\frac{[B]^b[C]}{[A]^2}=\frac{(1+1)^b\times1}{1^2}=2^b=2$이므로 $b=1$이다.

ㄷ. (가)에 $B(g)$를 0.7 mol 추가하였을 때 $A(g)$~$C(g)$의 양(mol)은 각각 1, 1.7, 1이고, 반응이 진행되어 [C]=0.9 M가 되었을 때 $A(g)$~$C(g)$의 양(mol)은 각각 1.2, 1.6, 0.9이므로 $Q=\frac{1.6\times0.9}{1.2^2}=\frac{1.44}{1.44}=1=K$이다.

13 융해 곡선과 안정한 상

물질 $X(s)$의 압력에 따른 녹는점을 연결한 선은 X의 상평형 그림에서 융해 곡선에 해당한다.

ㄱ. 탐구 과정 및 결과에서 $X(s)$는 압력이 20 atm에서 150 atm으로 커질수록 녹는점이 -0.14℃에서 -1.14℃로 낮아진다. 따라서 '$X(s)$는 압력이 커질수록 녹는점이 낮아진다.'는 가설 (가)로 적절하다.

ㄴ. -0.37℃, 50 atm은 $X(s)$의 상평형 그림에서 융해 곡선 위의 점에 해당하므로 -0.37℃, 50 atm에서 X의 안정한 상의 수는 2이다.

ㄷ. 100 atm에서 $X(s)$의 녹는점이 -0.75℃이므로, -1.14℃에서 안정한 상은 고체이다.

14 온도 변화에 의한 평형 이동

ㄱ. 평형 상수(K)는 T_2 K일 때가 T_1 K일 때보다 크다. 정반응이 흡열 반응($\Delta H>0$)인 반응의 K는 온도가 높을 때가 온도가 낮을 때보다 크다. 따라서 $T_2>T_1$이다.

ㄴ. P_1 atm에서 (가)의 기체 8 mol의 부피가 8 L이고, (나)에서 $A(g)$~$C(g)$의 양(mol)은 각각 $5-x$, $3+x$, x이므로 (나)의 기체 $(8+x)$ mol의 부피는 $(8+x)$ L이다. T_1 K 평형 Ⅰ에서 $K=\frac{[B][C]}{[A]}=\frac{(3+x)x}{(5-x)(8+x)}=\frac{1}{9}$이므로 $x^2+3x-4=0$이고, $x=1$이며, (나)의 실린더 속 기체의 부피는 9 L이다. (다)에서 피스톤을 고정하였으므로 (다)의 실린더 속 기체의 부피도 9 L이고, (다)에서 $A(g)$~$C(g)$의 양(mol)은 각각 $5-y$, $3+y$, y이므로 T_2 K 평형 Ⅱ에서 $K=\frac{[B][C]}{[A]}=\frac{(3+y)y}{(5-y)\times9}=1$이다. $y^2+12y-45=0$, $y=3$이므로 $y-x=2$이다.

ㄷ. 실린더 속 기체의 부피는 (나)에서와 (다)에서가 같고, (다)에서가 (나)에서보다 온도는 높으며 기체의 양(mol)은 크다. 따라서 압력은 (다)에서가 (나)에서보다 크므로 $P_2>P_1$이다.

15 압력 변화에 의한 평형 이동

(가)에서 부피를 V_1 L라고 하면 평형 상수 $K=\frac{[C]^2}{[A][B]^2}=\frac{\left(\frac{a}{V_1}\right)^2}{\frac{a}{V_1}\times\left(\frac{a}{V_1}\right)^2}=\frac{V_1}{a}$이다. (나)에서 $A(g)$의 양(mol)이 $a-x$일 때, $B(g)$와 $C(g)$의 양(mol)은 각각 $a-2x$와 $a+2x$이고, $\frac{[C]}{[A]}=\frac{a+2x}{a-x}=\frac{4}{3}$이므로, $x=0.1a$이다. 따라서 (나)에서 $A(g)$~$C(g)$의 양(mol)은 각각 $a-0.1a=0.9a$, $a-0.2a=0.8a$, $a+0.2a=1.2a$이다. (나)에서 부피를 V_2 L라고 하면 평형 상수 $K=\frac{[C]^2}{[A][B]^2}=\frac{\left(\frac{1.2a}{V_2}\right)^2}{\frac{0.9a}{V_2}\times\left(\frac{0.8a}{V_2}\right)^2}=\frac{5V_2}{2a}$이다. 온도 T에서 K는 일정하므로 $K=\frac{V_1}{a}=\frac{5V_2}{2a}$, $V_2=\frac{2}{5}V_1$이다. (가)에서 (나)로 될 때, 기체의 질량은 일정한데 부피가 $\frac{2}{5}$배로 감소하므로 밀도는 $\frac{5}{2}$배로 증가한다. 따라서 $\frac{d_2}{d_1}=\frac{5}{2}$이다.

16 평형 상수

ㄱ. $X(g)$를 넣은 쪽은 부피가 감소하는데 이는 기체의 양(mol)이 감소하기 때문이고, $Y(g)$를 넣은 쪽은 부피가 증가하는데 이는 기체의 양(mol)이 증가하기 때문이다. 따라서 X는 B이고, Y는 A이다.

ㄴ. (나)에서 피스톤 오른쪽 기체의 부피가 $\frac{4}{3}$ L이고, $A(g)$와 $B(g)$의 양(mol)은 각각 $\frac{3}{5}-\frac{b}{2}$와 b이므로 $K=\frac{[B]^2}{[A]}=\frac{b^2}{\left(\frac{3}{5}-\frac{b}{2}\right)\times\frac{4}{3}}=\frac{3}{10}$이다. $5b^2+b-\frac{6}{5}=0$이고, $b=\frac{2}{5}$이므로 $a=\frac{3}{5}-\frac{1}{2}\times\frac{2}{5}=\frac{2}{5}$이다. 따라서 $a=b$이다.

ㄷ. (나)에서 피스톤 왼쪽 기체는 부피가 $\frac{2}{3}$ L이고, $A(g)$와 $B(g)$의 양(mol)은 각각 $\frac{1}{5}$과 $\frac{1}{5}$로 평형을 이루고 있다. 따라서 피스톤을 제거한 직후에도 평형을 이루어 평형 이동하지 않는다. 따라서 반응 지수 $Q=K=\frac{3}{10}$이다.

17 평형 상수

$A(g)$가 5 mol에서 1 mol로 4 mol만큼 감소할 때, $B(g)$가 10 mol에서 8 mol로 2 mol만큼 감소하였으므로 반응 계수비는 $A(g):B(g)=2:1$이다. 따라서 $a=2$이다. 평형에 도달할 때 기체의 양(mol) 변화는 다음과 같다.

	$2A(g)$	$+\ B(g)$	$\rightleftarrows 2C(g)$
초기(mol)	5	10	0
반응(mol)	−4	−2	+4
평형(mol)	1	8	4

$K=\frac{[C]^2}{[A]^2[B]}=\frac{4^2\times V}{1^2\times 8}=2V$이다. 초기의 $A(g)$ 5 mol과 $B(g)$ 10 mol의 질량이 같으므로 A와 B의 분자량비는 2 : 1이고, 반응 $2A(g)+B(g) \rightleftarrows 2C(g)$에서 질량 보존 법칙에 따라 분자량비는 A : B : C=4 : 2 : 5이다. 따라서 $\frac{K\times \text{C의 분자량}}{a\times \text{A의 분자량}}=\frac{2V\times 5}{2\times 4}=\frac{5}{4}V$이다.

18 농도 변화에 의한 평형 이동

ㄱ. (나)에서 $C(g)$의 양(mol)이 $2y$인 강철 용기의 $A(g)$와 $B(g)$의 양(mol)은 각각 $6-2y$와 $5-2y$이고, $C(g)$의 양(mol)이 $3y$인 강철 용기의 $A(g)$와 $B(g)$의 양(mol)은 각각 $7-3y$와 $9-3y$이다. 이 두 강철 용기에서 각각 평형을 이루고 있으므로 $K=\frac{[C]}{[A][B]}=\frac{2y\times V}{(6-2y)(5-2y)}=\frac{3y\times V}{(7-3y)(9-3y)}$이고, $5-2y=7-3y$이므로 $y=2$이다.

ㄴ. (나)에서 $y=2$를 대입하면 $K=\frac{[C]}{[A][B]}=\frac{4\times V}{2\times 1}=2V$이다.

ㄷ. (나)에서 꼭지를 열기 전 전체 $C(g)$의 양(mol)은 $2y+3y=5y$이고, 꼭지를 연 직후 반응 지수 $Q=\frac{[C]}{[A][B]}=\frac{10\times 2V}{3\times 4}=\frac{5}{3}V$이다. $Q<K=2V$이므로 정반응이 우세하게 진행되어 새로운 평형에 도달하였을 때 $C(g)$의 양(mol)은 $5y$보다 크다. 따라서 $x>5y$이다.

19 온도 변화에 의한 평형 이동

화학 반응식에서 반응 계수비는 반응 몰비와 같으므로 $B(g)$가 0.2 mol 증가할 때, $A(g)$는 0.1 mol 증가하여 $0.4(=y)$ mol이 되고, $C(g)$는 $0.4(=x)$ mol에서 0.2 mol이 감소하여 0.2 mol이 된다.

ㄱ. $PV=nRT$에서 압력이 일정할 때 $\frac{\text{부피}}{\text{전체 기체의 양(mol)}}$는 절대 온도에 비례한다. T_1 K에서 $\frac{\text{부피}}{\text{전체 기체의 양(mol)}}=\frac{5V\text{ L}}{1\text{ mol}}$이고, T_2 K에서 $\frac{\text{부피}}{\text{전체 기체의 양(mol)}}=\frac{6V\text{ L}}{1.1\text{ mol}}$이므로 $T_2>T_1$이다.

ㄴ. $\frac{T_2\text{ K에서 }K}{T_1\text{ K에서 }K}=\frac{\frac{0.2^2\times 6V}{0.4\times 0.5^2}}{\frac{0.4^2\times 5V}{0.3\times 0.3^2}}=\frac{81}{1000}$이다.

ㄷ. T_1 K에서 T_2 K로 온도가 높아질 때 역반응이 우세하게 진행되었으므로 정반응은 발열 반응($\Delta H<0$)이다.

20 평형 상수

(가)에서 1 L 강철 용기에 $B(g)$의 몰 농도가 $\frac{1}{4}$ M이므로 $B(g)$의 양은 $\frac{1}{4}$ M×1 L$=\frac{1}{4}$ mol이고, 1 L 강철 용기에 $B(g)$만 들어 있으므로 반응이 일어나지 않아 (나)에서도 $B(g)$의 양(mol)은 $\frac{1}{4}=b$이다. 2 L 강철 용기에서는 온도가 일정할 때 압력이 $\frac{P_3}{P_1}=\frac{9}{5}$배 증가하므로 기체의 양(mol)도 $\frac{9}{5}$배로 증가한다. 2 L 강철 용기에서 평형에 도달할 때 기체의 양(mol) 변화는 다음과 같다.

	$A(g)$ ⇌	$B(g)$ +	$C(g)$
초기(mol)	a	0	0
반응(mol)	$-y$	$+y$	$+y$
평형(mol)	$a-y$	y	y

$\frac{a-y+y+y}{a}=\frac{a+y}{a}=\frac{9}{5}$이고, $a-y=\frac{1}{4}=b$이므로 $y=1$, $a=\frac{5}{4}$이다. (나)에서 2 L 강철 용기 속 $A(g)$~$C(g)$의 양(mol)은 각각 $\frac{1}{4}$, 1, 1이므로 $K=\frac{[B][C]}{[A]}=\frac{\frac{1}{2}\times\frac{1}{2}}{\frac{1}{8}}=2$이다. $PV=nRT$에서 온도가 일정할 때 기체의 부피는 $\frac{\text{기체의 양(mol)}}{\text{압력}}$에 비례한다. (가)에서 실린더 속 기체는 2 L 강철 용기 속 기체보다 압력이 $\frac{P_2}{P_1}=\frac{8}{5}$배, 기체의 양(mol)이 $\frac{11}{\frac{5}{4}}=\frac{44}{5}$배이므로 실린더 속 기체의 부피는 2 L$\times\frac{5}{8}\times\frac{44}{5}=11$ L이다. 실린더에서 평형에 도달할 때 기체의 양(mol) 변화는 다음과 같다.

	$A(g)$ ⇌	$B(g)$ +	$C(g)$
초기(mol)	0	6	5
반응(mol)	$+z$	$-z$	$-z$
평형(mol)	z	$6-z$	$5-z$

P_2 atm에서 초기 기체 11 mol의 부피가 11 L이므로 평형에서 $(11-z)$ mol의 부피는 $(11-z)$ L이다. 실린더의 평형에서 $K=\frac{[B][C]}{[A]}=\frac{(6-z)(5-z)}{z(11-z)}=2$이므로 $z^2-11z+10=0$이고, $z=1$이다. 실린더의 평형에서 $A(g)$~$C(g)$의 양(mol)은 각각 $1(=c)$, 5, 4이다. (나)에서 꼭지를 모두 연 직후 기체의 양(mol)은 $A(g)$는 $\frac{1}{4}+1=\frac{5}{4}$, $B(g)$는 $1+5+\frac{1}{4}=\frac{25}{4}$, $C(g)$는 $1+4=5$이고, 전체 기체의 양(mol)은 $\frac{5}{4}+\frac{25}{4}+5=\frac{25}{2}$이다. P_2 atm에서 초기 기체 11 mol의 부피가 11 L이므로 (나)에서 꼭지를 모두 연 직후 전체 기체 $\frac{25}{2}$ mol의 부피는 $\frac{25}{2}$ L이고, 이때 반응 지수 $Q=\frac{[B][C]}{[A]}=\frac{\frac{25}{4}\times5}{\frac{5}{4}\times\frac{25}{2}}=2=K$이므로 $A(g)$, $B(g)$, $C(g)$의 양(mol)은 변하지 않는다. 따라서 (나)에서 꼭지를 모두 열어 새로운 평형에 도달하였을 때 전체 기체 $\frac{25}{2}$ mol의 부피는 $\frac{25}{2}$ L이고, 두 강철 용기의 부피 3 L를 제외하면 실린더 속 기체의 부피 x L$=\frac{19}{2}$ L이다. 따라서 $\frac{c\times x}{a\times K}=\frac{1\times\frac{19}{2}}{\frac{5}{4}\times2}=\frac{19}{5}$이다.

06 산 염기 평형

수능 2점 테스트

본문 122~124쪽

01 ② 02 ② 03 ① 04 ⑤ 05 ② 06 ③ 07 ④
08 ⑤ 09 ① 10 ⑤ 11 ③ 12 ①

01 산의 세기

염기 C^-의 $K_b=5\times10^{-9}$이므로 그 짝산인 HC의 $K_a=\frac{K_w}{K_b}=\frac{1\times10^{-14}}{5\times10^{-9}}=2\times10^{-6}$이다. 산의 K_a가 클수록 산의 세기가 강하다. 따라서 K_a는 HA > HC > HB이므로 산의 세기도 HA > HC > HB이다.

02 약산의 이온화 평형

ㄱ. pH=5.0이므로 $[H_3O^+]=1\times10^{-5}$ M이고, $[A^-]=[H_3O^+]=1\times10^{-5}$ M이다.

ㄴ. $[H_3O^+]=1\times10^{-5}$ M이고, 수용액의 부피가 100 mL이므로 H_3O^+의 양은 $1\times10^{-5}\text{ M}\times0.1\text{ L}=1\times10^{-6}$ mol이다.

ㄷ. HA는 약산이므로 $K_a=\frac{[A^-][H_3O^+]}{[HA]}=\frac{(1\times10^{-5})^2}{0.05-1\times10^{-5}}\fallingdotseq\frac{(1\times10^{-5})^2}{0.05}=2\times10^{-9}$이다.

03 약산의 이온화 평형

pH=3.0이므로 $[H_3O^+]=1\times10^{-3}$ M이고, $[A^-]=[H_3O^+]=1\times10^{-3}$ M이다. HA는 약산이므로 $K_a=\frac{[A^-][H_3O^+]}{[HA]}=\frac{(1\times10^{-3})^2}{x-1\times10^{-3}}\fallingdotseq\frac{(1\times10^{-3})^2}{x}=5\times10^{-6}$이고, $x=0.2$이다. $[OH^-]=\frac{K_w}{[H_3O^+]}=\frac{1\times10^{-14}}{1\times10^{-3}}=1\times10^{-11}(\text{M})=y(\text{M})$이므로 $\frac{y}{x}=\frac{1\times10^{-11}}{0.2}=5\times10^{-11}$이다.

04 이온화 상수

ㄱ. 염기의 K_b가 클수록 염기의 세기가 강하다. 따라서 K_b는 $CH_3NH_2>NH_3$이므로 염기의 세기도 $CH_3NH_2>NH_3$이다.

ㄴ. CH_3NH_2의 $K_b=4.6\times10^{-4}$이므로 그 짝산인 $CH_3NH_3^+$의 $K_a=\frac{K_w}{K_b}=\frac{1\times10^{-14}}{4.6\times10^{-4}}=\frac{5}{23}\times10^{-10}>1\times10^{-11}$이다.

ㄷ. CH_3NH_3Cl은 물에 녹아 $CH_3NH_3^+$과 Cl^-으로 이온화되고, $CH_3NH_3^+$이 가수 분해하여 H_3O^+을 생성하므로 0.01 M $CH_3NH_3Cl(aq)$의 pH<7.0이다.

05 염의 가수 분해

ㄱ. NH_4Cl은 강산인 HCl와 약염기인 NH_3가 반응하여 생성된 염이다. $NH_4Cl(aq)$에서 NH_3의 짝산인 NH_4^+이 가수 분해하여 H_3O^+을 생성하므로 $NH_4Cl(aq)$의 액성은 산성으로 pH<7.0이다.

ㄴ. 25℃에서 NH_4^+의 이온화 상수 $K_a=\frac{K_w}{K_b}=\frac{1\times10^{-14}}{1.8\times10^{-5}}=\frac{5}{9}\times10^{-9}<1.8\times10^{-5}$이다.

ㄷ. NH_4^+은 약산이므로 일부만 이온화하여 NH_3를 생성한다. 따라서 $[NH_3]<0.1$ M이다.

06 완충 용액의 pH

약산 HA의 이온화 상수를 K_a라고 하면 $K_a=\frac{[A^-][H_3O^+]}{[HA]}$이다. 같은 온도의 (가)~(다)에서 K_a는 같으므로 $[H_3O^+]$는 $\frac{[HA]}{[A^-]}$에 비례한다. $\frac{[HA]}{[A^-]}$는 (나)>(가)=(다)이다. $pH=-\log[H_3O^+]$이므로 $[H_3O^+]$가 클수록 pH는 작다. 따라서 pH는 (가)=(다)>(나)이다.

07 약산과 짝염기 수용액의 pH

HA(aq)에서 pH=3.0이므로 $[H_3O^+]=[A^-]=1\times10^{-3}$ M이고, $[HA]=x\text{ M}-1\times10^{-3}$ M이다. HA는 약산이므로 $K_a=\frac{[A^-][H_3O^+]}{[HA]}=\frac{(1\times10^{-3})^2}{x-1\times10^{-3}}\fallingdotseq\frac{(1\times10^{-3})^2}{x}=3\times10^{-6}$, $x=\frac{1}{3}$이다. NaA(aq)의 몰 농도(M)는 $\frac{1}{100x}=0.03$이고, 25℃에서 물의 이온화 상수(K_w)는 1×10^{-14}이므로 A^-의 $K_b=\frac{K_w}{K_a}=\frac{1\times10^{-14}}{3\times10^{-6}}=\frac{1}{3}\times10^{-8}$이다. A^-의 이온화 반응식은 $A^-(aq)+H_2O(l)\rightleftharpoons HA(aq)+OH^-(aq)$이다. NaA($aq$)에서 $[OH^-]=z$ M라고 하면 $[OH^-]=[HA]=z$ M이므로 $K_b=\frac{[HA][OH^-]}{[A^-]}=\frac{z^2}{0.03-z}\fallingdotseq\frac{z^2}{0.03}=\frac{1}{3}\times10^{-8}$이고 $[OH^-]=z\text{ M}=1\times10^{-5}$ M이다. $[H_3O^+]=\frac{K_w}{[OH^-]}=\frac{1\times10^{-14}}{1\times10^{-5}}=1\times10^{-9}(\text{M})$이고, pH=$y$=9.0이다. 따라서 $x\times y=3.0$이다.

08 완충 용액

ㄱ. pH=6.0이므로 $[H_3O^+]=1\times10^{-6}$ M이다. 25℃에서 물의 이온화 상수(K_w)는 1×10^{-14}이므로 $[OH^-]=\frac{K_w}{[H_3O^+]}=\frac{1\times10^{-14}}{1\times10^{-6}}=1\times10^{-8}(\text{M})$이다.

ㄴ. $K_a = \frac{[A^-][H_3O^+]}{[HA]} = \frac{0.03 \times 1 \times 10^{-6}}{0.03} = 1 \times 10^{-6}$이다.

ㄷ. 1 M $HCl(aq)$ 1 mL를 첨가하면 $[H_3O^+]$가 증가하여 역반응이 우세하게 진행되므로 $[HA] > [A^-]$이다.

09 완충 용액의 pH

ㄱ. $K_a = \frac{[A^-][H_3O^+]}{[HA]} = a$이고, (가)에서 $\frac{[HA]}{[A^-]} = 2$이므로 $[H_3O^+] = 2a$ M이다.

ㄴ. (가)에서 pH=5.0이므로 $[H_3O^+] = 1 \times 10^{-5}$ M이다.
$K_a = a = \frac{[A^-][H_3O^+]}{[HA]} = \frac{1}{2} \times 1 \times 10^{-5} = 5 \times 10^{-6}$이다.

ㄷ. 같은 온도의 (가)와 (나)에서 K_a는 같으므로 $[H_3O^+]$는 $\frac{[HA]}{[A^-]}$에 비례한다. $\frac{[HA]}{[A^-]}$는 (가)>(나)이다. $pH = -\log[H_3O^+]$이므로 $[H_3O^+]$가 클수록 pH는 작다. 따라서 pH는 (나)>(가)이므로 $x > 5.0$이다.

10 염의 가수 분해

완충 용액은 약산과 그 약산의 짝염기가 섞여 있는 수용액이나 약염기와 그 약염기의 짝산이 섞여 있는 수용액으로 산이나 염기를 소량 가해도 pH가 거의 변하지 않는 용액이다.

ㄱ. (가)는 약산인 CH_3COOH의 짝염기인 CH_3COO^-만을 녹인 수용액이므로 완충 용액이 아니다.

ㄴ. (가)는 CH_3COO^-이 가수 분해하여 OH^-을 생성하므로 염기성이다. 따라서 $pH = x > 7.0$이다.

ㄷ. CH_3COOH의 $K_a = 2 \times 10^{-5}$이므로 그 짝염기인 CH_3COO^-의 $K_b = \frac{K_w}{K_a} = \frac{1 \times 10^{-14}}{2 \times 10^{-5}} = 5 \times 10^{-10}$이다. CH_3COO^-의 이온화 반응식은 $CH_3COO^-(aq) + H_2O(l) \rightleftharpoons CH_3COOH(aq) + OH^-(aq)$이다. $[OH^-] = y$ M라고 하면 $[OH^-] = [CH_3COOH] = y$ M이므로 $K_b = \frac{[CH_3COOH][OH^-]}{[CH_3COO^-]} = \frac{y^2}{0.2 - y} \fallingdotseq \frac{y^2}{0.2} = 5 \times 10^{-10}$, $[CH_3COOH] = y\ M = 1 \times 10^{-5}$ M이다. 따라서 $\frac{[CH_3COOH]}{[CH_3COO^-]} \fallingdotseq \frac{1 \times 10^{-5}}{0.2} = 5 \times 10^{-5} > 2 \times 10^{-5}$이다.

11 산의 세기

산의 K_a가 클수록 산의 세기가 강하다.

ㄱ. K_a는 HA>HB이므로 산의 세기도 HA>HB이다.

ㄴ. $HA(aq)$에서 pH=3.0이므로 $[H_3O^+] = [A^-] = 1 \times 10^{-3}$ M이고, $[HA] = (0.2 - 1 \times 10^{-3})$ M이다. $K_a = x = \frac{[A^-][H_3O^+]}{[HA]} = \frac{(1 \times 10^{-3})^2}{0.2 - 1 \times 10^{-3}} \fallingdotseq \frac{(1 \times 10^{-3})^2}{0.2} = 5 \times 10^{-6} > 1 \times 10^{-6}$이다.

ㄷ. HA의 $K_a = 5 \times 10^{-6}$이므로 HB의 $K_a = \frac{5 \times 10^{-6}}{100} = 5 \times 10^{-8}$이다. $HB(aq)$에서 pH=4.0이므로 $[H_3O^+] = [B^-] = 1 \times 10^{-4}$ M이고, $[HB] = (y - 1 \times 10^{-4})$ M이다. $K_a = \frac{[B^-][H_3O^+]}{[HB]} = \frac{(1 \times 10^{-4})^2}{y - 1 \times 10^{-4}} \fallingdotseq \frac{(1 \times 10^{-4})^2}{y} = 5 \times 10^{-8}$이므로 $y = 0.2$이다.

12 혈액 내 완충 용액

화학 반응식은 다음과 같다.

(가) $CO_2(g) + H_2O(l) \rightleftharpoons H_2CO_3(aq)$

(나) $H_2CO_3(aq) + H_2O(l) \rightleftharpoons HCO_3^-(aq) + H_3O^+(aq)$

ㄱ. ㉠은 H_2CO_3이다.

ㄴ. (나)에서 HCO_3^-의 짝산은 H_2CO_3이다.

ㄷ. 혈액에서 $CO_2(g)$가 과다하게 배출되면 (가)와 (나)가 모두 역반응이 우세하게 진행되어 $[H_3O^+]$가 감소하므로 혈액의 pH는 증가한다.

수능 3점 테스트

본문 125~130쪽

01 ⑤ 02 ② 03 ⑤ 04 ③ 05 ③ 06 ⑤ 07 ①
08 ② 09 ① 10 ⑤ 11 ④ 12 ⑤

01 완충 용액

ㄱ. 물 1 L에 $NaOH(s)$ 0.01 mol을 첨가했을 때 pH가 7.0에서 12.0으로 5.0만큼 증가하였고, $HA(aq)$과 $NaA(aq)$을 혼합하여 만든 완충 용액 1 L에 $NaOH(s)$ 0.01 mol을 첨가했을 때 pH가 7.0에서 7.5로 0.5만큼 증가하였다. 따라서 'pH 변화는 물이 완충 용액보다 크다.'는 ㉠으로 적절하다.

ㄴ. (가)의 완충 용액에서 pH=7.0이므로 $[H_3O^+] = 1 \times 10^{-7}$ M이고, HA의 $K_a = 1 \times 10^{-7} = \frac{[A^-][H_3O^+]}{[HA]} = x \times 1 \times 10^{-7}$이므로 $x = 1$이다.

ㄷ. (나)에서 비커 Ⅱ에 들어 있는 $[A^-] = [HA]$인 수용액에 $NaOH(s)$ 0.01 mol을 첨가했으므로 $[HA]$는 감소하고, $[A^-]$는 증가하여 $\frac{[A^-]}{[HA]} > 1$이 된다.

02 약산의 이온화 평형

25℃에서 0.2 M $HB(aq)$의 pOH=9.0이므로 $[OH^-] = 1 \times 10^{-9}$ M이고, $[H_3O^+] = \frac{K_w}{[OH^-]} = \frac{1 \times 10^{-14}}{1 \times 10^{-9}} = 1 \times 10^{-5}(M) = x(M)$이다. HB의 이온화 상수 $K_a = \frac{[B^-][H_3O^+]}{[HB]} = \frac{(1 \times 10^{-5})^2}{0.2 - 1 \times 10^{-5}}$

$≒\dfrac{(1\times10^{-5})^2}{0.2}=5\times10^{-10}$이다. $K_b=\dfrac{K_w}{K_a}=\dfrac{1\times10^{-14}}{5\times10^{-10}}=2\times10^{-5}$ 이므로 $\dfrac{K_b}{x}=\dfrac{2\times10^{-5}}{1\times10^{-5}}=2$이다.

03 완충 용액

㉠. HPO_4^{2-}의 짝산은 $H_2PO_4^-$이다.

㉡. (가)에서 pH=7.0이므로 $[H_3O^+]=1\times10^{-7}$ M이고, $K_a=6\times10^{-8}=\dfrac{[HPO_4^{2-}][H_3O^+]}{[H_2PO_4^-]}=\dfrac{x\times1\times10^{-7}}{0.05}$이므로 $x=$ 0.03이다.

㉢. (가)는 완충 용액이고, (나)는 완충 용액이 아니므로 (가)와 (나)에 각각 NaOH(s) 0.01 mol을 첨가하여 녹였을 때 pH는 (나)>(가)이다.

04 약산과 그 짝염기 수용액

산의 이온화 상수가 K_a일 때 그 짝염기의 이온화 상수 $K_b=\dfrac{K_w}{K_a}$이다.

㉠. A^-의 이온화 상수 $K_b=\dfrac{K_w}{K_a}=\dfrac{1\times10^{-14}}{5\times10^{-6}}=2\times10^{-9}$이다.

✗㉡. (가)에서 $[H_3O^+]=y$ M라고 하면, HA는 약산이므로 $K_a=\dfrac{[A^-][H_3O^+]}{[HA]}=\dfrac{y^2}{0.2-y}≒\dfrac{y^2}{0.2}=5\times10^{-6}$이고, $y=1\times10^{-3}$이다. $[H_3O^+]=1\times10^{-3}$ M이므로 $pH=-\log[H_3O^+]=3.0$이다.

㉢. (가)와 (나)를 모두 혼합한 수용액의 $\dfrac{[A^-]}{[HA]}=1$이다. A^-의 $K_b=\dfrac{[HA][OH^-]}{[A^-]}$이므로 혼합 용액의 $[OH^-]=\dfrac{[A^-]}{[HA]}K_b=2\times10^{-9}$(M)이다. 따라서 $[OH^-]>1\times10^{-9}$ M이다.

05 완충 용액 제조

㉠. ㉠에 염기성 용액인 0.1 M NaOH(aq) 500 mL를 첨가하여 pH=4.7인 ㉡을 만들었으므로 ㉠의 pH<4.7이다.

㉡. $[H_3O^+]=1\times10^{-5}$ M인 용액의 pH=5.0이다. $[H_3O^+]$가 클수록 pH는 작으므로 pH=4.7인 ㉡의 $[H_3O^+]>1\times10^{-5}$ M이다.

✗㉢. ㉠에 0.1 M NaOH(aq) 500 mL를 첨가하면 $[CH_3COOH]$는 감소하고, $[CH_3COO^-]$는 증가한다. 따라서 $\dfrac{[CH_3COO^-]}{[CH_3COOH]}$는 ㉠<㉡이다.

06 완충 용액의 pH

약산 HA의 $K_a=\dfrac{[A^-][H_3O^+]}{[HA]}$이다.

㉠. (나)에서 pH=7.0이므로 $[H_3O^+]=1\times10^{-7}$ M이고, $[OH^-]=\dfrac{K_w}{[H_3O^+]}=1\times10^{-7}$(M)이므로 $[H_3O^+]=[OH^-]$이다.

㉡. (가)에서 pH=6.0이므로 $[H_3O^+]=1\times10^{-6}$ M이고, $K_a=6\times10^{-7}=\dfrac{[A^-]}{[HA]}\times[H_3O^+]=\dfrac{[A^-]}{[HA]}\times1\times10^{-6}$이다. 따라서 $\dfrac{[A^-]}{[HA]}=\dfrac{3}{5}$이다.

㉢. (나)에서 $K_a=\dfrac{[A^-]}{[HA]}\times1\times10^{-7}=6\times10^{-7}$이므로 $\dfrac{[A^-]}{[HA]}=6$이다. (나) 100 mL에 NaOH(s) 0.01 mol을 첨가하면 [HA]는 감소하고 $[A^-]$는 증가하므로 $\dfrac{[A^-]}{[HA]}>6$이다.

07 여러 가지 수용액의 pH

(가)에서 pH=9.0이므로 $[H_3O^+]=1\times10^{-9}$ M이다.

㉠. (가)에서 $[OH^-]=\dfrac{K_w}{[H_3O^+]}=\dfrac{1\times10^{-14}}{1\times10^{-9}}=1\times10^{-5}$(M)이다.

✗㉡. A^-의 이온화 상수 $K_b=\dfrac{[HA][OH^-]}{[A^-]}=\dfrac{(1\times10^{-5})^2}{0.01-1\times10^{-5}}≒\dfrac{(1\times10^{-5})^2}{0.01}=1\times10^{-8}$이다. HA의 이온화 상수 $K_a=a=\dfrac{K_w}{K_b}=\dfrac{1\times10^{-14}}{1\times10^{-8}}=1\times10^{-6}>1\times10^{-7}$이다.

✗㉢. (나)에서 pH=2.0, $[H_3O^+]=0.01$ M이므로 HB는 모두 이온화하는 강산이다. (가)와 (나)를 모두 혼합한 수용액의 $\dfrac{[A^-]}{[HA]}=1$이 된다. 따라서 $K_a=\dfrac{[A^-][H_3O^+]}{[HA]}=1\times10^{-6}$이므로 $[H_3O^+]=1\times10^{-6}$ M이고, pH=6.0이다.

08 완충 용액의 pH

약산 HA의 $K_a=\dfrac{[A^-][H_3O^+]}{[HA]}$이다.

✗㉠. (나)에서 pH=7.0이므로 $[H_3O^+]=1\times10^{-7}$ M이다. (나)에서 $\dfrac{[A^-]}{[HA]}=\dfrac{0.2\ M}{0.1\ M}=2$이므로 $K_a=\dfrac{[A^-][H_3O^+]}{[HA]}=2\times10^{-7}$이다.

㉡. (가)는 (나)보다 $\dfrac{[A^-]}{[HA]}$가 크므로 $[H_3O^+]$는 작다. 따라서 (가)의 pH>7.0이다.

✗㉢. (다) 100 mL에 들어 있는 HA의 양은 0.2 M×0.1 L=0.02 mol이고, A^-의 양은 0.2 M×0.1 L=0.02 mol이다. 1 M NaA(aq) 10 mL에 들어 있는 A^-의 양은 1 M×0.01 L=0.01 mol이다. (다) 100 mL에 1 M NaA(aq) 10 mL를 첨가하면 $\dfrac{[HA]}{[A^-]}=\dfrac{0.02}{0.02+0.01}=\dfrac{2}{3}$이고, $[H_3O^+]=\dfrac{[HA]}{[A^-]}\times K_a=\dfrac{4}{3}\times10^{-7}$이므로 pH<7.0이다.

09 완충 용액의 pH

(가)에서 pH=13.0이므로 $[H_3O^+]=1\times10^{-13}$ M이고, $[OH^-]=\frac{K_w}{[H_3O^+]}=0.1(M)$이다. 따라서 AOH는 모두 이온화하는 강염기이다.

㉠. (가)의 부피가 0.2 L이므로 OH^-의 양은 0.1 M×0.2 L =0.02 mol이다.

~~㉡~~. (나)에서 pH=3.0이므로 $[H_3O^+]=1\times10^{-3}$ M이다. 따라서 HB는 일부만 이온화하는 약산이다. HB의 이온화 상수 $K_a=\frac{[B^-][H_3O^+]}{[HB]}=\frac{(1\times10^{-3})^2}{0.2-1\times10^{-3}}\fallingdotseq\frac{(1\times10^{-3})^2}{0.2}=5\times10^{-6}$이다. B^-의 이온화 상수 $K_b=\frac{K_w}{K_a}=\frac{1\times10^{-14}}{5\times10^{-6}}=2\times10^{-9}$이다.

~~㉢~~. (가)에서 강염기인 AOH의 양은 0.1 M×0.2 L=0.02 mol이고, (나)에서 약산인 HB의 양은 0.2 M×0.2 L=0.04 mol이다. (가)와 (나)를 모두 혼합한 수용액의 $\frac{[HB]}{[B^-]}=1$이므로 혼합 수용액에서 $[H_3O^+]=\frac{[HB]}{[B^-]}\times K_a=5\times10^{-6}(M)$이다. 이 수용액에 0.1 M $HCl(aq)$을 가하면 $\frac{[HB]}{[B^-]}>1$이 되고, $[H_3O^+]>5\times10^{-6}$ M이 되므로 pH=6.0인 수용액은 만들 수 없다.

10 여러 가지 수용액의 pH

pH=1.0이면 $[H_3O^+]=1\times10^{-1}$ M이고, pH=3.0이면 $[H_3O^+]=1\times10^{-3}$ M이다.

㉠. (가)에서 $[H_3O^+]=1\times10^{-1}$ M이므로 HA는 모두 이온화하는 강산이고, K_a는 매우 크다. (나)에서 $[H_3O^+]=1\times10^{-3}$ M이므로 HB는 일부만 이온화하는 약산이고, $K_a=\frac{[B^-][H_3O^+]}{[HB]}\fallingdotseq\frac{(1\times10^{-3})^2}{0.2}=5\times10^{-6}$이다. 따라서 K_a는 HA가 HB보다 크다.

㉡. HB의 $K_a=5\times10^{-6}$이므로 B^-의 $K_b=\frac{K_w}{K_a}=\frac{1\times10^{-14}}{5\times10^{-6}}=2\times10^{-9}$이다. (다)에서 $[OH^-]=y$ M라고 하면, B^-은 약염기이므로 $K_b=\frac{[HB][OH^-]}{[B^-]}=\frac{y^2}{0.2-y}\fallingdotseq\frac{y^2}{0.2}=2\times10^{-9}$이고, $y=2\times10^{-5}$이며, $[H_3O^+]=\frac{K_w}{[OH^-]}=\frac{1\times10^{-14}}{2\times10^{-5}}=5\times10^{-10}(M)$이므로 $pH=-\log[H_3O^+]=10.0-\log5=x>9.0$이다.

㉢. $[H_3O^+]=\frac{[HB]}{[B^-]}K_a$이다. (가)와 (다)를 모두 혼합한 수용액에서 $\frac{[HB]}{[B^-]}=1$이고, (나)와 (다)를 모두 혼합한 수용액에서 $\frac{[HB]}{[B^-]}=1$이므로 두 혼합 수용액의 $[H_3O^+]$는 같고, pH도 같다.

11 완충 용액의 pH

㉠. (다)에서 pH=5.0이므로 $[H_3O^+]=1\times10^{-5}$ M이고, $\frac{[A^-]}{[HA]}=4$이므로 $K_a=\frac{[A^-][H_3O^+]}{[HA]}=4\times10^{-5}$이다.

~~㉡~~. (가)에서 $[H_3O^+]=x$ M라고 하면, HA는 약산이므로 $K_a=\frac{[A^-][H_3O^+]}{[HA]}=\frac{x^2}{0.2-x}\fallingdotseq\frac{x^2}{0.2}=4\times10^{-5}$이고, $x^2=8\times10^{-6}$이므로 $[H_3O^+]>2\times10^{-3}$ M이다.

㉢. $[H_3O^+]=\frac{[HA]}{[A^-]}K_a$이므로 $[OH^-]=\frac{K_w}{[H_3O^+]}=\frac{[A^-]K_w}{[HA]K_a}$이다. 따라서 $[OH^-]$는 $\frac{[A^-]}{[HA]}$에 비례한다. $\frac{[A^-]}{[HA]}$는 (다)가 (나)의 2배이므로 $[OH^-]$는 (다)가 (나)의 2배이다.

12 완충 용액의 pH

약산 HA의 $K_a=\frac{[A^-][H_3O^+]}{[HA]}$이다.

㉠. (나)에서 pH=5.0이므로 $[H_3O^+]=1\times10^{-5}$ M이고, $\frac{[A^-]}{[HA]}=1$이므로 $K_a=1\times10^{-5}$이다.

㉡. $[H_3O^+]=\frac{[HA]}{[A^-]}K_a$이다. (나)에서 $[H_3O^+]=1\times10^{-5}$ M이고, $[OH^-]=\frac{K_w}{[H_3O^+]}=1\times10^{-9}(M)$이다. (다)에서 $[H_3O^+]=\frac{1}{2}\times10^{-5}$ M이므로 $\frac{(다)의\ [H_3O^+]}{(나)의\ [OH^-]}=\frac{5\times10^{-6}\ M}{1\times10^{-9}\ M}=5\times10^3$이다.

㉢. (다)에서 $[H_3O^+]=\frac{1}{2}\times10^{-5}$ M이므로 pH=5.0+log2이고, $a=\log2$이다. (가)에서 $[H_3O^+]=2\times10^{-5}$ M이므로 pH=5.0−log2=5.0−a=5.0−b이다. 따라서 $a=b$이다.

07 반응 속도

수능 2점 테스트

본문 139~141쪽

01 ③ 02 ② 03 ③ 04 ⑤ 05 ⑤ 06 ③ 07 ②
08 ① 09 ① 10 ⑤ 11 ④ 12 ④

01 화학 반응의 빠르기 측정

(가)와 (나)에서 일어나는 반응의 화학 반응식은 각각 다음과 같다.

$Zn(s)+2HCl(aq) \longrightarrow ZnCl_2(aq)+H_2(g)$

$CaCO_3(s)+2HCl(aq) \longrightarrow CaCl_2(aq)+H_2O(l)+CO_2(g)$

㉠. (가)에서는 생성된 $H_2(g)$를 주사기에 포집하여 $\frac{\text{발생한 } H_2(g)\text{의 부피(mL)}}{\text{반응 시간(s)}}$로 화학 반응의 빠르기를 측정한다.

㉡. (나)에서는 플라스크를 빠져나간 $CO_2(g)$의 질량을 측정하여 $\frac{\text{발생한 } CO_2(g)\text{의 질량(g)}}{\text{반응 시간(s)}}$으로 화학 반응의 빠르기를 측정한다.

㉢. (가)에서는 $H_2(g)$가, (나)에서는 $CO_2(g)$가 발생한다.

02 평균 반응 속도와 순간 반응 속도

t s마다 A(g)의 농도가 $\frac{1}{2}$배씩 감소하므로 이 반응은 반감기가 t s인 1차 반응이다. 반응 속도식은 $v=k$[A]이므로 $m=1$이다. A(g)의 농도 변화가 0~t s 동안이 t~$2t$ s 동안의 2배이므로 평균 반응 속도는 0~t s 동안이 t~$2t$ s 동안의 2배($x=2$)이다. A(g)의 농도가 t s일 때가 $2t$ s일 때의 2배이므로 순간 반응 속도는 t s일 때가 $2t$ s일 때의 2배($y=2$)이다. 따라서 $m+x+y=5$이다.

03 1차 반응의 반감기

A(g)의 초기 농도와 초기 반응 속도가 서로 비례하므로 이 반응은 A(g)에 대한 1차 반응이다.

㉠. 1차 반응이므로 반응 속도식은 $v=k$[A]이다. 따라서 $m=1$이다.

㉡. 1차 반응이므로 반감기는 농도와 관계없이 일정하다. 따라서 $\frac{\text{Ⅰ에서 A}(g)\text{의 반감기}}{\text{Ⅱ에서 A}(g)\text{의 반감기}}=1$이다.

㉢. 반응 몰비가 A(g) : B(g)=2 : 1이므로 같은 시간 동안 감소한 [A]가 증가한 [B]의 2배이다. 따라서 Ⅲ에서 $\frac{\text{[B]의 증가 속도}}{\text{[A]의 감소 속도}}=\frac{1}{2}$이다.

04 활성화 에너지

$\Delta H<0$이므로 정반응은 발열 반응이며, 반응 진행에 따른 엔탈피를 나타내면 다음과 같다.

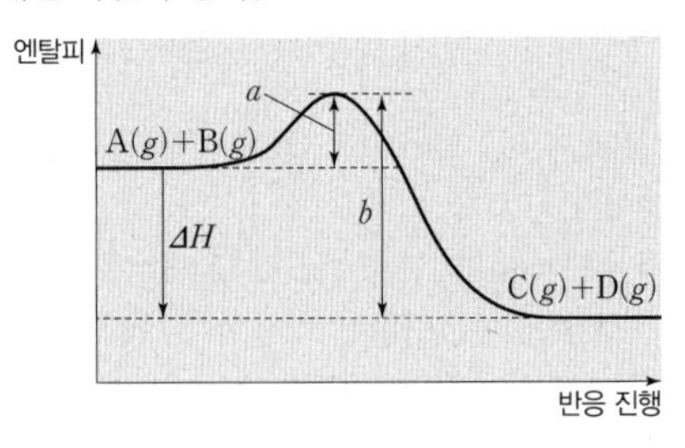

㉠. 발열 반응이므로 엔탈피의 총합은 반응물이 생성물보다 크다.

㉡. 발열 반응이므로 역반응의 활성화 에너지가 정반응의 활성화 에너지보다 크다. 따라서 $b>a$이다.

㉢. $\Delta H=a-b=-200$이므로 $b-a=200$이다.

05 1차 반응에서 반응물과 생성물의 농도

A(g) 2 mol이 반응하여 B(g) 4 mol, C(g) 1 mol이 생성되는 반응이고, t min일 때 [B]$=x$ M이므로 [A]$=\frac{1}{2}x$ M이며, $2t$ min일 때 [A]$=\frac{1}{4}x$ M이므로 [B]$=\frac{3}{2}x$ M이다.

㉠. t min마다 A(g)의 농도가 $\frac{1}{2}$배로 줄어들기 때문에 이 반응은 반감기가 t min인 1차 반응이다. 따라서 $m=1$이다.

㉡. 반응 속도는 [A]에 비례한다. [A]는 t min일 때 $\frac{1}{2}x$ M, $3t$ min일 때 $\frac{1}{8}x$ M이므로 반응 속도는 t min일 때가 $3t$ min일 때의 4배이다.

㉢. $4t$ min일 때 [A]$=\frac{1}{16}x$ M이므로 [C]$=\frac{15}{16}x \text{ M}\times\frac{1}{2}=\frac{15}{32}x$ M이다.

06 1차 반응과 반응 속도식

이 반응은 A(g)에 대한 1차 반응, B(g)에 대한 0차 반응이므로 반응 속도는 A(g)의 농도에만 비례하고, B(g)의 농도와는 무관하다.

㉠. Ⅰ과 Ⅱ의 초기 반응 속도가 같으므로 초기 A(g)의 양(mol)이 같다. 따라서 $a=1$이다.

㉡. 초기 A(g)의 양(mol)이 Ⅲ에서가 Ⅰ에서의 3배이므로 초기 반응 속도도 Ⅲ에서가 Ⅰ에서의 3배이다. 따라서 $v_2=3v_1$이다.

㉢. A에 대한 1차 반응이므로 A(g)의 반감기는 Ⅰ~Ⅲ에서 모두 t min이다.

07 반응 속도식의 결정

실험 Ⅰ과 Ⅱ에서 초기 [A]가 2배 증가하였을 때 초기 반응 속도가 4배 증가하였으므로 $m=2$이고, 실험 Ⅱ와 Ⅲ에서 초기 [B]가 2배 증가하였을 때 초기 반응 속도가 2배 증가하였으므로 $n=1$이다. 반응 속도식은 $v=k[A]^2[B]$이며, 실험 Ⅱ와 Ⅳ에서 초기 [B]가 3배 증가하였을 때 초기 반응 속도도 3배 증가하였으므로 초기 [A]는 실험 Ⅱ와 Ⅳ에서 같다. 따라서 ㉠은 $2a$이므로 $(m+n)\times$㉠$=6a$이다.

08 1차 반응의 반감기

x min일 때까지 감소한 A(○)의 양(mol)이 증가한 B(▲)의 양(mol)의 2배이므로 반응 계수비는 $a : b=2 : 1$이고, x min일 때는 A의 양(mol)이 반응 전의 $\frac{1}{4}$배이므로 두 번째 반감기에 도달한 시점이고, $(x+y)$ min일 때는 A의 양(mol)이 반응 전의 $\frac{1}{8}$배이므로 세 번째 반감기에 도달한 시점이다.

㉠. $a : b=2 : 1$이므로 $a=2b$이다.

ㄴ. 이 반응은 1차 반응이며, x min이 두 번째 반감기에 도달한 시점이므로 반감기는 $\frac{x}{2}$ min$(=y$ min$)$이다.

ㄷ. y min 동안 감소한 ○의 수가 2이므로 증가한 ▲의 수는 1이다. 따라서 $(x+y)$ min일 때 용기에 들어 있는 ▲의 수는 7이다.

09 1차 반응과 반응 속도식

t min마다 $H_2O_2(aq)$의 몰 농도가 $\frac{1}{2}$배로 줄어들기 때문에 과산화 수소(H_2O_2)의 분해 반응은 1차 반응이다.

㉠. 이 반응은 과산화 수소에 대한 1차 반응이므로 반응 속도식은 $v=k[H_2O_2]$이다.

ㄴ. 1 M $H_2O_2(aq)$ 500 mL에 들어 있는 H_2O_2의 양은 $\frac{1}{2}$ mol이며, $3t$ min일 때까지 감소한 H_2O_2의 양이 $\left(\frac{1}{2}-\frac{1}{16}\right)$ mol$=\frac{7}{16}$ mol이므로 생성된 $O_2(g)$의 양은 $\frac{7}{16}$ mol$\times\frac{1}{2}=\frac{7}{32}$ mol이다.

ㄷ. 감소한 H_2O_2의 양(mol)은 t~$2t$ min 동안에서가 $2t$~$3t$ min 동안에서의 2배이므로 $\frac{2t\text{~}3t \text{ min 동안의 평균 반응 속도}}{t\text{~}2t \text{ min 동안의 평균 반응 속도}}=\frac{1}{2}$이다.

10 1차 반응에서 반응물과 생성물의 농도

t min마다 증가한 $B(g)$의 양(mol)이 감소한 $A(g)$의 양(mol)의 2배이고, t min마다 $A(g)$의 양은 $\frac{1}{2}$배로 줄어들기 때문에 이 반응의 반감기는 t min이다.

㉠. 반응 계수비 $a : b=1 : 2$이므로 $b=2a$이다.

㉡. 반감기가 t min으로 일정하므로 이 반응은 A에 대한 1차 반응이다.

㉢. $3t$ min일 때는 세 번째 반감기에 도달한 시점이며, $[A]=x=\frac{1}{2}$(M), $[B]=y=7$(M)이므로 $\frac{x}{y}=\frac{1}{14}$이다.

11 1차 반응과 기체의 부분 압력

t min일 때 용기 속 전체 기체의 압력이 0.8 atm이므로 반응이 진행되어도 전체 기체의 압력이 변하지 않는다. 따라서 화학 반응식에서 반응물의 반응 계수와 생성물의 반응 계수의 합이 같다. $2=b+1$이므로 $b=1$이다. $3t$ min일 때 $P_A=0.1$ atm이므로 처음 압력의 $\frac{1}{8}$배이다. 따라서 $3t$ min은 세 번째 반감기에 도달한 시점이며, 첫 번째 반감기에 도달한 시점이 t min이므로 이 반응은 반감기가 t min으로 일정한 1차 반응이다. $2t$ min일 때 $P_A=0.2$ atm, $P_B=P_C=0.3$ atm이므로 $B(g)$의 몰 분율은 $\frac{0.3}{0.2+0.3+0.3}=\frac{3}{8}$이다.

12 1차 반응과 몰 분율

t min일 때까지 증가한 $B(g)$의 양을 x mol이라고 하면, $X_A=\frac{2-2x}{2-2x+x}=\frac{2}{3}$를 만족하는 $x=0.5$이므로 t min일 때 용기에 들어 있는 각 기체의 양은 $A(g)$가 1 mol, $B(g)$가 0.5 mol이다.

㉠. t min일 때 $A(g)$의 양(mol)이 반응 전의 $\frac{1}{2}$배가 되었으므로 반응의 반감기는 t min이다.

㉡. A에 대한 1차 반응이므로 반감기가 t min으로 일정하며, $2t$ min일 때 $A(g)$의 양은 0.5 mol, $B(g)$의 양은 0.75 mol이므로 $X_A=x=\frac{0.5}{1.25}=\frac{2}{5}$이다.

ㄷ. 온도와 부피가 일정하므로 용기 속 기체의 부분 압력은 기체의 양(mol)에 비례한다. 따라서 $\frac{t \text{ min일 때 B}(g)\text{의 부분 압력}}{2t \text{ min일 때 A}(g)\text{의 부분 압력}}=\frac{0.5 \text{ mol}}{0.5 \text{ mol}}=1$이다.

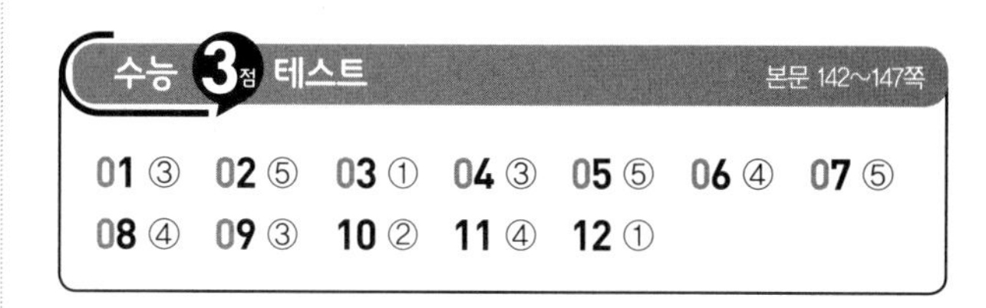

01 1차 반응의 반감기

$2t$ min일 때까지 감소한 [A]를 y M라고 하면, $2t$ min일

때 $[A]=(1.6-y)$ M, $[B]=2y$ M이며, $B(g)$의 몰 분율이 $\frac{2y}{1.6+y}=\frac{6}{7}$이므로 $y=1.2$이다. $2t$ min일 때 $[A]=0.4$ M이고, 반응 전의 $\frac{1}{4}$배이므로 $2t$ min은 두 번째 반감기에 도달한 시점이다. 1차 반응이므로 반감기는 t min이고, $3t$ min은 세 번째 반감기에 도달한 시점이며, 온도와 부피가 일정하므로 전체 기체의 압력은 전체 기체의 몰 농도에 비례한다 $\left(P=\left(\frac{n}{V}\right)RT=CRT,\ C\text{는 전체 기체의 몰 농도}\right)$. 따라서 t min과 $3t$ min일 때의 $\frac{\text{용기 속 전체 기체의 압력}}{[A]}$ 비는 $\frac{0.8+1.6}{0.8}:\frac{0.2+2.8}{0.2}=1:x$이고, 이를 만족하는 $x=5$이다.

02 1차 반응과 전체 기체의 압력

$A(g)$와 $B(g)$의 반응 계수가 같으므로 반응이 진행됨에 따라 증가하는 전체 기체의 압력은 용기 속 증가하는 $C(g)$의 양에 비례한다. 증가한 전체 기체의 압력이 $t\sim2t$ min일 때가 $2t\sim3t$ min일 때의 2배이므로 증가한 $C(g)$의 양도 $t\sim2t$ min일 때가 $2t\sim3t$ min일 때의 2배이며, 이 반응은 반감기가 t min인 1차 반응이다. 반감기가 일정하므로 반응 전 $A(g)$의 압력은 $0.8P$ atm이며, 증가한 $B(g)$의 양도 $t\sim2t$ min일 때가 $2t\sim3t$ min일 때의 2배이어야 하므로 $2t$ min일 때 $[B]=1.2$ M임을 알 수 있다.

ㄱ. 0~$2t$ min 동안 생성된 $B(g)$와 $C(g)$의 양(mol)이 같으므로 $c=1$이다.

ㄴ. 감소한 [A]는 0~t min 동안에서가 $2t\sim3t$ min 동안에서의 4배이므로 $\frac{2t\sim3t\text{ min 동안의 평균 반응 속도}}{0\sim t\text{ min 동안의 평균 반응 속도}}=\frac{1}{4}$이다.

ㄷ. 온도와 부피가 일정하므로 전체 기체의 압력은 전체 기체의 몰 농도에 비례한다. 반응 전 $A(g)$의 농도를 x M라고 하면 t min일 때 $[A]=0.5x$ M, $[B]=[C]=0.8$ M이므로 반응 전과 t min일 때의 몰 농도비 $x:(0.5x+1.6)=0.8P:1.2P=2:3$을 만족하는 $x=1.6$이다. t min일 때는 반감기가 1회 지난 시점이므로 $[A]=0.8$ M이며, $2t$ min일 때 $[B]=1.2$ M이다. 따라서 $\frac{t\text{ min일 때 }A(g)\text{의 부분 압력}}{2t\text{ min일 때 }B(g)\text{의 부분 압력}}=\frac{2}{3}$이다.

03 1차 반응과 생성물의 몰 분율

생성되는 $C(g)$의 양(mol)은 $B(g)$의 양(mol)의 2배이고, t_2 min일 때 $X_B=\frac{3}{10}$이므로 $X_C=\frac{3}{5}\left(=\frac{6}{10}\right)$, $X_A=\frac{1}{10}$이다. t_2 min일 때 용기에 들어 있는 전체 기체의 양을 $10n$ mol이라고 하면, $A(g)$는 n mol, $B(g)$는 $3n$ mol, $C(g)$는 $6n$ mol이 들어 있다. $B(g)$의 증가한 양(mol)과 $A(g)$의 감소한 양(mol)이 같으므로 반응 전 $A(g)$의 양은 $4n$ mol이다. 이 반응은 A에 대한 1차 반응이므로 t_2 min은 두 번째 반감기에 도달한 시점이며, 첫 번째 반감기에서 용기에 들어 있는 각 기체의 양은 $A(g)$가 $2n$ mol, $B(g)$가 $2n$ mol, $C(g)$가 $4n$ mol이므로 $X_B=\frac{1}{4}$이다. t_1 min일 때 $X_B<\frac{1}{4}$이므로 t_1 min은 첫 번째 반감기에 도달하지 못한 시점이다.

ㄱ. t_2 min일 때 용기에 들어 있는 $A(g)$의 질량은 반응 전의 $\frac{1}{4}$배이므로 $\frac{1}{4}w$ g이다.

ㄴ. 이 반응은 A에 대한 1차 반응이므로 반감기가 일정하다. t_2 min은 두 번째 반감기인 시점이고, t_1 min은 첫 번째 반감기에 도달하기 전이므로 $t_2>2t_1$이다.

ㄷ. t_1 min일 때 용기에 들어 있는 $B(g)$의 양을 x mol이라고 하면, $A(g)$의 양은 $(4n-x)$ mol, $C(g)$의 양은 $2x$ mol이므로 $X_B=\frac{x}{4n+2x}=\frac{1}{6}$을 만족하는 $x=n$이다. 따라서 $\frac{t_1\text{ min일 때 용기에 들어 있는 }A(g)\text{의 양(mol)}}{t_2\text{ min일 때 용기에 들어 있는 }C(g)\text{의 양(mol)}}=\frac{4n-n}{6n}=\frac{1}{2}$이다.

04 1차 반응에서 반응물과 생성물의 농도 변화

반응 전 $A(g)$와 $B(g)$의 농도를 각각 x M, $(1-x)$ M라고 하고, t min일 때까지 감소한 $A(g)$의 농도를 y M라고 하면, t min에서 $[A]=(x-y)$ M, $[B]=(1-x+2y)$ M이므로 $x-y+1-x+2y=1.4$를 만족하는 $y=0.4$이다. $3t$ min일 때까지 감소한 $A(g)$의 농도를 z M라고 하면, $3t$ min에서 $[A]=(x-z)$ M, $[B]=(1-x+2z)$ M이므로 $x-z+1-x+2z=1.7$을 만족하는 $z=0.7$이다. $\frac{3t\text{ min일 때 [B]}}{t\text{ min일 때 [A]}}=\frac{2.4-x}{x-0.4}=4$를 만족하는 $x=0.8$이다. $A(g)$의 농도는 반응 전 0.8 M, t min일 때 0.4 M, $3t$ min일 때 0.1 M이므로 이 반응은 반감기가 t min인 1차 반응이다.

ㄱ. 반응 전 $A(g)$의 농도는 0.8 M이며, $B(g)$의 농도는 0.2 M이다. 부피가 같으므로 용기에 들어 있는 기체의 양은 $A(g)$가 $B(g)$보다 크다.

ㄴ. 0~t min 동안 감소한 $[A]=0.4$ M이고, $2t\sim3t$ min 동안 감소한 $[A]=0.1$ M이므로 $\frac{2t\sim3t\text{ min 동안의 평균 반응 속도}}{0\sim t\text{ min 동안의 평균 반응 속도}}=\frac{1}{4}$이다.

ㄷ. $4t$ min은 반감기가 4회 지난 시점이므로 $[A]=0.8\text{ M}\times\frac{1}{16}=0.05$ M이다. $4t$ min일 때까지 감소한 $[A]=0.75$ M이므로 $[B]=(0.2+2\times0.75)$ M$=1.7$ M이다.

05 1차 반응과 반응 계수에 따른 압력 변화

화학 반응식에서 $A(g)$의 반응 계수가 $B(g)$의 반응 계수보다 크므로 반응이 진행되면 P_A+P_B는 감소한다. ㉠은 반응이 진행되면서 값이 증가하므로 P_A+P_C이고, $c>2$이다. ㉠－㉡ $(=P_C-P_B)$의 증가량이 0~t min에서 $\frac{1}{2}$ atm, t~$2t$ min에서 $\frac{1}{4}\left(=\frac{3}{4}-\frac{1}{2}\right)$ atm이므로 t min마다 증가량이 $\frac{1}{2}$배씩 감소한다. 따라서 이 반응은 반감기가 t min인 1차 반응이다.

ㄱ. t min마다 증가한 P_A+P_C와 감소한 P_A+P_B가 같다. 반응 계수가 $B(g)$가 $A(g)$보다 1 작으므로 $C(g)$는 $A(g)$보다 1 커야 한다. 따라서 $c=3$이다.

ㄴ. t min일 때는 첫 번째 반감기에 도달한 시점이므로 $P_A=\frac{1}{2}$ atm, $P_B=\frac{1}{4}$ atm, $P_C=\frac{3}{4}$ atm이다. 따라서 $C(g)$의 몰 분율은 $\frac{1}{2}$이다.

ㄷ. $3t$ min일 때는 세 번째 반감기에 도달한 시점이므로 $P_A=\frac{1}{8}$ atm, $P_B=\frac{7}{16}$ atm이다. 따라서 $x=\frac{1}{8}+\frac{7}{16}=\frac{9}{16}$이다.

06 1차 반응의 반감기

반응 몰비가 A : B＝4 : 1이므로 t_2 min에서 [B]＝0.35 M이며, t_2 min에서 [B] : [C]＝0.35 M : 2.1 M＝1 : 6이므로 $c=6$이다. t_1 min에서 [C]＝1.8 M이고, 반응 몰비가 A : C＝2 : 3이므로 반응 후 t_1 min일 때까지 감소한 [A]＝1.2 M이며, 반응 전 [A]＝1.6 M이다. 이 반응은 1차 반응이고, t_1 min에서 [A]는 처음의 $\frac{1}{4}$배, t_2 min에서 [A]는 처음의 $\frac{1}{8}$배이므로 t_1 min과 t_2 min은 각각 두 번째 반감기와 세 번째 반감기에 도달한 순간이다.

ㄱ. $c=6$이므로 $c>5$이다.

ㄴ. 반감기를 t min이라고 하면, $t_1=2t$, $t_2=3t$이므로 $t_2=\frac{3}{2}t_1$이다.

ㄷ. 온도와 부피가 일정하므로 기체의 압력은 몰 농도에 비례한다. $\frac{\text{반응 전 A}(g)\text{의 압력}}{t_1\text{ min일 때 전체 기체의 압력}}=\frac{1.6\text{ M}}{(0.4+0.3+1.8)\text{ M}}=\frac{16}{25}$이다.

07 1차 반응의 반감기와 압력 변화

$\frac{w_B}{w_A}=1$일 때는 w_A가 처음의 $\frac{1}{2}$배이므로 첫 번째 반감기에 도달한 순간이며, $\frac{w_B}{w_A}=3$일 때는 w_A가 처음의 $\frac{1}{4}$배이므로 두 번째 반감기에 도달한 순간이다.

ㄱ. $\frac{w_B}{w_A}=1$일 때, $A(g)$의 부분 압력이 $3.2\times\frac{1}{2}=1.6$(atm)이므로 $B(g)$의 부분 압력은 $4.8-1.6=3.2$(atm)이다. 증가한 $B(g)$의 부분 압력이 감소한 $A(g)$의 부분 압력의 2배이므로 $b=2a$이다.

ㄴ. $\frac{w_B}{w_A}=3$일 때, $A(g)$의 부분 압력이 $3.2\times\frac{1}{4}=0.8$(atm)이므로 $B(g)$의 부분 압력은 $(3.2-0.8)\times2=4.8$(atm)이다. 따라서 $x=0.8+4.8=5.6$(atm)이다.

ㄷ. 온도와 부피가 일정하므로 기체의 몰 농도는 압력에 비례한다. 1차 반응이므로 $\frac{w_B}{w_A}$가 0에서 1이 되는 동안 걸린 시간과 $\frac{w_B}{w_A}$가 1에서 3이 되는 동안 걸린 시간은 같고, $A(g)$의 부분 압력 변화는 $\frac{w_B}{w_A}$가 0에서 1이 되는 동안은 1.6 atm, $\frac{w_B}{w_A}$가 1에서 3이 되는 동안은 0.8 atm이므로

$$\frac{\frac{w_B}{w_A}\text{가 1에서 3이 되는 동안의 평균 반응 속도}}{\frac{w_B}{w_A}\text{가 0에서 1이 되는 동안의 평균 반응 속도}}=\frac{1}{2}$$
이다.

08 1차 반응에서 반응물과 생성물의 질량 변화

초기 상태 $A(g)$의 양을 $4n$ mol, t_1 min일 때까지 반응한 $A(g)$의 양을 $2x$ mol이라고 하면 용기 속 전체 기체의 압력은 전체 기체의 양(mol)에 비례하므로(온도, 부피 일정)
$\frac{t_1\text{ min일 때 전체 기체의 압력}}{0\text{ min일 때 A}(g)\text{의 압력}}=\frac{4n+2x}{4n}=\frac{5}{4}$를 만족하는 $x=\frac{1}{2}n(2x=n)$이다. t_1 min일 때 $A(g)$의 양(mol)은 $4n-2x=3n$이므로 초기 상태의 $\frac{3}{4}$배이고, t_1 min일 때 $A(g)$의 질량을 $51w$ g이라고 하면 초기 상태 $A(g)$의 질량은 $51w\text{ g}\times\frac{4}{3}=68w$ g이다. t_1 min일 때 $w_B+w_C=17w$ g, $w_C-w_B=11w$ g이므로 $w_B=3w$ g, $w_C=14w$ g이고, 반응 질량비는 A : B : C＝17 : 3 : 14이다. t_2 min일 때까지 반응한 $A(g)$의 질량을 $17y$ g이라고 하면, t_2 min일 때 $\frac{w_C-w_B}{w_A}=\frac{14y-3y}{68w-17y}=\frac{11}{17}$을 만족하는 $y=2w$이며, t_2 min에서 $A(g)$의 질량이 초기 상태의 $\frac{1}{2}$배이므로 t_2 min은 첫 번째 반감기에 도달한 시점이다. t_3 min일 때까지 반응한 $A(g)$의 질량을 $17z$ g이라고 하면, t_3 min일 때 $\frac{w_C-w_B}{w_A}=\frac{14z-3z}{68w-17z}=\frac{33}{17}$을 만족하는 $z=3w$이며, t_3 min에서 $A(g)$의 질량이 초기 상태의 $\frac{1}{4}$배이므로 t_3 min은 두 번째 반감기에 도달한 시점이다. 1차 반응이므로 반감기는 일정하여 $t_3=2t_2$이다. 반응 전 $A(g)$의 양이 $4n$ mol이

고, t_3 min에서 각 기체의 양은 $A(g)$ n mol($3n$ mol이 반응함), $B(g)$ $4.5n$ mol, $C(g)$ $1.5n$ mol이므로 $C(g)$의 몰 분율은 $\frac{1.5n}{7n}=\frac{3}{14}$이다. 따라서 $\frac{t_3}{t_2}\times$(t_3 min일 때 $C(g)$의 몰 분율) $=2\times\frac{3}{14}=\frac{3}{7}$이다.

09 1차 반응에서 반응물과 생성물의 농도비

반응 후 t min일 때까지 반응한 $A(g)$의 양을 x mol이라고 하면 t min에서 $A(g)$의 양은 $(1-x)$ mol, $B(g)$의 양은 $2x$ mol이다. 부피가 같으므로 $\frac{[B]}{[A]}=\frac{2x}{1-x}=2$를 만족하는 $x=\frac{1}{2}$이다.

$2t$ min일 때 $B(g)$의 양을 $2y$ mol이라고 하면 $\frac{[B]}{[A]}=\frac{2y}{1-y}=6$을 만족하는 $y=\frac{3}{4}$이다. $A(g)$의 양은 t min일 때 $\frac{1}{2}$ mol, $2t$ min일 때 $\frac{1}{4}$ mol이므로 이 반응은 반감기가 t min인 1차 반응이다.

㉠. t min일 때 용기 속 $B(g)$의 양은 $2x=1$ mol이다.

㉡. $2t$ min일 때 $\frac{[B]}{[A]}=6$이므로 기체의 양은 $B(g)$가 $A(g)$의 6배이다. 따라서 용기 속 $A(g)$의 몰 분율은 $\frac{1}{7}$이다.

✗. $3t$ min일 때는 반감기가 3회 지난 시점이므로 $A(g)$의 양은 $\frac{1}{8}$ mol, $B(g)$의 양은 $\frac{7}{4}$ mol이다. 따라서 $\frac{[B]}{[A]}=a=\frac{\frac{7}{4}}{\frac{1}{8}}=14$이다.

10 1차 반응의 반감기와 압력 변화

1 L 강철 용기에 들어 있는 $A(g)$ x g의 몰 농도를 a M라고 하면, 실험 (가)에서 t_1 min일 때 A~C의 몰 농도는 다음과 같다.

	$2A(g)$ ⟶	$2B(g)$ +	$C(g)$
반응 전(M)	a		
반응(M)	$-(a-0.1)$	$+(a-0.1)$	$+\frac{1}{2}(a-0.1)$
반응 후(M)	0.1	$a-0.1$	$\frac{1}{2}(a-0.1)$

실험 (나)에서 t_2 min일 때 A~C의 몰 농도는 다음과 같다.

	$2A(g)$ ⟶	$2B(g)$ +	$C(g)$
반응 전(M)	$2a$		
반응(M)	-0.4	$+0.4$	$+0.2$
반응 후(M)	$2a-0.4$	0.4	0.2

온도와 부피가 일정하므로 용기 속 전체 기체의 압력은 전체 몰 농도에 비례하며, $(1.5a-0.05):(2a+0.2)=11:20$을 만족하는 $a=0.4$이다.

(가)에서 A의 초기 농도는 0.4 M이고, t_1 min일 때 A의 몰 농도가 0.1 M이므로 t_1 min은 반감기가 2회 지난 시점이고, (나)에서 A의 초기 농도는 0.8 M이고, t_2 min일 때 A의 몰 농도가 0.4 M이므로 t_2 min은 반감기가 1회 지난 시점이다.

✗. 온도가 일정하고 A에 대한 1차 반응이므로 반감기가 일정하다. 따라서 $t_1=2t_2$이다.

㉡. (가)에서 $A(g)$ x g이 1 L 용기에 들어 있을 때 A의 몰 농도가 0.4 M이므로 A의 분자량은 $\frac{5}{2}x$이다.

✗. (가)에서 t_2 min일 때는 반감기가 1회 지난 시점이므로 $[B]=0.2$ M이다.

11 1차 반응에서 반응물과 생성물의 농도 변화

$2t$ min일 때 $\frac{[C]}{[A]}$가 $\frac{[B]}{[A]}$의 2배이므로 생성된 양(mol)은 $C(g)$가 $B(g)$의 2배이다. 초기 상태 $A(g)$의 양을 m mol, $2t$ min일 때까지 반응한 $A(g)$의 양을 $2n$ mol이라고 하면, $2t$ min일 때 $\frac{[C]}{[A]}=\frac{2n}{m-2n}=3$이므로 $m=\frac{8}{3}n$이다. t min일 때까지 반응한 $A(g)$의 양을 $2n'$ mol이라고 하면, t min일 때 $\frac{[C]}{[A]}=\frac{2n'}{\frac{8}{3}n-2n'}=1$이므로 $n'=\frac{2}{3}n$이다. t min일 때 $A(g)$의 양은 $\frac{4}{3}n$ mol로 처음의 $\frac{1}{2}$배이고, $2t$ min일 때 $A(g)$의 양은 $\frac{2}{3}n$ mol로 처음의 $\frac{1}{4}$배이므로 이 반응은 반감기가 t min인 1차 반응이다.

㉠. 반응 몰비가 $B(g):C(g)=1:2$이므로 $c=2$이다.

✗. $3t$ min일 때는 세 번째 반감기에 도달한 순간이므로 $A(g)$의 양은 $\frac{1}{3}n$ mol이며, $B(g)$의 양은 $\frac{7}{3}n\text{ mol}\times\frac{1}{2}=\frac{7}{6}n$ mol이다. 따라서 $x=\frac{[B]}{[A]}=\frac{\frac{7}{6}n}{\frac{1}{3}n}=\frac{7}{2}$이다.

㉢. $3t$ min일 때 $C(g)$의 양은 $\frac{7}{3}n$ mol이므로 전체 기체의 양은 $\left(\frac{1}{3}n+\frac{7}{6}n+\frac{7}{3}n\right)\text{ mol}=\frac{23}{6}n$ mol이다. 초기 상태 $A(g)$의 양은 $\frac{8}{3}n$ mol이고, 온도와 부피가 일정하므로 전체 기체의 압력은 전체 기체의 양에 비례한다. 따라서

$$\frac{3t\text{ min일 때 전체 기체의 압력}}{0\text{ min일 때 }A(g)\text{의 압력}}=\frac{\frac{23}{6}n}{\frac{8}{3}n}=\frac{23}{16}\text{이다.}$$

12 반응 속도와 반응 속도 상수

(가)에서 t_1 min일 때 A(g)의 부분 압력이 $1-\frac{1}{2}\times\frac{3}{2}=\frac{1}{4}$(atm)이고, 1차 반응이므로 t_1 min은 두 번째 반감기에 도달한 시점이다. (나)에서 t_2 min일 때 X(g)의 부분 압력은 $1-\frac{3}{4}=\frac{1}{4}$(atm)이고, 1차 반응이므로 t_2 min도 두 번째 반감기에 도달한 시점이다. $k_1=2k_2$이고, A(g)와 X(g)의 초기 농도가 같으므로 반응 속도는 (가)가 (나)의 2배이며, 반감기는 (나)가 (가)의 2배이다. 따라서 $t_2=2t_1$이다. (가)에서 t_2 min일 때는 네 번째 반감기에 도달한 시점이므로 A(g)의 부분 압력은 $\frac{1}{16}$ atm이고, B(g)의 부분 압력은 $\frac{15}{16}\times 2=\frac{15}{8}$ atm이며, B(g)의 몰 분율은 $\frac{30}{31}$이다. (나)에서 t_1 min일 때는 첫 번째 반감기에 도달한 시점이며, X(g)와 Y(g)의 부분 압력은 각각 $\frac{1}{2}$ atm이므로 X(g)의 몰 분율은 $\frac{1}{2}$이다. 따라서

$\frac{t_1\text{ min일 때 (나)에서 X}(g)\text{의 몰 분율}}{t_2\text{ min일 때 (가)에서 B}(g)\text{의 몰 분율}}=\frac{31}{60}$이다.

08 반응 속도에 영향을 미치는 요인

수능 2점 테스트 본문 156~158쪽

01 ① 02 ② 03 ② 04 ③ 05 ④ 06 ⑤ 07 ④ 08 ⑤ 09 ① 10 ③ 11 ② 12 ⑤

01 반응 속도에 영향을 미치는 요인

표면적이 넓어 반응물 사이의 접촉 면적이 커지면 충돌 횟수가 증가하여 반응 속도가 빨라진다.

㉮ 사탕을 깨물어 부수면 표면적이 증가하므로 빨리 녹는다.

~~㉯~~ 더운 곳에 놓아둔 음식이 빨리 상하는 것은 온도가 높을수록 반응 속도가 빨라지기 때문이다.

~~㉰~~ 철이 습한 곳에서 더 빨리 녹스는 것은 습한 곳이 공기 중 수증기의 양이 많기 때문이다.

02 반응 속도와 농도

$NaHSO_3(aq)$의 농도는 Ⅰ~Ⅲ에서 모두 같지만, $KIO_3(aq)$의 농도는 Ⅲ > Ⅱ > Ⅰ이다. 용액의 색깔이 청람색으로 변하는 순간까지 걸린 시간이 Ⅰ > Ⅱ > Ⅲ이므로 반응 속도는 Ⅲ > Ⅱ > Ⅰ이다. 따라서 $KIO_3(aq)$의 농도가 진할수록 반응 속도가 빠르다.

~~①~~ 정촉매를 사용하면 반응 속도가 빨라지긴 하지만 이 실험에서는 촉매를 사용하지 않았으므로 '촉매를 사용하면 반응 속도가 빨라진다.'는 ㉠으로 적절하지 않다.

② 반응물인 $KIO_3(aq)$의 농도가 진할수록 용액의 색깔이 변하는 데 걸리는 시간이 짧으므로 '반응물의 농도가 진할수록 반응 속도가 빠르다.'는 ㉠으로 적절하다.

~~③~~ 반응물인 $KIO_3(aq)$의 농도가 진할수록 반응 속도가 빠르므로 '반응물의 농도가 묽을수록 반응 속도가 빠르다.'는 ㉠으로 적절하지 않다.

~~④~~ 반응물의 표면적이 클수록 반응 속도가 빨라지긴 하지만 이 실험에서는 표면적에 대한 실험을 수행하지 않았으므로 '반응물의 표면적이 클수록 반응 속도가 빠르다.'는 ㉠으로 적절하지 않다.

~~⑤~~ 이 실험에서는 표면적에 대한 실험을 수행하지 않았으므로 '반응물의 표면적이 작을수록 반응 속도가 빠르다.'는 ㉠으로 적절하지 않다.

03 촉매와 활성화 에너지

X는 부촉매, Y는 정촉매이다.

~~ㄱ~~. 반응 엔탈피(ΔH)는 촉매를 사용하더라도 변하지 않으므로 X를 넣었을 때와 Y를 넣었을 때가 같다.

ㄴ. X를 사용하면 정반응의 활성화 에너지가 커지고, Y를 사용

하면 정반응의 활성화 에너지가 작아진다. 정반응의 활성화 에너지가 커지면 역반응의 활성화 에너지도 함께 커지며, 정반응의 활성화 에너지가 작아지면 역반응의 활성화 에너지도 함께 작아지므로 역반응의 활성화 에너지는 X를 넣었을 때가 Y를 넣었을 때보다 크다.

ㄷ. 촉매는 반응 속도에만 영향을 주고, 생성물의 양(mol)과는 무관하므로 평형에 도달하였을 때 생성된 $B(g)$의 양(mol)은 X를 넣었을 때와 Y를 넣었을 때가 같다.

04 반응 속도와 촉매

실험 Ⅰ과 Ⅱ를 비교하면 X를 첨가하였을 때 초기 반응 속도가 증가하였고, 실험 Ⅰ과 Ⅲ을 비교하면 온도가 높아졌음에도 불구하고 초기 반응 속도가 감소하였으므로 Y의 첨가가 반응 속도를 감소시켰음을 알 수 있다.

ㄱ. X는 반응 속도를 증가시키므로 정촉매이다.

ㄴ. 실험 Ⅲ과 Ⅳ를 비교하면 초기 반응 속도는 Ⅳ에서가 Ⅲ에서보다 빠르므로 $t>40$이다.

ㄷ. 촉매를 사용하더라도 반응 엔탈피(ΔH)는 변하지 않으므로 반응 엔탈피(ΔH)는 Ⅰ에서와 Ⅱ에서가 같다.

05 반응 속도 측정 실험과 온도

탄산 칼슘($CaCO_3$)과 염산($HCl(aq)$)의 반응으로 이산화 탄소(CO_2)가 발생하며, $CO_2(g)$가 빠져나가면서 질량이 감소하게 된다.

ㄱ. 감소한 질량은 플라스크를 빠져나간 $CO_2(g)$의 질량과 같으므로 $\frac{\text{생성된 기체의 질량(g)}}{\text{반응 시간(s)}}$으로 반응의 빠르기를 나타낼 수 있다.

ㄴ. 온도가 높을수록 반응 속도가 빨라지므로 단위 시간당 생성되는 기체의 질량이 크다. 따라서 $T_2>T_1$이다.

ㄷ. 염산의 농도가 클수록 초기 반응 속도가 빨라지므로 T_2에서 1 M의 $HCl(aq)$을 사용하면 반응 초기 화학 반응의 빠르기는 (나)의 T_2에서보다 크게 나타난다.

06 1차 반응의 반감기와 온도

t min일 때 T_1에서 $A(g)$의 질량이 반응 전의 $\frac{1}{2}$배이므로 첫 번째 반감기에 도달한 시점이고, T_2에서는 $A(g)$의 질량이 반응 전의 $\frac{1}{4}$배이므로 두 번째 반감기에 도달한 시점이다.

ㄱ. 1차 반응이고, T_2에서 두 번째 반감기에 도달한 시간이 t min이므로 반감기는 $\frac{t}{2}$ min이다.

ㄴ. 반감기는 T_1에서가 T_2에서보다 길고, 반응 속도는 T_2에서가 T_1에서보다 빠르므로 $T_2>T_1$이다.

ㄷ. $0\sim t$ min 동안 $A(g)$의 질량 변화는 (가)에서 $0.5w$ g, (나)에서 $0.75w$ g이므로 $\frac{\text{(나)에서의 평균 반응 속도}}{\text{(가)에서의 평균 반응 속도}}=\frac{0.75w\text{ g}}{0.5w\text{ g}}=\frac{3}{2}$이다.

07 1차 반응의 반감기와 온도

$A(g)$에 대한 1차 반응이므로 온도가 일정하면 반감기는 $A(g)$의 농도와 관계없이 일정하다.

ㄱ. T_2에서의 반감기가 T_1에서의 반감기보다 길므로 $T_1>T_2$이다.

ㄴ. $4t$ min은 T_1에서는 네 번째 반감기에 도달한 순간이므로 $[A]=\frac{1}{16}$ M이고, T_2에서는 두 번째 반감기에 도달한 순간이므로 $[B]=\frac{3}{4}$ M이다. 따라서 $4t$ min일 때 $\frac{T_1\text{에서 [A]}}{T_2\text{에서 [B]}}=\frac{\frac{1}{16}}{\frac{3}{4}}=\frac{1}{12}$이다.

ㄷ. 1차 반응에서 온도가 일정할 때 반감기는 농도와 관계없이 일정하다. 따라서 T_2에서 2 M의 $A(g)$를 넣고 반응시켜도 반감기는 $2t$ min이다.

08 반응 속도에 영향을 미치는 요인

[A]+[B]+[C]가 $0\sim t$ min에서 2 M 증가, $t\sim 2t$ min에서 1 M 증가하였으므로 이 반응은 1차 반응이며, $0\sim 2t$ min일 때까지 반감기는 t min이다. $X(s)$를 첨가하지 않았다면 $3t$ min일 때는 세 번째 반감기에 도달한 시점이 되며, [A]+[B]+[C]가 5.5 M가 되어야 하지만 $X(s)$를 첨가하여 [A]+[B]+[C]가 5.8 M가 되었으므로 반응 속도가 빨라졌다.

ㄱ. t min일 때 [A]는 처음의 $\frac{1}{2}$배이므로 1 M이다.

ㄴ. $X(s)$의 첨가로 반응 속도가 증가했으므로 $X(s)$는 정촉매이다.

ㄷ. $3t$ min일 때 $C(g)$의 농도를 x M라고 하면, $[A]=(2-x)$ M, $[B]=2x$ M이므로 $[A]+[B]+[C]=(2+2x)$ M$=5.8$ M를 만족하는 $x=1.9$이다. 따라서 $3t$ min일 때 $\frac{C(g)\text{의 부분 압력}}{A(g)\text{의 부분 압력}}=\frac{x}{2-x}=\frac{1.9}{0.1}=19$이다.

09 1차 반응과 온도

실험 Ⅰ에서 a min마다 $B(g)$의 부분 압력 증가량이 $\frac{1}{2}$배씩 감소하므로 이 반응은 1차 반응이며, Ⅰ에서의 반감기는 a min이다. $t=a$ min일 때까지 증가한 $B(g)$의 부분 압력이 1.6 atm이므로 감소한 $A(g)$의 부분 압력은 0.8 atm이다. 따라서 Ⅰ에서 반응 전 $A(g)$의 압력은 1.6 atm이며, 반응 전 $A(g)$의 압력은 Ⅱ에서가 Ⅰ에서의 2배이므로 Ⅱ에서 반응 전 $A(g)$의 압력은 3.2 atm이다. Ⅱ에서 $t=2a$ min일 때까지 증가한 $B(g)$의 부분 압력이 3.2 atm이므로 감소한 $A(g)$의 부분 압력은 1.6 atm이다. 따라서 Ⅱ에서는 $t=2a$ min일 때가 첫 번째 반감기에 도달한 시점이다.

㉠. 반감기가 일정하므로 $A(g)$에 대한 1차 반응이다.

✗. $t=2a$ min일 때 Ⅰ은 두 번째 반감기에 도달하였고, Ⅱ는 첫 번째 반감기에 도달하였다. 따라서 $\frac{\text{Ⅱ에서 } A(g)\text{의 부분 압력}}{\text{Ⅰ에서 } A(g)\text{의 부분 압력}}=\frac{3.2\times\frac{1}{2}}{1.6\times\frac{1}{4}}=4$이다.

✗. 반감기가 Ⅱ에서가 Ⅰ에서보다 길며, 반응 속도는 Ⅰ에서가 Ⅱ에서보다 빠르다. 따라서 온도는 $T_1>T_2$이다.

10 1차 반응과 반응 속도

T_1에서 $0\sim t$ min 동안 감소한 [A]를 x M라고 하면, $[A]=(1.6-x)$ M, $[B]=2x$ M이므로 $[A]+[B]=1.6-x+2x=2.8(M)$을 만족하는 $x=1.2$이다. 따라서 T_1에서 t min일 때 $[A]=0.4$ M, $[B]=2.4$ M이므로 t min은 두 번째 반감기에 도달한 시점이다. 같은 방법으로 T_1에서 $2t$ min일 때 [A]와 [B]를 구해 보면 각각 0.1 M, 3.0 M이므로 $2t$ min은 네 번째 반감기에 도달한 시점이다. 따라서 이 반응은 1차 반응이며, T_1에서 반감기는 $\frac{t}{2}$ min이다. T_2에서 $2t$ min일 때까지 감소한 [A]를 y M라고 하면 $[A]+[B]=0.8-y+2y=1.4(M)$를 만족하는 $y=0.6$이므로 $[A]=0.2$ M, $[B]=1.2$ M이다.

㉠. 1차 반응이고, T_2에서 $2t$ min일 때가 두 번째 반감기에 도달한 시점이므로 따라서 T_2에서 반감기는 t min이다.

✗. $2t$ min일 때 [B]는 T_1에서 3.0 M, T_2에서 1.2 M이므로 T_1에서가 T_2에서의 2배가 아니다.

㉢. 반감기가 T_1에서 $\frac{t}{2}$ min, T_2에서 t min이므로 $T_1>T_2$이다. 따라서 반응 속도 상수(k)는 T_1에서가 T_2에서보다 크다.

11 반응 속도와 온도

감소하는 [A]가 증가하는 [B]의 2배이므로 실험 Ⅰ에서 t min일 때 $[A]=0.08$ M, $[B]=0.04$ M, $2t$ min일 때 $[A]=0.04$ M, $[B]=0.06$ M이다. Ⅰ에서 t min은 첫 번째 반감기에 도달한 시점이고, $2t$ min은 두 번째 반감기에 도달한 시점이며, 반감기가 t min으로 일정하므로 이 반응은 $A(g)$에 대한 1차 반응이다. 실험 Ⅱ에서 $2t$ min일 때 $[B]=0.08$ M이므로 $[A]=(0.32-2\times0.08)$ M$=0.16$ M이며, $2t$ min일 때가 첫 번째 반감기에 도달한 시점이다. 실험 Ⅲ에서 t min일 때 $[A]=0.16$ M이므로 첫 번째 반감기에 도달한 시점이다. Ⅰ~Ⅲ에서 반응의 반감기가 각각 t min, $2t$ min, t min이므로 온도는 $T_1=T_3>T_2$이다.

12 1차 반응의 반감기와 온도

T_1에서 $A(g)$의 농도가 t min일 때 반응 전의 $\frac{1}{2}$배, $2t$ min일 때는 반응 전의 $\frac{1}{4}$배이므로 반감기가 t min으로 일정하다. T_2에서 t min일 때 $A(g)$의 농도가 반응 전의 $\frac{1}{4}$배이므로 두 번째 반감기에 도달한 순간이며, 반감기는 $\frac{t}{2}$ min이다.

㉠. 온도가 T_1로 일정할 때 반감기가 t min으로 일정하므로 이 반응은 $A(g)$에 대한 1차 반응이다.

㉡. T_1에서 반감기는 t min, T_2에서 반감기는 $\frac{t}{2}$ min이므로 온도는 $T_2>T_1$이다. 따라서 $\frac{T_1\text{에서 반응 속도 상수}}{T_2\text{에서 반응 속도 상수}}<1$이다.

㉢. T_2에서 $2t$ min일 때는 네 번째 반감기에 도달한 순간이므로 감소한 $[A]=0.4\times\frac{15}{16}$ M이다. 따라서 $[B]=0.4\times\frac{15}{16}\times\frac{1}{2}=\frac{3}{16}(M)$이다.

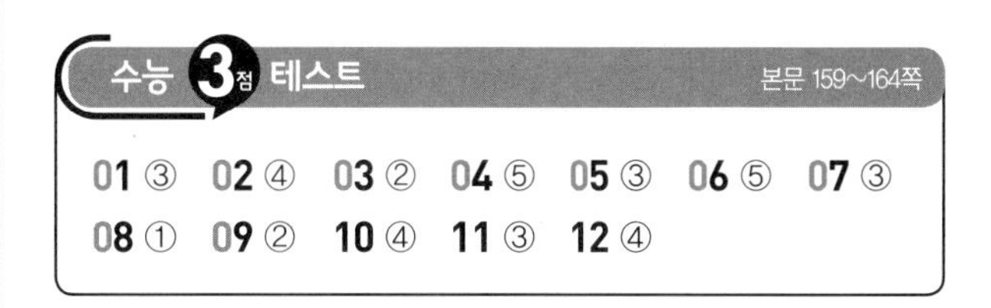

01 농도가 반응 속도에 미치는 영향

$Na_2S_2O_3(aq)$과 $HCl(aq)$이 반응하여 황(S) 앙금이 생성되며, 앙금이 '×' 표시를 모두 가릴 때까지 걸린 시간을 측정함으로써 화학 반응 속도를 비교할 수 있다.

㉠. 화학 반응 전과 후에 원자 종류 및 수는 변하지 않으므로 ㉠은 S이다.

㉡. 앙금이 '×' 표시를 모두 가리는 데 걸리는 시간이 짧을수록 반응 속도가 빠르다. $Na_2S_2O_3(aq)$의 부피가 크고, 가한 증류수의 부피가 작을수록 $Na_2S_2O_3(aq)$의 농도가 진하며, $Na_2S_2O_3(aq)$의 농도가 진할수록 '×' 표시를 모두 가리는 데 걸리는 시간이 짧으므로 '농도가 진할수록'은 ㉡으로 적절하다.

✗. 탐구 과정에서 표면적과 관련된 탐구를 수행하지 않았으므로 '표면적이 클수록 반응 속도가 빠르다.'는 것은 탐구 결과를 통해 설명할 수 없다.

02 1차 반응과 기체의 압력

반응이 진행될 때 감소한 $A(g)$의 압력과 증가한 $B(g)$의 압력은 같고, 증가한 $C(g)$의 압력은 $B(g)$의 $\frac{1}{2}$배이다. T_1에서 $2t$ min일 때 $C(g)$의 부분 압력을 y atm이라고 하면 $P+y=\frac{11}{8}P$이므로 $y=\frac{3}{8}P$이다. $A(g)$의 부분 압력은 $P-2\times\frac{3}{8}P=\frac{1}{4}P$(atm)이므로 T_1에서 $2t$ min일 때가 두 번째 반감기에 도달한 순간이므로 반감기는 t min이다.

$\frac{T_1\text{에서 반응 속도 상수}}{T_2\text{에서 반응 속도 상수}}=2$이므로 T_2에서 반감기는 $2t$ min이며, 1차 반응이므로 T_2에서 $2t$ min일 때는 첫 번째 반감기에 도달한 순간이다.

㉠. T_1에서 반응 속도 상수>T_2에서 반응 속도 상수이므로 $T_1>T_2$이다.

✗ㄴ. T_2에서 $2t$ min일 때 $A(g)$의 부분 압력은 P atm이며, $B(g)$와 $C(g)$의 부분 압력은 각각 P atm, $\frac{1}{2}P$ atm이다. 따라서 전체 압력은 $P+P+\frac{1}{2}P=\frac{5}{2}P$(atm)이므로 $x=\frac{5}{2}$이다.

㉢. (가)에서 t min일 때와 (나)에서 $2t$ min일 때는 모두 첫 번째 반감기에 도달한 순간이므로 (가)와 (나)에서 $C(g)$의 부분 압력은 각각 감소한 $A(g)$의 압력의 $\frac{1}{2}$배인 $\frac{1}{4}P$와 $\frac{1}{2}P$이다. 따라서 $\frac{(\text{가})\text{에서 } t \text{ min일 때 } C(g)\text{의 부분 압력}}{(\text{나})\text{에서 } 2t \text{ min일 때 } C(g)\text{의 부분 압력}}=\frac{\frac{1}{4}P}{\frac{1}{2}P}=\frac{1}{2}$이다.

03 촉매가 반응 속도에 미치는 영향

Ⅰ과 Ⅱ에서 온도는 같지만 X를 첨가한 Ⅱ에서가 Ⅰ에서보다 반응 속도가 느리므로 X는 부촉매이고, Ⅰ과 Ⅲ에서 온도는 Ⅲ에서가 Ⅰ에서보다 낮지만 Y를 첨가한 Ⅲ에서가 Ⅰ에서보다 반응 속도가 빠르므로 Y는 정촉매이다.

✗ㄱ. X는 부촉매이다.

㉡. Y는 정촉매이므로 활성화 에너지를 낮추어 준다. 따라서 정반응의 활성화 에너지는 Ⅰ에서가 Ⅲ에서보다 크다.

✗ㄷ. 촉매는 반응 속도에 영향을 주지만 반응이 완결될 때까지 생성된 물질의 양에는 영향을 주지 않는다. 따라서 반응이 완결될 때까지 생성된 $C(g)$의 부피는 Ⅰ에서와 Ⅱ에서가 같다.

04 온도가 반응 속도에 미치는 영향

온도가 높아지면 분자들의 평균 운동 에너지가 증가하고, 활성화 에너지 이상의 에너지를 갖는 분자 수가 증가한다. 따라서 온도가 높아지면 반응이 가능한 분자 수가 증가하여 반응 속도가 빨라진다. 따라서 (가)에서 $T_2>T_1$이다.

$[A]+[B]=\frac{3}{2}$ M가 될 때까지 반응한 $A(g)$의 양을 n mol이라고 하면, $[A]+[B]=(1-n)\text{ M}+2n\text{ M}=(1+n)\text{ M}=\frac{3}{2}$ M를 만족하는 $n=\frac{1}{2}$이다. 따라서 Ⅰ에서 반감기는 x min이고, Ⅱ에서 반감기는 $3x$ min이다.

㉠. $A(g)$의 초기 농도가 같고, 초기 반응 속도는 Ⅰ에서가 Ⅱ에서보다 빠르므로 온도는 Ⅰ에서가 Ⅱ에서보다 높다. 따라서 Ⅱ에서 기체의 온도는 T_1이다.

㉡. Ⅰ에서 $3x$ min일 때는 세 번째 반감기에 도달한 순간이므로 $[A]=\frac{1}{8}$ M, $[B]=\frac{7}{8}\text{ M}\times 2=\frac{7}{4}$ M이다. 따라서

$a=\left(\frac{1}{8}+\frac{7}{4}\right)\text{ M}=\frac{15}{8}$ M이다.

㉢. Ⅱ에서 $3x$ min(첫 번째 반감기에 도달)일 때 $[B]=\frac{1}{2}\text{ M}\times 2=1$ M이고, Ⅰ에서 $2x$ min(두 번째 반감기에 도달)일 때 $[A]=\frac{1}{4}$ M이므로 $\frac{\text{Ⅰ에서 } 2x \text{ min일 때 } [A]}{\text{Ⅱ에서 } 3x \text{ min일 때 } [B]}=\frac{1}{4}$이다.

05 촉매의 종류와 특징

효소, 표면 촉매, 광촉매 중 특정 기질과 반응하는 활성 부위를 갖는 것은 효소이고, 촉매 작용을 위해 빛에너지가 필요한 것은 광촉매이므로 ㉠은 효소, ㉡은 광촉매, ㉢은 표면 촉매이다.

㉠. ㉢은 2가지 분류 기준에 의해 모두 '아니요'로 분류되었으므로 표면 촉매이다.

✗ㄴ. 광촉매는 반응 속도를 변화시키지만 반응이 완결되었을 때 생성물의 양을 증가시키거나 감소시키지 않는다.

㉢. 효소, 표면 촉매, 광촉매는 모두 반응의 활성화 에너지를 감소시켜 반응 속도를 증가시킨다.

06 기체의 혼합 비율과 1차 반응의 반감기

전체 기체의 압력이 Ⅰ에서는 $0\sim t$ min일 때 0.6 atm이 증가, $t\sim 2t$ min일 때 0.3 atm이 증가하였고, Ⅱ에서는 $0\sim t$ min일 때 0.4 atm이 증가, $t\sim 2t$ min일 때 0.2 atm이 증가하였다. Ⅰ과 Ⅱ에서 t min일 때마다 증가한 전체 기체의 압력이 $\frac{1}{2}$배씩 감소하므로 $A(g)$에 대한 1차 반응이며, 반감기는 Ⅰ과 Ⅱ에서 t min으로 같다.

㉠. $A(g)$에 대한 1차 반응이며, Ⅰ과 Ⅱ에서 반감기가 같으므로 온도는 Ⅰ에서와 Ⅱ에서가 같다.

㉡. 화학 반응의 양적 관계에서 t min일 때까지 감소한 $A(g)$의 부분 압력을 x atm이라고 하면, 전체 기체의 압력은 $(1.8+x)$ atm이므로 증가한 전체 기체의 압력($=x$ atm)과 감소한 $A(g)$의 부분 압력이 같다. t min일 때까지 감소한 $A(g)$의 부분 압력이 Ⅰ과 Ⅱ에서 각각 0.6 atm, 0.4 atm이며, t min

에서 $A(g)$의 부분 압력은 반응 전의 $\frac{1}{2}$배가 되므로 반응 전 $\frac{\text{Ⅱ에서 } A(g)\text{의 부분 압력}}{\text{Ⅰ에서 } A(g)\text{의 부분 압력}}=\frac{0.8\ \text{atm}}{1.2\ \text{atm}}=\frac{2}{3}$이다.

㉢. 0 min일 때 $B(g)$의 부분 압력은 Ⅰ과 Ⅱ에서 각각 0.6 atm, 1.0 atm이며, t min일 때(첫 번째 반감기에 도달)까지 증가한 $B(g)$의 부분 압력은 Ⅰ과 Ⅱ에서 각각 1.2 atm, 0.8 atm이므로 t min일 때 $B(g)$의 부분 압력은 Ⅰ과 Ⅱ에서 1.8 atm으로 같다.

07 온도가 반응 속도에 미치는 영향

실험 Ⅰ에서 $2x$ s일 때까지 반응한 $A(g)$의 양을 n mol이라고 하면, $2x$ s일 때 용기 속 각 기체의 양은 $A(g)$가 $(1-n)$ mol, $B(g)$가 bn mol, $C(g)$가 n mol이고, $\frac{B(g)\text{의 양(mol)}}{A(g)\text{의 양(mol)}}=\frac{bn}{1-n}=2$이며, $C(g)$의 몰 분율이 $\frac{n}{1+bn}=\frac{1}{4}$이므로 이를 만족하는 $n=\frac{1}{2}$, $b=2$이다. Ⅰ에서 $4x$ s일 때까지 반응한 $A(g)$의 양을 m mol이라고 하면, $4x$ s일 때 $C(g)$의 몰 분율이 $\frac{m}{1+2m}=\frac{3}{10}$이므로 이를 만족하는 $m=\frac{3}{4}$이다. Ⅰ에서 $A(g)$의 양(mol)은 $2x$ s일 때 처음의 $\frac{1}{2}$배, $4x$ s일 때 처음의 $\frac{1}{4}$배이므로 이 반응은 반감기가 $2x$ s인 1차 반응이다. 실험 Ⅱ에서는 x s일 때 $C(g)$의 몰 분율이 $\frac{1}{4}$이므로 첫 번째 반감기에 도달한 시점이다.

㉠. $b=2$이다.

~~ㄴ~~. Ⅱ에서 $3x$ s일 때는 세 번째 반감기에 도달한 시점이므로 용기 속 각 기체의 양은 $A(g)$가 $\frac{1}{8}$ mol, $B(g)$가 $\frac{7}{4}$ mol, $C(g)$가 $\frac{7}{8}$ mol이다. 따라서 $C(g)$의 몰 분율은 $\frac{7}{22}$이다.

㉢. $A(g)$의 초기 농도가 같고, 반감기는 T_1에서가 T_2에서의 2배이므로 $\frac{T_2\text{에서 반응 속도 상수}}{T_1\text{에서 반응 속도 상수}}=2$이다.

08 농도와 온도가 반응 속도에 미치는 영향

1차 반응은 반응 속도가 반응물의 농도에 비례하고, 반응물의 농도에 관계없이 반감기가 일정하다.

질량은 보존되므로 실험 Ⅰ에서 $A(g)$의 질량+$B(g)$의 질량 $=w$ g이고, a min일 때 $A(g)$와 $B(g)$의 질량이 같으므로 첫 번째 반감기에 도달한 시점이다. Ⅱ에서 $3a$ min일 때 $B(g)$의 질량은 $A(g)$의 질량의 3배이므로 두 번째 반감기에 도달한 시점이다. Ⅲ에서 $2a$ min일 때 $B(g)$의 질량은 $A(g)$의 질량의 2배이므로 첫 번째 반감기와 두 번째 반감기 사이의 시점이다.

㉠. Ⅱ에서 두 번째 반감기에 도달한 시점이 $3a$ min이므로 반감기는 $1.5a$ min이다.

~~ㄴ~~. $2a$ min일 때 Ⅰ은 두 번째 반감기에 도달한 시점이며, Ⅲ은 첫 번째 반감기와 두 번째 반감기 사이의 시점이므로 반감기는 Ⅰ에서가 Ⅲ에서보다 짧다. 1차 반응에서 온도가 높을수록 반감기는 짧아지므로 온도는 Ⅰ에서가 Ⅲ에서보다 높다. 따라서 $T_1>T_3$이다.

~~ㄷ~~. Ⅲ에서 $A(g)$ $2w$ g을 $2n$ mol이라고 하면, $2a$ min일 때 $A(g)$의 양은 $\frac{2}{3}n$ mol$\left(=\frac{2}{3}w\text{ g}\right)$, $B(g)$의 양은 $\frac{8}{3}n$ mol $\left(=\frac{4}{3}w\text{ g}\right)$이다. 따라서 $2a$ min일 때 $B(g)$의 몰 분율은 $\frac{4}{5}$이다.

09 온도와 1차 반응의 반감기

(가)에서 반응 시간이 t_2 s일 때 $P_B=\frac{1}{3}$ atm이므로 $P_A=\frac{1}{3}$ atm, $P_C=\frac{c}{3}$ atm이고, $\frac{P_C}{P_A}=1$이므로 $c=1$이다. 반응 시간이 t_1 s일 때까지 감소한 $A(g)$의 압력을 $2p$ atm이라고 하면 $\frac{P_C}{P_A}=\frac{p}{1-2p}=\frac{1}{2}$을 만족하는 $p=\frac{1}{4}$이므로 반응 시간 t_1 s는 첫 번째 반감기에 도달한 시점이다. 반응 시간이 t_3 s일 때까지 감소한 $A(g)$의 압력을 $2q$ atm이라고 하면 $\frac{P_C}{P_A}=\frac{q}{1-2q}=\frac{3}{2}$을 만족하는 $q=\frac{3}{8}$이므로 반응 시간 t_3 s는 두 번째 반감기에 도달한 시점이다. (나)에서 반응 시간이 t_3 s일 때까지 감소한 $A(g)$의 압력을 $2r$ atm이라고 하면 $\frac{P_C}{P_A}=\frac{r}{1-2r}=\frac{7}{2}$을 만족하는 $r=\frac{7}{16}$이므로 반응 시간 t_3 s는 세 번째 반감기에 도달한 시점이다.

~~ㄱ~~. (가)에서 반응 시간 t_1 s가 첫 번째 반감기에 도달한 시점이고, 반응 시간 t_3 s가 두 번째 반감기에 도달한 시점이며, 1차 반응이므로 반감기는 일정하다. 따라서 $t_3=2t_1$이다.

㉡. 반응 시간이 t_3 s일 때가 (가)에서는 두 번째 반감기에 도달한 시점이며, (나)에서는 세 번째 반감기에 도달한 시점이다. 반감기가 (가)에서가 (나)에서보다 길다. 따라서 온도는 $T_2>T_1$이다.

~~ㄷ~~. (나)에서 반응 시간이 t_3 s일 때가 세 번째 반감기에 도달한 시점이므로 t_1 s$=\frac{t_3}{2}$ s일 때는 첫 번째 반감기를 지나 두 번째 반감기에 도달하기 전의 시점이다. 두 번째 반감기인 시점에서 $\frac{P_C}{P_A}=\frac{3}{2}$이므로 ㉠$<\frac{3}{2}$이다.

10 온도가 반응 속도에 미치는 영향

$A(g)$로부터 $B(g)$와 $C(g)$가 생성되므로 $\frac{B(g)\text{의 질량}}{C(g)\text{의 질량}}$은 항상 일정하다. 따라서 (가)에서 t min일 때 $B(g)$의 질량은 $\frac{6.9w}{1.2w}\times0.4w=2.3w$(g)이고, 용기 속 전체 기체의 질량은 $5.4w$ g이

므로 A(g)의 질량은 $2.7w$ g이다. 따라서 (가)에서 t min일 때는 첫 번째 반감기에 도달한 시점이다. (나)에서 $3t$ min일 때 A(g)의 질량은 $2.7w$ g으로 처음의 $\frac{1}{4}$배이고, 1차 반응이므로 $3t$ min일 때는 두 번째 반감기에 도달한 시점이다.

㉠. A(g)의 질량은 (가)에서 t min일 때와 (나)에서 $3t$ min일 때가 $2.7w$ g으로 같다. 따라서 $\frac{\text{(나)에서 } 3t \text{ min일 때 A}(g)\text{의 양(mol)}}{\text{(가)에서 } t \text{ min일 때 A}(g)\text{의 양(mol)}}=1$이다.

X. 반응 질량비는 A(g) : C(g)$=2.7w$ g : $0.4w$ g$=27:4$이고, 반응 몰비는 A(g) : C(g)$=2:1$이므로 분자량비는 A : C$=\frac{27}{2}:\frac{4}{1}=27:8$이다. 따라서 $\frac{\text{A의 분자량}}{\text{C의 분자량}}=\frac{27}{8}$이다.

㉢. (가)에서 반감기는 t min이고, (나)에서 반감기는 $1.5t$ min이다. 온도가 높을수록 반응 속도가 빨라 반감기가 짧아지므로 $T_1>T_2$이다.

11 1차 반응에서 반응물과 생성물의 질량 변화

반응 전과 후에 용기 속 전체 기체의 질량은 보존되고, 반응이 진행되면 A(g)의 질량은 감소하며, B(g)의 질량은 증가한다. (가)에서 $2t$ min일 때 ㉠이 A(g)라면 A(g)의 질량이 $\frac{13}{16}w$ g, B(g)의 질량은 $\frac{3}{16}w$ g이며, ㉡은 B(g)가 되므로 $3t$ min일 때 B(g)의 질량은 $\frac{3}{32}w$ g, A(g)의 질량은 $\frac{29}{32}w$ g이어야 한다. 이 경우 반응이 진행될수록 A(g)의 질량이 감소하지 않으므로 모순이 된다. 따라서 ㉠은 B(g), ㉡은 A(g)이고, (가)에서 $2t$ min일 때 A(g)의 질량은 $\frac{3}{16}w$ g, B(g)의 질량은 $\frac{13}{16}w$ g이며, $3t$ min일 때 A(g)의 질량이 $\frac{3}{32}w$ g이므로 이 반응은 반감기가 t min인 1차 반응이다. (나)에서 처음 넣어 준 A(g)의 질량은 $\frac{5}{6}w$ g, B(g)의 질량은 $\frac{1}{6}w$ g이며, t min일 때 A(g)의 질량이 처음의 $\frac{1}{2}$배$\left(=\frac{5}{12}w\text{ g}\right)$보다 크므로 t min은 첫 번째 반감기에 도달하기 전의 시점이다.

㉠. (가)에서 $2t$ min은 두 번째 반감기에 도달한 시점이므로 처음 넣어 준 A(g)의 질량은 $\frac{3}{16}w\text{ g}\times4=\frac{3}{4}w$ g이다.

㉡. 1차 반응에서 온도가 높을수록 반감기가 짧다. 반감기는 (가)에서가 (나)에서보다 짧으므로 $T_1>T_2$이다.

X. (가)에서 t min일 때는 첫 번째 반감기에 도달한 시점이므로 A(g)의 질량은 $\frac{3}{8}w$ g, B(g)의 질량은 $\frac{5}{8}w$ g이고, (나)에서 t min일 때 A(g)와 B(g)의 질량은 $\frac{1}{2}w$ g으로 같다. 분자량은 B가 A의 2배이므로 t min일 때 기체의 몰비는 (가)에서 A(g) : B(g)$=6:5$, (나)에서 A(g) : B(g)$=2:1$이다. 따라서 t min일 때 $\frac{\text{(나)에서 B}(g)\text{의 몰 분율}}{\text{(가)에서 B}(g)\text{의 몰 분율}}=\frac{\frac{1}{3}}{\frac{5}{11}}=\frac{11}{15}$이다.

12 평균 반응 속도와 온도

평균 반응 속도$=-\frac{\Delta[\text{A}]}{\Delta t}$이고, 처음 넣어 준 A($g$) w g의 농도를 x M, $3t$ min일 때 B(g)의 농도를 y M라고 하면 $3t$ min일 때 [A]$=(x-2y)$ M이므로 $\frac{[\text{B}]}{[\text{A}]}=\frac{y}{x-2y}=\frac{7}{2}$을 만족하는 $y=\frac{7}{16}x$이다. $4t$ min일 때 A(g)의 농도를 z M라고 하면, $0\sim3t$ min에서와 $3t\sim4t$ min에서의 평균 반응 속도비는 $-\frac{\left(x-\frac{x}{8}\right)}{3t}:-\frac{\left(\frac{x}{8}-z\right)}{t}=14:3$이므로 이를 만족하는 $z=\frac{1}{16}x$이다. $3t$ min일 때 [A]$=\frac{1}{8}x$ M, $4t$ min일 때 [A]$=\frac{1}{16}x$ M이므로 $3t$ min은 세 번째 반감기에 도달한 시점, $4t$ min은 네 번째 반감기에 도달한 시점이다. 따라서 이 반응은 반감기가 t min인 1차 반응이다. $0\sim3t$ min에서의 평균 반응 속도는 (나)에서가 (가)에서의 $\frac{6}{7}$배이며, 반응 시간이 같으므로 Δ[A]가 (나)에서가 (가)에서의 $\frac{6}{7}$배인 $\frac{3}{4}x$ M$\left(=\frac{7}{8}x\text{ M}\times\frac{6}{7}\right)$이다. 따라서 (나)에서 $3t$ min일 때 [A]$=\frac{1}{4}x$ M이므로 $3t$ min은 두 번째 반감기에 도달한 시점이다. 반응 시간에 따른 A(g)의 몰 농도는 다음과 같다.

반응 시간(min)		0	t	$2t$	$3t$	$4t$
[A](M)	(가)	x	$\frac{1}{2}x$	$\frac{1}{4}x$	$\frac{1}{8}x$	$\frac{1}{16}x$
	(나)	x			$\frac{1}{4}x$	

㉠. 반감기가 (가)에서가 (나)에서보다 짧으므로 $T_1>T_2$이다.

X. (가)에서 $4t$ min일 때 [A]$=\frac{1}{16}x$이므로 [B]$=\frac{15}{32}x$ M이고, (나)에서 $4t$ min(세 번째 반감기에 도달하기 전 시점)일 때 [A]$>\frac{1}{8}x$ M이므로 [B]$<\frac{7}{16}x$ M이다. 따라서 $4t$ min일 때 $\frac{\text{(가)에서 [B](M)}}{\text{(나)에서 [B](M)}}>\frac{15}{14}$이다.

㉢. $3t$ min일 때 (가)에서 [A]$=\frac{1}{8}x$ M, (나)에서 [A]$=\frac{1}{4}x$ M이고, $T_1>T_2$이므로 반응 속도 상수는 T_1에서가 T_2에서보다 크다. 따라서 $3t$ min일 때 $\frac{\text{(가)에서 순간 반응 속도}}{\text{(나)에서 순간 반응 속도}}>\frac{1}{2}$이다.

09 전기 화학과 이용

수능 2점 테스트

본문 176~178쪽

01 ① 02 ⑤ 03 ⑤ 04 ② 05 ⑤ 06 ⑤ 07 ①
08 ③ 09 ④ 10 ② 11 ⑤ 12 ②

01 수소 연료 전지

수소 연료 전지는 수소와 산소의 산화 환원 반응을 통해 화학 에너지를 전기 에너지로 전환하는 장치이다. 수소 연료 전지의 최종 생성물은 물이므로 환경 오염 물질의 배출이 거의 없어 환경 친화적이다.

02 금속의 이온화 경향

이온화 경향이 큰 금속은 산화되어 양이온으로 존재하려는 성질이 강하고, 이온화 경향이 작은 금속의 양이온은 환원되어 원소로 존재하려는 성질이 강하다.

ㄱ. A^{2+}이 $B(s)$와 반응하지 않았으므로 금속의 이온화 경향은 A > B이다.

ㄴ. A^{2+}과 $C(s)$가 반응하는 화학 반응식은 $A^{2+}(aq)+2C(s) \longrightarrow A(s)+2C^{+}(aq)$이므로 반응이 진행되는 동안 수용액 속 전체 양이온 수는 증가한다.

ㄷ. 금속의 이온화 경향은 C > A > B이므로 $BSO_4(aq)$에 $C(s)$를 넣으면 B^{2+}이 환원되어 금속 B가 석출된다.

03 화학 전지

화학 전지에서 이온화 경향이 큰 금속의 전극에서는 산화 반응이 일어나 금속 양이온이 생성되고, 이온화 경향이 작은 금속의 전극에서는 금속 양이온의 환원 반응이 일어나 금속이 석출된다.

ㄱ. 반응이 진행될 때, $A(s)$의 질량은 감소하였으므로 $A(s)$는 산화되어 A^{2+}이 생성된다. 따라서 $A(s)$는 (−)극이고, 전자는 도선을 따라 $A(s)$에서 $B(s)$로 이동하므로 전자의 이동 방향은 ㉠이다.

ㄴ. 반응이 진행될 때, (−)극에서는 금속의 산화 반응이 일어나 금속 양이온 수가 증가하고 (+)극에서는 금속 양이온의 환원 반응이 일어나 금속 양이온 수가 감소한다. 이때 염다리에 들어 있는 이온이 각 전해질 수용액으로 녹아 들어가면서 전하 균형을 유지시켜 준다.

ㄷ. A와 B의 금속 양이온의 산화수가 같으므로 반응이 진행될 때 전체 화학 반응식은 $A(s)+B^{2+}(aq) \longrightarrow A^{2+}(aq)+B(s)$이다. 따라서 $0\sim t$ s 동안 산화된 A의 양(mol)과 환원된 B^{2+}의 양(mol)은 같다.

04 물의 전기 분해

물을 전기 분해할 때 소량의 전해질을 넣어 주지만 $H_2O(l)$은 전해질의 금속 양이온보다 환원되기 쉬운 경향이 커야 하고, 전해질의 음이온보다 산화되기 쉬운 경향이 커야 한다.

ㄱ. 물을 전기 분해할 때 전해질로 $CuCl_2$를 넣으면 $Cl^{-}(aq)$은 $H_2O(l)$보다 산화되기 쉬운 경향이 크므로 (+)극에서 $Cl_2(g)$가 생성된다. 또한 $Cu^{2+}(aq)$은 $H_2O(l)$보다 환원되기 쉬운 경향이 크므로 (−)극에서 $Cu(s)$가 석출된다. 따라서 $CuCl_2$는 X로 적절하지 않다.

ㄴ. 물을 전기 분해할 때 (+)극에서 $H_2O(l)$이 산화되어 $O_2(g)$가 생성된다.

ㄷ. 물을 전기 분해할 때 (−)극에서 $H_2O(l)$이 환원되어 $H_2(g)$가 생성되므로 A는 H_2이다.

05 수소 연료 전지

ㄱ. 수소 연료 전지에서 H_2가 산화되어 H^{+}이 생성되고, O_2가 환원되어 H_2O이 생성된다.

ㄴ. 수소 연료 전지를 비롯한 화학 전지는 산화 환원 반응 과정에서 전자가 이동하는 것을 이용한 것으로 화학 에너지를 전기 에너지로 전환하는 장치이다.

ㄷ. 수소 연료 전지의 양쪽 전극에서 일어나는 반응의 전체 반응식은 $2H_2(g)+O_2(g) \longrightarrow 2H_2O(l)$이므로 환경 오염 물질의 배출이 거의 없다.

06 금속의 이온화 경향

ㄱ. $H_2SO_4(aq)$에서 금속 A 표면에서만 기포가 발생하였으므로 A는 산화되고, B는 반응하지 않았다. 따라서 금속의 이온화 경향은 A > B이다.

ㄴ. 반응이 진행되는 동안 H^{+}이 환원되어 $H_2(g)$가 생성되므로 수용액 속 $[H^{+}]$가 감소하여 수용액의 pH는 증가한다.

ㄷ. 반응이 진행되는 동안 $A(s)$는 산화되어 금속 양이온이 되므로 $A(s)$의 질량은 감소하고, $B(s)$는 반응하지 않으므로 $B(s)$의 질량은 변하지 않는다. 따라서 반응이 진행되는 동안 $\frac{A(s)\text{의 질량}}{B(s)\text{의 질량}}$은 감소한다.

07 화학 전지

ㄱ. (가)와 (나)에서 모두 반응이 진행될 때, (−)극인 $Zn(s)$이 산화되어 Zn^{2+}이 생성되므로 $Zn(s)$의 질량은 모두 감소한다.

ㄴ. (+)극인 $Cu(s)$ 전극에서 일어나는 반응의 화학 반응식은 (가)에서는 $2H^{+}(aq)+2e^{-} \longrightarrow H_2(g)$이고, (나)에서는 $Cu^{2+}(aq)+2e^{-} \longrightarrow Cu(s)$이다. 따라서 (가)에서는 $Cu(s)$의 질량은 일정하다.

ㄷ. 반응이 진행될 때, 전체 반응의 화학 반응식은 (가)에서는

$Zn(s)+2H^+(aq) \longrightarrow Zn^{2+}(aq)+H_2(g)$이고, (나)에서는 $Zn(s)+Cu^{2+}(aq) \longrightarrow Zn^{2+}(aq)+Cu(s)$이다. 따라서 반응이 진행될 때, (가)에서는 전체 양이온 수가 감소하고, (나)에서는 일정하게 유지된다.

08 용융액과 수용액의 전기 분해

$NaCl(l)$과 $NaCl(aq)$을 전기 분해하면 (+)극에서는 모두 Cl^-이 산화되어 $Cl_2(g)$가 생성되지만 (−)극에서는 각각 Na^+과 $H_2O(l)$이 환원되어 $Na(l)$과 $H_2(g)$가 생성된다.

ㄱ. 전극 ㉢은 $NaCl(aq)$ 전기 분해 장치의 (−)극으로 $H_2O(l)$이 환원되어 $H_2(g)$가 생성된다.

ㄴ. (가)의 전극 ㉠과 전극 ㉡에서 생성되는 물질은 각각 $Na(l)$과 $Cl_2(g)$이다. $0\sim t$ s 동안 같은 양(mol)의 전자가 이동하여 전체 반응의 화학 반응식은 $2Na^+(l)+2Cl^-(l) \longrightarrow 2Na(l)+Cl_2(g)$이므로 생성되는 물질의 양(mol)은 전극 ㉠에서가 전극 ㉡에서보다 많다.

ㄷ. 전극 ㉡과 전극 ㉣에서 생성되는 물질은 모두 $Cl_2(g)$이다.

09 화학 전지

도선을 따라 금속 X에서 Y로 전자가 이동하므로 X 전극은 산화 반응이 일어나고, Y 전극은 환원 반응이 일어난다.

A. 화학 전지에서 산화 반응이 일어나는 전극은 (−)극이므로 X 전극은 (−)극이다.

B. Y 전극에서 일어나는 반응의 화학 반응식은 $Y^{2+}(aq)+2e^- \longrightarrow Y(s)$이므로 반응이 진행될 때, $Y(s)$의 질량은 증가한다.

C. 반응이 진행될 때, 전체 반응의 화학 반응식은 $X(s)+Y^{2+}(aq) \longrightarrow X^{2+}(aq)+Y(s)$이므로 전체 양이온 수는 일정하게 유지된다.

10 금속의 이온화 경향

이온화 경향이 큰 금속은 산화되어 이온으로 존재하려는 성질이 강하고, 이온화 경향이 작은 금속의 양이온은 환원되어 원소로 존재하려는 성질이 강하다. $ASO_4(aq)$에 $B(s)$를 넣어 반응이 진행될 때, 전체 양이온 수의 변화가 없으므로 전체 반응의 화학 반응식은 $A^{2+}(aq)+B(s) \longrightarrow A(s)+B^{2+}(aq)$이다.

ㄱ. 반응이 진행될 때 전체 양이온 수가 일정하므로 A와 B의 양이온의 화학식은 각각 A^{2+}과 B^{2+}으로 산화수가 같다.

ㄴ. A^{2+}과 B가 1 : 1로 반응하고, 반응이 진행될 때 전체 금속의 질량이 증가하므로 원자량은 A>B이다.

ㄷ. $ASO_4(aq)$에 $B(s)$를 넣어 반응이 일어났으므로 금속의 이온화 경향은 B>A이다.

11 물의 광분해

광촉매 전극인 전극 (가)에서는 산화 반응이 일어나면서 $O_2(g)$와 H^+이 생성되고, Pt 전극인 전극 (나)에서는 환원 반응이 일어나면서 $H_2(g)$가 생성된다.

ㄱ. 물의 광분해 과정은 광촉매 전극에서 햇빛을 받아 반응이 진행되므로 흡열 반응이다.

ㄴ. 반응이 진행될 때, 도선을 따라 전극 (가)에서 전극 (나)로 전자가 이동하므로 전극 (가)에서 산화 반응이 일어난다.

ㄷ. 전극 (나)에서는 H^+이 환원되어 $H_2(g)$가 생성된다.

12 전기 도금

전기 도금에서 도금할 물체는 전원 장치의 (−)극에, 도금할 금속은 전원 장치의 (+)극에 연결한다.

ㄱ. $Cu(s)$ 표면에 $Ag(s)$을 도금하는 장치이므로 도금할 물체에 해당하는 $Cu(s)$가 연결된 전극 ㉠은 (−)극이다.

ㄴ. 반응이 진행될 때, 전극 ㉠에서는 $Ag^+(aq)$이 환원되지만 전극 ㉡극에서는 $Ag(s)$이 산화되어 $Ag^+(aq)$이 생성된다. 따라서 수용액 속 $Ag^+(aq)$의 양(mol)은 일정하다.

ㄷ. 환원 반응이 일어나는 전극 ㉠에서 $Ag^+(aq)$이 환원되므로 환원되기 쉬운 경향은 $Ag^+(aq)>H_2O(l)$이다.

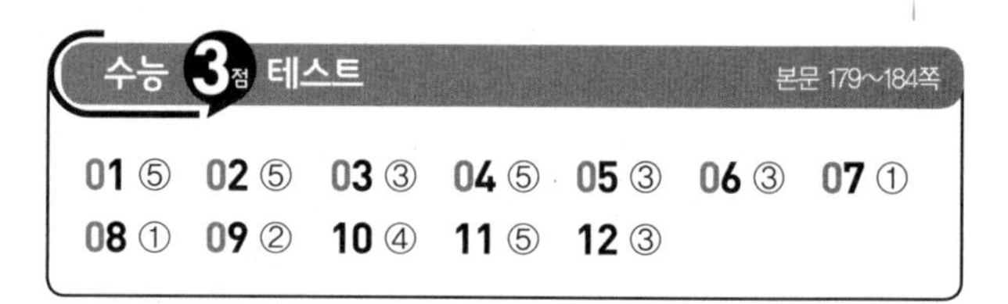

01 ⑤	02 ⑤	03 ③	04 ⑤	05 ③	06 ③	07 ①
08 ①	09 ②	10 ④	11 ⑤	12 ③		

01 금속의 이온화 경향

이온화 경향이 작은 금속의 양이온이 들어 있는 수용액에 이온화 경향이 큰 금속을 넣으면 산화 환원 반응을 한다. $BSO_4(aq)$에 금속 A를 넣었을 때 반응하였고, $A_2SO_4(aq)$에 금속 C를 넣었을 때 반응하지 않았으므로 금속의 이온화 경향은 A>B이고, A>C이다.

ㄱ. 금속의 이온화 경향은 A>C이므로 $A(s)$와 $C(s)$를 전극으로 사용한 화학 전지에서 $A(s)$ 전극에서는 산화 반응이 일어난다. 따라서 $A(s)$ 전극은 (−)극이다.

ㄴ. $BSO_4(aq)$에 금속 A를 넣었을 때 일어나는 반응의 화학 반응식은 $2A(s)+B^{2+}(aq) \longrightarrow 2A^+(aq)+B(s)$이므로 반응하는 동안 수용액 속 전체 양이온 수는 증가한다.

ㄷ. 주어진 자료로부터 A와 B, A와 C 사이의 이온화 경향은 비교할 수 있지만 B와 C의 이온화 경향을 비교하기 위해서는 $BSO_4(aq)$과 $C(s)$의 반응 결과나 $CSO_4(aq)$과 $B(s)$의 반응 결과가 추가로 필요하다.

02 화학 전지

(가)에서 반응 전 $A^{a+}(aq)$과 $B^{+}(aq)$의 몰 농도와 부피가 각각 같으므로 두 전해질 수용액에 들어 있는 A^{a+}과 B^{+}의 수는 같다. (나)에서 반응이 진행될 때, A^{a+} 수와 B^{+} 수의 합이 감소하였으므로 A는 산화되고, B^{+}은 환원되며 전체 반응의 화학 반응식은 $A(s)+aB^{+}(aq) \longrightarrow A^{a+}(aq)+aB(s)$이다.

ㄱ. 산화 반응이 일어나는 $A(s)$ 전극은 (−)극이다. 전자는 도선을 따라 (−)극에서 (+)극으로 이동하므로 전자의 이동 방향은 ㉠이다.

ㄴ. 반응 전 A^{a+}과 B^{+}의 수가 각각 $2n$과 $2n$이라면 B^{+}이 모두 반응하고 난 후 A^{a+}의 수는 $3n$이므로 B^{+} $2n$개가 반응하여 A^{a+} n개가 생성되었으므로 $a=2$이다.

ㄷ. 반응이 진행될 때, 산화되는 A와 환원되는 B^{+}의 몰비는 $A : B^{+}=1 : 2$이고, 원자량은 B>A이므로

$\dfrac{|A(s)\text{의 질량 변화량}|}{|B(s)\text{의 질량 변화량}|}<1$이다.

03 전기 분해

수용액의 전기 분해에서 (+)극에서는 전해질의 음이온과 $H_2O(l)$ 중 산화되기 쉬운 경향이 큰 물질이 산화되고, (−)극에서는 전해질의 양이온과 $H_2O(l)$ 중 환원되기 쉬운 경향이 큰 물질이 환원된다. 이때 $H_2O(l)$이 산화되면 $O_2(g)$가 생성되고, $H_2O(l)$이 환원되면 $H_2(g)$가 생성된다.

ㄱ. 2개의 전기 분해 장치가 직렬로 연결되어 있으므로 전기 분해 반응이 진행되는 동안 이동한 전자의 양(mol)은 모두 같다. 전극 ㉡에서 일어나는 반응의 화학 반응식은 $2Cl^{-}(aq) \longrightarrow Cl_2(g)+2e^{-}$이고, 전극 ㉣에서 일어나는 반응의 화학 반응식은 $2H_2O(l) \longrightarrow O_2(g)+4H^{+}(aq)+4e^{-}$이다. 따라서 ㉡에서 생성된 물질 (가)는 Cl_2이고, Cl_2의 양을 x mol이라고 하면 반응이 진행되는 동안 생성된 물질의 몰비는 $Cl_2(g) : O_2(g)=2 : 1=x : \frac{8}{32}$이고, $x=0.5$이다.

ㄴ. (나)가 $B(s)$라면 전극 ㉢에서 일어나는 반응의 화학 반응식은 $B^{+}(aq)+e^{-} \longrightarrow B(s)$이고, 생성된 물질의 몰비는 $B(s) : O_2(g)=4 : 1$이며 원자량이 B>O이므로 생성된 (나)의 질량은 16 g보다 커야 한다. 따라서 (나)는 $H_2(g)$이고, 전극 ㉢에서 $H_2O(l)$이 환원되므로 환원되기 쉬운 경향은 $H_2O(l)>B^{+}(aq)$이다.

~~ㄷ~~. 반응 전 $ACl_2(aq)$과 $BNO_3(aq)$의 몰 농도는 각각 1 M로 같고, 수용액의 부피도 V L로 같으므로 수용액에 들어 있는 A^{2+}과 B^{+}의 양은 각각 V mol과 V mol로 같다. 이때 B^{+}은 반응하지 않아 B^{+}의 양은 V mol로 일정하므로 반응이 진행되어 A^{2+}의 양이 $0.75V$ mol일 때 $\dfrac{A^{2+}\text{의 양(mol)}}{B^{+}\text{의 양(mol)}}=\dfrac{3}{4}$이다.

04 화학 전지

2개의 화학 전지가 직렬로 연결되어 있으므로 반응이 진행될 때, 양쪽의 화학 전지에서 이동하는 전자의 양(mol)은 같다. 또한 반응이 진행될 때, 산화되는 금속의 양이온 수는 증가하고 환원되는 금속의 양이온 수는 감소하므로 2개의 화학 전지에서 전극 ㉠과 ㉢은 모두 (−)극이다.

ㄱ. 전극 ㉠은 (−)극이므로 금속 A의 산화 반응이 일어난다.

ㄴ. 반응이 진행될 때, 2개의 화학 전지에서 이동한 전자의 양(mol)은 같다. 이때 0~t s 동안 증가한 이온 수의 비가 $A^{a+} : C^{c+}=1 : 2$이므로 $a : c=2 : 1$이고, $a=2c$이다.

ㄷ. (나)에서 반응 전 B^{2+}의 양을 $4n$ mol이라고 하면 A^{a+}과 C^{c+}의 양은 각각 $2n$ mol과 $2n$ mol이다. 시간 t에서 A^{a+}, B^{2+}, C^{c+}의 양이 각각 $3n$ mol, $2n$ mol, $4n$ mol이므로 B^{2+}의 양이 n mol일 때 A^{a+}과 C^{c+}의 양은 각각 $3.5n$ mol과 $5n$ mol이므로 $\dfrac{A^{a+}\text{의 양(mol)}}{C^{c+}\text{의 양(mol)}}=\dfrac{7}{10}$이다.

05 화학 전지와 도금

화학 전지는 (+)극에서 환원 반응이 일어나고, (−)극에서 산화 반응이 일어나지만 전기 분해를 이용한 도금에서는 화학 전지와 달리 (+)극에서 산화 반응이 일어나고, (−)극에서 환원 반응이 일어난다.

ㄱ. (가)에서 전극 ㉠에서 금속이 생성되고, 전극 ㉡에서 금속의 질량이 감소하므로 전극 ㉠과 ㉡은 각각 (+)극과 (−)극이다. 따라서 금속의 이온화 경향은 Y>X이고, 금속 양이온의 환원되기 쉬운 경향은 금속의 이온화 경향이 작을수록 크므로 $X^{+}(aq)>Y^{2+}(aq)$이다.

ㄴ. (가)에서 일어나는 반응의 전체 화학 반응식은 $2X^{+}(aq)+Y(s) \longrightarrow 2X(s)+Y^{2+}(aq)$이므로 전자는 도선을 따라 $Y(s)$에서 $X(s)$로 이동한다.

~~ㄷ~~. (나)는 금속 Y 표면을 금속 X로 도금하는 장치이므로 전극 ㉢에서 일어나는 반응의 화학 반응식은 $X(s) \longrightarrow X^{+}(aq)+e^{-}$이고, 전극 ㉣에서 일어나는 반응의 화학 반응식은 $X^{+}(aq)+e^{-} \longrightarrow X(s)$이다. 따라서 반응이 진행될 때, (나)에서 $[X^{+}]$는 일정하게 유지된다.

06 수용액의 전기 분해

수용액의 전기 분해에서 (+)극에서는 전해질의 음이온과 $H_2O(l)$ 중 산화되기 쉬운 경향이 큰 물질이 산화되고, (−)극에서는 전해질의 양이온과 $H_2O(l)$ 중 환원되기 쉬운 경향이 큰 물질이 환원된다. 이때 $H_2O(l)$이 산화되면 $O_2(g)$가 생성되고, $H_2O(l)$이 환원되면 $H_2(g)$가 생성된다.

ㄱ. 환원 반응에 해당하는 2가지 화학 반응은 $A^{+}(aq)$이 환원되어 $A(s)$가 생성되는 반응과 $H_2O(l)$이 환원되어 $H_2(g)$가 생성되

는 반응이다. 따라서 $BCl(aq)$ 수용액의 전기 분해에서 $B^+(aq)$ 대신 $H_2O(l)$이 환원되었으므로 환원되기 쉬운 경향은 $H_2O(l) > B^+(aq)$이다.

ㄴ. 산화 반응에 해당하는 2가지 화학 반응은 $Cl^-(aq)$이 산화되어 $Cl_2(g)$가 생성되는 반응과 $H_2O(l)$이 산화되어 $O_2(g)$가 생성되는 반응이다. 따라서 $ANO_3(aq)$을 전기 분해할 때 (−)극에서 생성되는 물질은 $A(s)$이고, (+)극에서 생성되는 물질은 $O_2(g)$이다. 이때 $O_2(g)$가 생성되는 과정에서 $H^+(aq)$이 생성되므로 반응이 진행될 때, $ANO_3(aq)$의 pH는 감소한다.

ㄷ. 두 전기 분해 장치에서 이동한 전자의 양(mol)이 같으므로 전자(e^-)의 계수를 모두 4로 변환하면

$\frac{\text{생성된 } A(s)\text{의 양(mol)}}{\text{발생한 } O_2(g)\text{의 양(mol)}}=4$이다.

07 전기 분해

수용액의 전기 분해에서 (+)극에서는 전해질의 음이온과 $H_2O(l)$ 중 산화되기 쉬운 경향이 큰 물질이 산화되고, (−)극에서는 전해질의 양이온과 $H_2O(l)$ 중 환원되기 쉬운 경향이 큰 물질이 환원된다. 이때 $H_2O(l)$이 산화되면 $O_2(g)$가 생성되고, $H_2O(l)$이 환원되면 $H_2(g)$가 생성된다. 이온 결합 물질의 용융액의 전기 분해에서 (+)극에서는 음이온이 산화되고 (−)극에서는 양이온이 환원된다.

ㄱ. (가)와 (나)의 전기 분해에서 (+)극에서 생성된 물질이 기체 ㉠으로 같으므로 (가)와 (나)에 포함된 음이온의 종류가 같다. 따라서 (가)와 (나)는 각각 $CuSO_4(aq)$과 $Na_2SO_4(aq)$ 중 하나이다. 또한 환원되기 쉬운 경향이 $Cu^{2+}(aq) > H_2O(l) > Na^+(aq)$이므로 (−)극에서 기체 ㉡이 생성된 (가)는 $Na_2SO_4(aq)$이고, (나)는 $CuSO_4(aq)$이다.

ㄴ. $Na_2SO_4(aq)$을 전기 분해할 때 (+)극에서 기체 ㉠이 생성되었으므로 $H_2O(l)$이 산화되어 $O_2(g)$가 생성된 것이다. 따라서 산화되기 쉬운 경향은 $H_2O(l) > SO_4^{2-}(aq)$이다.

ㄷ. (가)와 (나)의 전기 분해에서 (+)극에서 공통적으로 생성된 ㉠은 $O_2(g)$이고, 화학 반응식은 $2H_2O(l) \longrightarrow O_2(g)+4H^+(aq)+4e^-$이다. (다)는 $NaCl(l)$이므로 (−)극에서 생성된 ㉢은 $Na(l)$이고, 화학 반응식은 $Na^+(l)+e^- \longrightarrow Na(l)$이다. 따라서 같은 양(mol)의 전자가 이동하였을 때,

$\frac{\text{(가)에서 생성된 ㉠의 양(mol)}}{\text{(다)에서 생성된 ㉢의 양(mol)}}=\frac{1}{4}$이다.

08 수소 연료 전지와 물의 광분해

(가)에서 전자는 도선을 따라 전극 ㉠에서 전극 ㉡으로 이동하므로 ㉠은 (−)극, ㉡은 (+)극이고, A와 B는 각각 H_2와 O_2이다.

ㄱ. (가)의 전극 ㉠은 (−)극이므로 ㉠에서 $A(g)$의 산화 반응이 일어난다.

ㄴ. 물의 광분해 장치 (나)의 전극 ㉢에서는 빛을 받아 물이 산화되어 $O_2(g)$와 $H^+(aq)$이 생성되고, 전극 ㉣에서 $H^+(aq)$이 환원되어 $H_2(g)$가 생성된다.

ㄷ. 수소 연료 전지인 (가)는 화학 에너지를 전기 에너지로 전환하는 장치이지만 물의 광분해 장치인 (나)는 빛에너지를 화학 에너지로 전환하는 장치이다.

09 화학 전지와 전기 분해

화학 전지는 이온화 경향이 큰 금속이 산화 반응이 일어나는 (−)극이고, 이온화 경향이 작은 금속이 환원 반응이 일어나는 (+)극이다. 금속의 이온화 경향은 Zn>Cu이므로 화학 전지 (가)에서 $Zn(s)$은 (−)극이고, $Cu(s)$는 (+)극이다. 따라서 환원되기 쉬운 경향은 $Cu^{2+}(aq) > H_2O(l)$이므로 (가)의 (+)극에서 일어나는 반응의 화학 반응식은 $Cu^{2+}(aq)+2e^- \longrightarrow Cu(s)$이고, 생성된 물질은 $Cu(s)$이다. 이온 결합 물질의 용융액의 전기 분해에서 (−)극에서는 양이온이 환원되고, (+)극에서는 음이온이 산화된다. 따라서 $NaCl(l)$의 전기 분해 장치 (나)의 (−)극에서 일어나는 반응의 화학 반응식은 $Na^+(l)+e^- \longrightarrow Na(l)$이고, 생성된 물질은 $Na(l)$이다. 수용액의 전기 분해에서 (−)극에서는 전해질의 양이온과 $H_2O(l)$ 중 환원되기 쉬운 경향이 큰 물질이 환원되고, (+)극에서는 전해질의 음이온과 $H_2O(l)$ 중 산화되기 쉬운 경향이 큰 물질이 산화된다. 따라서 산화되기 쉬운 경향이 $H_2O(l) > SO_4^{2-}(aq)$이므로 $CuSO_4(aq)$의 전기 분해 장치 (다)의 (+)극에서 일어나는 반응의 화학 반응식은 $2H_2O(l) \longrightarrow O_2(g)+4H^+(aq)+4e^-$이고, 생성된 물질은 $O_2(g)$이다. 따라서 같은 양(mol)의 전자가 이동하였을 때 산화 또는 환원되어 생성되는 물질의 몰비는 $x:y:z=2:4:1$이고, $x=2k$라고 하면 $y=4k$, $z=k$이므로 $\frac{x+z}{y}=\frac{2k+k}{4k}=\frac{3}{4}$이다.

10 물의 광분해와 전기 분해

(가)의 물의 광분해 장치에서 광촉매 전극인 전극 ㉠에서는 $H_2O(l)$이 산화되어 $O_2(g)$와 $H^+(aq)$이 생성되고, 전극 ㉡에서는 $H^+(aq)$이 환원되어 $H_2(g)$가 생성된다. (나)의 수용액의 전기 분해 장치에서 (+)극에서는 산화 반응이 일어나고, (−)극에서는 환원 반응이 일어난다.

ㄱ. (나)에서 (+)극에서는 $H_2O(l)$이 산화되면서 $H^+(aq)$의 양(mol)이 증가하므로 반응이 진행되는 동안 $[H^+]$가 증가하여 pH는 감소한다.

ㄴ. (가)의 전극 ㉠에서는 $O_2(g)$가 생성되고, 전극 ㉡에서는 $H_2(g)$가 생성된다. 반응이 진행될 때, 이동한 전자의 양(mol)은 같으므로 전자의 계수를 맞추면

$\frac{\text{전극 ㉠에서 생성된 기체의 양(mol)}}{\text{전극 ㉡에서 생성된 기체의 양(mol)}}=\frac{1}{2}$이다.

ㄷ. (나)에서 일어나는 전체 반응의 화학 반응식은 $2H_2O(l)+2Cu^{2+}(aq) \longrightarrow O_2(g)+2Cu(s)+4H^+(aq)$이다. 따라서

(나)에서 반응이 진행될 때, 음이온 수는 일정하고 양이온 수가 증가하므로 $\frac{\text{음이온 수}}{\text{양이온 수}}$는 감소한다.

11 금속의 반응성과 화학 전지

이온화 경향이 작은 금속의 양이온이 들어 있는 수용액에 이온화 경향이 큰 금속을 넣으면 산화 환원 반응을 한다. 화학 전지에서 이온화 경향이 큰 금속이 연결된 전극에서는 산화 반응이 일어나므로 (−)극이고, 이온화 경향이 작은 금속이 연결된 전극에서는 환원 반응이 일어나므로 (+)극이다.

ㄱ. A^{a+}과 B^{b+}이 들어 있는 수용액에 금속 C를 넣었더니 ○ 2개가 사라지고 ★ 1개가 생성되었으므로 ★은 C^{c+}이다. (나)에서 B^{b+}은 증가하고 C^{c+}은 감소하므로 ㉠은 (−)극이고 ㉡는 (+)극이다. 따라서 금속의 이온화 경향은 B>C이므로 (가)에서 $C(s)$와 반응한 ○은 A^{a+}이다.

ㄴ. (나)에서 반응이 진행될 때 $\frac{\text{증가한 } B^{b+}\text{의 양(mol)}}{\text{감소한 } C^{c+}\text{의 양(mol)}}=\frac{2}{3}$이므로 반응 몰비는 $B^{b+} : C^{c+}=2 : 3$이고 $b : c=3 : 2$이다. 또한 (가)에서 A^{a+}과 C^{c+}이 2 : 1로 반응하므로 $a : c=1 : 2$이고, $a : b : c=1 : 3 : 2$이며 $a+b=2c$이다.

ㄷ. (나)에서 두 전해질의 몰 농도는 모두 각각 1 M이고, 부피도 모두 각각 1 L이므로 각 수용액에 들어 있는 B^{b+}과 C^{c+}의 양은 모두 각각 1 mol이다. (나)에서 반응이 진행될 때, 전체 반응의 화학 반응식은 $2B(s)+3C^{c+}(aq) \longrightarrow 2B^{b+}(aq)+3C(s)$이다. 따라서 (나)에서 반응을 통해 생성된 $C(s)$의 양이 0.6 mol일 때 산화되어 생성된 B^{b+}의 양은 0.4 mol이므로 전해질 수용액에 들어 있는 B^{b+}과 C^{c+}의 양은 각각 1.4 mol과 0.4 mol이고, $\frac{C^{c+}\text{의 양(mol)}}{B^{b+}\text{의 양(mol)}}=\frac{0.4}{1.4}=\frac{2}{7}$이다.

12 물의 전기 분해와 광분해

물의 전기 분해에서 (−)극에서는 $H_2O(l)$이 환원되어 $H_2(g)$가 생성되고, (+)극에서는 $H_2O(l)$이 산화되어 $O_2(g)$가 생성된다. 물의 광분해에서 광촉매 전극인 전극 ㉡에서는 $H_2O(l)$이 산화되어 $O_2(g)$와 $H^+(aq)$이 생성되고, 전극 ㉢에서는 $H^+(aq)$이 환원되어 $H_2(g)$가 생성된다.

ㄱ. (−)극인 (가)의 전극 ㉠에서 일어나는 반응의 화학 반응식은 $2H_2O(l)+2e^- \longrightarrow H_2(g)+2OH^-(aq)$이다.

ㄴ. (가)의 (−)극에서 $H_2O(l)$이 환원되었으므로 환원되기 쉬운 경향은 $H_2O(l)>C^+(aq)$이다.

ㄷ. (가)에서 $A_2(g)$와 $B_2(g)$는 각각 $H_2(g)$와 $O_2(g)$이다. 따라서 (나)의 전극 ㉢에서 $H^+(aq)$이 환원되어 생성되는 기체는 $A_2(g)$이다.

한눈에 보는 정답 EBS 수능특강 화학Ⅱ

01 기체

수능 2점 테스트 본문 11~13쪽

01 ③ 02 ② 03 ③ 04 ② 05 ① 06 ④ 07 ③
08 ⑤ 09 ⑤ 10 ④ 11 ② 12 ①

수능 3점 테스트 본문 14~19쪽

01 ④ 02 ② 03 ④ 04 ③ 05 ④ 06 ⑤ 07 ②
08 ⑤ 09 ③ 10 ③ 11 ② 12 ①

02 액체와 고체

수능 2점 테스트 본문 33~35쪽

01 ④ 02 ⑤ 03 ① 04 ③ 05 ② 06 ④ 07 ②
08 ⑤ 09 ③ 10 ② 11 ④ 12 ④

수능 3점 테스트 본문 36~41쪽

01 ② 02 ② 03 ④ 04 ⑤ 05 ③ 06 ③ 07 ③
08 ② 09 ① 10 ④ 11 ② 12 ④

03 용액

수능 2점 테스트 본문 53~56쪽

01 ③ 02 ③ 03 ② 04 ③ 05 ⑤ 06 ⑤ 07 ④
08 ⑤ 09 ② 10 ① 11 ⑤ 12 ④ 13 ③ 14 ③
15 ② 16 ⑤

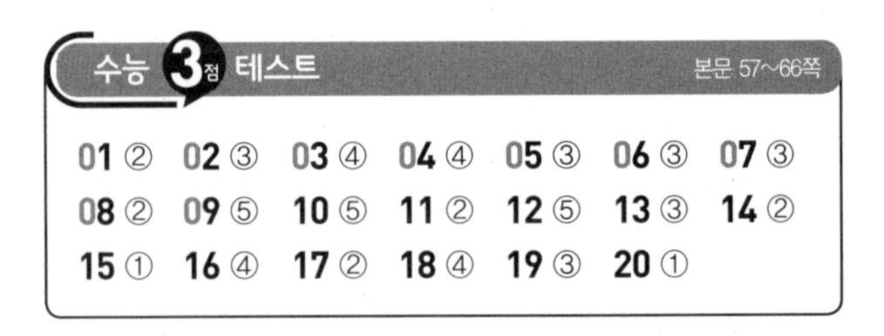

수능 3점 테스트 본문 57~66쪽

01 ② 02 ③ 03 ④ 04 ④ 05 ③ 06 ③ 07 ③
08 ② 09 ⑤ 10 ⑤ 11 ② 12 ⑤ 13 ③ 14 ②
15 ① 16 ④ 17 ② 18 ④ 19 ③ 20 ①

04 반응 엔탈피

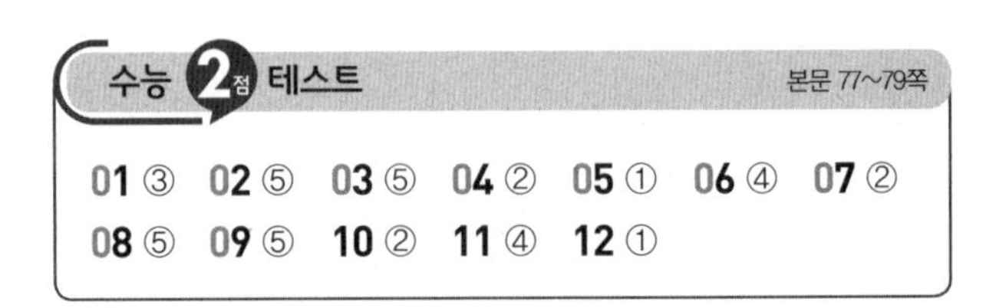

수능 2점 테스트 본문 77~79쪽

01 ③ 02 ⑤ 03 ⑤ 04 ② 05 ① 06 ④ 07 ②
08 ⑤ 09 ⑤ 10 ② 11 ④ 12 ①

수능 3점 테스트 본문 80~85쪽

01 ⑤ 02 ④ 03 ① 04 ② 05 ② 06 ③ 07 ⑤
08 ④ 09 ⑤ 10 ② 11 ③ 12 ④

05 화학 평형과 평형 이동

수능 2점 테스트 본문 97~101쪽

01 ⑤ 02 ⑤ 03 ① 04 ② 05 ① 06 ③ 07 ⑤
08 ③ 09 ④ 10 ③ 11 ② 12 ③ 13 ⑤ 14 ③
15 ⑤ 16 ④ 17 ③ 18 ⑤ 19 ③ 20 ①

수능 3점 테스트 본문 102~111쪽

01 ③ 02 ④ 03 ⑤ 04 ① 05 ④ 06 ① 07 ②
08 ④ 09 ② 10 ④ 11 ③ 12 ⑤ 13 ① 14 ⑤
15 ④ 16 ② 17 ④ 18 ⑤ 19 ③ 20 ⑤

06 산 염기 평형

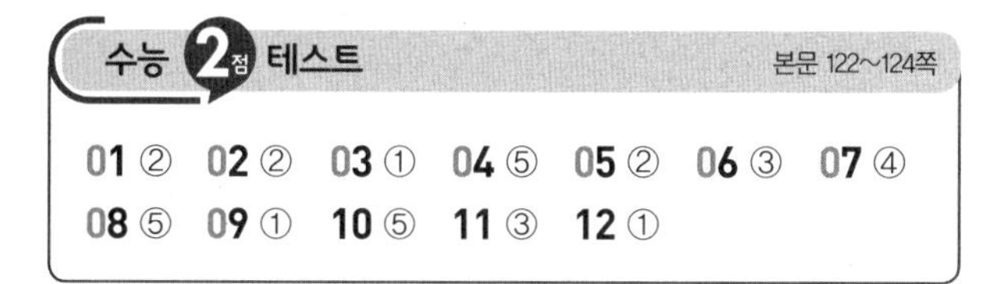

수능 2점 테스트 본문 122~124쪽

01 ② 02 ② 03 ① 04 ⑤ 05 ② 06 ③ 07 ④
08 ⑤ 09 ① 10 ⑤ 11 ③ 12 ①

수능 3점 테스트 본문 125~130쪽

01 ⑤ 02 ② 03 ⑤ 04 ③ 05 ③ 06 ⑤ 07 ①
08 ② 09 ① 10 ⑤ 11 ④ 12 ⑤

07 반응 속도

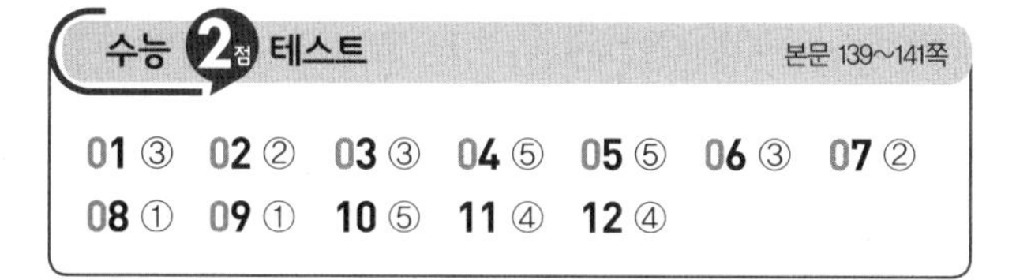

수능 2점 테스트 본문 139~141쪽

01 ③ 02 ② 03 ③ 04 ⑤ 05 ⑤ 06 ③ 07 ②
08 ① 09 ① 10 ⑤ 11 ④ 12 ④

수능 3점 테스트 본문 142~147쪽

01 ③ 02 ⑤ 03 ① 04 ③ 05 ⑤ 06 ④ 07 ⑤
08 ④ 09 ③ 10 ② 11 ④ 12 ①

08 반응 속도에 영향을 미치는 요인

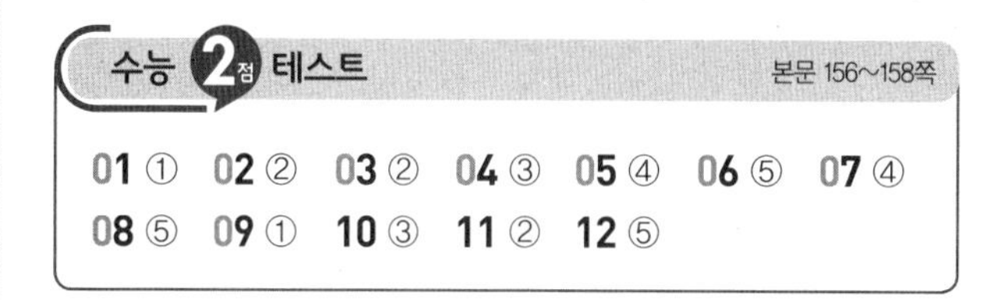

수능 2점 테스트 본문 156~158쪽

01 ① 02 ② 03 ② 04 ③ 05 ④ 06 ⑤ 07 ④
08 ⑤ 09 ① 10 ③ 11 ② 12 ⑤

수능 3점 테스트 본문 159~164쪽

01 ③ 02 ④ 03 ② 04 ⑤ 05 ③ 06 ⑤ 07 ③
08 ① 09 ② 10 ④ 11 ③ 12 ④

09 전기 화학과 이용

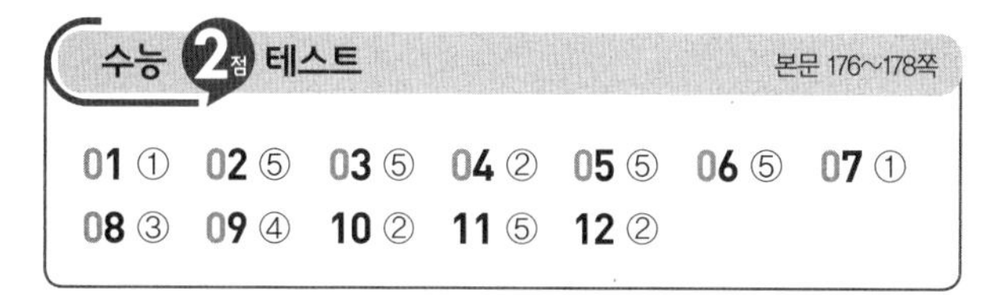

수능 2점 테스트 본문 176~178쪽

01 ① 02 ⑤ 03 ⑤ 04 ② 05 ⑤ 06 ⑤ 07 ①
08 ③ 09 ④ 10 ② 11 ⑤ 12 ②

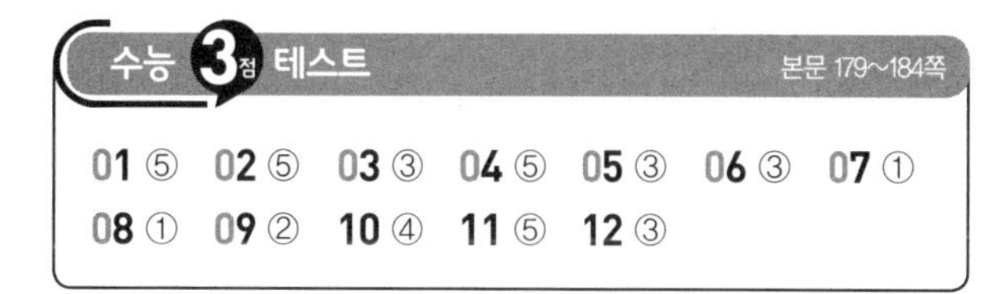

수능 3점 테스트 본문 179~184쪽

01 ⑤ 02 ⑤ 03 ③ 04 ⑤ 05 ③ 06 ③ 07 ①
08 ① 09 ② 10 ④ 11 ⑤ 12 ③

고1~2 내신 중점 로드맵

과목	고교 입문		기초	기본	특화	+ 단기
국어	고등 예비 과정	내 등급은?	윤혜정의 개념의 나비효과 입문편/워크북 어휘가 독해다!	기본서 올림포스	국어 특화 국어 독해의 원리 / 국어 문법의 원리	단기 특강
영어			정승익의 수능 개념 잡는 대박구문 주혜연의 해석공식 논리 구조편	올림포스 전국연합 학력평가 기출문제집	영어 특화 Grammar POWER / Reading POWER Listening POWER / Voca POWER	
수학			기초 50일 수학 매쓰 디렉터의 고1 수학 개념 끝장내기	유형서 올림포스 유형편	고급 올림포스 고난도 수학 특화 수학의 왕도	
한국사 사회		인공지능 수학과 함께하는 고교 AI 입문 수학과 함께하는 AI 기초		기본서 개념완성	고등학생을 위한 多담은 한국사 연표	
과학				개념완성 문항편		

과목	시리즈명	특징	수준	권장 학년
전과목	고등예비과정	예비 고등학생을 위한 과목별 단기 완성		예비 고1
국/수/영	내 등급은?	고1 첫 학력평가+반 배치고사 대비 모의고사		예비 고1
	올림포스	내신과 수능 대비 EBS 대표 국어·수학·영어 기본서		고1~2
	올림포스 전국연합학력평가 기출문제집	전국연합학력평가 문제 + 개념 기본서		고1~2
	단기 특강	단기간에 끝내는 유형별 문항 연습		고1~2
한/사/과	개념완성 & 개념완성 문항편	개념 한 권+문항 한 권으로 끝내는 한국사·탐구 기본서		고1~2
국어	윤혜정의 개념의 나비효과 입문편/워크북	윤혜정 선생님과 함께 시작하는 국어 공부의 첫걸음		예비 고1~고2
	어휘가 독해다!	학평·모평·수능 출제 필수 어휘 학습		예비 고1~고2
	국어 독해의 원리	내신과 수능 대비 문학·독서(비문학) 특화서		고1~2
	국어 문법의 원리	필수 개념과 필수 문항의 언어(문법) 특화서		고1~2
영어	정승익의 수능 개념 잡는 대박구문	정승익 선생님과 CODE로 이해하는 영어 구문		예비 고1~고2
	주혜연의 해석공식 논리 구조편	주혜연 선생님과 함께하는 유형별 지문 독해		예비 고1~고2
	Grammar POWER	구문 분석 트리로 이해하는 영어 문법 특화서		고1~2
	Reading POWER	수준과 학습 목적에 따라 선택하는 영어 독해 특화서		고1~2
	Listening POWER	수준별 수능형 영어듣기 모의고사		고1~2
	Voca POWER	영어 교육과정 필수 어휘와 어원별 어휘 학습		고1~2
수학	50일 수학	50일 만에 완성하는 중학~고교 수학의 맥		예비 고1~고2
	매쓰 디렉터의 고1 수학 개념 끝장내기	스타강사 강의, 손글씨 풀이와 함께 고1 수학 개념 정복		예비 고1~고1
	올림포스 유형편	유형별 반복 학습을 통해 실력 잡는 수학 유형서		고1~2
	올림포스 고난도	1등급을 위한 고난도 유형 집중 연습		고1~2
	수학의 왕도	직관적 개념 설명과 세분화된 문항 수록 수학 특화서		고1~2
한국사	고등학생을 위한 多담은 한국사 연표	연표로 흐름을 잡는 한국사 학습		예비 고1~고2
기타	수학과 함께하는 고교 AI 입문/AI 기초	파이선 프로그래밍, AI 알고리즘에 필요한 수학 개념 학습		예비 고1~고2

고2~N수 수능 집중 로드맵

수능 입문 → **기출 / 연습** → **연계+연계 보완** → **심화 / 발전** → **모의고사**

수능 입문
- 윤혜정의 개념/패턴의 나비효과
- 하루 6개 1등급 영어독해
- 수능 감(感)잡기
- 수능특강 Light
- 강의노트 수능개념

기출 / 연습
- 윤혜정의 기출의 나비효과
- 수능 기출의 미래
- 수능 기출의 미래 미니모의고사
- 수능특강Q 미니모의고사

연계+연계 보완
- 수능연계교재의 VOCA 1800
- 수능연계 기출 Vaccine VOCA 2200
- 연계: 수능특강
- 연계: 수능완성
- 수능특강 사용설명서
- 수능특강 연계 기출
- 수능 영어 간접연계 서치라이트
- 수능완성 사용설명서

심화 / 발전
- 수능연계완성 3주 특강
- 박봄의 사회 · 문화 표 분석의 패턴

모의고사
- FINAL 실전모의고사
- 만점마무리 봉투모의고사
- 만점마무리 봉투모의고사 시즌2

구분	시리즈명	특징	수준	영역
수능 입문	윤혜정의 개념/패턴의 나비효과	윤혜정 선생님과 함께하는 수능 국어 개념/패턴 학습		국어
	하루 6개 1등급 영어독해	매일 꾸준한 기출문제 학습으로 완성하는 1등급 영어 독해		영어
	수능 감(感) 잡기	동일 소재 · 유형의 내신과 수능 문항 비교로 수능 입문		국/수/영
	수능특강 Light	수능 연계교재 학습 전 연계교재 입문서		영어
	수능개념	EBSi 대표 강사들과 함께하는 수능 개념 다지기		전 영역
기출/연습	윤혜정의 기출의 나비효과	윤혜정 선생님과 함께하는 까다로운 국어 기출 완전 정복		국어
	수능 기출의 미래	올해 수능에 딱 필요한 문제만 선별한 기출문제집		전 영역
	수능 기출의 미래 미니모의고사	부담없는 실전 훈련, 고품질 기출 미니모의고사		국/수/영
	수능특강Q 미니모의고사	매일 15분으로 연습하는 고품격 미니모의고사		전 영역
연계 + 연계 보완	수능특강	최신 수능 경향과 기출 유형을 분석한 종합 개념서		전 영역
	수능특강 사용설명서	수능 연계교재 수능특강의 지문 · 자료 · 문항 분석		국/영
	수능특강 연계 기출	수능특강 수록 작품 · 지문과 연결된 기출문제 학습		국어
	수능완성	유형 분석과 실전모의고사로 단련하는 문항 연습		전 영역
	수능완성 사용설명서	수능 연계교재 수능완성의 국어 · 영어 지문 분석		국/영
	수능 영어 간접연계 서치라이트	출제 가능성이 높은 핵심만 모아 구성한 간접연계 대비 교재		영어
	수능연계교재의 VOCA 1800	수능특강과 수능완성의 필수 중요 어휘 1800개 수록		영어
	수능연계 기출 Vaccine VOCA 2200	수능-EBS 연계 및 평가원 최다 빈출 어휘 선별 수록		영어
심화/발전	수능연계완성 3주 특강	단기간에 끝내는 수능 1등급 변별 문항 대비서		국/수/영
	박봄의 사회 · 문화 표 분석의 패턴	박봄 선생님과 사회 · 문화 표 분석 문항의 패턴 연습		사회탐구
모의고사	FINAL 실전모의고사	EBS 모의고사 중 최다 분량, 최다 과목 모의고사		전 영역
	만점마무리 봉투모의고사	실제 시험지 형태와 OMR 카드로 실전 훈련 모의고사		전 영역
	만점마무리 봉투모의고사 시즌2	수능 완벽대비 최종 봉투모의고사		국/수/영

memo